Date: 03/18/21

SP 613.284 TEI
Teicholz, Nina,
La grasa no es como la pintan
: mitos, historia y realidades

PALM BEACH COUNTY
LIBRARY SYSTEM
3650 SUMMIT BLVD.
WEST PALM BEACH, FL 33406

La grasa no es como la pintan

La grasa no es como la pintan

Mitos, historia y realidades del alimento que tu cuerpo necesita

Nina Teicholz

Prólogo del doctor David Perlmutter,
autor de *Cerebro de pan*

Traducción:
María Laura Paz Abasolo

Grijalbo*vital*

La grasa no es como la pintan
Mitos, historia y realidades del alimento que tu cuerpo necesita
Título original: *The Big Fat Surprise.*
Why Butter, Meat, and Cheese Belong in a Healthy Diet

Primera edición: octubre, 2017
D. R. © 2014, Nina Teicholz

D. R. © 2017, derechos de edición mundiales en lengua castellana:
Penguin Random House Grupo Editorial, S.A. de C.V.
Blvd. Miguel de Cervantes Saavedra núm. 301, 1er piso,
colonia Granada, delegación Miguel Hidalgo, C.P. 11520,
Ciudad de México

www.megustaleer.com.mx

D. R. © 2017, David Perlmutter, por el prólogo

D. R. © 2017, María Laura Paz Abasolo, por la traducción

Penguin Random House Grupo Editorial apoya la protección del *copyright*.
El *copyright* estimula la creatividad, defiende la diversidad en el ámbito de las ideas y el conocimiento, promueve la libre expresión y favorece una cultura viva. Gracias por comprar una edición autorizada de este libro y por respetar las leyes del Derecho de Autor y *copyright*. Al hacerlo está respaldando a los autores y permitiendo que PRHGE continúe publicando libros para todos los lectores.

Queda prohibido bajo las sanciones establecidas por las leyes escanear, reproducir total o parcialmente esta obra por cualquier medio o procedimiento así como la distribución de ejemplares mediante alquiler o préstamo público sin previa autorización.
Si necesita fotocopiar o escanear algún fragmento de esta obra diríjase a CemPro (Centro Mexicano de Protección y Fomento de los Derechos de Autor, http://www.cempro.com.mx).

ISBN: 978-607-315-828-2
Impreso en México – *Printed in Mexico*

El papel utilizado para la impresión de este libro ha sido fabricado a partir de madera procedente de bosques y plantaciones gestionadas con los más altos estándares ambientales, garantizando una explotación de los recursos sostenible con el medio ambiente y beneficiosa para las personas.

Penguin
Random House
Grupo Editorial

Para Gregory

Índice

Imágenes 11

Prólogo 13

Introducción 17

1. La paradoja de la grasa: buena salud con una dieta alta en grasa 25

2. Por qué pensamos que la grasa saturada no es saludable 35

3. Se introduce la dieta baja en grasa en Estados Unidos 64

4. La ciencia fallida de las grasas saturadas versus las grasas poliinsaturadas 89

5. La dieta baja en grasa llega a Washington 121

6. Cómo les va a las mujeres y los niños en una dieta baja en grasa 153

7. Vender la dieta mediterránea: ¿cuál es la ciencia? 194

8. Salen las grasas saturadas, entran las grasas trans 245

9. Salen las grasas trans, entra… ¿algo peor? 280

10. Por qué la grasa saturada es buena para ti 308

Conclusión	353
Una nota sobre la carne y la ética	361
Agradecimientos	363
Notas	367
Glosario	449
Bibliografía	453
Permisos	525

Imágenes

Fuentes principales de diferentes tipos de grasa ... 24
Un ácido graso es una cadena de átomos de carbono rodeados de átomos de hidrógeno con un grupo de ácido carboxílico en un lado ... 41
Tipos de ácidos grasos ... 42
Tabla de Keys, de 1952 ... 44
Yerushalmy y Hilleboe, información de 22 países ... 51
Ancel Keys en la portada de *Time*, 13 de enero de 1961 ... 68
Caricatura de riesgos versus beneficios ... 69
Caricatura de la cambiante historia del colesterol ... 84
Consumo de grasas en Estados Unidos, 1909-1999 ... 101
"Llévale este anuncio a tu médico", Mazola, 1975 ... 103
Disponibilidad y consumo de carne en Estados Unidos, 1800-2007 ... 133
Disponibilidad de carne en Estados Unidos, 1909-2007 ... 134
Conferencia de consenso de los Institutos Nacionales de Salud, *Time*, 26 de marzo de 1984 ... 151
Caricatura de restaurante ... 157

Caricatura de dieta baja en grasa	192
Antonia Trichopoulou	195
Ancel Keys y colegas paseando en la zona arqueológica de Cnosos	197
Anna Ferro-Luzzi	200
Pirámide del Departamento de Agricultura de Estados Unidos	206
Pirámide de la Dieta mediterránea, 1993	207
Walter Willett y Ancel Keys, Cambridge, Massachusetts, 1993	210
Publicidad de Sokolof en *The New York Times*, 1º de noviembre de 1988	250
Consumo de aceite vegetal en Estados Unidos, 1909-1999	252
Caricatura de dietas esquimales	310
Portada de la revista *The New York Times*, 7 de julio de 2002	334
Índices de obesidad en Estados Unidos, 1971-2006	350

Prólogo

Los alimentos son información. Mientras que valoramos convenientemente nuestras elecciones de menú en términos de macronutrientes (proteínas, carbohidratos y grasas) y quizá también consideramos a micronutrientes como las vitaminas y los minerales, muy pocos de nosotros comprendemos cuál es el papel más importante de la comida. Nuestras decisiones alimentarias responden directamente a nuestro ADN.

Lejos de existir como el código estático, inmutable y unidireccional tan popularizado en los libros de texto hasta hace una década, ahora reconocemos que nuestro ADN, nuestro código de vida, es altamente adaptable y responde a una gran variedad de señales del ambiente. Mientras que tus 23 mil genes sí representan un esquema del legado que finalmente determina tu yo morfológico, ese esquema de ninguna manera está fijo.

Momento a momento, tu esquema genético se modifica en su expresión para permitir que tu cuerpo se adapte a las influencias exteriores siempre cambiantes. Estos cambios en la expresión genética como respuesta al ambiente se llaman *epigenética*, y son fundamentalmente importantes como mecanismos de adaptación, aumentando la expresión de los genes protectores, mientras apagan los que no pueden adaptarse.

La idea de que la expresión de nuestro ADN cambie en respuesta a la lluvia, a un soneto, a una amenaza o a un abrazo es a la vez una lección de humildad y una de poder. Y lo que las investigaciones científicas muestran ahora es que los alimentos que consumimos pueden ser las influencias más poderosas para la expresión genética.

Contextualizar los alimentos como información proyecta el perfeccionamiento que ha tenido este sistema de señalización durante los más de dos millones de años que llevamos en el planeta. Casi todo este tiempo, nuestra dieta ha sido bastante uniforme, la evolución ha continuado cultivándonos como especie, permitiendo la emergencia de emblemas para la condición humana: lenguaje, cultura y, quizá lo más importante, agricultura. De hecho, nuestro desarrollo de la agricultura muchas veces se considera entre los más grandes logros humanos.

A lo largo de la última década, las investigaciones científicas también han empezado a explorar el papel que los factores intrínsecos tienen en términos de salud y enfermedad. Específicamente, la ciencia que investiga los billones de organismos viviendo dentro de nosotros ahora ocupa el centro del escenario en la investigación global, y con buena razón. Ahora reconocemos que los más de 100 billones de microbios que consideran nuestro cuerpo su hogar ejercen una influencia poderosa en nuestra fisiología, regulando nuestra función inmunológica, nuestros estados de ánimo, el proceso inflamatorio e incluso nuestra función cognitiva. Y al igual que la expresión genética, la salud y la funcionalidad de nuestros microbios residentes están muy influidas por nuestras decisiones alimentarias.

Con tecnología sofisticada, los investigadores ahora son capaces de caracterizar la composición genética de los microbios del cuerpo. Aún más, ahora somos capaces de definir la genética de los microbios que habitaron los cuerpos de nuestros ancestros hace miles de años. Y lo que ha revelado este registro histórico fascinante es que hay dos eventos importantes que cambiaron drásticamente la composición de los microbios humanos: el advenimiento de la agricultura y el desarrollo, hace 200 años, de nuestra capacidad para refinar el azúcar. Claramente, ambos cambios están asociados con consecuencias dramáticas para la salud.

Todos los humanos hemos sido bendecidos con una "debilidad por lo dulce". Es realmente una bendición, pues nuestro comportamiento enfocado a satisfacer el deseo por lo dulce ha contribuido a nuestra supervivencia. Los humanos cazadores y recolectores buscando moras maduras a finales del verano, motivados por su deseo de lo dulce, participaban en un evento raro: el consumo de azúcar. La glucosa en las moras servía como una señal ambiental para indicar que el invierno estaba cerca al provocar la hormona *insulina*. Este disparo anual de insulina preparaba a nuestros antepasados para el invierno, un tiempo de escasez calórica, al activar las secuencias metabólicas que incrementaban tanto el origen como la acumulación de grasa para vivir, para asegurar nuestra supervivencia.

Hoy, la explotación desenfrenada de este mecanismo de supervivencia —los cambios metabólicos que ocurren en respuesta al consumo de azúcar— tiene un papel central en la etiología de las condiciones cronicodegenerativas. Estas enfermedades juntas, incluyendo la enfermedad cardiaca coronaria, la diabetes, el Alzheimer y la osteoartritis, se consideran actualmente la causa número uno de muerte en el mundo, de acuerdo con la Organización Mundial de la Salud.

Como escribió John Yudkin en la prestigiosa revista médica *The Lancet*, en 1963: "Si buscamos una causa dietética para algunos de los males de la civilización, debemos ver algunos de los cambios más significativos en la dieta del hombre".

En resumen, la disponibilidad del azúcar en la dieta, y de los carbohidratos en general, está contribuyendo a la mortalidad y a las enfermedades de los humanos a escala global, dado su efecto directo en el metabolismo, así como sus efectos en la expresión genética y la salud de nuestros microbios residentes.

Mientras que esta revelación pueda ser una novedad para algunos lectores, lo desgarrador de ella es que los investigadores han estado conscientes de los efectos profundamente negativos de una dieta rica en azúcar y carbohidratos ¡durante más de un siglo! Y, sin embargo, como estás a punto de saber, por razones complejas vinculadas con una mezcla de política, ganancias corporativas y ciencia mal aplicada, el azúcar se llegó a presentar como saludable, o al menos inofensiva, mientras que la grasa, aun siendo un componente clave en la dieta humana desde sus inicios, se castigó en su lugar.

Esta idea nunca tuvo sentido: el consumo de grasa siempre ha sido una parte integral de nuestra existencia, apoyando nuestra supervivencia mientras establecía un papel central como informante de nuestra expresión genética. Esta relación ha servido maravillosamente bien a lo largo de toda nuestra historia. Una dieta que restringe este nutriente clave, este informante genético vital, tiene un precedente muy pequeño en la historia humana.

Nina Teicholz da vida a la historia más increíble sobre cómo los gobiernos, las universidades y las generaciones de científicos desarrollaron y mantuvieron el mito de que la grasa —particularmente la grasa en los alimentos animales— es mala para la salud. La revista *The Economist* llamó a su libro "el thriller de la nutrición" y "un libro apasionante", mientras que grandes revistas médicas, como *The BMJ*, lo han proclamado innovador.

PRÓLOGO

Dado que el trabajo de Teicholz desafía con tanta fuerza la creencia popular, la "vieja guardia" de la nutrición ha intentado acallar sus puntos de vista, queriendo demeritar su trabajo y atacándola con acusaciones infundadas. Sin embargo, recientemente, el pasado presidente de la Federación Mundial del Corazón, Yusuf Salim, dijo ante un auditorio en Davos: "Nina Teicholz conmocionó al mundo de la nutrición, pero estaba en lo correcto".

Una de las citas más famosas del Premio Nobel belga Maurice Maeterlink dice: "En cada encrucijada sobre el camino hacia el futuro, todo espíritu progresista encuentra la oposición de mil hombres designados a guardar el pasado". Nina Teicholz es ese espíritu progresista. Su esfuerzo no tiene límites y está exhaustivamente documentado para validar el papel fundamental que tiene la grasa en la dieta, y que siempre ha tenido. Pero a diferencia del dogma dietético que la precede, la tesis de Nina, libre de inclinaciones comerciales y emanada de un lugar de compasión y dedicación, está cambiando el destino de la salud del planeta, y para bien.

Dr. David Perlmutter,
Naples, Florida,
Estados Unidos,
mayo de 2017

Introducción

Recuerdo el día en que dejé de preocuparme por comer grasa. Fue mucho antes de que empezara a leer cuidadosamente los miles de estudios científicos y realizara cientos de entrevistas para escribir este libro. Como la mayoría de los estadounidenses, estaba siguiendo la recomendación de poca grasa establecida en la pirámide alimenticia del Departamento de Agricultura de Estados Unidos (USDA), y cuando se introdujo la dieta mediterránea en la década de 1990, añadí aceite de oliva y porciones extra de pescado mientras reducía todavía más el consumo de carne roja. Al seguir estos lineamientos, estaba convencida de estar haciendo lo mejor que podía por mi corazón y mi cintura, dado que las fuentes oficiales nos habían estado diciendo durante años que la dieta óptima enfatizaba las carnes magras, las frutas, las verduras y los granos, y que las grasas más saludables provenían de aceites vegetales. Evitar las grasas saturadas encontradas especialmente en la carne parecía la medida más obvia que una persona podía seguir para tener una buena salud.

Luego, alrededor del año 2000, me mudé a la ciudad de Nueva York y empecé a escribir una columna de crítica culinaria para un pequeño periódico. No tenía presupuesto para pagar por las comidas, así que usualmente comía lo que fuera que el chef decidiera mandarme. De pronto estaba comiendo platillos gigantescos con alimentos que antes jamás habría permitido que pasaran por mi boca: paté, toda clase de cortes de carne preparados de cuanta manera fuera posible, salsas, cremas, *foie gras*, todos los alimentos que había evitado toda mi vida.

Comer estos platillos nutritivos y sustanciosos fue toda una revelación. Eran complejos e increíblemente satisfactorios. Comí con abandono. Y, sin embargo, extrañamente, me di cuenta de que estaba perdiendo

INTRODUCCIÓN

peso. De hecho, pronto perdí los cinco kilos que se habían quedado forzosamente conmigo durante años y mi médico me dijo que mi colesterol estaba bien.

Es posible que no pensara nada más al respecto si mi editor en *Gourmet* no me hubiera pedido que escribiera un artículo sobre las grasas trans, que eran poco conocidas en ese entonces y definitivamente no eran tan famosas como hoy en día. Mi artículo recibió bastante atención y me llevó a firmar un contrato para un libro.

Entre más profundo iba en mi investigación, más me convencía de que la historia era mucho más grande y mucho más compleja que sólo las grasas trans. Éstas parecían ser meramente el último chivo expiatorio para los problemas de salud en el país.

Entre más averiguaba, más me daba cuenta de que todas nuestras recomendaciones dietéticas sobre grasa —el ingrediente con el que se han obsesionado más nuestras autoridades sanitarias durante los últimos 60 años— parecían no sólo estar un poco perdidas, sino completamente equivocadas. Casi nada de lo que creemos comúnmente hoy sobre las grasas en general y sobre las grasas saturadas en particular parece correcto bajo un examen minucioso.

Descubrir la verdad se volvió una obsesión de nueve años que me consumió. Leí miles de artículos científicos, asistí a conferencias, aprendí las complejidades de la ciencia de la nutrición y entrevisté a casi todos los expertos vivientes en nutrición en Estados Unidos, algunos varias veces, además de muchos otros en el extranjero. También entrevisté a docenas de ejecutivos de la industria alimenticia para comprender cómo ese monstruo de la industria influye en la ciencia de la nutrición. Los resultados fueron sorprendentes.

Hay una suposición muy popular de que la industria alimenticia —orientada hacia las ganancias— debe ser la raíz de todos nuestros problemas dietéticos, que de alguna manera las empresas de alimentos son responsables por corromper las recomendaciones nutricionales para sus propios fines corporativos. Y es verdad; no son ningunos ángeles. De hecho, la historia de los aceites vegetales, incluyendo las grasas trans, trata parcialmente sobre cómo las empresas de alimentos reprimieron la ciencia para proteger un ingrediente vital en su industria.

Sin embargo, descubrí que, en general, no se podía culpar fundamentalmente a los intereses perversos del Monstruo de la Comida por los errores de la ciencia de la nutrición. La fuente de nuestras recomendaciones dietéticas equivocadas era de cierta manera más preocupante, pues parecía haber sido motivada por expertos en algunas de nuestras instituciones de más confianza, trabajando hacia lo que creían que era el bien público.

Es fácil comprender parte del problema. Estos investigadores se enfrentaron a uno persistente en la ciencia de la nutrición: que gran parte de ella resulta ser altamente falible. La mayoría de nuestras recomendaciones dietéticas están basadas en estudios que intentan medir lo que la gente come y luego la sigue durante años para ver cómo está su salud. Es, por supuesto, extremadamente difícil rastrear una línea directa desde un elemento en particular en la dieta hasta los resultados de una enfermedad muchos años después, especialmente considerando todos los demás factores de estilo de vida y las variables en juego. La información que surge de estos estudios es débil y subjetiva. Sin embargo, en la motivación por combatir la enfermedad cardiaca —y más tarde la obesidad y la diabetes—, esta información débil tenía que ser suficiente. Y esta concesión de los investigadores parece haber motivado muchos de los errores en las políticas de nutrición: los expertos bienintencionados, apurándose a atender las epidemias crecientes de enfermedades crónicas, simplemente sobreinterpretaron la información.

De hecho, la impactante historia de la ciencia de la nutrición a lo largo del último medio siglo se ve más o menos así: los científicos que estaban respondiendo al altísimo número de casos de enfermedad cardiaca, el cual había pasado de ser un mero puñado en el año 1900 a ser la principal causa de muerte hacia 1950, crearon la hipótesis de que la grasa, especialmente de la clase saturada (dado su efecto en el colesterol), tenía la culpa. Esta hipótesis se aceptó como verdad antes de que se probara adecuadamente. Los burócratas de salud pública adoptaron y consagraron este dogma no demostrado. La hipótesis se inmortalizó en las gigantescas instituciones de salud pública y se deshabilitó el mecanismo científico normal de la autocorrección, el cual involucra desafiar constantemente las propias creencias. Mientras que la buena ciencia debería regirse por escepticismo y duda, el campo de la nutrición en cambio ha sido moldeado por pasiones que bordean el fanatismo. Y parece que nos ha fallado todo el sistema por el que las ideas se canonizan como hechos.

Una vez que las instituciones oficiales adoptaron las ideas sobre grasa y colesterol, incluso los expertos prominentes en el campo vieron que era casi imposible contradecirlas. Uno de los científicos en nutrición más reverenciados del siglo xx, el químico orgánico David Kritchevsky, descubrió esto hace 30 años, cuando sugirió aligerar las restricciones de grasa en la dieta, en un panel para la Academia Nacional de Ciencias.

"¡Se nos fueron encima!", me dijo. "¡La gente nos escupía! Es difícil imaginar ahora ese frenesí. Era como si hubiéramos profanado la bandera. Estaban tan enojados de que estuviéramos yendo en contra de las sugerencias de la Asociación Americana del Corazón y de los Institutos Nacionales de Salud."

Todos los expertos que criticaron el punto de vista prevaleciente sobre la grasa en las dietas se encontraron con esta reacción, silenciando finalmente toda oposición. Los investigadores que insistieron en sus demandas de pronto vieron que ya no les daban becas, que ya no podían ascender en sus círculos profesionales, ya no los invitaban a hablar en paneles de expertos y ninguna revista científica quería publicar sus artículos. Su influencia se extinguió y sus puntos de vista se perdieron. Como resultado, durante muchos años, el público ha visto lo que parece ser un consenso científico uniforme sobre el tema de la grasa, especialmente la grasa saturada, pero esta unanimidad externa sólo fue posible por haber dejado de lado todas las ideas contrarias.

Ignorantes de las bases científicas tan endebles sobre las que descansan los lineamientos dietéticos, los estadounidenses han intentado seguirlos obedientemente. Desde la década de 1970 hemos aumentado con éxito nuestro consumo de fruta y verdura un 17 por ciento; de granos, un 29 por ciento; y reducido la cantidad de grasa que comemos de 40 por ciento a 33 por ciento de calorías. La porción saturada de esas grasas también ha bajado, de acuerdo con la propia información del gobierno. (En esos años, la gente también empezó a hacer más ejercicio.) Quitar las grasas claramente ha significado que coman más carbohidratos, como granos, arroz, pasta y fruta. Un desayuno sin huevos ni tocino, por ejemplo, usualmente incluye cereal o avena. Un yogurt bajo en grasa, un desayuno común, tiene más carbohidratos que su variante con grasa, pues quitar la grasa de los alimentos casi siempre requiere añadir "remplazos de grasa" basados en carbohidratos para cubrir la pérdida de textura. Dejar las grasas animales también ha significado cambiar los aceites vegetales, y durante el último siglo, la porción de estos aceites ha aumentado de 0 a casi 8 por ciento de todas las calorías que consumen los estadounidenses; por mucho, el cambio más grande en nuestros patrones alimenticios durante este tiempo.

En este periodo, la salud de Estados Unidos ha empeorado impactantemente. Cuando la Asociación Americana del Corazón primero recomendó al público la dieta baja en grasa y baja en colesterol oficialmente, en 1961, a duras penas uno de cada siete adultos era obeso. Cuarenta años después, esa cifra cambió a uno de cada tres. (Es devastador darse cuenta de que la meta de "Personas Sanas" del gobierno federal para 2010, un proyecto que empezó a mediados de la década de 1990, por ejemplo, era simplemente que el público regresara a los niveles de obesidad que se veían en 1960, pero incluso esa meta era inalcanzable.) Durante estas décadas también vimos cómo los índices de diabetes se elevaban drásticamente, de menos de 1 por ciento de la población adulta a más de 11 por ciento, mientras que la enfermedad cardiaca continuaba siendo la causa principal de muerte tanto en hombres como en mujeres. Ante todo, es una imagen trágica para una nación que, de acuerdo con el gobierno, ha seguido fielmente todos los lineamientos dietéticos oficiales durante tantos años. Si hemos sido tan buenos, cabe preguntar por qué nuestro carnet de salud está tan mal.

Es posible pensar en la dieta baja en grasa, casi vegetariana, del pasado medio siglo como un experimento descontrolado de toda la población de Estados Unidos, que alteró significativamente nuestra dieta tradicional con resultados involuntarios. Eso puede sonar como una afirmación dramática, y nunca lo habría creído yo misma, pero una de las cosas más impresionantes que aprendí a lo largo de mi investigación fue que durante 30 años después de que se recomendara oficialmente la dieta baja en grasa y diéramos por sentados sus supuestos beneficios, no había sido probada formalmente a gran escala. Finalmente, estaba la Iniciativa de Salud de la Mujer (ISM), un estudio que incluyó a 49 mil mujeres en 1993 con la expectativa de que los resultados validaran de una vez por todas los beneficios de la dieta baja en grasa. Pero después de una década de comer más frutas, verduras y granos enteros, dejando la carne y las grasas, estas mujeres no sólo no perdieron peso, sino que tampoco vieron ninguna reducción significativa en su riesgo de enfermedad cardiaca o cáncer de ningún tipo importante. La ISM fue el estudio más grande y más largo que se hizo de la dieta baja en grasa, y los resultados indicaron que la dieta simplemente había fallado.

Ahora, en 2014, un creciente número de expertos ha empezado a reconocer la realidad de que volver a la dieta baja en grasa, la pieza central de las recomendaciones nutricionales durante seis décadas, no ha sido precisamente una buena idea. Aun así, la solución oficial sigue siendo más o menos la misma. Todavía se nos recomienda comer una dieta en su mayoría de fruta, verdura y granos enteros, con porciones pequeñas de carne magra y lácteos bajos en grasa. La carne roja todavía está virtualmente prohibida, así como la leche entera, el queso, la crema entera, la mantequilla y, en menor grado, los huevos.

Ha surgido un argumento a favor de comer estos alimentos animales enteros entre los autores de libros de cocina y los sibaritas, quienes no pueden creer que todas las cosas que sus abuelos comieron realmente son tan malas para ellos. También están los paleo, quienes intercambian información en blogs y sobreviven casi sólo de carne roja. Muchos de estos devotos recientes de los alimentos animales se han sentido inspirados por el doctor cuyo nombre se asocia más cercanamente con la dieta alta en grasa: Robert. C. Atkins. Como veremos, sus ideas han sobrevivido a un nivel sorprendente y han estado sujetas a una gran cantidad de investigaciones científicas y académicas en años recientes. Pero los periódicos todavía incluyen encabezados alarmantes sobre cómo la carne roja es causa de cáncer y enfermedad cardiaca, y la mayoría de los expertos en nutrición te dirá que debes evitar esa grasa saturada por completo. Casi nadie recomienda lo contrario.

Al escribir este libro, tuve la ventaja de acercarme al campo como una extraña con pensamiento científico, libre de la afiliación con o del financiamiento de cualquier punto de vista atrincherado. Revisé la ciencia de la nutrición desde los inicios del campo en la década de 1940, hasta la actualidad, para encontrar la respuesta a estas preguntas: ¿Por qué evitamos la grasa en nuestra dieta? ¿Es una buena idea? ¿Hay algún beneficio de salud en evitar la grasa saturada y comer aceites vegetales en cambio? ¿El aceite de oliva es realmente la clave para una larga vida libre de enfermedades? ¿Los estadounidenses están mejor después de intentar deshacerse de los alimentos con grasas trans? Este libro no ofrece recetas ni recomendaciones de dietas específicas, sino que llega a algunas conclusiones generales sobre el mejor equilibrio de macronutrientes para una dieta sana.

En mi investigación, específicamente evité apoyarme en resúmenes que tendieran a pasar conocimientos adoptados y, como veremos, pudieran perpetuar ilusamente la mala ciencia. En cambio, me fui hasta los estudios originales y en algunos casos busqué datos desconocidos que no se había previsto que alguien encontrara. Este libro, por tanto, contiene muchas revelaciones frescas y muchas veces alarmantes sobre fallos en el trabajo fundacional de la nutrición, así como formas sorprendentes en las que se planeó mal y se malinterpretó.

Lo que encontré, increíblemente, no fue sólo que era un error restringir la grasa, sino que nuestro miedo a las grasas saturadas en los alimentos animales —mantequilla, huevos y carne— nunca se basó en una ciencia sólida. Se desarrolló una preferencia en contra de estos alimentos muy pronto y se arraigó, pero la evidencia reunida para sustentarla nunca llegó a ser un caso convincente y desde entonces se ha desmoronado.

Este libro presenta el caso científico por el que nuestro cuerpo es más sano en una dieta con amplias cantidades de grasa y por qué este régimen necesariamente incluye carne, huevos, mantequilla y otros alimentos animales altos en grasas saturadas. *La grasa no es como la pintan* nos lleva a través de los giros dramáticos de 50 años de ciencia de la nutrición y presenta la evidencia de una manera que el lector pueda comprenderla completamente para ver cómo llegamos al conocimiento actual. En esencia, este libro es una investigación científica, pero también es una historia sobre las fuertes personalidades que orillaron a sus colegas a creer en sus ideas. Estos ambiciosos investigadores en campaña lanzaron a toda la población de Estados Unidos, y subsecuentemente al resto del mundo, a una dieta baja en grasa, casi vegetariana, un régimen que irónicamente pudo haber exacerbado de manera directa muchas de las enfermedades que pretendía curar.

Para todos los que hemos pasado gran parte de nuestra vida creyendo y siguiendo esta dieta, es de vital importancia comprender cómo y qué salió mal, así como hacia dónde podemos partir desde este punto.

Fuentes principales de diferentes tipos de grasa

Saturada

- Mantequilla de cacao
- Lácteos (queso, leche, crema)
- Huevos
- Aceite de palma
- Aceite de coco
- Carnes

Insaturada

Monoinsaturada:
- Aceite de oliva
- Manteca
- Grasa de pollo y de pato

Creada a través de procesos químicos:
- Aceites hidrogenados (grasas trans)

Poliinsaturada, "omega-6":
- Aceite de maíz
- Aceite de semilla de algodón
- Aceite de soya
- Aceite de cártamo
- Aceite de cacahuate
- Aceite de canola

Poliinsaturada, "omega-3":
- Aceites de pescado
- Linaza

1

La paradoja de la grasa: buena salud con una dieta alta en grasa

En 1906, Vilhjalmur Stefansson, hijo de inmigrantes islandeses a Estados Unidos y antropólogo graduado de Harvard, eligió vivir con los inuit en el Ártico canadiense. Fue el primer hombre blanco que vieron estos inuit del río Mackenzie, y le enseñaron cómo cazar y pescar. Stefansson se aseguró de vivir durante todo un año exactamente como sus anfitriones, lo que incluía comer casi en exclusiva carne y pescado. Entre seis y nueve meses, no comieron nada más que caribú, seguido de meses exclusivos de salmón y un mes de huevos en la primavera. Los testigos estimaron que entre 70 y 80 por ciento de las calorías en su dieta venía de la grasa.

Stefansson tenía claro que la grasa era el alimento preferido y más preciado para los inuit que observó. Los depósitos de grasa detrás del ojo del caribú y hacia la mandíbula eran los más codiciados, seguidos del resto de la cabeza, el corazón, el riñón y el hombro. Las partes más magras, incluyendo el lomo, eran para los perros.

"La primera oportunidad para las verduras [...] como con la mayoría de los esquimales fue una hambruna", escribió Stefansson en su controversial libro de 1946, *Not by Bread Alone*. Al reconocer qué tan impactante era su declaración, Stefansson añadió: "Si la carne necesita carbohidratos y otras verduras añadidas para volverla entera, entonces los pobres esquimales no estaban comiendo sanamente". Lo que es peor, pasaban ociosamente los meses de completa oscuridad en el invierno, incapaces de cazar, sin un "trabajo real" que hacer, comentó. "Deberían haber tenido un estado deplorable [...]. Pero, por el contrario, me parecían las personas más sanas con las que hubiera vivido." No vio obesidad ni enfermedad alguna.

Los expertos en nutrición de principios del siglo xx no enfatizaban la importancia de comer frutas y verduras tanto como lo hacen ahora, pero incluso en su tiempo, las aseveraciones de Stefansson se consideraban difíciles de creer. Ansioso de probar sus revelaciones después de volver del Ártico, planeó un experimento un tanto drástico. En 1928, Stefansson y un colega, bajo la supervisión de un equipo altamente calificado de científicos, ingresaron al Hospital Bellevue, en la ciudad de Nueva York, y juraron no comer nada más que carne y agua durante todo un año.

Los dos hombres se enfrentaron a "una miríada de protestas" cuando entraron al hospital. Stefansson escribió: "Comer carne cruda, dijeron nuestros amigos, nos volvería parias sociales". (De hecho, la carne iba a estar cocida.) Otros temían que Stefansson y su colega murieran.

Después de unas tres semanas con la dieta, durante las cuales realizaron una batería constante de análisis, dejaron ir a los hombres todavía saludables a sus casas, aunque bajo estricta supervisión. Durante el año siguiente, Stefansson sólo se enfermó una vez, cuando los investigadores lo animaron a comer sólo carne magra, sin la grasa. "Los síntomas que surgieron en Bellevue por una dieta incompleta de carne (la ración de carne magra, sin grasa)" vinieron rápido: "diarrea y sensación generalizada de malestar sin causa aparente", recordó, pero se curó rápidamente con una comida de filetes de solomillo con grasa y sesos fritos en grasa de tocino.* Al terminar el año, ambos hombres se sentían extremadamente bien y se vio que estaban en perfecta salud. El comité científico supervisor publicó media docena de artículos, en los que registraban el hecho de que los científicos no podían encontrar nada malo en ellos. Se esperaba que los hombres contrajeran escorbuto, cuando menos, dado que la carne cocida no es una fuente de vitamina C. Sin embargo, no fue así, probablemente porque comieron de todo el animal, incluyendo los huesos, el hígado y el cerebro, los cuales se sabe que contienen dicha vitamina, en lugar de sólo la carne. Para calcio masticaban los huesos, así como hacían los inuit. Stefansson siguió esta dieta no sólo durante el año del experimento, sino casi toda su vida adulta. Permaneció activo y en buena salud hasta que murió a la edad de 82 años.

---

* El equilibrio ideal parecía ser un radio de tres partes de grasa por una parte de carne magra y, de hecho, ésa fue la fórmula que siguió Stefansson durante todo el año de su experimento. Una dieta de "pura carne" no era precisamente el nombre; la dieta realmente era en su mayoría de grasa.

Del otro lado del mundo, medio siglo después, George V. Mann, un médico y profesor de bioquímica que había viajado a África, tuvo una experiencia similarmente ilógica. Aunque sus colegas en Estados Unidos se estaban alineando en apoyo a la hipótesis cada vez más popular de que las grasas animales causaban enfermedad cardiaca, Mann estaba viendo en África una realidad completamente distinta. Su equipo de la Universidad Vanderbilt y él llevaron un laboratorio móvil a Kenya a principios de la década de 1960 para hacer estudios al pueblo masai. Mann había escuchado que los hombres masai no comían nada más que carne, sangre y leche —una dieta como la de los inuit, formada casi enteramente de grasa animal—, y que consideraban las frutas y verduras sólo como comida para las vacas.

Mann estaba basándose en el trabajo de A. Gerald Shaper, un médico sudafricano de la Universidad de Uganda, quien había viajado más al norte para estudiar una tribu similar, los samburu. Un joven samburu bebía entre 2 y 7 litros de leche al día, dependiendo de la temporada, lo que significaba un estimado de más de medio kilo de grasa. Su consumo de colesterol estaba al tope, especialmente durante periodos en los que añadía entre uno y dos kilos de carne a su dieta diaria de leche. Mann encontró lo mismo en los masai: los guerreros bebían entre 3 y 5 litros de leche diario, usualmente en dos comidas. Cuando había poca leche en la temporada de sequía, la mezclaban con sangre de vaca. No escatimaban la carne, comiendo cordero, cabra y res regularmente, y en ocasiones especiales o en días de mercado, cuando mataban al ganado, comían entre dos y cinco kilos de carne de res con grasa, por persona. Para ambas tribus, la grasa era la fuente de más de 60 por ciento de sus calorías, y todo provenía de fuentes animales, lo que significa que era altamente saturada. Sobre los jóvenes de la clase guerrera ("murran"), Mann reportó que "no comían productos vegetales".

A pesar de todo esto, la presión sanguínea y el peso de ambos hombres, el masai y el samburu, eran alrededor de 50 por ciento más bajos que los de sus contrapartes estadounidenses, y lo más significativo era que estas cifras no aumentaban con la edad. "Estos hallazgos me pegaron muy duro", dijo Shaper, porque lo obligaron a darse cuenta de que no era biológicamente normal que el colesterol, la presión sanguínea y otros indicadores de buena salud empeoraran automáticamente con la edad, como suponían todos en Estados Unidos. De hecho, un análisis de alrededor de 26 artículos sobre varios grupos étnicos y sociales concluyó que, en poblaciones homogéneas relativamente pequeñas, viviendo bajo condiciones primitivas, "sin que las molestara más o menos su contacto con la civilización", el aumento en la presión arterial no era parte de su proceso de envejecimiento normal. ¿Era posible que nosotros, en el mundo occidental, fuéramos la anomalía, aumentando nuestra presión arterial y generalmente acabando con nuestra salud por algún aspecto de nuestra dieta o de nuestra forma de vida moderna?

Es cierto que los masai estaban libres de la clase de estrés emocional y competitivo que carcome a los ciudadanos de los países más "civilizados", el cual muchas personas creen que contribuye a la enfermedad cardiaca. Los masai también hacen más ejercicio que los occidentales anclados a su escritorio; estos altos y delgados pastores caminan muchos kilómetros al día con su ganado, buscando agua y comida. Mann pensó que tal vez todo este ejercicio podría estar protegiendo a los masai de la enfermedad cardiaca.* Pero también reconoció que la existencia era "fácil" y los "trabajos ligeros", y que los mayores, quienes "parecían sedentarios", tampoco estaban muriendo de ataques al corazón.

Si nuestra creencia actual sobre la grasa animal es correcta, entonces toda la carne y los lácteos que estos hombres estaban comiendo habrían provocado una epidemia de enfermedad cardiaca en Kenya. Sin embargo, Mann descubrió exactamente lo opuesto; no podía identificar casi ningún caso de enfermedad cardiaca. Lo documentó al hacer electrocardiogramas en 400 hombres, entre los que no encontró evidencia de un ataque cardiaco. (Shaper hizo lo mismo con 100 samburu y encontró "posibles" señales de enfermedad cardiaca en sólo dos.) Mann entonces hizo las autopsias de 50 hombres masai y encontró sólo un caso con evidencia "inequívoca" de infarto. Los masai tampoco sufrían de otras enfermedades crónicas, como cáncer o diabetes.

En la superficie, estas historias de África y el Ártico (así como la de la ciudad de Nueva York) parecen paradójicas, dado que nosotros creemos saber sobre el riesgo de ataque cardiaco y su vínculo con las grasas animales. La buena salud y el alto consumo de grasas animales deberían excluirse mutuamente, de acuerdo con el consenso prevaleciente

---

* Mann fue uno de los primeros investigadores en explorar los beneficios potenciales del ejercicio para la prevención de la enfermedad cardiaca. Sin embargo, las ventajas de correr no parecen ser inequívocas; el prominente corredor Jim Fixx murió de un ataque cardiaco masivo mientras corría en 1984, por ejemplo. Y se dice que el legendario soldado griego Filípides, quien corrió el primer maratón desde la batalla de Maratón, hasta Atenas, para entregar el mensaje de victoria, falleció ahí mismo.

de que estas grasas, especialmente la carne roja, provocan enfermedad coronaria y posiblemente cáncer. Estas creencias están tan arraigadas que nos parecen obvias.

En lugar de productos animales, se supone que debemos comer plantas, de acuerdo con la recomendación con la que hemos estado viviendo durante décadas, de que una dieta casi vegetariana es la más saludable. La Asociación Americana del Corazón y el USDA, así como casi cualquier grupo experto en el planeta, recomiendan obtener las calorías diarias principalmente de frutas, verduras y granos enteros, mientras se minimizan las grasas animales de todas clases. La carne roja no es recomendable. Como escribió Mark Bittman, el principal columnista culinario del *New York Times*: "Para comer 'mejor' [...], el centro de la respuesta es sabido por todos: Comer más plantas". El primer punto del lineamiento dietético del USDA es: "Aumenta el consumo de verduras y frutas". O como declara Michael Pollan en la primera línea de su inmensamente popular libro *In Defense of Food*: "Come comida. No demasiada. En su mayoría, plantas".

¿Qué debemos pensar entonces sobre los inuit y los masai, quienes parecen muy saludables con una dieta alta en grasa y casi ninguna planta? Stefansson y Mann, quienes los observaron, eran investigadores muy respetados, cuyos estudios seguían estándares científicos y se publicaron en revistas médicas respetables. No eran personajes marginales buscando a los bichos raros de la naturaleza; Stefansson y Mann simplemente estaban lidiando con algunas observaciones atípicas.

La buena práctica de ciencia requiere que, cuando observemos algo que no encaja con una hipótesis, se comprueben estas observaciones de alguna manera. ¿Hay un fallo en las observaciones mismas? Si no, ¿la hipótesis necesita cambiar de alguna manera para acomodarse a ellas? Los tipos de observaciones precisas hechas por Stefansson y Mann no pueden ignorarse o eliminarse así nada más, aunque eso fue exactamente lo que otros investigadores hicieron en su momento. Los críticos simplemente no podían imaginar que estos informes fueran ciertos.

Durante medio siglo, los expertos en nutrición han estado dedicados a la hipótesis de que la grasa, especialmente la grasa saturada, provoca enfermedad cardiaca (además de obesidad y cáncer). Ha sido difícil, si no imposible, que los expertos reconozcan cualquier evidencia de lo contrario; aun cuando hay suficiente de ella. Una mirada detallada al vasto cuerpo de observaciones científicas sobre dieta y salud muestra una imagen sorprendente e inesperada, y una que no parece apoyar un solo argumento sólido contra la grasa saturada.*

De hecho, Stefansson y Mann representan dos de los recuentos más "paradójicos" que podríamos contar. Resulta que, históricamente y hasta hoy en día, muchas poblaciones humanas sanas han sobrevivido principalmente con alimentos animales. Es fácil encontrar ejemplos. A principios del siglo XX, por ejemplo, sir Robert McCarrison, el director de investigación nutricional del gobierno británico en el Servicio Médico de la India, y quizá el nutriólogo más influyente de la primera mitad del siglo XX, escribió que estaba "profundamente impresionado por la salud y el vigor de ciertas razas aquí. Los sikh y los hunza", notablemente no sufrían "ninguna de las principales enfermedades de las naciones occidentales, como cáncer, úlcera péptica, apendicitis y descomposición dental". Estos indios del norte tenían generalmente larga vida y "un buen físico", además de que su vibrante salud presentaba "un marcado contraste" con la gran morbidez de otros grupos en la parte sur de la India, quienes comían principalmente arroz blanco y una mínima porción de lácteos o carne. McCarrison creía que podía descartar otras causas fuera de la nutrición para estas diferencias, pues encontró que podía reproducir hasta cierto grado la misma mala salud cuando alimentaba a ratas de laboratorio con una dieta baja en leche y carne. Las personas sanas que McCarrison observó comían algo de carne, pero sobre todo "una abundancia" de leche y productos lácteos, como mantequilla y queso, lo que significaba que el contenido de grasa en su dieta era principalmente saturado.

Mientras tanto, el físico y antropólogo Aleš Hrdlička estudió a los nativos americanos del suroeste entre 1898 y 1905, y escribió sus observaciones en un informe de 460 páginas para el Instituto Smithsoniano. Los viejos entre los nativos americanos que visitó seguramente habían sido criados con una dieta sobre todo de carne, sobre todo de búfalo, hasta que perdieron su forma de vida tradicional; sin embargo, como observa Hrdlička, parecían estar espectacularmente saludables y vivir hasta edades muy avanzadas. La incidencia de personas centenarias entre estos nativos americanos era, de acuerdo con el censo de Estados Unidos en 1900, 224 hombres por cada millón y 254 mujeres por cada

---

* Las grasas saturadas se encuentran principalmente en alimentos animales. "Saturado" se refiere al tipo de enlaces químicos en los ácidos grasos individuales, y se discutirá más adelante en el capítulo. (Véase el glosario.)

millón, comparado con sólo tres hombres y seis mujeres por cada millón entre la población blanca. Aunque Hrdlička consideró que estas cifras probablemente no eran por completo precisas, escribió que "ningún error podía justificar la extrema desproporción de personas centenarias". Entre los ancianos que encontró de 90 años o más, "ninguno estaba demente o indefenso en general".

Hrdlička se sorprendió todavía más con la completa ausencia de enfermedades crónicas entre toda la población indígena que vio. "Las enfermedades malignas", escribió, "si existen en absoluto —lo que sería difícil de dudar—, deben ser extremadamente esporádicas". Se le habló de "tumores" y vio varios casos de variedades fibrosas, pero nunca se topó con un caso claro de cualquier otra clase de tumor ni de cualquier cáncer. Hrdlička escribió que sólo vio tres casos de enfermedad cardiaca entre más de 2 mil nativos americanos que examinó, y "ningún caso declarado de arterosclerosis (aumento de placa en las arterias). Las venas varicosas eran raras. Tampoco observó casos de apendicitis, peritonitis, úlceras estomacales ni ninguna "enfermedad grave" del hígado. Aunque no podemos asumir que comer carne es responsable de su buena salud y larga vida, sería lógico concluir que una dependencia a la carne de ninguna manera perjudicaba su buena salud.

En África y Asia, los exploradores, colonos y misioneros a principios del siglo xx se impresionaron repetidamente por la ausencia de enfermedades degenerativas entre las poblaciones aisladas que encontraban. El *British Medical Journal* contenía informes rutinarios de médicos coloniales que, aun teniendo experiencia para diagnosticar el cáncer en su país, encontraban muy poco en las lejanas colonias africanas. Se pudieron identificar tan pocos casos, que "algunos parecieron asumir que no existía", escribió George Prentice, un médico que trabajó en el centro sur de África, en 1923. Sin embargo, si había una "inmunidad relativa al cáncer", no podía atribuirse a la falta de comida en la dieta. Escribió:

> Los negros, cuando pueden obtenerla, comen mucha más carne que la gente blanca. No hay límites para la variedad o la condición, y algunos podrían preguntarse si hay un límite para la cantidad. Sólo son vegetarianos cuando no hay nada más que comer [...]. Cualquier cosa, desde un ratón de campo, hasta un elefante, es bienvenida.

Quizá todo esto sea verdad, pero ningún investigador perspicaz de enfermedad cardiaca puede leer estas observaciones históricas sin levantar una objeción básica y razonable: que la carne de los animales domesticados de hoy tiene mucha más grasa —y una porción mucho mayor de esa grasa es saturada— que la de los animales salvajes que había hace 100 años. Los expertos dicen que la carne de los animales salvajes contenía una porción más grande de grasas poliinsaturadas, que son el tipo encontrado en aceites vegetales y pescados.* Si los animales salvajes contenían menos grasa saturada, argumentan, entonces las primeras poblaciones carnívoras habrían consumido menos de esta grasa que la gente que come carne de animales domesticados hoy en día.

Es cierto que la carne de res tomada de una vaca alimentada con granos tiene un perfil diferente de ácidos grasos al de un buey salvaje. En 1968, el bioquímico inglés Michael Crawford fue el primero en analizar esta cuestión a detalle. Hizo que el Departamento de Caza de Uganda le enviara músculos de varias clases de animales exóticos: alce africano, ñu, topi y jabalí, además de jirafa y otros. Comparó estas carnes con las vacas, pollos y cerdos domesticados en Inglaterra y observó que la carne de los animales salvajes contenía 10 veces más grasas poliinsaturadas que la carne de los animales domesticados. Así, en la superficie, su artículo parecía confirmar que la gente contemporánea no debía considerar su carne domesticada ni remotamente cerca de ser tan sana como la carne de caza de los animales salvajes. Y durante los últimos 45 años, el artículo de Crawford se ha citado ampliamente, y se ha tenido como el punto de vista general en el tema.

Lo que Crawford oculta entre su información, sin embargo, es que el contenido de grasa saturada en la carne de los animales domesticados y salvajes casi no difería en absoluto. En otras palabras, el factor que supuestamente era peligroso en la carne roja no era mayor en las vacas y los cerdos ingleses que en las bestias de Uganda. En cambio, los animales domesticados resultaron ser más altos en grasas monoinsaturadas, que es la clase predominante en el aceite de oliva. Así que, cualquiera que sea la diferencia entre la carne de los animales salvajes y los domesticados, la grasa saturada no era el problema.

* Esta objeción refleja una realidad sobre la carne: que contiene una mezcla de diferentes tipos de grasa. La mitad de la grasa en un corte de res común, por ejemplo, es insaturada, y la mayoría de esa grasa es del mismo tipo (monoinsaturada) que se encuentra en el aceite de oliva. La mitad de la grasa del pollo es insaturada, y 60% de la manteca es insaturada. (Aseverar que las grasas animales son sinónimo de grasas saturadas es, por ende, una simplificación, no obstante, dado que estas grasas saturadas se encuentran principalmente en los alimentos animales, utilizaré la misma simplificación en este libro, por cuestiones de brevedad.)

Un fallo adicional en estos estudios fue que asumieron que los primeros seres humanos comían principalmente el tejido muscular de los animales, como nosotros en la actualidad. Por "carne" se refieren a la musculatura del animal: cortes de lomo, costillas, arrachera, aguja y demás. Pero enfocarse en el músculo parece ser un fenómeno relativamente reciente. En cada historia sobre el tema, la evidencia sugiere que las primeras poblaciones humanas preferían la grasa y las vísceras (también llamadas órganos o entrañas) del animal, en lugar de la carne en sus músculos. Stefansson encontró que los inuit tenían mucho cuidado de guardar la carne grasosa y los órganos para el consumo humano, mientras que dejaban la carne más magra para los perros. De esta manera, los humanos comían como otros mamíferos carnívoros más grandes. Los leones y los tigres, por ejemplo, primero devoran la sangre, el corazón, los riñones, el hígado y el cerebro de los animales que matan, muchas veces dejando los tejidos musculares para los buitres. Estas vísceras tienden a ser mucho más altas en grasas, especialmente grasa saturada (la mitad de la grasa en un riñón de venado es saturada, por ejemplo).

Parece que comer preferentemente la parte más grasosa del animal y seleccionar a los animales en el punto más graso de su ciclo de vida fue el patrón constante de caza entre los humanos a lo largo de la historia. Los investigadores se dieron cuenta de que, para la tribu bardi al norte de Australia, por ejemplo, la grasa era "el criterio determinante" al cazar peces, tortugas y mariscos. Los bardi habían desarrollado un extraordinario conocimiento sobre la temporada y la técnica de caza adecuadas para poder satisfacer lo que los investigadores consideraron su "obsesión con la grasa", incluyendo la habilidad de detectar la cantidad de grasa de una tortuga verde en la noche, sólo con el olor de su aliento cuando salía a la superficie por aire. Consideraban que la carne sin grasa era una "porquería" y "demasiado seca o desabrida para poder disfrutarse".

Se consideraba que la carne consumida sin grasa llevaba a la debilidad. Los inuit evitaban comer demasiado conejo porque, como el observador en el Ártico escribió: "si la gente sólo comía conejos [...] probablemente se moriría de hambre porque su carne es demasiado magra". Y en el invierno de 1857, un grupo de tramperos que estaban explorando el río Klamath, en Oregon, y quedaron varados, "probaron carne de caballos, potros y mulas, los cuales estaban famélicos, y por supuesto no muy tiernos ni jugosos". Consumieron una enorme cantidad de carne, entre 2 y 3 kilos de carne al día por cada hombre, pero "siguieron debilitándose y adelgazando", hasta que, después de 12 días, "pudimos realizar pequeñas labores y ansiábamos comer grasa continuamente".

Incluso Lewis y Clark mencionaron este problema durante sus viajes en 1805: Clark regresó de una cacería con 40 venados, tres búfalos y 16 alces, pero el botín se consideró una decepción porque la mayor parte de la caza "estaba demasiado magra para usarse". Eso significaba mucho músculo, pero no suficiente grasa.

El registro antropológico e histórico está lleno de tales recuentos de humanos planeando estrategias de caza todo el tiempo para capitalizar sus hallazgos de animales durante la temporada en la que estuvieran más gordos y así poder comer sus partes más grasosas.

Ahora que tendemos a sólo comer carne magra y a quitar la grasa incluso de eso, estas historias parecen exóticas e increíbles en tiempos modernos; es difícil cuadrar estas ideas con nuestra propia concepción de una dieta sana. ¿Cómo podían los pueblos comer una dieta tan aparentemente poco saludable a partir de nuestros estándares contemporáneos, tan dependiente de las propias cosas que nosotros culpamos por nuestras enfermedades, y de todas maneras no sufrir de las enfermedades que nos agobian hoy en día? Casi no parece posible que los expertos en nutrición pudieran ignorar esta información sobre la dieta y la enfermedad cardiaca; sin embargo, la literatura científica que apoya nuestras recomendaciones de dieta actuales no intenta lidiar con ella.

Aun así, debemos asumir que hay una explicación para esta paradoja que de alguna manera se ha pasado por alto. Después de todo, nuestro avanzado conocimiento moderno se basa estrictamente en ciencia, apoyada y promovida por las instituciones y las agencias gubernamentales más prestigiosas e influyentes del mundo, ¿cierto? Definitivamente, más de medio siglo de "evidencia" científica no podría estar mal, ¿o sí?

2

Por qué pensamos que la grasa saturada no es saludable

La idea de que la grasa y la grasa saturada no son saludables ha estado tan arraigada en nuestra conversación a nivel nacional durante tanto tiempo, que tendemos a pensar en ello más como "sentido común" que como una hipótesis científica. Pero como cualquiera de nuestras creencias sobre los vínculos entre la dieta y las enfermedades, éste también empezó como una idea, propuesta por un grupo de investigadores, con un punto fijo de origen en el tiempo.

Ancel Benjamin Keys, biólogo y patólogo de la Universidad de Minnesota, a principios de la década de 1950 desarrolló la hipótesis de que la grasa saturada provocaba enfermedad cardiaca. Hizo experimentos en su laboratorio, buscando los primeros indicadores de la enfermedad, y en ese entonces ningún problema de salud parecía más urgente que el de la enfermedad cardiaca. Los estadounidenses sentían que estaban en medio de una terrible epidemia. Una repentina presión en el pecho asaltaba a los hombres en la plenitud de su vida, en medio del campo de golf o en la oficina, y los médicos no sabían por qué. La enfermedad había aparecido aparentemente de la nada y había crecido rápidamente hasta convertirse en la principal causa de muerte en la nación.*

Entonces, cuando Keys propuso su idea sobre la grasa en la dieta, el telón de fondo era una nación tensa y llena de miedo, con hambre de

---

* El índice de mortalidad por enfermedad cardiaca ha bajado desde finales de la década de 1960, presumiblemente por los avances en cuidados médicos. Sin embargo, no está claro si el índice de incidencia subyacente de enfermedad cardiaca también ha bajado. Y esta enfermedad todavía es una de las causas principales de muerte para hombres y mujeres en Estados Unidos, pues mata alrededor de 600 mil personas al año (Lloyd-Jones *et al.*, 2009).

respuestas. En ese tiempo, el punto de vista prevaleciente sostenía que las arterias humanas se reducían lentamente como un acompañamiento inevitable de la vejez, y que la medicina moderna no podía hacer mucho al respecto. Keys, en cambio, pensó que los ataques cardiacos podían evitarse, basándose en la simple lógica de que no siempre había habido tal epidemia. De esta manera las observaciones de George Mann sobre los masai en África, décadas después, lo llevaron a darse cuenta de que los ataques cardiacos no eran una parte inevitable de la experiencia humana. Keys argumentaba que el Servicio de Salud Pública de Estados Unidos debía expandir su papel más allá de sólo contener enfermedades como la tuberculosis, a prevenir enfermedades antes de que comenzaran. Al ofrecer una solución realizable, Keys buscó eliminar "la actitud vencida sobre la enfermedad cardiaca".*

Keys mismo era un inconforme empedernido. Nacido en 1904, creció en Berkeley, California, y fue firmemente independiente desde temprana edad. En la adolescencia, Keys pidió aventón desde Berkeley hasta Arizona y trabajó durante tres meses en una cueva, recolectando guano para una empresa de fertilizante comercial. De la misma manera, al haberse impacientado en la universidad después de sólo un año, la dejó y ofreció sus servicios como ayudante general en un barco hacia China. Más tarde, su colega más cercano en la Universidad de Minnesota, Henry Blackburn, lo describió como ser "directo, al grado de ser brusco; crítico, al grado de ser incisivo, y poseedor de una inteligencia muy ágil y brillante". En la opinión de todos, Keys también tenía una voluntad indomable y afirmaría una idea "hasta la muerte". (Algunos colegas que no lo admiraban tanto lo llamaban "arrogante" y "despiadado".) Obtuvo un doctorado en biología de Berkeley en sólo tres años, y después se fue a su segundo doctorado en fisiología al Kings College, en Londres.

En 1933, Keys pasó 10 años en los Andes, midiendo el efecto de la altitud en su sangre, y esos días cambiaron su vida. Al observar cómo el aire delgado afectaba íntimamente las funciones de su propio cuerpo,

---

* La enfermedad cardiaca es un término general para describir una serie de enfermedades que afectan el corazón, como el suministro reducido de sangre a los órganos (enfermedad cardiaca isquémica), el deterioro del músculo cardiaco (cardiomiopatía), la inflamación del músculo cardiaco (enfermedad cardiaca inflamatoria) y el debilitamiento de todo el sistema circulatorio por presión alta (enfermedad cardiaca hipertensiva). La clase de enfermedad cardiaca que preocupaba principalmente a los investigadores de ese tiempo era la arterosclerosis, que involucra el aumento de placa en las arterias.

Keys descubrió una pasión por la fisiología humana. Su interés por cómo la nutrición afecta el cuerpo vino después, durante la Segunda Guerra Mundial, cuando condujo estudios pioneros sobre la hambruna y el desarrollo de raciones K para los soldados. La K era por Keys.

Más adelante dirigió su mente formidable y su ambición al estudio de la enfermedad cardiaca, y no debe sorprender a nadie que revolucionó el campo.

Desde el principio, uno de los factores principales en la discusión de la enfermedad cardiaca ha sido el colesterol, esa sustancia amarilla y cerosa que es una parte necesaria de todos los tejidos del cuerpo. Es un componente vital para cada membrana celular, que controla lo que entra y sale de la célula. Es responsable del metabolismo de hormonas sexuales y se encuentra en su más alta concentración en el cerebro. Además de estos papeles cruciales, sin embargo, los investigadores descubrieron que el colesterol es uno de los principales componentes de las placas arterioscleróticas, así que se asumió como uno de los principales culpables en el desarrollo de la enfermedad coronaria. El aumento de esta placa se consideró en ese entonces como la causa central del ataque cardiaco porque volvía más angostas las arterias hasta que cortaba el flujo sanguíneo.

Aunque el desarrollo de la enfermedad cardiaca resultó ser mucho más complejo, esta primera imagen tan convincente de la acumulación de colesterol lo estableció como la estrella malvada más brillante del firmamento de la salud pública. Como escribió Jeremiah Stamler, uno de los investigadores originales y más influyentes en el campo, el colesterol era "óxido biológico" que podía "esparcirse hasta cortar el flujo [de sangre] o volverlo lento, al igual que el óxido dentro de la tubería, hasta que sólo un goteo sale de la llave". De hecho, todavía hablamos del colesterol como algo que "tapa las arterias", como grasa caliente en un drenaje frío. Esta idea vívida y al parecer intuitiva se ha quedado con nosotros, incluso conforme la ciencia ha demostrado que esta caracterización es una imagen altamente simplista e incluso incorrecta del problema.

La primera serie de pistas que aparecieron para implicar al colesterol como la causa de la enfermedad cardiaca vino a finales del siglo XIX, en informes de que ciertos niños con niveles anormalmente altos de colesterol en la sangre (conocido como "colesterol sérico") tenían un riesgo excepcionalmente alto de problemas cardiacos. (Una desafortunada niña tuvo un ataque cardiaco y murió a la edad de 11 años, de acuerdo con uno de los primeros informes.) Estos niños también tenían grandes depósitos de grasa en sus manos y tobillos, llamados *xantomas*.

Hacia los primeros años de la década de 1940, los investigadores ya habían determinado que estos niños tenían una rara condición genética que no estaba relacionada con sus dietas. Sin embargo, el hecho de que gente mayor con alto colesterol sérico también tuviera estos xantomas, especialmente en sus párpados, llevó a los investigadores a creer que el colesterol sérico alto podía finalmente ser la causa de estas acumulaciones cerosas bajo la piel. Los investigadores asumieron que los depósitos visibles en el exterior del cuerpo debían ser como los invisibles, más insidiosos formándose en el interior de la pared arterial, y que estas acumulaciones debían provocar ataques cardiacos. Ambos eran saltos de fe, realmente, y sin embargo plausibles. No todos estuvieron de acuerdo con este razonamiento circular (una objeción obvia fue que la enfermedad genética de los niños podía estar operando con un mecanismo diferente del de una enfermedad crónica, desarrollándose durante su vida), pero estas preocupaciones no impidieron que la hipótesis del colesterol siguiera adelante.

Evidencia temprana que vincula sugestivamente al colesterol con la enfermedad cardiaca también vino de los animales. En 1913, el patólogo ruso Nikolai Anitschkow dijo que podía inducir lesiones del tipo arterioscleróticas en conejos al alimentarlos con enormes cantidades de colesterol. Este experimento se volvió bastante famoso y fue replicado ampliamente en toda clase de animales, incluyendo gatos, ovejas, ganado y caballos, llevando a la visión panorámica de que el colesterol en la dieta —como el que uno encuentra en huevos, carne roja y mariscos— debía ser la causa de la arterosclerosis. Los contemporáneos notaron que los conejos, junto con casi todos los animales usados en experimentos subsecuentes, eran herbívoros. Por tanto, no comían alimentos animales normalmente y no estaban diseñados biológicamente para metabolizarlos. En cambio, cuando el experimento se replicó en perros (los cuales comen carne, como los humanos), los animales demostraron una habilidad para regular y excretar el colesterol extra. El comparativo canino parecía un mejor modelo para los humanos, pero el experimento original con los conejos ya había captado la atención de los investigadores, y el colesterol se quedó como el principal sospechoso en el desarrollo de la enfermedad cardiaca.*

---

* Otros investigadores descubrieron después que muchos de estos experimentos tenían fallas porque los investigadores no sabían tomar medidas para prevenir la oxidación del

Para 1950, el colesterol sérico elevado se veía ampliamente como una causa probable de enfermedad cardiaca, y muchos expertos creían que sería más seguro para cualquiera con niveles altos de colesterol en la sangre que intentara bajarlos.

Una de las primeras ideas para que la gente pudiera bajar su colesterol fue simplemente consumir menos. La noción de que el colesterol en la dieta se traduciría directamente a un colesterol más alto en la sangre sólo parecía intuitivamente razonable, y la introdujeron dos bioquímicos de la Universidad de Columbia en 1937. La suposición fue que, si pudiéramos evitar comer yema de huevo y cosas similares, podríamos prevenir que el colesterol se acumulara en el cuerpo. La idea ahora está firmemente registrada en nuestra mente: de hecho, ¿cuántos de tus invitados a desayunar se quejan ante la sola presencia de un plato de huevos cocidos, murmurando "demasiado colesterol"?

Fue Ancel Keys mismo quien primero desacreditó esta noción. Aunque en 1952 dijo que había una "evidencia avasalladora" en favor de la teoría, luego encontró que sin importar cuánto colesterol les dieran a los voluntarios en sus estudios, los niveles de colesterol en su sangre permanecían iguales. Encontró que "tremendas" dosis de colesterol añadidas a la dieta diaria —hasta 3 mil miligramos al día (un solo huevo grande tiene nada más 200 miligramos)— tenían sólo un efecto "trivial", y para 1955 ya había decidido que "este punto no necesitaba mayor consideración".

Muchos otros estudios han reforzado su conclusión. En un caso, cuando Uffe Ravnskov, un médico sueco, aumentó su consumo de huevos de uno a ocho al día (alrededor de mil 600 miligramos de colesterol) durante casi una semana, hizo el impactante descubrimiento de que su nivel total de colesterol había bajado. Lo registró en el capítulo de un libro, titulado "El consumo de huevo y los niveles de colesterol en un médico sueco escéptico". De hecho, comer dos o tres huevos al día durante un largo periodo de tiempo ha demostrado que incluso tiene más que un impacto mínimo en el colesterol sérico para la gran mayoría de la gente. Recuerda que Mann descubriría después que los masai tenían un promedio extremadamente bajo de colesterol sérico, a pesar de una dieta compuesta enteramente de leche, carne y sangre. En 1992, uno de los análisis más completos en este tema concluyó que la gran mayoría

---

colesterol que le daban a los animales. (Una vez que el colesterol se oxida, es más probable que se produzca placa.) (Smith, 1980.)

de la gente reaccionará a incluso una gran cantidad de colesterol en la dieta al disminuir la cantidad de colesterol que el cuerpo produce por sí mismo.* En otras palabras, el cuerpo busca conservar sus condiciones internas constantes. De la misma forma en que el cuerpo excreta el sudor para bajar la temperatura corporal, el proceso de homeostasis está reajustando constantemente las condiciones internas del cuerpo —incluyendo los niveles de colesterol— a un estado en el que todos los sistemas biológicos puedan funcionar óptimamente.

Para responder a esta evidencia, en años recientes las autoridades de salud en Gran Bretaña y casi todos los demás países europeos han rescindido sus recomendaciones para topar el consumo de colesterol en la dieta. Estados Unidos, sin embargo, continúa recomendando un límite de 300 miligramos al día para la gente sana (el equivalente de 1.5 huevos). Aún más, la Administración de Alimentos y Medicamentos (FDA) continúa permitiendo que los productos alimenticios se publiciten como "sin colesterol", así que los consumidores que caminan por los pasillos del supermercado, entre anaqueles de cereales sin colesterol y aderezos sin colesterol, fácilmente podrían tener la impresión de que el colesterol en nuestros alimentos sigue siendo una preocupación para la salud.

Sin embargo, si los alimentos altos en colesterol no provocan el colesterol sérico alto que algunas personas tienen, ¿entonces qué? Al haber determinado que el colesterol en la dieta podría "eliminarse" como una causa, Keys sugirió que los investigadores se enfocaran en otros elementos en la dieta. Desde principios de la década de 1950, considerablemente muchos científicos ya estaban investigando cómo distintos nutrientes afectaban no sólo el colesterol, sino otros aspectos de la química sanguínea. En años anteriores, el enfoque de la investigación sobre enfermedad cardiaca había sido las proteínas y los carbohidratos, pero una explosión de nuevos métodos para separar los ácidos grasos, especialmente un invento de 1952 llamado cromatografía de gases y líquidos, hizo posible analizar diferentes clases de grasas (también llamadas "lípidos") y sus efectos en la biología humana. El "viejo campo ya medio dormido de la investigación de lípidos de pronto despegó hasta la luna", escribió E. H. "Pete" Ahrens, de la Universidad Rockefeller, en

---

* Este estudio fue el primero en corregir los problemas metodológicos que habían distorsionado los estudios anteriores sobre colesterol, como la falta de marcadores básicos de colesterol contra los cuales se pudieran medir adecuadamente los cambios.

Un ácido graso es una cadena de átomos de carbono rodeados de átomos de hidrógeno con un grupo de ácido carboxílico en un lado

```
    H H H H H H H H H H H H H H H H H     O
    | | | | | | | | | | | | | | | | |   //
H - C-C-C-C-C-C-C-C-C-C-C-C-C-C-C-C-C
    | | | | | | | | | | | | | | | | |   \
    H H H H H H H H H H H H H H H H H     OH
```

Cadena larga de hidrocarbonos   Grupo de ácido carboxílico

la ciudad de Nueva York, quien fue uno de los "lipidólogos" principales de su tiempo. Una miríada de investigadores entró en el campo, se incrementaban los fondos para investigaciones cada año y, como describió Ahrens, "la investigación de lípidos llegó muy lejos".

En la década de 1950, Ahrens estableció el primer laboratorio para cromatografía de gases y líquidos en Estados Unidos y se embarcó en varios de los experimentos pioneros que veían diversas clases de grasas en la dieta. Es útil comprender un poco sobre la estructura química básica de las grasas. Básicamente, están compuestas por cadenas de átomos de carbono rodeados de átomos de hidrógeno, con un grupo de ácido carboxílico en un lado.

Estas cadenas pueden ser de diversas medidas y también pueden estar integradas por distintos tipos de enlaces químicos. Es el *tipo* de enlace lo que vuelve un ácido graso "saturado" o "insaturado". Un enlace es un término químico que se refiere a la forma en que dos átomos se unen. Un enlace doble es como un apretón de manos doble entre átomos y tiene dos implicaciones prácticas: primero, el enlace es menos estable, dado que una mano puede soltarse en cualquier momento para atraer más átomos, y, segundo, porque el enlace provoca un giro a lo largo de la cadena de átomos de carbono, así que no embona bien con sus vecinos. Estas moléculas serpenteantes con enlaces dobles se juntan entonces libremente, formando aceites. Un solo enlace doble en una cadena hace un ácido graso "monoinsaturado", que es la principal clase encontrada en el aceite de oliva. Más de un enlace doble hace una grasa "poliinsaturada", la cual caracteriza los aceites "vegetales", incluyendo el de canola, cártamo, girasol, cacahuate, maíz, semilla de algodón y soya.

Los ácidos grasos saturados, en cambio, no contienen enlaces dobles, sólo enlaces simples. Las moléculas no pueden jalar nuevos átomos

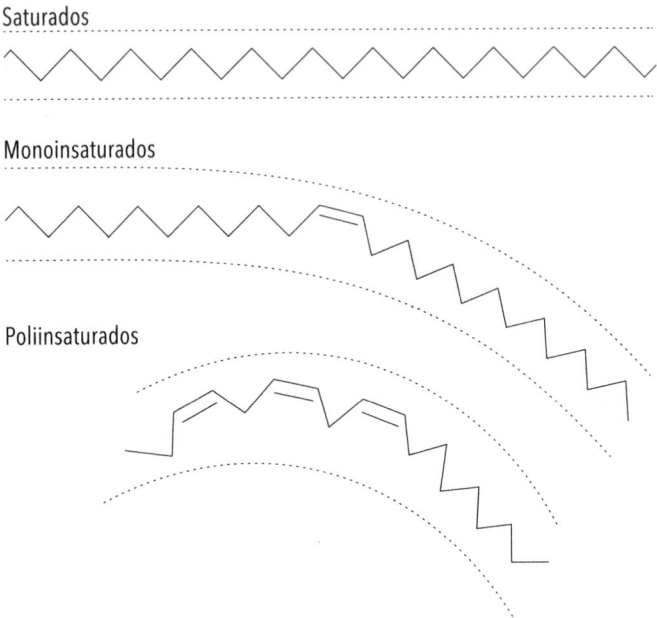

Tipos de ácidos grasos

Saturados

Monoinsaturados

Poliinsaturados

porque ya están "saturadas" con átomos de hidrógeno. Estas grasas también son cadenas rectas que pueden juntarse densamente, haciendo que se vuelvan sólidas a temperatura ambiente, como la mantequilla, la manteca y el sebo.

Los científicos de lípidos en la década de 1950 estaban intensamente enfocados en cómo afecta varios aspectos de la sangre el consumo de estas distintas clases de grasas, especialmente los niveles de colesterol. En el Instituto de Investigaciones Metabólicas, en Oakland, California, por ejemplo, los investigadores descubrieron en 1952 que remplazar las grasas animales con grasas vegetales bajaba dramáticamente el colesterol total. Un equipo en la Universidad de Harvard encontró que los niveles de colesterol sérico de los vegetarianos eran más bajos en quienes no consumían productos lácteos, comparados con quienes comían huevos y leche. Un estudio neerlandés de vegetarianismo descubrió lo mismo.

Ahrens, en la Universidad Rockefeller, era un investigador particularmente meticuloso. Hizo todos los esfuerzos por controlar todos los aspectos de los experimentos que realizaba, manteniendo a sus pacientes hospitalizados en un pabellón metabólico y alimentándolos con dietas de fórmulas líquidas para evitar las complicaciones nutricionales que acompañan a los alimentos reales. Descubrió que las grasas saturadas en la mantequilla y el aceite de coco elevaban el colesterol sérico más que cualquier otra grasa, seguidos del aceite de palma, la manteca, la mantequilla de cacao y el aceite de oliva. Los niveles más bajos de colesterol sérico en sus pacientes se dieron con dietas con aceite de cacahuate, semilla de algodón, maíz y cártamo. Más adelante, usando técnicas más avanzadas, Ahrens descubrió que el colesterol no subía ni bajaba tan consistentemente en respuesta a diferentes grasas en la dieta; había mucha más heterogeneidad de la que originalmente había pensado. El descubrimiento de estas respuestas humanas de "heterogeneidad", como escribió Ahrens hacia el final de su carrera, fue una de sus más "gratificantes contribuciones" al campo. Pero en la década de 1950, los investigadores estaban convencidos de que estas reacciones del colesterol eran estrictamente uniformes, y se enfocaron en las grasas saturadas como las que subían los niveles de colesterol más efectivamente.

Aunque Keys se volvería el investigador más influyente en el campo de la dieta y las enfermedades, en realidad entró un poco tarde al juego al señalar los tipos de grasas. Estuvo más de acuerdo con los investigadores que pensaban que la cantidad total de grasa en la dieta determinaba mejor el riesgo de enfermedad cardiaca que el tipo de grasa. Keys hizo su propio trabajo sobre este tema en experimentos éticamente cuestionables, con pacientes masculinos de esquizofrenia, en un hospital cercano a Minnesota. Les dio de comer dietas en las que el contenido de grasa variaba desde 9 por ciento, hasta 24 por ciento, y descubrió que las dietas más bajas en grasa servían un poco mejor para bajar el colesterol. Estos experimentos difícilmente eran definitivos: una serie de pruebas entre dos y nueve semanas, involucrando un total de sólo 66 personas.* Keys pronto cambiaría de opinión sobre sus hallazgos. Sin embargo, en un estilo que presagió cómo Keys llegaría a la cima del mundo nutricional, promovió estos resultados tentativamente tempranos como si ya no dejaran cabida a la duda: "No se conoce ninguna otra variable en el modo de vida, además de las calorías de la grasa en la dieta, que muestre algo parecido a una relación consistente en el índice de mortalidad por enfermedad coronaria o degenerativa", les dijo a sus colegas en una reunión para discutir la arterosclerosis en 1954.

---

* En un alejamiento de los estándares científicos normales, Keys no declaró los detalles de estas pruebas, como el número de hombres involucrados y la duración de cada intervención.

Keys dibujó confidentemente una línea directa de causa entre la grasa en la dieta, el colesterol sérico en la sangre y la enfermedad cardiaca. En una presentación de 1952, en el Hospital Monte Sinaí, en Nueva York (más tarde publicado en varios artículos que recibieron enorme atención en conjunto), Keys introdujo formalmente esta idea, la cual llamó su "hipótesis de la dieta y el corazón". Su gráfica mostraba una cercana correlación entre el consumo de grasa y el índice de mortalidad por enfermedad cardiaca en seis países.*

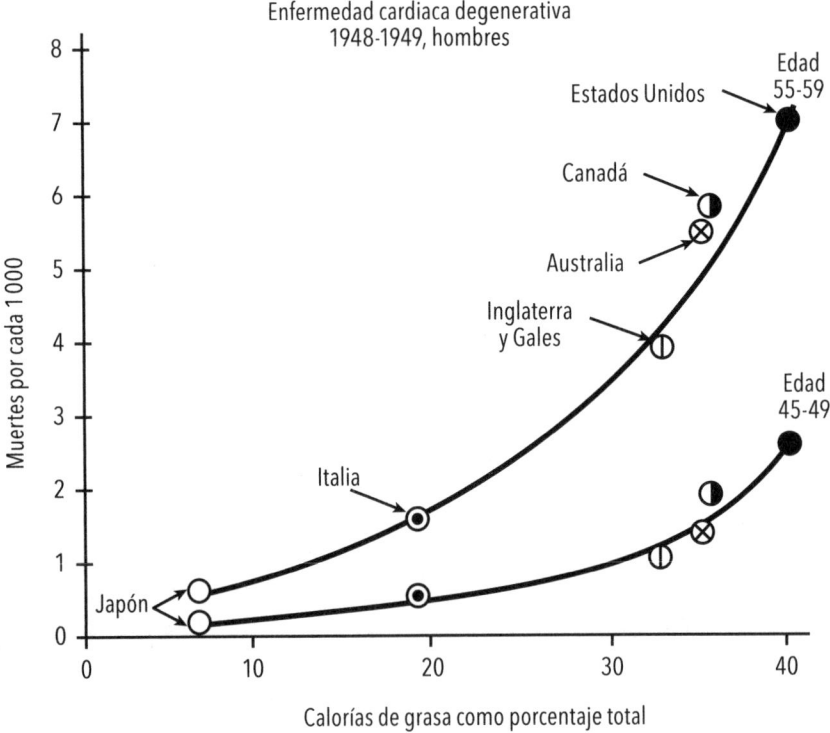

Tabla de Keys, de 1952:
Calorías de la grasa versus muertes por enfermedad cardiaca degenerativa

Tabla que utilizó Keys para promover su idea de que la grasa en la dieta causaba enfermedad cardiaca:

Fuente: Ancel Keys, "Artherosclerosis: A Problem in Newer Public Health", *Journal of Mount Sinai Hospital, Nueva York*, vol. 20, núm. 2, julio-agosto de 1953, p. 134.

* El otro argumento que Keys presentó para su hipótesis de la dieta y el corazón en estos primeros años fue que tendencias en el consumo de grasa en la dieta parecían igualar el aumento de la epidemia de enfermedad cardiaca en Alemania, Noruega y Estados Unidos.

Fue una curva ascendente perfecta, como la gráfica de crecimiento de un niño. La gráfica de Keys sugería que, si extendías la curva hacia abajo, hasta cero consumo de grasa, tu riesgo de enfermedad cardiaca casi desaparecería.

Este ejercicio de unir los puntos en 1952 fue la semilla que creció hasta convertirse en el gigantesco árbol de desconfianza que tenemos hoy por la grasa. Todos los malestares que se han atribuido al consumo de grasa con el paso de los años —no sólo la enfermedad cardiaca, sino la obesidad, el cáncer, la diabetes y más— surgen de la implantación de esta idea en el canon nutricional por Ancel Keys, así como de su perseverancia por promoverla. Ahora, cuando eliges una ensalada con pechuga de pollo magra para comer y eliges pasta en lugar de carne para cenar, esas decisiones pueden rastrearse de vuelta a él. La influencia de Keys en el mundo de la nutrición ha sido incomparable.

¿La grasa engorda?

Además de provocar arterosclerosis, Keys pensó que la grasa debía hacer que la gente engordara. Dado que la grasa contiene un poco más de nueve calorías por gramo, mientras que la proteína y los carbohidratos sólo contienen alrededor de cuatro, los expertos en nutrición han pensado durante mucho tiempo que una dieta baja en grasa permite perder peso por su contenido calórico bajo.* En otras palabras, si comemos grasa, seremos grasa.

Probablemente nadie ha explicado esta actitud prevaleciente hacia la grasa mejor que Jerry Seinfeld cuando describió estar en un supermercado. "Ves la etiqueta que dice 'Contenido de grasa'. La gente sólo ve Contenido de Grasa. ¡Tiene *grasaaa*! Hay *grasa* en esto. ¡Yo *sereeé* esa grasa!".

¿Alguna vez ha habido un homónimo más desafortunado? Una palabra que significa dos cosas muy distintas: la grasa que comemos y la grasa en nuestro cuerpo. Es muy difícil que nuestro cerebro comprenda completamente que hay dos definiciones enteramente aisladas de grasa. El miedo acechante a que la grasa en la dieta engorde viene desde la

---

* Sin embargo, Keys nunca se preocupó por la obesidad y pensó que no estaba relacionada con el desarrollo de la enfermedad cardiaca, aunque se ha demostrado la fuerza de este vínculo desde entonces (Keys, en *Symposium on Atherosclerosis*, 1954, pp. 182-184).

década de 1920, en Estados Unidos, cuando permanecer delgado era una parte importante de la moda y el estilo de vida de la nueva clase media; asimismo, las empresas de seguros empezaron a basar sus primas en el peso y la altura de la gente. Restar calorías fue una de las múltiples teorías compitiendo en ese momento por cómo la gente debía perder peso, y dado que la grasa tenía más calorías, muchos médicos aconsejaron a sus pacientes quitar esta parte de la dieta. Desde entonces, la grasa en cualquier forma simplemente se ha comprendido por lo general como algo que debe evitarse. Un gran número de experimentos ha confirmado desde entonces que restringir la grasa no adelgaza a la gente (al contrario, en realidad) y, sin embargo, la idea de que pudiera haber algo llamado "grasa adelgazante" probablemente siempre nos sonará a un oxímoron.

En cuanto a la grasa en la dieta y la enfermedad cardiaca, Keys reconoció muy pronto que los ejemplos internacionales planteaban una seria amenaza a su hipótesis. Sus primeros artículos dedicaron mucho espacio en la argumentación contra la evidencia que venía de alrededor del mundo y que no le hacía ningún favor a su hipótesis: los masai en África, los esquimales en el Ártico, incluso los indios navajo en su propio país. Tuvo informes preliminares de algunos países como Finlandia y Japón, donde la información sí parecía estar en sintonía con sus ideas. Y una de sus brillantes ideas fue darse cuenta de que esta clase de evidencia internacional podía emplearse poderosamente para apoyar su visión. Así, mientras sus rivales trabajaban duro en los laboratorios académicos, Keys encontró una forma de irse a la aventura, de la que traería de vuelta una impresionante cantidad de datos globales.

Keys empezó a viajar por todo el mundo a principios de la década de 1950. Él y su esposa, Margaret, viajaron a Sudáfrica, Cerdeña, Suecia, España e Italia, y adonde fueran, medían el colesterol de los lugareños mientras evaluaban el contenido de grasa en su dieta. La pareja visitó un aserradero remoto en Finlandia, donde la enfermedad cardiaca estaba descontrolada entre los hombres jóvenes. En Japón, midieron los niveles de colesterol de pescadores y granjeros rurales, e hicieron lo mismo con inmigrantes japoneses que vivían en Honolulu y Los Ángeles.

Keys estaba particularmente fascinado con los países alrededor del Mediterráneo, porque había escuchado que los índices de enfermedad cardiaca en la región eran excepcionalmente bajos, y en 1953 viajó primero a Nápoles y luego a Madrid para descubrirlo por sí mismo. Después de medir los niveles de colesterol sérico y realizar electrocardiogramas a un pequeño grupo de gente, concluyó que la población general de estas ciudades de hecho tenía índices de enfermedad cardiaca mucho más bajos que los típicamente hallados en Estados Unidos. Todavía más, Keys especuló que, dado que los índices de mortalidad coronaria variaban tanto de país a país, la enfermedad no podía atribuirse a la genética, ni siquiera al proceso natural del envejecimiento. Entonces debe ser por la dieta, decidió Keys. Mann llegaría a la misma conclusión más tarde, basándose en sus observaciones de los guerreros masai, pero Keys tenía ideas muy diferentes sobre qué parte de la dieta tenía la culpa: "sólo el factor de la grasa parece importante hasta ahora", escribió.

El estado de las arterias estadounidenses llenas de grasa estaba "dominado por los efectos a largo plazo de una dieta rica en grasas y por las innumerables comidas repletas de grasa", dijo Keys en 1957. Como prueba, señaló hacia los jóvenes leñadores finlandeses que comían "pedazos de queso del tamaño de una rebanada de pan, al que le untaban mantequilla [...] y se pasaban con cerveza. Era un ejemplo práctico del problema coronario".

Aunque había observado sólo una pequeña cantidad de hombres en estos primeros viajes y no tenía un método particular para medir sus dietas, Keys escribió con seguridad que la grasa entera "claramente" era un "factor importante" en el desarrollo de la enfermedad cardiaca. Esto era, por supuesto, lo que había estado buscando, así que tal vez es predecible que lo hubiera encontrado.

En sus viajes, Keys hizo vínculos profesionales a nivel mundial y convenció a otros investigadores para que probaran su idea. Estos colegas subsecuentemente recolectaron información desde Sudáfrica hasta Suecia, y toda la evidencia que acumularon parecía confirmar su hipótesis de que las dietas altas en grasa y el colesterol sérico relativamente alto iban de la mano. De nuevo, la cantidad de personas analizadas fue minúscula, pero Keys tejió hábilmente esta información escueta de aquí a allá en un cuadro que parecía convincente.

Keys encontró más armas para su hipótesis en una cautivadora observación hecha durante la Segunda Guerra Mundial: que las muertes por enfermedad cardiaca bajaron dramáticamente por toda Europa durante la guerra y rebotaron poco después. Estos eventos llevaron a Keys a creer que la escasez de comida —particularmente de carne, huevos y lácteos— fue seguramente la causa. Había, sin embargo, otras explicaciones: por ejemplo, que el azúcar y la harina también habían escaseado durante la guerra; que la gente respiraba menos emisiones de gases de los autos por la escasez de gasolina, además de que hacía más ejercicio al andar en bicicleta o caminar para ir de un lado a otro. Otros científicos notaron estas explicaciones alternativas para el declive de la enfermedad cardiaca, pero Keys las rechazó completamente.

Hacia mediados de la década de 1950, Keys empezaba a alejarse de su idea de que la grasa entera fuera la principal causa de la enfermedad cardiaca, aunque nunca lo reconoció explícitamente. En cambio, sus artículos empezaban a hablar más sobre el tipo de grasa en la dieta como el factor crítico para elevar el colesterol. Keys llegó a esta conclusión después de realizar algunos pequeños experimentos a corto plazo en esos mismos pacientes de esquizofrenia en un hospital de Minnesota, entre 1957 y 1958. Descubrió que el colesterol sérico subía después de que los hombres comieran grasa saturada y bajaba después de que comieran aceites vegetales, tal como Ahrens y otros habían descubierto antes.

Así, como anunció Keys en 1957, en un conjunto de artículos publicados en las principales revistas médicas,* el total del colesterol sérico podía bajarse al reducir las grasas saturadas. Keys estaba bastante seguro de sus nuevos hallazgos; tanto, que publicó una fórmula matemática específica con la que afirmó que se podía calcular el aumento o la reducción de la cantidad exacta de colesterol sérico en la población, dependiendo de la cantidad de grasa saturada, grasa poliinsaturada y colesterol que comiera. Ésta fue la famosa "ecuación Keys", que alcanzó una enorme influencia en la comunidad de investigación nutricional, probablemente porque era un alivio para la gente que buscaba respuestas sólo tener una fórmula impecable para la humanidad. A diferencia de Ahrens, quien invitaba a sus colegas a ser modestos sobre su conocimiento frente a la enorme complejidad de la biología humana (y quien, como hemos visto, finalmente argumentó a favor de la diversidad de reacciones biológicas), Keys redujo esta complejidad a una explicación segura y confiable. Todavía creía que la gente no debería comer demasiada grasa en general, pero una vez que llegó a la idea de que la grasa saturada era el verdadero villano de la dieta, empezó a defender esta teoría por encima de todas las demás. Si la gente sólo dejara de comer huevos, productos lácteos, carnes y todas las grasas visibles, comentaba, la enfermedad cardiaca se "volvería muy rara". Keys recomendó una "firme reducción" de grasas en la dieta, sobre todo las que se encontraban

---

* Keys aseveró estas declaraciones en no menos de 20 artículos en revistas científicas de renombre entre 1957 y 1958.

naturalmente en los alimentos animales, y cambiarlas por aceites vegetales.

El presidente poliinsaturado: el ataque cardiaco de Eisenhower

Las ideas de Keys se convirtieron en el foco de atención a nivel nacional el 23 de septiembre de 1955, cuando el presidente Dwight D. Eisenhower sufrió el primero de varios ataques cardiacos. El médico personal de presidente, Paul Dudley White, voló para estar a su lado en Denver, Colorado. White, un cardiólogo, era uno de los observadores originales de la epidemia de enfermedad cardiaca cuando empezaba a principios del siglo XX. Escribió un libro de texto en 1931, considerado un clásico sobre la enfermedad, y fue uno de los seis fundadores de la Asociación Americana del Corazón (AHA). También trabajó de cerca con el presidente Harry Truman para establecer el Instituto Nacional del Corazón (NHI) como parte de los Institutos Nacionales de Salud (NIH) en 1948. Ya después como profesor renombrado de Harvard, la influencia de White en el campo era casi ilimitada.

Keys había demostrado desde mucho antes un talento para cultivar relaciones con gente poderosa. Para obtener el trabajo de desarrollar esas famosas raciones K, por ejemplo, había afianzado un puesto, desde 1939 hasta 1943, como asistente especial del secretario de la Defensa. White era otro aliado claramente deseable, y años antes Keys lo había convencido de acompañarlos a Margaret y a él en algunos de sus viajes internacionales para medir la grasa y el colesterol. Sin duda fue durante esos viajes —a Hawai, Japón, Rusia e Italia— que White empezó a convencerse de las ideas de Keys.

Al día siguiente del ataque cardiaco de Eisenhower, White dio una conferencia de prensa y aleccionó claramente y con toda autoridad al público estadounidense sobre la enfermedad cardiaca, así como las medidas preventivas que podían tomar para evitarla: dejar de fumar, bajar el estrés y, en cuanto a la dieta, reducir su consumo de grasa saturada y colesterol. En los meses siguientes, White continuó informando a la nación sobre la salud del presidente en conferencias de prensa y en las páginas del *New York Times*. En un artículo de primera plana en el *Times* que White escribió, Keys es el único investigador al que menciona de nombre (describiendo su trabajo como "brillante"), y su teoría dietética es la única que cita extensamente. Si un hombre estadounidense de mediana edad aprendió algo del episodio presidencial entero, fue que los principales médicos del país creían que la gente debía sacar la grasa de su dieta. Eisenhower mismo se obsesionó con sus niveles de colesterol en la sangre y religiosamente evitaba los alimentos con grasa saturada; cambió a margarina poliinsaturada, la cual llegó al mercado en 1958, y comió pan tostado en el desayuno… hasta que murió de enfermedad cardiaca en 1969.*

Mientras tanto, Keys estaba ocupado promoviendo su gráfica y otros datos que aparentemente mostraban el vínculo entre las muertes por enfermedad cardiaca y el consumo de grasa en auditorios científicos alrededor del mundo. "Una dieta rica en grasas e incontables comidas repletas de grasa" eran la causa "probable" del desarrollo de enfermedad coronaria en la "mayoría de los casos", escribió en 1957.

Keys tenía una cantidad considerable de seguidores entre sus colegas de nutrición, sin embargo, al menos un científico en su público, Jacob Yerushalmy, no estaba impresionado. Yerushalmy era el fundador del Departamento de Bioestadísticas de la Universidad de California, Berkeley, y escuchó a Keys en una conferencia de la Organización Mundial de la Salud (OMS) en Ginebra, en 1955. Yerushalmy pensó que la información parecía un poco sospechosa. Ahí mismo en Ginebra, por ejemplo, población local consumía una gran cantidad de grasa —grasa animal—, pero no moría de enfermedad cardiaca muy seguido. Como la llamada paradoja francesa (esos sorprendentemente saludables devoradores de omelets), uno también podía notar una paradoja suiza. De hecho, si mirabas a los 22 países de los que se tenía información nacional disponible en 1955, tales "paradojas" también existían para Alemania Occidental, Suecia, Noruega y Dinamarca. Claramente, no eran paradojas, sino marcadores de información demandando una explicación alternativa.

La objeción de Yerushalmy era que Keys parecía haber seleccionado sólo ciertos países que pudieran embonar en su hipótesis. Había otros factores que podían explicar igual de bien las tendencias de enfermedad cardiaca en estos países, aseguró. En un artículo de 1957, Yerushalmy enlistó algunas de ellas: la cantidad de autos vendidos per cápita, el nú-

---

* Eisenhower fumaba cuatro cajetillas de cigarros al día, lo cual posiblemente contribuyó a su enfermedad cardiaca, aunque dejó de fumar cinco años antes de su primer ataque cardiaco.

Yerushalmy y Hilleboe, información de 22 países

Mortandad por arterosclerosis y enfermedad cardiaca degenerativa, y porcentaje del consumo total de calorías de grasa, hombres, edad 55-59, 1950

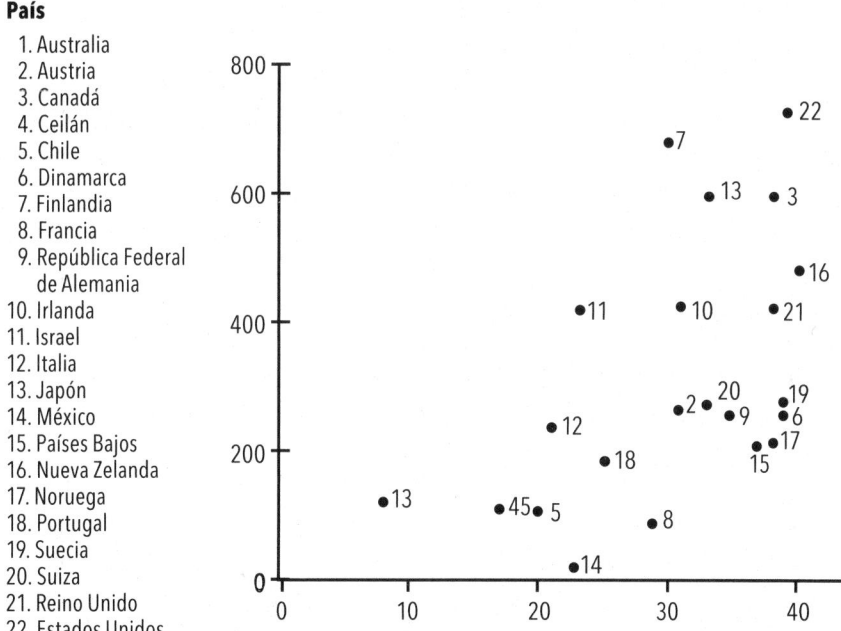

País
1. Australia
2. Austria
3. Canadá
4. Ceilán
5. Chile
6. Dinamarca
7. Finlandia
8. Francia
9. República Federal de Alemania
10. Irlanda
11. Israel
12. Italia
13. Japón
14. México
15. Países Bajos
16. Nueva Zelanda
17. Noruega
18. Portugal
19. Suecia
20. Suiza
21. Reino Unido
22. Estados Unidos

Gráfica hecha por críticos de Keys donde muestran *ninguna* correlación entre la grasa en la dieta y la enfermedad cardiaca, cuando se añadieron todavía más países de los seis originales de Keys.

Fuente: J. Yerushalmy y Herman E. Hilleboe, "Fat in the Diet and Mortality from Heart Disease: A Methodologic Note", *New York State Journal of Medicine*, vol. 57, núm. 14, julio de 1957, p. 2346.

mero de cigarros vendidos, el consumo de proteína y el consumo de azúcar. Todos estaban asociados con un factor común: la riqueza. Así que cualquier cosa que acompañara una prosperidad creciente de mediados de siglo, incluyendo la carne, el azúcar, las emisiones de los autos y la margarina, podía estar causando la enfermedad cardiaca. En cuanto a la grasa, cuando Yerushalmy y su colega, Herman E. Hilleboe, planearon la información para los 22 países en lugar de sólo los seis que Keys había seleccionado, observaron que su correlación era sustancialmente débil. Más bien parecía una rociada de puntos de referencia al estilo Jackson Pollock. Ese desastre de los puntos de referencia no fue muy bien recibido por Keys.

"Recuerdo el ambiente en el laboratorio cuando salió el estudio", dijo Henry Blackburn, la mano derecha de Keys durante mucho tiempo, quien se había jubilado de la Universidad de Minnesota cuando lo entrevisté.

"El ambiente... ¿No era bueno?", pregunté.

"Eh...", dijo Blackburn. Una larga pausa.*

Para ese momento, Keys ya tenía varios críticos, incluyendo George V. Mann, quien realizaría el trabajo con los masai. Mann escribió sobre su esperanza de que esta confrontación con Yerushalmy fuera un "tiro de gracia" para la teoría de Keys sobre grasa y enfermedad cardiaca. Pero Keys devolvió el golpe. Respondió publicando en el *Journal of Chronic Diseases* que la información de Yerushalmy y Hilleboe tenía profundas fallas porque las estadísticas nacionales no eran confiables, especialmente las recolectadas por gobiernos europeos durante el volátil periodo de posguerra. ¡Demasiado cierto! Incluso ya sin la guerra, hay enormes diferencias entre los países donde los médicos muchas veces escribían "enfermedad cardiaca" como causa de muerte en un acta de defunción. Tales variaciones siempre han provocado grandes dudas sobre esta clase de comparativos internacionales. Sólo un ejemplo es una investigación de 1964, la cual encontró que los médicos estadounidenses, cuando se les entregaban los mismos historiales médicos que a los doctores europeos, diagnosticaban enfermedad cardiaca 33 por ciento más veces que los médicos británicos y 50 por ciento más que los noruegos. Keys estaba completamente consciente de este problema, pero no lo detuvo de utilizar la misma estadística nacional para su propia gráfica, dado que, fallida o no, no había más información disponible. Sin embargo, en ese tiempo nadie lo cuestionaba a él ni a su doble estándar.

En su respuesta a Hilleboe, Keys también lo acusó de inclinarse a favor de "conclusiones negativas versus positivas". "Dudo que el doctor

---

* Más tarde, Blackburn dijo que Yerushalmy y otros críticos habían dejado fuera injustamente esta tabla de seis países de la evidencia que Keys presentó para sustentar su teoría. Sin embargo, en 1957, cuando Yerushalmy publicó su crítica, la única evidencia que Keys había dado eran sus observaciones sobre la reducción de niveles de enfermedad cardiaca en Europa durante la segunda Guerra Mundial (lo cual tenía otras posibles causas) y un poco de información sin publicar recolectada de los finlandeses y los japoneses. En lugar de sustentar todavía más su teoría en el artículo principal de 1957, en el cual presenta el caso de su hipótesis, Keys en cambio dedicó varias páginas a atacar las teorías que competían con la suya, como la posibilidad de que la proteína, la falta de ejercicio o el colesterol en la dieta provocaran la enfermedad cardiaca (Blackburn y Labarthe, 2012, p. 1072; Keys, 1957, pp. 552-559).

Hilleboe realmente crea que tiene evidencia adecuada para declarar que *no* hay una relación causal entre la grasa en la dieta y la tendencia a desarrollar arterosclerosis en un hombre", escribió Keys.

En otras palabras, Keys quería que su hipótesis se considerara correcta hasta que se probara equivocada. Sin embargo —y éste es un punto importante—, la ciencia no es como el sistema judicial. Mientras que los estadounidenses se consideran inocentes hasta que los prueban culpables, el conocimiento científico es justamente lo opuesto: una hipótesis no debe considerarse correcta hasta que una montaña de evidencia significativa se crea detrás, e incluso entonces uno nunca puede estar completamente seguro. Todo lo que uno puede decir realmente es que la preponderancia de la evidencia tiende a apoyar una idea por encima de otra. La creencia inamovible de Keys en su hipótesis, incluso en sus etapas formativas y frente a evidencia contraria, sin embargo, sugiere que estaba dispuesto a alejarse de estos principios científicos para defenderla.

De cualquier modo, parece claro que la respuesta escéptica de los colegas de Keys a su presentación de 1955 en la OMS, en Ginebra, representó un humillante e importante momento para él: "el momento crucial en la vida de Keys", recuerda Blackburn. Después del enfrentamiento en Ginebra, "[Keys se levantó después de la golpiza y dijo, 'Yo les voy a enseñar'... y luego diseñó el estudio de los siete países".

El estudio de los siete países

A diferencia de las muestras internacionales que Keys había tomado de sus viajes con Margaret, el estudio de los siete países fue el primer proyecto epidemiológico multinacional de la historia humana.* Al estandarizar la recolección de datos y usar encuestas de campo de poblaciones muestra, Keys buscaba amasar información correcta y detallada que pudiera compararse entre naciones —a diferencia de esas estadísticas

---

* En estudios epidemiológicos, u "observacionales", se perfila un grupo de sujetos (se miden sus dietas y sus hábitos como fumadores, por ejemplo), y los investigadores entonces lo observan durante un periodo de tiempo. Se prefieren sujetos más viejos para que los resultados de salud, como ataques cardiacos, cáncer o muertes puedan verse sin tener que esperar demasiado tiempo. Estos resultados entonces se correlacionan con las variables originalmente registradas, permitiendo que los investigadores vean si hay algún vínculo entre, digamos, fumar y el cáncer de pulmón.

nacionales tan endebles— y así concluir el debate sobre la dieta y la enfermedad coronaria de una vez por todas.

Keys lanzó el estudio en 1956, con una beca anual del Servicio de Salud Pública de Estados Unidos de 200 mil dólares, una suma de dinero enorme en ese entonces para un solo proyecto. Planeaba seguir a detalle a alrededor de 12 700 hombres de mediana edad en poblaciones por lo general rurales en Italia, Grecia, Yugoslavia, Finlandia, Países Bajos, Japón y Estados Unidos.

Una serie de críticos ha señalado desde entonces que si Keys hubiera tomado en serio las críticas de Yerushalmy, tal vez habría elegido un país europeo para cuestionar su hipótesis de la grasa como Suiza o Francia (o Alemania o Noruega o Suecia). En cambio, eligió sólo las naciones (basándose en estadísticas nacionales) que parecían confirmarla.

Desde principios del siglo XX investigadores han sabido la importancia de evitar las inclinaciones por parte de los investigadores al seleccionar los sujetos al azar. Esto se llama "aleatorización", y los investigadores siguen protocolos para lograr una muestra aleatoria. Pero el criterio de selección de Keys no podía considerarse aleatorio; en cambio, como escribió, eligió los lugares que creyó mostraban cierto contraste entre los índices de dieta y mortandad, y todavía más importante, lugares "donde encontró ayuda entusiasta", lo que implicaba tanto a la gente como a los recursos para conducir el estudio, como Blackburn me describió. Al intentar explicar por qué Keys no buscó países que ofrecieran más desafíos a sus ideas, Blackburn dijo: "Keys sólo tenía una aversión personal a estar en Francia y Suiza".

El periodo histórico del estudio de los siete países también fue un problema. Los años que tomó, de 1958 a 1964, fueron un tiempo de transición en la región mediterránea: Grecia, Italia y Yugoslavia todavía se estaban recuperando de la Segunda Guerra Mundial, la cual los había conducido a una extrema pobreza y casi la inanición, e Italia también estaba emergiendo de su sufrimiento de 25 años bajo el régimen fascista. La adversidad hizo que casi cuatro millones de italianos dejaran su país y al menos 150 mil griegos el suyo.

Éstos son los hechos que deberían hacer dudar a un investigador. Keys pudo haberse preguntado si, al sumergirse en la Europa de la década de 1960, podía estar obteniendo una imagen anómala. La gente que estudió estaba en un momento de privación. Habrían consumido una dieta más rica en la niñez antes de la guerra, así como sus madres durante el embarazo. Dado que algunos investigadores creen que los rastros de la enfermedad cardiaca pueden comenzar en el vientre materno o son una acumulación de los hábitos de toda una vida, entonces las muestras de la década de 1960 fueron realmente algo riesgoso. Claramente no reflejaban una realidad más amplia.

Dentro de las limitaciones de estas decisiones cuestionables, sin embargo, el estudio buscaba los estándares más altos posibles. En los países que Keys eligió, sus equipos de investigadores visitaron pueblos rurales y seleccionaron a hombres trabajadores de mediana edad. Registraron su peso corporal, su presión sanguínea y sus niveles de colesterol, además de preguntar a los hombres sobre su dieta y hábitos de fumadores. Se tomaron muestras de lo que comía un pequeño subgrupo de estos hombres a lo largo de una semana y se enviaron al laboratorio para un análisis químico.

Los resultados del estudio de los siete países aparecieron en una monografía de 211 páginas publicada por la Asociación Americana del Corazón en 1970, seguida de un libro publicado por Harvard University Press. Le siguieron siete libros y más de 600 artículos de diversos miembros del equipo original del estudio. Para 2004, de acuerdo con un conteo, había cerca de un millón de referencias al estudio de los siete países en la literatura médica.

Lo que Keys encontró, como había esperado, fue una fuerte correlación entre el consumo de grasa saturada y las muertes por enfermedad cardiaca. En Karelia del Norte, Finlandia, donde los hombres trabajaban duro como leñadores y granjeros, pero comían una dieta diaria alta en productos lácteos y carne, las muertes por enfermedad cardiaca eran elevadas: 992 hombres por cada 10 mil en el transcurso de una década. En Grecia y Corfú, con suficiente aceite de oliva y muy poca carne, la cifra era ridículamente baja, con nueve muertes. En Italia el número era de 290. Entre los trabajadores del ferrocarril en Estados Unidos, era de 570.

Dado que Keys había estandarizado cuidadosamente el diagnóstico de enfermedad cardiaca y otras manifestaciones de enfermedad coronaria a lo largo de países enteros, uno de los grandes logros de su información de los siete países era simplemente demostrar que la gente viviendo en diferentes naciones realmente sufría índices enormemente distintos de ataques cardiacos. Por esta razón, dice Blackburn, el estudio fue el primero en demostrar que "los ataques cardiacos podían prevenirse [...], que no eran un fenómeno natural del envejecimiento ni estaban predeterminados genéticamente o eran actos de Dios".

Los resultados parecieron mostrar que, aun cuando los leñadores finlandeses y los granjeros griegos comían más o menos la misma cantidad total de grasa, era el tipo de grasa lo que importaba. Entre más grasa saturada comiera uno, de acuerdo con los resultados, mayor era el riesgo de sufrir un ataque cardiaco. La grasa saturada sólo era 8 por ciento de las calorías que comían los cretenses, comparado con 22 por ciento de los finlandeses. Estos hallazgos se veían definitivos y parecieron ofrecer una respuesta final para los críticos de Keys.

¿Lo serían? A pesar de los resultados celebrados, hubo algunos problemas frustrantes con los puntos de referencia que no apoyaron su hipótesis. Por ejemplo, los finlandeses del este murieron de enfermedad cardiaca a un índice tres veces mayor que los finlandeses del oeste, aunque sus estilos de vida y sus dietas, de acuerdo con la información de Keys, eran virtualmente idénticas. Los isleños de Corfú comían todavía menos grasa saturada que sus compatriotas en Creta, pero en Corfú el índice de enfermedad cardiaca era mucho más elevado. Así, dentro de los países, la correlación entre grasa saturada y enfermedad cardiaca no se sostenía.

En 1984, quince años después, Keys hizo un seguimiento con estas poblaciones; en los siete países encontró que los resultados eran todavía más paradójicos. Para entonces, el consumo de grasa saturada ya no podía explicar las diferencias entre los índices de enfermedad cardiaca en absoluto. Y entonces, dado que la enfermedad cardiaca era responsable de sólo un tercio de todas las muertes, Keys dio el paso lógico de considerar todas las causas de muerte, no sólo las de enfermedad cardiaca. Después de todo, ¿no es esto finalmente lo que queremos saber? ¿No sólo lo que podemos hacer para evitar un ataque cardiaco, sino lo que podemos hacer para vivir más? (Si una dieta baja en grasa salva a la gente de la enfermedad cardiaca, pero en cambio le da cáncer, por ejemplo, ¿cuál es el punto?).

Frustrante para Keys, la información del estudio de los siete países mostraba que, aun cuando una dieta baja en grasa saturada parecía estar asociada con menos muertes por enfermedad cardiaca (dentro de esos países, al menos), la ventaja no se extendía a la mortandad general. La gente que comía dietas bajas en grasa saturada tenía el mismo riesgo alto de morir que sus contrapartes devoradoras de grasa. Los minimalistas de alimentos animales simplemente morían de otras causas. En el estudio, la gente que sobrevivía más que los demás vivía en Grecia y Estados Unidos, y su longevidad no mostraba una relación con la cantidad de grasa o grasa saturada que comía, ni con los niveles de colesterol en su sangre.

La información nutricional tampoco se sostenía. Si lees el diseño del estudio de Keys con mucha atención, te darás cuenta de que, de los 12 mil 770 participantes, se evaluaba la comida que consumían de sólo 499 de ellos, o 3.9 por ciento. Y no había consistencia entre las naciones sobre cómo se recolectaba la información nutricional: en Estados Unidos, una muestra registrada de un día se tomó con 1.5 por ciento de los hombres, mientras que en otras naciones se recolectaba de hasta siete días. Algunas muestras de comida se recolectaban cocidas, algunas antes de cocinarse, o ambas.

Revisé con más atención la información dietética de Grecia porque se volvió el ejemplo de la dieta mediterránea (véase el capítulo 7), y me di cuenta de los errores más impactantes y preocupantes. En ese país, Keys había tomado muestras de las dietas en Creta y Corfú más de una vez, en diferentes temporadas, para capturar las variaciones de la comida que consumían. Sin embargo, en un impresionante descuido, una de estas tres encuestas en Creta cayó durante el periodo de ayuno de 48 días de la Cuaresma. ¿Cómo habría modificado esto la dieta? "El ayuno de los griegos ortodoxos es estricto y significa abstenerse de todos los alimentos de origen animal, incluyendo pescado, queso, huevos y mantequilla", escribió un observador contemporáneo. (En Italia, la expresión "pari corajisima" [se ve como Cuaresma] ha hecho referencia desde hace mucho tiempo a alguien feo, desagradable y malnutrido.) Dado que los alimentos evitados durante la Cuaresma son las fuentes principales de grasa saturada, una muestra de la dieta durante esta festividad obviamente registraría menos de este nutriente. Un estudio hecho en Creta entre 2000 y 2001 mostró que el consumo de grasa saturada bajaba a la mitad durante la Cuaresma.

Keys sí mencionó este problema en su monografía, pero inmediatamente lo disculpó diciendo que "la estricta adherencia [a la Cuaresma] no parecía ser común". No dio más detalles ni mencionó el asunto para nada en su artículo sobre la dieta griega. Después, cuando dos investigadores de la Universidad de Creta rastrearon a los directores originales de la sección de Grecia en el estudio de los siete países, les dijeron que 60 por ciento de la población del estudio en Creta estaba ayunando durante la investigación, aunque "no se hizo ningún intento" en el estudio por diferenciar entre los que estaban ayunando y los que no. Ésta fue "una impactante y problemática omisión", escribieron los investigadores en *Public Health Nutrition*, en 2005, pero eso fue 40 años demasiado tarde para corregir las impresiones originales del estudio.

Sorprendida y alarmada por este descubrimiento, llamé a Daan Kromhout, quien dirigió el componente nutricional del estudio de los siete países. Ahora es maestro de investigación de salud pública en Países Bajos y también funge como asesor en jefe para su gobierno sobre la política de salud. Estaba claramente molesto de cierta manera por su descuido de la Cuaresma, pero enfatizó lo poco que se sabía de las encuestas de comida en ese entonces y lo ciegos que estaban al meter la mano en un campo enteramente nuevo. "En una situación ideal, no debimos hacer eso", reconoció. "Pero uno no puede hacer lo ideal todo el tiempo." Y esta explicación podría ser suficiente si la información de Creta no hubiera terminado siendo la piedra angular de nuestras recomendaciones dietéticas durante el último medio siglo.

Keys no tuvo muchas ganas de informar sobre estos descubrimientos en lo absoluto y, de hecho, me costó trabajo rastrear parte de ellos. Publicó la mayoría de la información en una revista neerlandesa, *Voeding*, donde sabía que pasaría desapercibida,* en lugar de una de las publicaciones británicas o estadounidenses principales, donde publicó la mayoría de sus otros artículos sobre los siete países. Y uno debe leer entre líneas para ver las múltiples dificultades técnicas que se topó Keys. En Grecia nada más, se utilizaron tres métodos químicos diferentes para analizar las grasas en las muestras de comida y sus resultados no cuadraban. ("No era posible asegurar qué sistema proveía los resultados más precisos", como dijo.)

Sin embargo, en el informe mismo de los siete países no hay ninguna indicación de que la información pudiera tener alguna falla de ninguna forma, y en general se le ha dado pase abierto entre los investigadores en este campo durante décadas. Cuando rastreé los artículos, me quedó claro que Keys, en su ambición por el estudio, había hecho todo lo posible por enterrar sus problemas, y problemas tan significativos que, si se hubieran conocido entonces, es posible que nunca se hubiera publicado el estudio de los siete países.

Más allá de estos problemas con la información, también hubo una inmensa limitación estructural en el estudio de los siete países: fue una investigación epidemiológica y por ende sólo podía mostrar una

---

* Keys escribió sobre su frustración respecto a un artículo anterior que había publicado en *Voeding*, el cual "no recibió la atención internacional", dijo, porque la revista, aunque era respetable, tenía "muy poca circulación fuera de Países Bajos, e incluso ahí [se] leía principalmente entre nutriólogos" (Keys, en Kromhout, Menotti y Blackburn, 1994, p. 17).

asociación, no una causa. En otras palabras, podía mostrar que los dos elementos ocurrían juntos, pero no podía establecer ninguna conexión causal. El estudio de Keys, por tanto, podía cuando mucho establecer una asociación entre una dieta baja en grasas animales y los índices mínimos de enfermedad cardiaca; no podía decir nada sobre que la dieta causara que la gente se librara de la enfermedad. Otros aspectos de dieta y estilo de vida también están relacionados con los bajos índices de enfermedad cardiaca vistos en el estudio de Keys, y no pueden descartarse como causas.

Azúcar: ¿una explicación alternativa?

En 1999, cuando el investigador italiano principal en el estudio de los siete países, Alessandro Menotti, revisó de nuevo la información de los 12 770 sujetos 25 años después, notó un hecho interesante: la categoría de los alimentos que mejor se relacionaba con la mortandad coronaria eran los dulces. Por "dulces" se refería a los productos azucarados y a los pasteles, los cuales tenían un coeficiente de correlación con la mortandad coronaria de 0.821 (una correlación perfecta es 1.0). Posiblemente esta cifra habría sido más alta si Menotti hubiera incluido el chocolate, el helado y los refrescos en su categoría de "dulces", pero esos quedaron bajo otra categoría y, explicó, habrían sido "demasiado problemáticos" de registrar. En cambio, los "alimentos animales" (mantequilla, carne, huevos, margarina, manteca, leche y queso) tenían un coeficiente de correlación de 0.78, y esta cifra probablemente hubiera sido más baja si Menotti hubiera excluido la margarina. (La margarina usualmente se hace de grasas vegetales, pero los investigadores de entonces tendían a juntarla con los alimentos animales porque se parecía mucho a la mantequilla.)

Ancel Keys estaba consciente de la idea de que el azúcar podía ser una explicación dietética alternativa a la suya como causa de la enfermedad cardiaca. Desde finales de la década de 1950 hasta principios de la década de 1970, sostuvo un debate constante en la literatura científica con John Yudkin, un profesor de fisiología del Queen Elizabeth College, de la Universidad de Londres, quien en ese entonces era el hombre detrás de la hipótesis del azúcar. "Keys se oponía mucho a la idea del azúcar", recuerda Daan Kromhout en una entrevista, aunque no podía decir por qué. Los filósofos de la ciencia dirían que el trabajo de un científico es ser tan escéptico como sea posible sobre sus propias ideas, pero Keys evidentemente era todo lo contrario. "Estaba tan convencido de que los ácidos grasos eran la cosa en relación con la arterosclerosis, que veía todo desde esa perspectiva", dice Kromhout. "Era una persona muy determinada y tenía su propio punto de vista." Sobre los puntos de vista de otros, Keys podía ser agresivamente desdeñoso: la idea de Yudkin de que el azúcar causa enfermedad cardiaca es un "cúmulo de tonterías", concluyó al final de una crítica de nueve páginas en *Atherosclerosis*. "Yudkin y sus apoyos comerciales no se detienen ante los hechos; continúan cantando la misma tonadita desacreditada", escribió después.

Keys defendía su estudio de los siete países especialmente de cualquier idea de que el azúcar pudiera explicar parte de las diferencias de mortandad que observaba. En respuesta a una carta que le envió un investigador sueco que lo cuestionó al respecto en 1971, Keys hizo algunos análisis de regresión mostrando que el consumo de grasa sólo correlacionaba perfectamente con la variación en la enfermedad cardiaca; el azúcar no tenía un impacto adicional. Pero no hizo el cálculo reverso, preguntando si el azúcar sólo tenía la misma correlación (como hizo Menotti después). Keys publicó sus cifras en una carta, no un artículo (que habría podido ser criticado por sus contemporáneos), y no dio las cifras completas, así que otros no podían revisar sus cálculos.

"El azúcar nunca se discutió propiamente entre nosotros [los investigadores líderes del estudio de los siete países]", me dijo Menotti. "No sabíamos cómo tratarla. Informamos los hechos y tuvimos cierta dificultad explicando nuestros hallazgos."

¿Fue el azúcar o fue la grasa? Incluso si la dieta pudiera medirse con precisión, un epidemiólogo nunca puede saber si un alimento en particular o algo más puede ser la causa de una enfermedad viéndolo muchos años después. La ciencia de la epidemiología se inventó para estudiar enfermedades infecciosas que aparecen de pronto y pueden rastrearse usualmente a una fuente, como el suministro de agua. Las enfermedades crónicas, en cambio, evolucionan durante un periodo de tiempo mucho más largo, y es casi imposible medir los miles de factores durante el curso de una vida que podrían contribuir a una condición décadas después. El único gran éxito de la epidemiología al resolver el misterio de una enfermedad crónica fue descubrir que los cigarros causan cáncer de pulmón. En ese caso, sin embargo, la diferencia entre las poblaciones fumadoras y no fumadoras era enorme: 30 veces más grande, mientras que, con las grasas saturadas, Keys sólo estaba observando una diferencia doble.* Asimismo, el efecto que Keys vio no aumentó a la par del aumento gradual del consumo de grasa saturada, otra señal de advertencia de que la evidencia era débil, pues los epidemiólogos consideran crucial esta clase de "relación dosis-respuesta" al establecer asociaciones confiables.

A pesar de esta clase de problemas que rutinariamente afectan la epidemiología nutricional, muchas veces los responsables han utilizado de todas maneras estos hallazgos como "pruebas", simplemente porque a veces es la única información disponible. Las pruebas clínicas, que podrían establecer la causa, son proyectos mucho más complicados y caros, y por ende se realizan con menor frecuencia. Ante la ausencia de información analítica, como hemos visto una y otra vez a lo largo de los últimos 50 años de historia de la nutrición, la evidencia epidemiológica se ha considerado entonces suficiente. Aun si no puede, por su propia naturaleza, declarar una causalidad, repetidamente se ha empleado justo de esta manera. Esta práctica de utilizar la información epidemiológica como base para lineamientos dietéticos oficiales comenzó con Keys mismo. Y no es difícil comprender la motivación. Después de que un investigador ha seguido a una población durante 10 o 15 años, uno sólo puede imaginar el deseo de maximizar el impacto de sus hallazgos en el área de salud pública y, sobre estos laureles, ganar el aplauso y el financiamiento posterior para investigación que usualmente le siguen.

Keys, uno de los epidemiólogos de nutrición originales, estaba comprensiblemente deseoso de ese aplauso. Al enterrar cualquier preocupación sobre su información o sus limitaciones inherentes, Keys llevó agresivamente a la meta el punto más "significativo" de su estudio, que comer grasa saturada lleva a altos niveles de colesterol y que el colesterol alto lleva a la enfermedad cardiaca. Ahora, con el estudio de los siete países ostensiblemente apoyando sus declaraciones, Keys podía defender su idea incluso con más autoridad. La revista *Time* citó a un médico de Filadelfia: "Cada vez que uno cuestiona a este hombre, Keys, dice: 'Tengo 5 mil casos, ¿cuántos tienes tú?'". Los científicos de su tiempo sabían, por supuesto, que una asociación no probaba causalidad, pero

---

* Los epidemiólogos expresan estas diferencias como el "tamaño del efecto", y cifras muy bajas como las que encontró Keys siguen siendo la norma en la mayoría de los hallazgos epidemiológicos en nutrición publicados en la actualidad, incluyendo los alarmantes descubrimientos de 2012 vinculando la carne roja con enfermedades crónicas (Pan *et al.*, 2012).

la sola magnitud de la información recolectada en el estudio de Keys, especialmente en un campo donde se había hecho tan poca investigación, le daba un grado inusual de respeto, y él no dudó en cosechar los beneficios de ese estatus especial.

No es que nadie cuestionara a Keys en el camino, claro. Hubo varios escépticos, incluyendo científicos estimados e influyentes. ¿Recuerdas al médico sueco que comía huevos, Uffe Ravnskov? En mis propios viajes a través del mundo de la nutrición en mi investigación para este libro, él fue el primer "escéptico" que conocí. Mientras que en un momento un grupo grande y prominente de científicos se había opuesto a Keys y su hipótesis, la gran mayoría de ellos había desaparecido hacia finales de la década de 1980. Ravnskov continuó su labor después, con la publicación de un libro titulado *Cholesterol Myths*, en el año 2000.

En una conferencia a la que ambos asistimos cerca de Copenhague, en 2005, resaltó entre la multitud simplemente porque estaba dispuesto a enfrentarse a esta reunión de expertos en nutrición al hacer las preguntas que se consideraban zanjadas desde hacía mucho.

"Toda la secuencia, del colesterol en la dieta, al colesterol en la sangre, a la enfermedad cardiaca… ¿se ha comprobado realmente?", preguntó, correcta, aunque retóricamente, después de una presentación un día.

"¡Shh! ¡Shh! ¡Shh!" Más de cien científicos menearon la cabeza al mismo tiempo.

"Siguiente pregunta", dijo un moderador irritado.

El incidente ilustró para mí el aspecto más impresionante de la comunidad de investigadores de nutrición: su completa falta de oxígeno para cualquier punto de vista alternativo. Cuando empecé mi investigación esperaba encontrar una comunidad de científicos en un decoroso debate. En cambio, me encontré investigadores como Ravnskov, un cliché del científico de mente independiente buscando desafiar la sabiduría convencional, como se describía a sí mismo. Sus predecesores desde la década de 1960 en adelante no se habían convencido de la ortodoxia del colesterol; simplemente los habían acallado, desgastado o habían llegado al final de sus carreras. Conforme las ideas de Keys se esparcían y se adoptaban en instituciones poderosas, quienes lo desafiaban enfrentaban una batalla difícil y algunos dirían que imposible de ganar. Estar en el lado perdedor de un debate tan riesgoso los había hecho sufrir profesionalmente. Muchos de ellos perdieron empleos, fondos para investigación, cátedras y todos los demás beneficios del prestigio. Aunque entre estos oponentes de la hipótesis de la dieta y el corazón se encontraba un número de investigadores que estaban en la cima de sus campos, incluyendo notablemente a un editor del *Journal of the American Medical Association*, no se les invitaba a conferencias y no podían publicar sus trabajos en revistas de prestigio.* Encontraron que los experimentos que presentaban resultados diferentes no se debatían ni se discutían, sino que se desechaban o ignoraban por completo. Incluso estar sujetos a difamaciones y al ridículo no eran, sorprendentemente, experiencias inusuales para estos opositores de la hipótesis de la dieta y el corazón. En pocas palabras, se vieron incapaces de seguir contribuyendo a sus campos, lo que por supuesto es la propia esencia de las esperanzas y las ambiciones de todo científico.

A un grado increíble, de hecho, la historia de la ciencia no es, como podríamos esperar, una de investigadores serios, caminando con pasos medidos y juiciosos. En cambio, cae dentro de la teoría de la historia del "Gran Hombre", donde personalidades fuertes dirigen los eventos utilizando su carisma personal, su inteligencia, su sabiduría o su ingenio. En la historia de la nutrición, Ancel Keys fue, por mucho, el Hombre Más Grande.

* El antiguo editor del *Journal of the American Medical Association* era Edward R. Pinckney, a cuyo libro de 1973, *The Cholesterol Controversy*, le siguió en 1988 su crítica científica sin precedente de la evidencia utilizada para sustentar la hipótesis de la dieta y el corazón. Este segundo esfuerzo es todavía la revisión crítica más detallada de esa ciencia que se haya escrito, pero no pudo encontrar un editor (Pinckney y Pinckney, 1973; Smith y Pinckney, 1988).

3

Se introduce la dieta baja en grasa en Estados Unidos

El año 1961 fue muy importante para Ancel Keys y su hipótesis de la dieta y el corazón. Logró dar tres golpes maestros significativos: uno dentro de la Asociación Americana del Corazón (AHA), el grupo más poderoso de enfermedad cardiaca en la historia de Estados Unidos; otro en la portada de la revista *Time*, la revista más influyente de su tiempo, y el tercero en los Institutos Nacionales de Salud, que no sólo era la autoridad científica principal en el territorio, sino que era la fuente más rica para fondos de investigación. Estos tres grupos eran los actores más importantes en el mundo de la nutrición, y conforme se inclinaron a favor de la hipótesis de la dieta y el corazón, operaron como relevos, institucionalizando las ideas de Keys e impulsándolas hacia arriba y adelante durante las siguientes décadas.

La AHA sola fue como un trasatlántico llevando hacia adelante la hipótesis de la dieta y el corazón. Fundado en 1924, al inicio de la epidemia de enfermedad cardiaca, el grupo era una sociedad científica de cardiólogos buscando comprender mejor esta nueva aflicción. Durante décadas, la AHA era pequeña y no tenía fondos, con virtualmente ningún ingreso. Luego, en 1948, tuvo suerte: Procter & Gamble (P&G) designó al grupo para recibir todos los fondos de su concurso *Verdad o consecuencias* en la radio, el cual recaudó 1 millón 740 mil dólares, o 17 millones en la actualidad. En una comida, los ejecutivos de P&G entregaron el cheque al presidente de la AHA, y "de pronto se llenaron las arcas y había fondos disponibles para investigación, progreso de salud pública y desarrollo de grupos locales, ¡lo que habíamos soñado!", de acuerdo con la historia oficial de la AHA. El cheque de P&G fue la "explosión de dólares" que "hizo despegar" al grupo. De hecho, un año después, el

SE INTRODUCE LA DIETA BAJA EN GRASA EN ESTADOS UNIDOS

grupo abrió 7 capítulos a lo largo del país y recolectó 2 millones 650 mil dólares de donativos. Para 1960 ya tenía más de 300 capítulos y recibía más de 30 millones anualmente. Con el constante apoyo de P&G y otros gigantes de los alimentos, la AHA pronto se convertiría en el equipo premier de la enfermedad cardiaca en Estados Unidos, así como el grupo sin fines de lucro de cualquier clase más grande del país.

Los nuevos fondos en 1948 permitieron que el grupo contratara a su primer director profesional, un antiguo recaudador de fondos de la Sociedad Americana de la Biblia, quien desarrolló una campaña de recolección de fondos sin precedente por todo Estados Unidos. Había espectáculos, pasarelas, concursos de preguntas y respuestas, subastas y colectas en los cines, todos destinados a recaudar fondos y permitir que los estadounidenses supieran que la enfermedad cardiaca era el asesino número uno del país. Para 1960 la AHA estaba invirtiendo cientos de millones de dólares en investigación. El grupo se había vuelto la autoridad entre las fuentes de información sobre enfermedad cardiaca para el público, las agencias de gobierno y los profesionales por igual, incluyendo a los medios.

Dado que la dieta se consideraba una causa probable de la enfermedad cardiaca, la AHA a mediados de la década de 1950 reunió un comité de expertos para desarrollar algunas recomendaciones sobre lo que un hombre de mediana edad debería comer como medida de defensa. El presidente Eisenhower ya estaba siguiendo una dieta "prudente" para combatir su condición bajo la supervisión del fundador de la AHA, Paul Dudley White. El hecho de que los cuidados de White hubieran permitido a Eisenhower volver al trabajo en la oficina oval era en sí mismo muy significativo para la AHA, dado que demostraba que el grupo tenía recomendaciones que valía la pena seguir. Ayudó también con la colecta de fondos: después del ataque cardiaco de Eisenhower, la AHA recibió 40 por ciento más en donativos de lo que había recibido el año anterior.*

El recién formado comité de nutrición de la AHA reconoció que el médico promedio enfrentaba una gran presión para hacer algo: "La gente quiere saber si lo que está comiendo la llevará a una enfermedad

---

* Eisenhower apoyó muchísimo a la AHA durante su presidencia: presentaba el "Premio Corazón del Año" de la AHA desde su Oficina Oval, tenía ceremonias abiertas para la "Campaña Fondos para el Corazón" de la AHA en la Casa Blanca, asistía a las juntas de la mesa directiva de la AHA y tenía el puesto de Director Honorario del Futuro en la AHA. Miembros de su gabinete también tenían puestos en la mesa directiva de la AHA. El historiador oficial de la AHA concluye: "Así, los principales líderes del gobierno de Estados Unidos eran activistas del Corazón" (Moore, 1983, p. 85).

cardiaca prematura", escribió el comité. Aun así, resistió esta presión y publicó un informe cauteloso. La evidencia, decía, no podía siquiera decir confiablemente si el colesterol alto en cualquier persona los llevaría prediciblemente a un ataque cardiaco, así que era demasiado pronto para decirles a los estadounidenses que hicieran cualquier cambio dietético "drástico" hacia este fin. (El comité, sin embargo, sí recomendó reducir el consumo de grasas entre 25 por ciento y 30 por ciento de calorías para la gente con sobrepeso porque ésta sería una buena forma de reducir su consumo calórico.) Los miembros del comité fueron tan lejos como para darles de reglazos a los partidarios de la teoría de la dieta y el corazón, como Keys, por "los estándares inflexibles basados en evidencia que no se sostiene bajo una examinación crítica". La evidencia, concluyeron, no permitía una "postura tan rígida".*

Sin embargo, años más tarde se dio un cambio significativo en la política de la AHA cuando Keys, junto con Jeremiah Stamler, un médico de Chicago que se volvió su aliado, maniobró su entrada al comité de nutrición. Aunque algunos críticos notaron que tanto Keys como Stamler no tenían entrenamiento en ciencia de la nutrición, epidemiología ni cardiología, y aunque la evidencia para las ideas de Keys no había cobrado más fuerza desde la última posición sobre nutrición comunicada por la AHA, los dos hombres se las arreglaron para convencer a los otros miembros del comité de que la hipótesis de la dieta y el corazón debía prevalecer. El comité de la AHA estuvo a favor de sus ideas y el informe resultante en 1961 argumentaba que "la mejor evidencia científica disponible en la actualidad" sugería que los estadounidenses deberían reducir su riesgo de sufrir un ataque cardiaco e infartos al reducir su consumo de grasa saturada y colesterol.

El informe también recomendaba la "sustitución razonable" de grasa saturada con grasas poliinsaturadas, como el aceite de maíz o de soya. Esta llamada "dieta prudente" todavía era relativamente alta en grasa en general. De hecho, la AHA no insistiría en la reducción de grasa total hasta 1970, cuando Jerry Stamler llevó al grupo hacia esta dirección. Durante la primera década, sin embargo, el enfoque del grupo era principalmente reducir el consumo de grasas saturadas encontradas en la carne, el queso, la leche entera y otros productos lácteos. El informe de 1961 de la AHA fue la primera declaración oficial hecha por un grupo

---

* Otras teorías de ese tiempo que los científicos convencionales consideraban seriamente como la causa de la enfermedad cardiaca incluían una deficiencia de vitamina B_6, obesidad, falta de ejercicio, presión arterial alta y nervios (Mann, 1959, p. 922).

nacional en cualquier parte del mundo, recomendando que se empleara una dieta baja en grasas saturadas para prevenir la enfermedad cardiaca. En pocas palabras, era la hipótesis de Keys.

Éste fue un triunfo personal, profesional e ideológico inmenso para Keys. La influencia de la AHA en el tema de la enfermedad cardiaca era —y todavía es— inigualable. Para los científicos en el campo, la oportunidad de participar en el comité de nutrición de la AHA es un lujo altamente cotizado, y desde el principio los lineamientos dietéticos publicados por este comité han sido el estándar de oro de las recomendaciones nutricionales. Estos lineamientos no sólo influyen en Estados Unidos, sino en el mundo. Así, la habilidad de Keys de insertar su propia hipótesis en estos lineamientos fue como empalmar el ADN en el grupo: programó el crecimiento de la AHA, y mientras creció, el grupo a su vez ha servido como timón y motor para el barco de la teoría de la dieta y el corazón de Keys durante el último medio siglo.

Keys mismo pensó que el informe de 1961 de la AHA, que él había ayudado a escribir, sufría de "cierta cautela excesiva" porque había prescrito la dieta sólo para personas en alto riesgo, en lugar de toda la población estadounidense, pero no necesitó quejarse mucho. Dos semanas más tarde, la revista *Time* presentó a un Keys de 57 años en la portada, con lentes y vestido con su bata blanca de laboratorio, con un corazón dibujado detrás, incluyendo las venas y las arterias. *Time* lo llamó "¡Señor Colesterol!" y citó su consejo de reducir la grasa en la dieta de su promedio de 40 por ciento de calorías totales a un draconiano 15 por ciento. Keys recomendó incluso una reducción todavía más severa, de 17 por ciento a 4 por ciento. Estas cifras eran la "única forma segura" de evitar el colesterol alto, dijo.

El artículo trató extensamente la hipótesis de la dieta y el corazón, así como la historia personal de Keys: se le presentó arrebatado y agudo, pero en una forma que comandaba autoridad. Él era el hombre con la medicina rigurosa: "La gente debe saber los hechos", dijo. "Luego, si quieren comer hasta morir, adelante." Keys mismo, de acuerdo con el artículo, casi no parecía seguir su propio consejo; su "ritual" para la cena a la luz de las velas y "un poco de Brahms" en casa con Margaret incluía carne —filete, costillas y asados— tres veces a la semana o menos. (A Stamler y él también los vio un colega en una conferencia comiendo huevos revueltos y "cinco o más porciones" de tocino.) "Nadie quiere vivir de papilla", explicó Keys. En el artículo de *Time* sólo hay una breve mención de la realidad de que las ideas de Keys "todavía estaban en duda" según "algunos investigadores" que tenían ideas distintas sobre las causas de la enfermedad coronaria.

Y éste era el otro motor impulsando hacia adelante el barco de la hipótesis de la dieta y el corazón: los medios. La mayoría de los periódicos y las revistas se convencieron de las ideas de Keys muy pronto. El *New York Times* le dio un espacio en la primera plana a Paul Dudley White, por ejemplo, y adoptó el punto de vista de Keys rápidamente ("Se advierte a los hombres de mediana edad sobre la grasa", decía un encabezado en 1959). Como la comunidad de investigadores misma, los medios estaban buscando respuestas a la epidemia de enfermedad cardiaca, y la grasa en la dieta más el colesterol tenían sentido. Keys no sólo tenía talento para la publicidad, además su lenguaje fuerte y su solución al parecer definitiva claramente eran más atractivos para los reporteros que los mensajes de científicos como Pete Ahrens de la Universidad Rockefeller, quien advertía sobriamente sobre la falta de evidencia científica adecuada. La AHA también les dio pie a los medios, y poco después de que el grupo presentara sus lineamientos de una "dieta prudente", el

Ancel Keys en la portada de *Time*, 13 de enero de 1961

Ancel Keys lanzó la idea de que la grasa saturada causa la enfermedad cardiaca y fue el experto en nutrición más influyente del siglo XX.

Tomado de la revista *Time*, 13 de enero de 1961 © 1961, Time Inc. Usado bajo licencia. TIME y Time Inc. no están afiliados con y no endorsan productos o servicios del titular de la licencia.

New York Times dijo que "el cuerpo científico más grande había prestado su estatura" al punto de vista de que la reducción o alteración del contenido de grasa en la dieta de una persona podía ayudar a prevenir la enfermedad cardiaca.

Un año después, el *New York Times* dio un aire de aparente inevitabilidad a estos nuevos patrones dietéticos: "mientras que la gente una vez pensó en los productos lácteos en términos de salud y vitalidad, muchas personas ahora los asocian con colesterol y problemas de salud", decía un artículo titulado "Is Nothing Sacred? Milk's American Appeal Fades" (¿Nada es sagrado? Desaparece la atracción por la leche). Los medios casi fueron unánimes en su apoyo de la hipótesis de Keys. Periódicos y revistas daban a conocer su dieta a nivel nacional, mientras que las revistas para mujeres la llevaban hasta la cocina con recetas con poca grasa y carne. Los columnistas de salud influyentes también ayudaron a correr la voz: el profesor de nutrición de Harvard Jean Mayer escribía una columna sindicada que aparecía dos veces a la semana en 100 de los periódicos más importantes de Estados Unidos, con una circulación conjunta de 35 millones. (En 1965, llamó la dieta baja en carbohidratos "genocida".) Y a partir de la década de 1970, la redactora de salud del *New York Times*, Jane Brody, se volvió una de las más grandes promotoras de la hipótesis de la dieta y el corazón. Compartía fielmente las pronunciaciones de la AHA, así como cualquier nuevo estudio que vinculara la grasa y el colesterol con la enfermedad cardiaca o el cáncer.

Un artículo que escribió en 1985, titulado "America Leans to a Healthier Diet" (Estados Unidos se inclina hacia una dieta más sana), empezaba citando a Jimmy Jonhson, quien "solía levantarse con el aroma del tocino en la sartén" mientras su mujer recordaba guardar la grasa del tocino para freír los huevos; ahora, decía el señor Johnson, "sólo un poco arrepentido: 'los aromas ya no están en el desayuno, pero todos estamos un poco mejor gracias a ello' ".

Los periodistas podían pintar un cuadro vívido y llegar a una amplia audiencia, pero no estaban diciendo nada distinto de lo que los propios funcionarios de salud les aconsejaban. Para los medios y los expertos en nutrición, la cadena de causalidad que Keys había propuesto parecía tener sentido por completo: la grasa en la dieta hacía que se elevara el colesterol, el cual eventualmente endurecería las arterias y llevaría a un ataque cardiaco. La lógica era tan simple que parecía obvia. Sin embargo, aun cuando si la dieta prudente baja en grasa se extendió a todas partes, la evidencia no pudo seguirle el paso, y nunca lo ha hecho. Resulta que cada paso de esta cadena de eventos no ha podido sustentarse: no se ha demostrado que la grasa saturada sea la causa de que se eleve la clase de colesterol más dañino; no se ha demostrado que el colesterol total lleve a un riesgo incremental de ataques cardiacos para la gran mayoría de la gente, e incluso la constricción de las arterias no ha demostrado ser una indicación de ataque cardiaco. Pero en la década de 1960, estas revelaciones todavía estaban a una década de distancia y las instituciones oficiales, junto con los medios, ya estaban reunidos con entusiasmo detrás de la simple y atractiva idea de Keys. Parece que estaban lo suficientemente convencidos, sobre todo si sus ojos ya se estaban cerrando ante la evidencia de lo contrario.

Vale la pena mirar parte de la evidencia que estaban ignorando porque, aun si algunas observaciones científicas —más prominentemente el estudio de los siete países— parecían apoyar la hipótesis de la dieta y el corazón, muchos estudios de esos primeros años probaron ser sorprendentemente poco colaboradores. Daremos un paseo por algunos.

Observaciones tempranas que no apoyaban la hipótesis de Keys

En la década de 1950, por orden del Servicio de Salud Pública de Estados Unidos, el investigador William Zukel se dirigió a la esquina noreste de Dakota del Norte para examinar a personas que habían sufrido un ataque cardiaco o muerte coronaria. Durante un año su equipo identificó 228 casos así y obtuvo una dieta detallada e historias sobre el estilo de vida de 162 de ellos. Los pacientes cardiacos por lo general eran fumadores, pero más allá de eso, Zukel no pudo encontrar diferencias entre los dos grupos en términos de la cantidad de grasa saturada, grasa insaturada o el total de calorías consumidas.*

En Irlanda, investigadores analizaron las dietas de 100 hombres menores de 60 años que habían sufrido un ataque cardiaco y las compararon a lo largo de varios años con un grupo de controles equiparados de edad y sexo. Estos investigadores no pudieron encontrar una diferencia entre los dos grupos en la cantidad o el tipo de grasa que comían. Un estudio similar realizado por el mismo equipo en 50 mujeres de mediana edad un año después tuvo los mismos resultados. Los autores publicaron sus hallazgos en el ampliamente leído *American Journal of Clinical Nutrition* (AJCN). Comentaron que, aun cuando Keys estaba proponiendo un vínculo entre la grasa saturada y la enfermedad cardiaca (basándose entonces en estadísticas internacionales), su propio estudio "no apoyaba" esta conclusión.

S. L. Malhotra, el funcionario médico en jefe del Ferrocarril Occidental de Bombay, sí encontró una diferencia dietética entre los hombres con y sin enfermedad cardiaca, pero de ninguna manera prefería la hipótesis de la dieta y el corazón. Malhotra estudió la enfermedad entre más de un millón de empleados hombres del ferrocarril indio a mediados de la década de 1960, y durante un periodo de cinco años encontró que el índice de enfermedad cardiaca entre los barrenderos del ferrocarril en Madrás, al sur de la India, era siete veces más alto que

---

* Este tipo de investigación en la que se les pregunta a los pacientes sobre sus dietas retroactivamente se llama estudio de "caso-control". Se comprende que estos estudios sufran de "recuerdos preferentes", con lo cual los pacientes pueden recordar equivocadamente sus consumos pasados. Específicamente en el caso de pacientes con enfermedad cardiaca, a quienes, al ser diagnosticados, sus médicos normalmente recomendaban reducir el contenido de grasa saturada (y probablemente de grasa total) en sus dietas, se inclinaban por lo general hacia recuerdos a favor de haber seguido este consejo. También, dado que a todos los estadounidenses se les había recomendado comer una dieta baja en grasa desde la década de 1960, el grupo de control podía inclinarse hacia ese lado de la misma manera. Sin embargo, no era probable que el estudio de Zukel de la década de 1950 se viera distorsionado por estos problemas porque la mayoría de los practicantes no empezó a recomendar una dieta baja en grasa a sus pacientes de enfermedad cardiaca hasta la década de 1960.

el índice de los barrenderos del ferrocarril en Punjabi, al norte, aun cuando estos últimos comían entre 8 y 19 veces más grasa (la mayoría de productos lácteos). Los sureños comían muy poca grasa, y lo que sí comían era aceite de cacahuate insaturado. Sin embargo, morían en promedio 12 veces más pronto que sus contrapartes en el norte. Malhotra concluyó su artículo con la sugerencia de "comer más productos lácteos fermentados, como yogur, helado de yogur y mantequilla". Malhotra publicó sus hallazgos en una de las revistas más importantes en el campo de la epidemiología, pero nadie comentó su trabajo y casi nunca se ha citado.

Más o menos al mismo tiempo, otros investigadores viajaron a Roseto, Pensilvania, para descubrir por qué la mayoría de la población italiana viviendo ahí tenía una incidencia de muerte por enfermedad cardiaca "increíblemente baja", menos de la mitad del índice de los pueblos vecinos. No era una falta de grasa, como los investigadores notaron rápidamente, pues la dieta local incluía copiosas cantidades de grasas animales, incluyendo prosciutto con grasa y tres centímetros de borde, y la mayoría de las comidas se cocinaban con manteca. La mayoría de los 179 hombres de Roseto observados consumían grandes comidas y bebían una gran cantidad de vino. También estaban en general pasados de peso, sin embargo, ninguno de los hombres menores de 50 años murió de un ataque cardiaco entre 1955 y 1961, los años que duró el estudio.

Este estudio en particular salió en otra publicación ampliamente leída, *The Journal of the American Medical Association* (JAMA), en 1964, y recibió lo que Keys describió con resentimiento como "una publicidad mundial extravagante y aparentemente una aceptación inmediata en algunos círculos médicos". Una respuesta, él sentía, claramente necesaria, y la dio en una extensa crítica de tres páginas, también en JAMA, en 1966. Esto era muy inusual, pues las preguntas sobre un estudio usualmente se restringen a pequeñas "Cartas al editor", y el espacio otorgado a Keys sin duda reflejaba el lugar tan grande que tenía en el campo. Keys observó que la población del estudio fue particularmente seleccionada (y por ende no una muestra al azar), y que la información dietética recolectada no reflejaba correctamente una vida entera de patrones alimenticios para muchos de los hombres que habían emigrado de Italia.*

---

* Keys estaba siendo hipócrita sobre esto, dado que su estudio de los siete países también había recolectado información de personas cuyos patrones dietéticos seguramente habían cambiado dramáticamente sobre el curso de sus vidas debido a la Segunda Guerra Mundial.

SE INTRODUCE LA DIETA BAJA EN GRASA EN ESTADOS UNIDOS

Aunque las metodologías empleadas por los investigadores fueran las comunes en su momento, Keys concluyó que la información de Roseto "definitivamente no podía aceptarse como evidencia de que las calorías y las grasas en la dieta no fueran importantes". Su artículo al parecer tuvo éxito en marginalizar el estudio, pues ha sido mencionado muy pocas veces desde entonces.

Esta clase de hallazgos, donde el consumo de grasa no correlacionaba bien con el riesgo de enfermedad cardiaca, eran un problema para la hipótesis de Keys, pero siguieron brotando por todo el mundo. En 1964, F. W. Lowenstein, un funcionario médico de la Organización Mundial de la Salud en Ginebra, recolectó cada estudio que pudo encontrar sobre hombres que estuvieran virtualmente libres de enfermedad cardiaca y concluyó que su consumo de grasa variaba enormemente, desde 7 por ciento del total de calorías entre monjes benedictinos y japoneses, hasta 65 por ciento entre los somalíes. Y había toda clase de cifras en medio: los mayas tenían 26 por ciento, los filipinos 14 por ciento, los gaboneses 18 por ciento y los esclavos negros en la isla de Saint Kitts 17 por ciento. El tipo de grasa también variaba dramáticamente, desde aceite de semilla de algodón y aceite de ajonjolí (grasas vegetales) que comían los monjes budistas, hasta los galones de leche (toda grasa animal) que bebían los masai. La mayoría de los demás grupos comía alguna clase de mezcla de grasas animales y vegetales. Uno sólo podría concluir de estos hallazgos que cualquier vínculo entre grasas en la dieta y enfermedad cardiaca era, cuando mucho, débil y poco confiable.

Casi todos estos estudios se publicaron en revistas científicas de buena reputación; algunos de ellos se discutieron y debatieron —fueron parte de la "conversación" sobre nutrición—, pero quienes apoyaban la hipótesis de la dieta y el corazón siempre encontraron razones para descartarlos: los estudios debieron malinterpretarse, eran irrelevantes o estaban basados en información no fidedigna.

En general, un investigador siempre tiene la opción de qué estudios elegir y qué estudios rechazar al construir una hipótesis. En este proceso, es difícil superar el instinto esencial humano de elegir sólo las observaciones que convenientemente apoyarían la hipótesis personal, rechazando mientras todas las que no. Un gran número de estudios psicológicos ha demostrado que la gente responde a la evidencia científica o técnica de formas que justifiquen sus creencias prexistentes. Se llama "parcialidad en la selección" y es el peligro de aferrarse demasiado a la propia hipótesis o a las propias convicciones.

Resistir estos "ídolos de la mente", como lo llamó el gran teórico del siglo XVII Francis Bacon, es exactamente lo que el método científico intenta hacer. Un científico siempre debe intentar desacreditar su propia hipótesis. O como describió uno de los más grandes filósofos científicos del siglo XX, Karl Popper: "El método científico es el método de conjeturas audaces e intentos ingeniosos y severos de refutarlas".*

Al ver cómo estos estudios, desde los de Roseto, Pensilvania, hasta el de Dakota del Norte, se ignoraron o descartaron, es difícil como estudiante de la historia de la hipótesis de la dieta y el corazón no concluir que la parcialidad en la selección ha sido una práctica constante durante décadas. Docenas de estudios se olvidaron, o se distorsionaron sus hallazgos. Los que revisamos aquí se hicieron al principio y fueron relativamente pequeños. Como veremos, los estudios ignorados o malinterpretados a voluntad más adelante fueron algunos de los estudios más grandes y más ambiciosos de la dieta y la enfermedad que se hayan hecho en la historia de la ciencia de la nutrición.

Ideas alternativas y su oposición

Uno de los sellos distintivos de la parcialidad en la selección es que la gente —incluso los científicos, entrenados para reconocerla— muchas veces no se da cuenta de que pueda sufrir de ella. Ésta es la parte inocente de la explicación sobre lo que pasó entre una gran cantidad de investigadores durante estos años formativos de la hipótesis de la dieta y el corazón. Es justificable decir, sin embargo, que Keys no estaba buscando sus propias inclinaciones. Consideraba que las pruebas pesaban sobre los que se oponían a él. No hizo ningún intento por refutar sus propias ideas, como Popper sugirió. Promovió el "ídolo de su mente" sin dudar. Para Keys y sus colegas era obvio que su hipótesis no sólo debería ser aceptada, sino promovida entre toda la población de Estados Unidos, dado que el potencial de los beneficios de salud les parecía tan grande. Y las consecuencias involuntarias de reducir la grasa en la dieta les parecían difíciles de imaginar.

* En 1987 el famoso geólogo y presidente de la Asociación Americana para el Avance Científico, T. C. Chamberlin, escribió un examen particularmente poético de la dificultad de permanecer objetivo sobre las propias ideas. En el momento en que te apegas a una idea, un "hijo intelectual comienza a existir" y es difícil permanecer neutral. La mente se queda "con placer" por los hechos que apoyan la teoría y siente una "frialdad natural" hacia los que no, escribió (Chamberlin, [1897], 1965).

Una persona que podía prever estas consecuencias era Pete Ahrens. Él había enfatizado desde el principio que las ideas de Keys, primero sobre grasa y luego sobre grasa saturada, estaban muy lejos de ser definitivas y que todavía eran posibles otras explicaciones para la enfermedad cardiaca. (Ahrens ya estaba en contra en 1957: "Cuando hipótesis no comprobadas se proclaman entusiastamente como hechos, es pertinente reflexionar sobre la posibilidad de que pueda darse otra explicación para el fenómeno observado".) La propia investigación de Ahrens había abierto otra línea de investigación, sugiriendo que los carbohidratos en los cereales, granos, harina y azúcar podían estar contribuyendo directamente, si no es que causando realmente, a la obesidad y las enfermedades. Y predijo acertadamente que la dieta reducida en grasa sólo aumentaría nuestro consumo de estos alimentos.

Mientras que casi todos los demás estaban exclusivamente obsesionados con el colesterol sérico, Ahrens estaba interesado en los triglicéridos, que son las moléculas hechas de ácidos grasos que circulan en la sangre. Como es común en la ciencia, nuevas tecnologías tienden a impulsar los campos, y Ahrens fue pionero en el uso de cromatografía con ácido silícico para separar los triglicéridos de las muestras de sangre. Los experimentos altamente controlados con alimentación de fórmula líquida que realizó entre 1951 y 1964 revelaron consistentemente que estos triglicéridos subían cuando los carbohidratos remplazaban la grasa en la dieta. (Un desayuno de cereal en lugar de huevos y tocino es un buen ejemplo de una decisión que haría justamente eso.)

Junto con Margaret Albrink, una joven doctora de la Universidad de Yale, Ahrens comparó los niveles de triglicéridos y colesterol de pacientes con enfermedad cardiaca en el Hospital New Haven con los de empleados sanos de la empresa cercana American Steel and Wire. Encontraron que los niveles altos de triglicéridos eran mucho más comunes que el colesterol alto en pacientes coronarios, así que propusieron que los triglicéridos, no el colesterol total, eran un mejor indicador de enfermedad cardiaca. Aunque ésta no era una línea de investigación popular, un puñado de investigadores confirmó sus hallazgos básicos durante la siguiente década.

Ahrens descubrió que los triglicéridos se acumularían en la sangre con un líquido lechoso blancuzco, fácilmente visible en una probeta, la cual mostraba al público en sus cátedras. Luego remataría diciendo que la sangre turbia pertenecía a alguien con una dieta alta en carbohidratos, mientras la comparaba con una probeta con plasma sanguíneo claro perteneciente a alguien con un régimen alto en grasas. En una minoría de casos sucedía a la inversa, pero Ahrens creía que esta gente sufría de algún desorden genético extraño. La mayoría de los pacientes mostraba lo turbio por un "proceso químico normal que se da en todas las personas con dietas altas en carbohidratos", escribió Ahrens.

También descubrió que la sangre se limpiaba una vez que los carbohidratos bajaban. Restringir las calorías en general tenía el mismo efecto. Ahrens pensó que quizá este segundo efecto bajo en calorías explicaba por qué, después de la guerra, la gente pobre del Japón rural tenía un bajo conteo de triglicéridos, a pesar de comer mucho arroz.

Dado que los triglicéridos altos también se encuentran usualmente en diabéticos y dado que éstos tienen un mayor riesgo de enfermedad cardiaca, Albrink expuso un escenario en el que estas dos enfermedades tenían una causa común: aumento de peso excesivo. Lo que sea que estuviera engordando a la gente, estaba aumentando sus triglicéridos y también llevándolos hacia la enfermedad cardiaca y la diabetes. La causa probable que Albrink pudo identificar eran los carbohidratos. Era un escenario funesto que hoy está sustentado en una pila creciente de evidencia, pero que era bastante nuevo a principios de la década de 1960, cuando Albrink y Ahrens propusieron la idea.

Las implicaciones para la dieta, sin embargo, eran enteramente las opuestas de lo que Keys estaba proponiendo. De acuerdo con el modelo de Ahrens, los carbohidratos, no la grasa, estaban causando la enfermedad cardiaca. Dado que una dieta baja en grasa es inevitablemente alta en carbohidratos (reducir el consumo de carne y lácteos necesita aumentar el consumo de granos y verduras simplemente porque no hay alternativas), las dos hipótesis eran contrarias.

Ahrens estaba preocupado de que la dieta baja en grasa que se estaba prescribiendo al público estadounidense empeorara sus niveles de triglicéridos y así exacerbara el problema de obesidad y enfermedad crónica.

Sin embargo, como las Casandras del mundo de la nutrición, Ahrens no pudo salir victorioso, aun siendo uno de los científicos más respetables del campo, a quien hacían caso muchos investigadores influyentes. No se cansó de señalar la necesidad de más y mejor evidencia para apoyar las dietas bajas en grasa. Continuamente advertía a sus colegas sobre llegar a conclusiones demasiado rápido, pero tal vez sólo no fue lo suficientemente agresivo.

Keys y sus colegas disfrutaban de un éxito inmenso al promover su hipótesis porque eran defensores incansables de sus propias ideas. Y empleaban otra táctica, y es que desprestigiaban incesantemente a la oposición. De hecho, practicaron lo que puede llamarse el contacto sangriento de la ciencia de la nutrición. Atropellar a la oposición por mera fuerza de voluntad fue una estrategia que Keys y Stamler no habían inventado, pero definitivamente fueron dos de sus más efectivos practicantes.

Los codos filosos de los científicos en el campo de la nutrición

Jeremiah Stamler revivió este deporte para mí cuando lo conocí en 2009. Tenía entonces 89 años y todavía estaba increíblemente activo. Stamler era un especialista en enfermedad cardiaca de la Universidad de Northwestern, en Chicago, y un colega importante de Keys desde finales de la década de 1950 en adelante. Le pregunté sobre los estudios cruciales utilizados para establecer la hipótesis de la dieta y el corazón; Stamler había estado a la cabeza de muchos de ellos, además de haber sido una figura clave en la AHA y los NIH. El grueso de sus contribuciones se discutirá más adelante en el libro, pero por ahora sólo es relevante aclarar qué tan rápido su conversación se volvió un ataque hacia sus diversos oponentes, una reflexión aparente sobre la ciencia de la nutrición como una clase de campo de batalla político.

"Pero hablemos sobre Pete Ahrens", dijo. "¡Pete Ahrens! ¡Siempre fue un estorbo enorme para todo! Solía tener discusiones vigorosas con Pete."

Burlándose, Stamler empezó a imitar a Ahrens: "No, nosotros estamos investigando esto, necesitamos otros cinco años. Tenemos que hacer estudios equilibrados. Tenemos que descubrirlo. No sabemos". Stamler y Keys, por el contrario, buscaban urgentemente seguir adelante con las amplias recomendaciones de salud pública. Ellos representaban un lado de un debate que ha sido el problema central en el campo de la nutrición: ¿Las correlaciones encontradas por estudios epidemiológicos son una base suficiente para dar consejos dietéticos a toda una población? Keys y Stamler creían que la respuesta era sí. No es que hubieran pensado que la evidencia era perfecta, de ninguna manera; pero pensaban que, en un mundo donde era difícil encontrar el término medio, la información epidemiológica era adecuada. Esperar los resultados de un estudio clínico grande tomaría una década o más, y mientras tanto, los hombres estaban muriendo de ataques cardiacos. Entonces, el tono desapasionado y cauteloso de Ahrens hacía que a Stamler le hirviera la sangre. "Siempre se opuso a cualquier declaración. Yo diría: 'Pete, lo que estás diciendo es que la dieta estadounidense actual es la mejor dieta que puedes concebir para la salud de los estadounidenses'. '¡No, no!' 'Pero, Pete, por favor, ¡la lógica!' Pero bueno, ya se murió."

Al escuchar a Stamler hablar, casi podía imaginar su lanza. "¡Y Yudkin!", casi rugió Stamler, refiriéndose al médico británico que promovió la hipótesis rival del azúcar. "¡Yo estaba a favor de mandarlo matar!" Y de Michael Oliver, un prominente cardiólogo británico y crítico de la hipótesis de la dieta y el corazón, Stamler dijo varias veces que era un "sinvergüenza".

Al igual que Stamler, Keys no permitía virtualmente nada de oxígeno para el debate. Es impactante realmente leer su reacción a quienes se atrevieran a no estar de acuerdo con él. Cuando un profesor de la Universidad de Texas A&M, Raymond Reiser, escribió una crítica extremadamente detallada y rigurosa de la hipótesis de la grasa saturada para el *American Journal of Clinical Nutrition* en 1973, Keys comenzó una réplica de 24 páginas diciendo que el análisis de Reiser le "recordaba uno de los espejos deformantes en la sala de los espejos de la feria". El tono de Keys a lo largo de la respuesta es incesantemente burlón: "Ésta es una distorsión típica", escribió, y "sería difícil empacar más imprecisión en una oración de 16 palabras", "Reiser pomposamente dice...", "Ignora completamente...", "Obviamente, Reiser no tiene entendimiento".

Reiser fue uno de los muchos críticos que reexaminaron los estudios importantes en la base de la hipótesis de la dieta y el corazón. Hizo una serie de observaciones cruciales que han resurgido recientemente. Listó los múltiples problemas metodológicos mermando esos primeros estudios e hizo notar que ciertos tipos de ácidos grasos saturados, como el ácido esteárico, el principal encontrado en la carne, no demostraba tener ningún efecto en la elevación del colesterol. La respuesta de Keys incluía refutaciones sobre problemas específicos, y aunque sí estaba de acuerdo con que el ácido esteárico es "neutral", defendió las propiedades de otros tipos de grasas saturadas para elevar el colesterol. En respuesta a Keys, Reiser escribió una breve carta a la revista, donde decía a regañadientes: "Siento que debo refutar parte de la acusación de que intenté ensuciar a los científicos cuyos artículos revisé y de que mentí deliberadamente".

Cuales fueran los desacuerdos —y la complejidad de la ciencia significa que siempre habrá algunos—, el estilo agresivo adoptado por Keys y Stamler se salía completamente de la norma. Pocos hombres pudieron enfrentarse a ellos, y conforme pasó el tiempo y la hipótesis de la dieta y el corazón ganó seguidores, así como legitimidad institucional, cada vez menos lo intentaron.

George V. Mann

Junto con Ahrens y Reiser, uno de los pocos científicos prominentes que demostraron públicamente su escepticismo fue George Mann, el bioquímico de Vanderbilt que había ido a África a estudiar a los masai. Al principio, la carrera de Mann estuvo acentuada por momentos brillantes: fue uno de los primeros científicos en dar la alarma sobre las grasas trans, en 1955, y especuló que el desprendimiento repentino de placa en las arterias debía ser un factor más importante en los ataques cardiacos que la lenta obstrucción de las arterias. Se demostró que tenía razón, pero décadas después.

En África, Mann había visto a personas sanas con una dieta de carne, sangre y leche, cuyo nivel total de colesterol estaba entre los más bajos del mundo y que no desarrollaban enfermedad cardiaca ni, aparentemente, ninguna otra enfermedad crónica.

Estos hallazgos socavaban tan claramente la hipótesis de la dieta y el corazón, que los investigadores en nutrición hicieron un esfuerzo sustancial por refutarlos. Varias universidades en Estados Unidos juntaron un equipo de científicos que viajaron a Kenya en busca de fallos en la información de Mann. Para su molestia, en cambio terminaron confirmando sus hallazgos. Luego, buscando una explicación para estos resultados inesperados, un grupo de investigadores sugirió que tal vez los masai habían desarrollado un gen a lo largo de miles de años que les daba una habilidad extraña de reducir el colesterol en la sangre. Esa teoría se desmintió pronto, sin embargo, por el descubrimiento de un grupo de masai que se había mudado cerca, a Nairobi. Sus cifras de colesterol eran un cuarto más elevadas que las de los occidentales. El ambiente, por tanto, había claramente triunfado por encima de la ventaja genética, si es que había habido una.

Predeciblemente, Keys intentó marginar el trabajo de Mann. "Las peculiaridades de esos nómadas primitivos no son relevantes" para comprender la enfermedad cardiaca en otras poblaciones, escribió. Keys mismo, en su estudio de los siete países, había buscado la verdad dietética al comparar distintos pueblos de todo el mundo pero, como escribió después, eran en su mayoría europeos, a quienes consideraba un mejor punto de referencia para los estadounidenses.

Keys usó los mismos argumentos desdeñosos para rechazar las observaciones sobre los inuit en el Ártico. Como Mann, Vilhjalmur Stefansson también había visto por sí mismo cómo la buena salud y una dieta alta en grasa podían ir de la mano; la dieta de los inuit, como hemos visto, era de hasta 50 por ciento grasas. Y en 1929 Stefansson realizó el experimento de comer sólo carne y grasa durante un año. Optimista, esperaba que estos esfuerzos lo guiaran hasta "el camino de guirnaldas para los regímenes altos en grasa" puesto por sus colegas en admiración. Por ende, no estaba preparado para caer en desgracia. "¡Y qué caída!", escribió. "La primera nube en el cielo no fue más grande que la mano de un hombre, de hecho, no fue más grande que una nota personal, breve y amistosa, del Dr. Ancel Keyes [sic]", en 1954.

Pronto, Keys estaba rechazando públicamente el trabajo de Stefansson como una empresa que, al igual que la de Mann, era exótica e irrelevante: Aunque "su bizarra forma de vida excita la imaginación", especialmente "esa imagen popular de los esquimales [...] atascándose alegremente de sebo", de "ninguna manera" es posible sugerir que el caso de los inuit "contribuya en nada" y "definitivamente no demostró una excepción de la hipótesis de enfermedad cardiaca coronaria por una dieta de grasas".

También era posible matar con bondad, como fue la actitud de Frederick J. Stare, un partidario de Keys y presidente del departamento de nutrición de la Escuela de Salud Pública de Harvard, hacia el trabajo de Stefansson. Stare era amigo de Stefansson y escribió un comentario introductorio para uno de sus libros sobre los inuit. Pero Stare menospreció la importante pregunta que generaba el trabajo de Stefansson y les dio a sus lectores poca razón para tomarlo en serio. "¿Sería bueno o malo para ustedes?", preguntó retóricamente. "Por supuesto, si todos empezáramos a comer más carne, pronto no habría suficiente, especialmente de los cortes 'finos'."* Al continuar con este acercamiento jovial,

---

* Stefansson reconoció que un beneficio adicional de ser básicamente la única persona en Hanover, New Hampshire, que deseara grasa es que se consideraba un desecho y lo obtenía gratis del carnicero, cuyos clientes no consideraban los trozos grasos ni siquiera como alimento para sus perros (Stefansson, 1956, p. XXXI).

sin atender las implicaciones del trabajo científico de Stefansson, Stare termina recomendando este "entretenido" libro a los lectores.

Stefansson murió en 1962, ocho años después de la publicación de ese libro, y sus ideas subsecuentemente desaparecieron del contexto nutricional.

El estudio Framingham

George Mann, quien entró al campo a principios de la década de 1960, alcanzó un impresionante grado de éxito antes de quedarse atascado en la controversia por estudiar a los masai. De hecho, fue director asociado de una de las investigaciones de enfermedad cardiaca más famosas que se hayan hecho: el estudio Framingham del corazón. Framingham es un pequeño pueblo cerca de Boston, Massachusetts, y ha sido una caja de Petri virtual para el estudio de la enfermedad cardiaca desde 1948. Ahora, en su tercera generación de sujetos en investigación, empezó con cinco mil hombres y mujeres de mediana edad más o menos, quienes fueron parte de un estudio sobre cada factor que los investigadores pudieran pensar de lo que podría tener un papel en el desarrollo de la enfermedad cardiaca. Los participantes se sometían a exámenes físicos completos, entrevistas y análisis de seguimiento cada dos años. Fue el primer intento a gran escala de encontrar si los factores de riesgo, como fumar cigarros, tener la presión arterial alta y los genes podían predecir confiablemente la muerte por enfermedad cardiaca.

En 1961, después de seis años de estudio, los investigadores en Framingham anunciaron su primer gran descubrimiento: que el colesterol total alto predecía confiablemente la enfermedad cardiaca. Esto se considera uno de los hallazgos más significativos en la historia de la investigación de enfermedad cardiaca porque antes de eso, aun cuando los expertos asumían que el colesterol sérico era malo, la evidencia sólo era circunstancial.

Esta noticia tenía implicaciones amplias. En primer lugar, resolvía un problema que había plagado a la investigación sobre enfermedad cardiaca desde el principio, que los investigadores necesitaban algo que pudieran medir para asegurar el riesgo de ataque cardiaco antes de la muerte. Puede parecer insensible decirlo, pero cuando intentaban detectar la causa de la enfermedad, la muerte era el criterio de valoración ideal en el estudio. Los investigadores preferían seguir a los sujetos, mirar lo que comían, si fumaban y otros factores, hasta su muerte. La muerte es el "evento", el "criterio de valoración firme" en el lenguaje de la investigación; es la información indiscutible al final de un experimento. (Los ataques cardiacos también se consideraban criterios de valoración "firmes", pero incluso éstos están sujetos a la incertidumbre del diagnóstico, como hemos visto.) Si se ve hacia atrás desde el innegable hecho de la muerte, los investigadores pueden preguntar entonces: "¿Fue el tocino que comieron, o los cigarros, o algo más?"

Esperar a que los sujetos mueran, sin embargo, significa que los investigadores deben seguir a una población durante muchos años. Encontrar un criterio de valoración "intermedio" o "tenue" qué poder medir antes de la muerte, por ende, ha sido el tema de una gran cacería científica. Si un indicador puede predecir confiablemente la enfermedad cardiaca, los investigadores pueden hacer experimentos más cortos y medir esos factores intermedios en cambio. La identificación del estudio de Framingham del colesterol total como un criterio de valoración endeble se vio entonces como un avance para el campo: los científicos podían concluir presuntamente ahora que cualquier alimento que aumentara el colesterol total también podía aumentar el riesgo de sufrir un ataque cardiaco. De la misma manera, los médicos podían usar este factor para ayudar a sus pacientes a identificar su riesgo coronario también.

El hallazgo de Framingham sobre el colesterol fue muy importante. Y, sobre todo, pareció borrar cualquier remanente que los investigadores pudieran haber tenido sobre la hipótesis de la dieta y el corazón. En un periódico local se citó a William Kannel, el director médico de Framingham, diciendo: "Que el colesterol en la sangre esté de alguna manera íntimamente relacionado con la arterosclerosis coronaria ya no está sujeto a una duda razonable".

Sin embargo, 30 años después, en el estudio de seguimiento de Framingham —cuando los investigadores tenían más información porque un mayor número de gente había muerto—, resultó que el poder predictivo del colesterol total no era ni remotamente tan fuerte como los líderes del estudio habían pensado originalmente. Para los hombres y mujeres con colesterol entre 205 y 264 miligramos por decilitro (mg/dl) no se pudo encontrar ninguna relación entre estas cifras y el riesgo de enfermedad cardiaca. De hecho, la mitad de la gente que sufría ataques cardiacos tenía niveles de colesterol más bajos del "normal" de 220 mg/dl. Y los hombres de 48 a 57 años con colesterol medio (183-222 mg/dl) tenían un mayor riesgo de muerte por ataque cardiaco que los de colesterol elevado (222-261 mg/dl). El colesterol total no predijo confiablemente la enfermedad cardiaca después de todo.

Dado que los líderes de Framingham habían anunciado el colesterol total como el mejor factor de riesgo posible para la enfermedad cardiaca durante tantos años, no se esforzaron mucho por publicitar estas cifras de seguimiento más débiles cuando salieron a finales de la década de 1980. (Pronto estarían desviando la conversación hacia las fracciones del colesterol, conocidas como lipoproteína de alta densidad [HDL] y lipoproteína de baja densidad [LDL], las cuales podían medirse ahora y cuyos poderes predictivos eran más prometedores, aunque incluso aspectos de estas fracciones resultaran decepcionantes al final, como veremos en los capítulos 6 y 10.)

La información de Framingham tampoco mostraba que bajar el colesterol con el tiempo fuera remotamente de alguna ayuda. En el informe de seguimiento después de 30 años, los autores dijeron: "Por cada gota de 1% mg/dl de colesterol, había un *aumento* de 11 por ciento de mortandad coronaria y total [las cursivas son mías]". Éste fue un descubrimiento impactante, el opuesto total de la idea oficial de bajar el colesterol. Sin embargo, este particular hallazgo de Framingham nunca se discutió en críticas científicas, aun cuando muchos estudios grandes han encontrado resultados similares.

Otro hallazgo importante de Framingham también se ignoró, incluyendo notablemente los de los factores de riesgo en la dieta, los cuales se examinaron en la parte del estudio que dirigía Mann. Junto con un nutriólogo, Mann pasó dos años recolectando información sobre consumo de alimentos de mil sujetos, y cuando calculó los resultados en 1960, quedaba muy claro que la grasa saturada no estaba relacionada con la enfermedad cardiaca. Respecto a la incidencia entre la enfermedad cardiaca coronaria y la dieta, los autores concluyeron simplemente: "No se encontró ninguna relación".

"Eso les aguó la fiesta a mis superiores en los NIH", me dijo Mann, "porque era lo contrario de lo que querían que descubriéramos". Los NIH también prefirieron en general la hipótesis de la dieta y el corazón desde principios de la década de 1960, y "no nos iban a permitir publicar esa información", dijo. Los resultados de Mann se quedaron en el sótano de los NIH durante casi una década. (Retener información científica "es una clase de mentira", lamentó Mann.) E incluso cuando los hallazgos eventualmente salieron a la luz en 1968, estaban tan profundamente

"Buenas noticias. Su colesterol sigue igual, pero las conclusiones de la investigación han cambiado."

enterrados que un investigador tuvo que revisar 28 volúmenes antes de encontrar las noticias de que las variaciones del colesterol sérico no podían rastrearse de vuelta a la cantidad o el tipo de grasa consumida.

No fue sino hasta 1992, de hecho, que un líder del estudio de Framingham reconoció públicamente los hallazgos del estudio sobre la grasa. "En Framingham, Massachusetts, entre más grasa saturada comía una persona [...] más bajo era su colesterol sérico [...] pesaban menos", escribió William P. Castelli, uno de los directores de Framingham, y publicó esto no como el hallazgo de un estudio formal, sino como editorial en una revista que no leían normalmente muchos médicos.* (A Castelli claramente le fue difícil creer que este hallazgo pudiera ser verdad e insistió en una entrevista que el problema debía estar en la recolección imprecisa de información dietética, pero la metodología que Mann utilizó fue meticulosa respecto a los estándares del campo, así que la explicación de Castelli no parece probable.)

A pesar de sus otros éxitos, estar en el lado poco popular del debate del colesterol volvió a George Mann un hombre amargado. Cuando se acercaba su retiro a finales de la década de 1970, un tono de tormento se introdujo en sus escritos. Un artículo que escribió en 1977 empieza

---

* *Archives of Internal Medicine* es una revista de renombre, pero Castelli, quien estaba a cargo del estudio más grande sobre los factores de riesgo de la enfermedad cardiaca en el país, probablemente pudo haber colocado su artículo en cualquier parte, incluyendo una revista más leída por los médicos, como *The New England Journal of Medicine*.

así: "Una generación de investigación sobre la cuestión de la dieta y el corazón ha terminado hecha un caos", y llamó a la hipótesis de la dieta y el corazón una "preocupación desencaminada e inútil".

La última vez que hablé con Mann tenía 90 años (murió en 2012). Aunque su memoria no era perfecta, parecía recordar con total seguridad las privaciones que consideró que sufrió por haberse opuesto a Keys. "Fue considerablemente devastador para mi carrera", dijo. Encontrar revistas que aceptaran sus artículos científicos, por ejemplo, cada vez se volvió más difícil, y después de hablar en contra de la hipótesis de la dieta y el corazón dijo que fue virtualmente rechazado por todas las publicaciones prominentes de la AHA, como *Circulation*. Mann también creía que la influencia enorme de Keys en los NIH llevó a la cancelación de la beca de investigación de Mann. "Un día", recuerda Mann, "la mujer que era la secretaria de la sección de estudio me pidió que saliera al pasillo. 'Tu oposición a Keys va a costarte tu beca', dijo. Y tenía razón".

¿Cómo era posible que las ideas de un hombre rigieran el campo de esa manera? Mann lo explica: "Tienes que entender la clase de persona tan contundente y persuasiva que era Keys. Podía hablarte durante una hora y le creerías completamente todo lo que dijera".

Empieza el reinado de la hipótesis de la dieta y el corazón

Las historias sobre la marginación de Mann por la AHA y los NIH ilustran una realidad más grande sobre cómo la hipótesis de la dieta y el corazón se solidificó en el dogma nutricional entre un universo de expertos. Keys fue claramente el defensor más influyente de la hipótesis de la dieta y el corazón, pero sería inocente pensar que una forma de *bullying* científico por parte de unos cuantos hombres podía arrollar un campo entero de investigadores académicos inteligentes y objetivos. En cambio, lo que sucedió fue que, después de que la AHA y los NIH adoptaran la hipótesis, se institucionalizó la postura de Keys. Estas dos organizaciones sentaban la agenda para el campo y controlaban la mayoría del dinero para investigación, y los científicos que no querían terminar como Mann tenían que seguir el plan de la AHA y los NIH.

La AHA y los NIH eran fuerzas paralelas interconectadas desde el principio. En 1948, cuando se lanzó la AHA como una organización nacional dirigida por voluntarios, una de sus primeras tareas fue establecer un "cabildeo a favor del corazón" en Washington, D. C., para convencer al presidente Eisenhower de establecer el Instituto Nacional del Corazón (NHI); lo que hizo, también en 1948. El NHI cambió a lo largo de los años hasta convertirse en el Instituto Nacional de Corazón, Pulmón y Sangre (NHLBI) que existe hoy. Y a cada paso, este nuevo instituto se movió en concordancia con su hermana, la AHA. En 1950, por ejemplo, los dos llevaron a cabo la primera conferencia nacional sobre enfermedad cardiaca en Washington, D. C. En 1959, juntos informaron "a la nación" sobre "Una Década de Progreso contra la Enfermedad Cardiovascular". En 1964, las dos agencias llevaron a cabo una segunda conferencia nacional sobre enfermedad cardiaca en Washington. En 1965, el presidente de la AHA trabajó de cerca con el Congreso para establecer el Servicio de Programas Médicos Regionales como parte del NHI, el cual, a través de un contrato con la AHA, pasó por un elaborado proceso para marcar los estándares del cuidado cardiovascular a lo largo del país. Y así, el NHLBI y la AHA celebraron juntos sus trigésimos aniversarios en 1978.

En todo este tiempo, el NHLBI y la AHA han publicado informes conjuntos regularmente, así como presentado conferencias y consejos especiales. Éstas, junto con las actividades de las principales sociedades de cardiología, han constituido la historia oficial de la investigación sobre enfermedad cardiaca. Dicho de otra manera, cualquier evento a partir de la década de 1950 y en adelante que no fuera convenido por la AHA, el NHLBI o alguna de estas pocas sociedades, no ha tenido virtualmente ningún impacto en la redacción de esa historia.

El núcleo de control que movía estos grupos era un pequeño grupo de expertos con responsabilidades superpuestas. El número de los que pertenecían a esta élite nutricional era lo suficientemente pequeño para que todos se conocieran de nombre, y llegaron a controlar básicamente cualquier gran estudio clínico sobre dieta y enfermedad. Eran los "aristócratas" de la nutrición, para usar un término acuñado por Thomas J. Moore, un periodista que escribió una crítica explosiva sobre la hipótesis del colesterol en 1989.* Habían salido de los institutos

---

* El trabajo original de Moore apareció como portada en el *Atlantic* en 1989, y vendió más copias que cualquier otro número en la historia de la revista. Más tarde ese año publicó un libro sobre el tema. También en 1989 el informe de Moore dio pie a que el Congreso realizara audiencias sobre la cuestión de si los programas de los NIH estaban recomendando innecesariamente que millones de estadounidenses tomaran medicamentos para reducir el colesterol (Moore, "The Cholesterol Myth", 1989; Moore, *Heart Failure*, 1989; Anónimo, Associated Press, 1989).

de investigación de las escuelas de medicina, hospitales universitarios y establecimientos de investigación, principalmente de la costa este, pero también de Chicago. (Conforme los viajes en avión se volvieron más baratos, también se pudieron unir expertos de California y Texas.) El grupo, casi todos hombres, trabajó cerca con la AHA y el NHLBI. Los miembros de esta alta sociedad académica eran designados para comités oficiales y paneles de expertos, eran coautores de artículos influyentes, se sentaban en las mesas directivas de las revistas científicas más importantes y revisaban los artículos de sus iguales. Atendían y dominaban las principales conferencias profesionales.

En todos estos contextos, los mismos nombres surgían continuamente. Por ejemplo, al fundador de la AHA, Paul Dudley White, el presidente Harry S. Truman también lo nombró el primer director del Consejo Nacional de Consultores del Corazón, el cual guiaba todas las actividades del NHI respecto a enfermedad cardiovascular. White entonces estableció un número de comités científicos de la AHA y el NHI juntos, incluyendo el comité de servicio comunitario y educación, el cual dirigió antes de pasar la batuta a Keys. Los presidentes de la AHA "casi siempre" dirigieron el Consejo de Consultores de los NIH, o fungieron como miembros, lo que se ve en la historia oficial de la AHA. Los líderes de la AHA también dominaron las sociedades médicas profesionales. White ayudó a fundar la Sociedad Internacional para Cardiología, y él, junto con Keys, codirigió este comité de investigación. Y en 1961, la AHA y el NHI se unieron para empezar a planear el inmenso Estudio Nacional de Dieta y Corazón, el proyecto más grande hasta entonces para probar la hipótesis de la dieta y el corazón, y su comité ejecutivo se veía como un *quién es quién* de la ciencia de la nutrición, incluyendo, por supuesto, tanto a Keys como a Stamler.

La AHA y el NHLBI juntos también otorgaron la gran mayoría de las becas para toda la investigación cardiovascular. Hacia mediados de la década de 1990, el presupuesto anual del NHLBI había alcanzado 1.5 mil millones de dólares, y la mayoría de esos fondos se iba hacia la investigación de la enfermedad cardiaca; la AHA mientras tanto dedicaba alrededor de 100 millones de dólares al año para investigaciones originales. Estas dos ollas de dinero dominaban el campo. Los NIH o la AHA financiaron virtualmente todos los estudios hechos por estadounidenses que discutiremos en este libro. Las únicas otras fuentes significativas de fondos de investigación vinieron de las industrias alimentaria y farmacéutica, que los investigadores intentaron eludir por la obvia razón de evitar cualquier conflicto de intereses o incluso la aparición de uno. Como escribió George Mann en 1991, cuando fue anfitrión de una pequeña junta de investigadores con puntos de vista alternativos: "Era una tarea abrumadora, pues no podíamos obtener fondos federales y no debíamos aceptar los fondos de la industria alimenticia, a menos de que se nos viera como si abogáramos por intereses personales".

Finalmente, por cada millón de dólares más que gastaban la AHA y los NIH intentando probar la hipótesis de la dieta y el corazón, más difícil se volvía para esos grupos revertir el curso o considerar otras ideas. Aunque los estudios sobre la hipótesis de la dieta y el corazón tuvieron un nivel de fracaso sorprendentemente alto, estos resultados debían ser racionalizados, minimizados y distorsionados, dado que la hipótesis misma se había vuelto una cuestión de credibilidad institucional.*

Las voces discordantes se estaban esfumando. Una "cantidad casi vergonzosamente alta de investigadores se sumaron a la 'campaña del colesterol'", lamentaron los editores del *Journal of the American Medical Association* en 1967, refiriéndose desde la estrecha y "ferviente adopción del colesterol", hasta la "exclusión" de otros procesos bioquímicos que podrían causar enfermedad cardiaca. Entre las páginas de revistas científicas solidarias, Ahrens y Mann, además de los pocos colegas que compartían su opinión, continuamente enviaron quejas inútiles contra la incesante marcha de la hipótesis de la dieta y el corazón, pero no tenían el poder para enfrentar a la élite. Como escribió George Mann hacia el final de su carrera, en 1978, una "mafia del corazón" había "apoyado el dogma" y acaparado los fondos de investigación. "Durante una generación, la investigación sobre enfermedad cardiaca ha sido más política que científica", declaró.

---

* Hoy en día este sistema entretejido opera casi de la misma manera, con la excepción de que las personas abiertamente escépticas, como Pete Ahrens y Michael Oliver, quienes en la década de 1970 y principios de la de 1980 fueron incluidos en paneles de expertos porque habían estado involucrados en el campo desde sus inicios, ahora son incluso menos tolerados. Desde que se retiraron esos hombres, ningún miembro de la élite nutricional ha publicado una crítica completa de la hipótesis de la dieta y el corazón.

4

La ciencia fallida de las grasas saturadas versus las grasas poliinsaturadas

Aunque Keys se comportara como si el estudio de los siete países hubiera probado su hipótesis de la dieta y el corazón, siempre tuvo cuidado en sus publicaciones de incluir la advertencia de que su estudio sólo podía demostrar una asociación; "no se indica una relación causal". Éste era un comentario necesario para reflejar las limitaciones inherentes a la epidemiología.

Para establecer la causa y el efecto con alguna confiabilidad, los investigadores siempre deben realizar un tipo de investigación llamada prueba clínica.

Las pruebas clínicas de nutrición son experimentos controlados en los que la gente en realidad se alimenta con una dieta específica durante un periodo de tiempo, en lugar de simplemente responder a preguntas sobre lo que ya comieron. En las mejores pruebas (las "más controladas"), los investigadores preparan o proveen la comida para los participantes del estudio para controlar exactamente lo que comen. Algunas veces se invita a los sujetos a comer en una cafetería especial, y algunas veces los investigadores irán tan lejos como sea necesario para llevar las comidas a la casa de los sujetos, aunque esta clase de medidas puede ser bastante cara. En pruebas menos controladas, los sujetos simplemente reciben recomendaciones sobre qué comer y quizá un libro para adelgazar que se pueden llevar a casa.

Idealmente, la gente en una dieta especial se compara con un grupo similar de *controles* que no cambian su dieta, así que el efecto de la intervención puede aislarse. Si la población de un estudio lo suficientemente grande se divide al azar en estos dos grupos, pueden asumir teóricamente que son iguales en todas las formas relevantes. Deben tener la misma distribución de edad, la misma tendencia a fumar o a hacer ejercicio, y ser iguales en mil cosas más que los investigadores nunca pensarían en medir. La única diferencia entre los dos grupos en una prueba clínica debe ser la intervención, ya sea un medicamento o una dieta. Empezar con dos grupos idénticos permite atribuir razonablemente a la intervención cualquier diferencia que surja entre ellos.

Ésta es la gran fuerza de las pruebas clínicas: a diferencia de los estudios epidemiológicos, donde los investigadores deben intentar pensar y luego medir todas las cosas que puedan contribuir a una enfermedad, una prueba clínica, en virtud de su propio diseño, mantiene constantes todos estos factores, sin importar que los investigadores piensen tomarlos en cuenta o no.

Esta clase de pruebas clínicas sobre la hipótesis de la dieta y el corazón empezaron a finales de la década de 1950, y es importante explicarlas para que el lector pueda ver por sí mismo los orígenes científicos de por qué pensamos que la grasa saturada es mala para nosotros, así como algunos de los sorprendentes efectos secundarios de la dieta que Keys propuso. Éstas no eran pruebas bajas en grasa; la idea de evitar todos los tipos de grasa se volvió común décadas después. Lo que obsesionaba a los investigadores de mediados de siglo era que la idea de Keys de una dieta baja en grasa saturada y colesterol pudiera prevenir la enfermedad cardiaca. Por tanto, el contenido total de grasa de estas primeras pruebas todavía era bastante alto para los estándares de hoy; lo único que variaba era el tipo de grasa.

Una prueba temprana y celebrada fue la llamada Club Anticoronario, lanzada por Normal Jolliffe, director del Departamento de Salud de la Ciudad de Nueva York, en 1957. Jolliffe era una autoridad reconocida en su momento, autor del popular libro para adelgazar titulado *Reduce and Stay Reduced on the Prudent Diet*, que incluso el presidente Eisenhower utilizó. Jolliffe también había leído el trabajo de Keys y decidió probar estas ideas durante un periodo sostenido. Registró 1 100 hombres en su Club Anticoronario y les dijo que redujeran su consumo de carne roja, como res, cordero y cerdo, a no más de cuatro veces a la semana (¡lo que se consideraría mucho en los estándares de hoy!) mientras consumían cuantos pescados y aves quisieran. Los huevos y los lácteos estaban limitados. Los hombres también bebían al menos dos cucharadas de aceite vegetal poliinsaturado al día. En general, la dieta era alrededor de 30 por ciento de grasa, pero el radio de grasas poliinsaturadas (en su mayoría aceites vegetales) y grasas saturadas era cuatro veces mayor de lo que los estadounidenses comían regularmente. Jolliffe también reclutó un grupo de controles para comer las cantidades estadounidenses normales, con un estimado de 40 por ciento de grasa, aunque no registró la dieta de los controles.

"La dieta se vincula con menos ataques cardiacos", informó el *New York Times* en 1962, cuando los resultados de las pruebas coronarias empezaron a salir: mostraban que los hombres en la dieta vieron una baja tanto en colesterol como en presión sanguínea, y perdieron peso. Su riesgo de enfermedad cardiaca parecía estarse revirtiendo de pronto, un resultado que parecía una condena reconfortante de la grasa saturada. Pero luego, ya con una década de pruebas, los investigadores empezaron a encontrar resultados "de cierta manera inusuales": 26 miembros del club de la dieta habían muerto durante la prueba, comparado con sólo seis hombres de los controles. Ocho miembros del club habían muerto de ataque cardiaco, pero ninguno de los controles. En la sección argumentativa del último informe, los autores (que ya no incluían a Jolliffe porque había muerto en 1961 de un ataque cardiaco) enfatizaron los factores de riesgo mejorados entre los hombres en la dieta, pero ignoraron lo que esos factores habían fallado completamente en predecir: su índice de mortalidad más elevado. Ese resultado se enterró en el informe del estudio. Los autores evitaron la propia pregunta que más importaba: ¿Alguien viviría más tiempo en una dieta "prudente"? La respuesta del Club Anticoronario claramente era no.

Lejos de ser una anomalía, esta clase de hallazgos surgen una y otra vez, y es un hecho extremadamente incómodo para los promotores de la dieta y el corazón: la gente que come menos grasa, particularmente menos grasa saturada, no parece extender su vida al hacerlo. Aun cuando sus niveles de colesterol inevitablemente bajan, su riesgo de muerte no. Es un resultado desagradable que ha plagado el campo desde que Keys lo notó por primera vez en su estudio de los siete países, y el resultado se ha confirmado en otros estudios, cuyos autores también decidieron que mejor ignorarían este detalle por completo.

La prueba del Club Anticoronario, a pesar de sus debilidades científicas, se convirtió en uno de los primeros estudios para la idea de que la dieta baja en grasas saturadas protegería a las personas contra la enfermedad cardiaca. Mencionaré sólo algunos de estos estudios más, citados continuamente por científicos como la prueba fehaciente de esa hipótesis. Una vez, cuando estaba hablando con una especialista que había dirigido el prestigiado comité de nutrición de la AHA durante tres años, enlistó de memoria las citas de estos estudios, como un predicador repitiendo versos de la Biblia: "*The Lancet*, 1965, páginas 501 a 504; *Circulation*, por Dayton, 1969, volumen 60, suplemento 2, página 111...". No le podía seguir el paso.

Todos en el campo conocen estos estudios y se han citado en casi todas las publicaciones sobre dietas y arterosclerosis durante décadas; sin embargo, al examinar cada uno de estos experimentos parecen estar plagados de fallas y contradicciones similares a las de la prueba del Club Anticoronario. Sólo recientemente, investigadores empezaron a reexaminar estos estudios, y los detalles en sí son un poco impactantes, como descubrir que los cimientos están hechos de arena.

El primer estudio mencionado por ese especialista de la AHA es de la prueba de los veteranos de Los Ángeles. La dirigió un profesor de medicina de la UCLA, Seymour Dayton, en casi 850 hombres mayores que vivía en la casa de la Administración de Veteranos local en la década de 1960. Durante seis años, Dayton les dio de comer a la mitad de los hombres una dieta en la que los aceites de maíz, soya, cártamo y semilla de algodón remplazaban las grasas saturadas de la mantequilla, la leche, el helado y el queso. La otra mitad de los hombres actuaban como controles y comían alimentos normales. El primer grupo vio bajar sus niveles de colesterol casi 13 por ciento más que los controles. Lo más impresionante, sólo 48 hombres en la dieta murieron de enfermedad cardiaca durante el estudio, comparado con los 70 de la dieta normal.

Esto parecería una extremadamente buena noticia, excepto que el total de muertes por todas las causas para ambos grupos era el mismo. Era preocupante que 31 hombres de los que comieron la dieta de aceites vegetales murieran de cáncer, comparado con sólo 17 de los controles.

Dayton estaba claramente preocupado sobre este hallazgo de cáncer y escribió mucho al respecto. De hecho, las consecuencias desconocidas de una dieta alta en aceites vegetales fueron la razón de que se realizara el estudio en primer lugar: "¿No era posible", preguntó, "que una dieta alta en grasas insaturadas [...] pudiera tener efectos nocivos cuando se consumía durante un periodo de muchos años? Tales dietas, después de todo, son raras". Ésta era una nueva realidad muy extraña: los aceites vegetales se introdujeron a las reservas alimentarias en la década de 1920, pero de pronto se estaban recomendando como una cura para todo. De hecho, resulta que la curva ascendente del consumo de aceite vegetal coincidió perfectamente con el aumento de la ola de enfermedades cardiacas en la primera mitad del siglo XX, pero los investigadores y los médicos de ese tempo casi no discutieron esta coincidencia. Sólo era una asociación, por supuesto, y había tantos otros cambios sucediendo en la vida de Estados Unidos durante ese tiempo (incluyendo la compra de autos y los carbohidratos refinados, como hemos visto).

Dado que los investigadores en el campo estaban enfocados al papel de la grasa saturada en la enfermedad cardiaca, el estudio de Dayton tuvo una recepción ampliamente entusiasta en Estados Unidos cuando salió en 1969. La conclusión para la mayoría de los expertos era simplemente que una dieta prudente había reducido el riesgo de un ataque cardiaco. Varios científicos europeos eran más escépticos y los editores de la revista médica más antigua y más prestigiada de Gran Bretaña, *The Lancet*, escribieron una crítica fulminante. Citaron problemas como el hecho de que el índice de fumadores empedernidos fuera el doble entre los controles que en el grupo experimental* y que la gente en la dieta especial sólo comía la mitad de su comida en el hospital (no se sabía nada de la comida que consumían afuera). Aún más, como incluso Dayton admitió, sólo la mitad de los hombres en el grupo experimental permanecieron en la dieta exitosamente durante los seis años del estudio. Los resultados también estuvieron distorsionados porque hubo una tendencia entre los hombres que mejoraban al irse del centro de veteranos y quedar fuera de la prueba. Dayton defendió su estudio en una carta a *The Lancet*, reafirmando su conclusión de que una "dieta prudente" podría reducir el riesgo de enfermedad cardiaca. El estudio de los veteranos de Los Ángeles se ha citado frecuentemente desde entonces como evidencia de este punto, e incluso se ha olvidado la controversia original alrededor de esta prueba.

Una tercera prueba clínica famosa que se cita una y otra vez es el estudio del Hospital Psiquiátrico Finlandés. La primera vez que escuché sobre este estudio fue por un experto en nutrición que me aseguró que era realmente "la mejor prueba posible" de que la grasa saturada no es saludable.

En 1958, investigadores que buscaban comparar una dieta tradicional alta en grasas animales con una nueva alta en grasas poliinsaturadas seleccionaron dos hospitales psiquiátricos cerca de Helsinki. Uno de ellos se llamó Hospital K y el otro, Hospital N. Durante los primeros seis años de la prueba se les daba una dieta muy alta en grasa vegetal

---

* Dayton escribió una réplica en *The Lancet*, en la que analiza la información de los fumadores y, basándose en una serie de suposiciones, asevera que "no tuvo un efecto neto en lo absoluto" en el resultado de la prueba (Dayton y Pearce, 1970).

a los pacientes del Hospital N. Se remplazó la leche normal con una emulsión de aceite de soya en leche descremada, y la mantequilla se remplazó con una margarina especial alta en grasas poliinsaturadas. El contenido de aceite vegetal de la dieta especial era seis veces más elevado que el de la dieta normal. Mientras tanto, los pacientes del Hospital K comían normalmente. Luego los hospitales cambiaban y durante los siguientes seis años los pacientes del Hospital K tenían la dieta especial, mientras que el Hospital N volvía a su dieta normal.

En el grupo de la dieta especial, el colesterol sérico bajó 12 por ciento, hasta llegar a 18 por ciento, y "la enfermedad cardiaca quedó a la mitad". Así es como se recuerda el estudio y es la conclusión que los directores mismos, Matti Miettinen y Osmo Turpeinen, delinearon. En una población de hombres de mediana edad, dijeron, una dieta baja en grasas saturadas "ejercía un efecto preventivo sustancial sobre la enfermedad cardiaca coronaria".

Pero una observación más detallada revela un cuadro diferente. La incidencia de enfermedad cardiaca (que los investigadores definieron como muertes más ataques cardiacos) sí bajó dramáticamente para los hombres del Hospital N: hubo 16 casos así entre hombres en la dieta normal, comparado con sólo cuatro en la dieta especial. Pero la diferencia encontrada en el Hospital K no era significativa. Tampoco lo era la diferencia observada entre las mujeres. El problema más grande con el estudio, sin embargo, era que, como los sujetos en la prueba de Veteranos de Estados Unidos, su población era un blanco móvil. Con pacientes admitidos y dados de alta con el paso de los años, cambió la mitad de la composición de los grupos. Una población cambiante significa que un paciente del grupo que murió de ataque cardiaco tal vez fue admitido tres días antes y la muerte no tuvo nada que ver con su dieta, y viceversa, un paciente que fue dado de alta tal vez murió poco después, pero no se registró en el estudio.

Éste y otros problemas de diseño eran tan grandes, que dos funcionarios de alto nivel de los NIH, junto con un profesor de la Universidad George Washington, se sintieron inclinados a criticar el estudio en una carta dirigida a *The Lancet*, asegurando que las conclusiones de los autores eran demasiado débiles estadísticamente como para utilizarse como alguna clase de evidencia para la hipótesis de la dieta y el corazón. Miettinen y Turpeinen reconocieron que el diseño de su estudio "no era ideal", incluyendo el hecho de que su población distaba mucho de ser estable, pero afirmaron en su defensa que una prueba perfecta sería "tan elaborada y costosa [...] [que] quizá nunca se realice". Su prueba imperfecta, mientras tanto, tendría que ser suficiente: "no vemos ninguna razón para cambiar o modificar nuestras conclusiones", escribieron. La comunidad de investigadores aceptó este razonamiento "suficientemente bueno" y el estudio del Hospital Psiquiátrico Finlandés se ganó un lugar como una de las evidencias principales de la hipótesis de la dieta y el corazón.

La cuarta prueba frecuentemente citada para "probar" la hipótesis de la dieta y el corazón se conoce como el estudio de Oslo, realizado a principios de la década de 1960.

Paul Leren, un médico de Oslo, Noruega, seleccionó a 412 hombres de mediana edad que habían sufrido un primer ataque cardiaco (los niveles de enfermedad cardiaca entre los hombres de Oslo se habían disparado entre 1945 y 1961) y dividió a sus sujetos en dos grupos. Un grupo seguía una dieta noruega tradicional, que Leren describe como alta en queso, leche, carne y pan, así como verduras y frutas de temporada; en conjunto, 40 por ciento de grasa. El segundo grupo siguió una dieta "para bajar el colesterol", con mucho pescado y aceite de soya, pero muy poca carne y nada de leche entera o crema. Entre todo, las dietas contenían alrededor de la misma cantidad de grasa, pero la dieta "para bajar el colesterol" era en su mayoría poliinsaturada.

Leren eligió estudiar a hombres que ya habían tenido un ataque cardiaco en parte porque tales hombres tendían a estar altamente motivados a seguir una dieta prescrita por su médico. Esto era especialmente valioso, como Leren reconoció, dado que la dieta especial alta en aceite vegetal "no se recibió con entusiasmo" y algunos de los hombres se sintieron debilitados y asqueados por ella. La otra ventaja de trabajar con una población así, y el por qué se elige muchas veces a esta clase de hombres que ya tuvieron un ataque al corazón, es que son más propensos a tener otro ataque cardiaco pronto, así que los investigadores tendrán suficientes "eventos" para generar resultados estadísticamente significativos.

El experimento duró cinco años, y en 1966 Leren publicó sus hallazgos. Como todas estas otras pruebas grandes, su dieta había bajado exitosamente el colesterol sérico de los hombres, en este caso alrededor de 13 por ciento más que el de los hombres controles. Los ataques cardiacos fatales definitivamente bajaron en el grupo a dieta: 10 versus 23 entre los controles, lo que era un resultado impresionante. Sin embargo, un giro importante en el experimento, y uno que ha pasado desapercibido porque hasta hace poco nadie lo estaba buscando, es que además de las grasas animales saturadas, el grupo de controles estaba comiendo una gran cantidad de margarina dura y aceites de pescado hidrogenados, esenciales entonces en la dieta noruega, sumando casi media taza de grasas trans al día. Esto era muchas veces más de lo que los estadounidenses comunes estaban comiendo cuando la Administración de Alimentos y Medicamentos etiquetó a las grasas trans lo suficientemente peligrosas como para ponerlas en las etiquetas de los alimentos. La dieta experimental, la cual buscaba maximizar el aceite de soya poliinsaturado, no contenía grasas trans, y ésta era una diferencia significativa que fácilmente pudo afectar el resultado. Asimismo, el grupo experimental, siguiendo una campaña de salud pública del momento, redujo su consumo de tabaco 45 por ciento más que el grupo de controles, una gran diferencia que los investigadores no pudieron explicar, pero que por sí sola podía responder por casi toda la diferencia entre las cifras de ataques cardiacos. A pesar de estos problemas, el experimento de Oslo se recuerda sólo por el éxito de su dieta para bajar el colesterol.

Al leer estos estudios en la literatura, uno recuerda el juego de teléfono descompuesto. Tal vez la primera persona en la línea dice: "Menos ataques cardiacos, pero recuerda varias advertencias importantes". Sin embargo, 20 años después, el mensaje simplemente se recuerda como: "¡Menos ataques cardiacos!".*

Aunque tuvieran grandes fallas, las pruebas del Club Anticoronario, el estudio del Hospital de Veteranos, el estudio del Hospital Psiquiátrico Finlandés y el experimento de Oslo son las pruebas clínicas más citadas para apoyar la hipótesis de la dieta y el corazón. De la misma manera que cualquier cantidad de ceros nunca podrá sumar uno, estos estudios, ni siquiera juntos, pueden reunir verdaderamente una pila convincente de evidencia, y sin embargo han perdurado a lo largo del tiempo.

Lo que estas pruebas sí muestran son los retos enormes y persistentes de estudiar el vínculo entre la nutrición y la enfermedad cardiaca en una forma rigurosa y definitiva. Como muchos científicos han lamentado, es casi imposible alimentar a la población de un estudio y mantener constantes todas las variables durante suficientes años para tener una cantidad estadísticamente significativa de "criterios de valoración firmes"

---

* En 1973 Raymond Reiser, de la Universidad A&M de Texas, escribió una descripción formal de este problema: "Es esta práctica de referirse a fuentes secundarias o terciarias, cada una dando un salto de fe sobre la anterior, lo que ha llevado a la aceptación como si nada de un fenómeno que tal vez no exista" (Reiser, 1973, p. 524).

(es decir, ataques cardiacos). Es por esto que estas primeras pruebas son valiosas: en conjunto, se condujeron en poblaciones institucionalizadas que, al menos en teoría, eran relativamente fáciles de controlar. Los lineamientos éticos ahora prohibirían ciertamente tales experimentos. Sin embargo, como hemos visto, incluso estas poblaciones de hospital no eran fáciles de mantener constantes. Y en una de las complicaciones más irónicas, los investigadores de estos primeros estudios no pudieron prevenir que miembros del grupo de controles escucharan las recomendaciones nuevas de salud pública contra las grasas animales y fumar, lo que inevitablemente cambiaría su comportamiento también. El grupo de controles entonces terminó viéndose como el grupo experimental. La diferencia de la intervención se perdió.

Otro inconveniente de estas pruebas de dieta es que ni los investigadores del estudio ni los participantes realmente podían estar "ciegos" a la intervención. Una prueba ideal está diseñada para evitar que cualquiera de las partes sepa si un participante es parte del control o del tratamiento. La esperanza es evitar el tratamiento preferencial que un investigador puede sentirse inclinado a dar al grupo de intervención (una forma de parcialidad llamada el "efecto de desempeño"). Esta última es la razón de que los estudios sobre medicamentos usualmente den placebos al grupo de controles, para que todos tengan la misma experiencia de tomarse una pastilla.

Realistamente, sin embargo, una dieta que incluye mantequilla, crema y carne no se ve o sabe como una dieta sin ellos, así que un experimento de dieta realmente ciego es difícil. Y a diferencia de un experimento sobre ejercicio, donde puedes comparar a quien hace ejercicio con quien no, no puede hacerse lo mismo para quien come o no. En cambio, los alimentos deben eliminarse selectivamente. Cuando un elemento se elimina de una dieta —digamos, la grasa saturada—, algo más debe remplazarla. ¿Qué debería remplazarla? ¿Aceite de soya? ¿Carbohidratos? ¿Frutas y verduras? Los experimentos de dietas realmente siempre están midiendo dos cosas a la vez: la ausencia de un nutriente y la añadidura de otro. Desentrañar el impacto de uno y otro requiere pruebas ramificadas, y éstas suelen ser prohibitivamente caras.

El mayor intento de crear un experimento realmente ciego, en el que los sujetos cambiarían a una dieta basada en aceites vegetales sin saberlo, se hizo en el Instituto Nacional de Corazón, Pulmón y Sangre, con Jerry Stamler como uno de los investigadores principales. El NHLBI estaba consciente de los continuos problemas con las pruebas de dieta.

Era claro que sólo una enorme prueba clínica bien controlada podía establecer definitivamente el vínculo entre la grasa saturada y la enfermedad cardiaca. Tal prueba necesitaría registrar a 100 mil estadounidenses para obtener resultados estadísticamente significativos y necesitaría un periodo de seguimiento de 45 años. Para ver si un proyecto tan gigantesco era siquiera posible, el NHLBI primero realizó un estudio de viabilidad en 1962. Éste en sí mismo fue un esfuerzo gigantesco que involucraba estudios de varios pasos en casi 1 200 sujetos de cinco ciudades diferentes, incluyendo Baltimore, Boston, Chicago, las Ciudades Gemelas de Minnesota y Oakland, así como un hospital psiquiátrico en Minnesota.

Casualmente, la supervisión de estos estudios recayó en quienes invertían más en su resultado: Keys y Stamler. Stamler recuerda caminar por las calles de la ciudad de Nueva York "durante toda la noche" con Keys, debatiendo cómo podrían establecer el estudio para que la gente estuviera "ciega" sobre lo que comía. Eventualmente se les ocurrió una solución que los satisfizo: la empresa de alimentos Swift & Co. prepararía margarinas personalizadas con varios niveles de ácidos grasos que ambos grupos comieran; la mantequilla entonces no sería un problema. Aun así, el proyecto continuaba siendo abrumador porque también tendrían que hacerse otros alimentos especiales para todos los grupos, para asegurar que el sabor, la textura y la experiencia de cocina para todos los participantes fuera la misma. Se hicieron entonces dos versiones de tortitas de carne y hot dogs: una alta en aceite vegetal y otra hecha con sebo o manteca. La leche y el queso para el grupo de intervención venía "reconstituida" con aceite de soya. (Nadie podía encontrar la manera de hacer un simulacro de huevo, así que todos tendrían dos huevos normales a la semana.) "Un ama de casa haría su pedido una vez a la semana de una tienda especial que se preparara para el estudio y enviaría los alimentos adecuados asignados para su grupo", decía Stamler. Ni los participantes ni los administradores del estudio sabrían quién tenía qué dieta, en un intento de hacer un estudio de "doble ciego", el cual sería un parteaguas en la investigación de la dieta y el corazón. Nadie había logrado hacer esto antes, y de acuerdo con varias pruebas de confirmación realizadas por los investigadores, sus métodos eran enormemente exitosos: "¡Nadie notó quién estaba recibiendo qué tipo de comida! Todo se hizo muy bien", afirmó Stamler.

En retrospectiva, es desconcertante por qué los científicos no cuestionaron la aseveración de que comestibles enteramente recién creados podrían restaurar la buena salud de una población. ¿Cómo es posible que una dieta sana dependiera de estos alimentos recién inventados, como la leche "reconstituida" con aceite de soya?

Es cierto que los aceites vegetales habían demostrado bajar el total de colesterol exitosamente, y este efecto tenía un gran atractivo para la comunidad de investigadores obsesionados con el colesterol. Pero bajar el colesterol sólo era uno de los muchos efectos de estos aceites en los procesos biológicos, y no todos parecían ser tan beneficiosos.* De hecho, no se había documentado que alguna población humana sobreviviera a largo plazo con aceites como su principal fuente de grasa hasta 1976, cuando los investigadores estudiaron a los israelíes, quienes en ese entonces consumían la cantidad "más elevada registrada" de aceites vegetales en el mundo. Sus índices de enfermedad cardiaca resultaron ser relativamente altos, sin embargo, contradiciendo la creencia de que los aceites vegetales protegían.

Cuando le pregunté a Stamler sobre la novedad de los aceites vegetales dijo que Keys y él habían estado preocupados por la ausencia de cualquier registro histórico del consumo humano de estos aceites, pero que finalmente no se consideraba un impedimento para promover una dieta "prudente".

Cómo los aceites vegetales se volvieron los reyes de la cocina

Que los estadounidenses llegaran a ver los aceites vegetales como la clase de grasa más sana posible fue uno de los cambios más impactantes en nuestra actitud respecto a la dieta en el siglo xx. El cambio en el consumo mismo fue astronómico: los aceites pasaron de ser completamente desconocidos antes de 1910, a representar alrededor de 7 por ciento u 8 por ciento de todas las calorías consumidas por los estadounidenses en 1999, de acuerdo con dos estimaciones académicas.

Estas grasas llegaron al suministro de alimentos de Estados Unidos de dos maneras: en botellas de aceites para ensalada y para cocinar, con

---

* El investigador de los NIH Christopher Ramsden retomó algunas de las primeras pruebas clínicas para intentar desenmarañar el efecto de los aceites vegetales y concluyó que estaban asociados con índices de mortalidad más elevados, aunque los efectos que encontró eran pequeños y, dado que las pruebas habían estado tan mal controladas, cuestionables (Ramsden et al., 2013).

marcas como Wesson y Mazola, y más comúnmente, como aceites sólidos, usados en margarina, Crisco, galletas dulces, galletas saladas, panecitos, panes, papas fritas, palomitas de microondas, cenas congeladas, crema en polvo para café, mayonesa y alimentos congelados. Estos aceites sólidos también se empezaron a utilizar en muchos de los alimentos vendidos en cafeterías, restaurantes, parques de diversiones y estadios deportivos: cualquier cosa horneada o frita en estos lugares durante los últimos 40 años está hecha normalmente con aceites sólidos.

Las consecuencias para la salud de estos aceites, sólidos o no, todavía son ampliamente desconocidas. Cuando se consumen como aceites líquidos, bajan el colesterol en el cuerpo, que es la razón que los expertos en salud han dado desde principios de la década de 1960 para recomendar que los comamos en cantidades cada vez mayores (la AHA recomienda actualmente que los estadounidenses consuman entre 5 por ciento y 10 por ciento de todas sus calorías en la forma de aceite poliinsaturado), pero estos aceites también han tenido efectos secundarios preocupantes, como cáncer potencialmente. Cuando se calientan, ya se había demostrado hacia principios de la década de 1960 en varios experimentos, acortan significativamente la vida de las ratas. Y en su forma sólida, contienen ácidos grasos trans, que la FDA ha considerado lo suficientemente peligrosos para la salud como para incluirlos en las etiquetas de los alimentos.

Como la gráfica adjunta muestra, las únicas grasas que podrían encontrarse en cualquier cocina estadounidense hasta alrededor de 1910 eran las que venían exclusivamente de animales: manteca (la grasa de los cerdos), sebo (la grasa alrededor de los riñones de un animal, o una grasa más dura de las ovejas y el ganado), mantequilla y crema. Algunos aceites de semilla de algodón y ajonjolí se producían localmente en granjas en el sur (los esclavos trajeron el ajonjolí de África), pero ninguno se producía a nivel nacional o en grandes cantidades, y los intentos de producir aceite de oliva se iban a pique por la incapacidad de cultivar olivos exitosamente (aunque el mismo Thomas Jefferson lo intentó). Las grasas utilizadas por las amas de casa en Estados Unidos y también en la mayor parte del norte de Europa eran por tanto de animales. Cocinar con aceite era una idea en general desconocida.

Los aceites ni siquiera se consideraban comestibles. No pertenecían a la cocina. Se utilizaban para hacer jabones, velas, ceras, cosméticos, barnices, linóleo, resinas, lubricantes y combustibles, todos cada vez más necesarios para las poblaciones urbanas burguesas, así como para

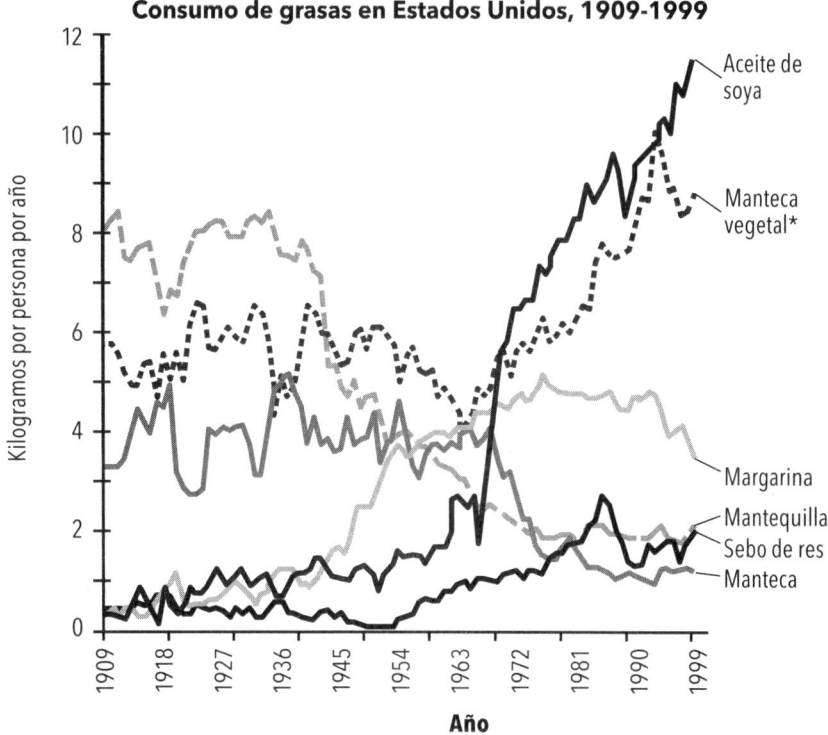

Desde 1900, los estadounidenses han cambiado de comer grasas animales a comer aceites vegetales.

> * Nota: Antes de 1936, la manteca vegetal era principalmente manteca, mientras que después los aceites parcialmente hidrogenados se volvieron el ingrediente principal.

Fuente: Tanya L. Blasbalg et al., "Changes in Consumption of Omega-3 and Omega-6 Fatty Acids in the United States During the 20th Century", American Journal of Clinical Nutrition, vol. 93, núm. 5, mayo de 2011, figuras 1B y 1C, p. 954.

la maquinaria de la industrialización en el siglo XIX. El aceite de ballena fue el principal material para todos estos propósitos desde 1820; una explosión en la producción de este aceite enriqueció a dos generaciones de ciudadanos de Nueva Inglaterra que vivía en la costa, pero la industria ya había colapsado para 1860.

El desarrollo del aceite de semilla de algodón de las plantaciones de algodón del sur ayudó a llenar el vacío. Los estadounidenses todavía no consideraban el aceite aceptable para cocinar u hornear, pero eso no detuvo a las empresas para mezclar el aceite con grasa de res para hacer una "manteca compuesta". Swift & Co., por ejemplo, introdujo un producto llamado Cottonsuet en 1893. Desconocido para los consumidores, los fabricantes también habían estado metiendo aceite de semilla de algodón en la mantequilla desde 1860 en adelante como una forma de reducir costos. De hecho, ésta era la lógica duradera y contundente de los aceites vegetales: eran más baratos que las grasas animales. Desde principios de la década de 1930, cuando el proceso mecanizado de extraer y comprimir las semillas de algodón se empezó a utilizar ampliamente, éste y otros aceites extraídos de semillas y vainas simplemente eran menos costosos que criar y matar animales.

Aunque los conocemos como "aceites vegetales", en realidad se extraen principalmente de semillas: semillas de algodón, colza, cártamo, girasol, ajonjolí y maíz, así como soya. Hemos visto cómo estos aceites empezaron a popularizarse para el uso culinario cuando la AHA los patrocinó para una "salud cardiaca" en 1961. Tener el apoyo de la autoridad médica más grande del país en enfermedad cardiaca les dio un impulso enorme. "La carrera para sumarse a la causa de los poliinsaturados se ha convertido en una estampida", comentaba efusivamente la publicación de comercio *Food Processing* ese mismo año. Nuevos productos que contenían "cantidades más y más elevadas de aceites poliinsaturados" incluían aderezos para ensaladas, mayonesa y margarina. Incluso los panes y los rollos se promovían por contener estos nuevos aceites. Mazola fue sólo uno de los fabricantes que publicitaron entusiastamente el potencial de los beneficios de salud de sus aceites. "Los poliinsaturados son el plus en Mazola", decía un anuncio en una revista en 1967. Y para 1975, Mazola prácticamente estaba vendiendo su aceite como un producto médico.

Mientras que Keys y otros creían firmemente que los aceites poliinsaturados ayudarían a prevenir la enfermedad cardiaca por sus propiedades reductoras de colesterol, también es cierto que la AHA recibió millones de dólares de apoyo por parte de las empresas de alimentos que fabricaban estos aceites. Recuerda que el propio lanzamiento de la AHA como un grupo influyente a nivel nacional en 1948 dependió del programa de radio *Verdad o consecuencias* de Procter & Gamble. Campbell Moses, el director médico de la AHA a finales de la década de 1960, incluso posó con una botella de aceite Crisco en un documental de la AHA. Y sorprendentemente, cuando Jerry Stamler reeditó su libro de 1963, *Your Heart Has Nine Lives*, la Corn Products Company lo publicó como una edición "profesional" de cuero rojo y lo distribuyó gratis a miles de médicos. En el interior, Stamler agradece tanto a la empresa como al

"Llévale este anuncio a tu médico", Mazola, 1975

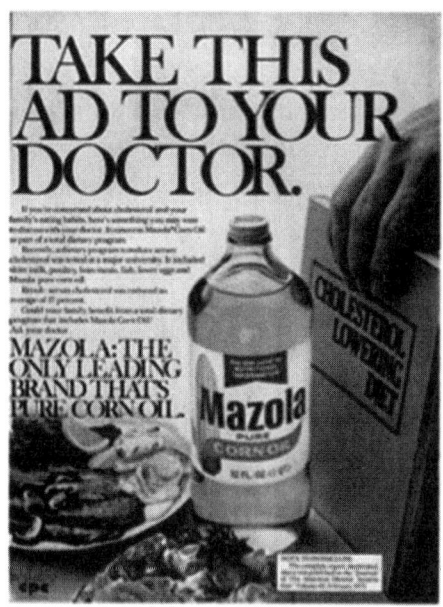

Los aceites vegetales se vendían en la década de 1970 por su contenido de grasa poliinsaturada y la habilidad de bajar el colesterol, siguiendo la recomendación de la Sociedad Americana del Corazón (AHA).

Fondo Wesson para la Investigación Médica por su apoyo "significativo" a la investigación. "Los científicos de salud pública deben formar alianzas con la industria", me dijo descaradamente cuando le pregunté sobre la conexión. "Es difícil."

Stamler está en lo correcto; los estudios de nutrición son caros y los fondos limitados (aunque no tanto en su tiempo), y los investigadores desde hace mucho tiempo han pedido a las empresas de alimentos que llenen los huecos económicos. Sin embargo, uno podría argumentar razonablemente que las conexiones forjadas por Stamler, Keys y otros en esos primeros días tuvieron una influencia excepcionalmente enorme a lo largo del curso de la dieta estadounidense. Remplazar la grasa saturada con aceites vegetales, después de todo, se volvió el centro de la "dieta prudente", la cual perdura hasta la actualidad.

Como hemos visto, los estadounidenses empezaron a seguir este consejo religiosamente a principios de la década de 1960, pero una de las realidades desagradables de esos aceites era que muchas veces eran demasiado grasosos para cocinar y hornear, y se ponían rancios fácilmente. Esto explica por qué muy pocas civilizaciones humanas tienen una historia de utilizar el aceite como su fuente principal de grasa para cocinar. Durante cientos de años, los griegos han utilizado el aceite de oliva, pero sus ácidos grasos son monoinsaturados (con sólo un enlace doble) y por tanto es más estable. En cambio, los aceites extraídos de semillas de algodón, maíz, soya, cacahuate, linaza y colza* son poliinsaturados (con múltiples enlaces dobles). Cada enlace doble provee una oportunidad adicional para que los ácidos grasos reaccionen con el aire (esa "mano" extra que describí antes), así que los aceites se oxidan y se pudren rápidamente. Son especialmente inestables cuando se calientan y no pueden viajar grandes distancias, mientras que el aceite de oliva es relativamente seguro a altas temperaturas y, como muchas ánforas griegas de la antigüedad pueden asegurar, viajaron por todo un imperio.†

Un aceite grasoso que se volviera rancio no era tan útil como una grasa sólida que durara mucho, como la mantequilla, el sebo o la manteca. Pero si el aceite pudiera volverse sólido, la conversión resolvería estos problemas mágicamente, como volver oro la paja. Es por esto que la habilidad de endurecer los aceites poliinsaturados por medio de un proceso llamado hidrogenación fue un descubrimiento tan enormemente importante. Convertir el aceite en grasa sólida lo transformaba de un bien culinario relativamente útil en uno de los ingredientes más importantes y útiles que la industria alimenticia hubiera conocido. Utilizados para fabricar decenas de miles de productos alimenticios y comidas preparadas por todo el país, los aceites hidrogenados cambiarían el panorama de los alimentos procesados en Estados Unidos durante las siguientes décadas.

Un químico en Hanover, Alemania, inventó la hidrogenación del aceite, y Procter & Gamble la adoptó en Estados Unidos, estableciendo dos patentes para el proceso en 1908. La idea original en la empresa había sido emplear esta nueva sustancia para hacer jabón, pero el producto cremoso blancuzco o amarillento, que se parecía tanto a la manteca, también sugería un uso alimenticio. P&G anunció su resultado en 1911: ¡una nueva grasa para cocinar sin manteca llamada Krispo! Bueno, casi. Ese nombre tuvo que modificarse por problemas de derechos, así que se utilizó otro nombre, Cryst, hasta que alguien notó su bastante obvia connotación religiosa. Finalmente, P&G se quedó con el nom-

---

* Los aceites de linaza y colza, en una forma genéticamente modificada, se mezclan para hacer aceite de "canola". La partícula *can* en canola es por su nombre de origen, Canadá.

† Los inuit de la costa norte del Pacífico inventaron una forma de espesar el aceite del pez eulacón al fermentarlo y hervirlo para crear una "grasa" que pudiera viajar grandes distancias y usarse todo el año (Phinney, Wortman y Bibus, 2008).

bre Crisco, derivado de su ingrediente principal en inglés, *crystallized cottonseed oil* (aceite de semilla de algodón cristalizado).

Dado que los aceites hidrogenados contienen ácidos grasos trans, Crisco fue el producto que introdujo estas grasas en el suministro de alimentos en Estados Unidos.* Sin embargo, sólo parte de un aceite hidrogenado está formada por grasas trans, que es por lo que el ingrediente en la lista suele aparecer como aceite parcialmente hidrogenado. Los fabricantes controlan el proceso con cuidado para obtener exactamente la cantidad de hidrogenación que quieren. Entre más se hidrogena un aceite, más duro es... y más grasas trans contiene. Los aceites altamente hidrogenados son ideales para hacer coberturas de chocolate para dulces y pasteles. Un aceite ligeramente hidrogenado se utiliza en productos líquidos, como salsas o aderezos, mientras que un aceite intermedio se utiliza para rellenos cremosos y productos horneados, así como para un producto como Crisco.†

Por supuesto, las amas de casa de Estados Unidos no adoptaron toda una nueva forma de cocinar de la noche a la mañana. P&G hizo una campaña de publicidad masiva para hacer que empezaran a utilizar esta nueva clase de grasa. En *The Story of Crisco* (1913), el primero de varios libros de cocina que P&G publicó enteramente sobre este nuevo producto, mucho del lenguaje está dedicado a exhibir Crisco como una grasa "nueva" y "mejor" que pudiera ser atractiva para el ama de casa que busca estar a la moda. Mientras que Crisco puede ser "un impacto para la generación más vieja, nacida en una era menos progresista que la nuestra", dice una mujer moderna estar "contenta" de dejar la mantequilla y la manteca, así como su "abuela" estuvo contenta de dejar ir la "cansada rueca". El libro también dice que Crisco era más fácil de digerir que la mantequilla o la manteca, y que se producía en "habitaciones brillantes", donde "esmalte blanco cubría las superficies metálicas". (Este último punto se hizo para separar a Crisco de la manteca de

---

* *Trans* se refiere al tipo de enlace doble entre dos átomos de carbono en una cadena de ácidos grasos. Un enlace doble en la forma *trans* creará una molécula en zigzag, lo que permite que ácidos grasos adyacentes se empalmen unos con otros para crear una grasa que se solidifique a temperatura ambiente. (El otro tipo de enlace doble se llama *cis* y produce giros en forma de U en la cadena de ácidos grasos; estas moléculas no pueden estar muy juntas y por ende forman aceites.)

† Los ácidos grasos trans constituyen hasta 70% de los aceites más altamente hidrogenados, mientras que un aceite ligeramente hidrogenado tiene entre 10 y 20% de ácidos grasos trans.

cerdo y sus recientes escándalos sobre las condiciones miserables de producción.) Y a diferencia de la manteca, Crisco no humeaba la casa cuando se utilizaba para freír: "Los olores de la cocina no tienen por qué estar en la sala", comentaba.*

Las ventas de Crisco se multiplicaron 40 veces en sólo cuatro años después de su introducción, atrayendo otras marcas al mercado, con nombres como Polar White, White Ribbon y Flakewhite. Durante la Primera Guerra Mundial el gobierno hizo que los panaderos utilizaran sólo grasa vegetal para que la manteca pudiera exportarse a los aliados europeos, y esto dio un enorme impulso a la industria. Una vez que los panaderos comerciales descubrieron cómo usar la grasa vegetal, se quedaron con ella.

Hacia principios de la década de 1940, 750 millones de kilogramos de esta grasa se producían en 65 plantas por todo el país, y la grasa vegetal llegó al octavo lugar entre los productos alimenticios más vendidos, con la marca Crisco siempre a la cabeza. "Y así, el libro de cocina de la nación se sacó y revisó. En miles de páginas, las palabras 'manteca' y 'mantequilla' se han tachado y la palabra 'Crisco' las sustituyó", celebraba *The Story of Crisco*.

Mientras tanto, hubo otro producto alimenticio pionero que llevó aceites hidrogenados a la población: margarina.† Comparada con Crisco, la margarina tuvo una recepción mucho más variada. En primer lugar, no llegó a una clase en sí misma, como Crisco. Y no era sólo para cocinar, sino para consumo directo. La margarina remplazó a la mantequilla, un símbolo de todo lo puro y sagrado en el corazón de Estados Unidos, y por ende se vio con sospecha. Como el primer alimento artificial fabricado ampliamente, proponía una cuestión casi metafísica

---

* P&G también reconoció el atractivo especial de Crisco para las necesidades dietéticas kosher. El libro de cocina cita al rabino Margolies, de Nueva York, diciendo: "La raza hebrea estuvo esperando cuatro mil años por Crisco". Crisco "se ajustaba a las estrictas leyes dietéticas de los judíos. Se conoce en el lenguaje hebreo como una 'parava', una grasa neutral". "A diferencia de muchas grasas derivadas de lácteos, Crisco puede usarse tanto para alimentos 'milchig' como 'fleichig' (leche y carne)", dijo el rabino. Empaques especiales de Crisco con los sellos del rabino Margolies y el rabino Lifsitz, de Cincinnati, se vendían en el mercado judío, y los judíos americanos consumían más de estas grasas con base vegetal que otros en Estados Unidos gracias a la conveniencia de mantenerse kosher (P&G, 1913, p. 10).

† La margarina se hacía originalmente con manteca, y algunas marcas se hacían con aceite de coco, pero para la década de 1950 la margarina se hacía principalmente con aceites vegetales parcialmente hidrogenados.

sobre la naturaleza esencial del alimento. ¿Qué debería pensar una persona sobre un sustituto para la mantequilla? Los productos alimenticios artificiales no eran la norma a principios del siglo xx. No había surimi, "salchichas" sin carne ni "cremas" en polvo para el café. Ahora somos un tanto indiferentes ante el aceite de coco que puede estar pasando como queso, pero en ese entonces la comida era en realidad como había sido durante generaciones. Así, la margarina "y sus abominables hermanas" se consideraban una "mezcla mecánica" creada por "la inventiva del ingenio humano depravado", como declamó el gobernador de Minnesota en la década de 1880, Lucius Frederick Hubbard. Era común llamar "estafadores" a los fabricantes de margarina, y "falsificación" a su oficio.*

Por otro lado, la margarina era más barata que la mantequilla y ése era su principal atractivo para las amas de casa, quienes poco a poco empezaron a preferirla. La industria de los lácteos reaccionó con fuerza, exigiendo una cantidad de impuestos y otras restricciones incomparables para la margarina. Desde 1917 hasta 1928, cada temporada se llevaron proyectos de ley al Congreso para intentar proteger a la industria de los lácteos de la margarina, aunque la mayoría moría en la discusión. El gobierno federal aprobó cuatro legislaciones importantes sobre la margarina; la última en 1931, que casi prohibía por completo la venta de todas las margarinas de color amarillo (las margarinas blancas que no imitaban a la mantequilla se consideraban más aceptables). Los gobiernos de los estados promulgaron sus propias leyes con diversos grados de restricciones para la venta de margarina.

En reconocimiento de lo ridícula que se había vuelto la legislación, una caricatura de la revista *Gourmet* mostraba a una mujer elegantemente vestida frente a sus invitados en una cena, diciendo: "De acuerdo con el Título 6, Sección 8, Capítulo 8 de las leyes de este estado, quiero anunciar que estoy sirviendo oleomargarina". Y los periódicos por lo general relataban historias de amas de casa viajando juntas a otros estados donde las leyes para comprar margarina no fueran tan estrictas.

---

* Hay un famoso pasaje que ilustra esto en *La vida en el Mississippi*, de Mark Twain: "Ahora, sobre este artículo, dijo [el vendedor]: [...] míralo —huélelo— pruébalo [...]. Mantequilla, ¿no? Ni por un segundo, ¡es oleomargarina! No puedes distinguirla de la mantequilla; ¡por san Jorge! [...] Llegarás a ver el día, muy pronto, cuando no puedas encontrar un gramo de mantequilla para tu bendito ser [...]. Ahora estamos sacando miles de toneladas de oleomargarina. Y la podemos vender tan barata, que todo el país tiene que consumirla [...]. La mantequilla no va a poder competir [...] y de ahora en adelante, la mantequilla está en bancarrota" (Twain, 2011, pp. 278-288).

En respuesta a la demanda del consumidor por el producto, el gobierno federal finalmente bajó todos los impuestos y restricciones para la margarina en 1950, y una década después la AHA apoyó a la margarina como parte de su "dieta prudente". Ahora, irónicamente, el alimento para untar que había sido tan vilificado se volvió oro puro de la noche a la mañana. En 1961, por ejemplo, la margarina Mazola se publicitaba como la elección "para las personas preocupadas por las grasas saturadas en su dieta". Unos años más tarde, la margarina Fleischmann decía ser "la más baja en grasas saturadas". La reputación de la margarina se rehabilitó entonces como una parte clave en las dietas sanas para bajar el colesterol.

Décadas después, la margarina pasó por otra irónica conversión, esta vez como una amenaza espeluznante para la salud por su contenido de grasas trans. (Las primeras margarinas contenían muchas más grasas trans —hasta 50 por ciento del contenido total de grasa— que sus versiones posteriores.) Pero mientras tanto, la industria alimenticia aseguró que la margarina, Crisco y todos sus otros productos con aceites hidrogenados se consideraban seguros y saludables. Desde principios de la década de 1960 se recomendó a los consumidores remplazar la mantequilla con margarina o Crisco, y siempre elegir grasas vegetales por encima de las grasas animales como parte de una dieta sana y prudente.

Los NIH invierten 250 millones de dólares para intentar mostrar lo saludable de los aceites

El Estudio Nacional de la Dieta y el Corazón que Stamler y Keys estaban ayudando a hacer era un esfuerzo riguroso para probar la viabilidad de un estudio completo de la "dieta prudente". Visto ahora a través del prisma de la historia industrial, sin embargo, parece enteramente plausible que el proyecto, para el que Swift & Co. prestó a uno de sus empleados de tiempo completo y desarrolló margarinas altamente poliinsaturadas y hamburguesas falsas, razonablemente puede verse como parte de un esfuerzo guiado por la industria para ampliar el mercado de su producto oleico.* Entre las empresas que contribuyeron al estudio

---

* Los alimentos que conformaron la dieta experimental de la prueba de los veteranos de Los Ángeles, incluyendo leche reconstituida, una imitación de helado y queso reconstituido, también fueron donados por la industria (Editores, "Diet and Atherosclerosis", 1969, p. 940), lo mismo que los alimentos en el estudio de Oslo (Leren, 1966, p. 88).

se encontraban casi todos los más grandes corporativos de la industria alimenticia en el país, incluyendo al gigante del aceite vegetal Anderson, Clayton & Company, Carnation, The Corn Products Company, Frito-Lay, General Mills, H. J. Heinz, Pacific Vegetable Oil Corporation, Pillsbury y Quaker Oats, entre otros.

Un estudio de "viabilidad" no produce resultados; simplemente es para probar la practicidad de cierta clase de experimento antes de intentar la versión a gran escala. Y en estos términos, claramente no tuvo éxito. Keys, Stamler y su equipo descubrieron que la cuarta parte de los hombres se había salido durante el primer año porque les pareció demasiado difícil tomar todas sus comidas en casa o porque sus esposas "no cooperaron o no mostraron interés". La tercera razón principal que dieron los hombres fue que simplemente no les gustaban las dietas especiales; extrañaban sus alimentos normales.

Si valía la pena que los NIH invirtieran en un estudio más grande después de este esfuerzo piloto, fue una pregunta que los administradores circularon repetidamente en una serie de comités de revisión a lo largo de la década de 1960. Era obviamente una situación frustrante porque, por el bien de la ciencia, se necesitaba urgentemente una prueba clínica a gran escala. Los médicos que seguían los lineamientos de la AHA ya habían estado recomendando una dieta baja en grasas animales y colesterol durante casi una década, basándose en asociaciones epidemiológicas débiles y algunas pruebas controladas endebles que no habían reducido la mortandad general.

Finalmente, sin embargo, en 1971, los NIH decidieron no realizar una prueba definitiva de la hipótesis de la dieta y el corazón. Simplemente era demasiado impráctica e incierta. Hacer todas esas margarinas y otros alimentos especiales para vender en tiendas especiales para tantas personas a lo largo de tantos años podría costar más de mil millones de dólares. Y dado que casi no se podía convencer a los participantes de continuar con la dieta de todas formas, todo el proyecto parecía inútil. Los NIH decidieron entonces, como plan alternativo, gastar "250 millones en dos pruebas más pequeñas, que de todas maneras estarían entre las pruebas dietéticas más grandes y más caras en la historia de la investigación de la dieta y el corazón.

Una de éstas fue la Prueba de Intervención de Factores de Riesgo Múltiples, conocida como MRFIT (pronunciada *Mister Fit* en inglés), que se hizo de 1973 a 1982. Stamler tuvo el prestigiado trabajo de dirigirla. Después de su deslucido esfuerzo por hacer que la gente consumiera sólo los alimentos artificiales que había inventado para el Estudio Nacional de la Dieta y el Corazón, Stamler pensó que quizá una mejor intervención sería enfocarse menos en la dieta y más en el control de otros factores, como fumar, la pérdida de peso y la presión arterial. En la MRFIT entonces utilizaron un acercamiento de "todo el arsenal habido y por haber" para pelear la enfermedad cardiaca. Fue uno de los experimentos médicos más grandes y más demandantes que se hubieran hecho con un grupo de seres humanos, en el que se involucraron 28 centros médicos a nivel nacional, y con un costo de 115 millones de dólares.

Los equipos de Stamler midieron el colesterol de 361 mil hombres estadounidenses de mediana edad y descubrieron a 12 mil con un nivel de colesterol por encima de 290 mg/dl, tan alto que se consideraban en riesgo inminente de ataque cardiaco.* La mayoría de los 12 mil eran obesos, tenían presión arterial alta y fumaban, así que tenían bastantes riesgos que cambiar. La mitad de ellos recibieron entonces "múltiples" intervenciones: terapia para dejar de fumar, medicamentos para bajar la presión arterial si era necesario y recomendaciones sobre cómo seguir una dieta baja en grasa y baja en colesterol. Bebían leche descremada, usaban margarina en lugar de mantequilla, limitaban los huevos a dos o menos a la semana, y evitaban la carne y los postres. El objetivo de grasa saturada era entre 8 por ciento y 10 por ciento de calorías. A la otra mitad se le dijo que comiera y viviera como quisiera. Stamler siguió a los 12 mil hombres durante siete años.†

Los resultados, anunciados en septiembre de 1982, fueron un desastre para la hipótesis de la dieta y el corazón. Aunque los hombres en el grupo de intervención habían tenido un éxito espectacular para cambiar sus dietas, dejar de fumar y bajar su presión arterial, morían en índices ligeramente más elevados que los controles. Los investigadores

---

* Era probable que este grupo incluyera un número desproporcionado de hombres con un desorden genético extraño (1 en 500) que provocara un colesterol excepcionalmente alto (no se hicieron análisis genéticos a ninguno de los sujetos). Las respuestas fisiológicas de estos hombres no pueden generalizarse para el resto de la población, pero muchos estudios de dieta y corazón elegían a estos hombres para aumentar la probabilidad de generar más "eventos" (ataques cardiacos), y como resultado se distorsionó todo el campo de investigación.

† Stamler ha dicho que el único problema con el estudio es que no incluyó mujeres (entrevista a Stamler). Los hombres solían desarrollar enfermedad cardiaca en índices mucho más elevados que las mujeres, pero para mediados de la década de 1980 estos índices eran iguales. Las mujeres como una categoría separada para el estudio de la dieta y la enfermedad se discutirán en el siguiente capítulo.

de MRFIT lo reconocieron y propusieron varias explicaciones posibles. Una era que el grupo de controles también había, independientemente, reducido sus índices como fumadores y había buscado medicamentos para controlar la presión arterial, así que al final del estudio las diferencias entre los dos grupos no eran tan grandes como se había esperado. Otra posible explicación era que los diuréticos utilizados para tratar la presión arterial alta fueran tóxicos (esta idea se desaprobó). Una idea final fue que tal vez la gente necesitaría empezar tales intervenciones antes en su vida o continuarlas durante un periodo de tiempo más largo para ver resultados.

La prueba MRFIT provocó comentarios y críticas por todas partes entre la comunidad de investigadores, pero después de mucho escribir, su fracaso no generó un cambio en el curso o siquiera una revaluación seria de la dirección que llevaba la investigación de la enfermedad cardiaca. Y eso fue cierto incluso después de que los hallazgos de seguimiento de la MRFIT dieran más malas noticias: en el seguimiento de 16 años después del estudio, en 1997, el grupo en tratamiento tenía índices más elevados de cáncer pulmonar, aun cuando 21 por ciento de ellos había dejado de fumar, comparado con sólo 6 por ciento de los controles.

Cuando le pregunté a Stamler sobre esta aparente paradoja, la enfrentó de inmediato. "¡No lo sé! Podía ser un hallazgo fortuito [...]. Es sólo uno de esos hallazgos. Problemático. Inesperado. Inexplicado. ¡No racionalizado!". (Stamler responde incluso a los cuestionamientos más tímidos de sus ideas con entusiasmo, hablando con el acento de Chicago. Un colega lo describió a sus 90 años como "frágil, pero fiero".)

El colesterol bajo y el cáncer

Una de las cosas que me dijo Stamler al principio de mi visita fue que recordaba ciertas cosas muy bien, "y otras simplemente no recuerdo en absoluto". Lo que quería decir, descubrí, es que Stamler recordaba hasta el detalle más pequeño de evidencia a favor de la hipótesis de la dieta y el corazón, y muy poco de la evidencia en contra. En cuanto al cáncer, por ejemplo, probablemente debió haber recordado que sus hallazgos en la MRFIT distaban mucho de ser inusuales. Para 1981, casi una docena de estudios grandes hechos en humanos había encontrado un vínculo entre bajar el colesterol y el cáncer, principalmente el cáncer de colon.

En el estudio de Framingham, los hombres con niveles de colesterol menores de 190 mg/dl eran tres veces más propensos a contraer cáncer de colon que los hombres con un colesterol por encima de 220 mg/dl. De hecho, desde que se demostró que el aceite de maíz duplicaba el índice de crecimiento de los tumores en las ratas, en 1968, ha habido un nivel de preocupación constante sobre los aceites vegetales y el cáncer. (Otros estudios de este tiempo llevaron a la suposición de que el aceite de maíz podría causar cirrosis en el hígado.) Y hubo otros problemas. La gente que había tenido éxito para bajar su colesterol en las pruebas de dietas o medicamentos resultó tener índices más elevados de cálculos biliares.* Los infartos también eran un problema. En Japón, por ejemplo, un país de interés para los investigadores de enfermedad cardiaca por los relativamente bajos índices de enfermedad cardiaca encontrados en áreas rurales, los investigadores de los NIH encontraron que los japoneses con niveles de colesterol por debajo de 180 mg/dl sufrían infartos en índices dos o tres veces mayores que las personas con colesterol más alto.

El NHLBI se preocupó tanto por los hallazgos de cáncer que realizó tres talleres en 1981, 1982 y 1983. Un extremadamente prominente grupo de científicos, incluyendo a Keys y Stamler, revisó y volvió a revisar la evidencia sobre el tema. Una sugerencia era que el colesterol bajo podía ser un síntoma temprano de cáncer, en lugar de una causa. Era una lógica plausible. Al final, sin embargo, aunque los investigadores reunidos no pudieron encontrar una explicación convincente para los hallazgos sobre cáncer, concluyeron que "no presentaban un desafío para la salud pública" y no "contradecían" el mensaje más urgente y "racional" de salud pública, que indicaba que todos debían bajar su colesterol.

Al considerar todo, dijo Manning Feinleib, un director asociado del NHLBI que asistió a las juntas para registrar las minutas, el comité pareció considerar menos importante el inconveniente del cáncer frente a lo positivo de reducir la enfermedad cardiaca. Hablé con él en 2009 y estaba claramente consternado de que el problema del colesterol bajo y el cáncer todavía no se hubiera zanjado. "Ay, chicos, han pasado más de 25 años

---

* Las autopsias de sujetos en la Prueba de Veteranos de Los Ángeles que llevaron una dieta alta en grasas poliinsaturadas revelaron que la gente en la dieta era más de dos veces propensa a tener cálculos biliares que los del grupo de controles (Sturdevant, Pearce y Dayton, 1973). Los índices excesivos de cálculos biliares también se veían entre los participantes de una prueba de clofibrato para bajar el colesterol (Comité de Principales Investigadores, 1978).

y todavía no han aclarado lo que está pasando. ¿Y por qué no? Eso es todavía más desconcertante."

En 1990, el NHLBI tuvo otra junta sobre el problema de los índices de mortalidad "significativamente más elevados" de cáncer y otras causas no cardiovasculares para la gente con colesterol bajo. Entre más bajo fuera el colesterol, peor se veía para las muertes por cáncer, y lamentablemente, se vería especialmente mal para los hombres sanos que estuvieran intentando reducir activamente su colesterol por medio de dietas o medicamentos. Pero no había seguimiento a estas juntas y los resultados no cambiaban el entusiasmo por la "dieta prudente". Los efectos del colesterol bajo todavía no se comprenden.

Cuando le mencioné todo esto a Stamler, no recordaba ninguna parte del debate sobre el cáncer y el colesterol. De esta forma, él es un microcosmos de un fenómeno más grande que permitió a la hipótesis de la dieta y el corazón seguir adelante: los resultados inconvenientes se ignoraban consistentemente; de nuevo, la "parcialidad en la selección" hacía lo suyo.

Un caso extremo de parcialidad en la selección

A lo largo de los años se ha informado e ignorado selectivamente sobre los problemas metodológicos. Pero probablemente el ejemplo más impactante de la parcialidad en la selección fue la supresión casi absoluta del Estudio Coronario de Minnesota, que fue fruto del Estudio Nacional de la Dieta y el Corazón. También financiado por los NIH, el Estudio Coronario de Minnesota es la prueba clínica más grande que alguna vez se haya hecho sobre la hipótesis de la dieta y el corazón, y por ende ciertamente debe estar en la lista junto con los estudios de Oslo y del Hospital Psiquiátrico Finlandés, y con la Prueba de los Veteranos de Los Ángeles, pero rara vez se le incluye, sin duda porque no resultó de la forma en que los expertos en nutrición habían esperado.

Desde 1968, el bioquímico Iván Frantz les dio de comer a nueve mil hombres y mujeres en seis hospitales psiquiátricos de Minnesota y un asilo, ya fueran "alimentos estadounidenses tradicionales", con 18 por ciento de grasa saturada, o una dieta con margarina suave, el sustituto de un huevo entero, carne de res baja en grasa y productos lácteos "reconstituidos" con aceite vegetal. Esta dieta reducía la cantidad de grasa saturada a la mitad. (Ambas dietas tenían un total de 38 por ciento de grasa general.) Los investigadores informaron de "una participación de casi 100 por ciento", y dado que la población estaba hospitalizada, podía controlarse más; aunque, como sucedió con el estudio del hospital finlandés, había una gran rotación en el hospital (el tiempo promedio de estadía era sólo de un año más o menos).

Después de cuatro años y medio, sin embargo, los investigadores no pudieron encontrar ninguna diferencia entre el grupo en tratamiento y el grupo de controles para eventos cardiovasculares, muertes cardiovasculares o mortandad total. El cáncer estaba más elevado en el grupo bajo en grasas saturadas, aunque el informe no dice si la diferencia era estadísticamente significativa. La dieta baja en grasas saturadas no había mostrado ninguna ventaja. Frantz, quien trabajaba en el departamento universitario de Keys, no publicó el estudio durante 16 años, hasta que se retiró, y luego compartió sus resultados en la revista *Arteriosclerosis, Thrombosis, and Vascular Biology*, que casi no tiene lectores fuera del campo de la cardiología. Cuando se le preguntó por qué no publicó los resultados antes, Frantz contestó que no consideraba haber hecho nada malo en el estudio. "Simplemente estábamos decepcionados por cómo resultó", dijo. En otras palabras, el estudio fue ignorado selectivamente por su propio director. Fue otro punto de referencia inconveniente que necesitaba ignorarse.

La evidencia contra la grasa saturada: estudios epidemiológicos

Entre la gran cantidad de información imperfecta que se interpretó en apoyo de la hipótesis de la dieta y el corazón, mucha no salió de pruebas clínicas, sino de proyectos epidemiológicos grandes, de la clase que Keys había iniciado con su estudio de los siete países. Son estudios donde las dietas de las poblaciones no se modifican de ninguna forma: simplemente se observan durante un tiempo y, al final, los investigadores intentan vincular los resultados de salud, como los de enfermedad y muerte, de vuelta a los patrones dietéticos de sus sujetos. Los investigadores habían hecho antes esta clase de estudios —en los italianos de Roseto, los irlandeses, los indios y otros—, pero esos esfuerzos habían sido mucho más pequeños. Los nuevos estudios siguieron a miles de personas durante muchos años, y sus resultados fueron una contribución muy influyente al cuerpo creciente de artículos científicos que los expertos utilizaban para apoyar la hipótesis de la dieta y el corazón.

Stamler heredó uno de estos primeros estudios, en el que involucró a dos mil hombres que trabajaban en la Western Electric Company, cerca de Chicago. Se evaluó médicamente a los hombres y sus dietas se midieron a partir de 1957. En el resumen del artículo, que muchas veces es la única parte de los artículos científicos que los ocupados médicos y científicos leen, Stamler escribió que sus resultados apoyaban bajar el colesterol a través de la dieta. Pero los resultados después de 20 años de estudio en realidad mostraban que la dieta afectaba el colesterol en la sangre sólo un poquito, y que la "cantidad de ácidos grasos saturados en la dieta no era significativa asociada con el riesgo de muerte por ECC [enfermedad cardiaca coronaria]", como escribieron los autores. Parece claro que Stamler no podía consentir tales resultados. En la sección argumentativa del artículo, sus colegas y él ignoraron su propia información directamente y de inmediato empezaron a hablar sobre otros estudios que sí tuvieron el resultado "correcto".

Cuando le pregunté a Stamler sobre eso, dijo: "Lo que mostramos fue que la grasa saturada no tenía ningún efecto independiente sobre los criterios de valoración".

"Entonces, al final, la grasa saturada en la dieta no importaba, ¿cierto?", pregunté.

"No tenía un efecto INDEPENDIENTE", gritó Stamler, lo que significa que, por sí misma, no importaba. El Estudio de Western Electric, sin embargo, se ha citado regularmente en apoyo de la hipótesis de la dieta y el corazón.

Otro estudio en Israel siguió a 10 mil hombres funcionarios y empleados del gobierno durante cinco años, y no encontró ninguna correlación entre los ataques cardiacos y nada de lo que comieran. (La mejor forma de evitar un ataque cardiaco, de acuerdo con el estudio, era adorar a Dios, dado que entre más religiosos se consideraran los hombres, menores riesgos tenían de sufrir un ataque cardiaco.)*

---

* En el seguimiento de este estudio, 23 años después, los investigadores encontraron una relación muy débil entre la grasa saturada y los infartos al miocardio, que los propios autores descartaron como carente de importancia (Goldbourt, 1993). Sin embargo, el Estudio de los Funcionarios Israelíes, como se llama, se cita rutinariamente entre científicos prominentes para demostrar una "relación positiva" entre el consumo de grasa saturada y el riesgo de enfermedad cardiaca coronaria (Griel y Kris-Etherton, 2006, p. 258).

El otro gran estudio epidemiológico durante este periodo se hizo con japoneses, los cuales durante mucho tiempo han sido una fuente de fascinación porque tienen índices muy bajos de enfermedad cardiaca y viven con lo que parece ser una dieta casi vegetariana.

Un estudio llamado Ni Hon San intentó extraer las influencias de los genes y la dieta al comparar a hombres japoneses que vivían en Hiroshima y Nagasaki con sus conciudadanos que habían emigrado a Honolulu o a la bahía de San Francisco. Los hombres de mediana edad estaban saludables en 1965, cuando su dieta se analizó por primera vez, y los observaron durante cinco años. Resultó que los hombres que se mudaron a California desarrollaron enfermedad cardiaca (como se juzgó por electrocardiogramas anormales) dos veces más seguido que los que se encontraban en Hawai o Japón. Las grasas saturadas parecían proveer una explicación razonable, dado que los japoneses en San Francisco comían alrededor de cinco veces más grasa saturada que sus contrapartes en Japón. (La posible exposición a la radiación de estos hombres a las bombas atómicas que cayeron en sus ciudades al final de la Segunda Guerra Mundial no se consideró en el análisis.)

Los resultados del Ni Hon San se han proclamado abiertamente. Los problemas con las conclusiones, sin embargo, variaban desde lo obvio hasta lo oscuro. Primero, los autores del estudio circunvinieron su información sobre la mortalidad, la cual no apoyaba la hipótesis de la dieta y el corazón, al seleccionar la enfermedad cardiovascular definitiva más la "posible" como sus criterios de valoración. (Una enfermedad cardiaca "posible" incluye síntomas vagamente definidos, como dolores en el pecho.) Esta ampliación de la definición para incluir diagnósticos inciertos introdujo un margen significativo de error consistente con la hipótesis de la dieta y el corazón: una progresión escalonada entre la enfermedad cardiaca y el consumo de grasa saturada en aumento desde Japón a Hawai a California.

Si se ven sólo las "ECC definitivas", sin embargo, los hombres en Honolulu, que comían más o menos la misma cantidad de grasa saturada que los californianos, sufrieron índices más bajos de enfermedad cardiaca que sus compatriotas en Japón (34.7 versus 25.4 por cada mil). Los niveles de colesterol sérico tampoco concordaban tan bien. De hecho, ninguno de los factores de riesgo que los investigadores conocían —colesterol sérico, hipertensión o presión arterial— podía explicar las diferencias en enfermedad cardiaca que observaban. Tampoco podían explicar cómo los hombres en Japón evitaban la enfermedad coronaria cuando casi todos fumaban.

Para mí, estas inconsistencias indicaban que tal vez había algo mal en general con esta información. Me pregunté, por ejemplo, a qué se referían los autores cuando escribieron que la información de la dieta se había recolectado sólo de una "*sub*muestra del grupo en San Francisco [las cursivas son mías]". Así que investigué el artículo sobre la metodología de la dieta en Ni Hon San, publicado dos años antes. Parece que el equipo en la bahía de San Francisco había hecho mal su trabajo. No sólo obtuvieron información de la dieta de sólo 267 hombres, comparado con los 2 mil 275 entrevistados en Japón y el impresionante número de 7 mil 963 en Honolulu, sino que sólo habían hecho estas entrevistas una vez y de una sola forma (un cuestionario de memoria de las últimas 24 horas), mientras que los otros dos equipos habían analizado la dieta en dos ocasiones diferentes, con varios años de distancia, y de cuatro maneras distintas; claramente, éste no era el "mismo método" que los autores mencionaban. Sin embargo, estos problemas nunca se mencionaron, y yo no habría sabido de ellos si no hubiera decidido buscarlos yo misma.

De cualquier manera, aunque los japoneses en California sí comían más grasa saturada, también se enfrentaron a cualquier cantidad de otros factores dentro de las sociedades occidentales más pudientes, como más estrés, menos actividad física, más contaminación industrial y más alimentos empacados y refinados. Cualquiera de estos factores pudo haber provocado la enfermedad cardiaca. Que los autores culparan sólo a la grasa saturada y se tomaran la molestia de ocultar la cuestionable naturaleza de su información casi refleja definitivamente la parcialidad generalizada a favor de la hipótesis de la grasa para la enfermedad cardiaca en 1970.*

¿Y los japoneses en su tierra natal estaban en realidad más sanos? Cierto, sufrían menos enfermedad cardiaca isquémica, pero comparados con los estadounidenses, tenían índices más elevados de infarto, los cuales bajaron cuando los japoneses migraron a Estados Unidos. Otros estudios han demostrado una mayor incidencia de infarto en poblaciones con dietas bajas en grasa, lácteos y huevos, comparadas con quienes comían más de esos alimentos. También se descubrió que los hombres en Japón tenían índices más altos de hemorragias cerebrales fatales, las

---

* En el estudio de seguimiento, 6 años después, los autores indicaron que la asociación entre la enfermedad cardiaca y el consumo de grasa saturada había desaparecido, y que los índices más bajos de mortandad coronaria estaban asociados sólo con menos alcohol, mayor consumo de carbohidratos y una dieta general más baja en calorías (Yano *et al.*, 1978).

cuales estaban asociadas con su colesterol bajo y habían sido, en contraste, poco comunes en Estados Unidos. Keys y sus colegas intentaron descartar estos hallazgos cuando emergieron a finales de la década de 1970. Sin embargo, los altos índices de infarto y hemorragia cerebral asociados con el colesterol bajo han perdurado hasta la actualidad en Japón, y los investigadores no han podido explicar si una dieta baja en colesterol puede estar causando estos problemas de salud.

Asimismo, aunque los japoneses han estado comiendo mucha más carne, huevos y lácteos recientemente de lo que acostumbraban desde finales de la Segunda Guerra Mundial, los índices de enfermedad cardiaca han caído hasta los niveles que vio Keys en la década de 1950. Esto significa que, aun cuando la historia de la dieta y la enfermedad en Japón es compleja, bien podemos decir que, basado sólo en esta tendencia, una dieta baja en grasa saturada no era el factor que salvó a los japoneses de la enfermedad cardiaca en los años de posguerra.

Después de la publicación del Ni Hon San y de la prueba con los funcionarios israelíes, *The Lancet* sacó provecho de la evidencia en 1974. "Hasta ahora, a pesar del esfuerzo y el dinero que se ha invertido", escribieron los editores, "la evidencia de que eliminar los factores de riesgo eliminará la enfermedad cardiaca suma un poco más que cero".

"Una cosa está clara", continuaron sobre los dos estudios epidemiológicos recientemente publicados, "la asociación estadística no debe igualarse inmediatamente con la causa y el efecto". Era un punto obvio, pero uno que valía la pena repetir en una comunidad de expertos en nutrición que estaban tentados a estirar la evidencia epidemiológica en favor de la hipótesis de la dieta y el corazón.

Los editores de *The Lancet* eran consistentemente francos sobre adoptar la hipótesis de la dieta y el corazón demasiado pronto, y durante muchos años el debate en Inglaterra fue mucho más vivaz y abierto que en Estados Unidos. En Inglaterra, el escepticismo e incluso la hostilidad hacia la hipótesis de la dieta y el corazón eran amplios. La apasionada adopción de la hipótesis por los científicos estadounidenses era algo que sus colegas británicos encontraban desconcertante. "Hubo un componente emocional muy fuerte en la interpretación de esos días", dijo el influyente cardiólogo británico Michael Oliver. "Me parecía extraordinario. Nunca pude entender esta enorme emoción hacia bajar el colesterol." Su colega del Reino Unido, Gerald Shaper, el investigador que estudió a la tribu samburu en Kenya, también encontraba incomprensibles a los partidarios estadounidenses de la dieta y el corazón:

"Gente como Jerry Stamler y Ancel Keys elevaron la presión sanguínea de los cardiólogos británicos a un nivel increíble. Era algo extraño; no era racional, no era científico".

Los editores de *The Lancet* algunas veces se burlaron de la obsesión estadounidense. ¿Por qué los estadounidenses soportarían los sacrificios de una dieta baja en grasa? Estaban horrorizados de que "algunos creyentes, ya lejos de la plenitud de su vida, anduvieran en parques públicos en shorts y camiseta, haciendo ejercicio en su tiempo libre para después regresar a su casa a una comida de una severidad calórica indescriptible [cuando] no hay prueba de que dicha actividad compense la enfermedad coronaria".

The Lancet también dio un grito de alarma que pronto retomaron otros: "La cura no debería ser peor que la enfermedad", escribieron los editores, repitiendo juntos la máxima médica: "Primero no hagas daño". Tal vez reducir la grasa en la dieta pueda llevar a alguna consecuencia inintencionada, como la falta de ácidos grasos "esenciales" en la dieta (éstas son las grasas que el cuerpo mismo no puede producir). De hecho, Seymour Dayton estaba preocupado sobre los niveles extremadamente bajos de ácido araquidónico, un ácido graso esencial presente sobre todo en alimentos animales, entre quienes seguían la dieta prudente. Otra posible consecuencia de reducir la grasa era el aumento al parecer inevitable en el consumo de carbohidratos por la sencilla razón de que sólo hay tres clases de macronutrientes: proteína, grasa y carbohidratos. Reducir los alimentos animales (principalmente la proteína y la grasa) cambia el consumo hacia el único tipo de macronutriente que queda, el carbohidrato. En términos prácticos, un desayuno sin huevos ni tocino (grasa y proteína) se vuelve uno de cereal o fruta (carbohidratos). La cena sin carne suele ser con pasta, arroz o papas. Los expertos ahora lamentan que este cambio en la dieta sucediera en la última mitad del siglo XX, con resultados preocupantes para la salud. El miedo de *The Lancet*, por tanto, estaba claramente justificado.

En Estados Unidos, Pete Ahrens, quien todavía era el crítico más prominente de la dieta prudente, continuó publicando su punto central de cautela: la hipótesis de la dieta y el corazón "todavía es una hipótesis […] Sinceramente creo que no deberíamos […] hacer recomendaciones a gran escala sobre dietas y medicamentos al público en general ahora".*

---

* Por "medicamentos", Ahrens se refería a la primera generación de medicamentos para bajar el colesterol, clofibrato y niacina, los cuales, en tres pruebas, no pudieron demos-

Hacia finales de la década de 1970, sin embargo, la cantidad de estudios científicos había crecido a tales "proporciones inimaginables", como expresó un patólogo de la Universidad de Columbia, que era abrumador. Dependía de cómo uno interpretara la información y cómo uno sopesara todas las advertencias, que se pudieran conectar los puntos hacia distintas direcciones. Las ambigüedades inherentes a los estudios de nutrición abrieron la puerta para que su interpretación estuviera influida por parcialidades, lo que endureció hasta convertirse en una clase de fe. Simplemente había "creyentes" y "no creyentes", de acuerdo con el experto en colesterol Daniel Steinberg. Una serie de interpretaciones de la información era posible e igualmente convincente desde una perspectiva científica, pero para los "creyentes" sólo había una, mientras que los "no creyentes" se volvieron herejes fuera de la institución.

Así, las defensas normales de la ciencia moderna habían caído ante una tormenta perfecta de fuerzas conjuntas en los Estados Unidos de la posguerra. En su impresionable infancia, e impulsada por un deseo urgente de curar la enfermedad cardiaca, la ciencia de la nutrición había adorado a líderes carismáticos. Una hipótesis estaba en el centro del escenario, entró dinero a raudales para probarla, y la comunidad nutricional adoptó la idea. Pronto quedó muy poco espacio para el debate. Estados Unidos se había embarcado en un experimento nutricional gigantesco para sacar la carne, los lácteos y la grasa de la dieta completamente, cambiando el consumo calórico hacia los granos, las frutas y las verduras. Las grasas animales saturadas se remplazarían por aceites vegetales poliinsaturados. Era una dieta nueva sin probar, sólo una idea presentada a los estadounidenses como la verdad. Muchos años después, la ciencia empezó a mostrar que esta dieta no era muy saludable después de todo, pero ya era demasiado tarde para entonces, dado que había sido una política nacional durante décadas.

---

trar que bajar el colesterol hacía ninguna diferencia en reducir los ataques cardiacos entre hombres de mediana edad después de cinco años ("Trial of Clofibrate in the Treatment of Ischaemic Heart Disease", 1971).

5

La dieta baja en grasa llega a Washington

La dieta baja en colesterol se convirtió en política nacional no sólo porque la Asociación Americana del Corazón y los nutriólogos la apoyaran con entusiasmo como una solución para la enfermedad cardiaca, sino sobre todo porque el gran poder del gobierno de Estados Unidos estaba detrás de ella. Desde finales de 1970, el Congreso intervino en la cuestión de qué deberían comer los estadounidenses, y este involucramiento del gobierno llevó a la dieta baja en grasa por un nuevo camino, sacándola del campo de la ciencia hacia el mundo de la política y el gobierno. Durante los quince años anteriores, la comunidad de investigadores, habiendo apoyado una dieta sobre la dieta y la enfermedad cardiaca antes de que se probara adecuadamente, prácticamente había fallado por sí sola. Sin embargo, cualquier oportunidad que estos expertos hubieran podido tener para una autocorrección se perdió cuando se involucró el gobierno. Con sus masivas burocracias y cadenas obedientes de comando, Washington es el propio opuesto de la clase de lugar donde el escepticismo —tan esencial para la ciencia— puede sobrevivir. Cuando el Congreso adoptó la hipótesis de la dieta y el corazón, la idea empezó a ascender como un dogma todopoderoso e irrefutable, y desde este punto en adelante virtualmente no ha habido vuelta atrás.

Todo empezó en 1977, cuando el Comité Selecto de Nutrición y Necesidades Humanas del Senado se dirigió hacia la cuestión de la dieta y las enfermedades en Estados Unidos. Con un presupuesto considerable de casi medio millón de dólares, el comité anteriormente había lidiado con problemas de hambruna o *mal*nutrición. Ahora, el grupo se dirigía hacia la nueva pregunta de la *sobre*alimentación: si comer demasiado de ciertos alimentos puede conducir a enfermedades. Después de todo,

¿qué senador de mediana edad no apoyaría una investigación sobre enfermedad cardiaca, la causa número uno de muerte entre senadores de mediana edad?

Así que, en julio de ese año, el comité, liderado por el senador George McGovern, tuvo dos días de audiencias tituladas "La dieta relacionada con enfermedades mortales".* El personal del comité estaba formado por abogados y antiguos periodistas que sabían un poco más que los hombres de leyes interesados en el tema de la grasa y el colesterol, y casi nada sobre la controversia científica que se había estado cocinando sobre este tema durante años. McGovern mismo llegó al tema con una parcialidad potencial, dado que recientemente había asistido a una clínica de una semana en el centro que fundó el gurú de estilo de vida y devoto de lo bajo en grasa Nathan Pritikin.

Después de las audiencias el miembro del comité Nick Mottern encabezó la investigación y la redacción del informe. Era un progresista concienzudo, un antiguo reportero laboral para la pequeña revista semanal *Consumer News*, en Washington, D. C., y un cruzado contra la influencia corporativa. Pero Mottern no tenía experiencia en nutrición ni salud. Por ende, estaba increíblemente mal equipado para examinar las sutilezas de, digamos, el tamaño de un estudio muestra o los problemas frustrantes de la epidemiología. No tenía la experiencia para saber que, cuando se interpreta la ciencia, siempre es más sabio buscar una variedad de opiniones. En cambio, se apoyó casi exclusivamente en Mark Hegsted, un profesor de nutrición de la Escuela de Salud Pública de Harvard y partidario fiel de la dieta y el corazón. (Keys habría sido un candidato probable para este papel, pero se había retirado en 1972.) Con Hegsted como su guía, Mottern recomendó una dieta en línea con la que la AHA había estado recomendando, con una reducción general de grasa, de 40 por ciento a 30 por ciento de calorías, topando la grasa saturada a 10 por ciento de calorías y aumentando los carbohidratos entre 55 por ciento y 60 por ciento de calorías. (Mottern introdujo el término "carbohidratos complejos" al léxico de nutrición, refiriéndose a los granos enteros, en comparación con los carbohidratos refinados, como el azúcar.)†

---

* La historia sobre el trabajo del comité en este tema se reveló primero en un artículo de 2001 en la revista *Science* (Taubes, 2001).

† El informe de Mottern también recomendaba una reducción del consumo de azúcar (ésta era la quinta de seis recomendaciones), pero esta meta cayó por la borda conforme los investigadores se enfocaron más en la grasa y el colesterol.

El comité finalmente adoptó esta visión de una dieta sana, la cual se adaptó a la propia visión escéptica de Mottern sobre las industrias de la carne, los lácteos y los huevos. Mottern las encontraba desagradables por razones medioambientales y éticas (más tarde tuvo un restaurante vegetariano al norte del estado de Nueva York durante varios años). Y creía que la industria de la carne era completamente corrupta, habiendo estado expuesto a ello de cerca, dado que McGovern representaba a Dakota del Sur, un estado ganadero, y los miembros de la Asociación Nacional de Ganaderos muchas veces pasaban por la oficina para ver al senador. Mottern mismo recibió llamadas de ganaderos que intentaban interferir con su informe.

Esta influencia de los grupos de presión exasperaba el idealismo de Mottern. Tal vez porque trabajaba en Capital Hill veía en el problema de la grasa y el colesterol tanto un concurso político entre intereses alimentarios como un debate científico sobre nutrición y enfermedad. A sus ojos, la controversia lanzaba a la virtuosa dieta baja en grasa, apoyada por la AHA, contra las corruptas industrias de la carne y los huevos, cuyo "encubrimiento" del problema de la grasa era, en su mente, como los esfuerzos de las tabacaleras por oscurecer la información negativa de salud sobre fumar. "Nick realmente quería encontrar un enemigo y volverlo una cuestión del bueno contra el malo", recordó Marshall Matz, consejero general del comité. Para Mottern la decisión era clara. Impresionado por investigadores como Jerry Stamler, quien testificó a favor de la AHA, Mottern pensó que "estos científicos estaban dispuestos a enfrentar al montón de dinero y presión de la industria", como me dijo. "Los admiraba."

La realidad era que, por todo su obvio egoísmo, los grupos de los huevos, la carne y los lácteos eran difícilmente los más fuertes entre los intereses alimenticios. Los pesos pesados reales eran los grandes fabricantes de alimentos, como General Foods, Quaker Oats, Heinz, National Biscuit Company y Corn Products Refining Corporation. En 1941 estas empresas habían establecido la Fundación de Nutrición, un grupo que trabajaba para influir en la opinión con técnicas mucho más sutiles que pasar por las oficinas de los senadores. La fundación cambió el curso de la ciencia desde su propia fuente al desarrollar relaciones con investigadores académicos, financiar conferencias científicas importantes y alimentar muchos millones de dólares directamente a la investigación (incluso antes de que los NIH empezaran a financiar la investigación en nutrición). La fundación, junto con las empresas de alimentos que trabajaban individualmente, era entonces capaz de influir en la opinión científica cuando se estaba formando.*

La promoción de alimentos basados en carbohidratos, como cereales, panes, galletas y papas, era exactamente la clase de consejo dietético que las empresas de alimentos preferían, dado que esos eran los productos que vendían. Recomendar aceites poliinsaturados sobre las grasas saturadas también les caía bien porque estos aceites eran un ingrediente principal de sus galletas dulces y saladas, y eran el ingrediente principal de sus margarinas y mantecas vegetales. La orientación procarbohidratos y antigrasas animales del informe emergente de Mottern les venía perfectamente entonces a los fabricantes de alimentos. En cambio, ese informe no hacía nada por los intereses de los huevos, la carne y los lácteos, a pesar de su notoria reputación como el coco en Washington. Así que, por mucho que hubieran intentado, sus esfuerzos por crear presión claramente no habían sido muy exitosos.

Se inclinan en contra de la carne

El desdén que sentía Mottern por la causa del ganado reflejaba una inclinación en contra de la carne roja que ya era fuerte para finales de la década de 1970, cuando estaba escribiendo su informe. Esta visión de la carne roja como impura y no saludable está ahora tan bien incorporada a nuestras creencias que es difícil imaginarlo de otro modo, pero los lectores de este libro ahora estarán conscientes de que una dosis de escepticismo ante las creencias populares siempre es merecida. ¿Cuál es la evidencia científica en contra de la carne roja? Es importante responder a la pregunta de qué información puede estar apuntalando las declaraciones de salud en contra de la carne, especialmente cuando el ritmo de las, al parecer, malas noticias sobre la carne roja parecen intensificarse cada año.

En las décadas de 1950 y 1960, Ancel Keys y sus colegas no señalaron la carne roja como peor que cualquier otro alimento alto en grasa saturada y colesterol; la carne roja, el queso, la crema y los huevos se condenaban igual por su capacidad de elevar el colesterol total y entonces provocar potencialmente enfermedad cardiaca. La carne roja, sin

---

* Muchas empresas grandes de alimentos también tuvieron sus propios institutos de investigación, como el Instituto de Productos de Maíz y el Fondo Wesson para Investigación Médica.

embargo, siempre ha tenido un lugar de desconfianza en la cultura occidental: se ha asociado con codicia, así como con incitar la sensualidad y la virilidad, que se consideran generalmente como impedimentos para una vida espiritual.* Y matar animales por su carne propone un dilema ético, más en lo que respecta a animales grandes como las vacas, tal vez porque nos parecen más sensibles que las aves, como los pollos. Estos escrúpulos morales han aumentado durante el último siglo, encendidos por las prácticas especialmente inhumanas y corruptas de la producción industrializada de carne. También, conforme los estadounidenses se dieron cuenta de la pobreza mundial y las presiones poblacionales, la carne roja empezó a verse como un desperdicio. El emblemático libro de 1971 *Diet for a Small Planet*, de Frances Moore Lappé, planteaba el caso de que el ganado criado para satisfacer la lujuria de los estadounidenses por la carne representaba un desperdicio monumental de proteína que podía en cambio alimentar a la gente malnutrida de los países pobres. Comer carne de res es particularmente ineficiente, escribió, dado que el ganado consume 10 kilos de verduras para producir medio kilo de carne.

Estos y otros argumentos en contra de comer carne roja encajaban con la recomendación de Ancel Keys sobre dejar de comer grasa saturada y hacían parecer a esta dieta recomendada mucho más intuitiva para una nación de consumidores responsables. El resultado ha sido que, desde la década de 1970, se estableció una inclinación contra la carne roja, incluso en la comunidad de investigadores científicos, y esta parcialidad puede verse en la forma en que se hacen e interpretan los experimentos.

Uno de los ejemplos más escuetos del prejuicio en el campo es el estudio más famoso de vegetarianos que se ha hecho, donde se involucra a 34 mil hombres y mujeres adventistas del séptimo día a los que siguieron investigadores a lo largo de las décadas de 1960 y 1970.

---

* Pitágoras era vegetariano en parte por estas razones. El reverendo William Cowherd, quien fue uno de los fundadores de la Sociedad Vegetariana en Gran Bretaña a principios del siglo XIX, predicaba que "consumir carne" era en parte responsable de la caída del hombre, y que la capacidad de la carne de inflamar las pasiones evitaba la recepción el alma en "el amor y la sabiduría celestiales". Estas ideas se adoptaron en Estados Unidos por los reformistas protestantes del siglo XIX, como el reverendo Sylvester Graham. Sin embargo, vale la pena señalar que, tanto en los textos antiguos griegos como en la Biblia, la carne se representa como el alimento de los Dioses. Por ejemplo, en el primer libro de Moisés, Caín lleva verduras como ofrenda, mientras que Abel lleva "los primogénitos de su rebaño y la grasa de los mismos". Y "el Señor tuvo respeto por Abel y por su ofrenda: pero para Caín y su ofrenda no tenía respeto" (Génesis, 4:4) (Spencer, 2000, pp. 38-69, sobre Pitágoras; Spencer, 2000, p. 243, sobre Cowherd).

La Iglesia Adventista del Séptimo Día prescribe una dieta vegetariana que permite huevos y lácteos, pero poca carne o pescado, y en 1978, investigadores informaron que los hombres adventistas del séptimo día en esta dieta tenían índices bajos de todas las clases de cáncer (excepto cáncer de próstata, el cual era más elevado) que los hombres no adventistas, así como menos muertes por enfermedad cardiaca. Las mujeres, en cambio, no vieron ningún beneficio,* pero sí hubo un aumento del riesgo de cáncer de endometrio, en uno de los múltiples ejemplos de un resultado coronario sobre las mujeres que no se publicitan.

Este estudio se cita ampliamente como la evidencia base de que una dieta vegetariana es superior a una con carne. Sin embargo, nuevamente es fácil ver muchos problemas con el estudio que vuelven los hallazgos menos confiables. Por ejemplo, un grupo de los sujetos adventistas del séptimo día se comparó con un grupo de controles que vivía del otro lado del país, en Connecticut, donde factores medioambientales no podían considerarse similares (de hecho, la mortandad coronaria era 38 por ciento más alta en la costa este que en la oeste, y esta variación sola pudo haber explicado los índices distintos de enfermedad cardiaca que observaron). Lo más importante, sin embargo, fue el hecho de que los hombres adventistas, al seguir las enseñanzas vegetarianas de la iglesia, también pudieron estar siguiendo otros consejos adventistas del séptimo día. Probablemente también evitarían fumar y participaban en la comunidad social y religiosa de la iglesia. También se sabía que tenían mejor educación que el grupo de controles. Todas estas variables se asocian con una mejor salud y por tanto hacen imposible decir cuánto afecta los resultados la dieta sola. (Aún más, la dieta misma se probó sólo una vez en 20 años, lo que crea una distorsión porque la gente que participa tiende a estar más sana que los que no pueden o no participan.)†
Incluso el director del estudio reconoció estos problemas.‡ Finalmente,

---

* Sin embargo, las mujeres mayores en el estudio sí vieron una ligera reducción en el índice de enfermedad cardiaca.

† Los líderes del estudio reconocieron esta "inclinación por los voluntarios sanos", e intentaron justificarla (Fraser, Sabaté y Beeson, 1993, p. 533).

‡ Gary Fraser, el epidemiólogo de la Universidad Loma Linda que recientemente encabezó el estudio (el cual sigue), escribió que estas "variables posiblemente confusas" hacían difícil enfocarse en qué exactamente puede estar protegiendo la salud. Objetó incluso la forma en que expertos en nutrición, como William Castelli, el entonces director del Estudio Framingham, estaban exagerando los resultados de su estudio. Castelli dijo que los adventistas del séptimo día experimentaron sólo "un séptimo" del riesgo de ataque cardiaco de otros estadounidenses, pero la diferencia sólo era realmente "modesta", corrigió Fraser (Fraser, 1988; Fraser, Sabaté y Beeson, 1993, p. 533).

una parcialidad deslumbrante no mencionada en ninguno de los informes del estudio es que la Universidad Loma Linda, hogar del estudio de los adventistas del séptimo día, es una institución regida por y para adventistas del séptimo día.

El estudio de los adventistas del séptimo día, a pesar de sus obvias fallas, fue una de las piezas fundacionales de evidencia utilizadas como "prueba" de la creencia de que la carne roja no es saludable. Estudios más recientes citados para solidificar esta idea contienen fallas similares. El 12 de marzo de 2012, por ejemplo, hubo una profusión de encabezados particularmente aterrorizantes, incluyendo uno del *New York Times*: "Riesgos: más carne roja, más mortalidad". Este artículo se refería al hallazgo de una investigación que indicaba cómo sólo 90 gramos más de carne roja al día se asociaban con un riesgo de 12 por cierto más de morir en general, incluyendo un riesgo de 16 por ciento más de muerte cardiovascular y un riesgo de 10 por ciento más de muerte por cáncer. El anuncio del estudio resonó por el mundo, con reportajes en los noticieros de virtualmente cada país.

La información de ese informe vino del llamado Segundo Estudio de Salud de Enfermeras, el cual ha seguido a más de 116 mil enfermeras durante más de 20 años y está entre los estudios epidemiológicos más grandes y más largos que se hayan hecho. Para el análisis de la carne roja, los investigadores de la Escuela de Salud Pública de Harvard, quienes dirigen el estudio, combinaron la información de las enfermeras con una información similar, más pequeña, sobre médicos hombres de otro estudio epidemiológico que supervisan. En los cuestionarios que respondían estos médicos y enfermeras, los investigadores descubrieron una asociación entre comer carne roja y una reducción de la mortandad. Sin embargo, una asociación, como sabemos puede ser meramente coincidente, no demuestra causa y efecto, y esta asociación resultó ser minúscula.

Las cifras reales subrayando el hallazgo de 12 por ciento (los porcentajes muchas veces se ven más dramáticos cuando se calculan a partir de cifras más pequeñas) muestran que el aumento en el riesgo de mortandad sólo era una persona entre 100 a lo largo de los 21 años del estudio. Aún más, el riesgo no se elevó a la par con el consumo de carne (lo que significa que comer una cierta cantidad más de carne roja no se traduce tranquilamente como una cierta cantidad de riesgo más, lo que es esa relación de "dosis-respuesta" que los epidemiólogos consideran crucial para establecer la confiabilidad de una asociación). De hecho, el riesgo asociado con comer carne roja en el estudio de Harvard se redujo regularmente conforme creció el consumo de carne, y luego sólo empeoró en el grupo de los mayores consumidores de carne, un hallazgo extraño que sugería que quizá no hubiera una asociación real después de todo.

¿Pero qué pasó con el grupo de mayores consumidores de carne? ¿No podían verse como una lección? Muchos otros estudios observacionales han mostrado una asociación entre comer una gran cantidad de carne roja y resultados negativos para la salud. ¿Posiblemente un alto consumo de carne roja dispare un efecto que sólo se ve en un umbral muy alto? O lo que es más probable, quizá este efecto se ve porque la gente que consume mucha carne roja hoy está viviendo estilos de vida menos saludables en general por razones que no tienen nada que ver con la carne. Al elegir comer mucha carne roja, la mayoría de estas personas ha ignorado consistentemente el principal consejo dietético de médicos, enfermeras y funcionarios de salud durante décadas. Es muy probable entonces que estas personas no prioricen su salud de otras maneras: probablemente no visitan a sus médicos con regularidad, no toman medicamentos, no hacen ejercicio con frecuencia, no asisten a eventos culturales o no se involucran de formas significativas en sus comunidades, todos factores que han demostrado estar asociados con una buena salud. Por tanto, no es de sorprenderse que, en el estudio de Harvard, los principales consumidores de carne también fueran los menos activos físicamente, los más obesos y los fumadores más probables.

De la misma manera, también es cierto que la gente que ha estado comiendo muchas frutas y verduras durante las últimas décadas es más sana de formas que no tienen nada que ver con la dieta. Los investigadores consideran desde hace mucho que gente que hace un esfuerzo consciente para seguir las órdenes de su médico, ya sea tomar una pastilla o hacer más ejercicio regularmente, es más sana que la gente que no. Este efecto, llamado el efecto de "complacencia" o "adherencia", se descubrió durante el Proyecto de Medicamentos Coronarios en la década de 1970, cuando los investigadores descubrieron que los hombres que tomaban más fielmente su medicamento de intervención reducían su riesgo de enfermedad cardiaca a la mitad. Pero sorprendentemente, los hombres que tomaban el placebo más fielmente también redujeron su riesgo a la mitad. El valor objetivo de la intervención importó menos que la voluntad de seguir las órdenes del médico. Resulta que la gente que sigue consejos responsablemente es de cierta manera diferente de la que no; tal vez se cuidan más en general. Tal vez son más ricos. Pero por la razón que sea, las estadísticas generalmente concuerdan en que este efecto de complacencia es muy amplio.

Por tanto, cualquier asociación encontrada entre comer carne y enfermedad, para que sea significativa, debe ser lo suficientemente grande para superar este efecto de complacencia, así como otras variables confusas. Sin embargo, como la pequeña asociación que los investigadores de Harvard encontraron en su estudio de 2012, las asociaciones vistas entre el consumo de carne roja y la enfermedad cardiaca generalmente han sido mínimas, un detalle científico que los líderes de los estudios tienden a no enfatizar y que los medios de comunicación principales también han dejado pasar en general.

La misma clase de evidencia débil penetra en el otro problema mayor de salud, asumido en relación con la carne roja: el cáncer. De acuerdo con un informe de 2007 por el Fondo Mundial para la Investigación del Cáncer y el Instituto Americano para la Investigación del Cáncer, un documento de 500 páginas que es la crítica más acreditada de la dieta y el cáncer realizada hasta ahora, la carne roja causa cáncer colorrectal. Sin embargo, nuevamente, la diferencia registrada entre quienes comen más carne roja y quienes comen menos era minúscula, sólo 1.29 (esta cifra, llamada "riesgo relativo", fue incluso más baja para la carne procesada, sólo 1.09). Esto dista mucho de la "evidencia convincente", como la llamó el informe de 2007, dado que el Instituto Nacional del Cáncer mismo recomienda interpretar "con cuidado" cualquier riesgo relativo por debajo de dos. Los expertos arremetieron contra los hallazgos de carne roja en el informe por ésta y otras razones. Como un crítico señaló: "En todo caso, la evidencia disponible sólo podía apoyar un vínculo con los llamados carcinógenos HCA, generados cuando la carne roja se cocina o fríe".* Y como veremos más adelante, este aparente efecto carcinógeno bien podría tener menos que ver con la carne misma y más con el aceite en el que se fríe.

---

* Konrad Biesalski, un experto en nutrición de la Universidad Hohenheim, en Stuttgart, también señaló la realidad contradictoria de que muchos de los nutrientes implicados en la protección contra el cáncer, como la vitamina A, el ácido fólico, el selenio y el zinc, para los cuales se nos ha dicho que comamos más frutas y verduras, no sólo son más abundantes en la carne, sino más "biodisponibles", lo que significa que se absorben más fácilmente por los humanos hacia el torrente sanguíneo cuando se consumen en la carne que en las verduras (Biesalski, 2002).

Cómo solían comer en Estados Unidos

Sin embargo, a pesar de esta evidencia inestable y muchas veces contradictoria, la idea de que la carne roja es el culpable dietético principal ha prevalecido firmemente en nuestra conversación nacional durante décadas. Se nos ha llevado a creer que nos hemos alejado de un pasado más perfecto, con menos carne. Más preponderantemente, cuando el senador McGovern anunció su informe del comité del senado, llamado *Metas dietéticas*, en una conferencia de prensa en 1977, expresó un horizonte oscuro hacia el que la dieta estadounidense se dirigía. "Nuestra dieta ha cambiado radicalmente los últimos 50 años", explicó, "con grandes efectos y muchas veces dañinos para nuestra salud". Hegsted, de pie a su lado, criticó la dieta estadounidense actual como excesivamente "rica en carne" y otras fuentes de grasa saturada y colesterol, "vinculados con la enfermedad cardiaca, ciertas formas de cáncer, diabetes y obesidad". Éstas eran las "enfermedades asesinas", dijo McGovern. La solución, declaró, era que los estadounidenses regresaran a la dieta más sana, enfocada en vegetales, que una vez comieron.

La columnista de salud del *New York Times*, Jane Brody, encapsuló perfectamente esta idea cuando escribió: "En este siglo, la dieta del estadounidense promedio ha sufrido un cambio radical lejos de los alimentos vegetales, como granos, frijoles, chícharos, nueces, papas y otras verduras y frutas, hacia los alimentos derivados de animales, carne, pescado, aves, huevos y productos lácteos". Es una visión que ha resonado en literalmente cientos de informes oficiales.

La justificación para esta idea de que nuestros ancestros vivían principalmente de frutas, verduras y granos viene sobre todo de la "información de desaparición de alimentos" del USDA. La "desaparición" de los alimentos es un aproximado del suministro; la mayoría probablemente se come, pero mucho se desperdicia también. Los expertos entonces reconocen que las cifras de desaparición son meramente estimados aproximados del consumo. La información para principios de 1900, que es la que Brody, McGovern y otros utilizaron, es especialmente pobre, como se sabe. Entre otras cosas, esta información respondía sólo por la carne, los lácteos y otros productos de pescado enviados entre las fronteras estatales en esos primeros años, así que cualquier cosa producida y consumida localmente, como la carne de las vacas o los huevos de los pollos, no se incluiría. Y dado que los granjeros eran más de un cuarto de todos los trabajadores en esos años, los alimentos locales debieron ser muchos. Los expertos concuerdan en que esta temprana información disponible no es adecuada para un uso serio, pero citan las cifras de todas maneras porque no hay otra información disponible. Y para los años antes de 1900, no hay información "científica" en lo absoluto.

Ante la ausencia de información científica, la historia puede proveer una idea del consumo de alimentos entre los siglos XVIII y XIX en Estados Unidos. Aunque sea circunstancial, la evidencia histórica también puede ser rigurosa y, en este caso, definitivamente es más extensa que la información inconclusa del USDA. Los expertos académicos en nutrición rara vez consultan los textos históricos, considerando que ocupan un silo académico separado con poco que ofrecer al estudio de la dieta y la salud. Sin embargo, la historia nos puede enseñar muchas cosas sobre cómo los humanos solían comer en los miles de años antes de que la enfermedad cardiaca, la diabetes y la obesidad se volvieran comunes. Por supuesto, ahora no lo recordamos, pero estas enfermedades no siempre arrasaron como lo hacen ahora. Y viendo los patrones de comida de nuestros relativamente saludables ancestros coloniales, es bastante claro que comían mucha más carne roja y muchas menos verduras de lo que se ha asumido comúnmente.

Los primeros colonos eran granjeros "indiferentes", de acuerdo con muchas fuentes. Eran en general flojos en sus esfuerzos tanto en la crianza de animales como en la agricultura, "tratando con el mismo descuido los campos de cultivo, las praderas, los bosques, el ganado, etcétera", como describió un visitante sueco del siglo XVIII. Y no tenía mucho caso la agricultura dado que la carne estaba tan disponible.

La interminable riqueza de América en sus primeros años es verdaderamente sorprendente. Los colonos registraron la extraordinaria abundancia de pavos salvajes, patos, urogallos, faisanes y más. Las parvadas migrantes oscurecían el cielo durante días. El sabroso zarapito esquimal aparentemente estaba tan gordo que reventaba al caer a la tierra, cubriendo el suelo con una clase de pasta de carne grasosa. (Los habitantes de Nueva Inglaterra llamaron "ave pasta" a esta especie ahora extinta.)

En los bosques había osos (apreciados por su grasa), mapaches, charlatanes, tlacuaches, liebres y montones de venados, tantos que los colonos ni siquiera se molestaban en cazar ciervos canadienses, alces o búfalos, dado que acarrear y conservar tanta carne se consideraba un esfuerzo demasiado grande.*

---

* La disponibilidad de animales de caza en la América colonial presenta un contraste muy fuerte con las tierras extensamente colonizadas de Europa, donde los campesinos deseaban continuamente más carne de la que podían obtener (Montanari, 1996).

Un viajero europeo describió su visita a una plantación sureña y relató que la comida incluía carne de res, ternera, borrego, venado, pavos y gansos, pero no menciona ninguna verdura. A los infantes se les daba carne incluso antes de que les crecieran los dientes. El novelista inglés Anthony Trollope comentó, durante un viaje a Estados Unidos en 1861, que los estadounidenses comían dos veces más carne de res que los ingleses. Charles Dickens, cuando visitó el país, escribió que "ningún desayuno era un desayuno" sin un filete T-bone. Aparentemente, empezar un día con trigo inflado y leche baja en grasa —nuestro "¡Desayuno de los Campeones!"— no se hubiera considerado adecuado ni para un sirviente.

De hecho, durante los primeros 250 años de la historia de Estados Unidos, incluso los pobres en el país podían costear carne o pescado para cada comida. El hecho de que los trabajadores tuvieran tanto acceso a la carne era precisamente por lo que los observadores consideraban la dieta del Nuevo Mundo superior a la del Viejo. "Me parece que una familia está pasando penurias cuando la madre puede ver el fondo del barril de cerdo", dice una esposa fronteriza en la novela de James Fenimore Cooper, *The Chainbearer*.

Como las tribus primitivas mencionadas en el capítulo 1, los estadounidenses también comían las vísceras de los animales, de acuerdo con los libros de cocina del momento. Comían el corazón, los riñones, tripa, las mollejas de la ternera (glándulas), hígado de cerdo, pulmones de tortuga, las cabezas y las patas de los corderos y los cerdos, y lengua de cordero. La lengua de res también era "muy apreciada".

Y no sólo se consumía carne, sino grasas saturadas de toda clase en grandes cantidades. Los estadounidenses en el siglo XIX comían cuatro o cinco veces más mantequilla de lo que comemos hoy, y al menos seis veces más manteca.*

En el libro *Putting Meat on the American Table*, el investigador Roger Horowitz explora la literatura por información sobre cuánta carne comían realmente los estadounidenses. Una encuesta de ocho mil citadinos en 1909 mostró que los más pobres comían 70 kilos al año, y que los más ricos comían más de 100 kilos. Un presupuesto de alimentación publicado en el *New York Tribune* en 1851 asigna un kilo de carne al día

---

* El consumo de mantequilla en el siglo XIX era entre 6 y 10 kilos por persona anualmente, comparado con menos de 2 kilos por persona en el año 2000. El consumo de manteca variaba ente seis y siete kilos por persona en el siglo XIX, comparado con menos de un kilo en la actualidad. (El consumo de manteca llegó a un clímax de casi 8 kilos por persona de 1920 a 1940 más o menos.) (Las cifras del siglo XIX son de Cummings, 1940, p. 258; las cifras actuales son del USDA.)

para una familia de cinco. Incluso a los esclavos a finales del siglo XVIII se les asignaba un promedio de 75 kilos de carne al año. Como concluye Horowitz: "Estas fuentes sí nos dan un poco de confianza para sugerir un consumo anual promedio entre 75 y 100 kilos de carne por persona en el siglo XIX".

¡Alrededor de 85 kilos de carne por persona al año! Compara eso con los casi 50 kilos de carne al año que come en la actualidad un adulto promedio en Estados Unidos. Y de esos 50 kilos de carne, más de la mitad son aves —pollo y pavo—, mientras que, hasta mediados del siglo XX, el pollo se consideraba una carne de lujo, sólo en el menú para ocasiones especiales (los pollos se valoraban principalmente por sus huevos). Al restar el factor de las aves, nos quedamos con la conclusión de que el consumo per cápita de carne roja en la actualidad está entre

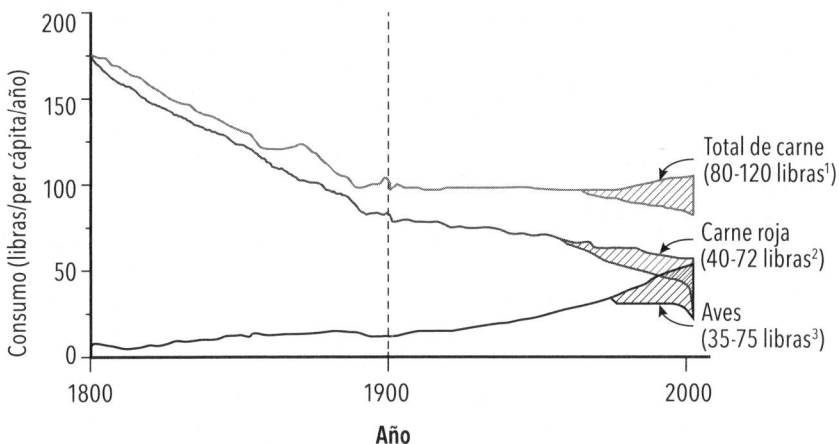

Disponibilidad y consumo de carne en Estados Unidos, 1800-2007: total, carne roja y aves

Los estadounidenses en el siglo XVIII y XIX comían más carne roja de la que comen actualmente.

Fuentes: Para las cifras de 1800, véase Roger Horowitz, *Putting Meat on the American Table* (Baltimore, Maryland, Johns Hopkins University Press, 2000), pp. 11-17. Para los índices de 2000, los límites superiores reflejan la total disponibilidad en el suministro de alimentos y son del Departamento de Agricultura de Estados Unidos, Servicio de Investigación Económica, mientras que los límites inferiores reflejan el consumo real basado en información de Encuestas Nacionales de Salud y Nutrición (NHANES). Ambos calculados en Carrie R. Daniel *et al.*, "Trends in Meat Consumption in the USA", *Public Health Nutrition*, vol. 14, núm. 4, 2011, figura 2, p. 581.

[1] 36-54 kilos, [2] 18-33 kilos, [3] 16-34 kilos.

20 y 35 kilos por persona, de acuerdo con diferentes fuentes de información gubernamental; en cualquier caso, menos de lo que era hace un par de siglos.

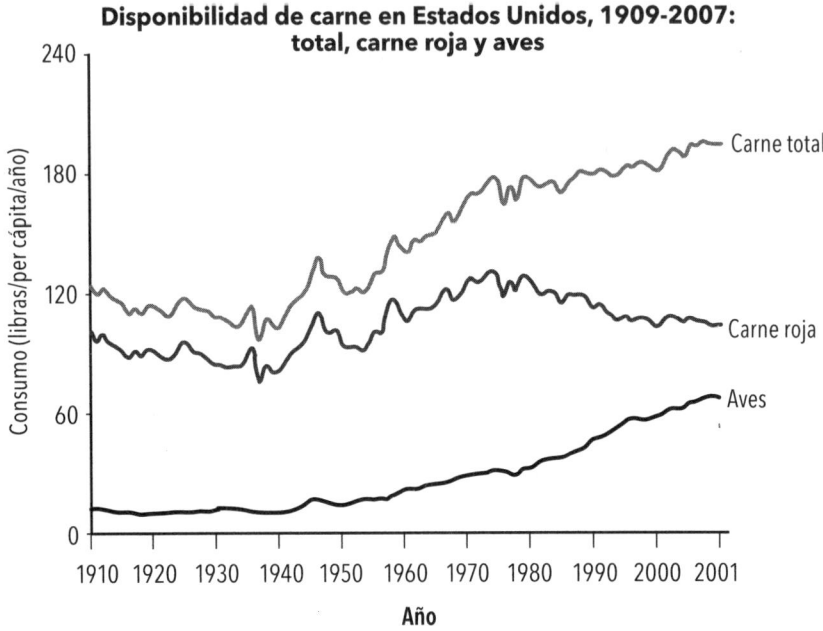

Los estadounidenses ahora consumen más carne que hace un siglo, pero eso se debe a un mayor consumo de aves, no de carne roja.

Fuente: Departamento de Agricultura de Estados Unidos, Servicio de Investigación Económica. El gobierno ya no publica esta información en línea, pero puede hallarse aquí: Neal D. Barnard, "Trends in Food Availability, 1909-2007", *American Journal of Clinical Nutrition*, vol. 91, núm. 5, 2010, tabla 1, p. 1531S.

Sin embargo, esta baja en el consumo de carne roja es el opuesto exacto de la imagen que recibimos de las autoridades públicas. Un informe reciente del USDA dice que nuestro consumo de carne está en su "máximo", y esta impresión se repite en los medios. Implica que nuestros problemas de salud están asociados con este aumento en el consumo de carne, pero estos análisis son engañosos porque juntan la carne roja con el pollo en una categoría para mostrar el crecimiento del consumo de carne en general, cuando sólo el consumo de pollo se ha elevado astronómicamente desde la década de 1970. A todas luces, la imagen panorámica es que comemos mucho menos carne roja hoy de la que comían nuestros ancestros.

Mientras tanto, también contrario a nuestra impresión, los colonos al parecer comían menos verduras. Las hojas verdes tenían temporadas de crecimiento muy cortas y se consideraba finalmente que no valían la pena. "Parecían dar tan pocos nutrientes en proporción con el trabajo de cultivarlas", escribió un observador del siglo XVIII, "que los granjeros preferían alimentos sustanciosos". De hecho, un informe pionero de 1888 para el gobierno de Estados Unidos, escrito por el principal profesor en nutrición del país en ese entonces, concluía que sería mejor si los estadounidenses que vivían sabia y económicamente "evitaran las verduras de hoja verde" porque proveían muy poco contenido nutricional. En Nueva Inglaterra, incluso pocos granjeros tenían muchos árboles frutales porque conservar las frutas requería cantidades iguales de azúcar, la cual era muy cara. Las manzanas eran una excepción, pero incluso éstas, conservadas en barriles, duraban algunos meses cuando mucho.

Parece obvio, cuando uno lo piensa, que antes de que las grandes cadenas de supermercados empezaran a importar kiwis de Nueva Zelanda y aguacates de Israel, un suministro regular de frutas y verduras casi no habría sido posible en Estados Unidos fuera de la temporada de cultivo. En Nueva Inglaterra esa temporada va de junio a octubre y quizá, en un buen año, hasta noviembre. Antes de que los camiones y los barcos refrigerados permitieran el transporte de productos frescos por todo el mundo, la mayoría de la gente sólo podía entonces comer frutas y verduras frescas durante menos de la mitad del año; más al norte, el invierno duraba incluso más. Aun en los meses más cálidos, la fruta y la ensalada se evitaban por miedo al cólera. (La industria de los alimentos enlatados floreció con la Guerra Civil, y aun entonces sólo para algunas verduras; las más comunes eran maíz amarillo, jitomates y chícharos.)

Así, sería "incorrecto describir a los estadounidenses como grandes consumidores de cualquiera de los dos [frutas y verduras]", escribieron los historiadores Waverly Root y Richard de Rochemont. Aunque un movimiento vegetariano sí se estableció en Estados Unidos alrededor de 1870, la desconfianza general de estos alimentos frescos, que se echaban a perder tan rápidamente y podían acarrear enfermedades, no se disipó hasta después de la Primera Guerra Mundial, con el advenimiento del refrigerador en los hogares.

Entonces, por estos recuentos, durante los primeros 250 años de la historia de Estados Unidos, toda la nación habría reprobado de acuerdo con nuestras principales recomendaciones nutricionales modernas.

Durante este tiempo, sin embargo, la enfermedad cardiaca era definitivamente rara. No está disponible ninguna información confiable de certificados de defunción, pero otras fuentes de información hacen un caso persuasivo contra la aparición extensa de la enfermedad antes de los primeros años de la década de 1920. Austin Flint, el experto más reconocido sobre enfermedad cardiaca en Estados Unidos, registró el país por informes sobre anormalidades cardiacas a mediados del siglo XIX, pero informó que vio muy pocos casos, a pesar de tener una práctica importante en la ciudad de Nueva York. Tampoco William Osler, uno de los profesores fundadores del Hospital Johns Hopkins, reportó ningún caso de enfermedad cardiaca durante las décadas de 1870 y 1880 cuando trabajó en el Hospital General de Montreal. La primera descripción clínica de una trombosis coronaria se dio en 1912, y un libro de texto acreditado de 1915, *Diseases of the Arteries Including Angina Pectoris*, no hace ninguna mención de la trombosis coronaria. En vísperas de la Primera Guerra Mundial, el joven Paul Dudley White, que más tarde se convertiría en el médico del presidente Eisenhower, escribió que de entre sus 700 pacientes hombres en el Hospital General de Massachusetts, sólo cuatro habían reportado tener dolores de pecho, "aun cuando había bastantes de ellos con más de 60 años en ese entonces".* Alrededor de un quinto de la población de Estados Unidos tenía más de 50 años en 1900. Esta cifra parecería refutar el argumento familiar de que la gente antes no vivía lo suficiente para que la enfermedad cardiaca emergiera como un problema visible. En pocas palabras, había unos 10 millones de estadounidenses con la edad adecuada para un ataque al corazón a principios del siglo XX, pero los ataques cardiacos parecían no ser un problema común.

¿Sería posible que la enfermedad cardiaca existiera, pero se ignorara de alguna manera? El historiador médico Leon Michaels comparó el registro sobre dolores en el pecho con el de otras dos condiciones médicas, gota y migraña, las cuales también eran episodios dolorosos y por tanto los médicos deberían observarlas en un mismo grado. Michaels cataloga las descripciones detalladas de las migrañas desde la antigüedad; la gota también era el tema de largas notas de médicos y pacientes por igual. Sin embargo, los dolores en el pecho no se mencionan.

* En Gran Bretaña, el médico escocés Walter Yellowlees buscó cada uno de los casos de enfermedad cardiaca que pudiera encontrar y llegó a la conclusión de que, en la Gran Bretaña de preguerra, la condición era "una enfermedad muy rara". El primer caso de un infarto en la Enfermería Real de Edimburgo se registró en 1928 (Yellowlees, 1982; Gilchrist, 1972).

Michaels entonces encuentra "particularmente poco probable" que la angina pectoris, con sus severos y aterradores episodios de dolor constante durante muchos años, pudiera pasar desapercibida para la comunidad médica "si de hecho hubiera sido todo menos increíblemente rara antes de la mitad del siglo xviii".*

Así que parece justo decir que en el clímax del consumo de carne y mantequilla de los siglos xviii y xix, la enfermedad cardiaca no había pesado como en la década de 1930.†

Irónicamente —o tal vez contundentemente—, la "epidemia" de enfermedad cardiaca empezó después de un periodo de consumo excepcionalmente reducido de carne. La publicación de *La jungla*, la exposición ficcionalizada de Upton Sinclair de la industria de la carne empaquetada, provocó que las ventas de carne en Estados Unidos cayeran a la mitad en 1906, y no revivieron por otros 20 años. En otras palabras, el consumo de carne bajó justo antes de que la enfermedad coronaria despegara. El consumo de grasa sí se elevó durante esos años, de 1909 a 1961, cuando los ataques cardiacos surgieron, pero este aumento de 12 por ciento en el consumo de grasa no se debía a un incremento de grasa animal. En cambio, era relativo a un aumento del suministro de aceites vegetales que se habían inventado recientemente.

Aun así, la idea de que los estadounidenses alguna vez comieron poca carne y "en su mayoría plantas" —apoyada por McGovern y una multitud de expertos— perdura todavía. Y se les ha dicho a los estadounidenses durante décadas que regresen a esta primera dieta "más sana" que, analizándolo, al parecer nunca existió.

"No podemos esperar"

A finales de la década de 1970, en Estados Unidos, la idea de que una dieta basada en plantas podía ser la mejor para la salud, así como la más

---

* Michaels comenta que William Heberden, uno de los "médicos más instruidos de su tiempo", presentó el primer registro como tal de casos de dolores de pecho al Colegio Real de Médicos de Londres, el 21 de julio de 1768. Los pacientes "tuvieron ataques mientras caminaban [...] una sensación dolorosa y muy desagradable en el pecho, la cual parece como quitarles la vida si aumentara o continuara". Estos ataques continuarían durante meses, o incluso años, hasta que llegara el último golpe. Heberden llamó angina pectoris (severo dolor de pecho) a la condición (Michaels, 2001, p. 9).

† El aumento dramático del número de casos registrado a principios del siglo xx también pudo haber sido por las técnicas de diagnóstico mejoradas (Taubes, 2007, pp. 6-8).

auténtica históricamente, acababa de entrar en la conciencia colectiva. Los esfuerzos activos por demonizar la grasa saturada ya llevaban más de quince años para ese entonces, y hemos visto cómo el personal del comité de McGovern se convenció rápidamente de estas ideas. Aun así, el informe preliminar que Mottern escribió para el comité de McGovern desató la furia —predeciblemente— de los productores de carne, lácteos y huevos. Enviaron representantes a la oficina de McGovern e insistieron en que hiciera audiencias adicionales. Bajo la presión de estos grupos, el personal de McGovern hizo una excepción para las carnes magras, las cuales se podían recomendar para el consumo de la población. Así, *Metas dietéticas* recomendó que los estadounidenses aumentaran el consumo de aves y pescados, mientras reducían el de carne roja, mantequilla, huevos y leche entera. En el lenguaje de los micronutrientes, esto significaba recomendar a los estadounidenses que redujeran la grasa total, la grasa saturada, el colesterol en la dieta, el azúcar y la sal, mientras aumentaban el consumo de carbohidratos entre 55 por ciento y 60 por ciento de las calorías diarias.

Mientras que a Mottern le hubiera gustado que la recomendación del informe final estuviera completamente en contra de la carne, algunos de los senadores en el comité no se sentían tan inequívocamente confiados sobre su capacidad de opinar en cuestiones de ciencia de la nutrición. El miembro de menor rango, Charles H. Percy, de Illinois, escribió en el informe final de *Metas dietéticas* que otros dos senadores y él tenían "serias reservas" sobre la "divergencia de opinión científica sobre si el cambio en la dieta ayudaría al corazón". Describieron la "polaridad" de puntos de vista entre científicos reconocidos, como Jerry Stamler y Pete Ahrens, e indicaron que líderes de gobierno, incluyendo a la propia cabeza del NHLBI, así como al subsecretario de salud, Theodore Cooper, habían recomendado un control antes de hacer recomendaciones al público en general.

Sin embargo, esta reserva resultó llegar demasiado tarde para detener el movimiento que el informe de Mottern había puesto en marcha. *Metas dietéticas* revivió el mismo argumento que Keys y Stamler habían utilizado antes: que ahora era el momento de tomar acción sobre un problema urgente de salud pública. "No podemos esperar una prueba definitiva antes de corregir las tendencias que creemos perjudiciales", decía el informe del Senado.

Y así fue que *Metas dietéticas*, compilado por un lego interesado, Mottern, sin ninguna revisión formal, se volvió indiscutiblemente el documento más influyente en la historia de la dieta y las enfermedades. Después de la publicación de *Metas dietéticas* por el cuerpo electo más grande en el territorio, todo un gobierno y luego toda una nación giraron en dirección de esta recomendación dietética. "Ha superado el paso del tiempo y me siento muy orgulloso de ella, al igual que McGovern", me dijo Marshall Matz, el consejero general del comité de McGovern, 30 años después.

Prueba de la sustancialidad del informe, según Matz, es que sus recomendaciones básicas para reducir la grasa saturada y la grasa en general mientras aumentaban los carbohidratos han perdurado hasta hoy. Pero tal lógica es cíclica. ¿Qué habría pasado si el Congreso de Estados Unidos hubiera dicho exactamente lo opuesto?: que comieran carne y huevos, ¿y nada más? Tal vez esa recomendación, apoyada por el poder del gobierno federal, habría perdurado igual. En las décadas desde la publicación de *Metas dietéticas*, los estadounidenses han visto explotar epidemias de obesidad y diabetes, una pista, quizá, de que algo está mal con la dieta. Basado en estos hechos, el gobierno quizá haya estimado adecuado reconsiderar estas metas, sin embargo, ha mantenido el curso porque los gobiernos son los gobiernos, y las instituciones son menos ágiles y menos capaces de cambiar fácilmente de dirección.

No hay vuelta atrás: los engranajes de Washington empiezan a girar

Una vez que el Congreso de Estados Unidos puso su peso oficial detrás de una serie de recomendaciones dietéticas, los engranajes burocráticos por todo Washington, D. C., empezaron a moverse lenta e inexorablemente. Varias agencias de gobierno habían ignorado la dieta y las enfermedades durante mucho tiempo, pero no más.

El Congreso señaló al USDA como la agencia líder en nutrición y, casualmente, Mark Hegsted también apareció ahí en el nuevo puesto de director de la división de nutrición de la agencia. Entonces, pasó efectivamente de ser el arquitecto científico de *Metas dietéticas* a ser su administrador en jefe. En el USDA trabajó con una secretaria asistente, Carol Foreman, una vigorosa defensora del consumidor que, como Mottern, vio su papel como protectora de los ignorantes estadounidenses ante el consumo de alimentos grasos ostensiblemente impuestos sobre ellos por los productores corruptos de huevos y carne.

El papel de Hegsted y Foreman fue descubrir cómo implementar *Metas dietéticas*. Y esta tarea requería cuando menos un poco de imaginación porque, para septiembre de 1978, lo único que había publicado el personal del USDA sobre el tema era un menú que sugería 13 rebanadas de pan al día para cubrir la cantidad recomendada de carbohidratos del informe. ¿Qué a nadie se le podían ocurrir algunas sugerencias de menús más apetitosas?, preguntó un dietista citado en el *Washington Post*.

Pues no, porque aun cuando el Congreso ya había decidido sobre los componentes de una dieta sana, los científicos todavía estaban discutiendo la evidencia básica que apoyaba estas decisiones. Hegsted intentó reunir un informe bien sustentado sobre el tema en el USDA, pero su esfuerzo se vino abajo entre disputas burocráticas internas. Mientras tanto, la estimada Sociedad Americana para la Nutrición, que también estaba preocupada sobre la necesidad de un consenso científico más firme antes de seguir adelante con los consejos para toda la población estadounidense, había establecido un cuerpo especial formal para dar otro vistazo a la información de la dieta y la enfermedad, y evaluar su solidez. Hegsted decidió permitir que su recomendación del USDA se guiara por el trabajo de ese cuerpo especial. Después de todo, los esfuerzos del USDA sólo serían más convincentes si tuvieran el apoyo de expertos, dado que seguía siendo cierto que ningún grupo de científicos de nutrición fuera del comité de nutrición de la AHA (dominada por Keys y Stamler) había siquiera convenido formalmente revisar la evidencia de la dieta y la enfermedad hasta ese momento. Hegsted sabía que estaba "arriesgándose mucho [...] dado que Pete Ahrens, de la Universidad Rockefeller, estaba codirigiendo el comité y era conocido por oponerse a recomendaciones dietéticas generales". Sin embargo, a pesar de este riesgo, Hegsted acordó atenerse a la decisión del panel.

Ahrens eligió un cuerpo especial de nueve personas para representar toda la gama de posturas científicas sobre la hipótesis de la dieta y el corazón. El panel deliberó durante varios meses sobre cada eslabón de la cadena de la hipótesis de la dieta y el corazón, desde comer grasa saturada, al colesterol total, a la enfermedad cardiaca. Los resultados, sin embargo, no fueron exactamente bienvenidos por los partidarios de la dieta y el corazón, como Hegsted o Keys. Por ejemplo, una cuestión sobre la que estuvo de acuerdo el panel fue que la evidencia condenatoria de la grasa saturada no era convincente. Además, lo que más podrían decir sobre la grasa generalmente era que podía estar vinculada con la enfermedad cardiaca sólo indirectamente. El problema central era, como siempre ha sido, la ausencia casi total de información de estudios clínicos sobre la dieta baja en grasa, dejando sólo los estudios epidemiológicos. Estos estudios, como sabemos, podían mostrar una asociación, pero no podían probar una causa. Habían sido suficientes para el grupo de Hegsted, pero no para el de Ahrens.

El informe final del cuerpo especial de Ahrens en 1979 dejaba claro que la mayoría de sus miembros seguía muy escéptica sobre la idea de que reducir la grasa o la grasa saturada podía desviar la enfermedad coronaria. El grupo no había dicho explícitamente que las metas dietéticas harían daño, así que Hegsted eligió tomar esto como una luz verde. Al usar la misma lógica tenue que Keys al asumir que estaba en lo correcto hasta que se probara que estaba equivocado, Hegsted preguntó retóricamente: "La pregunta […] no es por qué debemos cambiar nuestra dieta, sino por qué no. ¿Cuáles son los riesgos asociados con comer menos carne, menos grasa, menos colesterol?" La visión ascendente entre los expertos en nutrición era que los estadounidenses deberían "hacer sus apuestas" contra la enfermedad cardiaca al reducir la grasa en la dieta hasta que surgiera más evidencia. Hegsted imaginó que "se podían esperar beneficios importantes" y no podía imaginar el costo. El comité de Ahrens contraargumentó que el principio de "no hacer daño" demandaba pruebas más sólidas antes de proceder con un cambio en la dieta nacional, pero Hegsted no se convenció con este argumento. Y finalmente, el USDA no tenía que responder ante los científicos académicos, sino ante el Congreso de Estados Unidos, el cual se había declarado definitivamente a favor de un nuevo régimen bajo en grasa.

Así, en febrero de 1980, a pesar de la falta de apoyo del comité de Ahrens, Hegsted siguió adelante con la publicación de *Los lineamientos dietéticos para los norteamericanos*, la primera colección entregada al público estadounidense.* Eventualmente, estos lineamientos se convirtieron en la base para la pirámide alimenticia del USDA (que se ha convertido en el "plato" del USDA en años recientes). A pesar de haber crecido a partir del trabajo de un solo miembro del Congreso y de su único consejero académico, y a pesar de la falta de apoyo de los expertos en nutrición, éstos son los lineamientos alimentarios más amplia-

---

* Es diferente de *Metas dietéticas*, que el comité de McGovern había publicado y que sentó la política de la que surgieron *Los lineamientos dietéticos* de Hegsted. *Los lineamientos dietéticos para los norteamericanos* han sido publicados por el USDA, junto con el Departamento de Salud y Servicios Humanos (DHHS) de Estados Unidos, cada cinco años, desde 1980.

mente reconocidos en Estados Unidos, familiares para todos los estudiantes y altamente influyentes en determinar los almuerzos en las escuelas y la educación nutricional de todo el país.

Guerra entre expertos por la evidencia

Además del panel de Ahrens, había otro grupo de expertos en nutrición que no compraba el argumento de Hegsted sobre que la ciencia era suficientemente buena para justificar estos lineamientos. Era la Academia Nacional de Ciencias, una sociedad privada creada por el Congreso en 1863, como fuente de consejo sobre cuestiones científicas. Su Consejo de Alimentos y Nutrición ha sido el grupo de expertos más respetado en Washington, D. C., sobre cuestiones de nutrición desde que se estableció en 1940, y establece los Límites Dietéticos Recomendadas (LDR) de nutrientes cada cierto tiempo. El USDA en realidad le había pedido al consejo que escribiera una revisión de *Metas dietéticas*, pero el contrato nunca se firmó. Alguien lo canceló, seguramente, como informó la revista *Science*, porque los funcionarios del USDA habían escuchado de la falta de simpatía del consejo por la nueva dieta baja en grasa del Senado.

No dispuesta a ser acallada, la academia utilizó sus propios fondos para preparar una revisión. Un panel académico pasó por el ya familiar proceso de revisar los mismos estudios que todos los demás ya habían visto. Su conclusión sobre la evidencia disponible de la dieta y el corazón, publicada en un informe titulado *Toward Healthful Diets*, fue que los estudios tenían "resultados en general mediocres".

Uno de los puntos más fuertes hechos por la academia fue que los estadounidenses habían estado bastante bien con su dieta hasta ahora. La dieta tradicional era abundante en vitaminas esenciales y proteínas de alta calidad, y era, como Gil Leveille, cabeza del Consejo de Alimentación y Nutrición, describió en 1978, "mejor que nunca antes y es una de las mejores, si no la mejor en el mundo". La altura promedio del hombre estadounidense —un indicador bastante confiable de la nutrición a lo largo de la vida— había ido en aumento rápido a lo largo de la primera mitad del siglo XX. Comparado con otros países con estadísticas similares, los estadounidenses estaban entre las personas más altas del planeta.*

---

* La altura constantemente en aumento del hombre estadounidense llegó a un alto para los hombres nacidos a partir de 1970. El declive de la nutrición es una de las muchas razones que los expertos consideran como una posible causa.

Así que ahora había un estira y afloja gigantesco en Washington sobre el futuro de la nutrición de Estados Unidos. Por un lado, estaban el USDA y el DHHS, ramas monumentales del gobierno, apoyadas por el informe de McGovern, y también por el director general de Salud Pública de Estados Unidos, quien había respondido a *Metas dietéticas* al ofrecer su propio informe con la misma visión en 1979. En oposición a todas estas oficinas del gobierno federal, por el otro lado, estaba el solitario y cada vez más acosado Consejo de Alimentación y Nutrición de la Academia Nacional de Ciencias. Él solo apoyaba el punto de vista de que una dieta reducida en grasa no debería recomendarse a todos los estadounidenses.

Los medios tuvieron su tiempo de gloria; después de todo, la grasa y el colesterol eran temas extremadamente populares y, como Hegsted digo alegremente: "¡el gobierno y la academia estaban en desacuerdo!".

Había artículos prominentes en el *New York Times* y el *Washington Post*, y ambos periódicos consideraron adecuado editorializar sobre el tema. Miembros del consejo aparecieron en programas de televisión y el *MacNeil/Lehrer Report* hizo todo un segmento sobre el tema. Incluso la revista *People* publicó un artículo con una foto del director del consejo de la academia, Alfred E. Harper, en casa, viendo afectuoso cómo su esposa batía un tazón de huevos.

Generalmente, la cobertura mediática estaba fieramente a favor de las recomendaciones gubernamentales bajas en grasa. El *New York Times* acusó al informe de la academia de ser "parcial" y fracasar en representar "más de un solo punto de vista". Lo que el *Times* malinterpretó fue que el desacuerdo científico no era sobre dos hipótesis en duelo, cada una con su montón de argumentos a favor. Sólo había una hipótesis sobre la mesa, y los científicos simplemente estaban votando apoyar o rechazar la evidencia detrás de ella. ¿Era suficiente o no?

El *New York Times* esencialmente hizo una encuesta: "al menos otras 18 organizaciones de salud y el gobierno federal apoyan una reducción de grasa y colesterol", escribieron los editores, con sólo la academia y la Asociación Médica Americana del otro lado. Los costos potenciales de la dieta —un aumento del riesgo de enfermedad cardiaca por los carbohidratos, un aumento de riesgo de cáncer por los aceites poliinsaturados o una falta de nutrición adecuada para los niños— no eran parte de la discusión. El *Times* concluyó: "El gobierno federal todavía piensa que una persona prudente debería comer menos grasa y menos colesterol. A menos de que la academia pueda demostrar definitivamente que el gobierno se equivoca, una persona prudente debería hacer justamente eso".

Aquí, entonces, estaba la nueva realidad: una decisión política había establecido una nueva verdad científica. Contrario a los métodos científicos normales, que requieren que una hipótesis se compruebe antes de poder considerarse viable, en este caso los políticos habían creado un atajo para el proceso y una hipótesis sin comprobar se elevaba como la doctrina reinante, considerada correcta hasta que se demostrara lo contrario.

Para el informe de la academia, la sentencia de muerte vino el 1° de junio de 1980, cuando el *New York Times* publicó un artículo en la primera plana sobre dos miembros del consejo y sus vínculos con la industria: Robert E. Olson, un bioquímico de la Escuela de Medicina de la Universidad de Saint Louis, había sido consultor de la industria de huevos y lácteos, y el director Harper de la industria de la carne. Estas acusaciones eran verdad. Pero de nuevo, los intereses corporativos de la industria alimenticia estaban intentando influir ambos lados del debate. Al mismo tiempo que se había descubierto que esos dos miembros del consejo tenían vínculos con las industrias de la carne, los lácteos y los huevos, otros dos miembros del consejo de la academia resultaron ser empleados, uno de la empresa fabricante de especias McCormick and Company, y el otro de Hershey Foods Corp. Y desde el principio, el consejo había estado financiado por la Fundación de Nutrición, cuyos miembros incluían a General Foods, Quaker Oats, Heinz Co. y Corn Products Refining Co., entre otras empresas importantes de alimentos.

Incluso a pesar de esta poderosa presión, el consejo había permanecido firme contra las nuevas recomendaciones sobre la dieta baja en colesterol y baja en grasa. "Nuestra actitud en ese momento", dijo el director Harper sin remordimientos en una entrevista cuando tenía 84 años de edad, "era que, si tenían una persona competente que era consejera para una empresa de alimentos, no había ninguna razón para que pudiera participar en el consejo".

La prensa y el público sabían muy poco sobre estos amplios enredos en ambos lados del debate. Sólo tomaron la impresión de que los empacadores de carne y los granjeros de huevos eran corruptos, una visión apoyada por la cobertura de medios. Los peligros de la grasa saturada para la salud ya se habían dado por sentado a tal grado para este punto, que se creía que las voces en pro de los alimentos animales debían tener otros motivos secretos. Los críticos llamaban a *Toward Healthful Diets* "conspiratorio" y "descuidado", y el representante del estado de Nueva York, Fred Richmond, dijo abiertamente que los grupos que apoyaban la industria alimenticia "debieron haber metido la mano en esto".

El furor sobre el informe impactó a los científicos de la academia, desacostumbrados a este rechinar de dientes. Philip Handler, jefe de la academia, le dijo a un amigo que *Toward Healthful Diets* recibió más atención que todas las otras publicaciones eruditas de la academia en años recientes. "Éramos muy inocentes sobre política", dijo, y bromeó, "algunas las pierdes y otras también".

En el verano de 1980, la Cámara de Representantes y el Senado realizaron audiencias separadas sobre el reporte, y la reputación de la academia se quemó. "Sin mayor duda, la atención del comité [de la Cámara de Representantes] era crucificar a Handler", juzgó la revista *Science*. De hecho, el consejo editorial del *Washington Post* escribió que el informe había "manchado" la reputación del consejo y de la academia por dar "recomendaciones científicas cautas". El informe había sido un esfuerzo riguroso e imparcial, y contenía más análisis expertos que el de Mottern, pero la publicidad es poderosa, y la extensa visión desdeñosa del trabajo del consejo sobre el informe *Toward Healthful Diet* desafortunadamente ha perdurado hasta nuestros días. Dado que la academia es uno de los pocos grupos científicos que proveen revisiones y balances contra el trabajo de otras autoridades sobre el tema de la nutrición y las enfermedades (las otras siendo los NIH, el USDA y la AHA), el colapso del informe escéptico de la academia sobre este tema fue un evento significativo, pues no quedó otro grupo científico formal que pudiera intervenir en la oposición.

La prueba LRC pone fin al debate

La última palabra en el debate sobre la hipótesis de la dieta y el corazón vino de parte del NHLBI a principios de la década de 1980. Se habían planeado dos pruebas una década antes, cuando el instituto decidió no gastar mil millones de dólares en una sola prueba definitiva a gran escala para la "dieta prudente". Una de estas pruebas más pequeñas fue la MRFIT, el experimento dirigido por Stamler usando el modelo "todo se vale" que había tenido un desenlace decepcionante. La otra fue la Prueba Principal de Prevención Coronaria de Investigación Clínica de Lípidos (LRC), el experimento más grande que se hubiera hecho para probar la idea de que bajar el colesterol podría proteger contra la enfermedad cardiaca. MRFIT fue una decepción enorme para la hipótesis de la dieta y el corazón, así que todos estaban esperando los resultados de la LRC, esperando que fueran mejores.

Basil Rifkind, jefe de la Rama de Metabolismo de Lípidos del NHLBI, dirigió la LRC, junto con Daniel Steinberg, un especialista en colesterol de la Universidad de California, San Diego. Analizaron a casi medio millón de hombres de mediana edad y encontraron a 3 800 con niveles de colesterol lo suficientemente altos (265 mg/dl o más) para considerar la probabilidad de un ataque cardiaco pronto; se dividió en dos grupos a estos hombres. Ambos recibieron consejos sobre cómo comer una dieta para bajar el colesterol, con menos huevos, carne más magra y lácteos bajos en grasa que el promedio nacional. El grupo en tratamiento también recibió un medicamento para bajar el colesterol llamado colestiramina, mientras que los controles recibieron un placebo.

Es importante comprender que esta prueba no analizaba la dieta. Ambos grupos en el estudio tuvieron la recomendación de comer lo mismo bajo en grasa. Por tanto, la dieta no era una variable probada; sólo el medicamento colestiramina se estaba analizando en este diseño. La razón de que no se probaran diferentes dietas, explicaron los investigadores a los críticos, fue que el NHLBI no podía, por sus principios, privar a cualquier hombre en un alto riesgo de una dieta para bajar el colesterol, incluso cuando una de las metas originales era probar si una dieta podía proteger contra la enfermedad cardiaca en primer lugar. Fue un razonamiento circular kafkiano. La hipótesis de Keys evidentemente había logrado navegar por encima de los problemas normales de la evidencia científica, al grado de que el mero acto de probar la dieta se consideraba ahora falto de ética.

A pesar de esta omisión de la dieta como variable en la prueba, los resultados de la LRC, cuando salieron en 1984, se gritaron de todas formas como un triunfo para la hipótesis de la dieta y el corazón. Parte de esa hipótesis tenía que ver con la importancia de bajar el colesterol total para prevenir el crecimiento de placa, y la medicina sí hizo que bajara el colesterol más en el grupo en tratamiento, comparado con los controles. El grupo en tratamiento también tuvo ligeramente menos ataques cardiacos y menos de los que sí ocurrieron en ese grupo fueron fatales.*

---

* El grupo que estaba tomando el medicamento vio un descenso en el colesterol en un promedio de 13%, comparado con sólo 4% en el grupo de controles. Aun así, el resultado se consideró un fracaso para el medicamento, dado que los investigadores esperaban

Como hemos llegado a esperar, sin embargo, estos resultados parecen prometedores sólo hasta que vemos la información un poco más de cerca. La diferencia en ataques cardiacos, por ejemplo, fue relativamente pequeña y resultó no ser estadísticamente significativa de acuerdo con la prueba estadística que los autores habían elegido utilizar originalmente. Al final del estudio, los investigadores dieron el paso poco ortodoxo y controversial de seleccionar un análisis más tolerante por el que sus resultados pudieran llamarse estadísticamente significativos.* También decidieron comentar su información sobre el colesterol LDL como cambios en el porcentaje, lo que modificó los resultados y oscureció los relativamente pequeños cambios en cifras absolutas. Incluso con esta habilidad estadística, estaba el problema de que, mientras el tratamiento había reducido las muertes coronarias, no había mejorado, curiosamente, la mortandad total casi nada; 68 hombres en el grupo en tratamiento murieron por todas las causas, comparados con 71 del grupo de controles, sólo 0.2 por ciento de diferencia.

La mortandad por todas las causas siempre era el inconveniente de las pruebas para bajar el colesterol. Extraña, pero consistentemente, se descubrió que los hombres cuyo colesterol bajaba morían en índices significativamente más elevados que los suicidas, los accidentes y los homicidios. Rifkind pensó que los resultados eran casualidad, pero este extraño hallazgo ya había surgido antes en pruebas que reducían la grasa saturada, como el Estudio del Corazón de Helsinki. De hecho, un metaanálisis de seis pruebas para bajar el colesterol descubrió que la probabilidad de morir por suicidio o violencia era dos veces más alta en los grupos en tratamiento tanto como en los grupos controles, y los autores propusieron que la dieta podía causar depresión. (Los investigadores han sugerido subsecuentemente que la merma de colesterol en el cerebro puede llevar a un funcionamiento deficiente de los receptores

---

una diferencia mayor de cuatro veces del colesterol sérico entre los dos grupos. Los líderes del estudio dieron explicaciones para la falta de mejores resultados e incluyeron la dificultad de adherencia (el medicamento tenía muchos efectos secundarios desagradables) y el hecho de que el hígado compensara la baja de colesterol al subir su propia producción (homeostasis en proceso).

* En su protocolo, los investigadores de la LRC dijeron que utilizarían una prueba "de dos colas" por significancia, lo que reconoce que un tratamiento puede ir en dos direcciones con efectos beneficiosos o perjudiciales. Al final del estudio, sin embargo, los investigadores cambiaron para utilizar un análisis menos restrictivo y de una sola cola, lo que asume que el tratamiento sólo puede tener un efecto beneficioso. Este estándar estadístico perdedor ha sido una fuente de controversia alrededor de la LRC (Kronmal, 1985).

de serotonina.) Otros estudios sobre bajar el colesterol en los que la dieta había sido la única intervención consistentemente encontraron índices más elevados de cáncer y cálculos biliares en el grupo experimental, que es por lo que el NHLBI mismo había hecho esa serie de talleres sobre el problema sólo algunos años antes. Además, las pruebas que mostraron bajo colesterol, como en el caso de los japoneses, sufren de índices más elevados de infartos y hemorragias cerebrales, comparados con los grupos cuyo colesterol promedio es más alto.

Una serie de expertos en bioestadística consideró firmemente que los líderes de la LRC debieron justificar los hallazgos "casuales" de la prueba. "Cualquier estadístico entregaría su placa si no pudiera encontrar una excusa para tal resultado", dijo Paul Meier, uno de los expertos en bioestadística más influyentes de su generación. El administrador del NHLBI, Slim Yusuf, tampoco pudo ignorar los hallazgos de la LRC tan fácilmente. "No puedo explicarlo por completo y me preocupa horriblemente", le dijo a *Science* en ese entonces.

Sin embargo, Rifkind y Steinberg no intentaron justificar estos problemas; anunciaron que la prueba había sido todo un éxito para mostrar los beneficios en la salud al reducir el colesterol. Además, no concluyeron meramente que la colestiramina prevenía los ataques cardiacos, también llegaron a la conclusión de que los cambios en la dieta para bajar el colesterol debían reducir también los ataques cardiacos, aun cuando la dieta misma no se había analizado. La suposición de que reducir el colesterol con un medicamento debe igualar la reducción de colesterol con la dieta representaba un salto de fe y era cuestionable. Esto llevó a que Richard A. Kronmal, un bioestadístico, escribiera en el *Journal of the American Medical Association* que mientras era tentador asumir que una dieta prudente baja en grasa resultaría en una reducción de los ataques al corazón similar a lo que había producido el medicamento, los resultados de la prueba "no proveían evidencia que apoyara esta conclusión". Kronmal estaba preocupado de que Rifkind y sus colegas hubieran empujado la información hasta tal grado que pareciera más "propaganda que ciencia". El bioestadístico Paul Meier comentó que llamar "concluyentes" a los resultados constituiría "un mal uso sustancial del término".

Sin embargo, a pesar de las críticas, Rifkind le dijo a la revista *Time*: "Es ahora indiscutible que bajar el colesterol con dieta y medicamento puede en realidad reducir el riesgo de desarrollar enfermedad cardiaca y provocar un ataque al corazón". Steinberg declaró triunfante que la

LRC era la "piedra angular en el arco" de la hipótesis de la dieta y el corazón. Rifkind y Steinberg también asumieron que sus hallazgos, basados en hombres de mediana edad en un riesgo extremadamente alto, "podrían y deberían extenderse a otros grupos de edad y a las mujeres", así como a hombres con un riesgo bajo, basándose en la suposición común de que la pelea contra la enfermedad cardiaca nunca podría empezar demasiado pronto.

Sus resultados se consideraron definitivos en parte porque los expertos querían mucho que así lo fueran. El NHLBI había gastado 250 millones de dólares en dos pruebas, cada una entre los estudios más caros en la historia de la nutrición. Esta inversión del gobierno virtualmente demandaba que las pruebas llevaran a recomendaciones definitivas. Habían pasado décadas, y los partidarios de la hipótesis de la dieta y el corazón seguían esperando una prueba "definitiva", y esta demanda acumulada ponía presión a los expertos para ignorar las cifras problemáticas del estudio y los alarmantes efectos secundarios. De acuerdo con la visión optimista de la LRC que habían adoptado sus principales investigadores, el público ahora podía seguir el consejo de bajar su colesterol al reducir el consumo de grasa saturada o tomando un medicamento, o ambos.

La LRC fue entonces mucho más que sólo el último estudio de la pila. Esta prueba, que ni siquiera analizaba la dieta, resultó ser uno de los estudios más influyentes de todos los tiempos porque el NHLBI utilizó sus hallazgos subsecuentemente para establecer toda una burocracia dedicada solamente a bajar el colesterol sérico de cada persona en "alto riesgo" en Estados Unidos. Parte de este esfuerzo involucraba decirle a la gente que redujera la grasa en su dieta, especialmente la grasa saturada. Y el esfuerzo llegó a incluir a cada hombre, mujer y niño en la nación.

La conferencia del consenso

Si una gran porción de los adultos estadounidenses de mediana edad ahora están consumiendo menos carne y tomando pastillas de estatina se debe casi completamente al paso que el NHLBI dio después. Dar medicamentos y consejos dietéticos a toda la población de Estados Unidos es una responsabilidad enorme, y el NHLBI decidió que necesitaba crear un consenso científico, o al menos la apariencia de uno, antes de seguir adelante. Asimismo, la agencia necesitaba definir los umbrales de colesterol exactos sobre los que se podía decir a los médicos que prescribieran una dieta baja en grasa o una estatina. Así que, de nuevo, en 1984, el NHLBI juntó a un grupo de expertos en Washington, D. C., con un componente público que reunió a más de 600 médicos e investigadores. Su trabajo —que debían hacer en un poco realista par de días— era lidiar con y debatir la masiva pila entera de literatura científica sobre dieta y enfermedad, y luego llegar a un consenso sobre las metas recomendadas de colesterol para hombres y mujeres de todas las edades.

La conferencia se describió por varios asistentes como con resultados predestinados desde el principio, y era difícil no concluir de otra manera. La sola cantidad de gente atestiguando a favor de bajar el colesterol fue mayor que el número de espacios asignados a los contrincantes, y los partidarios poderosos de la dieta y el corazón tenían todos los puestos clave: Basil Rifkind dirigía el comité de planeación y Daniel Steinberg la conferencia misma, y ambos hombres atestiguaron.

La declaración de "consenso" de la conferencia, la cual leyó Steinberg en la última mañana del evento, no fue un análisis medido del complicado papel que la dieta puede tener en una enfermedad poco comprendida. En cambio, "no había duda", declaró, de que reducir el colesterol por medio de una dieta baja en grasa y baja en grasa saturada daría "una protección significativa contra la enfermedad cardiaca coronaria" para cada estadounidense mayor de dos años. La enfermedad cardiaca ahora era el factor más importante a tener en cuenta para las decisiones dietéticas de toda la nación.

Después de la conferencia, en marzo de 1984, la revista *Time* sacó una ilustración en su portada de una cara en un plato, hecha con dos huevos fritos como ojos y una tira triste de tocino. "¡Detengan los huevos y la mantequilla!", decía el encabezado, y el artículo comenzaba: "Se demuestra que el colesterol es mortal y nuestra dieta tal vez nunca sea la misma".

Como hemos visto, la LRC no tuvo nada que decir sobre la dieta, e incluso sus conclusiones sobre colesterol sólo se sostenían débilmente por la información, pero Rifkind ya había demostrado que creía que esta extrapolación era justa. Le dijo a *Time* que los resultados "indicaban contundentemente que entre más se redujeran el colesterol y la grasa de la dieta, más se reduciría el riesgo de enfermedad cardiaca".

Gina Kolata, entonces reportera para la revista *Science*, escribió un artículo escéptico sobre la calidad de la evidencia que apoyaba las conclusiones de la conferencia. Los estudios "no muestran que bajar el

---LA DIETA BAJA EN GRASA LLEGA A WASHINGTON---

Conferencia de consenso de los Institutos Nacionales de Salud,
***Time*, 26 de marzo de 1984**

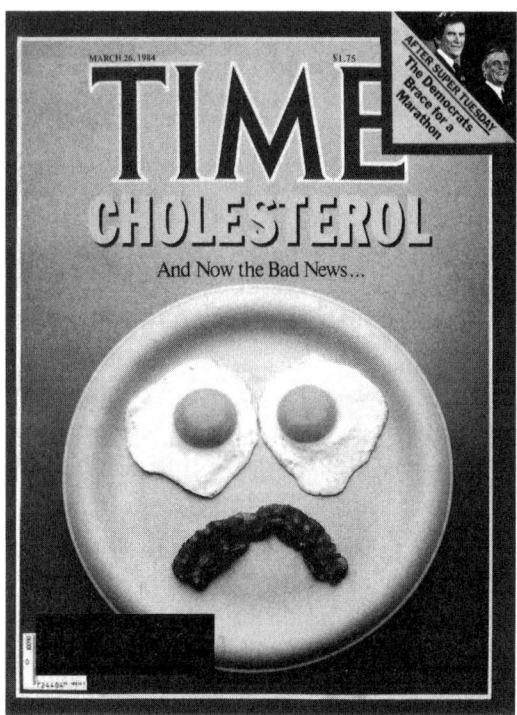

Una conferencia de "consenso" de los NIH en 1984 consagró la idea de que la grasa saturada causa enfermedad cardiaca.

De la revista *Time*, 26 de marzo de 1984 © 1984, Time Inc. Usado bajo licencia. *Time* y Time Inc. no están afiliados ni endosan productos o servicios del titular de la licencia.

colesterol haga una diferencia", escribió, y citó una gran gama de críticos preocupados por que la información no fuera de ninguna manera lo suficientemente sólida para recomendar una dieta baja en grasa para todos los hombres, mujeres y niños. Steinberg intentó descartar las críticas llamando a su artículo un caso del apetito mediático por "disentir, [lo que] es siempre más notorio que el consenso", pero la portada de *Time* en apoyo de Steinberg daba conclusiones que eran un claro ejemplo de lo opuesto, y en general, los medios apoyaban los nuevos lineamientos sobre el colesterol.

La conferencia del consenso dio vida a una enteramente nueva administración en los NIH, llamada Programa Nacional de Educación sobre Colesterol (NCEP), cuyo trabajo sigue siendo aconsejar a los médicos sobre cómo definir y tratar a sus pacientes "en riesgo", así como educar a los propios estadounidenses sobre las ventajas aparentes de bajar su colesterol. En los siguientes años, los paneles de expertos del NCEP quedaron infiltrados por investigadores financiados con dinero farmacéutico y las metas del colesterol se redujeron todavía más y, en consecuencia, aumentaron más y más las cifras de ciudadanos en la categoría que calificaba para estatinas. Y la dieta baja en grasa, aun cuando nunca se había probado adecuadamente en una prueba clínica para aseverar si podía prevenir la enfermedad cardiaca, se volvió la dieta estándar recomendada en el país.

Para los críticos de siempre de la hipótesis de la dieta y el corazón, como Pete Ahrens, la conferencia de consenso también fue significativa porque marcó la última ocasión en la que hablaría abiertamente. Después de esta conferencia, Ahrens y sus colegas se vieron obligados a replegar sus cañones. Aunque se les había permitido a miembros de la élite de nutrición, durante las dos décadas anteriores, que fueran parte del debate, en los años posteriores a la conferencia de consenso esto ya no fue así. Ser un miembro de la élite ahora significaba, ipso facto, apoyar la dieta baja en grasa. De hecho, tan eficientemente silenciaba a sus antagonistas la alianza del NHLBI y la AHA que, entre las decenas de miles de investigadores en los mundos de la medicina y la nutrición durante los siguientes 15 años, sólo una docena publicaría investigaciones que siquiera desafiaran ligeramente la hipótesis de la dieta y el corazón. E incluso entonces se preocuparon por estar poniendo sus carreras en juego. Vieron a Ahrens, que había llegado a la cúspide de su campo y de todas maneras tenía muchos problemas para conseguir becas porque había "un precio que pagar por ir en contra de la institución, y él estaba muy consciente de ello", como me dijo uno de sus antiguos estudiantes.

Sin duda, es por esto que Ahrens, al recordar la conferencia, que llegó a ser su despedida, habló con una extraña falta de reserva. "Creo que los NIH y la Asociación Americana del Corazón están abusando del público", declaró. "Desean hacer algo bueno, pero no están actuando sobre la base de evidencia científica, sino sobre la base de una idea plausible que no está comprobada." Pero fuera plausible o siquiera probable, esa idea ya se había lanzado.

6

Cómo les va a las mujeres y los niños en una dieta baja en grasa

Es difícil exagerar la ruptura tan radical de la postura del gobierno sobre nutrición que representó *Los lineamientos dietéticos para los norteamericanos* cuando salió en 1980. Desde 1956, el USDA había estado recomendando a la gente que buscara alimentos nutritivos comiendo una dieta "bien balanceada" de los grupos básicos de alimentos, primero cinco de ellos, luego siete y luego cuatro. Los cuatro grupos de alimentos eran leche, carne, frutas y verduras, y cereales y granos. Se había recomendado a los estadounidenses que comieran algunos alimentos de cada grupo diario. El USDA siempre ha sufrido de un conflicto de intereses, pues su misión es promover los productos alimenticios estadounidenses, y la agencia ha estado influida desde hace mucho por esas mismas industrias. En cualquier caso, ahora su mensaje estaba cambiando de uno que asegurara que la gente estuviera recibiendo porciones suficientes de alimentos nutricionales, a restringirlos, y la ironía era que en la mayoría de los casos ¡se trataba de los mismos alimentos! La carne, la mantequilla, los huevos y la leche entera, desde siempre asociados con prosperidad, pasaron de ser saludables a peligrosos.

Dado que los estadounidenses estaban cuestionando las normas aceptadas en la década de 1970, con partidarios del interés público exponiendo verdades incómodas sobre consumir cosas, desde cigarros hasta pesticidas que se tenían como seguros desde tiempo atrás, el cuestionamiento de productos alimenticios tan básicos como la carne, la leche y los huevos parece comprensible como parte de ese escepticismo. El consejo de dejar los alimentos tradicionales vino en un tiempo cuando el público no tenía confianza en las creencias alguna vez santificadas, y esto explica en parte por qué *Los lineamientos dietéticos* encontraron un público dispuesto cuando recomendaron remplazar estos alimentos con más verduras, frutas y granos.

En el inicio de *Los lineamientos dietéticos*, la dieta baja en grasa y baja en colesterol se extendió por todas partes en la década de 1980, expandiéndose de la clase original de hombres de mediana edad en alto riesgo a todos los estadounidenses, incluyendo mujeres y niños. Se convirtió en la dieta de toda la nación. Al establecer metas estrictas de colesterol, los nuevos lineamientos del NCEP no sólo se dirigían a más personas, sino que también extendían su alcance dietético. El régimen propuesto ya no requería sólo dejar la grasa saturada y el colesterol, sino la grasa en general. El razonamiento se basó en esa poderosamente intuitiva y directa lógica, como expresó Jerry Stamler en 1972, de que la grasa era "excesiva en calorías [...] así que desarrollaba obesidad". Esta suposición al parecer obvia, pero de todas formas no comprobada, era que la grasa engordaba.

Esta idea sobre la causa de la obesidad siempre había estado esperando en el trasfondo de la conversación sobre la dieta y el corazón, pero no se volvió una recomendación dietética formal hasta 1970, cuando la AHA, siempre con la pretensión de reducir el consumo de grasa, publicó por primera vez una marca límite de 35 por ciento para la grasa como porción total de calorías. En contraste, sólo dos años antes, el comité de la AHA había lanzado una advertencia en contra de reducir la grasa porque esto podría llevar a un aumento de los carbohidratos. El comité estaba particularmente preocupado sobre los carbohidratos refinados y se pronunció en contra del "uso excesivo de azúcar, incluyendo caramelos, refrescos y otros dulces".

Sin embargo, cuando el comité de nutrición de la AHA cambió su liderazgo para la serie de lineamientos de 1970, con el influyente Jerry Stamler de nuevo a bordo, esa advertencia se perdió. Y durante los siguiente 25 años, hasta 1995, los panfletos de la AHA les dijeron a los estadounidenses que controlaran su consumo de grasa aumentando el consumo de carbohidratos refinados. "[Elige] colaciones de otros grupos de alimentos, como [...] galletas dulces bajas en grasa, galletas saladas bajas en grasa [...] pretzels sin sal, caramelos sólidos, gomitas, azúcar, jarabe, miel, mermelada, jalea, gelatina", decía una publicación de la AHA de 1995. En pocas palabras, para evitar la grasa, la gente debería comer azúcar, aconsejaba la AHA.

Más tarde, muchos expertos en nutrición lamentaron el llamado "fenómeno SnackWell", refiriéndose al hecho de que la gente que buscaba ser consciente de su salud reduciendo la grasa se abría paso entre bolsas de galletas sin grasa o bajas en grasa, pero llenas de carbohidratos refinados. "No pudimos haber previsto esto; fue la industria la que hizo estas calorías concentradas altas en carbohidratos", me dijo Stamler, un punto de vista que se ha compartido ampliamente. Sin embargo, la AHA misma había dirigido a los estadounidenses —y a la industria alimenticia— exactamente hacia esta solución. La AHA incluso se sumó a las ganancias de los carbohidratos refinados desde la década de 1990, al cobrar una tarifa considerable por el privilegio de poner la marca aceptable de "Heart Healthy" en los productos, con lo cual la marca terminó apareciendo en algunos candidatos un tanto dudosos, como Zucaritas de Kellogg's, Rice Krispies con malvaviscos de frutas de Kellogg's y las Pop-Tarts bajas en grasa. Eventualmente, se le pidió a la AHA que quitara la leyenda de esos productos a todas luces no saludables, pero en 2012 la marca de aceptación todavía aparecía en las cajas de Cheerios con miel y nueces y el cereal Quaker con miel de maple y azúcar mascabado, que podían ser nombres más sanos, pero eran igualmente altos en azúcar y carbohidratos que las Zucaritas de Kellogg's. Dado el papel de la AHA en la promoción de los alimentos altos en azúcares, parece hipócrita por ende culpar a la industria alimenticia por el cambio de la grasa a los carbohidratos refinados.

El énfasis de la AHA en reducir la grasa total sí se encontró con un cierto grado de crítica de funcionarios de alto nivel en su momento. De hecho, Donald S. Fredrickson, un alto funcionario de los NIH que después dirigió esa agencia del gobierno, escribió un artículo retando los lineamientos de la AHA, donde preguntó: "¿Sabemos lo suficiente como para recomendar a todos que coman una dieta que les dará más de la mitad de las calorías como carbohidratos?". Había algo sobre el informe de la AHA que "debe lamentarse", escribió, condescendientemente, haciendo referencia a la falta de evidencia científica para la dieta baja en grasa.

Es importante darse cuenta de que en 1970, cuando la AHA empezó a decirles a los estadounidenses que dejaran la grasa, este régimen no se había analizado con pruebas clínicas. Todas esas famosas y grandes pruebas iniciales habían sido sobre "bajar el colesterol" o la dieta "prudente" —alta en aceites vegetales y baja en grasas saturadas—, pero cuando llegó el caso de reducir la grasa en general, como ahora recomendaba la AHA, la evidencia no existía. De hecho, la información que apoyaba la dieta baja en grasa sumaba sólo un par de pequeños estudios, uno de

Hungría y el otro de Gran Bretaña, en los que la grasa se redujo severamente a una cantidad irreal de 40 gramos al día para ver si tal dieta podía reducir la enfermedad cardiaca. Y estos dos estudios tenían resultados contradictorios. Las pruebas dirigidas a analizar el límite de grasa de 35 por ciento que ya se estaba recomendando simplemente no se habían realizado.

No obstante, esta falta de evidencia no impedía que la AHA sacara sus lineamientos bajos en grasa, y el grupo ahora fue un paso más lejos. Pidió una vasta revisión de los sistemas de producción de alimentos del país: desarrollo de nuevas razas de ganado más magro, productos lácteos bajos en grasa y productos horneados bajos en grasa, la promoción de la margarina, la virtual eliminación de las yemas de huevo y la revisión de los almuerzos en las escuelas y los cupones de comida, así como las comidas tanto de las instalaciones de las Fuerzas Armadas como las de los veteranos. Como sabemos, la mayoría de estos cambios han sucedido. No sólo los programas de alimentación del gobierno cambiaron a productos bajos en grasa, sino que casi todas las empresas de alimentos en el país han reformulado sus productos, desde las pechugas de pollo sin piel de Tyson, hasta las sopas, las pastas para untar, los yogurts y las galletas bajas en grasa. De lo que quieras hay una versión baja en grasa. En algunos casos ya no es posible conseguir la versión entera de un producto alimenticio. Por ejemplo, los principales fabricantes de yogurt en Estados Unidos hasta hoy en día sólo venden yogurts sin grasa o bajos en grasa. (En 2013, los únicos yogurts enteros en el mercado estadounidense provenían de Grecia.) A mediados de la década de 1990, en el clímax de la moda consumista por deshacerse de toda la grasa en la dieta, casi un cuarto de todos los nuevos productos alimenticios salió al mercado con una etiqueta que decía "bajo en grasa".*

A lo largo de las décadas de 1980 y 1990, las revistas y los periódicos se desbordaban de artículos sobre cómo reducir la grasa y vivir felices sin carne. Jane Brody, la columnista de salud del *New York Times* y la promotora más influyente de la dieta baja en grasa en la prensa, escribió: "Si hay un nutriente que tiene todo en contra, es la grasa", y en 1990 publicó un mensaje de 700 páginas al público: *The Good Food Book: Living the High-Carbohydrate Way*.

---

* Desde 1990 la FDA ha regulado estas clases de aseveraciones de salud en los paquetes, lo que también incluye declaraciones como "alto en fibra" y "bajo en colesterol".

"La mesa 4 manda sus felicitaciones. La mesa 7 quiere saber si intentas matarlos con toda esa grasa saturada y todo ese colesterol."

Dean Ornish y la dieta casi vegetariana

Como puede recordar cualquiera que creció en la década de 1980, la popularidad de lo bajo en grasa llegó a su clímax durante esa década, conforme evolucionó la dieta hacia el extremo sin grasa. Quien lideraba en esta dirección era el autodidacta Nathan Pritikin, quien, al luchar con su propio colesterol alto, encontró como solución la dieta baja en grasa. Luego popularizó el régimen por medio de sus bestsellers y el Centro Pritikin para la Longevidad, en San Diego. La condena de Pritikin de la grasa creció con los años, y para principios de la década de 1980, ya había eliminado casi toda la grasa de su dieta. Esta alimentación vegana sin grasa es lo que le gustaba llamar "el plan original de alimentación de la humanidad".* Pritikin argumentaba que 80 por ciento de las calorías

---

* Parte de la literatura científica sobre la dieta humana paleolítica ha reforzado la idea de que nuestra dieta prehistórica se basaba sobre todo en plantas, aunque Loren Cordain, autor de *La dieta paleolítica*, el libro fundacional de este campo, argumenta que los primeros humanos, "cuando y donde era ecológicamente posible", comían entre 45 y 65% de sus calorías de los alimentos animales. Esta idea coincide con el trabajo de Richard Wrangham, un antropólogo de la Universidad de Harvard, quien argumenta que

diarias podían comerse como carbohidratos, una clase de dieta baja en grasa de la AHA, pero para extremistas.

Las décadas de 1970 y 1980 fueron en general una época sostenida de los famosos doctores de dietas. El doctor que estaba totalmente de lado de Pritikin, pero que finalmente probaría ser mucho más poderoso —de hecho, sin lugar a dudas el médico de dietas más constantemente influyente de los últimos 30 años—, era Dean Ornish. (En el otro lado del espectro durante estos años estaba Robert C. Atkins, discutido en el capítulo 10.)

Ornish ha estado promoviendo la dieta casi vegetariana desde la década de 1980. Exiliados de su dieta, no hay carne roja, hígado, mantequilla, crema ni yemas de huevo. Éstos son lo que llama el "Grupo Cinco", el nivel más bajo, más prohibido en la "escalera" de su dieta, debajo de los alimentos del Grupo Cuatro, el cual incluye "donas, panadería frita, pasteles, galletas y pays". Si realmente quieres revertir la enfermedad cardiaca, aconseja Ornish, entonces debes comer sobre todo frutas, verduras y granos; en general, casi tres cuartos de las calorías deberían venir de carbohidratos. Las dietas altas en grasa, en cambio, dice, hacen que la gente "se canse, se deprima, esté letárgica y sea impotente".

Sin embargo, resulta que la gente ha tenido muchos problemas para seguir la dieta Ornish incluso cuando se les dan sus comidas, como Frank Sacks, un profesor de la Escuela de Salud Pública de Harvard, descubrió cuando realizó un estudio sobre el programa Ornish a principios de la década de 1990. "Eliminamos todos los obstáculos. Teníamos un personal soberbio", dijo, pero los sujetos de estudio "no podían seguirla". Ornish sostiene que la adherencia a su programa es alta. Y mientras está de acuerdo con que su dieta puede necesitar de trabajo, argumenta que "es difícil hacer muchas cosas en la vida que vale la pena hacer. Es difícil hacer ejercicio todos los días, pero no creo que la mayoría de la gente

---

la evolución del *Homo sapiens* sólo pudo ser posible cuando los primeros humanos cambiaron su dieta a una predominantemente carnívora, por la razón de que la carne, y especialmente las vísceras, como el riñón y el hígado, son mucho más densas en nutrientes que los alimentos vegetales (Wrangham argumenta que la habilidad para cocinar la carne era especialmente crucial, dado que este proceso aumenta la disponibilidad de los nutrientes para la digestión). En cambio, los chimpancés que subsisten principalmente con alimentos vegetales deben pasar gran parte de su día comiendo para poder tener suficientes nutrientes para sobrevivir, y sus grandes bocas son un indicador del volumen de alimentos vegetales que necesitan ingerir, comparado con las bocas más pequeñas de los humanos que sobreviven de carne, de acuerdo con Wrangham (Cordain *et al.*, 2000; Wrangham, 2009; Werdelin, 2013, pp. 4-39).

diga que no vale la pena. Es difícil dejar de fumar. Es difícil formar una familia".

Ornish, quien obtuvo el título de médico en el Colegio de Medicina Baylor, se volvió famoso porque en la década de 1990 fue la primera persona en publicar evidencia que aparentemente demostraba los beneficios de una dieta baja en grasa. Los estudios de Ornish han estado entre los documentos más citados en la historia de la nutrición, y él dice que su programa, el cual no sólo involucra dieta, sino ejercicio aeróbico, yoga y meditación, es el primero en demostrar una reversión real de la enfermedad cardiaca. Por ende, vale la pena ver más de cerca sus estudios.

El estudio de 1990 en el que se basan las espectaculares declaraciones de Ornish involucró a 22 residentes de San Francisco, quienes participaron en el programa de dieta y ejercicio de Ornish durante un año. De acuerdo con un proceso de imagen médico llamado angiografía, el cual utiliza rayos X para tomar una imagen bidimensional de los vasos sanguíneos, los sujetos en el programa de intervención vieron sus arterias extenderse. Mientras tanto, 19 miembros de un grupo de controles, sin ninguna intervención de dieta o ejercicio durante el mismo periodo de tiempo vieron sus arterias contraerse.* Reducir el bloqueo arterial fue un descubrimiento clave porque nunca antes alguien había sido capaz de demostrar que la enfermedad cardiaca podía revertirse.†

"¡Sanador de corazones!", anunciaba una portada de *Newsweek* en 1998, cuando Ornish publicó un artículo en el *Journal of the American Medical Association* (JAMA). El artículo mostraba a Ornish como lo opuesto a un cínico, abrazando espontáneamente a la gente y buscando acercarse a su trabajo desde un "espíritu de servicio", en lugar de un esfuerzo "motivado por el ego". Y en un mundo donde los cardiólogos empujan a los pacientes hacia cirugías invasivas o una dependencia de

---

* Ornish empezó con 28 pacientes en el grupo experimental, pero uno murió mientras "excedió enormemente las recomendaciones de ejercicio en un gimnasio sin supervisión", a uno "que no se le había diagnosticado como alcohólico después se salió" y los otros permanecieron en el programa, pero sus angiogramas de seguimiento se perdieron o resultaron inadecuados por cuestiones técnicas.

† Cinco años después, con sólo 20 sujetos restantes en el programa, Ornish informó en dos artículos que los resultados iban por buen camino: las arterias de sus pacientes experimentales se habían ensanchado 3 por ciento desde que el experimento empezara, mientras que las de los controles se habían reducido casi 12 por ciento. Los escáneres de imagenología con tomografía por emisión de positrones (PET) revelaron que el flujo sanguíneo hacia el corazón había mejorado entre 10 y 15 por ciento entre el grupo de dieta y ejercicio. Sin embargo, los hombres en el programa experimental murieron, contra sólo uno del grupo de controles (Gould *et al.*, 1995; Ornish *et al.*, 1998; Ornish *et al.*, 1990).

por vida a estatinas, Ornish fue, durante mucho tiempo, virtualmente el único en el mundo de la cardiología que sugería, junto con los nutriólogos, que la dieta y el ejercicio eran suficiente para mantener a la gente sana.

Sin embargo, el estudio de Ornish, como muchas investigaciones en nutrición, es problemático. Sus 22 pacientes no son muchos, y tampoco todos completaron los cinco años del seguimiento.* Y lo más importante, el estudio de Ornish nunca ha podido ser replicado exitosamente por investigadores independientes, la piedra angular de la credibilidad de las ciencias "exactas".

Curiosa por los hallazgos, llamé a Kay Lance Gould, director de cardiología de la Universidad de Texas, quien ayudó a Ornish a lanzar su carrera de investigación y fue coautor junto con Ornish en los documentos publicados en JAMA. (En total, publicaron tres artículos en JAMA, que es una cifra inusualmente elevada para una prueba pequeña.) Por teléfono casi podía escuchar la incredulidad de Gould sobre cómo había promovido Ornish los resultados de su estudio. "La mayoría de la gente hace un estudio y escribe un artículo. Dean hace un estudio y saca un montón de artículos. Es un milagro. Hay una cierta habilidad para vender una pequeña pieza de información. Es realmente un genio de las relaciones públicas."

Gould también refuta la confiabilidad de la evidencia angiográfica que demuestra el ensanchamiento de las arterias de los sujetos. Estas imágenes no se muestran en la evidencia base que Ornish asevera de forma cotidiana, ni se traducen en las buenas noticias que él implica. Mientras que una arteria que se vuelve más ancha parece a primera vista una buena señal, la reducción gradual de las arterias no se ha correlacionado de manera confiable con la mortandad coronaria.† Y ensanchar

---

* Ornish había probado anteriormente su dieta en pequeños estudios piloto a corto plazo. Sin embargo, el cuidado y el tratamiento de un grupo experimental era mucho más intensivo, comparado con el de los controles (los sujetos experimentales estaban "viviendo bajo el mismo techo en un ambiente rural", con comidas proveídas por la duración del experimento, mientras que los controles se quedaban en casa para conducir sus rutinas normalmente), y los resultados casi definitivamente quedaron distorsionados por el "efecto intervención" (véase la nota en las pp. 229-230) (Ornish *et al.*, 1983). Subsecuentemente, Ornish ha dirigido estudios más grandes de su programa, viendo los resultados de la enfermedad cardiaca, pero éstos no han incluido grupos de controles (Koertge *et al.*, 2003; Silberman *et al.*, 2010).

† Los cardiólogos han estado debatiendo la confiabilidad de tal evidencia angiográfica desde finales de la década de 1950. La reducción de las arterias es causada por una acumulación de lesiones en las paredes arteriales, llamada "arterosclerosis", y este

las arterias por la inserción de un estent (un tubo de malla que expande las paredes arteriales) no ha demostrado que extienda la vida. Revistas científicas importantes estaban publicando artículos sobre este tema a mediados de la década de 1980, cuando Ornish empezó sus experimentos.

Cuando le pregunté a Ornish sobre este punto, dudó. "¿Por qué quieres saberlo?", me preguntó, así que expliqué: "Bueno, no es la mejor evidencia", estuvo de acuerdo. Sin embargo, dos días después, en otra conversación, volvió a decir que sus estudios habían revertido la enfermedad cardiaca, incluyendo "la arteriografía cuantitativa" como parte central de la prueba de esa aseveración. Cuando lo cuestioné otra vez sobre la capacidad de la arteriografía de predecir de manera confiable los ataques cardiacos, hubo una pausa. Luego dijo: "Son clínicamente importantes, pero tienes toda la razón; estoy de acuerdo con eso". (Ornish repetiría esta aseveración otra vez; más recientemente en un artículo de opinión en el *New York Times*, en 2012.)

En nuestra conversación, Ornish pasó a su siguiente aseveración de que "también encontramos mejoras en el flujo sanguíneo [...] [que] es la conclusión de la enfermedad cardiaca coronaria. Mostramos una mejoría de 300 por ciento en el flujo sanguíneo", dijo. Sin embargo, Gould, quien había interpretado esa información para el estudio, me había dicho que esta cifra reflejaba el cambio relativo, el cual exageraba el tamaño del efecto y en términos absolutos era en realidad alrededor de 10 por ciento o 15 por ciento. Le dije esto a Ornish. "Bueno, no voy a discutir por eso", dijo.

Pero incluso aceptando la declaración de Ornish de la "reversión" de la enfermedad cardiaca, la pregunta permanece: ¿Fue la dieta baja en grasa lo que hizo la diferencia? ¿O dejar de fumar, dejar los carbohidratos refinados, el ejercicio aeróbico, el apoyo psicológico al grupo,

---

aumento de placa se ha considerado desde hace mucho tiempo como indicador del riesgo de ataque cardiaco. Sin embargo, George Mann fue uno de los primeros investigadores en hacer observaciones que no apoyaban esta idea: a pesar de las "extensas" lesiones en las arterias de 50 hombres masai a los que hizo la autopsia, la misma cantidad "que de hombres en Estados Unidos", la evidencia del electrocardiograma casi no revelaba evidencia de ataques cardiacos. Postuló que la arterosclerosis era una parte natural del proceso de envejecimiento y que sólo ciertas clases de placas inestables se desprendían, y creaban los bloqueos que causan el ataque cardiaco. Esta teoría se ha adoptado en general. Uno de los problemas con la angiografía es que sus imágenes no pueden revelar las diferencias entre la placa normal y la clase peligrosa, inestable. Su confiabilidad también está obstaculizada por el hecho de que la técnica es difícil y los resultados entonces son bastante variables (Jones, 2000; Mann *et al.*, 1972).

el estiramiento, el yoga, la meditación u otra de las intervenciones para reducir el estrés? Todo esto fue parte del programa. Posiblemente la reducción de grasa fue irrelevante. ¿Cómo podría saberlo incluso Ornish, ya no digamos alguien más?

Las dietas vegetarianas generalmente no han demostrado ayudar a la gente a vivir más. El informe de 2007 del Fondo Mundial para la Investigación del Cáncer y el Instituto Americano para la Investigación del Cáncer, discutido en el capítulo anterior, encontró que "en ningún caso" la evidencia para el consumo de frutas y verduras en la prevención del cáncer se "juzgaba como convincente". Y a pesar del hecho de que los vegetarianos tendieron a ser "complacientes" para seguir las órdenes médicas y están en general más conscientes de su salud, lo que significa que deberían vivir más tiempo que otras personas, muchos estudios han descubierto que esto no es verdad. De hecho, en el estudio observacional más grande sobre vegetarianismo, el cual siguió a 63 550 hombres y mujeres de mediana edad en Europa durante una década, la mortandad general para vegetarianos y no vegetarianos resultó ser la misma.*

Dado que ahora vivimos en un tiempo en que la dieta vegetariana (o casi vegetariana) es la preferida entre las autoridades en salud y la prensa popular, estos hallazgos de investigaciones probablemente son una sorpresa, pero no lo habrían sido para los expertos en nutrición en la década de 1920. ¿Recuerdas a esos guerreros masai en Kenya, que comían poco más que leche, sangre y carne? Décadas antes de que George Mann llegara a Kenya, el gobierno británico comisionó a científicos en 1926 para que compararan a los masai con una tribu vecina, los kikuyu. Habían vivido lado a lado durante muchas generaciones, en condiciones "muy similares", de acuerdo con los investigadores. Sin embargo, mientras que los masai comían principalmente alimentos animales, los

---

* Este resultado salió unos años antes de los hallazgos del Estudio de Salud de Enfermeras de Harvard sobre carne roja y enfermedad, pero no obtuvo la misma cantidad de encabezados, lo que no es de sorprender. Tampoco ha recibido el mismo nivel de publicidad que el Estudio de China, el tema de al menos ocho libros y libros de cocina desde 1990, por el bioquímico nutricional T. Colin Campbell, quien argumenta a favor de la dieta vegana. Estos libros están basados en un estudio epidemiológico, con una cantidad significativa de problemas metodológicos, que nunca se publicó en algún número de una revista científica criticado por colegas. Los dos artículos de Campbell se publicaron en cambio como parte de los procedimientos de una conferencia en "suplementos" de revista, que están sujetos a ninguna o poca crítica (Campbell y Junshi, 1994; Campbell, Parpia y Chen, 1998; Masterjohn, 2005, y Minger, http://rawfoodsos.com/the-china-study/).

kikuyu subsistían en una dieta casi vegetariana que era muy baja en grasa, con "gran parte" de su alimentación basada en "cereales, tubérculos, plátanos machos, leguminosas y hojas verdes".

Los investigadores pasaron varios años en detallada examinación de 6 349 kikuyu y 1 546 masai adultos, y al final encontraron que la salud de los dos grupos difería dramáticamente, aunque no de formas que uno podría esperar. Se descubrió que los hombres kikuyu vegetarianos eran mucho más propensos a sufrir deformidades óseas, deterioro de los dientes, anemia, enfermedad pulmonar, úlceras y desórdenes sanguíneos; los masai eran mucho más propensos a contraer artritis reumatoide. Los hombres masai eran un promedio de 15 centímetros más altos que los kikuyu, y 12 kilos más pesados, y mucho del peso extra era aparentemente músculo, dado que los masai tenían cinturas más estrechas y hombros más amplios, y poseían más fuerza muscular que los kikuyu, quienes generalmente eran más delgados y tenían poca capacidad para el trabajo manual.*

La versión moderna de Ornish de esta dieta precisamente baja en grasa y casi vegetariana no se examinó científicamente por expertos hasta 1998, cuando la profesora en nutrición de la Universidad Tufts Alice Lichtenstein y un colega revisaron la dieta tan baja en grasa para la AHA. La limitada evidencia disponible para la dieta, incluyendo los estudios de Ornish, mostró que bajar drásticamente la grasa a 10 por ciento o menos parecía exacerbar algunos de los problemas asociados con una dieta de 30 por ciento de grasa. La clase mala de colesterol bajaba (lo que era bueno), pero también lo hacía el colesterol bueno (lo que era malo), y los triglicéridos subían (también malo) algunas veces hasta 70 por ciento (muy malo). Había preguntas sobre lo adecuado de la dieta en términos nutricionales sobre todo en cuanto a las vitaminas solubles en grasa, y Lichtenstein concluyó que, dado que la dieta podía ser "dañina" para ciertas poblaciones (los ancianos, las mujeres embarazadas, los niños pequeños, los diabéticos de tipo 2 o quienes tuvieran triglicéridos altos o intolerancia a los carbohidratos), la dieta sólo podía

---

* La fuerza muscular de las manos se analizó con un dinamómetro, el cual mide la fuerza mecánica. Con esta prueba se encontró que los masai eran 50 por ciento más fuertes que los kikuyu. Otra señal de la debilidad física entre los hombres kikuyu fue que 65 por ciento "fue rechazado inmediatamente con bases médicas" al ir al servicio militar de reserva en 1917. Las mujeres de las dos tribus, en cambio, tenían dietas más similares y no tenían diferencias de salud tan dramáticas (Orr y Gilks, 1931, p. 9 y p. 17, "rechazado inmediatamente").

ser recomendada para los individuos que tuvieran un "alto riesgo" de enfermedad cardiaca, y entonces sólo bajo "cuidadosa supervisión".

El impacto de Ornish, sin embargo, ha sido profundo y duradero.* A diferencia de Atkins, cuyas recomendaciones altas en grasa fueron rechazadas por la AHA y los NIH por considerarse peligrosas para la salud, el programa de "estilo de vida" bajo en grasa y casi vegetariano de Ornish es uno de sólo dos regímenes de dieta y ejercicio que Medicare cubre, así como casi 40 aseguradoras privadas en distintos grados, incluyendo los gigantes Mutual, de Omaha, y Blue Shield, de California. Para ellos, la simple lógica es que meses de dieta, yoga, meditación y ejercicio, si pueden prevenir un ataque al corazón, representan una ganga comparada con 40 000 dólares por una cirugía de bypass.

Empezar la vida en una posición defensiva

Mientras que los principales expertos en nutrición siguieron teniendo dudas sobre la extrema dieta de Ornish, estaban seguros de que la dieta estándar baja en grasa recomendada por la AHA, más todos los nuevos puntos de referencia y los lineamientos sobre colesterol establecidos por el NCEP, serían una bendición para cada estadounidense en la eterna pelea contra la enfermedad cardiaca. El Senado promovió esta creencia como parte de su informe *Metas dietéticas*, en 1977. Uno de sus encabezados decía: "Los beneficios serán para todos", lo cual significaba no sólo hombres de mediana edad, sino mujeres y niños también. No se habían hecho estudios sobre si una dieta baja en grasa era mejor —o incluso segura— para infantes, niños, adolescentes, mujeres embarazadas o lactando, o los ancianos, pero la hipótesis de la dieta y el corazón se había arraigado a tal grado en la comunidad de expertos, que simplemente se consideraba una medida preventiva de sentido común contra la enfermedad cardiaca que todos, en cualquier etapa de la vida después de los dos años, empezaran este régimen.

El razonamiento contundente para incluir niños en las recomendaciones dietéticas era que, en la década de 1920, los científicos alemanes

---

* Ornish era cercano a los Clinton y renovó la cocina en la Casa Blanca para dejar lugar a las hamburguesas de soya y las salsas dulces derivadas de plátanos machacados (Bill Clinton es ahora vegano). Y Ornish todavía está en el debate, con una pieza de opinión prominente en el *New York Times*, en 2012, argumentando a favor de la dieta casi vegetariana (Squires, 24 de julio de 2001; Ornish, 22 de septiembre de 2012).

que hicieron autopsias a niños encontraron que algunas de sus arterias contenían vetas grasosas y lesiones, que son señales de arterosclerosis. Se asumió que si se dejaban sin supervisión, estas vetas y lesiones inevitablemente llevarían a la fatal enfermedad. La pregunta de cómo detener esta progresión temprano en la vida se volvió una fuente de extrema preocupación en la comunidad de investigadores de la dieta y la enfermedad.

De hecho, a finales de la década de 1960, el NHLBI había estado poniendo niños en riesgo, tan chicos como cuatro años de edad, en dietas bajas en colesterol y también dándoles colestiramina, el mismo medicamento que se utilizaría en la prueba LRC. Convencidos de que el colesterol era una parte crucial para el rompecabezas de la enfermedad cardiaca, el NHLBI fue tan lejos como proponer una revisión universal de la sangre del cordón umbilical para empezar el tratamiento tan pronto como fuera posible, incluso en el momento de nacer. En 1970, se consideró seriamente el análisis masivo de la sangre del cordón a "no más de" cinco dólares por bebé. Tal era la preocupación con la enfermedad cardiaca que los investigadores creían que los bebés sanos deberían empezar la vida en una posición defensiva.*

Varios expertos contradijeron esta línea de pensamiento mientras se desarrollaba. "¿Qué evidencia tenemos de que una yema de huevo al día implica riesgo para todos los estadounidenses?", preguntó Donald S. Fredrickson, un funcionario de alto nivel del NHLBI, en el *British Medical Journal*, en 1971. "¿Qué hay de los lactantes y los infantes más grandes? [...] ¿Estamos convencidos de la seguridad de una dieta que contiene 10 por ciento de poliinsaturados al grado de querer insistir en esto en la fórmula de un bebé?" Continuó señalando que el problema específico de los hombres de mediana edad "no debe resolverse con una recomendación dietética general" para toda la población. La Academia Nacional de Ciencias, en su informe *Toward Healthful Diets*, objetó que era "científicamente irracional" incluir a niños en las recomendaciones bajas en grasa. "Las necesidades nutricionales de un infante en crecimiento son totalmente diferentes de las de los octogenarios inactivos", declaró la academia, pero dado que ese informe fue masacrado por el Congreso y la prensa, esta nota precautoria se perdió en la controversia.

---

* Desde 1970, Fleischmann's, la empresa de margarina, sacó anuncios que preguntaban: "¿Deberíamos preocupar a un niño de ocho años sobre el colesterol?" Dada la falta de evidencia para cualquier conexión entre la dieta de los niños y una enfermedad de adultos, sin embargo, la Comisión Federal de Comercio ordenó en 1973 que la compañía detuviera sus anuncios (FTC, 1973).

Los argumentos sobre incluir a niños continuaron vociferando en la Conferencia de Desarrollo de Consenso de los NIH en 1984. Los investigadores y los médicos estaban preocupados de que no se hubiera hecho ningún estudio en niños para analizar esa dieta baja en grasa o baja en grasa saturada. "No hay absolutamente ninguna evidencia de que sea seguro que los niños lleven una dieta baja en colesterol", le dijo Thomas C. Chalmers, antiguo presidente del Centro Médico Monte Sinaí, a *Science*. "Creo que [los líderes del NIH] hicieron una exageración inadmisible de la información." El gobierno no se detuvo por esta ausencia de evidencia al sacar sus recomendaciones dietéticas para niños de todas maneras, y otros grupos expertos también adoptaron este punto de vista.

Los únicos profesionales que no generalizaron la recomendación para todos los niños fueron precisamente los encargados de la salud infantil: los pediatras. Incluso los expertos del NHLBI y de la AHA presionaron a la Academia Americana de Pediatría (AAP) para prescribir la dieta baja en grasa a todos los niños, pero la AAP se rehusó. En un editorial publicado en la revista de la AAP, *Pediatrics*, en 1986, el comité de nutrición del grupo dijo que cualquier cambio hacia una dieta más restrictiva en las primeras dos décadas de vida debería "esperar demostración de que tales restricciones dietéticas son necesarias". El editorial enfatizó las diferencias en las necesidades nutricionales de los niños en crecimiento, especialmente durante el estirón de la adolescencia, comparadas con las de los hombres de mediana edad con colesterol alto. "Los cambios propuestos afectarían el consumo de alimento que actualmente proveen proteína de calidad, hierro, calcio y otros minerales esenciales para el crecimiento", dijeron los autores.

La AAP desde hacía mucho consideraba que las proteínas de alta calidad provenían de la carne, los productos lácteos y los huevos, que estarían restringidos en una dieta baja en grasa y baja en colesterol. "Los lácteos proveen 60 por ciento del calcio en la dieta, y la carne es la mejor fuente disponible de hierro", escribió la academia. La AAP temía que los índices de deficiencia de hierro, que no habían sido un problema entre los niños durante décadas en Estados Unidos, pudieran elevarse si los niños empezaban a dejar la carne.

No muchos años antes, la carne, los lácteos y los huevos se habían considerado los mejores alimentos para promover el crecimiento. El experto que dirigió el controvertido informe de la Academia Nacional de Ciencias había aludido a este punto cuando dijo que el país no debería abandonar una dieta que producía ciudadanos sanos y altos. Esta creencia se basaba en la investigación conducida antes de que el campo de la nutrición quedara absorto en el estudio de la enfermedad cardiaca. Los expertos en nutrición en las décadas de 1920 y 1930 estuvieron menos interesados en la arterosclerosis, la cual todavía estaba emergiendo, y se enfocaron en cambio en lo que constituía una dieta óptima para el crecimiento y la reproducción. Estas etapas siempre han sido críticas para el triunfo de cualquier animal, lo cual, en un sentido darwiniano, significaba pasar de la juventud a la adultez, con la capacidad de producir una descendencia sana.

Uno de los primeros investigadores en nutrición más importantes que atendió estas preguntas fue Elmer V. McCollum, un bioquímico influyente de la Universidad de Johns Hopkins. Hizo interminables estudios de alimentación en ratas y cerdos porque ellos, como los humanos, son omnívoros y por ende se considera referente para las necesidades nutricionales humanas. Su libro, *The Newer Knowledge of Nutrition* (1921), está poblado con imágenes de ratas esqueléticas y despeinadas con una mala nutrición, comparadas con las grandes, de un pelo lustroso criadas bajo una mejor nutrición. Él descubrió que los animales en una dieta vegetariana tenían una dificultad particular para reproducirse y enseñar a sus crías. En un experimento, McCollum describió el destino de una rata en esta clase de dieta:

> Crecieron bastante bien durante un tiempo, pero se volvieron torpes cuando alcanzaron un peso de alrededor de 60 por ciento del peso normal de un adulto. Vivieron 555 días, mientras que los omnívoros tenían un periodo de vida promedio de 1 020 días. Los vegetarianos crecieron aproximadamente la mitad del tamaño y vivieron la mitad del tiempo que sus compañeros que recibieron alimentos animales.

Al experimentar con varias clases de avena, granos, hojas de alfalfa, leguminosas, maíz y semillas, los ingredientes de la dieta casi vegetariana, en su mayoría de carbohidratos, McCollum descubrió que podía mejorar el crecimiento de los animales, lo que "volvió evidente que no hay nada en el vegetarianismo per se" que lo hiciera incapaz de sostener la vida; sin embargo, era por mucho la ruta más difícil y requería la cuidadosa selección y combinación de granos y leguminosas "en las proporciones correctas".

McCollum encontró que era más fácil mantener sanas a las ratas alimentándolas con leche, huevos, mantequilla, órganos y verduras de hoja verde. Empezó a llamar a estos alimentos "protectores" porque apoyaban el crecimiento y la reproducción sana del animal omnívoro.

En la década de 1920, cuando los investigadores en nutrición empezaron a identificar algunas de las vitaminas específicas en los alimentos "protectores", el enfoque de la investigación se desvió de estos alimentos enteros hacia las vitaminas. Despegó toda una era de investigación basada en vitaminas. Finalmente, la idea de separar las vitaminas de sus alimentos de origen probaría tener algunas consecuencias desafortunadas, dado que los estadounidenses empezaron a creer de forma errónea que podían cubrir sus necesidades nutricionales simplemente tomando un suplemento o comiendo alimentos fortificados, como su cereal para el desayuno. Sin embargo, una serie de vitaminas esenciales, incluyendo el calcio y las vitaminas solubles en grasa, A, D, K y E, no pueden absorberse completamente si se comen sin el acompañamiento de la grasa. Sin la grasa saturada de la leche, por ejemplo, el calcio forma "jabones" insolubles en el intestino. Y las vitaminas en un cereal fortificado sólo pueden absorberse bien si se consumen con leche a la que no se le haya quitado su contenido de grasa; lo mismo sucede con las vitaminas en una ensalada y el aderezo sin grasa. Es por eso que las madres al principio del siglo xx les daban a sus hijos un poco de aceite de hígado de bacalao como dosis protectora contra las enfermedades; la grasa es lo que hacía que la cucharada de vitaminas bajara.

A finales de la década de 1940, después de más de dos décadas de investigación enfocada en las vitaminas, el campo de la nutrición cambió su orientación nuevamente, yéndose hacia la enfermedad cardiaca conforme los líderes del país dirigían sus recursos hacia el padecimiento que más afectaba sus filas. Durante las siguientes décadas, los expertos cardiovasculares y en colesterol llegaron a dominar la conversación sobre nutrición, y el crecimiento infantil y su desarrollo ya no era su especialidad ni su principal preocupación. Así, la línea de investigación sobre los alimentos protectores forjada por McCollum y otros se sobrepasó, y el enfoque en la nutrición infantil quedó atrás de la preocupación por la enfermedad cardiaca y la dieta baja en grasa.

La AAP, que desde hacía mucho había adoptado la visión de McCollum, hizo lo mejor que pudo para resistir la ola de presión de las instituciones médicas y de salud para alinearse con la dieta baja en grasa. Pero, como había sucedido con muchos otros grupos, incluyendo la Academia Nacional de Ciencias cuando intentó imponerse contra las nuevas recomendaciones dietéticas del país, los pediatras estaban perdiendo la batalla contra la opinión pública. Los expertos les habían estado diciendo a los estadounidenses que redujeran el consumo de grasa y colesterol durante tantos años, que los padres habían absorbido ese mensaje desde hacía mucho. Bombardeados por consejos bajos en grasa, los padres habían cambiado la leche entera por la variedad reducida en grasa y estaban restringiendo el consumo de huevo de sus hijos. Entre 1970 y 1997, el consumo de leche entera bajó de 107 a 37 kilos por persona, mientras que el consumo conjunto de leche baja en grasa y descremada aumentó de 7 a 62 kilos. Éstas eran tendencias preocupantes para la generación anterior de pediatras, educados en la idea de que los niños en crecimiento necesitaban grasa y alimentos animales para asegurar su buena salud.

"He visto cifras de que 25 por ciento de los infantes en este país menores de dos años están tomando leche reducida en grasa", se cita a Lloyd Filer, un profesor de pediatría de la Universidad de Iowa, en el *New York Times*, en 1988. Los niños en esas dietas habían estado llegando a los hospitales mostrando "incapacidad de desarrollarse", dijo, y cuando se les regresaba a dietas altas en grasa, "ganaban peso y empezaban a crecer".

Sin embargo, los partidarios de los grupos expertos, el gobierno y los medios siguieron ahogando las preocupaciones de los pediatras sobre la dieta baja en grasa. Para 1995, una encuesta de alrededor de mil madres descubrió que 88 por ciento de ellas creía que una dieta baja en grasa era "importante" o "muy importante" para sus infantes, y 83 por ciento respondió que a veces o siempre evitaban darles alimentos grasos a sus hijos.

Claramente, estas madres no se daban cuenta de que la evidencia científica para sus decisiones dietéticas virtualmente no existía. De hecho, el argumento para incluir a los niños en los lineamientos oficiales nunca se había basado en ciencia. La base, en cambio, siempre había sido en esencia la noción enteramente especulativa de que las manchas de grasa vistas durante los análisis en las arterias de los jóvenes desarrollarían una arterosclerosis potente más adelante en su vida.

Una segunda teoría para incluir a los niños en las recomendaciones de la dieta baja en grasa provino de Mark Hegsted, el profesor de Harvard y administrador del USDA. Utilizó un modelo de prevención de enfermedades infecciosas, el cual sugiere que tratar a una población sana podía beneficiar a toda la sociedad. Vacunar a una población contra el sarampión es un ejemplo obvio de este modelo de acción, y Hegsted lo extendió a la enfermedad cardiaca. Su analogía era ésta: si toda una población pudiera bajar sus niveles de colesterol a un cierto porcentaje, cierta cantidad de personas evitarían tener un ataque cardiaco. Hegsted incluso desarrolló una fórmula matemática que decía serviría para predecir la cantidad exacta de vidas que se salvarían. Los que se salvarían serían principalmente hombres de mediana edad y ancianos, pero simplemente se asumía que el resto de la población se uniría al proyecto.

Sin embargo, parece obvio que la arterosclerosis no es como el sarampión. Una familia sana podía dejar los bisteces en la cena con la esperanza de prolongar la vida en riesgo del padre, pero comer carne no es contagioso. Los niños podían comer una cosa y el padre otra. Así, el modelo de Hegsted pudo haber tenido sentido a un nivel práctico, dado que toda la familia se sienta a cenar junta, pero la lógica de salud pública era claramente tenue. Desde el punto de vista de las necesidades biológicas de un bebé, por ejemplo, sería lógicamente equivalente recomendar a todos los miembros de la familia que en la cena consuman sólo leche materna, dado que es la opción más saludable para los infantes en la mesa. Aun así, Hegsted y sus colegas no parecieron considerar lo ridículo que era que toda la familia comiera de acuerdo con las necesidades dietéticas de sólo uno de sus miembros.

En 1989, Fima Lifshitz, un profesor de pediatría de la Universidad Cornell, describió en un artículo una serie de casos donde un padre o madre había recibido un diagnóstico de enfermedad cardiaca, y éste provocó entonces un cambio drástico en el hogar, incluyendo reducciones drásticas de grasa en la dieta. Era la clase de cambio en la dieta familiar que Hegsted había recomendado, pero algunos padres realmente se habían pasado de la raya. "La aplicación en exceso entusiasta de la dieta baja en grasa y baja en colesterol" estaba llevando a un "enanismo nutricional", aumento insuficiente de peso y pubertad retardada, descubrió Lifshitz, y las peores deficiencias vitamínicas ocurrían en las dietas más bajas en grasa, incluso cuando el consumo proteínico era adecuado.

Sin embargo, el modelo teórico de Hegsted prevaleció entre los líderes de la AHA, el NHLBI y las universidades de Estados Unidos, donde las necesidades nutricionales de los niños se debatían. Aun así, el NHLBI en la década de 1980 finalmente decidió que necesitaba establecer un fundamento científico para sus lineamientos sobre niños. Entonces financió una prueba llamada Estudio de Intervención Dietética en Niños (DISC). A partir de 1987, se aconsejó a 300 niños entre 7 y 10 años de edad, junto con sus padres, que comieran una dieta en la que se limitara la grasa saturada a 8 por ciento de las calorías, y la grasa total a 28 por ciento, y este grupo se comparó con un grupo de controles del mismo tamaño. Los investigadores descubrieron que los niños en la dieta baja en grasa (y baja en grasa animal) crecían igual de bien que los niños que comieron normalmente durante los tres años del experimento, y los autores enfatizaron este punto.

Sin embargo, era problemático para el estudio que los niños y las niñas en la prueba no representaran una muestra normal. Para su población a estudiar, los líderes del DISC eligieron niños con niveles inusualmente altos de colesterol LDL (en el percentil 80 a 98). En otras palabras, estos niños bien pudieron tener hipercolesterolemia hereditaria, la condición genética que provoca la enfermedad cardiaca a través de un defecto metabólico, que es totalmente diferente de la forma que la dieta altera el colesterol. Estos niños en riesgo se eligieron porque se pensó que necesitarían ayuda más urgentemente para pelear los primeros inicios de una enfermedad mortal, sin embargo, sus inusualmente elevados niveles de colesterol significaban que los resultados no podían generalizarse para el grueso de la población de niños normales.

Más allá de este problema, otra gigantesca complicación en la capacidad del estudio de apoyar la dieta baja en grasa para los niños fue que los sujetos en la dieta de intervención del DISC terminaron consumiendo menos de dos tercios de las cantidades diarias recomendadas para calcio, zinc y vitamina E. También recibieron menos magnesio, fósforo, vitamina B_{12}, tiamina, niacina y riboflavina que los niños en el grupo de controles. Este resultado no fue sorprendente, en realidad, dado el tipo de deficiencia vitamínica que ya se había observado, junto con la falta de crecimiento, en algunos otros estudios más pequeños de niños con dietas vegetarianas o bajas en grasa.* De hecho, estos hallazgos preliminares

---

* Los hallazgos se han encontrado también entre adultos. Incluso el USDA, que recomienda obtener la mayoría de las calorías de frutas, verduras y granos, reconoció en su última publicación de *Los lineamientos dietéticos* que se necesitaba más investigación sobre las "limitaciones potenciales de los nutrientes clave en [una] dieta basada en plantas, especialmente en niños y ancianos" (Comité Asesor de Lineamientos Dietéticos, 2010, p. 277). Un crecimiento ligeramente atrofiado se encontró consistentemente entre niños con dietas vegetarianas. También se encontró que los niños estaban experimentando brotes de crecimiento cuando se incorporaban más alimentos animales a sus dietas. Un fallo en el crecimiento se pronunció particularmente entre niños con una dieta vegana, la cual elimina todos los alimentos animales (Kaplan y Toshima, 1992, pp. 33-52).

habían estado entre las principales preocupaciones que provocaron originalmente el estudio DISC. En el Estudio Cardiaco de Bogalusa, con niños entre 8 y 10 años, por ejemplo, estos niños comían menos de 30 por ciento de calorías como grasa y se descubrió que tenían una oportunidad significativamente mayor de dejar de cubrir las cantidades diarias recomendadas de vitaminas B_1, B_{12} y E, así como tiamina, riboflavina y niacina, comparado con el grupo que comía más de 40 por ciento como grasa.

Aún más, los niños en la dieta de intervención del DISC no vieron virtualmente ninguna mejoría en su colesterol total, su colesterol LDL o sus triglicéridos, comparados con el grupo de control. Por tanto, incluso dejando de lado la población trucada del estudio, los resultados claramente sugerían que una dieta baja en grasa no presentaba un beneficio particular y sí un claro costo para los niños, dado que la dieta parecía proponer un riesgo nutricional de acuerdo con las metas establecidas para el consumo diario recomendado.

Cuando estos estudios salieron a mediados de la década de 1990, sin embargo, la inclinación hacia la dieta baja en grasa ya era tan intensa, que un lector podía casi ver a los autores luchando en su informe publicado, buscando respaldar las recomendaciones dietéticas establecidas y apoyadas por los NIH. En el caso del DISC, todavía más, pues los NIH no sólo habían ayudado a conducir el estudio, sino que lo habían financiado. Los autores del estudio concluyeron que "consumir menos grasa [...] era seguro para el crecimiento y era adecuado nutricionalmente". En la búsqueda de problemas fisiológicos, dado que estudios anteriores de la dieta para bajar el colesterol habían encontrado índices elevados de suicidio y muertes violentas, los investigadores del DISC informaron que no había evidencia de ningún impedimento emocional. Las deficiencias nutricionales de la dieta casi no se mencionaron.

Fallido como fue, el DISC es una de sólo dos pruebas clínicas controladas que se hicieran en el mundo occidental sobre niños para ver la adecuación nutricional de la dieta baja en grasa. Otros estudios, como el Estudio Cardiaco de Bergulasa, fueron encuestas epidemiológicas, no pruebas, y los pocos experimentos como tal que se hicieron en niños fueron muy pequeños o estuvieron basados en poblaciones anormales de estudio. La segunda prueba grande, realizada en Finlandia, fue el Proyecto Especial Turku de Intervención de Factores de Riesgo Coronarios (STRIP). La limitación de este experimento restrictivo de la grasa saturada fue la que intervino en la dieta de niños sólo hasta la edad de tres años.

STRIP fue un experimento levemente controlado, empezado en 1990 con mil 62 bebés finlandeses de no menos de 7 meses. Se remplazó la leche materna con leche sin grasa después de un año de edad y se indicó a los padres, a través de sesiones de orientación cada ciertos meses, sobre cómo eliminar la grasa saturada usando productos de carne magra, queso bajo en grasa y helado sin lácteos. Los niños también recibieron suplementos multivitamínicos, y cuando llegaron a la edad de tres años regresaron a sus dietas normales altas en grasas animales. Los investigadores no observaron ninguna diferencia en el crecimiento de los niños, tanto en términos de estatura como de peso, ya fuera durante el estudio o durante los exámenes de seguimiento de los niños hasta la edad de 14 años. Sin embargo, los niños de la intervención terminaron con niveles significativamente más bajos de colesterol HDL, lo que era una mala señal para el riesgo de enfermedad cardiaca. Y aunque los investigadores no encontraron deficiencias vitamínicas, los suplementos que proveyeron bien pudieran enmascarar el problema. También es significativo que 20 por ciento de las familias en ambos grupos dejaron el estudio antes de que terminara.

El DISC y el STRIP muchas veces se citan como justificación para las recomendaciones dietéticas bajas en grasa para los niños, pero estos estudios claramente no se acercan a establecer la clase de evidencia base que uno querría para garantizar la alteración de los hábitos alimenticios de toda una nación de niños. Juntos, los estudios habían probado una dieta baja en grasa en sólo 800 niños, 300 de los cuales no podían considerarse representativos por su singularmente alto colesterol LDL. El resto tenía menos de 3 años. Además, no se siguió a los niños hasta la adultez, así que no se pudieron estudiar las consecuencias reproductivas. Basado en una muestra tan pequeña e irregular, parece inconcebible recomendar a millones de niños estadounidenses normales, de todas las edades, que cambien sus dietas.

Sin embargo, quizá inevitablemente, la resistencia de la AAP para la dieta baja en grasa desapareció poco a poco. Para finales de la década de 1990, un universo de expertos había creído en la dieta ya por tanto tiempo, que los puntos de vista alternativos no podían sostenerse realistamente. La crítica de la hipótesis de la dieta y el corazón, que había estado viva hasta la Conferencia de Consenso en 1984, después se silenció virtualmente en Estados Unidos. En la comunidad internacional de nutrición, la crítica se redujo a un goteo, viniendo sobre todo de un puñado de investigadores en Europa y Australia. Y esta adopción monolítica del dogma bajo en grasa finalmente llegó hasta la AAP. Una nueva generación de líderes tomó la batuta ahí y ahora argumentaban, como Hegsted antes que ellos, que aun cuando sólo había evidencia escasa a favor del régimen bajo en grasa para los niños, la dieta debía asumirse correcta hasta que se probara lo contrario. Después de todo, razonaron, la dieta no había mostrado demasiado daño en estas dos pruebas. Así, en 1998, la AAP adoptó oficialmente el consejo estándar y recomendó una dieta con 10 por ciento de calorías como grasa saturada y entre 20 por ciento y 30 por ciento de grasa general para todos los niños mayores de dos años.

¿Ningún daño para los niños?

Sentado en el comité de nutrición de la AAP en aquel tiempo estaba Marc Jacobson, entonces profesor de pediatría y epidemiología en el Colegio de Medicina Albert Einstein. En una entrevista, le pregunté sobre los posibles déficits de vitaminas y minerales que habían aparecido entre niños en una dieta baja en grasa en estas pruebas. Me contestó que, mientras que estos déficits eran problemáticos, no eran tan importantes como el crecimiento como medida para una buena salud.

Sin embargo, los niños en los grupos con más grasa crecieron igual de bien y no tuvieron ningún problema para obtener las cantidades adecuadas de vitaminas y minerales. Entonces, ¿por qué la AAP no optaba por esa clase de dieta en cambio? Parece ser una posición muy dura defender la dieta baja en grasa como la única opción cuando los niños estaban igual de bien o incluso mejor con sus dietas normales, y sin la necesidad de suplementos vitamínicos.

Jacobson enfatizó el argumento original: que la lucha contra la formación de placa en las arterias debería empezar lo más pronto posible.

Sin embargo, resulta que las investigaciones a lo largo de los años no han dado ninguna evidencia sólida para el argumento de que bajar el colesterol sérico en los niños tenga un impacto en su futuro riesgo de enfermedad cardiaca. Conforme se han ido acumulando los estudios, han revelado que la mayoría de estas manchas de grasa no se convierten en placas fibrosas peligrosas, y lo más importante, que la dieta de los niños no está relacionada en lo absoluto con la aparición de estas manchas en primer lugar. En cambio, para los bebés, el perfil de lípidos de las madres es lo que parece ser el determinante principal.

Tampoco, como descubrió el estudio DISC, bajar la grasa dietética de cualquier clase llevaría a mejoras significativas en los niveles de colesterol en la sangre. E incluso si comer grasa sí elevara el colesterol LDL en los niños, las implicaciones para su adultez son vagas. Sólo alrededor de la mitad de niños con un colesterol total alto se convierten en adultos con un colesterol total alto (esto es cierto para el colesterol LDL también). De hecho, toda la cadena de aparente acusación, de la dieta al colesterol a la enfermedad cardiaca, en los niños ahora parece muy dudosa. La justificación para incluir a los niños en las recomendaciones originales bajas en grasa entonces parece desmoronarse.

Cuando la Colaboración Cochrane, un grupo internacional que comisiona a expertos para realizar revisiones objetivas de ciencia, finalmente comentó sobre la evidencia en 2001, concluyó que evitar la grasa no demostraba una prevención de enfermedad cardiaca en niños normales. La información ni siquiera mostraba que tal dieta ayudara a los niños en riesgo con una predisposición genética a la enfermedad cardiaca. Si una dieta baja en grasa era la respuesta, concluyó Cochrane, no existía evidencia para respaldarla.

Aún más, la dieta ni siquiera parecía ser efectiva para ayudar a los niños a perder peso. En la década de 1990 los NIH financiaron un estudio grande y riguroso sobre esta hipótesis que incluyó alrededor de mil 700 niños de primaria. Durante tres años, estos niños redujeron su consumo total de grasa, de 34 por ciento a 27 por ciento de grasa de calorías diarias. Hicieron más ejercicios. Se educó tanto a los niños como a sus familias sobre nutrición saludable. Estaban haciendo todo bien —de hecho, todo lo que hoy les recomiendan hacer a nuestros hijos—, pero todos estos esfuerzos no resultaron en una reducción de grasa corporal.

Los resultados sin duda son sorprendentes para los padres estadounidenses que, esperando dar a sus hijos el mejor inicio posible en su vida, han elegido, con total diligencia, frascos de papillas de verduras y frutas para sus bebés mientras elegían principalmente carnes magras y lácteos bajos en grasa para los almuerzos de sus hijos y las comidas de la familia. Es decepcionante, pero una búsqueda de más estudios sobre la eficacia de dichas decisiones no resulta en nada, dado que los principales investigadores en nutrición dejaron de cuestionar por completo el impacto de la dieta baja en grasa en los niños después de que la AAP la apoyara.

Un grado de escepticismo todavía perdura en otros países, donde la investigación prosigue. El bioquímico británico y experto en nutrición

Andrew M. Prentice, por ejemplo, creó la hipótesis de que la falta de alimentos animales altos en grasa posiblemente era "el mayor contribuyente del fallo de crecimiento" entre los bebés que estudió en Gambia. Comparó alrededor de 140 infantes gambianos con un grupo ligeramente más grande de bebés de familias acaudaladas en Cambridge, Inglaterra; pronto, los infantes gambianos y los británicos crecieron casi igualmente bien. Cuando empezaron a dejar la leche materna a los seis meses de edad, sin embargo, sus curvas de crecimiento divergieron de manera constante. Los gambianos consumieron un número igual de calorías que los bebés de Cambridge durante los primeros 18 meses de vida, pero el contenido de grasa de su dieta declinó constantemente a sólo 15 por ciento de calorías para la edad de dos años, y la mayoría de esa grasa era poliinsaturada de nueces y aceites vegetales. Los bebés de Cambridge, en cambio, comieron una mayoría de calorías de huevos, leche de vaca y carne, un mínimo de 37 por ciento de calorías como grasa, la mayoría saturada. Para la edad de tres años, los bebés gambianos pesaban sustancialmente menos de lo que debían, de acuerdo con los índices estándar de crecimiento, mientras que los bebés de Cambridge crecían de acuerdo con lo esperado y pesaban un promedio de cuatro kilos más que los gambianos. Mientras que infecciones crónicas, sobre todo diarrea, fueron responsables por una pérdida de peso temporal entre los gambianos, Prentice especula que los alimentos "bajos en grasa" fueron seguramente los culpables por la incapacidad de "mantener un crecimiento rápido".*

Como una madre estadounidense, es difícil leer este estudio sin correr de inmediato a revisar el contenido de grasa de los primeros alimentos sólidos de tu propio hijo, con resultados preocupantes. Mientras que la papilla de arroz, el primer alimento sólido que les dieron a los infantes gambianos, contiene, según análisis, 5 por ciento de energía como grasa, un frasco de cereal de arroz de grano entero de Earth's Best, una marca orgánica que un padre estadounidense puede dar a su bebé, tiene cero gramos de grasa. Más tarde, cuando los bebés gambianos

---

* Este estudio recuerda el análisis de los investigadores coloniales británicos en la década de 1920 sobre la tribu vegetariana kikuyu en Kenya. Sus investigaciones incluyeron 2500 niños que, después de lactar, se encontró que crecían mucho menos bien que los bebés ingleses o estadounidenses con quienes los comparaban. Estos investigadores encontraron que los niños kenyanos, así como un grupo al que seguían con crecimiento fallido en Escocia, experimentaban un aumento del índice de crecimiento cuando se agregaba a su dieta aceite de hígado de bacalao y leche entera (Orr y Gilks, 1931, pp. 30-31 y 49-52).

estaban comiendo arroz con salsa de cacahuate, 18 por ciento de grasa, un niño estadounidense puede obtener cuando mucho 1 por ciento de grasa de un frasco aparentemente saludable de cena de pavo y verduras de Earth's Best (y ésta es una de las pocas opciones de cena con carne). La información del gobierno muestra que los niños estadounidenses han reducido su consumo de grasa, incluyendo la grasa saturada, en décadas recientes. Mientras que un niño todavía se está destetando, hay una oportunidad de que la leche materna o la fórmula pueda cubrir mucho del déficit de grasa en los alimentos para bebés (con la precaución de que, si una madre come muchos carbohidratos, su leche materna tenderá a ser más baja en grasa, como algunos estudios han demostrado), pero de otra manera, la falta de grasa en la dieta promedio del niño estadounidense bien podría ser un problema de salud.

Los resultados de Gambia se presentaron en un simposio importante sobre nutrición infantil en Houston, en 1998, junto con una serie de documentos de otros países. Investigadores de España y Japón comentaron que, a diferencia de los estadounidenses, los niños en sus países habían estado aumentando su consumo de grasa en décadas recientes, y que esos aumentos estaban asociados con aumentos de peso continuos. Los informes de países más pobres en América Latina y África, sin embargo, revelaban que los niños estaban comiendo menos grasa, con claras implicaciones para la nutrición y el crecimiento: dietas con menos de 30 por ciento de calorías como grasa empezaban a ser nutricionalmente preocupantes, y en 22 por ciento se asociaban con un crecimiento fallido. Esas cifras eran un contraste escueto frente a 40 por ciento o más de grasa que se informó comían los niños sanos en crecimiento en países más ricos, como Alemania y España. Sin embargo, en el resumen del simposio de Houston, escrito por un experto estadounidense con vínculos cercanos a los NIH y los principales investigadores de los estudios DISC y STRIP, se concluyó conservadoramente que debería recomendarse a los niños comer un mínimo de 23 por ciento a 25 por ciento, una cantidad muy baja. El resumen no mencionó la mayor buena salud y los aumentos de peso asociados con dietas más altas en grasa que habían sido el tema de muchos de los textos de la conferencia.

Hoy en día, la AAP conserva sus recomendaciones para una dieta baja en grasa y baja en grasa saturada para todos los niños después de la edad de dos años. Los distritos escolares a lo largo del país, incluyendo los de la ciudad de Nueva York y Los Ángeles, han prohibido la leche entera y sirven opciones bajas en grasa en todo lo que sea posible (la fundación de Bill Clinton ha sido un jugador clave en esto). E incluso desde que el USDA adoptó estos lineamientos dietéticos en 1980, exigiendo las reducciones en el consumo de grasa, el Programa Especial de Suplementos Nutricionales para Mujeres, Infantes y Niños (WIC) ha alterado lentamente sus paquetes de alimentos para contener cada vez menos productos animales, remplazándolos con más y más granos. Hay todavía menos huevos hoy de los que había cuando el programa empezó en 1972. Ahora hay pescados enlatados, tofu y bebidas de soya, pero no hay carne y toda la leche para las mujeres y los niños mayores de dos años debe ser baja en grasa, en 2 por ciento o menos.

Las mujeres y la paradoja del colesterol bajo

Las mujeres fueron otro grupo con el que barrió el patrocinio del NHLBI de la dieta baja en grasa, aunque no había una razón para creer que se beneficiaran tampoco, y como grupo tampoco se les ha estudiado casi nada.

La investigación médica, por supuesto, se ha enfocado históricamente en los hombres como una clase de estándar biológico. Y dado que la epidemia de enfermedad cardiaca en principio afectaba a más hombres que mujeres, las mujeres quedaron excluidas de la mayoría de las pruebas clínicas sobre enfermedad cardiaca: representaron sólo 20 por ciento de los participantes en dichos estudios hasta 1990, y sólo 25 por ciento a partir de entonces. El resultado es que todos los índices para bajar el colesterol del Programa Nacional de Educación sobre Colesterol de toda la población de Estados Unidos se ha basado en estudios que incluyen exclusivamente a hombres. Incluso desde la década de 1950, sin embargo, los investigadores han estado advirtiendo que las mujeres respondían diferente a la grasa y el colesterol que los hombres, y por tanto necesitaban estudiarse por separado. Los síntomas de arterosclerosis no ocurren en las mujeres sino hasta 10 o 20 años después que los hombres, por ejemplo, y las mujeres por lo general no sufren índices elevados de enfermedad cardiaca hasta después de la menopausia.

Mientras que en estudios donde analizaron los sexos aisladamente, las disparidades eran considerablemente impactantes. En el Estudio Framingham, uno de los pocos primeros estudios que incluyó mujeres, por ejemplo, las mujeres de más de 50 años no mostraron una correlación significativa entre la cantidad total de colesterol sérico y la mortandad coronaria. Dado que la enfermedad cardiaca sólo ocurre raramente en las mujeres menores de 50 años, este hallazgo significó que la gran mayoría de las mujeres estadounidenses han estado reduciendo de forma innecesaria su consumo de grasas saturadas durante estas últimas décadas, dado que el impacto en el colesterol en su sangre es insignificante para su riesgo conorario.* Sin embargo, este hallazgo importante se omitió de las conclusiones del estudio cuando se publicaron en 1971. En 1992, un panel de expertos del NHLBI revisó toda la información de enfermedad cardiaca en mujeres y descubrió que la mortalidad total era en realidad más alta para las mujeres con colesterol bajo que para las mujeres con colesterol alto, sin importar la edad. Estos resultados también se ignoraron. De hecho, ¿cuántos médicos puedes imaginar hoy en día diciéndoles a sus pacientes mujeres que un colesterol alto no es razón para preocuparse?

El de Framingham fue un estudio epidemiológico. En cuanto a la información de las pruebas clínicas en mujeres, la situación fue la misma que hemos visto para los niños, es decir, que hasta cerca del año 2000 no había nada. No fue sino hasta que el Congreso examinó la disparidad de género en los financiamientos científicos en una serie de audiencias a principios de la década de 1990, de hecho, que el NHLBI dio un poco de dinero para hacer pruebas sobre dieta y enfermedad en mujeres.

Una de las becas del NHLBI fue para Robert H. Knopp, un especialista en lípidos de la Universidad de Washington, quien había estudiado la dieta baja en grasa en los hombres y estaba preocupado sobre sus efectos en las mujeres. Su prueba, hecha con 444 empleados hombres de Boeing, en Seattle, con colesterol alto, mostró algunos resultados preocupantes. Knopp les dio de comer a los hombres de Boeing una variedad de dietas bajas en grasa en las que los sujetos comían entre 18 por ciento y 30 por ciento del total de calorías como grasa. En 1997, después de un año, todos los hombres vieron cambios significativos en sus niveles de colesterol. Knopp vio que el colesterol LDL, considerado la clase "mala", bajó, y esto parecía un resultado positivo. Pero los hombres en las dietas más bajas en grasa también vieron un declive problemático en su HDL, conocido como el colesterol "bueno", junto con un aumento poco sano de sus triglicéridos, los cuales son las grasas que circulan en la sangre. Otros estudios han confirmado estos resultados.

---

* De hecho, un análisis de la información de Framingham encontró que las mujeres de cualquier edad pueden tener con seguridad niveles de colesterol hasta de 294 mg/dl, sin un aumento del riesgo de ataque cardiaco (Kannel, 1987).

Los marcadores sanguíneos que Knopp midió reflejaron la realidad de que la investigación de la dieta y el corazón se había vuelto mucho más sofisticada desde la década de 1970, cuando sólo podía medirse el colesterol "total" (los triglicéridos también fueron uno de los "viejos" biomarcadores y se habían estado estudiando desde la década de 1950, por Pete Ahrens y otros). Para finales de la década de 1980 se podían medir muchas más sutilezas sobre el colesterol. Esto incluía al colesterol HDL y al LDL. ¿Pero qué eran exactamente?

Resulta que el colesterol total puede desdoblarse en subgrupos de distintas densidades, incluyendo colesterol de "alta densidad", HDL, y colesterol de "baja densidad", LDL. Estos dos biomarcadores obtuvieron sus reputaciones de "bueno" y "malo" después de muchos años de estudios. Los investigadores encontraron que los niveles elevados de colesterol LDL estaban asociados con toda clase de factores de riesgo, como pesar demasiado, fumar, no hacer ejercicio y presión arterial alta, mientras que el colesterol HDL era justo lo contrario: sube cuando la gente hace más ejercicio, pierde peso y deja de fumar, una clase de epítome californiano para la buena vida.

Estas fracciones del colesterol no se pueden disolver en la sangre y no pueden viajar a través de las venas y las arterias por su cuenta. Necesitan sentarse dentro de un pequeño submarino que pueda andar por ahí, disuelto en la sangre, mientras protegen bien su carga de colesterol en el interior. Estos submarinos se llaman lipoproteínas y, dependiendo del tipo de colesterol que estén llevando, las lipoproteínas se llaman —confusamente— sólo HDL y LDL. Así que los submarinos llamados HDL y LDL son distintos de sus cargas de colesterol, las cuales se llaman colesterol HDL y colesterol LDL. La teoría es que las lipoproteínas HDL funcionan limpiando el colesterol de los tejidos, incluyendo las paredes arteriales, y transportándolo hasta el hígado. El HDL, en otras palabras, libra al cuerpo del colesterol. El LDL, mientras tanto, hace lo opuesto: las lipoproteínas LDL fijan el colesterol en nuestras paredes arteriales. Por ende, debemos evitar los altos niveles de colesterol LDL mientras buscamos incrementar nuestros niveles de colesterol HDL. Si el colesterol mismo o las lipoproteínas pueden predecir mejor un futuro ataque cardiaco, es una cuestión sobre la que la opinión experta está dividida.

Los expertos en nutrición se interesaron en estas fracciones HDL y LDL del colesterol porque el grupo de Framingham, en 1977, como recordarás, más una serie de otros estudios, sugirió que el colesterol total no era en realidad bueno para predecir el ataque cardiaco en la mayoría de la gente. Ése no era un resultado que nadie quisiera gritar demasiado fuerte, por supuesto, dado que minaba tremendamente la hipótesis de la dieta y el corazón, la cual había hecho que bajar el colesterol total fuera el blanco principal para todos sus tratamientos durante décadas. Se habían gastado cientos de millones de dólares intentando probar que el colesterol total era el factor de riesgo más importante; diez mil un artículos de revistas se habían enfocado en el colesterol total, excluyendo cualquier otro aspecto biológico de la enfermedad cardiaca. El colesterol total había sido la razón de que se les dijera a los estadounidenses que dejaran la grasa saturada en primer lugar. Ahora resultaba ser un factor de riesgo débil en la gran mayoría de los casos. Los doctores y los consejeros de salud todavía no abrazan por completo esta realidad hoy en día, aunque esto no es de sorprenderse, dado el prominente y largo legado del colesterol total. Sin embargo, si el colesterol total no era un indicador de riesgo confiable, entonces, ¿qué lo era?

La respuesta resultó ser una mezcla compleja de otros factores medidos en la sangre, incluyendo los triglicéridos, el colesterol LDL y el colesterol HDL. De hecho, una de las grandes sorpresas de los resultados del seguimiento de Framingham había sido sobre el colesterol "bueno". Los líderes del estudio informaron que, tanto en hombres como mujeres de edades entre 40 y 90 años, de "todas las lipoproteínas y los lípidos medidos, el colesterol HDL había tenido el mayor impacto en el riesgo". La gente con niveles bajos de colesterol HDL (menores de 35 mg/dl) tenían un índice ocho veces mayor de ataques cardiacos que la gente con niveles altos de colesterol HDL (65 mg/dl o más).* La correlación era "impactante", escribieron los autores, y fue "el hallazgo más importante" de toda su información sobre colesterol.

Sin embargo, cuando los expertos en dieta y enfermedad por fin empezaron a alejarse, furtivos, del colesterol total, no se dirigieron hacia el colesterol HDL. En cambio, eligieron enfocarse en el colesterol LDL. Para 2002, el NCEP estaba llamando al colesterol LDL elevado "el blanco principal" para el tratamiento. La AHA y otras asociaciones profesionales estuvieron de acuerdo.

Fue un extraño giro en los acontecimientos; si el caso del colesterol HDL era tan sustancial, ¿por qué los NIH y la AHA prefirieron el colesterol

---

* Un nivel de colesterol HDL de 60 mg/dl o más se ha considerado generalmente en el rango sano, aunque en la actualizdad la AHA no establece ningún margen numérico específico.

LDL? Hubo varias explicaciones. Una fue que un número de estudios epidemiológicos había vinculado a las víctimas de enfermedad cardiaca con los niveles de colesterol LDL que estuvieran en general algunos puntos más arriba del porcentaje de la gente sana. Segundo, información de los animales mostraba que un aumento en el colesterol LDL llevaba a arterias al parecer escleróticas. Y tercero, había evidencia convincente de parte de dos científicos, Michael Brown y Joseph Goldstein, quienes eventualmente ganaron el Premio Nobel por su trabajo, al mostrar que la gente con el desorden genético hereditario de hipercolesterolemia tenía receptores defectuosos de colesterol LDL. Estos científicos sugirieron que un mecanismo similar podría estar operando en el resto de nosotros, y los expertos de ese entonces encontraron especialmente convincente este particular pedazo de evidencia.

La decisión a favor del colesterol LDL por encima del colesterol HDL también se alimentó probablemente del lado de la industria farmacéutica multibillonaria, que prefería que el colesterol LDL fuera el blanco del tratamiento. Las empresas farmacéuticas habían hecho varios intentos por encontrar un medicamento que elevara el colesterol HDL, pero esos esfuerzos eran fallidos. Bajar el colesterol LDL, sin embargo, era algo que podían hacer, y muy bien. El primer medicamento como tal, lovastatina, se descubrió en la década de 1970, y un mundo de miles de millones de dólares de medicamentos de "estatinas" le siguió: hasta ahora ha habido fluvastatina, pitavastatina, pravastatina, rosuvastatina y atorvastatina. Mundialmente, las estatinas ganaron 956 mil millones de dólares en 2011.

Uno de los secretos públicos sobre las estatinas, sin embargo, es que mientras hacen una diferencia en la prevención de muerte coronaria, su éxito no está del todo relacionado con su capacidad para bajar el colesterol LDL. Las estatinas trabajan de otra forma, quizá reduciendo la inflamación; los investigadores realmente no lo saben. Estos otros mecanismos potenciales se llaman los "efectos pleiotrópicos" de las estatinas, y se discuten comúnmente en la comunidad de investigadores. Sin embargo, la cara pública de las estatinas ha seguido estando, recientemente, vinculada en exclusiva con su poder de bajar el colesterol LDL, y todavía, en general, se publicitan sobre la base de ese beneficio.

Hubo una idea mucho más convincente, a favor del colesterol LDL, y es que los expertos en dietas y enfermedades necesitaban rescatar la hipótesis de la dieta y el corazón. Resultados como los de Knopp estaban revelando que la dieta estándar de oro en ese momento, baja en grasa y baja en grasa saturada, podía mejorar el colesterol LDL, pero invariablemente empeoraría el colesterol HDL. Éste fue un descubrimiento por demás incómodo porque significaba que la dieta elegida podía en realidad estar empeorando el riesgo de enfermedad cardiaca. Los expertos intentaron salvar la situación simplemente ignorando el colesterol HDL. Los NIH financiaron algunos estudios sobre la relación entre la dieta y el colesterol HDL, y los investigadores lo omitieron de la discusión en los textos científicos. De hecho, se supo que algunos editores de revistas insistían en que los investigadores excluyeran el colesterol HDL de su sección de argumentación, basándose en la idea de que no era un biomarcador "oficial". "Si uno no lo publica, no puede hablar de ello", como me describió un químico de aceites. "Si quieres que la dieta baja en grasa sea buena y que las grasas saturadas sean malas, entonces bloqueas el HDL y es una historia perfecta."

Los expertos en nutrición también ignoraron las investigaciones que mostraban que lo que elevaba el colesterol HDL más efectivamente que cualquier otra cosa no era el vino tinto ni el ejercicio, como pensábamos comúnmente, sino la grasa saturada. Se descubrió que comer grasa animal subía el colesterol HDL y era el único alimento conocido que lo hiciera. "Éste es un tema importante. El rechazo del aumento del colesterol HDL inducido por la grasa saturada ha hecho que ésta (en general) se vea por de lo que realmente es", escribió Meir Stampfer, un epidemiólogo nutricional de la Escuela de Medicina de la Universidad de Harvard, en 2004. Un creciente número de investigadores concuerda con esta visión, pero en la década de 1990, cuando estos descubrimientos tan incómodos hechos por Knopp y otros apenas estaban saliendo, la respuesta predominante para cualquiera que sacara el tema del colesterol HDL y la dieta baja en grasa y baja en carbohidratos en general era toser cortésmente y ver para otro lado.

Las mujeres de Boeing

Knopp fue uno de los pocos investigadores en esos años que se interesó abiertamente en el colesterol HDL. Cuando empezó a observar a las empleadas mujeres de Boeing junto con los hombres, descubrió que el colesterol HDL era casi un símbolo de las diferencias de género en la enfermedad cardiaca. Knopp alimentó a las mujeres de Boeing con dietas desarrolladas por el Programa Nacional de Educación sobre Colesterol

(NCEP), que la burocracia de los NIH había creado solamente para ayudar a los estadounidenses a combatir el colesterol alto. El NCEP había desarrollado dos regímenes: el Paso 1 y el Paso 2. Si eras un hombre o una mujer "en riesgo", primero seguías la dieta del Paso 1 (10 por ciento de calorías como grasa saturada). Si eso no funcionaba para bajar tu colesterol, entonces se te decía que pasaras al Paso 2 (menos de 7 por ciento de grasa saturada). Ambas dietas recomendaban un límite de 30 por ciento de calorías de la grasa total.

Durante un año, 700 empleados de Boeing siguieron la dieta más extrema del Paso 2. Los resultados mostraron que los niveles de colesterol LDL cayeron —teóricamente, una buena señal—, pero las mujeres de Boeing también vieron que sus niveles de colesterol HDL bajaron 7 por ciento, hasta 17 por ciento. Ése es el colesterol bueno bajando una cantidad que los investigadores, calculaban, implicaba entre 6 por ciento y 15 por ciento de aumento al riesgo de enfermedad cardiaca para estas mujeres. Los cambios para los hombres no fueron tan negativos, pero las mujeres habían seguido los lineamientos más estrictos del NCEP durante un año y aparentemente habían aumentado su riesgo de tener un ataque cardiaco.

Knopp estaba alarmado por lo mucho que la dieta parecía ser peor para las mujeres, pero descubrió que nadie quería discutirlo o siquiera reconocer sus hallazgos en el estudio cuando salieron en el año 2000. El estudio se topó con una reacción "enmudecida de la comunidad científica", dijo. "Nadie sabía qué hacer con eso." Nadie disputó sus resultados porque hacerlo habría significado tener que lidiar con la información, y nadie tenía una explicación. Así, el llamado estudio BeFIT, Prueba de Intervención de Grasa en los Empleados de Boeing, de Knopp, se ignoró ampliamente, fue excluido de los textos críticos básicos en el campo hasta hace poco.

Sin embargo, aunque estos resultados fueron poco populares, no fueron una anomalía: otras pruebas también habían descubierto que las mujeres en dietas bajas en grasa tendían a ver caer su colesterol HDL casi un tercio más que el de los hombres.* En la prueba de Knopp, las

---

* Un ejemplo es un estudio que alimentó a 103 adultos sanos, de entre 22 y 67 años de edad (46 hombres y 57 mujeres), ya fuera la dieta del Paso 1 del NCEP (9 por ciento de grasa saturada), una "dieta baja en grasas saturadas" (5 por ciento de grasa saturada) o una dieta promedio estadounidense durante 8 semanas. El colesterol total y el colesterol LDL bajaron en las primeras dos dietas a un tercio, pero el colesterol HDL también bajó, y de manera más marcada, sobre todo para las mujeres (Stefanick *et al.*, 2007).

mujeres también vieron elevarse sus triglicéridos. Y cuales fueran los beneficios de la dieta baja en grasa —notablemente, su poder de reducir el colesterol LDL—, éstos tendían a darse menos en las mujeres. Knopp resumió todas estas diferencias de género en un artículo en 2005, concluyendo que la dieta baja en grasa realmente no podía ser recomendada a mujeres, y que ellas tal vez deberían explorar "intervenciones dietéticas alternativas" en cambio. Quizá las mujeres necesitaran una dieta más baja en carbohidratos y más alta en grasa, sugirió Knopp.

El estudio de Knopp bien podría haber sido un parteaguas. Después de que salió, los expertos pudieron haber advertido a las mujeres de la posibilidad, cuando menos, de que adoptar una dieta baja en grasa, para ellas, era una recomendación prematura y dañina. Las mujeres, después de todo, han estado particularmente conscientes sobre reducir las calorías desde la década de 1970, y de acuerdo con la información del gobierno, han dejado la grasa y la grasa saturada de una forma más estricta que los hombres. Los hallazgos de Knopp implicaban que las mujeres estaban en realidad traicionando su salud al comer una dieta baja en grasa. Y, sin embargo, entre la élite del campo de la nutrición nadie lidiaba con estas implicaciones preocupantes. La mayoría de las mujeres no sabían —y todavía no saben— es que existe la posibilidad de que una dieta baja en grasa pueda aumentar su riesgo de enfermedad cardiaca.

Ningún hallazgo vincula la grasa y el cáncer de mama

Otra creencia ampliamente considerada sobre la salud de las mujeres que resultó no estar sustentada en evidencia científica fue que la grasa en la dieta provocaba cáncer. Desde la década de 1980, las autoridades les han dicho a las mujeres que reduzcan su consumo de grasa para prevenir el cáncer de mama, que por supuesto fue parte de un cúmulo más amplio de recomendaciones contra la grasa en la dieta para todas las personas y para todos los tipos de cáncer.

La idea de que la grasa podría llevar al desarrollo de cáncer primero surgió en las audiencias del comité de McGovern en 1976, cuando Gio Gori, director del Instituto Nacional del Cáncer (NCI), testificó que los hombres y las mujeres en Japón tenían muy bajos índices de cáncer de mama y de colon, y que esos índices se elevaban rápidamente cuando emigraban a Estados Unidos. Gori mostró gráficas donde se veían las líneas paralelas del consumo de grasa y los índices de cáncer elevándose.

"Ahora quiero hacer énfasis en que ésta es una correlación muy fuerte, pero que una correlación no implica causa", dijo. "NO creo que nadie pueda salir y decir hoy en día que la comida causa cáncer." Insistió en que se investigara más. Sin embargo, el comité del Senado, en su entusiasmo por resolver cuantos problemas de salud nacional pudiera, ignoró estas reservas y explicó en su informe que una dieta baja en grasa podía ayudar a reducir el riesgo de cáncer. El cáncer entonces se volvió la segunda "enfermedad asesina" que el Senado le colgaba al consumo de grasa. Y como sucedió con la enfermedad cardiaca, el apoyo del comité sobre una hipótesis en particular tuvo un efecto similar de repercusión sobre todo Washington D. C.

Basada en la clase de comparaciones internacionales que Gori había hecho, así como en un poco de información sobre ratas, la hipótesis de la grasa y el cáncer pronto se adoptó e incorporó en los informes del Instituto Nacional del Cáncer (1979 y 1984), de la Academia Nacional de Ciencias (1982), de la Sociedad Americana del Cáncer (1984) y del Informe del Director General de Salud Pública sobre Nutrición y Salud (1988). Todos recomendaban una dieta baja en grasa y baja en grasa saturada para evitar esta enfermedad. De hecho, la idea de que la grasa causaba cáncer era la principal razón por la que el gobierno recomendaba formalmente la dieta baja en grasa desde la década de 1970.

Para las mujeres, la recomendación era especialmente convincente porque, mientras que la enfermedad cardiaca podía ignorarse como un problema entre hombres de mediana edad, el cáncer es algo de lo que incluso las mujeres jóvenes se pueden preocupar. Sobre todo, el cáncer de mama.

Por ende, es sorprendente aprender que tan temprano como 1987, el epidemiólogo Walter Willett, de la Escuela de Salud Pública de Harvard, había descubierto que el consumo de grasa no estaba vinculado positivamente con el cáncer de mama entre las casi 90 mil enfermeras a las que había estado siguiendo durante cinco años en el Estudio de Salud de Enfermeras. De hecho, Willett descubrió justo lo contrario, es decir, que entre más grasa comían las enfermeras, particularmente más grasa saturada, menos probable era que contrajeran cáncer de mama. Estos resultados se sostuvieron incluso conforme envejecían las mujeres. Después de 14 años de estudio, Willett informó que su equipo "no había encontrado evidencia" de que una reducción de la grasa general o de cualquier clase de grasa en particular disminuyera el riesgo de cáncer de mama. El riesgo parecía incluso disminuir ligeramente en los niveles más altos de consumo de grasa saturada. Todas estas conclusiones eran asociaciones. Pero aunque la epidemiología no puede demostrar una causa, puede utilizarse confiablemente para mostrar la ausencia de una conexión. Por ejemplo, si una gran cantidad de mujeres están comiendo una dieta relativamente alta en grasa y no les da cáncer de mama, como fue el caso aquí, lo más probable es que podamos descartar que la grasa en la dieta sea la causa.

El NCI había invertido mucho en la hipótesis del cáncer y la grasa, así que no la dejaría ir tan fácilmente. Después de que salieran los resultados de Willett, de lo que fue el estudio más grande sobre mujeres y cáncer de mama en ese tiempo, Peter Greenwald, director de la División de Prevención y Control del Cáncer del NCI, publicó un artículo en el *Journal of the American Medical Association* (JAMA) titulado "The Dietary Fat-Breast Cancer Hypothesis Is Alive". Ignoró por completo el estudio de Willett y en cambio estableció un argumento basado en la información de ratas, en el cual "la dieta alta en grasa y alta en calorías" claramente inducía tumores mamarios. Tenía razón y hubo suficientes estudios con ratas para confirmar este efecto. Sin embargo, lo que no mencionó fue que las grasas más efectivas para el crecimiento de tumores eran las poliinsaturadas, las mismas grasas encontradas en los aceites vegetales que se recomendaba a los estadounidenses comer. Las grasas saturadas que les daban a las ratas tenían muy poco efecto a menos de que las suplementaran con estos aceites vegetales.

Y en cuanto a la información humana, casi medio millón de mujeres en 2009 se había analizado en estudios en Suecia, Grecia, Francia, España e Italia, junto con más de 40 mil mujeres posmenopáusicas en un solo estudio en Estados Unidos. En todos éstos, los investigadores no han podido encontrar una asociación entre el cáncer de mama y la grasa animal. Incluso los propios estudios del NCI salieron con las manos vacías; el más reciente fue el Estudio de Intervención de la Nutrición de la Mujer, en 2006. Esta prueba logró hacer que las mujeres redujeran su consumo a 15 por ciento o menos, respondiendo así a las críticas de que las mujeres en otros estudios no habían visto ningún resultado porque habían fallado en bajar su consumo de grasas lo suficiente. Pero incluso en 15 por ciento, el NCI todavía no podía encontrar una asociación estadísticamente satisfactoria entre la reducción de grasa —de cualquier clase o en cualquier cantidad— y la reducción de los índices de cáncer de mama.

De acuerdo con un informe de 500 páginas del Fondo Mundial de Investigación del Cáncer y el Instituto Americano de Investigación del

Cáncer en 2007, que es la revisión más completa de la evidencia que se tiene sobre cáncer hasta la fecha, no había evidencia "convincente" o siquiera "probable" de que una dieta de grasa aumentara el riesgo de cáncer de ninguna clase. De hecho, los resultados de los estudios hechos desde mediados de la década de 1990 han "tendido a debilitar en general la evidencia sobre las grasas y los aceites como causas directas de cáncer", escribieron los autores.

Aun así, desde 2009, el NCI seguía prefiriendo la hipótesis de que la grasa causa cáncer. Arthur Schatzkin, quien era jefe de la rama de epidemiología nutricional del NCI, antes de morir de cáncer en 2011, me dijo que mientras otros en su departamento empezaban a inclinarse hacia la idea de que el azúcar y los carbohidratos refinados eran las causas dietéticas más probables para la enfermedad, "mi punto de vista personal es que la hipótesis de la grasa y el cáncer de ninguna manera está muerta". El problema hasta la fecha, dijo, era que los estudios epidemiológicos no habían usado cuestionarios sobre la dieta lo bastante precisos. Schatzkin predijo que, con toda la evidencia en contra hasta ahora, la hipótesis que prefería eventualmente se probaría correcta. En 2012, sin embargo, cuando hablé con el nuevo director del programa, Robert N. Hoover, reconoció de inmediato que toda la investigación sobre la hipótesis de la grasa y el cáncer en realidad no había llegado a ningún lado. "Creo que lo que estamos haciendo ahora es dar un paso hacia atrás de una antigua hipótesis fuerte y comenzar de nuevo", me dijo. En lugar de intentar probar la hipótesis de la grasa y el cáncer, dijo: "Nos estamos volviendo más agnósticos". Así que, sobre la dieta y el cáncer, volvemos al principio.

La prueba más grande sobre la dieta baja en grasa

Cuando Knopp recibió sus fondos del NHLBI para su prueba con las empleadas de Boeing a mediados de la década de 1990, la agencia también autorizó una enorme cantidad de dinero —725 millones— para otra prueba, la prueba clínica aleatoria controlada más grande que se hubiera hecho sobre la dieta baja en grasa. Ésta era la Iniciativa de Salud de las Mujeres (WHI), la cual, además de analizar a casi 49 mil mujeres posmenopáusicas en la dieta baja en grasa, también asignaba grupos de intervención para tratamientos de remplazo hormonal y suplementación de calcio y vitamina D. Los investigadores de la WHI prometieron que el estudio sería la prueba más definitiva que se hubiera hecho, no sólo sobre la dieta baja en grasa, sino sobre la salud de la mujer en general.

Se les dijo a las más de 20 mil mujeres en el grupo de la dieta baja en grasa que dejaran la carne, los huevos, la mantequilla, la crema, los aderezos para ensalada y otros alimentos grasosos. (Otro grupo servía como los controles.) La revista *People* citó a una participante, JoAnne Sether Menard, administrativa en la Universidad de Washington, diciendo que había dejado las papas fritas, las donas, las papas a la francesa, el queso, la crema agria y el aderezo para ensalada, y "no he comido un pan con mantequilla en 10 años". También se insistió en que las mujeres comieran más frutas, verduras y granos enteros. Esto es básicamente la misma dieta baja en grasa y en su mayoría de plantas que la AHA y el USD recomiendan hoy.

Cuando se lanzó WHI en 1993, la dieta baja en grasa había seguido siendo la dieta recomendada oficialmente por la AHA durante más de 30 años y por el USDA por casi 15. Sin embargo, la WHI fue la primera prueba a gran escala que estudió si esta dieta realmente funcionaba. Dado que reducir el consumo de grasa se había considerado saludable desde hacía tantas décadas, los resultados parecían una conclusión prestablecida; las participantes pensaron que sólo necesitaban seguir la dieta para celebrar la buena noticia que ya sabían que era verdad.

Sin embargo, para sorpresa y alarma de todos, los resultados, publicados en una serie de artículos en JAMA, no salieron ni remotamente como esperaban. Las mujeres en el estudio redujeron exitosamente su grasa general de 37 por ciento a 29 por ciento de las calorías, y su grasa saturada de 12.4 por ciento a 9.5 por ciento de calorías. Aparentemente habían logrado sus metas, pero después de una década de seguir esta dieta no tenían menos probabilidad que el grupo de controles de contraer cáncer de mama, cáncer colorrectal, cáncer de ovarios, cáncer de endometrio, tener un infarto o incluso desarrollar enfermedad cardiaca. Después de nueve años, habían en promedio perdido sólo medio kilo más. Como dijo Robert Thun, el director de investigación epidemiológica de la Sociedad Americana del Cáncer, al *New York Times*, los resultados para cáncer y enfermedad cardiaca eran "del todo nulos".

Finalmente le había llegado su día de juicio a la dieta baja en grasa. La WHI era el "Rolls Royce de los estudios", dijo Thun, y por tanto debería ser la "última palabra". Sin embargo, si Darwin hubiera soltado una copia de *El origen de las especies* en una reunión de testigos de Jehová ultraevangelistas, tal vez habría recibido una bienvenida más cálida que la que tuvieron los textos de la WHI en JAMA. "Hubo una ensordecedora falta de comentarios", me dijo Robert Knopp. La incredulidad era la única opinión real. "Nos estábamos rascando la cabeza por algunos de estos resultados", dijo Tim Byers, un investigador principal de la WHI en el Centro de Ciencias de la Salud de la Universidad de Colorado. Después de todo, todos ya sabían que comer un montón de frutas y verduras y dejar la grasa constituía una dieta sana, así que el razonamiento simplemente tenía que ajustarse desde ahí.

El estudio debía estar mal, acordó la mayoría de la gente. Las mujeres no debieron haber hecho bien la dieta baja en grasa y, además, dado que las mujeres estadounidenses ya comían en general menos grasa desde la década de 1990 de todos modos, cuando empezó la prueba, el grupo de dieta simplemente no podía diferir lo suficiente de los controles para lograr resultados estadísticamente significativos. Otros criticaron la selección de participantes del estudio, su falla de distinguir entre las "buenas" grasas insaturadas y las "malas" grasas saturadas en las dietas de las mujeres, y el hecho de que las mujeres no hicieran suficiente ejercicio físico. O sólo para echarle hasta la lista del súper, como hizo Jacques Rossouw, funcionario en jefe del proyecto WHI en el NHLBI, el estudio "pudo haber sido demasiado corto o estudiado a mujeres que eran demasiado viejas o simplemente demasiado sanas".

Asimismo, uno siempre puede culpar a los medios por sobresimplificar el mensaje. Los periódicos tuvieron un día de fiesta con el resultado contrario de la WHI. "¡Atásquense!", decían los encabezados. "¡Olviden todo lo que creían saber sobre dietas!"

"Desafortunadamente, la ciencia nunca funciona con frases célebres", dijo Marcia Stefanick, una profesora de la Escuela de Medicina de la Universidad de Stanford, quien dirigió el comité directivo de la WHI. Lo que los periodistas no veían, dijeron los investigadores de la WHI, eran las sutilezas de los análisis de subgrupo, como el hecho de que un grupo más pequeño de mujeres, que redujo de manera drástica su consumo de grasa y siguió todos los protocolos de la prueba fielmente, logró los rangos más bajos de cáncer de mama. Mientras que éstos parecían ser resultados que señalaran en la dirección correcta, debe considerarse que éstas eran las llamadas "grandes adherencias", la gente que obedece en los estudios y hace exactamente lo que los médicos o los directores del estudio le dicen que haga. Son como los vegetarianos de los que hablamos en el capítulo anterior, cuyos resultados de salud siempre se vieron mejor incluso cuando estaban tomando un placebo. Estas grandes adherencias se ven más sanas sin importar la intervención y uno por tanto no puede concluir nada de sus resultados.

En cualquier caso, los científicos suelen fruncir el ceño cuando señalan subgrupos como estas grandes adherencias para análisis porque proveen resultados menos confiables estadísticamente. Aún más, cuando los autores toman un subgrupo que parece probar particularmente bien su hipótesis al final del estudio, los críticos describen esto básicamente como "dibujar el blanco alrededor del agujero de la bala".*

Así que los periodistas cubriendo la WHI pudieron ser simplistas. Pudieron haber sido reductivos o simplemente flojos al ignorar los análisis de subgrupos hacia los que los comunicados de prensa de la WHI intentaron llevarlos, pero estos periodistas reductivos tenían razón. La WHI había sido la prueba más grande y más larga que se hubiera hecho sobre la dieta baja en grasa, y la dieta simplemente no había funcionado. La prueba de Knopp antes y una serie de pruebas de buen tamaño después, como veremos en el capítulo 10, han confirmado los hallazgos de la WHI. Juntas, estas pruebas han demostrado que la dieta baja en grasa cuando mucho ha mostrado ser inefectiva contra la enfermedad, y en el peor de los casos ha agravado el riesgo de enfermedad cardiaca, diabetes y obesidad. La dieta estándar baja en grasa prescrita por la AHA ha fracasado consistentemente en producir mejores resultados para la salud que las dietas más altas en grasa.

Una revisión de 2008 de todos los estudios sobre la dieta baja en grasa por la Organización de Alimentos y Agricultura de las Naciones Unidas concluyó que "no hay evidencia probable o convincente" de que un nivel elevado de grasa en la dieta causa enfermedad cardiaca o cáncer. Y en 2013, en Suecia, un consejo de expertos en salud, después de pasar dos años revisando 16 mil estudios, concluyó que una dieta baja en grasa era una estrategia ineficiente para enfrentar tanto la obesidad como la diabetes. Por tanto, la conclusión inescapable de las numerosas pruebas de esta dieta, cuyo costo en su conjunto es de más de mil

---

* Estos análisis de subgrupo pueden ir en ambas direcciones. Para el subgrupo de las mujeres diagnosticadas con enfermedad cardiaca al principio del estudio, su riesgo de desarrollar complicaciones cardiovasculares era 26 por ciento más alto en la dieta de intervención, que entre quienes no habían cambiado su dieta, un resultado estadísticamente significativo que se quitó de la mesa en el informe y debió haberse listado. Aún más, en el subgrupo de mujeres en riesgo de desarrollar diabetes, su riesgo de contraer la enfermedad aumentó en la dieta baja en grasa durante el estudio. Ninguno de estos hallazgos se incluyó en la sección argumentativa del informe, y no se ha vuelto parte del discurso científico (Noakes, 2013).

millones de dólares, sólo puede ser que este régimen, el cual se volvió nuestra dieta nacional antes de ser probado adecuadamente, fue casi por completo un terrible error para la salud pública del país.

"Es cada vez más aceptado que la campaña baja en grasa se ha basado en poca evidencia científica y pudo haber provocado consecuencias de salud accidentales", escribió Frank Hu, un profesor de nutrición de la Escuela de Salud Pública de Harvard, en 2001. Con esta creciente montaña de evidencia sobre la mesa, las autoridades de salud ven con claridad la necesidad de actualizar sus recomendaciones. Sin embargo, están comprensiblemente renuentes a revertir el curso de 50 años de recomendaciones nutricionales con demasiado ruido, y esta renuencia ha llevado a cierta vaguedad en el tema. El USDA y la AHA con discreción han eliminado cualquier porcentaje meta de grasa en específico de sus más recientes listas de lineamientos dietéticos. ¿Esas marcas de 30 a 35 por ciento de grasa a las que nos hemos ceñido durante décadas? Ya no están. Y lo mismo sucedió, en realidad, con cualquier discusión sobre el tema en sus informes. ¿Cuánta grasa deberíamos estar comiendo? Estos grupos ahora no lo dicen, y este silencio sobre el tema —alguien tiene que decirlo— no parece el claro y confiado liderazgo por parte de nuestras autoridades que nos gustaría ver sobre el tema de cómo deberíamos comer para combatir las grandes enfermedades de nuestro tiempo.

Por supuesto, muchos de los que hemos estado poniendo atención a la ciencia hemos dado la bienvenida a la grasa de vuelta en nuestra

"Todo lo que como es bajo en grasa, entonces, ¿cómo es posible que todavía esté gorda?"

dieta desde hace un tiempo. Dejamos de utilizar el espray Pam, dejamos de cocer todo y volvimos a utilizar aderezos para ensalada. Y si se puede sacar algo bueno de todos esos años bajos en grasa, es esto: aprendimos que la grasa es el alma del sabor. La comida no sabe a nada y es casi imposible cocinarla sin grasa. La grasa es esencial en la cocina para producir esa textura crujiente y para espesar salsas. Es crucial para dar sabor. Hace que los alimentos horneados estén hojaldrados, húmedos y esponjosos. Y la grasa tiene muchas otras funciones esenciales en la cocina y la panadería. Para satisfacer estas necesidades apremiantes, los expertos en nutrición saliendo de la década de 1980 sin grasa o con poca grasa, y buscando una solución, encontraron un candidato aparentemente perfecto: el aceite de oliva. Y ésa es una de las razones por las que, a principios de la década de 1990, la "dieta mediterránea" entró en el cuadro.

7

Vender la dieta mediterránea: ¿cuál es la ciencia?

La dieta mediterránea es ahora tan famosa y celebrada que casi no necesita presentación. El régimen recomienda obtener la mayoría de la energía para el cuerpo de verduras, frutas, leguminosas y granos enteros. Pueden comerse pescados o aves varias veces a la semana, junto con cantidades moderadas de yogurt, nueces, huevos y queso, mientras que la carne roja se permite raramente y la leche nunca. Su gran novedad para Estados Unidos fue la introducción del aceite de oliva, el cual se recomienda en abundancia. Ha sido una dieta deliciosa y amada en Estados Unidos, tema de cientos de libros de cocina y con más cobertura mediática que una estrella de cine. En estudios recientes también se ha demostrado que es más sana en todos los aspectos que la dieta baja en grasa. Pero, ¿la dieta mediterránea es realmente el ideal nutricional, el salvador que sus campeones dicen que es?

Por supuesto, la dieta con "d" minúscula —la de pan y robalo que comen muchos de los pueblos mediterráneos— obviamente ha existido en Grecia, Italia y España durante muchos años, pero la Dieta mediterránea con "D" mayúscula, el concepto nutricional y el programa que ha sido apoyado por científicos e instituciones de gobierno a nivel mundial, realmente no existía antes de que los expertos en nutrición la inventaran.

La "D" mayúscula empezó a desarrollarse a mediados de la década de 1980, por dos científicas inteligentes y ambiciosas, una de Italia y la otra de Grecia, quienes dieron el importante primer paso hacia establecer la hipótesis de que la dieta tradicional de sus tierras natales podía proteger contra la obesidad y la enfermedad cardiaca. Una de estas investigadoras fue Antonia Trichopoulou, una profesora de la Escuela de Medicina de la Universidad de Atenas, a quien se le conoce ampliamente como la "abuela" de la Dieta del Mediterráneo por haber hecho más que cualquier otro para llevarla hasta la prominencia mundial. La idea tuvo un origen simple, explica. Como una doctora joven trabajando en el hospital de la Escuela de Medicina de la Universidad de Atenas, Trichopoulou les estaba aconsejando a sus pacientes con colesterol alto que comieran varios aceites vegetales, dado que eso era lo que la OMS, siguiendo los pasos de la AHA, había estado recomendando como una forma de alejarse de las grasas saturadas en la contienda contra la enfermedad cardiaca.

Antonia Trichopoulou

Antonia Trichopoulou, la fundadora griega de la "Dieta del Mediterráneo". Se sintió obligada a actuar cuando vio que estaban talando los olivos y se estaba perdiendo una forma de vida tradicional.

Trichopoulou no cuestionó estos preceptos dietéticos hasta que "un día, un hombre muy pobre llegó al hospital", explicó. "Y dijo: 'Doctor, me dicen que coma aceite vegetal, ¡pero estoy acostumbrado al aceite de oliva! ¡No puedo comer eso!'". Trichopoulou supo que muchos griegos todavía vertían aceite de oliva encima de todo y ella respetaba su lugar tradicional en la cocina griega desde hacía miles de años, quizá. Muchas familias griegas todavía cultivaban pequeños olivares en sus jardines para producir su propio aceite. Sin embargo, dada la influencia global de la política de nutrición que Estados Unidos dirigía, la cual prefería aceites poliinsaturados, como maíz, cártamo y soya, el consumo de aceite de oliva en Grecia estaba cayendo. "Habíamos empezado a cortar olivos", lamentó Trichopoulou. Dada la genealogía del aceite en la cultura griega, Trichopoulou se preguntó si podría ser menos saludable que los aceites vegetales que había estado promocionando. Tuvo la intuición de que algo tan entrelazado con la historia griega no podría estar mal.

Y se hizo a sí misma una pregunta más grande: ¿El aceite de oliva podía no sólo ser un elemento en el tejido de las tradiciones dietéticas griegas que protegiera completamente contra las enfermedades? Esta dieta podría explicar tal vez por qué, en la década de 1950, cuando ella era joven, los griegos eran las personas, sólo atrás de los daneses, con mayor esperanza de vida (entre países con estadísticas similares al menos). Trichopoulou se preguntó si podía cuantificar lo que sus compatriotas estaban comiendo entonces. Al hacer una investigación del tema, se topó con el famoso estudio de los siete países de Ancel Keys, el cual era una fuente rica de información dietética para Grecia e Italia durante esos años a mediados del siglo xx.

Keys se había sentido atraído hacia los países mediterráneos, por supuesto, porque parecían ser compatibles con su hipótesis de que la grasa saturada causaba enfermedad cardiaca. Los hombres que él había estudiado durante su primer viaje a la región en 1953 tenían índices muy bajos de enfermedad cardiaca y no parecían comer mucha carne. Keys se sintió particularmente atraído a la isla de Creta porque los griegos que ahí vivían tenían la reputación de ser especialmente longevos. Cuando la visitó por primera vez, se sorprendió de "ver a hombres de 80 a 100 años, y más, yéndose a trabajar a los campos con un azadón". Para Keys, cuyos propios compatriotas estaban cayendo como moscas con los ataques cardiacos a mediana edad, los cretenses parecían alguna clase de raza milagrosa.

Qué poético que Grecia, la antigua cuna del arte, la filosofía y la democracia, ¡también pudiera darle a la humanidad la idea platónica de una dieta saludable! Todo parecía estar en su lugar, con la hermosa y mítica isla de Creta llegando a irradiar una clase de maravilla para Keys y su equipo. Sólo el clima era un descanso bienvenido para Keys, quien se maravilló de su buena suerte al dejar atrás su puesto como profesor invitado en la Universidad de Oxford, soportando la "era de la austeridad" en Gran Bretaña después de la guerra. "Nos estábamos congelando en nuestras casas sin calefacción y estábamos cansados de las raciones de comida", escribió. Mientras su esposa, Margaret, y él manejaron a través de Europa, experimentó el total alivio de haber dejado el gélido frío del norte por las plazas soleadas del sur de Italia: "Recorrimos todo el camino hacia Suiza en una tormenta de nieve [...]. En el lado italiano el aire era ligero, las flores estaban alegres, los pájaros cantaban y disfrutamos de una mesa en el exterior, bebiendo nuestro primer café espresso en Domodossola. Sentimos el calor otra vez".

Cualquiera que haya viajado a Italia reconocerá instantáneamente este mareo por la calidez, la belleza, la gente. ¡Y la comida! Keys recordaba su delicia al cenar: "Minestrone hecho en casa" y pasta de variedades infinitas, "servidas con salsa de tomate y una lluvia de queso", pan fresco recién salido del horno y "grandes cantidades de verduras frescas; […] vino del tipo que solíamos llamar 'tinto dago' ", y siempre fruta fresca de postre. Eventualmente, Keys construyó una segunda casa para sí mismo en Italia, una gran villa en un acantilado, con vista al mar, justo al sur de Nápoles. "Montañas detrás y el mar al frente, todo bañado de un sol radiante; ése es el Mediterráneo para nosotros", escribió.

En las idílicas islas de Creta y Corfú, así como en un pueblo llamado Crevalcore, al sur de Italia, Keys recolectó información dietética para su estudio de los siete países. Con un bajo consumo de grasa saturada y bajos índices de enfermedad cardiaca, la población de Creta era la que embonaba a la perfección en la hipótesis de Keys. Como vimos en el capítulo 1, el hallazgo de la grasa saturada posiblemente se debió al "problema de la Cuaresma" que no se reportó, pero Keys y los investigadores de la Dieta del Mediterráneo que lo siguieron asumieron de todas maneras que, basándose en esta información, la dieta de Creta debía estar

Ancel Keys y colegas paseando en la zona arqueológica de Cnosos

Ancel Keys y sus colegas en Creta; la información de su investigación nutricional en esa isla se convirtió en el fundamento de la Dieta del Mediterráneo. Ancel Keys está al centro. En la orilla derecha está Christos Aravanis, quien dirigió la parte griega del estudio de los siete países. A la izquierda, con cabello blanco, está Paul Dudley White. El hombre hablando es el guía.

preservando la vida. (Los hombres de Corfú resultaron tener índices de mortandad cardiaca elevados, a pesar de comer la misma cantidad de grasa saturada que los cretenses, pero los investigadores en el campo no intentaron explicar esta aparente paradoja y en general han ignorado ese grupo.) Para los investigadores que analizaban la nutrición en el Mediterráneo, los isleños cretenses se volvieron el cúmulo de información más apreciado. Se convertirían en el criterio de la dieta, citado una y otra vez por los investigadores, como si tuvieran la clave para una larga vida.

Keys mismo no identificó formalmente una cocina "mediterránea" cuando publicó el estudio de los siete países en 1970. Sólo después empezó a ver a la gente de Grecia e Italia como poseedora de una clase de patrón especialmente saludable de alimentación, único en la región. En 1975 reeditó su libro de cocina de 1959, *Eat Well and Stay Well*, con algunas alteraciones, ahora titulado *Eat Well and Stay Well the Mediterranean Way*. Sin embargo, ya se había retirado para este momento, y nunca hizo mucho por impulsar la idea.

Finalmente, la promoción de la dieta mediterránea se dio en cambio por los esfuerzos de otros, especialmente de Trichopoulou. Al desenterrar el trabajo de Keys en Creta, trajo a la luz la posibilidad de que este patrón de alimentación tuviera algo que enseñarle al resto del mundo, y empezando a mediados de la década de 1980, comenzó a organizar las primeras conferencias científicas sobre la dieta mediterránea en Grecia. "Sólo queríamos sacar el tema" de la dieta, dijo, para ver si podía discutirse en términos científicos "y si algo saldría de ello". Realizadas en Delfos y Atenas, estas primeras conferencias dieron vida a los primeros textos académicos sobre la dieta mediterránea de historiadores, funcionarios de nutrición y científicos.

De Grecia a Italia

Conforme Trichopoulou empezó su trabajo en Grecia a finales de la década de 1980, su contraparte, llamada Anna Ferro-Luzzi, estaba intentando hacer lo mismo en Italia. Directora investigadora del Instituto Nacional de Nutrición en Roma, Ferro-Luzzi había sido una pieza clave décadas antes en la fundación del campo de la ciencia de la nutrición en su país. "Yo tuve que crear todo por mi cuenta", recuerda del periodo en la década de 1960, cuando los estudios en nutrición casi no existían en Italia. Había sido una lucha cuesta arriba, dice, desde que los italianos voltearon a ver el campo, quienes consideraban que "quedarse en la cocina y mirar la comida era cosa de mujeres".

Las contribuciones científicas de Ferro-Luzzi para crear la Dieta del Mediterráneo fueron dobles: condujo uno de los estudios pioneros más importantes sobre los efectos "saludables para el corazón" del aceite de oliva e intentó perfilar, lo más rigurosamente posible, los componentes exactos de la dieta en los países mediterráneos. Trichopoulou y ella eligieron adoptar un concepto regional de dieta sobre los de los países porque, desde el principio, la Organización Mundial de la Salud (OMS), que tenía un mayor interés en trabajar a nivel regional, apoyó las conferencias. Asimismo, las dos mujeres compartían el miedo de que estaban en el frente de una batalla por defender una forma de vida en peligro. Los mediterráneos empezaban a comer comida rápida en índices alarmantes, y parecía que la modernización amenazaba con extinguir la cocina tradicional de la región antes de que pudiera siquiera comprenderse adecuadamente. Ambas mujeres, por tanto, sentían que el asunto apremiaba. Sin embargo, la tarea de Ferro-Luzzi de definir una dieta mediterránea probó ser más complicada de lo que había anticipado.

Muy pronto en sus labores tuvo que preguntarse a sí misma: ¿Realmente existió siquiera una sola dieta mediterránea? Había tanta variación en los patrones de alimentación de un país a otro, e incluso dentro de los mismos países, que parecía casi imposible definir cualquier clase de patrón dietético dominante con alguna especificidad. ¿Cómo podía evaluarse algo tan vago, mucho menos promoverse como un ideal? La esperanza era demostrar que la Dieta mediterránea podía prevenir la enfermedad cardiaca, pero si la dieta misma se resistía a una definición, una prueba adecuada sería científicamente imposible.

Incluso Keys reconoció en su libro de cocina que había "diferencias importantes" en los hábitos alimenticios a lo largo de toda la región. Por ejemplo, la gente en "Francia y España come dos veces más papa que en Grecia", escribió, y "los franceses comen mucha más mantequilla".* La carne y los lácteos se consumían mucho menos frecuentemente en los países del sur que en los del norte. De hecho, por todas partes donde veía en la región, había diferencias en la cantidad y el tipo de consumo de lácteos, la cantidad y el tipo de carne, la cantidad y el tipo de verduras y nueces, casi todo.

* Keys adoptó una visión del Mediterráneo centrada en Europa. Se enfocó en Italia, Grecia, Francia, España y Yugoslavia, y no mencionó los países africanos ni de Medio Oriente que rodean el mar Mediterráneo, que se han excluido por completo de la literatura sobre la Dieta mediterránea.

LA GRASA NO ES COMO LA PINTAN

Anna Ferro-Luzzi

La fundadora italiana de la Dieta del Mediterráneo en Italia, Ferro-Luzzi, todavía cuestiona si puede definirse propiamente.

En un meticuloso texto emblemático de 1989, Ferro-Luzzi intentó crear una definición funcional de los patrones nutricionales que caracterizan a los países europeos alrededor del mar Mediterráneo. El suyo fue el intento más riguroso que se había hecho, pero finalmente concluyó que el proyecto de identificar una dieta mediterránea era "una empresa imposible, dado que la información no existía, era incompleta o demasiado colectiva". El término general "dieta mediterránea", "aunque muy atractivo", escribió, "no debería usarse en la literatura científica hasta que se defina más claramente su composición, tanto en alimentos como nutrientes y no nutrientes".

Sin embargo, a pesar de estos obstáculos, Ferro-Luzzi todavía pensó que los alimentos modernos, altamente procesados, eran obviamente peores para la salud, así que trabajó asiduamente para preservar la cocina tradicional de su tierra natal. Era difícil promover la Dieta del Mediterráneo en esos primeros años, pues el concepto casi no tenía sentido para sus compatriotas italianos. No pensaban que tenían una "dieta" de ninguna clase, ni querían tenerla. Los italianos simplemente comían.

"Y a los burócratas no les gustaba la idea de 'medicalizar' una dieta que siempre había sido sólo una forma natural de vida", explicó.

La abundancia de aceite de oliva enfrenta a la dieta baja en grasa

El hecho de que los esfuerzos de estas dos mujeres eventualmente llevarían a que la Dieta mediterránea se admirara en todo el mundo e incluso recibiera un estatus especial por su "legado cultural intangible",* por parte de la UNESCO en 2010, no parecía obvio en esos primeros años de lucha. Parecía posible que diversos problemas, tanto políticos como científicos, evitaran que la dieta cumpliera las esperanzas de sus primeros promotores. En el frente científico, el reto principal que Ferro-Luzzi había enfrentado —cómo patrones de alimentación tan dispares a lo largo de diferentes países podían unirse bajo un concepto unificado— seguía sin resolverse. Y los obstáculos ideológicos eran todavía peores: El principal problema era cómo podía triunfar una dieta bañada en aceite de oliva en un mundo dominado por los lineamientos dietéticos bajos en grasa. Esta pregunta había estado presente desde el principio, cuando Keys observó que la dieta "sana" cretense estaba virtualmente desbordada de grasa, representando entre 36 por ciento y 40 por ciento de las calorías diarias. La grasa en cuestión era aceite de oliva, por supuesto: las verduras, escribió, se servían literalmente "nadando en aceite".

Conforme Ferro-Luzzi y Trichopoulou empezaron a congregar investigadores europeos alrededor de la idea de la dieta mediterránea en la década de 1980, la mayoría de las autoridades de salud vieron que la propia cantidad de grasa en su régimen propuesto era más o menos absurda. Todo ese aceite de oliva se contraponía con los lineamientos dietéticos del mundo occidental, los cuales limitaban la grasa entre 20 por ciento y 30 por ciento de las calorías. Los principales expertos en nutrición simplemente no podían concebir cómo estos griegos devoradores de grasa podían estar tan sanos. En respuesta a esta aparente paradoja, Mark Hegsted, el profesor de Harvard que dirigió el comité de McGovern y luego hizo que el USDA publicara sus primeros lineamientos dietéticos, anunció: "No pueden recomendar dietas altas en grasa". Esa

---

* Esta categoría de legado mundial incluye expresiones de cultura como la música de mariachi y los caracteres de madera para la imprenta en China; la Dieta mediterránea es el único régimen nutricional en la lista.

declaración fue el sonido de la institución nutricional zanjando el asunto: era inconcebible permitir un consumo tan liberal de grasa.

En directa oposición a este monolito bajo en grasa, Trichopoulou encabezó la cruzada para que la Dieta mediterránea contuviera, en su definición formal, 40 por ciento de calorías como grasa. Esto puede sonar como una cantidad relativamente alta, pero no es más que lo que las poblaciones occidentales comían antes de adoptar la dieta baja en grasa. Trichopoulou, junto con otros investigadores, hizo un esfuerzo considerable por confirmar que esta cifra de 40 por ciento era una representación precisa de los hábitos alimenticios griegos tradicionales. Su investigación concluyó que lo era. Y pasó todavía más tiempo peleando contra la ideología de lo bajo en grasa. "Dije que esto destruiría la dieta de la región. En Grecia, ésta es la forma en que siempre hemos comido. ¡No puedes recomendar menos grasa!", me dijo.

Su oponente más insistente sobre este punto fue Ferro-Luzzi, quien tomó el lado bajo en grasa del debate. Sabía que, en Italia, Keys había descubierto que el consumo de grasa era menor que en Grecia, entre 22 por ciento y 27 por ciento de calorías. Estas cifras se alineaban más de cerca con las recomendaciones internacionales y también pertenecían a su tierra natal, así que naturalmente estaba a favor de ellas. Ferro-Luzzi también vio la información griega de Keys con lupa, expresamente para ver si podía encontrar alguna falla con su conteo de 40 por ciento de grasa. Concluyó que esta información, como toda la disponible sobre la dieta griega en ese tiempo, era tan escasa y poco confiable* que había "poco fundamento científico" para decir que la dieta tradicional griega alguna vez hubiera sido alta en grasa.

Al final, la idea de enfocarse incesantemente en la grasa total como causa de enfermedad resultó ser miope y errónea, como sabemos, pero esto no se comprendería sino hasta muchos años después. Mientras tanto, la gran mayoría de los investigadores creía que la grasa engordaba a la gente y causaba cáncer y enfermedad cardiaca, así que los expertos estaban preocupados de que la rama griega de la dieta del mediterráneo pudiera ser seriamente poco saludable. No pasaba una conferencia o una reunión sin que saliera a colación el tema, y nadie se sentía tranquilo al respecto; menos que nadie Ferro-Luzzi y Trichopoulou. "Yo tenía que sentarme en medio y evitar que se pelearan", recuerda W. Philip T.

---

* Anna Ferro-Luzzi identificó muchos problemas metodológicos y técnicos en la información de Keys, aunque lo hizo a regañadientes, dice, dado que Keys y ella eran amigos (Ferro-Luzzi, entrevista con la autora).

James, ahora presidente del Cuerpo Especial Internacional para la Obesidad en Reino Unido.*

Trichopoulou eventualmente se impuso por la razón principal de que convenció a dos estadounidenses influyentes de su forma de pensar. Resultó que, de la misma manera en que Keys había catapultado la dieta baja en grasa al canon estadounidense, así también la Dieta mediterránea dependería de personalidades fuertes e influyentes para volverla un éxito. Una de estas personas fue Greg Drescher, uno de los miembros fundadores de un grupo en Cambridge, Massachusetts, llamado el Fondo de Conservación e Intercambio Oldways, el cual terminaría convirtiéndose en el promotor más enérgico de la Dieta mediterránea en todo el mundo. El otro fue Walter C. Willett, un profesor de epidemiología de la Escuela de Salud Pública de Harvard, quien se convertiría en uno de los expertos en nutrición más poderosos en el mundo. Las líneas de la causalidad detrás del éxito también funcionan a la inversa. Como Keys, que alcanzó la fama con la dieta baja en grasa, así también le pasaría a Willett con la del Mediterráneo.

Drescher y Willett viajaron a Atenas a finales de la década de 1980, donde pasaron tiempo con Trichopoulou. Ella y Dimitrios, su marido, quien, al igual que Willett, era un epidemiólogo de Harvard, recibieron a éste en Atenas y lo llevaron a una taberna local, donde el menú incluía platillos como hojas de uva rellenas y pay de espinacas. Para el hijo de granjeros productores de lácteos, quien creció en Michigan comiendo lo que él llamaba "comida insípida", estos platillos complejos y deliciosos fueron una revelación. Como recuerda Trichopoulou: "Le mostré que esta sencilla comida es lo que estaba contribuyendo a la longevidad en Grecia", y lo animó a promover este tentador régimen para la buena salud de los estadounidenses también.

Trichopoulou tuvo igualmente un papel en la epifanía de la alimentación mediterránea de Drescher. Drescher la escuchó hablar en una de sus primeras conferencias, "y todos en el público tenían la mandíbula en el suelo", dijo. Todavía no habían escuchado del grupo cretense de

---

* El pleito sobre los porcentajes de grasa llegó a un crescendo entre los investigadores europeos en el año 2000, en la última junta de planeación para un proyecto destinado a establecer un solo conjunto de lineamientos nutricionales para toda la Unión Europea. Llamado Eurodieta, involucró a 150 expertos europeos en nutrición durante dos años, y parecía que podía haber un acuerdo hasta que "Anna y Antonia empezaron a discutir sobre el porcentaje de grasa que podía permitirse en la dieta", recuerda Philip James, un participante clave. No se pudo llegar a ningún acuerdo y todo el proyecto Eurodieta colapsó (James, entrevista; Willett, entrevista con la autora, 3 de agosto de 2012).

Keys, aún desconocido, y Trichopoulou estaba diciendo que "los griegos en la década de 1960 estaban comiendo mucha grasa, pero no tenían enfermedad cardiaca. ¿Cómo era eso posible?", se preguntaba impactado Drescher.

"Debes recordar que, a finales de la década de 1980, la voz dominante sobre salud y bienestar era Dean Ornish", explica Drescher, refiriéndose al gurú de las dietas que aconsejaba a los estadounidenses comer tan poca grasa como fuera posible. Drescher tenía experiencia culinaria, al haber trabajo antes con Julia Child y Robert Mondavi. "Quienes pertenecíamos a la comunidad culinaria estábamos impactados y horrorizados [por las reglas de Ornish] porque sabíamos que la grasa era esencial para el sabor y para una buena experiencia culinaria", dijo. "Estábamos deprimidos por ello. Nadie quería ser una mala persona y servir alimentos poco saludables, pero no sabíamos cómo hacer que funcionara." Drescher buscó aprender más invitando a Trichopoulou a tomar un café después de su discurso, y ella le recomendó que hablara con Willett.

Eventualmente, Drescher y Willett unieron fuerzas, y entre más aprendía, más se daban cuenta de que una dieta más alta en grasa, con una promesa atractiva de salud cardiaca y envuelta en la belleza hechizante de Italia y Grecia potencialmente podía tener un fuerte atractivo para Estados Unidos. Juntos fueron capaces de mover la Dieta mediterránea fuera del remanso de la conferencia académica hacia las ligas mayores.*

La Dieta mediterránea en Estados Unidos: construyendo la pirámide

La primera tarea de Drescher y Willett estaba encaminada a resolver el problema que acosó a la dieta desde el principio: cómo definirla de una manera coherente. Al trabajar con un equipo que incluyó a Marion Nestle, una profesora de política alimentaria de la Universidad de Nueva York; Elisabet Helsing, de la OMS, y el esposo de Antonia, Dimitrios Trichopoulos, intentaron localizar una dieta que estaba literalmente por todo el mapa.

* El tercer miembro de este equipo fue K. Dun Gifford, quien había sido asistente tanto del senador Edward Kennedy como de Robert F. Kennedy, y luego trabajó en bienes raíces comerciales e invirtió en varios restaurantes antes de convertirse en el presidente fundador de Oldways. Gifford murió en 2010.

"Walter Willett fue la figura central", dijo Drescher. "Él le dio el rigor científico que la dieta necesitaba."

Uno de los primeros pasos que dieron Willett y su equipo involucró empequeñecer el mapa que comprendía la dieta propuesta a un tamaño más manejable. Se decidió que la gran mayoría de la región debería excluirse, ya fuera porque no hubiera información o porque estos países —Francia, Portugal, España e incluso el norte de Italia— no embonaban en el modelo que había surgido de Creta y el sur de Italia. Sólo estas dos locaciones compartían más o menos el mismo régimen culinario y estaban en general libres de enfermedad cardiaca en la década de 1960; así que, para propósitos científicos, el equipo de Willett decidió que la Dieta mediterránea sólo debería basarse en estos lugares.

Willett también zanjó el asunto sobre la cantidad total de grasa recomendada. Se convenció de la cifra de Antonia Trichopoulou, 40 por ciento, porque, de acuerdo con la información de Keys, esta cantidad de energía diaria de la grasa era claramente consistente con la relativa buena salud de estas poblaciones. Aunque no insistió en el aceite de olvida. Willett recomendó utilizar aceites vegetales también, pues creía, como casi todos los expertos en nutrición, que cualquier grasa está bien mientras sea en aceite, no en sólidos.

En 1993, 150 de los expertos más prominentes en nutrición en Europa y Estados Unidos llegaron a Cambridge, Massachusetts, para la primera gran conferencia sobre la Dieta mediterránea. Ancel Keys salió de su retiro para asistir; Anna Ferro-Luzzi, Antonia Trichopoulou e incluso Dean Ornish estaban ahí. Estos expertos habían vivido durante mucho tiempo en un mundo donde la dieta se definía por nutrientes atomizados, en lugar de alimentos reales; sin duda estaban esperando el montón usual de diapositivas aburridas sobre colesterol HDL y colesterol LDL con tabulación cruzada de varias clases de grasa en la dieta. En cambio, para su deleite, durante los siguientes días se les agasajó con historias sobre el aceite de oliva italiano y la vida rural en las islas de Grecia.

Al tercer día, Willett tomó el estrado y develó la "Pirámide de la Dieta mediterránea", ante un gran aplauso. Esta pirámide se diseñó estructuralmente sobre la que el USDA había introducido el año anterior, y las dos pirámides tenían mucho en común: la parte más ancha de en medio estaba dedicada a frutas y verduras, y la parte gigante de la base contenía granos y papas. Pero para la Dieta mediterránea, algunas de las otras partes cambiaron. Mientras que en la versión del USDA se pusieron las grasas y los aceites "para usarse con moderación" en la punta de la pirámide, la versión de Willett le daba al aceite de oliva una generosa porción en medio. Ésta era la gran noticia: ¡una dieta alta en grasa estaba bien! (Willett dijo que su pirámide era una versión mejorada de la del USDA porque tenía "aceite de oliva vertido encima".) La punta de su pirámide tenía la carne roja, que debía comerse "sólo algunas veces al mes", menos seguido incluso que los dulces. Otras proteínas (pescado, aves y huevos) en el modelo de Willett se podían comer sólo algunas veces a la semana, versus las pocas veces al día en la pirámide del USDA.

Pirámide del Departamento de Agricultura de Estados Unidos

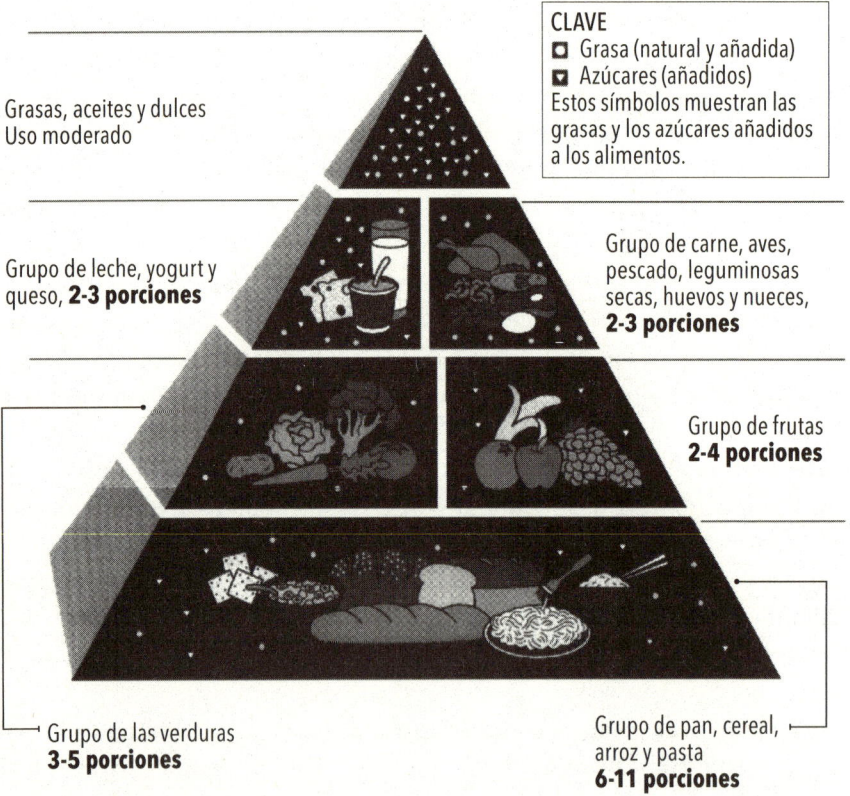

Los lineamientos dietéticos del USDA desde 1980 han recomendado una dieta principalmente de carbohidratos.

Pirámide de la Dieta mediterránea, 1993

Óptima Dieta mediterránea tradicional
Concepto preliminar

Este concepto preliminar de pirámide para representar la óptima Dieta mediterránea tradicional está basado en las tradiciones dietéticas de Creta hacia 1960, estructuradas en vistas de la investigación nutricional de 1993. Las variaciones de esta dieta óptima han existido tradicionalmente en otras partes de Grecia, partes de la región balcánica, partes de Italia, España y Portugal, el sur de Francia, el norte de África (especialmente Marruecos y Túnez), Turquía, así como partes del Medio Oriente (especialmente Líbano y Siria). La geografía de la dieta está vinculada estrechamente con las zonas tradicionales de cultivo de olivos en la región mediterránea. Esto se muestra sólo para propósitos argumentativos y está sujeto a modificaciones.

Fuente: 1993, Conferencia internacional sobre las dietas del Mediterráneo.

1. Indica la importancia de la actividad física cotidiana.
2. En concordancia con la tradición mediterránea, se puede disfrutar del vino con moderación (una o dos copas al día), principalmente con comidas; debe considerarse opcional y evitarse cuando el consumo ponga al individuo o a otros en riesgo.
3. El aceite de oliva, alto en grasas monoinsaturadas y rico en antioxidantes, es la grasa principal en la región. En la dieta mediterránea tradicional óptima, el total de grasa puede ser tan alto como 35-40 por ciento de calorías, si la grasa saturada es de 7-8 por ciento o menos, y la grasa poliinsaturada varía entre 3 y 8 por ciento con el equilibrio de la grasa monoinsaturada (en la forma de aceite de oliva). Las variaciones de esta dieta, en las que la grasa total (de nuevo, principalmente aceite de oliva) es de 30 por ciento o menos —como la que se encuentra en la dieta tradicional del sur de Italia—, pueden ser igualmente óptimas.

La primera pirámide de la Dieta mediterránea, en 1993, era similar a la del USDA, pero reducía todavía más la carne roja, mientras que añadía una porción generosa de aceite de oliva.

¿Ésta era realmente una representación de la dieta mediterránea ideal? Era difícil saberlo. No todos en la conferencia quedaron enamorados de la ciencia subyacente. Marion Nestle, por ejemplo, había trabajado de cerca con Willett en las preparaciones para la conferencia, pero finalmente declinó incluir su nombre en la pirámide. "La ciencia simplemente me parecía demasiado subjetiva", me dijo.

Con esto se refería a que no se había hecho una evaluación científica de la dieta para justificar las proporciones de las diversas partes de la pirámide. Recuerda que Ferro-Luzzi intentó cuantificar la dieta, pero le fue imposible, y desde entonces ya no se intentó. Tampoco se han hecho todavía pruebas clínicas sobre la Dieta mediterránea. Por tanto, como Keys y su hipótesis de la dieta y el corazón, el equipo de Harvard compartió su idea nutricional con el mundo basándose en información epidemiológica nada más. La evidencia era, científicamente hablando, bastante inmadura, algo prematura, y de ahí el escepticismo de Nestle. Incluso uno de los antiguos estudiantes de Willett, Lawrence Kushi, quien coescribió dos textos con Willett que justificaban los beneficios para la salud de la Dieta mediterránea me confió que Nestle tenía "razón en que la evidencia [en esos textos] era un poco subjetiva".

Los artículos que el equipo de Willett escribió para establecer la pirámide no estuvieron sujetos al proceso de revisión por parte de colegas por el que normalmente pasan los textos científicos; sólo tuvieron un revisor, no los normales dos o tres. Esto fue porque los artículos se publicaron, junto con todos los procedimientos de la conferencia de Cambridge en 1993, en un suplemento especial del *American Journal of Clinical Nutrition* financiado por la industria del aceite de oliva. Estas clases de suplementos de revistas financiados por la industria son normales en el campo de la investigación de dieta y enfermedad, aunque sería raro que un lector común estuviera consciente de este apoyo financiero, dado que el patrocinio no se menciona en los artículos mismos.*

Sin embargo, conforme la Dieta mediterránea tomó su lugar entre el público y los investigadores académicos, era difícil resistir a Willett y a sus colegas fusionados alrededor de una idea emocionante y llamativa.† Se organizó toda una serie de nuevas conferencias sobre la Dieta

---

* El lector exigente puede reconocer un suplemento por la letra "S" después de los números de página (página "12S", por ejemplo).

† Más tarde, Willett registró la patente de la pirámide de la Dieta mediterránea como la Pirámide alimenticia de la Escuela de Medicina de Harvard y la utilizó como la base para su libro bestseller, *Eat, Drink, and Be Healthy: The Harvard Medical School Guide to Healthy Eating* (Nueva York, Simon & Schuster, 2001).

mediterránea. Incluso Ferro-Luzzi, quien anteriormente había escrito con severidad sobre su escepticismo acerca de los problemas definicionales básicos de la dieta, ahora servía como el brazo fuerte en las juntas internacionales, junto con grandes expertos de todo el mundo. Parecía que había pasado el tiempo para los cuestionamientos científicos. "El cambio se dio cuando pasamos de la ciencia a la política", me explicó Ferro-Luzzi, describiendo el giro después de la conferencia de Cambridge en 1993. "Sacamos la pirámide de la Dieta mediterránea, que era un boceto, imprecisa, pero dimos cierta connotación de lo que era compatible con la buena salud. Cuando entras en la política, te olvidas de las pequeñeces. Te olvidas de que la base no es muy sólida, que es un poco inestable." De hecho, pronto se olvidó cualquier incertidumbre. La mayoría de la gente asumió, después de que Willett presentara la pirámide en Cambridge, que todos esos detallitos de la ciencia ya se habían resuelto rigurosamente, y que la dieta ahora estaba lista para un lente de gran angular.

La moda de las conferencias de la Dieta mediterránea

La Dieta mediterránea ascendió rápidamente hacia la cúspide del mundo de la nutrición, y cabe hacer un par de preguntas: ¿Cómo sucedió? ¿Qué hizo que fuera un éxito mucho más duradero que otras dietas populares en su momento, incluyendo la Zona, Ornish, Atkins y la de South Beach, la cuales también decían prometer una buena salud? Una razón obvia es que sólo la Dieta mediterránea estaba apoyada por profesores de Harvard junto con una pila de textos científicos que parecían ofrecer pruebas de sus propiedades para combatir enfermedades. Pero el siguiente paso fue igual de importante, si no es que más, en la promoción de la Dieta mediterránea. Los aliados originales de Trichopoulou, Willett y Drescher, continuaron sus esfuerzos a favor de la Dieta mediterránea y desarrollaron toda una nueva estrategia que tuvo una tremenda influencia en los expertos en nutrición, los medios y, finalmente, el público.

El método involucró invitar a investigadores académicos, escritores de alimentación y autoridades de salud a disfrutar de un pedazo del paraíso: viajes, sin costo, a algunos países soleados alrededor del maravilloso mar Mediterráneo, para una conferencia científica. En Italia,

Walter Willett y Ancel Keys, Cambridge, Massachusetts, 1993

Ancel Keys, quien creó el concepto de la Dieta mediterránea, con Walter C. Willett, el profesor de Harvard que la hizo famosa.

Grecia e incluso Túnez, los científicos se codearon con autores de libros de cocina, chefs, periodistas y funcionarios públicos. Harvard proveyó el prestigio científico, mientras que Oldways organizó el financiamiento. Durante la década de 1990, hubo un despliegue constante de estas conferencias, y sirvieron efectivamente como un vehículo de promoción incesante para la Dieta mediterránea.

Oldways se llama a sí mismo un "grupo de expertos en asuntos alimenticios" y, cuando se fundó en 1990, no cabe duda de que se motivó su liderazgo con metas nobles. Drescher y sus colegas querían que los estadounidenses comprendieran los alimentos en el contexto de la cultura y más que nada querían alejar la conversación en Estados Unidos de los nutrientes y el lenguaje frío y alienante de la salud pública, hacia el lenguaje de la comida. Después de todo, nadie ha pedido "30 por ciento de grasa y 25 por ciento de proteína, por favor" para cenar. La persona promedio sólo pide una comida, como espagueti a la boloñesa. El movimiento hacia los alimentos enteros nos es familiar ahora, a través del trabajo del autor Michael Pollan, entre otros, pero la idea original surgió de Oldways, a partir de la Dieta mediterránea. La noción era que la comida, empacada en la rica complejidad de una cocina antigua, podía ser significativa y deliciosa de inmediato, y buena para la salud.

Al trabajar en convencer a la gente alrededor de esta profunda idea, Oldways organizó 50 conferencias entre 1993 y 2004. Y estas escapadas siempre se vendieron fácilmente. El enorme atractivo del Mediterráneo había sido por supuesto un factor de influencia en Keys y sus colegas desde el principio, y su embeleso por la región bañó incluso su trabajo académico. Henry Blackburn, por ejemplo, quien trabajó de cerca con Keys, escribió una descripción del hombre cretense "libre de riesgo coronario" para el *American Journal of Cardiology* en 1986, utilizando un lenguaje que es inusualmente florido para una revista científica:

> Camina a su trabajo todos los días y labora en la suave luz de su isla griega, entre los chirridos de los grillos y el rebuzne de los burros a lo lejos, en la paz de su isla [...]. En su vejez, se sienta a la broncínea luz sesgada del sol griego, envuelto en una rica aura lavanda del cielo y el mar Egeo. Es atractivo, rudo, gentil y viril.

La belleza del paisaje y el estilo de vida, su gente y su dieta se volvieron todo un embeleso abrumador. Blackburn admite que ahora está avergonzado de su ensayo. Pero dice que, en ese entonces, "me sentía muy romántico por Creta. Me enamoré de ella".* Keys mismo se retiró a su villa al sur de Nápoles, donde cultivaba árboles frutales.

Por supuesto, en retrospectiva, parece obvio que el amorío interminable de los expertos en nutrición más influyentes del siglo xx con el Mediterráneo ayudara a dirigir el curso del campo. (Uno debe preguntarse si sabríamos más sobre las dietas de otros pueblos antiguos, como los mongoles o los siberianos, si los investigadores se sintieran igual de atraídos por países sin salida al mar, con estepas desérticas y largos inviernos helados. ¿Qué tal que hubieran ido a, digamos, Alemania, que también tenía índices bajos de enfermedad cardiaca en la posguerra, pero posee menos lugares bañados en sol para una conferencia, y probablemente un menú de *sauerbraten* y *blechkuchen* para almorzar? Nunca lo sabremos.) El Mediterráneo, como destino, ganó sin ningún problema. Y así como Keys y su grupo original de investigadores habían sido influidos por un amor de todas las cosas mediterráneas, lo fueron también los expertos actuales.

---

* Los vecinos de Keys incluían a sus colegas, quienes también construyeron villas. Junto con los directores Flaminio Fidanza y Martii Karvonen del estudio de los siete países, y Jeremiah Stamler, el grupo formó una cooperativa de cierta manera a principios de la década de 1960 y vivía algunos meses al año ahí, que se volvió un centro de reuniones científicas y fiestas (Keys, 1983, pp. 23-24).

En abril de 1997, cuando la isla de Creta estaba flameante con lirios lavanda y jaras de un morado eléctrico, algunas de las personalidades más grandes en los campos de la comida y la nutrición se encontraban entre las 115 personas reunidas en el Hotel Apollonia Beach, en el puerto de Heraklion. Walter Willett, Marion Nestle, Serge Renaud (padre de la paradoja francesa), Christos Aravanis y Anastasios Donatas, los dos investigadores originales que realizaron la parte griega del estudio de los siete países, asistieron, así como el director del Instituto Nacional de Cáncer, Peter Greenwald, cocineros famosos y escritores de gastronomía reconocidos, como Corby Kummer y Mimi Sheraton.

Esa semana, el grupo llevó una vida de deleite. Intercalaron cátedras serias y discusiones sobre temas científicos, como "50 años de estudios de la dieta mediterránea" y "El total de la grasa en la dieta: ¿cuáles son los nuevos estudios y resultados de las encuestas?", con otros programas culturales, como la presentación "En casa con Perséfone y su madre, Deméter, la diosa del grano". Hubo visitas a museos y sitios arqueológicos, así como catas de vino y varios talleres de cocina. Una tarde, las mujeres de una prefectura cercana demostraron cómo cocinar con los ingredientes y las técnicas tradicionales de Creta. Renaud hizo una demostración sobre cómo preparar caracoles. Otra noche, el grupo viajó en autobús hasta la cima del monte Ida, la montaña más alta de la isla, y cenó mientras el cometa Hale-Bopp pasaba espectacularmente a través del cielo nocturno.

"Fue fabuloso. Sentí que había muerto y estaba en el cielo", dice Nestle. "Durante cinco años me invitaron a absolutamente todo lo que hicieron [...]. Tuvimos reuniones en los lugares más fabulosos que nunca habría podido visitar y en las circunstancias más lujosas. Fue absolutamente magnífico."

"Cada vez que te sentabas había ocho copas de vino en tu lugar", recuerda Laura Shapiro, entonces escritora de *Newsweek*, quien asistió a varios de los viajes de Oldways. "Fue un nivel de cuidado y mimo que nunca había experimentado. ¡Orquídeas en la almohada, la suave brisa entrando por el balcón y todo eso!"

Drescher, de Oldways, era el genio creativo detrás de vincular el amor por la comida con la ciencia nutricional. "Soy un gran creyente de intentar crear programas que sean de alguna manera transformativos para la gente, y no sólo un montón de diapositivas y presentaciones en un recinto donde se sirve mala comida", dijo. Las escapadas educacionales que organizaba eran consideradas por científicos, escritores de gastronomía, chefs y otros expertos que asistían como las mejores conferencias de alimentación de toda la historia. "Esta clase de gente nunca había estado junta en una sola conferencia antes. Eso fue, de hecho, más impresionante que los hoteles", dice Shapiro. "Tener a todas esas fuerzas intelectuales juntas en un solo lugar ¡era genial!" Las conferencias eran un éxtasis de vino, paisajes y conversaciones colegiales, y es fácil ver por qué los investigadores y los escritores de gastronomía volvieron un hábito el asistir a un evento y otro, siempre dando magníficas reseñas sobre las virtudes de la Dieta mediterránea a sus respectivas audiencias en casa.

"Embajadores del aceite de oliva"

Sin embargo, estos proyectos eran obviamente caros y requerían patrocinadores corporativos, razón por la que, desde el principio, Oldways forjó una relación cercana con el Consejo Internacional del Aceite de Oliva (IOOC). Esta agencia, con base en Madrid, fue fundada por las Naciones Unidas para controlar la calidad del aceite de oliva y desarrollar la "economía mundial de la aceituna y el aceite de oliva", en países mayoritariamente de las costas del mar Mediterráneo.*

Antes de involucrarse con Oldways, el IOOC había intentado generar investigación a favor del aceite de oliva al financiar a científicos estadounidenses.† La comunidad de investigadores académicos estaba preocupada principalmente por el efecto de diversas grasas en el colesterol sérico, y los líderes del IOOC pensaron que esta clase de investigación podía validar al aceite de oliva, dado que en investigaciones preliminares se había demostrado que el efecto del aceite en el colesterol era neutro en general. Sin embargo, las pruebas clínicas eran un negocio lento y no se aseguraba un resultado positivo, así que el IOOC estuvo contento

---

* En Grecia, 60 por ciento de la tierra cultivable está destinada al cultivo de olivos. El aceite de oliva es la exportación agricultora número uno de España y la segunda de Italia, después del vino.

† El investigador académico más importante financiado por el IOOC fue Scott M. Grundy, presidente del departamento de nutrición clínica del Centro Médico Southwestern de la Universidad de Texas y uno de los expertos más influyentes en el campo de la dieta y las enfermedades de los últimos 50 años. Dirigió un experimento sobre aceite de oliva junto con Fred H. Mattson, un químico que, después de una carrera de 30 años en Procter & Gamble, se convirtió en profesor de medicina en la Universidad de California, San Diego (el estudio que resultó fue Mattson y Grundy, 1985).

de cambiar de dirección y ayudar a Oldways a promover el aceite de oliva a través de un vehículo mucho más eficiente y atractivo como las conferencias sobre la Dieta mediterránea.*

Naturalmente, esto significaba que el aceite de oliva fluía libremente en cada evento. Se entregaban muestras de aceite de oliva en arreglos florales y se obsequiaban botellas miniatura a los participantes en bolsitas de regalo. El aceite de oliva también fue, inevitablemente, el tema de varios paneles científicos.

"Funcionaba así", dice Drescher, describiendo cómo se financiaban las conferencias. "Empezábamos con el dinero del IOOC, pero luego trabajábamos con el gobierno y ellos podían absorber los hoteles. Las aerolíneas nacionales llevaban a la gente. Cada vez que puedes involucrar al gobierno, son capaces de absorber los gastos." Italia, Grecia y España contribuyeron. "Realmente se trataba de alinear los intereses de estos países con las nuevas e interesantes direcciones de la investigación científica", explicó Drescher. En otras palabras, las naciones y sus industrias se promovían a sí mismas al dar beneficios lujosos dirigidos a comprar la buena opinión de los expertos que finalmente aconsejarían al público sobre nutrición. La estrategia claramente funcionó.

El flujo de dinero del aceite de oliva no era nada nuevo en la investigación de nutrición. La parte griega del estudio de los siete países había recibido fondos de Elais Oil Company en Grecia, del Consejo Internacional de Olivos, del Consejo de Olivos del Estado de California y de la Asociación Griega de Industrias y Procesos de Aceite de Oliva. Los NIH financiaron la primera parte del estudio, pero cuando se terminaron esos fondos, como recuerda Henry Blackburn, Christos Aravanis, el principal investigador griego en el estudio, "no tuvo ningún problema para levantar el teléfono y juntar dinero de las productoras de aceite". Y Keys también "ayudó significativamente para que se dieran estos financiamientos", de acuerdo con sus colegas. Keys sólo informó sobre dos de estas becas cuando sacó su estudio, y sólo sobre una en una publicación posterior.

Más allá de los intereses de la industria del aceite de oliva, que era el primero o segundo producto agrícola más importante para Italia, Grecia y España, cada país también tenía frutas o verduras nacionales que podían beneficiarse de ser incluidas en el menú de la Dieta mediterránea

---

* La primera conferencia sobre la Dieta mediterránea que el IOOC financió fue en Cambridge, Massachusetts, en 1993, donde Willett introdujo la pirámide.

de Oldways: jitomates de Italia, papas de Grecia.* Financiar una conferencia de Oldways no era distinto realmente de lo que estas industrias estaban haciendo en sus propios países de todas maneras: En Italia, por ejemplo, el sector agrícola había apoyado desde el principio la campaña de salud pública del gobierno sobre la Dieta mediterránea con carteles y comerciales de televisión, instando a los ciudadanos a "comer mediterráneo". Ferro-Luzzi había logrado convencer a las autoridades de que esta clase de campaña era una buena idea, basándose parcialmente en el atractivo comercial. "Les dije que lo que era bueno para los productos era bueno para la gente", dijo. España y Grecia hicieron esfuerzos similares, al igual que la Unión Europea en general, gastando al parecer 215 millones de dólares, a lo largo de una década más o menos, en relaciones públicas vinculadas con el aceite de oliva. Estas campañas también iban dirigidas a médicos europeos con boletines "científicos" sobre aceite de oliva, lo cual provocó que algunos investigadores se quejaran de que sus gobiernos estuvieran enmascarando inapropiadamente campañas de marketing como recomendaciones científicas.

Sin embargo, nada pareció influir a las élites científicas en Europa y Estados Unidos tan efectivamente como las conferencias de Oldways. Estas experiencias embriagadoras y lujosas, en parte seminario de ciencias y en parte festival gastronómico y celebración cultural, fueron una idea genial para atraer a la gente más influyente del mundo de la nutrición.

Nestle me describió el obvio, aunque no dicho, *quid pro quo* de esta clase de conferencias: "Se esperaba que cada periodista que asistiera a uno de esos viajes escribiera al respecto, y si no lo hacían, no se les volvía a invitar [...]. Todos sabían lo que tenían que hacer. ¡Y estaban felices de hacerlo! Si estás en Marruecos en una cena donde te sirven personas que entran con platones deslumbrantes de lo que sea, vas a escribir al respecto. ¡Hay mucho de qué escribir!"

Sin embargo, en retrospectiva, Nestlé, quien escribió *Food Politics*, el trascendente trabajo sobre cómo la industria alimenticia influye en la política de nutrición, reconoce que las conferencias eran más un negocio de lo que la mayoría de los participantes consideró. "En ese entonces,

---

* Sin embargo, algunos patrocinadores de la industria alimenticia claramente cruzaban los límites. En Hawai, por ejemplo, donde Oldways llevó a participantes de la conferencia sobre la dieta mediterránea al valle Waipi'o, usualmente inaccesible ("un pedazo increíble del paraíso", dice Drescher), la industria de las nueces de macadamia fue patrocinadora también, aunque no hay árboles de macadamia en el Mediterráneo.

parecía totalmente benigno. Pero era tan seductor. Oldways era básicamente una empresa de relaciones públicas contratada [...]. Y el propósito era promover la Dieta del mediterráneo para los académicos como yo, quienes nos dejamos envolver en ella", me dijo.

Kushi, el antiguo estudiante de Willett, que ahora es director de políticas científicas para Kaiser Premanente, dijo que sus colegas y él sabían que estaba fluyendo dinero del aceite de oliva detrás de estas reuniones, pero "el hecho de que estuviera lavado a través de Oldways lo hacía un poco más digerible". Al parecer, los expertos que Oldways invitaba simplemente se dejaban llevar demasiado por la experiencia como para preocuparse por la posible agenda industrial detrás.

Eventualmente, dice Laura Shapiro, de *Newsweek*, ya no la invitaron a las conferencias de Oldways porque "no seguía el programa". Iba a los viajes gratis sin escribir artículos sobre ellos explícitamente y en cierto momento, dice, "Oldways me dijo que no podían justificar mi presencia a los patrocinadores".

Pero mientras tanto, Shapiro dice que sí había escrito sobre los beneficios de salud del aceite de oliva y había ayudado a la agenda de la Dieta mediterránea bastante bien. "Nosotros, la prensa, éramos pequeños embajadores del aceite de oliva en todas partes. ¡Eso es lo que Oldways creó!"

Y aunque algunos de estos "embajadores", como Shapiro, perdieron el favor de Oldways,* inevitablemente hubo otros para remplazarlos. Diez años de conferencias organizadas por Oldways elevaron la dieta hasta un éxito estratosférico, donde ha seguido, con atención constante de los medios y los investigadores académicos durante décadas. El *New York Times* por sí solo publicó más de 650 artículos con "Dieta mediterránea" en el título desde que salió a la luz la pirámide de Willett. Y los investigadores en nutrición le han dado atención seria y constante, escribiendo más de mil textos científicos sobre la Dieta mediterránea desde principios de la década de 1990. Epidemiólogos del departamento de Willett en la Escuela de Salud Pública de Harvard, de los que al menos

---

* Ferro-Luzzi cree que Oldways la dejó de invitar porque tuvo un acercamiento sobradamente crítico de la ciencia. Y Marion Nestle también perdió el favor de Oldways por una discusión sobre el financiamiento del suplemento de 1993 en el *American Journal of Clinical Nutrition* que el IOOC había financiado. Nestle había negociado el trato de IOOC en un hotel de lujo en Hawai, un episodio sobre el que escribe en su libro *Food Politics*, y del que dice arrepentirse (Ferro-Luzzi, correo electrónico a la autora, 27 de diciembre de 2013; Nestle, entrevista; Nestle, 2002, pp. 114-115).

uno asistió a todas las conferencias de Oldways a lo largo de la década de 1990, han publicado entre ellos casi 50 textos sobre Dieta mediterránea. En comparación, dietas como la de South Beach o la Zona, que no introdujo la élite universitaria de científicos ni tuvieron la promoción de conferencias en el extranjero, han sido tema de sólo un puñado de textos científicos. La dieta Atkins y la de Ornish han recibido un poco más de atención experta que esas otras dietas populares, como veremos en el capítulo 10.

Nancy Harmon Jenkins, una de las fundadoras de Oldways y autora de *The Mediterranean Diet Cookbook*, admitió que "el mundo gastronómico es una presa particular para la corrupción porque se genera mucho dinero con la comida y mucho depende de lo que se dice, especialmente de la opinión de expertos".*

El aceite de oliva es bienvenido en Estados Unidos

Ganarse las opiniones de esos expertos resultó valer cada centavo. Con comentarios de científicos, escritores gastronómicos y periodistas por igual, la Dieta mediterránea entró de lleno en revistas, libros de cocina y las cocinas de todo el mundo como "lo de hoy" en nutrición. Los expertos en salud amaban la dieta como una forma de entregar el mensaje familiar de "come frutas y verduras", pero con un giro, y también porque la Dieta mediterránea ofrecía la posibilidad de abrazar la belleza y la suculencia de la comida, algo mucho más atractivo que el régimen nutricional anterior, basado en negación y abstinencia.

Los estadounidenses conscientes de su salud, que habían estado evitando los sofritos y olvidando las salsas por la dieta baja en grasa recomendada por el USDA y la AHA durante tres décadas, no podían hacer otra cosa más que dar la bienvenida a la premisa de disfrutar esta nueva forma de comer. Un poco de grasa en la dieta era sin duda una mejoría después de las dietas insípidas libres de grasa que se habían sentido

---

* Por su parte, Oldways perdió el patrocinio del IOOC en 2003, y desde entonces ha hecho menos eventos. En 2004, en una maniobra posiblemente desesperada, el grupo eligió a Coca-Cola Company como su nuevo cliente principal y durante cuatro años ha organizado conferencias llamadas "Manejando la dulzura" o "Comprendiendo la dulzura". Ante esa desafortunada decisión, no es de sorprender que el grupo perdiera parte de su prestigio entre los investigadores de nutrición y sus conferencias en años recientes han estado alejadas de la ciencia en general.

obligados a comer durante tanto tiempo. La dieta fue muy popular porque los comensales estaban encantados de comer, libres de culpa, todos esos alimentos grasosos antes prohibidos, como las aceitunas, los aguacates y las nueces. Y comparado con nada de grasa, los alimentos cocinados en aceite en realidad sabían bien.

Seductora, besada por el sol y patrocinada por Harvard, la Dieta mediterránea se colocó en los encabezados. Un escritor de gastronomía extático al regresar de una conferencia, ensalzó: "Todos estos hombres y mujeres tan magníficamente acreditados" que estaban confirmando que "los caminos flanqueados por cipreses llevaban a una larga vida con colesterol bajo [...]. Finalmente, podíamos tener nuestra propia pasta y comerla también". Molly O'Neill, del *New York Times*, escribió un largo artículo después de la primera conferencia en Cambridge, esperando que la dieta probara ser el siguiente "edén nutricional".

Aun así, fue difícil para los tradicionalistas de la dieta baja en grasa envolver sus mentes alrededor de la idea de que una dieta sana pudiera ser alta en grasa. O'Neill inicialmente reportó equívocamente el hallazgo mediterráneo como nada más que un "guante de terciopelo alrededor de la realidad helada de un régimen bajo en grasa". Fue un error común entre periodistas y otros que habían seguido el mantra bajo en grasa durante tanto tiempo. Las principales asociaciones profesionales —la AHA, la Asociación Americana de Medicina y otras— tampoco apoyaron al principio la Dieta mediterránea por la misma razón que Mark Hegsted la rechazó: porque la dieta violaba la política tradicional baja en grasa de Estados Unidos.

Los estadounidenses se quedaron solos para comprender lo mejor que pudieran la recomendación conflictiva, y juzgando por las estadísticas de consumo nacionales, siguieron desviándose de los productos animales hacia frutas, verduras y granos, como recomendaban las pirámides tanto del Mediterráneo como del USDA. Comieron más pescado. Comieron más nueces. Y empezaron a comer con aceite de oliva. El consumo de aceite de oliva en Estados Unidos se disparó dramáticamente, de hecho, siguiendo el anuncio de la pirámide de la dieta mediterránea y el consumo per cápita, hoy es tres veces lo que era en 1990.

Sin duda el cambio hacia el aceite de oliva representó una mejora saludable de los aceites vegetales que los estadounidenses habían estado usando. Uno de los peligros conocidos de estos aceites —cacahuate, cártamo, soya, girasol— es que se oxidan fácilmente a altas temperaturas; es por eso que sus botellas llevan advertencias sobre calentarlos de más (como discutiremos en el capítulo 9). El aceite de oliva, en contraste es más estable y por ende mejor para cocinar.* El aceite de oliva también tenía un atractivo estético, llegando en botellas de vidrio altas y atractivas con los olores y los sabores de Italia, que muchos cocineros comparaban favorablemente con las botellas de plástico para nada sofisticadas de los relativamente insípidos aceites vegetales. Por todas estas razones, rociar aceite de oliva en una sartén o en verduras o en un aderezo para ensalada fue como los estadounidenses pasaron de una dieta baja en grasa a un estilo de alimentación más "mediterráneo".

El aceite de oliva y la Dieta mediterránea también parecían la respuesta perfecta a la pregunta que los estadounidenses, anhelando más grasa, ni siquiera sabían que estaban haciendo: ¿Había una ruta hacia la buena salud que también pudiera ser placentera? La Dieta mediterránea llenó este nicho muy bien.

Sin embargo, la pregunta queda: ¿La Dieta mediterránea es un elixir para la buena salud? Si empezamos con las declaraciones para el aceite de oliva, es hora de dar un vistazo a la ciencia.

Una larga vida: ¿es el aceite de oliva?

El fruto del olivo ha tenido muchas propiedades medicinales, religiosas e incluso mágicas a lo largo de las eras. Los griegos antiguos usaban el aceite para ungir sus cuerpos, e Hipócrates prescribía sus hojas como remedio contra numerosos padecimientos, desde enfermedades de la piel hasta problemas digestivos. Dado que el aceite de oliva era una parte tan significativa de la dieta en Grecia e Italia a mediados del siglo XX, y dado que Antonia Trichopoulou tenía un sentimiento tan profundo por este producto tradicional de su tierra natal (y sin duda porque la industria del aceite de oliva era una gran contribuyente al campo), los investigadores asumieron desde el principio que el aceite debía tener un papel de alguna manera en el vínculo de la dieta con la longevidad.

Anna Ferro-Luzzi estaba interesada en los efectos que tuviera el aceite en la salud, no sólo porque era un símbolo de la dieta italiana, sino porque los investigadores de Estados Unidos se habían enfocado desde

---

* Recordemos que el aceite de oliva es una grasa *mono*insaturada, lo que significa que sólo tiene un enlace doble en su cadena de átomos de carbono, mientras que los aceites vegetales son grasas *poli*insaturadas, con montones de enlaces dobles propensos a reaccionar con el oxígeno.

hacía mucho tiempo exclusivamente en las grasas, así que, para ella, estudiar el aceite de oliva tenía mucho sentido profesionalmente. Fue a través del estudio del aceite de oliva, de hecho, que Ferro-Luzzi conoció a Keys. "Nos volvimos buenos amigos", dice, pero añade que de todos los "científicos rudos" (todos hombres) con quienes trabajó a lo largo de los años, "Ancel era por mucho el más rudo: era capaz de defender sus puntos hasta la muerte". Aun así, cuando Ferro-Luzzi empezó a hacer un experimento sobre el aceite de oliva en la villa costera de Cilento, al sur de Nápoles, a principios de la década de 1980, Keys firmó como consejero del estudio.

Durante 100 días, Ferro-Luzzi registró todo lo que comían 50 hombres y mujeres. Eligió a estos pueblerinos porque todavía se adherían a su forma tradicional de vida, incluyendo el uso casi exclusivo de aceite de oliva como la única grasa visible. Ferro-Luzzi y su equipo visitaron cada casa al menos cuatro veces al día y un dietista se sentaba con cada familia en cada comida para asegurarse de que todos comieran. Se instalaron dos básculas en las cocinas para pesar alimentos pequeños y grandes. Si un miembro de la familia comía en un restaurante o en la casa de un amigo, un miembro del equipo visitaría el lugar para saber cómo se estaba preparando la comida. Aún más, dado que el experimento buscaba ver qué sucedería con los niveles de colesterol en la sangre al cambiar las dietas de los sujetos de grasas vegetales a animales (con el mayor cambio siendo de aceite de oliva a mantequilla), Ferro-Luzzi les daba a los miembros de la familia toda la carne y los lácteos que necesitaran al principio de cada semana. El estudio fue entonces un modelo de perfeccionismo y mostró el nivel de compromiso requerido para hacer una investigación verdaderamente significativa en el campo de la nutrición.

Después de seis semanas, Ferro-Luzzi descubrió que el colesterol "malo" LDL se disparó un total de 19 por ciento en promedio cuando los pueblerinos cambiaron de aceite de oliva a mantequilla, entre otras grasas saturadas. Este resultado se exhibió como un punto impresionante a favor del aceite de oliva, y el estudio —el primer experimento definitivo sobre los efectos del aceite de oliva en el colesterol— sirvió para establecer a Ferro-Luzzi en su campo profesional y al aceite de oliva como un aceite "saludable para el corazón".*

---

* El estudio de Ferro-Luzzi también mostró que el colesterol "bueno" HDL se elevó cuando los sujetos cambiaron a mantequilla (un efecto que era especialmente pronunciado entre las mujeres), lo cual implicaba que la mantequilla podría en realidad ser la opción

Al enfocarse en los efectos del colesterol LDL, los investigadores en nutrición alabaron al aceite de oliva como una grasa saludable que peleaba contra las enfermedades y, en los siguientes años, se publicaron muchas docenas de artículos sobre los posibles efectos curativos del aceite. Desafortunadamente, la mayoría de estos beneficios para la salud no han resultado tan bien como se esperaba. Los expertos sugieren que el aceite de oliva puede ayudar a prevenir el cáncer de mama, por ejemplo, pero la evidencia hasta ahora es muy débil. Se esperaba que el aceite de oliva redujera la presión arterial, pero diversos estudios al respecto han tenido resultados decididamente mezclados.

En el aceite de oliva "extra virgen", los investigadores identificaron una horda de "no nutrientes", como antocianinas, flavonoides y polifenoles, que se cree que hacen sus propios pequeños milagros. Se encuentran presentes en las aceitunas porque el fruto es de color oscuro, una defensa desarrollada a lo largo de miles de años contra la exposición al sol. No todos los efectos de estos no nutrientes se han explorado adecuadamente, sólo en un caso, los flavonoides, para los que se han hecho pruebas clínicas considerables en humanos, pero no han podido demostrar beneficios para la salud.

Parte de la información más frecuentemente citada para apoyar las ideas de salud sobre el aceite de oliva viene del grupo griego de la Investigación Perspectiva Europea sobre Cáncer y Nutrición (EPIC), un gran estudio epidemiológico de más de 28 mil voluntarios, dirigido por Antonia Trichopoulou. Basada en esta información, Trichopoulou publicó un artículo emblemático en el *New England Journal of Medicine* (NEJM) en 2003, en el que concluyó que apegarse a una "dieta mediterránea tradicional", la cual incluye "un alto consumo de aceite de oliva", estaba asociado con una "reducción significativa y sustancial de la mortalidad general". Es, por ende, una conmoción descubrir que, en este estudio, Trichopoulou nunca midió en realidad el consumo de aceite de oliva de sus sujetos. No fue un elemento en el cuestionario de frecuencia alimentaria que utilizó, ya fuera como alimento comido directamente o como grasa utilizada para cocinar. En cambio, ella "estimó" su uso de la lista de platillos preparados en el cuestionario, asumiendo cómo los

---

más sana; pero, como hemos visto, los expertos se han enfocado en el colesterol LDL en lugar del colesterol HDL como el biomarcador elegido, y este hallazgo del HDL por Ferro-Luzzi se ha ignorado.

griegos los cocinan.* Sin embargo, esta falla no se menciona en el artículo del NEJM, y el "aceite de oliva" se lista en el artículo sin ninguna explicación de su derivación.†

En 2003 la Asociación Norteamericana de Aceite de Oliva, la cual representa a los productores de aceite de oliva, recolectó toda la evidencia disponible que pretendía demostrar que el aceite puede proteger contra la enfermedad cardiaca y entregó estos estudios a la FDA. Estos productores esperaban ganar el derecho de una "declaración de salud" que pudiera utilizarse en las etiquetas de los empaques, algo como "una dieta alta en aceite de oliva puede prevenir la enfermedad cardiaca".

Sin embargo, la FDA no se convenció. De los 73 estudios entregados, sólo cuatro se consideraron con metodologías lo suficientemente correctas para considerarse. (La evidencia epidemiológica, como la que Willett y Trichopoulou publicaron, no podía mostrar causalidad y por tanto no se incluyó en el análisis.) Los cuatro estudios que se permitieron eran pruebas clínicas en las que los hombres habían comido aceite de oliva durante casi un mes. Juntas, estas pruebas mostraban que el aceite de oliva, comparado con otras grasas, puede bajar el colesterol LDL total, mientras que deja intacto el colesterol HDL. Pero la FDA señaló que no podía garantizar una declaración de salud basándose en un estudio de sólo 117 personas, todos hombres jóvenes. En general, la evidencia reflejaba "un bajo nivel de comodidad entre científicos calificados" para la hipótesis de que el aceite de oliva prevenía la enfermedad cardiaca, dictaminó la agencia. (En la década siguiente se hicieron algunas pruebas clínicas sobre el aceite de oliva, pero no añaden mucho a la evidencia, pues son pequeñas y tienen resultados conflictivos. Aún más, unos cuantos estudios recientes en animales sugieren que el aceite de oliva puede incluso provocar enfermedad cardiaca al estimular la producción de algo llamado ésteres del colesterol.)

Entonces, sólo se les permitió a los productores de aceite de oliva publicitar que "evidencia científica limitada, pero no concluyente, sugiere que comer dos cucharadas de aceite de oliva al día puede reducir el riesgo de enfermedad cardiaca coronaria por la grasa monoinsaturada

---

* Trichopoulou también dirigió un estudio con una población más pequeña para revisar la validez de estos estimados de aceite de oliva, pero los resultados sólo dieron una confirmación "moderada" a "débil" de la precisión de la encuesta más grande (Katsouyanni *et al.*, 1997, p. S120).

† En otras publicaciones de Trichopoulou basadas en esta información, las palabras "aceite de oliva" están en el título (Psaltopoulou *et al.*, 2004).

del aceite de oliva". La declaración difícilmente fue una recomendación contundente del aceite de oliva como una grasa con poderes especiales para combatir enfermedades.

Sin embargo, el patrocinio tibio de la FDA no detuvo a los investigadores de intentar encontrar otras formas en que el aceite de oliva pudiera realmente ser un elixir mágico. En 2005, por ejemplo, hubo una gran cantidad de entusiasmo por un artículo en *Nature* sobre el hallazgo de que el aceite de oliva contenía una sustancia antiinflamatoria recién descubierta. El biopsicólogo Gary Beauchamp había notado que Lemsip, una bebida farmacéutica de Gran Bretaña para combatir la gripe, irritaba su garganta de la misma forma que el aceite de oliva extra virgen. Esto "llevó al único foco que se me ha prendido en toda mi vida", como le gusta decir: que el aceite de oliva y el ibuprofeno debían tener un ingrediente en común. La sustancia misteriosa resultó ser oleocantal. Beauchamp sugirió que los efectos antiinflamatorios del ibuprofeno también podían darse con el aceite de oliva, no obstante, como señaló un crítico, una persona tendría que consumir más de dos tazas de aceite de oliva al día para obtener una dosis oleocantal igual a la de un ibuprofeno para adulto, y los experimentos de Beauchamp se hicieron en un laboratorio, no en humanos, así que los resultados deben considerarse preliminares.

Los decepcionantes hallazgos científicos reales son, hasta cierto punto, una sorpresa sólo porque el aceite de oliva se ha publicitado masivamente. De hecho, "sorprendente" es la palabra que dos investigadores españoles utilizaron cuando enfrentaron la información que pretendía demostrar el efecto benéfico del aceite de oliva en el corazón y concluyeron, en 2011, que "no había mucha evidencia".

¿El oro líquido de Homero?

Es reconfortante pensar que el aceite de oliva, con sus presuntos cuatro mil años de historia humana, debe al menos ser seguro, si no beneficioso, para la salud humana, quizá en formas que todavía no hemos podido capturar a través de los estudios científicos. Homero lo llamó "oro líquido" después de todo.

¿O no? Aunque "oro líquido" aparece en montones de páginas web que venden aceite de oliva, la frase no aparece en ninguna traducción de la *Odisea* de Homero que pudiera encontrar. De hecho, el pasaje real en la *Odisea* dice algo un tanto diferente: a Odiseo se le da "aceite de oliva en una ánfora de oro" para ungirse. De hecho, en ninguno de los textos helénicos existe ninguna mención al consumo del aceite de oliva como parte de la dieta. El aceite es antiguo, cierto, pero no como alimento; se empleaba principalmente como cosmético, para untar el cuerpo durante actividades rituales y competencias atléticas, o simplemente para aumentar la belleza física entre dioses y mortales por igual.

¿El uso del aceite de oliva como alimento va siquiera más allá de principios del siglo xx? ¿Era el "elemento dominante de la dieta" desde hace "cuatro mil años cuando menos", como decía Keys? Sorprendentemente, parece que no. "Hace menos de 100 años, la gente común en muchas partes de Grecia comía mucho menos aceite que hoy en día", escribió un historiador francés en 1993. El arqueólogo griego Yannis Hamilakis, quien ha investigado el tema ampliamente, observó a Creta en particular y descubrió que el aceite fue insignificante como cosecha de subsistencia antes de la época moderna. La cantidad de aceite de oliva disponible para el consumo de cualquier campesino cretense medieval era, de hecho, "muy poca", y su producción sólo se expandió a mediados del siglo xvii, impulsado por regentes venecianos como respuesta a una creciente demanda industrial por el aceite, principalmente para hacer jabón. Como concluye Hamilakis, el registro histórico muestra que "a pesar de la creencia popular, casi no hay evidencia que pueda indicar con seguridad" que el aceite de oliva se producía para "uso culinario" en Grecia antes del siglo xix. En España tampoco aparece el aceite de oliva en cantidades sustanciales para consumo hasta la década de 1880. Y aparentemente fue la misma historia en el sur de Italia, donde un estudiante descubrió que "era poco probable" que el aceite de oliva "hubiera hecho una contribución a la dieta durante más de 40 siglos". Un análisis del cultivo de árboles en el sur de Italia indica que el aceite de oliva "debió haber sido un producto escaso al menos hasta el siglo xvi y [...] su principal uso en la época medieval debió ser en rituales religiosos". De hecho, en los registros históricos hasta la antigüedad, la grasa que más se utilizaba en el Mediterráneo, tanto entre campesinos como entre la élite, era la manteca.

Así que parece que el aceite de oliva es en realidad una adición relativamente reciente a la dieta mediterránea y no un alimento antiguo, a pesar de los mejores esfuerzos de las partes interesadas por añadir a Homero al equipo de marketing.

¿Qué es "muchas" verduras?
Ciencia tentativa en la Dieta mediterránea

Pero si una dieta mediterránea previene la enfermedad cardiaca, como propuso originalmente Ancel Keys, y si el aceite de oliva no es el elemento operativo de la dieta, entonces, ¿cuál es? ¿Son las frutas y las verduras, o la dieta como un todo? Los investigadores se han preguntado si había un elemento protector en el folato de las hojas verdes que los cretenses comían regularmente o en el mayor contenido de ácidos grasos omega-3 en la carne de los animales que comían esas hojas verdes. Se ha investigado sobre todas estas posibilidades, pero no hay respuestas definitivas.*

Trichopoulos ha sugerido incluso que el patrón de alimentación y bebida mediterráneo mismo puede tener efectos sinérgicos que no pueden cuantificarse, incluyendo factores como "el ambiente psicosocial, las condiciones climáticas templadas, la conservación de la estructura familiar extensa e incluso el hábito de la siesta en la tarde en la región mediterránea".†

Es importante identificar exactamente qué parte de la dieta mediterránea es beneficiosa para la salud no sólo por motivos científicos, sino por muchos trascendentales y prácticos también. Cuando Anna Ferro-Luzzi asistió a una reunión internacional en Japón, en 2008, por ejemplo, expertos de todo el mundo que buscaban adoptar la Dieta mediterránea le estaban preguntando: "¿Qué frutas y verduras debemos cultivar? ¿Puedes decirnos al menos si debemos cultivar frutas *o* verduras?". Al final,

---

* La evidencia científica que apoya los omega-3 es la más fuerte: se han demostrado ya los efectos antiinflamatorios de estos ácidos grasos de cadena larga, aunque recientes pruebas clínicas grandes no han confirmado exitosamente que suplementos diarios de EPA y DHA puedan reducir el riesgo de ataque cardiaco. EPA y DHA son los omega-3 de cadena larga encontrados en la carne, el pescado, los huevos y otros alimentos animales, pero no en plantas, como linaza y algas, las cuales contienen omega-3 de cadena más corta que los humanos no pueden convertir fácilmente en las versiones de cadena más larga. Se considera que sólo los omega-3 EPA y DHA de cadena larga son beneficiosos para la salud (Galán et al., 2010; Rauch, 2010; Kromhout, Giltay y Geleijnse, 2010; Plourde y Cunnane, 2007, en "no pueden convertir fácilmente").

† Dimitrios Trichopoulos analizó la información de EPIC sobre casi 24000 hombres griegos y encontró que el hábito de una siesta diaria estaba asociado con 37 por ciento de los índices más bajos de muerte por enfermedad cardiaca. Sin embargo, considera que el hallazgo fue una asociación, y que el mismo efecto puede lograrse durmiendo más durante la noche, como observaron los autores del estudio (Naska et al., 2007, p. 2143).

dice Ferro-Luzzi: "No pudimos decir qué exactamente era lo más importante [...] porque la investigación es demasiado vaga. Aun cuando recomendamos comer más frutas y verduras, no es significativo. No es posible saberlo".*

Ferro-Luzzi, por supuesto, había identificado el problema de la falta de una definición firme para la dieta desde el principio, y lo vio propagarse cuando Willett introdujo formalmente la dieta en 1993. ¿Tal vez la dieta era demasiado complicada, con demasiados factores, como para ser definida de una forma lo suficientemente precisa como para un estudio científico significativo? Estas dificultades en la decisión no se esfumaron, ni siquiera cuando los países mediterráneos y las industrias interesadas siguieron vertiendo fondos para la investigación. Y habría todavía más decepciones en la investigación.

Recuerda que, cuando Walter Willett develó la pirámide mediterránea, no se habían hecho pruebas clínicas controladas de la dieta hasta ese momento. La evidencia, por tanto, se había limitado a estudios epidemiológicos que, hasta hace poco, han servido como los jugadores estrella de la evidencia fundamental de la dieta. El primero de estos estudios fue, por supuesto, el estudio original de los siete países. Después de eso, el esfuerzo más grande fue el estudio EPIC, con el grupo griego de Trichopoulou. Éste y otros estudios más pequeños eran prometedores, pero no podían, por su propio diseño, ofrecer resultados definitivos (dado que la epidemiología sólo puede mostrar asociaciones), y muchos de los resultados que sí ofrecían eran contradictorios. Varios estudios habían mostrado, por ejemplo, que un patrón mediterráneo de alimentación estaba asociado con la disminución de los índices de diabetes, síndrome metabólico, asma, enfermedad de Parkinson y obesidad, y estos resultados eran emocionantes. Sin embargo, Trichopoulou encontró, cuando mezcló la información de sus sujetos griegos con la de europeos de otros países que también habían sido parte del estudio EPIC —en total 74 600 hombres y mujeres ancianos de nueve países—, que la dieta mediterránea no estaba asociada confiablemente con una reducción del riesgo coronario.†

---

* Incluso las frutas mismas, desde plátanos y moras azules, hasta aguacates, tienen diferentes composiciones de macronutrientes, fibra, antioxidantes y azúcar.

† Trichopoulou descubrió sólo una muy pequeña reducción en el riesgo de ataque cardiaco asociado con la dieta, y en Alemania la asociación era a la inversa. Aún más, la dieta se definió como mediterránea "modificada" porque, como señaló un crítico, no sólo incluía aceite de oliva, sino aceites vegetales. Trichopoulou explicó que el punto

Estos estudios epidemiológicos siguieron sufriendo por la definición ambigua de la dieta. Sin embargo, mientras que Ferro-Luzzi ya se había dado por vencida de encontrar una solución al problema, Trichopoulou siguió intentándolo. En 1995, desarrolló el puntaje de la Dieta mediterránea, el cual reducía toda la dieta a ocho factores y asignaba un punto a cada uno.* Una persona ganaría un punto por comer una cantidad "alta" de cada uno de los grupos de alimentos "protectores" (éstos incluían 1. Verduras/papas, 2. Leguminosas/nueces/semillas, 3. Frutas, 4. Cereales). Esos eran cuatro puntos posibles en total. Otros tres puntos como máximo se daban al comer una cantidad "baja" de cada uno de los grupos de alimentos "no protectores" (5. Un radio alto de aceite de oliva frente a grasa animal, 6. Productos lácteos y 7. Carne y aves). El elemento 8 era el alcohol, y una persona obtenía un punto para este elemento al lograr un consumo medio.

El puntaje de Trichopoulou simplificó dramáticamente el estudio de la dieta mediterránea y a los investigadores les encantó. Desde entonces se han introducido dos docenas de otros índices similares, comprendido desde cualquier punto entre 7 y 16 componentes alimenticios. Pero no todos se convencieron de su utilidad. En una revisión extensa de los índices, un grupo de profesores de la Universidad de Barcelona expresó dudas considerables. Por ejemplo, ¿qué es "muchas" verduras, y qué es un "poco" de carne?† Además, estas clases de índices asumen, sin ningún fundamento científico, que cada componente contribuye igualmente a la enfermedad cardiaca. Pero, ¿podemos decir que alguien que no come verduras (menos 1 punto) y otra persona que no come nueces (también menos 1 punto) han aumentado su riesgo en exactamente la misma cantidad? No existe evidencia para responder esta clase de pregunta.

Una voz crítica más incisiva ha sido la de Andy R. Ness, director del departamento de epidemiología de la Universidad de Bristol, quien me

---

del análisis era simplemente observar las grasas insaturadas, una categoría que incluía ambas clases de aceites. Sin duda también fue cierto que el estudio no separó el aceite de oliva porque no podía (Vos, 2005, p. 1329, "señaló un crítico").

* Trichopoulou basó la cantidad meta de cada uno de estos elementos en los patrones de consumo de 182 hombres y mujeres ancianos en un pueblo remoto de Grecia, a quienes estudió en 1995 y asumió que comían de la forma tradicional (Trichopoulou et al., 1995).

† Estos investigadores también dudaron de si un índice derivado del estudio de ancianos griegos en un pueblo de las montañas podría aplicarse a un grupo enteramente diferente, como los jóvenes españoles.

dijo que los índices, además de otros problemas, "no consideran el consumo total de energía [calorías], mientras que con todo lo demás que hacemos en este campo, nos ajustamos a la cantidad de alimento que la gente come". En conjunto, dijo, el pensamiento crítico aplicado a estos índices ha sido "bastante extremo".

En su defensa, Trichopoulou responde que sus esfuerzos han sido al menos impulsar el campo hacia adelante, y eso es cierto. Lo que parece simplemente inevitable es que la persistencia de la dieta por eludir una definición clara necesite esta clase de ciencia endeble, abriendo la puerta para que entren la pasión y la parcialidad.

"Nosotros, como equipo en la Escuela de Medicina de Atenas, queremos conservar lo que hemos desarrollado durante generaciones. ¡Eso es lo que pedimos!", me dijo Trichopoulou una vez, y este comentario parece confirmar la opinión de sus colegas, de que está motivada tanto por la "Madre Grecia" como por la ciencia. "Antonia tal vez es culpable, como todos, de pensar con el corazón", dice su antigua colega Elisabet Helsing, quien, como Consejera de Nutrición para la OMS en Europa, estuvo involucrada en todo el trabajo preliminar sobre la Dieta mediterránea. "Muchos de nosotros en este campo nos dejamos llevar por el corazón en lugar de la cabeza. La evidencia nunca fue tan buena." O, como escribió el epidemiólogo Frank B. Hu en 2003, en una ruptura con sus colegas, la Dieta mediterránea "ha estado rodeada por mito y evidencia científica por igual".

La costa mediterránea de India: problemas con las pruebas clínicas

Todavía era posible que pruebas clínicas bien dirigidas, las cuales son capaces de demostrar causalidad, finalmente demostraran que la Dieta mediterránea era superior. ¿Dónde están esas pruebas? Bueno, hubo algunas, pero el problema fue que sólo eran del tipo mediterráneas; aun así, servirían como los caballos de guerra de la evidencia para la dieta, citadas repetida y ampliamente. Por ende, vale la pena verlas brevemente, aunque sea sólo para mostrar qué tan lejos llevarán los expertos en nutrición su evidencia para reforzar una hipótesis preferida.

La primera, con resultado en 1994, fue el Estudio de Lyon sobre la dieta y el corazón. Los investigadores de un hospital cardiovascular en Lyon, Francia, tomaron a un grupo de 600 personas de mediana edad (casi todos hombres) que habían sufrido un ataque cardiaco en los últimos seis meses y los dividieron en dos grupos iguales. La gente en el grupo de controles debía seguir las recomendaciones normales de sus médicos y a los otros se les asignó seguir un régimen estilo mediterráneo. Los investigadores habían querido imitar la dieta cretense de la década de 1960, pero no pudieron ver cómo convencer a los franceses, para nada familiarizados con el sabor, de adoptar el aceite de oliva. Así que, en cambio, formularon una margarina especial hecha con aceite de canola y la entregaron a los sujetos en tubos gratis cada dos meses. También se recomendó a los sujetos seguir una dieta "del tipo mediterráneo" con más pescado, carne blanca en lugar de roja (y menos carne en general), y más frutas y verduras.

Después de dos años más o menos, el grupo que comía la margarina especial había sufrido 3 ataques cardiacos fatales y 5 no fatales, comparado con 16 fatales y 17 no fatales del grupo de controles. Las muertes por otras causas también fueron más bajas en el grupo que comía la margarina especial (8, comparadas con 20 entre los controles). Las diferencias de supervivencia entre los dos grupos eran tan grandes que los investigadores dejaron el experimento prematuramente para empezar a prescribir la Dieta mediterránea a todos. Y durante casi dos décadas, el Estudio de Lyon fue el estudio estrella, citado en todas partes como un apoyo clave para la efectividad de la dieta.

Pero el estudio tuvo suficientes problemas metodológicos para dar a cualquier persona razonable algo en qué pensar: era pequeño ("irremediablemente sin el poder estadístico suficiente", lo que significa que no tenía suficientes sujetos, como comentó un investigador). Aún más, aparte de la margarina, los participantes del estudio cambiaron su dieta de lo que usualmente comían por sólo una minúscula cantidad, comiendo sólo un poco más de pescado —equivalente a más o menos una tira de anchoa al día—, así como el equivalente de una zanahoria y la mitad de una manzana pequeñas para su consumo adicional de fruta y verdura al día, comparado con el grupo de controles. Y estas diferencias pudieron no existir, dado que sólo se evaluó un puñado de las dietas de los controles, lo que fue un fallo inmenso, dado que la dieta era la variable estudiada.*

---

* Estos problemas se describen en un documento para la Asociación Americana del Corazón, la cual se vio en la penosa necesidad de intentar reconciliar sus propias recomendaciones de la dieta baja en grasa con el éxito de la dieta relativamente alta en grasa utilizada en el estudio de Lyon. Los autores concluyeron que la dieta había sido tan

La diferencia entre los dos grupos era la margarina especial. ¿Qué contenía la margarina? Faltamente para el estudio de la Dieta mediterránea, el perfil graso de la margarina no se parecía en nada al del aceite de oliva. La margarina era alta en ácidos grasos alfalinolénicos, una grasa poliinsaturada de omega-3 encontrada en nueces, semillas y aceites vegetales, mientras que el aceite de oliva contiene una grasa monoinsaturada llamada oleica. Estas grasas son totalmente distintas en sus estructuras químicas y también en sus efectos biológicos en los humanos. Así que, cualesquiera que sean las lecciones del Estudio de Lyon sobre la dieta y el corazón, claramente no son sobre la Dieta mediterránea.

Además del Estudio de Lyon, hubo otra prueba clínica que los expertos promovieron ampliamente durante muchos años como evidencias fundamentales para la Dieta mediterránea, ya que parecía mostrar los beneficios de una dieta alta en alimentos vegetales y baja en grasas saturadas. Como en Lyon, los investigadores intervinieron en las dietas de personas de mediana edad que recientemente habían sufrido un ataque cardiaco. Un grupo tuvo una dieta "que contenía grosella estrellada, uvas, manzanas, limas, plátanos, limones, pasas, membrillo, melón, cebollas, ajo, tricosantes, semillas y hojas de fenogreco, champiñones, calabaza amarga y de botella, raíces de loto, garbanzos y frijoles negros [...] y aceites de soya y girasol".

¿Suena como la dieta cretense de 1960? No exactamente. Ram B. Singh, un practicante privado, aparentemente realizó este experimento en una locación junto a su casa en Moradabad, India, a finales de la

---

mínimamente analizada en ambos grupos, que "planteaba preguntas sobre el papel de la dieta" como responsable de los "resultados reportados". Es bastante posible que los mejores resultados de salud vistos en el grupo experimental se debieran enteramente a lo que se llama el "efecto intervención", como los directores mismos del estudio de Lyon reconocieron. Esto hace referencia a la forma positiva en que un sujeto en estudio responde a una intervención, como una clase de asesoramiento dietético o incluso sólo un poco de atención añadida de los administradores del estudio, que invariablemente genera mejores resultados para estos sujetos, comparados con quienes no lo tienen. Las pruebas, por tanto, se suelen diseñar para intentar proveer experiencias iguales a ambos grupos, el experimental y el de control, para evitar este efecto. En el caso del estudio de Lyon, sin embargo, miembros del grupo experimental al principio recibieron instrucciones personalizadas y detalladas sobre la dieta, además se les recordaba semanalmente de su participación en el estudio con las entregas de margarina, mientras que el grupo de controles no recibió las mismas intervenciones. En un texto anterior sobre el estudio, que no citaron en los resultados finales, los investigadores reconocieron estas diferencias significativas en las experiencias de sus dos grupos de estudio (Kris-Etherton *et al.*, 2001, "un documento para la Asociación Americana del Corazón"; de Logheril *et al.*, 1994; de Logheril *et al.*, 1997).

década de 1980. La dieta limitaba la carne y los huevos, y recomendaba una abundancia de frutas y verduras, lo que de alguna manera justificó su caracterización como una dieta "tipo mediterráneo", que es como los científicos tienden a describirla en la literatura. Los aceites vegetales utilizados casi no se parecían al aceite de oliva, y los alimentos eran muy distintos, pero estas cuestiones se ignoraron en su mayoría y el Estudio Indomediterráneo del Corazón, como se le llamó sugestivamente durante muchos años, se citó con frecuencia en apoyo al régimen mediterráneo.

Con el tiempo se descubrió que el trabajo de Singh tenía tantos problemas —los diarios de alimentación de los participantes parecían fabricados y los niveles de colesterol sérico se calcularon utilizando métodos obsoletos desde hacía mucho, entre varias otras cosas—, que el prestigioso *British Medical Journal* (BMJ), que había publicado uno de sus estudios en primer lugar, hizo una amplia investigación. Finalmente se publicó bajo el título "Sospecha de fraude en una investigación", junto con una investigación estadística que concluía que la información de Singh era "fabricada o falsificada". Los editores de BMJ expresaron sus serias reservas sobre el estudio y sólo les faltó tener que retractarse.*

Años después, sin embargo, el estudio de Singh todavía se incluía en las críticas de la Dieta mediterránea en la literatura científica, incluyendo una influyente de Lluís Serra-Majem, en 2006. Como director de la Fundación de la Dieta Mediterránea en Madrid, el grupo internacional más importante que promueve la dieta hoy en día,† Serra-Majem tuvo toda la razón en enfatizar la evidencia positiva, pero insistió en que, "debemos tener cuidado con lo que hacemos, porque de otro modo no tendremos credibilidad". De hecho, en su revisión de la literatura, descartó muchos estudios por ser demasiado pequeños o metodológicamente débiles. Por ejemplo, algunos de los investigadores la llamaban

---

* Parece que Singh pasó la misma información como si proviniera de diferentes pruebas clínicas y logró publicarla en una serie de revistas prestigiosas, incluyendo *The Lancet*, *American Journal of Clinical Nutrition* y *American Journal of Cardiology*. Fue el primer autor en textos que decían informar sobre 25 pruebas clínicas hechas entre 1990 y 1994, una cantidad imposiblemente alta, y una de las razones que despertaron la sospecha por su trabajo (White, 2005, p. 281).

† Su fundación está financiada por el Instituto Español de Agricultura y por industrias interesadas, incluyendo Dannon y Kellogg's. Serra-Majem es honesto sobre sus motivos: "El interés es promover los productos del Mediterráneo", y añade que, dado que los fondos del gobierno son escasos, sin el financiamiento de la industria no podría hacer investigación (Serra-Majem, entrevista con la autora, 2 de agosto de 2008; http://dieta mediterranea.com/directorio-mediterraneo/enlaces-mediterraneos/).

"mediterránea" simplemente porque contenía aceite de oliva, algunos gramos más de nueces o un par de copas de vino. Sin embargo, cuando le pregunté sobre su inclusión de la prueba Singh, me confesó: "Quería dejar la puerta abierta para ese estudio […] pero sí me sentí un poco mal, como cuando vas a un juicio y te das cuenta de que uno de tus testigos no es tan bueno".

Como muchos revisores antes que él, Serra-Majem también incluyó la prueba GISSI-Prevenzione de Italia, la cual, a pesar de ser citada ampliamente en apoyo a la Dieta mediterránea, era realmente una prueba para analizar la efectividad de los aceites de pescado y los suplementos de vitamina E en los participantes que casualmente comían algo parecido a una Dieta mediterránea. Ésta no era la intervención intencional del estudio, así que los investigadores tuvieron que cambiar la hipótesis del estudio retroactivamente para incluir conclusiones sobre la dieta. Pero alterar una hipótesis después del hecho no se considera realmente como ciencia aceptable, dado que introduce la posibilidad de parcialidad por parte de los investigadores y cualquier conclusión resultante se considera entonces débil, cuando mucho.

Serra-Majem obviamente invirtió en encontrar apoyo para la Dieta mediterránea; fue él quien hizo la solicitud a la UNESCO para aceptar la dieta en nombre de España, Grecia, Marruecos e Italia. Pero no sería justo señalar sólo a una persona por sobreinterpretar la evidencia; la cita dudosa de estas pruebas clínicas simplemente creció hasta convertirse en la norma entre los investigadores en el campo. Colectivamente, con el paso del tiempo, dejaron de verse los fallos y se enfatizaron los mejores resultados, hasta que se incluyó en los registros históricos un cuerpo de evidencia que parecía justificar las recomendaciones dietéticas. El mismo pensamiento común se dio cuando la gran mayoría de los investigadores sobreinterpretó los estudios sobre la hipótesis de la dieta y el corazón para poder promover la dieta baja en grasa. Un acuerdo tácito de hacerse de la vista gorda frente a los fallos de la evidencia ha sido una estrategia necesaria para la supervivencia de estas dos dietas oficiales.

Una prueba de la Dieta mediterránea real

Los expertos en nutrición estaban justificablemente eufóricos cuando salieron los resultados de la prueba de la dieta real, no una con margarina especializada ni con comida india, sino algo cercano a la Dieta mediterránea como tal.

La primera gran prueba se realizó en Israel en 2008.* Estaba bien diseñada y fue rigurosa, con un grupo internacional de profesores a bordo, incluyendo al epidemiólogo Meir Stampfer de la Escuela de Salud Pública de Harvard. Estos investigadores seleccionaron a 322 personas de mediana edad, moderadamente obesas, la mayoría hombres, y les dieron de comer una de tres dietas: una baja en carbohidratos, una baja en grasa y la tercera mediterránea.† Se les dieron comidas especialmente preparadas en la cafetería de una empresa, lo que permitió un alto grado de control sobre lo que comían y cuánto comían. El experimento duró dos años, un tiempo considerablemente largo para una prueba que involucra supervisar la preparación y el servicio de comida.

Durante todo el estudio, los que seguían la Dieta mediterránea tuvieron un menor riesgo de enfermedad cardiaca que los que estaban en la dieta baja en grasa. Comparado con el grupo bajo en grasa, los que hicieron la dieta mediterránea mantuvieron triglicéridos más bajos, más colesterol "bueno" HDL, menos colesterol "malo" LDL, menos proteína C reactiva (un indicador de inflamación crónica) y menos insulina (un marcador de la diabetes); también perdieron más peso, cinco kilos en promedio, comparado con 3.5 kilos para el grupo bajo en grasa. La Dieta mediterránea por tanto se veía mejor que la dieta baja en grasa en todas las formas posibles. "Así que mi conclusión conservadora es no comenzar con una dieta baja en grasa", dijo Stampfer, un pronunciamiento que habría sido impensable una década antes, a principios del año 2000, cuando se concibió el estudio.

Definitivamente, éstos son resultados positivos para la amada Dieta mediterránea. Pero, ¿sugieren que la dieta es mejor? Stampfer insiste en el hecho de que la gente en esta dieta no tuvo ningún problema para adherirse a ella, lo que es importante. Pero eso puede deberse al hecho

---

* Hubo otra prueba a largo plazo (dos años) sobre una dieta mediterránea, con resultados en 2004, pero fue pequeña y se resumió a hombres y mujeres con síndrome metabólico, así que los expertos en nutrición no le prestaron mucha atención (Esposito et al., 2004).

† La dieta "mediterránea" que los investigadores utilizaron estaba basada en la pirámide de Walter Willett, era "rica en verduras y baja en carne roja, con aves y pescados remplazando la res y el cordero". Era baja en calorías (1 500 al día para mujeres y 1 800 al día para hombres), con una meta de no más de 35 por ciento de calorías de grasa; las fuentes principales de grasa añadida eran 30 a 45 gramos de aceite de oliva y un puñado de nueces (cinco a siete nueces, o menos de 20 gramos) al día.

de que, como eran israelíes, era su gastronomía local. De hecho, lo que a Stampfer no le gusta pregonar, y lo que el informe del estudio mismo no enfatiza, fue el notable éxito del tercer brazo del estudio. Éste era el grupo que comía una dieta baja en carbohidratos, relativamente alta en grasa. Los participantes de esta dieta, resulta, eran los más sanos de todos. Perdieron incluso más peso (6 kilos) y sus biomarcadores para enfermedad cardiaca se veían mejor: los triglicéridos estaban más bajos y su colesterol HDL mucho más alto que el de los otros dos grupos. Sólo el colesterol LDL se veía mejor para las personas de la Dieta mediterránea, pero este biomarcador ha demostrado ser menos confiable de lo que se pensaba antes. Por tanto, aunque el hallazgo no ha recibido ninguna atención, realmente no hay duda de que la dieta baja en carbohidratos fue mejor que la baja en grasa y la mediterránea.

Luego, en 2013, surgió un gran estudio español que atrapó los encabezados a nivel mundial y parecía cimentar los beneficios de salud de la Dieta mediterránea de una vez por todas. Ese estudio, llamado Prevención con Dieta mediterránea, o Predimed, estuvo bajo la dirección de un equipo que incluía a Serra-Majem. El estudio era un proyecto tremendo, con 7 447 hombres y mujeres de 55 a 80 años, asignados a uno de tres grupos. A dos grupos se les dijo que comieran una dieta mediterránea, para la cual eran responsables de cocinar y preparar las comidas. Además, uno de los grupos mediterráneos recibía provisiones extra de aceite de oliva extra virgen, mientras que el otro recibía nueces extra gratis. Un tercer grupo no recibió comida gratis y sirvió como control.*

Después de un periodo mediano de estudio, de cinco años, 109 personas en el grupo de controles habían sufrido un "evento cardiovascular" (infarto, ataque cardiaco o muerte relacionada con enfermedad cardiaca), comparado con 96 entre las personas de la Dieta mediterránea con aceite de oliva extra virgen y sólo 83 en el grupo mediterráneo con nueces extra. "Se demostró que la Dieta mediterránea protegía de ataque cardiaco e infarto", anunció el *New York Times* en la primera página del periódico.

---

* Este estudio usó un "puntaje de la dieta mediterránea" de la clase que Trichopoulou inventó (véase la p. 227) para evaluar el cumplimiento de la dieta. El puntaje se formaba de 14 elementos para las personas en la dieta mediterránea y 9 elementos para los controles. El consumo de ciertos elementos como huevos tuvo que ignorarse porque sólo podía contabilizarse una cantidad limitada de elementos (Estruch *et al.*, 2013, pp. 24 y 26).

Sin embargo, si se observa el grupo de controles de Predimed, los sujetos no estaban comiendo una dieta española normal. Estaban en cambio en una dieta baja en grasa porque esa dieta ha sido el estándar internacional desde hace muchas décadas. Se recomendó a este grupo bajo en grasa que evitara los huevos, las nueces, los pescados grasosos, los aceites y los alimentos altos en grasa de todas clases. Pero esa dieta, como sabemos, ahora se ha estudiado extensamente, incluyendo en la Iniciativa de Salud de la Mujer, la prueba dietética más grande realizada. Y se ha demostrado convincentemente que esa dieta no tiene ninguna capacidad de combatir la enfermedad cardiaca, el cáncer o la obesidad. Así pues, tanto Predimed como la prueba israelí, simplemente demostraron que la dieta mediterránea era mejor que la dieta baja en grasa.*

Si la prueba israelí nunca hubiera existido, todos habrían podido asumir que la opción mediterránea en Predimed era el mejor régimen posible para la salud. Pero ese tercer brazo bajo en carbohidratos en Israel había revelado que todavía era posible una mejor opción. (Pruebas anteriores más pequeñas descubrieron lo mismo, como veremos en el capítulo 10.) La Dieta mediterránea bien puede haber superado a la dieta baja en grasa simplemente porque daba más grasa, dado que la diferencia más grande entre los grupos bajo en grasa y mediterráneo fue la cantidad de nueces y aceite de oliva que comían. ¿Realmente se puede considerar un logro ser mejor que ese régimen bajo en grasa fallido de la AHA y el USDA?

Es perfectamente posible que cualquier dieta nacional se viera mejor cuando se comparaba con la dieta baja en grasa. Tal vez la dieta tradicional chilena o neerlandesa, por ejemplo, o la de cualquier país que incluyera alimentos sin refinar, tradicionales, mostraría menos eventos cardiovasculares en comparación con una dieta baja en grasa. No lo sabemos porque no han realizado tales experimentos. Sólo la Dieta mediterránea se ha estudiado ampliamente. Ha monopolizado el panorama científico con sus múltiples días en el sol del Mediterráneo.

---

* Unos cuantos críticos notaron este punto y también observaron que la agrupación de varias condiciones en el punto de referencia de la "salud cardiovascular" oscurecía el hecho de que no había habido menos ataques cardiacos entre las personas en la dieta mediterránea, comparada con los controles. El único hallazgo significativo había sido una baja de infartos, y ésa era una reducción absoluta "menor" vista sólo en el primer año del estudio (Opie, 2013).

Reconsiderando por qué los cretenses eran longevos

Aunque se tiene que escarbar en el apéndice de Predimed para descubrir esto, los participantes de las diversas ramas del estudio comieron la misma cantidad de grasa saturada. Es decir, comieron la misma cantidad de grasa en carne, huevos, queso y similares. "Bueno, creo que la grasa saturada no es el problema principal", me dijo Serra-Majem antes de que salieran los resultados del estudio.

Si eso es cierto, entonces Keys y su equipo probablemente estaban equivocados al concluir que los índices bajos de enfermedad que observaban en Grecia e Italia se debían a la ausencia de grasa animales que ellos medían. Estos investigadores se predispusieron a descubrir que la grasa saturada era el problema. ¿Quizá pasaron por alto otros aspectos de la dieta que habrían podido explicar mejor la falta de enfermedad cardiaca entre estas personas longevas? Parece que vale la pena regresar al estudio de los siete países y darle otro vistazo.

Aparte del "problema de la Cuaresma" (véase la página 57) y del hecho de que Keys estaba observando una población durante un tiempo inusual por las carencias de la posguerra, su estudio sobre Creta tenía otros problemas igual de preocupantes. Notablemente, el tamaño de su muestra parece ser un mero puñado de gente. Keys diseñó su estudio, en principio, con dos fuentes de información dietética en mente: cuestionarios escritos de una muestra más grande de la población —655 hombres en el caso de los griegos— y una colección de duplicados de todos los alimentos en realidad consumidos durante el curso de una semana de una muestra mucho más pequeña. Esta colección de alimentos era para revisar las respuestas de los cuestionarios. Sin embargo, decepcionantemente, las respuestas no concordaron como se esperaba. Las dos fuentes de información dietética daban resultados que no podían reconciliarse. Así que Keys asumió que los hombres cretenses debían haber dado respuestas imprecisas a los cuestionarios, e hizo algo un tanto impactante. Aunque para darse cuenta hay que leer con cuidado entre las líneas de sus textos, Keys terminó simplemente deshaciéndose de la información del cuestionario que había recolectado de los 655 hombres en Corfú y Creta.* Eso dejaba sólo una fuente de información

---

* El descontento de Keys con las encuestas dietéticas como herramienta para la investigación en nutrición surge en artículos hacia el final de su carrera: "Cuando simplemente se le pregunta a la gente sobre su dieta, sus ideas de vez en cuando reflejan sus propias ideas de los estereotipos; tienden a repetir las mismas respuestas, ya sea que de verdad

dietética para sus cálculos: la colección de alimentos del grupo más pequeño de hombres. Se recolectaron estas comidas en tres ocasiones diferentes en Creta y sólo una vez en Corfú. Keys fue a Corfú dos veces en realidad, pero tuvo que desechar un conjunto de información porque parte de las grasas habían sido "destruidas en el proceso". Los contenedores de barro utilizados para transportar las muestras de comida absorbieron otras grasas. Al final, resultó que sólo 30 o 33 hombres se analizaron en Creta y 34 en Corfú.

Éstos son entonces los fundadores de la Dieta mediterránea, cuyas comidas a lo largo de algunas semanas hace 50 años han influido en el curso entero de la historia de la nutrición en el hemisferio occidental. Una muestra tan pequeña de ninguna manera era representativa estadísticamente de los 8.375 millones de griegos, o siquiera de los 438 000 cretenses en 1961. De acuerdo con fórmulas estadísticas, Keys necesitaba una muestra de 384 personas en cada isla, que sí tenía, hasta que descartó la información de la encuesta.

Sin embargo, Keys dejó la sorprendente impresión en sus primeras publicaciones de que había basado sus cálculos en información dietética de todos los 655 hombres cretenses que había estudiado, y esta representación se ha pasado a través de la literatura científica.

Cuando llamé a un destacado experto en epidemiología nutricional, Sander Greenland, de la Universidad de California, en Los Ángeles, para preguntar sobre el tamaño de la muestra de 33 hombres en Creta, casi pude escuchar sus cejas subir. "Si los 33 se alineaban perfectamente con respecto a alguna hipótesis predicha", me dijo, "una de las posibilidades puede ser fraude". Grupos de información pequeños que "se ven 'demasiado bien' se consideran señales de un posible fraude", dijo. "En otras palabras, esa información de Keys suena tambaleante como gelatina en un terremoto cretense."

Mucho después de que Keys publicara la información en la década de 1980, los líderes del estudio de los siete países reconocieron que

---

correspondan con la realidad o no". Sin la información de la encuesta, sin embargo, Keys ya no tenía registro de los alimentos individuales que se comían. Cuando sus colegas intentaron describir la dieta cretense real para una de las primeras conferencias de Trichopoulou sobre la dieta mediterránea, escribieron que sus encuestas se habían "perdido" y que por tanto habían tenido que reconstruir la dieta lo mejor que pudieron del texto original de Keys sobre la dieta griega. Entre sus dificultades estuvo el hecho de que Keys no había hecho mención del consumo de frutas ni verduras en Creta (Keys, Aravanis y Sdrin, 1966, p. 585; Kromhout *et al.*, 1989; Kromhout y Bloemberg, en Kromhout, Menotti y Blackburn, 2002, p. 63).

incluso en esa pequeña muestra había tanta variación de una visita a la siguiente que no se pudo concluir mucho sobre la dieta a partir de esa información. Pero ese calificador ya se perdió en la historia.

Entonces, encima de esa información tambaleante, Walter Willett construyó su pirámide. Y su equipo de investigadores tuvo una conexión todavía más precaria con la realidad original de la dieta cretense en la década de 1960. Por ejemplo, su pirámide no contiene leche fresca, pero esto parece ser un error. Le pregunté a los miembros del equipo de Harvard sobre esta omisión en una reunión de Oldways en 2008; estaban en el podio y levanté la mano entre el público. Keys había publicado un artículo sólo unos años antes de que saliera la pirámide, diciendo que el cretense promedio consumía 230 mililitros (una taza) de leche fresca al día, principalmente de cabra, pero también de vaca, que era más de lo que bebía el grupo en Estados Unidos. "¿Por qué no incluyó esta información en la pirámide?", pregunté. Willett incluso citó este artículo de Keys,* pero luego explicó que estaba excluyendo de todas formas la leche porque era muy "alta en ácidos grasos saturados, los cuales se cree que causan enfermedad cardiaca coronaria". Un miedo por la grasa saturada parecía vencer a todas las demás consideraciones, incluso la información misma sobre consumo de leche. Y en respuesta a mi pregunta, el equipo en el podio en Cambridge recordó sólo el comentario de Willett de 15 años antes: la leche "no se consumía generalmente", dijeron.

Otra discrepancia histórica en la pirámide de la dieta mediterránea es la casi ausencia de carne roja. Esto es irónico porque los cretenses en realidad preferían carne roja. "En Creta, la carne es sobre todo de cabra, res y carnero, con el ocasional pollo o conejo. En Corfú, la carne es sobre todo de res y ternera", escribió Keys. Una primera encuesta de la dieta cretense también mostró lo mismo. Y es difícil encontrar un libro de cocina o un texto histórico en Italia, España o Grecia que no deje claro que las poblaciones en estos países preferían cordero, cabra y buey por encima de las aves. Los antiguos griegos tampoco se agasajaban con pollo. *La Ilíada* describe la cena que Aquiles da para Odiseo de esta manera: "Patroclo puso una gran banca frente al fuego y colocó encima la espalda de una oveja y una cabra gorda y el lomo de un gran jabalí rico en grasa".

* De hecho, el artículo de Keys es el único que el equipo de Willett cita para documentar el consumo de leche en ese periodo (su otra fuente principal era un estudio que agrupaba "la leche y el queso") (Kushi, Lenart y Willett, 1995, p. 1410S).

Entonces, ¿cómo es que la pirámide de la Dieta mediterránea recomienda lo contrario: aves varias veces a la semana y carne roja sólo algunas veces al mes? Después de todo, la recomendación dramáticamente baja de carne roja era, como Willett escribió, un "gran distintivo" de su pirámide.

Parte de la respuesta es que Keys simplemente agrupó todos los alimentos que los cretenses comían y envió la mezcla de vuelta a su laboratorio en Minnesota para que la analizaran. La información resultante que sacaba de su impresora no era una lista de alimentos como caracoles, borrego e hígado. En cambio, era una lista de macronutrientes: grasa saturada, grasa monoinsaturada, proteína, carbohidrato y demás. El contenido de grasa saturada resultó ser bajo, probablemente porque Keys recolectó un tercio de su información cretense durante el ayuno de la festividad de la Cuaresma, cuando los alimentos animales se restringen mucho. Sin embargo, en su texto sobre carne, Willett y sus colegas no citan ninguno de los informes originales de Keys sobre los alimentos reales consumidos. Willett me dijo que se apoyó en sus propios hallazgos epidemiológicos sobre la carne roja y que hasta donde consultó el trabajo de Keys, simplemente miró el perfil de macronutrientes y seleccionó a las aves como la carne que mejor le quedaría a la especificación baja en grasa saturada.*

Fue todo un salto. No sólo la selección de pollo como la fuente de carne dominante no tiene fundamento en la historia de la dieta mediterránea, sino que uno podría cuestionar razonablemente si el pollo tiene el mismo efecto en la salud que las cabras o el cabrito o el cordero cretense. La carne roja, por ejemplo, tiene mucho mayor abundancia de vitaminas B_{12} y B_6, así como los nutrientes selenio, tiamina, riboflavina y hierro, que el pollo.

Así que parece que Willett y su equipo eligieron el pollo porque ya estaban convencidos de que la carne roja no era saludable y dieron por sentado que no podía ser parte de una dieta ideal. Recomendar cordero y res, mucho menos cabra, habría sido inconcebible, mientras que promover el pollo caía dentro de las normas aceptables.

* El equipo de Willett cita sólo un estudio para apoyar la recomendación de pollo: su propio Estudio de Salud de Enfermeras, el cual mostró una asociación entre los índices de enfermedad cardiaca más bajos y el mayor consumo de una categoría llamada "pescado y pollo". La asociación observada podría entonces haberse debido al pescado en lugar del pollo. El resto de la evidencia que Willett y su equipo utilizaron para apoyar la elección de pollo no es en favor del pollo, sino en contra de la carne roja, y casi todos los estudios utilizados para apoyar este caso fueron epidemiológicos.

Parece por tanto que, al seguir la Dieta mediterránea, estamos apoyándonos en información recolectada por Keys en la Grecia de posguerra de un mero puñado de hombres, parcialmente durante la Cuaresma y luego distorsionada por el equipo de Willett que, al igual que muchos expertos, se inclinaban en contra de la grasa saturada. En la década de 1960 los cretenses claramente bebían más leche y comían más carne roja de lo que nos han hecho creer. Aun así, es curioso que esta dieta, en su tiempo, en Creta, no fuera adorada ampliamente.

Resulta que antes de que Keys llegara a Creta lo había precedido otro epidemiólogo, llamado Leland G. Allbaugh, empleado por la Fundación Rockefeller en Nueva York para mejorar su entendimiento de "bajo desarrollo". Creta fue seleccionada por su economía preindustrializada, la cual había sufrido gravemente durante la guerra. Allbaugh, buscando comprender el costo humano de estas penurias recientes, condujo un estudio detallado de la dieta cretense y, como Keys, descubrió que su alimentación "consistía primordialmente de alimentos de origen vegetal, predominante en cereales, verduras, frutas y aceite de oliva", con sólo "pequeñas cantidades" de carne, pescado y huevos. Sin embargo, lejos de adorar este perfecto ejemplo de la Dieta mediterránea, Allbaugh revela una realidad sorprendente: los cretenses se sentían abiertamente miserables por su alimentación diaria. "Teníamos hambre la mayor parte del tiempo", dijo uno. Cuando se le preguntó cómo podía mejorar su dieta, "Sólo carne o con cereal fue lo que se mencionó como el 'alimento favorito' por 72 por ciento de las familias encuestadas". Evidentemente habían comido más carne antes de la guerra y ahora sufrían sin ella.

Fue lo mismo para los campesinos de Calabria, en la bota itálica, a quienes Ferro-Luzzi había visitado en la década de 1970 y describió comiendo casi una dieta mediterránea "ideal", abundante de hojas verdes y aceite de oliva, con muy poca carne. Sin embargo, de acuerdo con Vito Teti, un historiador local que escribió sobre este periodo, los campesinos y los granjeros de Calabria consideraban esta dieta como el azote de la pobreza y expresaron un desprecio incesante por las verduras, que se consideraban "no muy nutritivas". Fue mucho más allá de un simple desagrado. Una dieta principalmente de plantas se consideraba no nutritiva, poco sana incluso, que era la principal razón de que la Cuaresma tuviera tal aversión. Una revisión rigurosa de la información de la encuesta llevó a Teti a concluir que los calabreses "consideraban la falta de comida [...] casi enteramente vegetariana como la causa [...] de la mortandad general en casos vinculados a la nutrición, la baja estatura de las personas, su debilidad física, su poca capacidad para trabajar y su debilidad psicológica". De hecho, en la década de 1960, 18 por ciento de los hombres en el sur de Italia tenían "baja estatura" (menos de 1.57 centímetros), comparado con sólo 5 por ciento en el norte, donde se consumían más alimentos animales. Los hombres de Calabria que se midieron cuando fueron al servicio militar de 1920 a 1960, eran los hombres más bajos de todo el país. Para mejorar a su gente, los calabreses, al igual que los cretenses, deseaban sobre todo una cosa, como describió Teti: "Carne es lo que estos campesinos ansían, más que cualquier otra cosa [...]. El hombre robusto, alto y 'erótico' era el hombre que había comido carne".

Por supuesto, es posible que estos campesinos estuvieran equivocados al ansiar carne. Si eran bajos de estatura, estaban hambrientos y enfermos gran parte del tiempo, como Teti documenta, entonces quién sabe si la carne era el ingrediente mágico que podía resolver esos problemas o si les hubiera servido más un mejor cuidado médico, mejor higiene o alguna otra clase de alimento.*

Un experto en nutrición actual diría que, si se satisfacía esta ansia de los pobres, podría llevar a una salud todavía más agravada. Sin embargo, las tendencias históricas sugieren que estos campesinos probablemente tenían razón. Conforme Italia y Grecia crecieron lentamente hasta volverse más prósperos después de la guerra, empezaron a dejar la dieta casi vegetariana detrás. Desde 1960 a 1990 los hombres italianos comieron 10 veces más carne en promedio, que era por mucho el cambio más significativo en la dieta italiana, aunque el pico cuantificable de índices de enfermedad cardiaca que tal vez se esperaba no ocurrió; de hecho, bajó. Y la estatura del hombre italiano común durante este tiempo aumentó casi ocho centímetros.

Lo mismo sucedió en España: desde 1960 el consumo de carne y grasa se ha disparado, mientras que al mismo tiempo se han desplomado las muertes por enfermedad cardiaca. De hecho, la mortandad coronaria durante las últimas tres décadas se redujo a la mitad en España, mientras que el consumo de grasa saturada durante este periodo aumentó más de 50 por ciento.

* Una pista de la historia es que la tradición amante de la carne en el Mediterráneo parece tener toda una genealogía desde tiempos de los romanos y los griegos antiguos. Los héroes helenos comían casi exclusivamente carne, servida con mucho pan y vino, de acuerdo con los académicos que han analizado los textos de Homero. Homero menciona sólo raras veces las verduras y las frutas, que se "consideraban por debajo de la dignidad de dioses y héroes" (Yonge, 1854, p. 41).

Las tendencias son las mismas en Francia y Suiza, cuyas poblaciones han comido una gran cantidad de grasas saturadas desde hace bastante tiempo, pero nunca han sufrido mucho de enfermedad cardiaca. Los suizos comieron 20 por ciento más grasas animales en 1976 que en 1951, mientras que las muertes por enfermedad cardiaca e hipertensión bajaron 13 por ciento para los hombres y 40 por ciento para las mujeres. Mientras que ninguna de estas tendencias puede atribuirse a un mayor consumo de carne, sí contradicen la idea de que la carne y la grasa saturada son la causa de estas enfermedades crónicas.

Esta aparente contradicción se sostiene incluso en la isla de Creta. Cuando el investigador principal de la parte griega del estudio de los siete países, Christos Aravanis, volvió a Creta en 1980, dos décadas después de su investigación inicial, descubrió que los granjeros estaban comiendo 54 por ciento más grasa saturada, pero los índices de ataque cardiaco seguían siendo extraordinariamente bajos.

Para su considerable crédito, Lluís Serra-Majem, de la Fundación de la Dieta Mediterránea, ha intentado lidiar con estos hechos, que son inconvenientes para la dieta que él promueve. Reconoce que, a pesar del aumento "espectacular" en el consumo de carne, así como la baja en el consumo de vino y aceite de oliva, los españoles están definitivamente más sanos hoy de lo que estaban hace 30 años.* En un artículo de 2004, titulado "Does the Definition of the Mediterranean Diet Need to Be Updated?" (¿Se necesita actualizar la definición de la Dieta mediterránea?), Serra-Majem concluyó con cautela: "La evidencia para [...] ciertos tipos de carne, tradicionalmente presentada bajo una luz menos favorable, justifica la revaloración de las recomendaciones para estos productos".

Al final, cuando Keys se enfocó en el bajo consumo de grasa animal como la única razón para la buena salud entre los cretenses, encontró lo que esperaba encontrar, pero era muy poco probable que estuviera en lo correcto. Su observación de que una dieta baja en grasa saturada era consistente con una enfermedad cardiaca mínima era posiblemente correcta en 1960, pero ya no en 1990. Y este error original parece haberse

---

* Serra-Majem ha sugerido que la reducción en el consumo de sal o de fumar entre los hombres pueden ser factores, o que un mejor servicio médico puede estar ayudando a la gente a sobrevivir a ataques cardiacos. Sobre este punto, sin embargo, Simon Capewell, un profesor de epidemiología clínica de la Universidad de Liverpool, ha hecho análisis detallados y ha encontrado que sólo entre un cuarto y la mitad de las bajas en muertes por enfermedad cardiaca en décadas recientes puede explicarse por cuidados médicos mejores en la mayoría de los países, incluyendo Italia (Palmieri *et al.*, 2010; Capewell y O'Flaherty, 2008; Serra-Majem, entrevista con la autora).

agravado en las siguientes décadas gracias a científicos que heredaron la parcialidad dietética de Keys. Sin duda, un campesino cretense o calabrés podía encontrar irónico que la alta sociedad de Nueva York y las estrellas de cine de Hollywood —de hecho, casi toda la gente rica en el mundo— ahora estén replicando la dieta de una población desesperada y empobrecida en la posguerra para mejorar su destino.

Estas aparentes paradojas serían irritantes, excepto que siempre ha estado a la mano una explicación alternativa para la relativa ausencia de enfermedad cardiaca en Creta: la casi total ausencia de azúcar en su dieta. Como describió Allbaugh, los cretenses "no sirven postres, excepto fruta fresca de temporada [...]. Rara vez se sirve pastel y pays casi nunca". El consumo de "dulces" en el estudio de los siete países, como se recordará, estaba correlacionado más de cerca con los índices de enfermedad cardiaca que cualquier otra clase de alimento: eran abundantes en Finlandia y Países Bajos, donde eran más elevados los índices de enfermedad cardiaca, mientras que los líderes del estudio observaron que "casi no se comían pastelitos en Yugoslavia, Grecia y Japón", donde los índices de enfermedad cardiaca eran bajos. Y estas observaciones se han demostrado con el tiempo. De 1960 a 1990 en España, por ejemplo, el consumo de azúcar y otros carbohidratos cayó dramáticamente, junto con los índices de enfermedad cardiaca, conforme se incrementó el consumo de carne. El consumo de azúcar en Italia, siempre muy bajo, también cayó durante esos años.

Todo esto hace que uno se pregunte si la Dieta mediterránea está asociada con la buena salud porque es baja en azúcar. La carne roja adicional consumida en la región en décadas recientes no parece haber sido un factor para determinar las enfermedades, mientras que el azúcar sí es una explicación posible —incluso, plausible—, y concuerda con las observaciones.

¿Todos deberíamos ser mediterráneos?

Investigadores internacionales fuera del Mediterráneo estudiaron la dieta porque esperaban aprender el secreto para una buena salud y porque se sentían atraídos por la belleza y el romance de la región. El dinero del aceite de oliva engrasaba sus ruedas. Y los investigadores dentro del Mediterráneo estudiaron la dieta porque esperaban cuidar su salud junto con sus atesoradas tradiciones en peligro de desaparecer. Como Serra-Majem me dijo: "Para nosotros es muy importante porque no es una receta nutricional, sino una forma de vida. La Dieta mediterránea no es sólo sobre nutrientes, sino sobre toda una cultura". Es un hermoso sentimiento, y uno puede simpatizar fácilmente con los sentimientos de las personas que temen la homogenización y la destrucción de su legado. Pero también podríamos preguntarnos: ¿Otras sociedades no deberían ser capaces también de transmitir sus propias culturas a través de su gastronomía? ¿Los suecos deberían abandonar las recetas de sus abuelas, basadas en mantequilla? ¿Un alemán debería dejar las salchichas? ¿Los chilenos o los neerlandeses o sus descendientes en Estados Unidos deberían dejar sus dietas nacionales porque los expertos internacionales les están diciendo que coman como los griegos y los italianos? Con un poco de estudio, otras dietas nacionales también pueden superar a una dieta baja en grasa, como lo hizo la mediterránea, y valdría la pena explorarlas también por la contundente razón de que la tradición gastronómica de una persona engloba generaciones de recetas y una herencia cultural única.

Dado que Estados Unidos es una nación de inmigrantes y muchos de nosotros hemos perdido nuestra conexión con la gastronomía original de nuestra tierra natal, probablemente somos más susceptibles a la guía de los expertos en nutrición, mismos que nos han sugerido una deliciosa forma de comer, pero también podemos preguntarnos: ¿Todos deberíamos ser mediterráneos?

La dieta mediterránea ha sido una bendición de cierta manera. Ofreció alivio durante un periodo particularmente austero y restrictivo en la gastronomía estadounidense. Ofreció la corrección de políticas bajas en grasa equivocadas. Demostró una actitud más relajada hacia la grasa en nuestra dieta. E incluso si la antigua procedencia del aceite de oliva se desmorona bajo el escrutinio, es un aceite relativamente estable que no se oxida con tanta facilidad y, por ende, ha sido sin duda una alternativa más saludable que los aceites más inestables hechos con soya, maíz y similares. Los humanos sí tienen más años de experiencia consumiendo este aceite que los aceites vegetales que decoran los pasillos de nuestros supermercados hoy en día. De hecho, uno de los aspectos más preocupantes de la pirámide de la Dieta mediterránea es que ha intensificado la fobia estadounidense por las grasas animales, acelerando nuestra huida de estos alimentos antiguos para utilizar aceites vegetales en su lugar. Y este resultado tal vez ha dañado la salud de formas que parecen serias, pero todavía no se han investigado bien porque los expertos se han enfocado desde hace mucho tiempo exclusivamente en los supuestos peligros de comer carne y lácteos.

8

Salen las grasas saturadas, entran las grasas trans

El aceite de oliva fue la gran solución para los cocineros en casa que buscaban una forma de huir de sus dietas restrictivas de grasa. Para los fabricantes de alimentos que hacían productos empacados, sin embargo, el aceite de oliva era caro, así que, cuando el Monstruo de la Comida se enfrentó con la orden gubernamental de sacar las grasas saturadas de sus productos, se enfocaron en el uso de aceites vegetales. Al remplazar las grasas saturadas, como manteca y sebo, que son sólidos a temperatura ambiente, estos aceites vegetales debían endurecerse. Y la única forma de hacerlos era con la hidrogenación. El proceso de hidrogenado fue la alquimia que convirtió un líquido en un sólido y abrió un vasto abanico de posibilidades para estos aceites, que ahora podrían usarse donde se habían utilizado grasas animales sólidas. Vimos cómo la margarina se convirtió en un sustituto para la mantequilla, por ejemplo, y cómo Crisco, un sustituto de la grasa animal enteramente nuevo, entró al mercado en Estados Unidos en 1911. La margarina y Crisco tuvieron ventas inmensas en la primera mitad del siglo XX.

No obstante, también hay que recordar que el proceso de hidrogenación produce ácidos grasos trans. Tomó 90 años después de que estos aceites hidrogenados se introdujeran para que la FDA reconociera las grasas trans como dudosas para la salud humana. Y mientras tal vez estamos acostumbrados a que esa agencia federal trabaje a un paso glaciar para proteger el suministro de comida de la nación, uno podría argumentar que los aceites hidrogenados debieron haberse examinado por completo más rápido, dado que crecieron hasta convertirse en un considerable 8 por ciento de todas las calorías consumidas por estadounidenses para finales de la década de 1980. ¿Por qué entendimos tan poco sobre los aceites hidrogenados durante tanto tiempo? Al ver cómo las empresas de alimentos y los productores de aceites vegetales influyeron en la investigación científica sobre grasas trans, podemos aprender mucho sobre cómo la industria alimenticia funciona cuando intenta dirigir el entendimiento experto y finalmente la opinión pública sobre el tema de grasas en la dieta. El trabajo del Consejo Internacional de Aceite de Oliva para influir en nuestras percepciones sobre el aceite de oliva en realidad fue bastante poco sofisticado, comparado con las tácticas de alto nivel que suelen emplear las grandes empresas de aceites comestibles.

Desde finales de la década de 1970, en adelante, debido al éxito de la hipótesis de la dieta y el corazón de Keys, la presión para sacar las grasas saturadas del suministro de alimentos en Estados Unidos se intensificó. Y como resultado, los aceites hidrogenados se empezaron a utilizar para hacer no sólo Crisco y margarina, sino virtualmente todos los productos alimenticios fabricados. Hacia finales de la década de 1980, de hecho, estos aceites sólidos se habían convertido en la columna de toda la industria alimenticia, usados en casi todas las galletas dulces, las galletas saladas, las papas fritas, las margarinas y las grasas para cocinar, así como los productos fritos, congelados y horneados. Estaban en supermercados y restaurantes, panaderías, cafeterías escolares, estadios deportivos, parques de diversiones y demás.*

Los fabricantes de alimentos, desde el Monstruo de la Comida hasta la panadería de la esquina, terminaron por apoyarse en los aceites hidrogenados porque son más baratos que la mantequilla y la manteca, y también porque son muy versátiles. Pueden personalizarse para una gran variedad de productos alimenticos dependiendo del nivel de hidrogenación del aceite.

Por ejemplo, los aceites sólidos funcionan soberbiamente bien para crear galletas dulces crujientes y quebradizas, galletas saladas crujientes, panquecitos esponjosos y pastelería de hojaldre. Sus cristales de grasa relativamente más pequeños implican que una grasa para cocinar hecha de estos aceites puede atrapar las burbujas de aire más pequeñas que se quedan en la masa durante más tiempo y producen pasteles muy

---

* Hay que recordar que sólo una porción del aceite es hidrogenada y, por ende, se llama "aceite *parcialmente* hidrogenado". Entre más hidrogenación se utilice, más sólido será el aceite y más grasas trans contendrá. Aunque los términos "grasas trans", "ácidos grasos trans", "aceite parcialmente hidrogenado" y "aceite hidrogenado" no son sinónimos, los utilizaremos indistintamente para facilitar la lectura.

esponjosos. Un dulce de chocolate podría personalizarse para derretirse en la boca, no en la mano. Menos hidrogenación produciría un tipo de chocolate más suave para, digamos, la cobertura de una dona, mientras que un aceite más hidrogenado haría más dura la "cobertura gruesa" de los chocolates de caja. Mientras que cocinar con aceites vegetales provocaría que las capas de la pasta de hojaldre colapsaran y tuvieran una textura grasosa, un producto hidrogenado mantendría las hojas de la masa separadas, volviéndolas ligeras y crujientes. En las margarinas, los aceites parcialmente hidrogenados son untables a temperaturas frías o calientes, sin que sean grasosos o pastosos. En los panquecitos y otros productos horneados, los aceites hidrogenados los hacen durar más y ser más esponjosos.

Los aceites hidrogenados también son geniales para alimentos fritos, como donas, papas fritas, nuggets de pollo y papas a la francesa. Los aceites no humean a temperaturas de fritura normales (porque no se oxidan fácilmente), y pueden reutilizarse muchas veces en una freidora.

Los aceites parcialmente hidrogenados, en suma, fueron el Zelig* interminablemente adaptable de la industria alimenticia. Se convirtieron en la columna vertebral del Monstruo de la Comida.

Más y más grasas trans

Como sucede en la mayoría de las historias sobre nutrición que hemos explorado, muchas de las personas y las instituciones detrás del aumento de las grasas trans en Estados Unidos tuvieron las mejores intenciones posibles, basadas en la versión oficial del mejor conocimiento disponible. En este caso, dado que los Institutos Nacionales de Salud habían declarado que la grasa saturada era el principal culpable dietético, ¿qué podía ser mejor intencionado que hacer todo lo posible por erradicar estas grasas de la dieta estadounidense? Apoyar a los fabricantes de alimentos a que abandonaran las grasas animales por aceites hidrogenados parecía una idea óptima. Después de todo, las implicaciones de salud de utilizar las grasas trans en ese tiempo casi no se conocían.

Una de las fuerzas mejor intencionadas para alejar a la gente de las grasas saturadas y hacia las grasas trans era el Centro para la Ciencia

---

* Zelig es un personaje creado por Woody Allen para su comedia homónima de 1983, sobre un hombre capaz de adoptar las personalidades de otros. [N. de la T.]

en el Interés Público (CSPI), con base en Washington, D. C., que es el grupo consumidor enfocado en alimentos más poderoso del país. Con Michael Jacobson, un microbiólogo, a la cabeza, el CSPI ha sido un líder desde hace mucho para impulsar a la FDA para que haga un mejor trabajo supervisando los alimentos de Estados Unidos. Jacobson es tan poderoso que las empresas de alimentos incluso pasan por su oficina para "aprobar" un nuevo producto alimenticio antes de que siquiera se introduzca en el mercado, un nivel de servilismo considerado necesario desde finales de la década de 1980, cuando el CSPI destruyó por sí solo los prospectos de un sustituto de grasa (llamado Olestra) que Procter & Gamble había pasado más de una década desarrollando. El CSPI presionó a la FDA para exigir que los productos con Olestra llevaran una advertencia sobre posible "incontinencia anal"; sin duda, un réquiem para cualquier alimento.

Cuando llegó el momento de las grasas saturadas, el CSPI, como todos los demás grupos orientados hacia la salud en Estados Unidos, estaba totalmente de acuerdo con la idea de que estas grasas causaban enfermedad cardiaca. De hecho, Jacobson hizo de la eliminación de la grasa saturada una de sus principales prioridades cuando apelaba a las agencias federales en Washington, y en 1984 lanzó una enorme campaña de medios y correspondencia llamada "Ataque contra la grasa saturada". El CSPI exhortó a las empresas de comida rápida, como Burger King y McDonald's, a que sustituyeran el sebo de res por aceite de soya parcialmente hidrogenado en la elaboración de papas a la francesa. Las grasas saturadas deben ser remplazadas por aceites hidrogenados "saludables", aseveró el CSPI, citando evidencia de que los aceites hidrogenados tenían un efecto relativamente benigno en el colesterol, comparado con las grasas saturadas. Los aceites hidrogenados eran, por tanto, "no un mal trato" cuando se trataba de enfermedad cardiaca, concluyó el grupo. Debido a las peticiones persistentes y públicas del CSPI a lo largo de la década de 1980, todas las cadenas más importantes de comida rápida eliminaron el sebo, la manteca o el aceite de palma de la elaboración de papas a la francesa y las volvieron de aceite de soya parcialmente hidrogenado.

Otra campaña del CSPI convenció exitosamente a los cines de Estado Unidos de cambiar la mantequilla y el aceite de coco por aceites parcialmente hidrogenados en sus máquinas para hacer palomitas. Éste era "un gran beneficio para las arterias de Estados Unidos", juzgó el CSPI. No se sabía mucho sobre estos aceites hidrogenados cuando el CSPI los estaba recomendando pero, en la década de 1980, todos habían estado viviendo con la hipótesis de la dieta y el corazón durante tantas décadas, que la gran mayoría de los expertos en nutrición creía firmemente que cualquier clase de grasa sería mejor que una saturada.

Otra fuerza para presionar a las empresas de alimentos para que cambiaran las grasas saturadas por aceites hidrogenados fue un multimillonario de Omaha, Nebraska, Philip Sokolof, quien tenía un impacto tremendo en la industria alimenticia de Estados Unidos. Sokolof no era un científico ni un experto en el campo, pero después de sufrir un ataque cardiaco casi fatal en sus 40 años, volvió la misión de su retiro informar a los estadounidenses sobre los peligros de las grasas saturadas. Su blanco no eran las grasas animales tanto como los aceites de coco y de palma que las empresas de alimentos utilizaban ampliamente en sus alimentos empaquetados. Estos aceites tropicales son muy altos en grasas saturadas; muy, muy altos en realidad. La mitad del aceite de palma está compuesto de grasas saturadas, es 86 por ciento del aceite de la nuez del fruto de esa palma y 92 por ciento del aceite de coco. (El aceite de palma se extrae de la pulpa del fruto de la palma y es diferente del aceite de la nuez de palma, que se extrae de la nuez de dicho fruto.) Estas cifras asustaron al público que ya sabía desde hacía mucho sobre los peligros de la grasa saturada. Y por si todavía no sabían suficiente para estar asustados, Sokolof se encargó de informarlos. (La ciencia sobre estos aceites ha evolucionado desde entonces y el riesgo cardiaco asociado con ellos ahora se considera mínimo.)

Sokolof fundó un grupo llamado la Asociación Nacional de Salvadores del Corazón, financiada por sus propios millones y dirigida en general por él. Desde 1988 sacó una serie de anuncios de página completa en los principales periódicos con los encabezados alarmantes en mayúsculas: "¡EL ENVENENAMIENTO DE ESTADOS UNIDOS!" ¿Quién estaba envenenando a Estados Unidos? "¡Los procesadores de alimentos [...] al utilizar grasas saturadas!", decían los anuncios. Seguían: "Hemos contactado a todos los principales procesadores de alimentos, pidiéndoles que dejen de utilizar estos ingredientes potencialmente peligrosos porque intensifican la probabilidad de un ataque cardiaco [...] No hemos sido escuchados [...]. Algo DEBE HACERSE".

El anuncio de Sokolof mostraba elementos que en ese entonces contenían aceite de coco o de palma: una lata de grasa Crisco, la avena crujiente de Kellogg's, Triscuit de Nabisco, las galletas Sunshine Hydrox, las galletas saladas de Keebler, la crema sin lácteos Cremora, el Coffee-mate de Carnation y el famoso Goldfish de Pepperidge Farm.

— LA GRASA NO ES COMO LA PINTAN —

**Publicidad de Sokolof en *The New York Times*,
1° de noviembre de 1988**

The New York Times, martes, 1° de noviembre de 1988   A29

¡El ENVENENAMIENTO* de ESTADOS UNIDOS!

Asociación Nacional de Salvadores del Corazón
4601 South, 76th Street
Omaha, Nebraska, 68127
(402) 339 3813

Queridos amigos:

¿Quién está envenenando a Estados Unidos? ¡Lo están haciendo los procesadores de alimentos al usar grasas saturadas! Más de 50% de los estadounidenses tiene un nivel de colesterol demasiado alto. Comer grasas saturadas eleva tu colesterol demasiado... El colesterol alto lleva a un ataque cardiaco.

Un gran número de procesadores de alimentos usan las grasas más saturadas, aceite de coco y de palma, en sus productos, sabiendo las ramificaciones negativas para la salud.

**¡El aceite de palma tiene 25% más grasa saturada que la manteca!
¡El aceite de coco tiene 100% más grasa saturada que la manteca!**

Hemos contactado a todos los principales procesadores de alimentos, pidiéndoles que dejen de utilizar estos ingredientes potencialmente peligrosos porque intensifican la probabilidad de ataques cardiacos en la mitad de la población adulta.

Sin embargo, a pesar de nuestras advertencias y de las de muchas otras organizaciones de salud prominentes, muy pocos han escuchado. Obviamente estas compañías tienen prioridades más importantes que tu salud.

Nuestras peticiones no se han escuchado.

ALGO SE TIENE QUE HACER.

La única preocupación de la Asociación Nacional de Salvadores del Corazón es tu salud. No seas la víctima de la grasa saturada que tiene una tendencia inherente a elevar tu colesterol.

Te imploramos que no compres productos que contengan aceite de coco o aceite de palma.

TU VIDA PUEDE ESTAR EN RIESGO

Sinceramente,
ASOCIACIÓN NACIONAL DE SALVADORES DEL CORAZÓN
Phil Sokolof, presidente

---

*VENENO: s 1. Una sustancia que tiene una tendencia inherente a destruir la vida o mermar la salud. (Diccionario Random House)

ESTA PUBLICIDAD ES UN SERVICIO PÚBLICO DE LA ASOCIACIÓN NACIONAL DE SALVADORES DE LA SALUD

Una serie de anuncios en periódicos de la década de 1980 exhibía equívocamente a los aceites tropicales como una amenaza para la salud.

Sokolof dice que sacó los anuncios porque había enviado "miles de cartas" a los fabricantes de alimentos insistiendo en que eliminaran los aceites tropicales de sus productos, pero sólo recibió "algunas respuestas". Los ejecutivos de las empresas —no es de sorprender— no devolvieron las llamadas, así que un Sokolof molesto decidió que una campaña para avergonzar a estos fabricantes públicamente era su mejor opción. Después de que salieran los anuncios, Sokolof informó que sus llamadas "pasaban directamente al vicepresidente". Lo más importante, las empresas de alimentos empezaron a responder al remplazar el aceite de palma en sus productos con grasas trans. Cuando ciertas empresas, como Nabisco, parecieron tardarse mucho, Sokolof sacó otra serie de anuncios. Lo hizo en tres ocasiones separadas y, para el final, no había duda de que su mensaje se había oído: los aceites tropicales se consideraron nacionalmente como una amenaza. Los anuncios, dijo, fueron su "más grande triunfo".

La soya de Estados Unidos toma las armas contra los aceites tropicales

Aunque teatral en sus tácticas, Sokolof estaba canalizando la opinión experta prevaleciente contra las grasas saturadas; meramente alimentó los lineamientos dietéticos del gobierno con una dosis de pasión postataque cardiaco. Sin lugar a dudas, Sokolof era un cruzado solitario y, como el CSPI, impulsado por motivos altruistas. Lo que probablemente no sabía, sin embargo, era que sus esfuerzos operaban por el fondo de una cruzada mucho más grande y más perniciosa en contra de los aceites tropicales, no guiada por el bien público, sino por la ganancia. La Asociación Americana de la Soya (ASA) estaba realizando esta campaña mucho más compleja, representando a la industria que esperaba ganar más por la promoción de los aceites hidrogenados.

La gran mayoría de los aceites hidrogenados consumidos por los estadounidenses se hace de soya y esto ha sido así desde la década de 1960 (en 1911 se descubrió una forma mecanizada de prensar la soya para extraer el aceite). Los granjeros que cultivan soya y las empresas que la procesan en aceite siempre están, como todas las industrias, buscando amenazas competitivas. Los rivales en la forma de aceites tropicales —aceite de coco de Filipinas y aceite de palma de Malasia— han estado en el radar de la industria desde hace mucho. En la década de

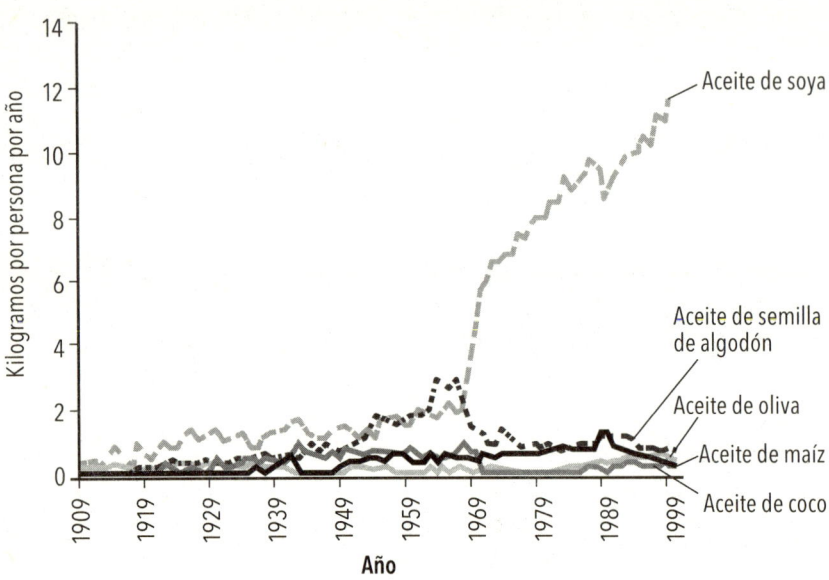

Consumo de aceite vegetal en Estados Unidos, 1909-1999

Fuente: Tanya L. Blasbalg et al., "Changes in Consumption of Omega-3 and Omega-6 Fatty Acids in the United States During the 20th Century", *American Journal of Clinical Nutrition*, vol. 93, núm. 5, mayo de 2011, figura 1C, p. 954.

Los estadounidenses ahora comen más de mil veces más aceite de soya que en 1909, el cambio más grande en la dieta de Estados Unidos.

1930, estos aceites extranjeros se introdujeron tanto en el país que la ASA tuvo que movilizarse para intentar sacarlos, lo que hizo convenciendo al Congreso de imponerles impuestos ruinosos. Ésta había sido la primera "guerra del aceite tropical", y cuando terminó en 1948, David G. Wing, presidente de la ASA, declaró: "Queremos conservar este mercado". La ASA lo hizo exitosamente durante casi 40 años, hasta la década de 1980, cuando las importaciones de aceite tropical empezaron a aumentar nuevamente en Estados Unidos, y la ASA volvió a la guerra.

El motivo fue, como siempre, económico: "Nuestra verdadera preocupación era que [estas importaciones] se estaban comiendo nuestras ganancias", recuerda Steven Drake, un alto ejecutivo de la ASA a mediados de la década de 1980. La cantidad importada era pequeña; el aceite de palma y el de coco juntos representaban sólo entre 4 y 10 por ciento de las grasas y los aceites consumidos en Estados Unidos a mediados de la década de 1980, de acuerdo con varios estimados. Pero la ASA aun así sentía que necesitaba defender su propio producto, el aceite de oliva, que se utilizaba tan ampliamente en los alimentos empaquetados y en las operaciones de servicios de alimentos (restaurantes, cafeterías, etcétera) en Estados Unidos.

El aceite de palma importado de Malasia aterraba a la industria estadounidense de la soya porque el aceite de palma podía hacer todo lo que la soya hacía, pero 15 por ciento más barato. El aceite de palma era, por tanto, una amenaza formidable —en realidad, la única verdadera amenaza— para la industria de la soya.

Para sacar a los aceites tropicales del mercado nuevamente, Drake hizo lo que llegó a ser una campaña de difamación entre 1986 y 1989 desde la casa matriz de la ASA en Saint Louis. Bajo su dirección, la ASA dio discursos y distribuyó panfletos, puso anuncios y caricaturas en los periódicos, y lanzó esfuerzos de correspondencia destinados a las empresas de alimentos y a los funcionarios de gobierno, para establecer el mismo punto que Sokolof: los fabricantes de alimentos en Estados Unidos no deberían utilizar aceites tropicales por su alto contenido de grasas saturadas.*

El otro gran punto de la ASA era que, desde que los "aceites" tropicales eran en realidad sólidos a temperatura ambiente, llamarlos aceites sería un marketing engañoso. "A uno de nuestros empleados se le ocurrió el nombre 'manteca de árbol' para ellos", recuerda Drake.

Parte de los llamados juegos "contra la grasa" de la ASA se distribuyó por todo el país, incluyendo un panfleto con el título alarmista: "Lo que no sabes sobre las grasas tropicales ¡puede matarte!" junto a una imagen de una mecha encendida dentro de un coco. Otro anuncio decía: "Conoce al hombre que está intentando dejarte en bancarrota", y mostraba, como describió el *Wall Street Journal*, "un gato tropical gordo con mirada hosca", con un puro y una bebida de coco en una pata, sentado junto a un barril negro etiquetado "aceite de palma". Con un traje blanco y un sombrero de ala ancha, "su cuerpo robusto llena la silla de ratán en forma de pavo real". El punto era: ese ladino personaje asiático, con sus excesos de aceite tropical, representaba una amenaza para el granjero de soya estadounidense. La imagen era tan ofensiva que, cuando llegó a las costas de Malasia en 1987, hubo protestas frente a la embajada de Estados Unidos: "Se vio como una imagen racista", reconoce Drake. "Ni siquiera lo pensamos, para ser honesto."

---

* Drake dice que la ASA trabajó independientemente de Sokolof y el CSPI.

La ASA siguió enfocada en su audiencia en Estados Unidos. En la segunda mitad de la década de 1980, Drake y sus colegas dedicaron mucho tiempo para presionar a varias agencias en Washington, especialmente las que tenían el poder de regular el impuesto de los aceites de palma. La idea era lograr que el Congreso o la FDA etiquetaran los aceites tropicales como "grasas saturadas". Se esperaba que esto fuera el tiro de gracia en una sociedad consciente sobre la nutrición y con fobia a las grasas animales.

En defensa de los aceites tropicales

El pánico empezó en Malasia, pues los productores de aceite de palma sabían que ser considerados una "grasa saturada" mancharía su producto de la peor forma posible. El aceite de palma en Malasia era como el aceite de oliva en Grecia: reverenciado por el destello de riqueza que había dado al país y por ser un producto nacional vital, con un alto nivel de involucramiento por parte del gobierno en su producción. Sólo entre 5 y 10 por ciento de las exportaciones de Malasia iba a Estados Unidos a finales de la década de 1980, pero la política de nutrición estadounidense era tan influyente a nivel internacional, que los malayos temían justificadamente que la ley de etiquetado en Estados Unidos tuviera un efecto escalofriante en las ventas de palma alrededor del mundo.

"Decidimos pelear por el aceite de palma basándonos en la ciencia", dijo Tan Sri Augustine Ong, director general del casi gubernamental Insitituto de Investigación sobre Aceite de Palma de Malasia (PORIM), a cargo de defender el producto de su país a nivel mundial. Ong tenía un título en química orgánica del King's College, en Londres, y era profesor de química de la Universidad de Malasia antes de unirse al PORIM. Como un hombre de ciencia, Ong entonces adoptó la creencia un tanto inocente de que una simple presentación de hechos científicos sobre el aceite de palma les haría ganar la batalla.

Los hechos, como Ong los conocía, eran éstos: el aceite de palma era una fuente rica de betacarotenos y vitamina E, incluyendo tocoferoles, los cuales se consideran saludables en su forma natural. En estudios preliminares, el aceite de palma parecía proteger contra los coágulos. Y lo más importante para una comunidad de investigadores obsesionados con los efectos de las grasas en el colesterol, el aceite de palma había demostrado actuar como otros aceites vegetales en pruebas clínicas anteriores, bajando el total de colesterol en la sangre. Por esta razón, los editores de la revista *Nutrition Reviews* escribieron en 1987 que el aceite de palma "no se comporta" como otras grasas saturadas, que típicamente elevan el colesterol total. Ong enfatizó este hallazgo positivo del aceite de palma, el cual sabía que sería importante para sus colegas estadounidenses.

Ong también planteó el simple punto de que era improbable que el aceite de coco o de palma contribuyeran a la enfermedad cardiaca, dado que estas grasas saturadas habían sido el soporte dietético para las poblaciones libres de enfermedad del sudeste asiático durante miles de años. Los investigadores habían descubierto en 1981, por ejemplo, que la enfermedad cardiaca era casi desconocida entre grupos de habitantes en los atolones polinesios, quienes sacaban una enorme porción de sus calorías de los cocos y casi dos tercios de sus calorías diarias del aceite de coco, sin ninguna señal significativa de enfermedad cardiaca. En Malasia y Filipinas, donde la gente también comía grandes cantidades tanto de aceite de palma como de coco, los índices de enfermedad cardiaca eran más bajos que en las naciones occidentales.

Armado con esta información, Ong lideró una delegación de seis malayos de PORIM a través de Estados Unidos en 1987, visitando media docena de ciudades donde dieron seminarios a un público de periodistas, funcionarios de gobierno, científicos y ejecutivos de empresas de alimentos. Ong expuso sus principales puntos científicos, envueltos en un mensaje más amplio de que todo este debate era "un asunto de comercio bajo la guisa de un problema de salud".

Aunque su recepción en Estados Unidos no siempre fue amistosa, Ong pudo ganarse a una persona clave: Richard J. Ronk, un administrativo del Centro para la Seguridad Alimentaria y la Nutrición Aplicada de la FDA. Se atribuye ampliamente al testimonio de Ronk en el Congreso, en 1987, que tanto el Senado como la Cámara se convencieran de dejar las propuestas de ley que habían estado considerando para etiquetar los aceites tropicales como grasas saturadas. Ong, por tanto, había ganado brevemente la batalla, pero la guerra de ninguna manera había terminado. La ASA no se iba a rendir, lo mismo que el CSPI o Sokolof. Y no sólo los malayos estaban temblando por su impacto, sino toda la industria alimenticia de Estados Unidos.

Desde la perspectiva del Monstruo de la Comida, la publicidad negativa sobre los aceites tropicales, un ingrediente vital en sus alimentos empacados, no tenía casi precedente. Los anuncios de Sokolof, las sesiones en el Congreso, las campañas de correspondencia y varias otras tácticas en contra del aceite tropical formaban un tsunami de malas noticias. "Recibimos montañas de cartas todos los días, de todas partes", dijo un vocero de la empresa Keebler al *New York Times*. "Los consumidores estadounidenses y su salud son nuestra preocupación, y nos están diciendo que no los quieren [los aceites tropicales]." Así que las empresas de alimentos cedieron: para 1989, General Mills, Quaker Oats, Borden, Pepperidge Farm, Keebler, Purina y Pillsbury declararon que eliminarían los aceites tropicales de sus líneas de producto.

De hecho, las empresas tenían tanto miedo de quedarse con estos aceites ahora tan poco populares en sus alimentos que prácticamente le rogaron al público estadounidense que fuera paciente. "Estamos intentando quitarlo de cuantas galletas dulces y saladas nos es posible", dijo una vocera de Nabisco en 1989, pero algunos productos, como los Triscuits, que contienen aceite de palma, no son tan fáciles de cambiar sin sacrificar la calidad y el sabor. Tampoco se podía reformular tan fácilmente Bugles, la botana en forma de cornucopia hecha por General Mills, sin el aceite de coco. "Cuando sacas un componente, como el aceite de coco, probablemente estás alterando 200 o 300 de esos sabores", intentó explicar Stephen Garthwaite, vicepresidente de desarrollo e investigación en General Mills. "Las probabilidades de replicar eso exactamente con una base química son esencialmente cero. Esperas poderte acercar lo suficiente al sabor en general y el sistema sensorial pensará que es lo mismo." Al final, Nabisco sí pudo eliminar los aceites tropicales de casi todos sus productos.

La consecuencia para el público estadounidense fue que, en cada empresa, el remplazo de grasa para los aceites tropicales en casi todos los alimentos fue el aceite de soya parcialmente hidrogenado. Los ejecutivos de las empresas de alimentos en ese entonces dijeron que casi todos los 900 millones de kilos de aceites tropicales que salieron del uso anual en el suministro de alimentos en Estados Unidos a finales de la década de 1980 se remplazaron, kilo por kilo, con aceites hidrogenados que contenían grasas trans.

Una vez que las empresas de Estados Unidos cedieron ante la ASA, Sokolof y el CSPI, los únicos defensores de los aceites tropicales que quedaban eran los malayos. Pero eran extranjeros, con una clara agenda comercial, así que pareció una conclusión obvia que no vencerían. Todavía se juntaron más nubes negras para Ong y su equipo en 1989, cuando el Congreso reabrió la cuestión de etiquetar los aceites tropicales como grasas saturadas. Ong dice que estaba desesperado. Decidió sacar un arma que, al parecer, había estado renuente de utilizar. La llamó su opción "nuclear": su "bomba de hidrógeno".

El "hidrógeno", por supuesto, se refería al aceite hidrogenado o a las grasas trans. Copió la táctica de Sokolof, y Ong sacó anuncios de página completa en los principales periódicos en 1989, diciendo que el aceite de palma "no requería un endurecimiento artificial o hidrogenación", que "parece promover la saturación y crea ácidos grasos trans". Los anuncios continuaban: "Aproximadamente 70 por ciento del aceite de soya consumido en Estados Unidos de América es hidrogenado". Lo que el público estadounidense conocía sobre la hidrogenación hasta ese punto era prácticamente nada, pero, como la ASA sabía, esto no sonaba bien, y los malayos fácilmente podían hacer más para darles una pista. Los investigadores en el campo sabían que algunos estudios habían planteado preguntas preocupantes sobre las grasas trans en los aceites hidrogenados; esta evidencia no se había publicitado mucho, pero podría hacerse. Los anuncios eran un disparo de advertencia.

Drake me describió los anuncios malayos como "bastante aterradores" para la ASA. Otro evento que "realmente nos conmocionó", añadió, fue que los ejecutivos de Procter & Gamble los llamaron a él y a sus compañeros funcionarios de la ASA para una junta. "Nos machacaron por ser tan negativos como para eliminar un aceite", dice Drake. "La conclusión era que querían tener la flexibilidad de utilizar el aceite que quisieran en sus productos y no les gustaba la idea de que estuviéramos atacando un aceite."

Finalmente, la ASA se echó para atrás. Toda la campaña de la ASA había sido "técnicamente inadecuada y representó malos modales desde el principio", recuerda Lars Wiedermann, un químico de aceites que trabajaba para la ASA en Asia en ese entonces. Al final, durante el verano de 1989, los dos lados se sentaron en un hotel de Hawai y pactaron una tregua. Los malayos se quedarían callados sobre la hidrogenación, mientras que la ASA detendría su presión con los funcionarios de Washington en contra de los aceites tropicales, así como cualquier esfuerzo publicitario dirigido a representar el aceite de palma como una grasa saturada. Después de este acuerdo, un vocero de la ASA hizo una declaración de que los "esfuerzos del grupo por informar" al público sobre los aceites tropicales habían terminado y que "era tiempo de hacer algo más positivo sobre [los méritos de] el aceite de soya". También expresó remordimiento porque la ASA había "removido muchas emociones desagradables" en los países del sureste asiático. Como informó el *Wall Street Journal*, por fin había terminado una "amarga contienda de dos años".

Sin embargo, llegó demasiado tarde para el aceite de palma, el cual ya estaba virtualmente eliminado de los alimentos estadounidenses. Nadie confiaba ya en el aceite de palma o de coco. Y para el público, el resultado de estos esfuerzos del CSPI, la ASA y Sokolof fue que cada producto alimenticio empaquetado en los pasillos del supermercado, cada porción de papas fritas y dedos de pollo en cada restaurante de comida rápida, y cada vaso de palomitas de cine ahora se hacía con aceite parcialmente hidrogenado, que contenía grasas trans. La usurpación de las grasas saturadas —sebo, manteca, mantequilla y, ahora, aceite de palma— estaba completa.

En los siguientes años, el uso de estos aceites hidrogenados adaptables y baratos siguió en aumento. "Aunque no lo creas, realmente queríamos crear más trans para conseguir un mejor punto de fusión, que es mejor para algunos productos, como los panes de hojaldre", explicó Ron Harris, un químico de aceites retirado que había trabajado en Anderson, Clayton & Co., Kraft y Nabisco. "Durante 30 o 40 años, la industria incrementó las trans todo lo que pudo", confirmó un experto en grasas trans del USDA. Y Walter Farr, un ejecutivo de Kraft Foods y Wesson Oils, entre muchas otras empresas de alimentos, me dijo: "Aumentamos intencionalmente las grasas trans porque hacía mejores grasas para cocinar y margarinas de tubo […] y también grasas para cobertura, como la cobertura de crema de mantequilla de chocolate". Farr, quien había empezado a trabajar en el rubro a mediados de la década de 1960, dice: "A lo largo de mi carrera, vi un crecimiento tremendo en la industria alimenticia, ¡y todo ese crecimiento fue resultado de la hidrogenación! Su uso era popular, sí, pero lo era todavía más para los servicios de alimentación industriales. ¡Simplemente estaba creciendo a pasos agigantados!"

Los estadounidenses llegaron a consumir más de 9 000 millones de kilos de aceite de soya para 2001 —más de 80 por ciento de todos los aceites consumidos en Estados Unidos— y la mayoría de ese aceite de soya era parcialmente hidrogenado, con una pesada carga de grasas trans.

La cortina de humo "científica": oscureciendo la verdad sobre las grasas trans

Durante mucho tiempo se consideró que, incluso una cantidad tan inmensa, no implicaba un problema para la salud, dado que los hallazgos científicos preocupantes sobre estas grasas se habían enterrado hacía mucho. En las décadas de 1920 y 1930, cuando la ciencia de la nutrición recién comenzaba, los científicos de alimentos no tenían una opinión en particular sobre el aceite parcialmente hidrogenado. De hecho, ni siquiera descubrieron que Crisco contenía algo llamado ácidos grasos trans hasta 1929, una década después de que se lanzara el producto.

Aún más, los hallazgos científicos que sí se publicaron eran contradictorios. En 1933, por ejemplo, un estudio observó cómo los aceites hidrogenados se metabolizaban en las ratas y concluyó que las grasas trans "de ninguna manera eran inaceptables como constituyentes de productos alimenticios". En otras palabras, no eran buenos, pero no eran malos tampoco. Sin embargo, ese mismo año otro investigador descubrió que las ratas que comían margarina que contenía grasas trans crecieron más lentamente que las ratas con una dieta de aceite de soya sin hidrogenar o de mantequilla. Un par de estudios más durante los siguientes años tuvieron el mismo resultado conflictivo de yin y yang. Había evidencia en ambos lados.

Lo que equilibró el marcador y estableció la percepción general temprana de que las grasas trans eran benignas fue un estudio de 1944, permitiendo entonces que los aceites hidrogenados fluyeran libremente hacia el suministro de alimentos durante los siguientes 40 años. Ese estudio concluyó que las ratas que comían margarina durante tres meses no veían afectado su crecimiento ni su fertilidad o su capacidad de lactar. Aun cuando el estudio fue financiado por Best Foods, un fabricante de margarinas, estos hallazgos aparentemente positivos marcaron a las grasas trans con un sello saludable. El criterio se impuso gracias al líder del estudio mismo, Harry J. Deuel, que también había sido financiado por Best Foods. Dijo en un artículo de opinión que la margarina no sólo era saludable, sino que podía verse como el equivalente nutricional de la mantequilla, una exageración extraordinaria de la ciencia porque incluso entonces se sabía que los perfiles de ácidos grasos de ambas grasas eran completamente distintos.

Para 1952 el invento de la cromatografía de gas hizo posible analizar la composición de ácidos grasos de los aceites hidrogenados con más precisión, pero incluso entonces, las empresas no parecían interesarse en comprender mejor sus productos, al menos públicamente. El único análisis publicado sobre las grasas trans que usó este método por entonces novedoso fue de un estudiante egipcio en un doctorado, Ahmed Fahmy Mabrouk, de la Universidad de Ohio, en 1956. Escribió que los aceites hidrogenados contenían una mezcla "casi incomprensiblemente compleja" de ácidos grasos conocidos y desconocidos. "Estamos consumiendo casi 500 millones de kilos de ácidos grasos conocidos y desconocidos", declaró Mabrouk en su conclusión. "En realidad es afortunado que en la actualidad no haya evidencia para indicar que estos ácidos únicos sean de cualquier manera dañinos." Afortunado, sí.

En 1961, Ancel Keys dirigió su atención hacia las grasas trans. En una de sus pruebas con hombres en psiquiátricos, encontró que los aceites hidrogenados no sólo elevaban el colesterol total, un factor de riesgo asumido para la enfermedad cardiaca, sino que aumentaban un tanto dramáticamente los triglicéridos, los cuales, como vimos en el capítulo 3, se había descubierto que estaban vinculados con la enfermedad cardiaca y la diabetes. Eran hallazgos perturbadores, por decir lo mínimo, y Procter & Gamble, que al principio había introducido los aceites hidrogenados a Estados Unidos en la forma de Crisco en 1911, apareció para defender su preciado ingrediente. P&G hizo lo que Best Foods había hecho más de una década antes y lo que terminó siendo una práctica operativa estándar en las grandes empresas de alimentos en el campo de la ciencia de la nutrición: cuando surgían hallazgos negativos sobre algún ingrediente importante, las empresas financiaban estudios para contrarrestarlos. Como explica Joseph T. Judd, un bioquímico del USDA y una figura central en la investigación de las grasas trans: "La literatura científica quedaría inundada de suficientes estudios contradictorios para que nadie pudiera concluir nada definitivo". Un estudio mostraría un efecto adverso de las trans, "pero por cada estudio que mostraba efectos adversos, había uno que mostraba lo opuesto, algo propio de la industria", dijo. Generar un montón de hallazgos científicos contradictorios era una táctica que la industria ha empleado con grandes efectos, dado que la incertidumbre es un clima en el que un ingrediente cuestionable puede sobrevivir.

La estrategia también parecía ser el objetivo de P&G en 1962, cuando realizó un estudio en el laboratorio de su empresa en Cincinnati, Ohio, en respuesta a los hallazgos negativos de Keys. El experimento de P&G contradijo los resultados de Keys y terminó por ser la última palabra sobre aceite hidrogenado durante los siguientes 15 años. Los investigadores, incluyendo a Keys, se alejaron del tema de las grasas trans hacia otras direcciones. El año era 1962, después de todo, justo luego de que la AHA sacara sus primeras recomendaciones de una dieta baja en grasa y la comunidad de investigación de la dieta y las enfermedades se enfocó enteramente en grasas saturadas, no en los aspectos potencialmente poco sanos de los aceites vegetales que ahora comían los estadounidenses en cantidades cada vez mayores.

El mundo solitario de la investigación de grasas trans

Eso dejó prácticamente sólo a un investigador académico en el campo de las grasas trans durante los siguientes 20 años: Fred A. Kummerow, un profesor de bioquímica de la Universidad de Illinois en Urbana-Champaign, quien publicaría más de 70 artículos sobre las grasas trans a lo largo de su carrera, más que cualquier otro científico en el mundo. Entre ellos se encontraban algunos hallazgos importantes y muy preocupantes sobre el tema de las grasas trans y la salud, y en su tiempo hicieron temblar a la industria alimenticia. Para que las empresas de alimentos continuaran utilizando su ingrediente preferido, era claro que debían desacreditar a Kummerow y sus descubrimientos, y fue precisamente lo que sucedió.

Kummerow publicó su primer estudio en la revista *Science*, en 1957. Informó que había examinado materiales de autopsia de 24 sujetos humanos y descubierto que las grasas trans se acumulaban en tejidos por todo el cuerpo: en el hígado, en las arterias, en el tejido adiposo y una buena cantidad en el corazón. Los ácidos grasos alojados en el tejido son una señal de que no se metabolizan completamente. "Parecería necesario" determinar qué efecto tienen las grasas trans en el proceso metabólico normal, concluía el artículo de Kummerow.*

---

* La sospecha de Kummerow por las grasas trans surgió de la creencia de que simplemente no eran naturales, que literalmente no se encontraban en la naturaleza. Algunas sí se encuentran naturalmente en la carne y la leche de animales rumiantes, como el venado y las vacas. Éstas son las llamadas "grasas trans rumiantes". Se forman exactamente de los mismos átomos que las grasas trans encontradas en el aceite hidrogenado, pero hay una pequeña diferencia —cuestión de un enlace doble en un lado distinto de la molécula— y este pedazo de geometría no se refleja en la fórmula química. Esta minúscula distinción es probablemente suficiente para hacer que las grasas trans rumiantes se comporten de forma diferente en el cuerpo. Kummerow demostró primero esta diferencia en un experimento de 1979, e investigaciones subsecuentes han demostrado que estas grasas rumiantes son en general libres de tener efectos dañinos para la salud, los cuales sí ocurren con las grasas trans producidas industrialmente. Sin embargo, la FDA, al regular las grasas trans, rechazó los argumentos de las industrias ganaderas y de lácteos buscando una exclusión de las grasas trans rumiantes de la ley de la FDA, explicando que los estándares de la agencia eran estrictamente ligados a fórmulas químicas (Lawson y Kummerow, 1979; Bendsen *et al.*, 2011).

Al principio de su carrera, Kummerow era, como le gusta decir, un "pez gordo" en la comunidad de investigación de la dieta y el corazón. Era presidente de la Asociación del Corazón en Illinois, activa en la AHA a nivel nacional, y era funcionario de la Sociedad Americana de Químicos del Aceite (AOCS), el grupo más prestigiado en el campo de la química de aceites comestibles. Los NIH financiaban regularmente su trabajo. Kummerow claramente iba hacia la cima, pero cuando se metió en el asunto de las grasas trans, no se dio cuenta del poder de la industria a la que se estaba enfrentando. Aunque Kummerow tenía confianza en sí mismo, era políticamente inocente. Sabía que la AHA recibía millones de dólares de apoyos de la industria alimenticia, cuyos aceites de semillas promovía el grupo. Kummerow incluso había criticado al director médico de la AHA, Campbell Moses, por posar con una botella de Crisco en un documental de la AHA en 1969. Empero, lo que Kummerow no comprendió fueron los cimientos de esa fuerte alianza y lo rápido que podían dejarlo solo por cuestionarla.

Recuerda que la AHA había empezado a recomendar la "dieta prudente", baja en grasas saturadas y alta en aceites vegetales, en 1961. Y a las empresas de alimentos no les importaba si esos aceites eran aceites líquidos normales o los endurecidos por hidrogenación; en los empaques todos se listaban de la misma manera, como "aceite líquido". Esta simplificación benefició enormemente a la industria alimenticia, dado que el aceite hidrogenado podía pasar por el aceite poliinsaturado altamente deseable y patrocinado por la AHA, cuyo uso se recomendaba para prevenir la enfermedad cardiaca. Saltarse la parte "hidrogenada" del nombre en la etiqueta escondió efectivamente estas grasas trans de los consumidores durante muchos años.

Kummerow propuso llevar a la luz las grasas trans al incluir una advertencia sobre ellas en la siguiente publicación de los lineamientos dietéticos de la AHA, que saldría en 1968. Quería que el público supiera dos cosas: primero, simplemente que las margarinas contenían aceites parcialmente hidrogenados, y segundo, que no se había demostrado que estos aceites sólidos bajaran el colesterol total (la forma líquida de los aceites sí bajaba el colesterol total, aun cuando, como sabemos, el colesterol total no resultó ser finalmente un buen marcador para predecir la enfermedad cardiaca en la mayoría de la gente). Moses, quien supervisaba el comité de la AHA donde estaba Kummerow, estuvo de acuerdo con él sobre el lenguaje de las grasas trans y mandó imprimir 150 000 panfletos para distribuir los lineamientos dietéticos.

Luego vino un giro de ciento ochenta grados. Moses había enviado una copia preliminar de los lineamientos al Instituto de Grasa y Aceites Comestibles (ISEO), el grupo que pugnaba a favor de la industria de los aceites comestibles y, por obvias razones, el grupo se opuso. No quería que se revelara nada sobre la existencia de este ingrediente potencialmente no saludable. Moses era claramente cercano a la industria (había posado para ese anuncio de Crisco después de todo), y parecía que ahora elegía mejor destruir los 150 000 panfletos e imprimir un nuevo lote de lineamientos. En cualquier caso, hay dos versiones de los lineamientos de 1968, uno con la advertencia de los aceites hidrogenados y otra sin ella. Fue otro ejemplo de la capacidad que tenía la industria alimenticia de influir en la opinión científica desde el principio.

Para la AHA, que no dijo otra palabra sobre los posibles efectos para la salud de los aceites parcialmente hidrogenados durante casi 40 años, mucho después de que cada grupo importante de salud empezara a advertir contra las grasas trans, ésta fue una reacción que puede tomarse como cobarde. Una advertencia sobre los efectos en el colesterol de las grasas trans pudo haber sido prematura, dado que la información no estaba enteramente clara. Pero, ¿qué los guardianes de la salud cardiovascular no debieron al menos apoyar la petición de que se revelaran todos los ingredientes?

Kummerow ahora era una persona *non grata* en la AHA. "Después de eso, nunca volví a estar en ninguno de los comités de la asociación de corazón", me dijo. El grupo había sido una parte integral de su carrera, al darle dinero para ayudarlo a construir su laboratorio en 1959, "pero no pensaba de la misma forma que ellos", lamentó. Sin embargo, impelido a continuar su cruzada quijotesca a pesar del obvio costo a su propia carrera, Kummerow siguió haciendo investigaciones importantes sobre las grasas trans, virtualmente solo entre los expertos de aceites comestibles durante décadas. Y durante este tiempo, algunos colegas y él descubrieron una serie de cosas preocupantes.

Primero, confirmaron el estudio original de Kummerow de 1957 sobre cómo las grasas trans se "acumulaban" en el tejido adiposo, lo que significaba que estos ácidos grasos artificiales estaban suplantando a los ácidos grasos normales en todas las células del cuerpo. Vale la pena comprender que los ácidos grasos no sólo se guardan como grasa; también se utilizan en la construcción de cada membrana celular. Y todas esas membranas simplemente no son contenedores, como bolsas resellables. En cambio, son más como agentes extranjeros en una frontera muy transitada, que regulan cuidadosamente cada ida y venida de la célula. También controlan lo que se queda en la frontera, dentro de la membrana. Kummerow descubrió que, cuando los ácidos grasos trans ocupaban posiciones en las membranas celulares, eran como agentes extranjeros que no operan de acuerdo al plan regular.

Kummerow también mostró que los ácidos grasos no naturales en la membrana celular tienen un efecto negativo en la calcificación. Kummerow marinó células de cordones umbilicales en diferentes clases de grasa y descubrió que esos aceites hidrogenados aumentaban su consumo de calcio. El calcio es un ingrediente bueno en la leche, pero dentro de las células puede llevar a una calcificación, que no es una condición deseable en las arterias. Los niveles elevados de calcio en los vasos sanguíneos están asociados muy de cerca con la enfermedad cardiaca.

Finalmente, en 1977, un colega de Kummerow, el bioquímico Randall Wood, hizo el importante descubrimiento de que un aceite hidrogenado no sólo produce grasas trans, sino que elimina cuatro ácidos grasos naturales del aceite y los remplaza con unos 50 no naturales. "No lo sabemos; algunos de estos isómeros cis que obtienes con una hidrogenación parcial ¡podrían ser peores que los trans! ¡Ellos bien podrían ser los culpables!", me dijo Wood.*

"Nadie ha experimentado con éstos", concordó David Kritchevsky, un químico orgánico que fue uno de los investigadores más influyentes del siglo xx sobre dieta y salud, y a quien entrevisté antes de su muerte en 2006. "No sabemos cuáles de estos ácidos grasos son malos o qué en ellos es malo. Randall Wood intentó obtener una beca para un estudio durante años, pero nunca pudo. Puede ser que una clase de estos isómeros pueda matarte, pero no sabemos cuál."

Todos estos hallazgos fueron significativos y preocupantes. No probaban ningún vínculo entre la enfermedad y los humanos, pero sí mostraban que las grasas trans podían alterar el funcionamiento celular básico y, por ende, la fisiología normal. Las grasas saturadas fueron condenadas en el juicio de la opinión científica con mucha menos evidencia biológica. El trabajo de Kummerow, por tanto, debió haber hecho sonar la alarma y dado pie a más estudios. En cambio, Kummerow y Wood se

---

* Los isómeros son moléculas que contienen el mismo número y tipo de átomos (tienen la misma fórmula química), pero sus átomos están ordenados de forma diferente. La diferencia entre los isómeros "cis" y "trans" radica en el tipo de enlace doble: el enlace "cis" produce una molécula en forma de U, mientras que el "trans" produce un zigzag, como describí antes.

encontraron con una pared virtual de silencio. Durante 40 años, desde finales de la década de 1950 hasta principios de la década de 1990, pocos colegas siquiera mantuvieron correspondencia con ellos. Los dos hombres casi no podían lograr que sus artículos se publicaran. Kummerow tampoco lograba recaudar fondos para reuniones científicas para discutir las grasas trans —aunque ciertamente lo intentó— por la obvia razón de que los suscriptores usuales a ese tipo de reuniones eran miembros de la industria y no querían tocar el tema ni con un palo de tres metros. Incluso la Asociación Americana de Lácteos no financiaría la investigación sobre grasas trans porque algunos miembros del grupo también hacían margarina. De hecho, desde el día en que se introdujo el aceite hidrogenado como Crisco en 1911, hasta 2005, casi un siglo después, no se dedicó ninguna conferencia científica importante a la discusión de las grasas trans.*

El Monstruo de los Alimentos se defiende

Las gigantescas empresas que hacen y usan los aceites hidrogenados estaban tan en control de la ciencia sobre grasas trans, que Kummerow nunca tuvo una oportunidad. Estas empresas incluyen a fabricantes de margarina, así como los grandes productores de aceites comestibles, como P&G, Anderson, Clayton & Co. y Corn Products Company. Todos tenían laboratorios químicos de aceites. A los más influyentes entre ellos se les invitó a participar en el prestigiado comité técnico del ISEO, el grupo defensor de la industria que había influido a Moses en la AHA. Era un comité pequeño, pero importante, que servía como guardián científico de la industria de grasas y aceites entera. Y defender la reputación de los aceites hidrogenados, uno de los productos más grandes de la industria, estuvo en el primer lugar de su lista de prioridades durante décadas.

"Cuidar las grasas trans de los sucios hallazgos científicos negativos era nuestro trabajo", explicó Lars H. Wiedermann, un químico de aceites en jefe en el gigante de alimentos Swift & Co., quien estuvo en el comité del ISEO en la década de 1970. Otro miembro del comité fue

---

* Se dio una reunión cerrada de todo un día en Kraft General Foods, en Toronto, Ontario, en 1991, y sin duda hubo otras, pero la primera conferencia científica importante abierta al público fue cerca de Copenhague, presentada por la Sociedad Danesa de Nutrición, en 2005. En 2006 la AHA realizó la primera conferencia estadounidense dedicada a las grasas trans.

Thomas H. Applewhite, un químico orgánico y fisiólogo vegetal que fue director de investigación de Kraft durante muchos años, y quien me dijo desafiante después de retirarse: "Sin duda, yo era el rey de las trans".

Con la dirección de Applewhite, el comité tenía la labor de estar atento por artículos académicos como los de Kummerow, que pudieran dañar la reputación de las grasas trans. Applewhite y su equipo entonces lanzarían refutaciones académicas. También asistían a conferencias y hacían preguntas incisivas durante el tiempo de preguntas y respuestas, intentando crear duda sobre cada aspecto de cualquier investigación sobre grasas trans que fuera siquiera remotamente crítico. Wiedermann recuerda ir detrás de Kummerow: "Lo perseguimos en tres o cuatro conferencias. Nuestro objetivo era sentarnos entre el público y, cuando dejaba de hablar, hacer un montón de preguntas".

Kummerow los consideraba intimidantes, especialmente a Applewhite, un hombre alto con una voz retumbante. "Se levantaba de un salto y empezaba a señalar cosas. Era muy agresivo", recuerda Kummerow. En su opinión, esto iba "más allá de la clase de intercambio respetuoso normal que uno espera entre científicos". Randall Wood tuvo la misma experiencia. "Applewhite y Hunter [...] su efecto principal era en las reuniones, donde las sinopsis ya se habían dado desde hacía mucho, así que sabían lo que ibas a decir", recuerda. "Así que, algunas veces, en la parte de preguntas y respuestas, te atacaban por sorpresa con algo que, en muchos casos, ni siquiera estaba relacionado con lo que estabas diciendo." Al haberse topado con esta crítica negativa aguda, tanto en conferencias como en revistas científicas, Wood eventualmente dejó de estudiar las grasas trans por completo. "Era un campo de estudio infructuoso. Simplemente era muy duro hacer cualquier progreso sin apoyo", lamentó.

El momento en que Kummerow se encontró a sí mismo en un desacuerdo real con el ISEO fue en 1974, cuando presentó los resultados de un estudio que había hecho con cerdos miniatura. Había elegido estos animales porque, al igual que los humanos, son omnívoros y por tanto se consideran modelos adecuados para estudiar el desarrollo de la arterosclerosis. Cuando alimentaba a un grupo de cerdos con grasas trans, Kummerow se dio cuenta de que sus lesiones arteriales crecían más rápido que las de un grupo al que alimentaba con grasa butírica, sebo de res o aceite vegetal sin grasas trans. El grupo con grasas trans también tenía más depósitos de colesterol y de grasa en las paredes arteriales. No es de sorprender que, cuando Kummerow presentó esta información en una conferencia en 1974, "a la industria le dio un ataque", como me describió un químico del USDA que asistió a la reunión. "La industria se dio cuenta de que, si las grasas se vinculaban con la enfermedad cardiaca, se le acababa la fiesta."

El estudio de Kummerow tenía algunas fallas, que el comité técnico del ISEO acentuó en cuanto tuvo oportunidad.* "Pasamos mucho tiempo y gastamos mucho dinero y energía refutando su trabajo", me dijo Wiedermann, explicando que "las investigaciones de mala calidad, una vez publicadas, se vuelven parte del registro y pueden hacer daños irrevocables". Elabora que no es "como si fuéramos alguna clase de coco, yendo por ahí aterrorizando a los pobres investigadores indefensos mientras trabajaban con una agujeta". Había visto realizar muchos trabajos descuidados en nombre de la ciencia, que es por lo que "no vio nada malo o inmoral en 'cuestionarlo' ".

Por su parte, Kummerow nunca se dio por vencido. En 2013, a la edad de 98 años, todavía estaba publicando artículos y presionando a la FDA para que prohibiera las grasas trans del suministro de alimentos por completo, y en 2014, parte en respuesta a su petición, la FDA parece estar a punto de hacerlo.

Aparte de Kummerow, hubo otra investigadora principal de grasas trans en la jungla científica durante muchos años. Fue Mary G. Enig, una bioquímica nutricional de la Universidad de Maryland, quien desde finales de la década de 1970 había estado estudiando las grasas trans un tanto separada de Kummerow. En 1978 logró disparar las "alarmas" en el ISEO al publicar un artículo donde documentó una correlación entre el consumo de grasas trans y los índices de cáncer. Ésta fue una asociación, no una prueba de causa, y Enig sólo era un miembro de medio tiempo de la facultad de una universidad de segundo nivel, pero el ISEO la vio de todas maneras como una amenaza potencial para la industria

---

* La crítica del estudio de Kummerow con cerdos era que su dieta alta en trans no tenía uno de los ácidos grasos esenciales (aceite linoleico) necesarios para el crecimiento normal. Cuando Swift & Co. replicó el estudio en la Universidad de Wisconsin, esta vez con más ácido linoleico, el efecto arteriosclerótico de la grasa trans desapareció. No está claro si este segundo estudio reflejó mejor la realidad de la dieta estadounidense, sin embargo, las dietas de la clase que Kummerow les daba a los cerdos parecen posibles, si no comunes, en Estados Unidos, especialmente porque el proceso de hidrogenación destruye el contenido linoleico del aceite (las margarinas son altas en grasas trans y, por tanto, "naturalmente" bajas en ácido linoleico). El experimento de Kummerow pudo haber identificado un peligro real para los estadounidenses, pero el consenso general ha estado en contra de los hallazgos de sus experimentos.

del aceite. (El vínculo entre las grasas trans y el cáncer se ha estudiado subsecuentemente con más profundidad, pero no se ha encontrado una conexión de causa y efecto.)

Para refutar su artículo sobre el cáncer, Applewhite logró conseguir tres muy críticas cartas al editor, publicadas como respuesta. Él y algunos colegas la fueron a visitar también. Enig recuerda: "Estos tipos del ISEO vinieron a verme y vaya que estaban enojados". Aparte de Applewhite, esos "tipos" incluían a Siert Frederick Riepma, presidente de la Asociación Nacional de Fabricantes de Margarina, y funcionarios de Lever Brothers y Central Soya, ambos productores de aceite de soya. Como describe Enig, "dijeron que habían estado muy pendientes para prevenir que artículos como el mío surgieran entre la literatura y no sabían cómo se les había escapado este caballo del corral".

Aunque ella tal vez no tenía mucha influencia profesional, Enig se rehusó a jugar el papel de la que teme. Por el contrario, parecía disfrutar tomando posiciones poco ortodoxas y discutiendo con ellos hasta el punto de la necedad. Le faltaba sutileza y no tenía interés en congraciarse con sus colegas, quizá porque sabía que nunca la invitarían a unirse a las filas del club sólo para hombres de químicos de aceites de todas formas. Y la mayoría de ellos entendió su punto de vista. Aunque muchos reconocieron que tenía razón en cuestionar la precisión de la información sobre grasas trans, los químicos de aceites de la industria consideraban que era radical. Algunas de las palabras que utilizaron para describírmela fueron "loca", "paranoica", "demente" y "fanática". Applewhite, en cambio, había trabajado en la industria del aceite vegetal desde la década de 1960 y era un líder entre sus colegas.*

A lo largo de las décadas de 1980 y 1990, conforme las grasas trans se empezaron a discutir y estudiar más abiertamente, el debate sobre la ciencia parecía reducirse cada vez más a Enig versus Applewhite. En cualquier conferencia donde se discutiera el tema, cada uno contradiría casi todo lo que el otro dijera. Ella se defendía y él ladraba de vuelta. En una conferencia en 1995, en San Antonio, Texas, esto se dio de manera acalorada durante 5 o 10 minutos. "Fue agonizante verlo. Todos estábamos incómodos", dijo un asistente. "Su interacción fue mucho más allá del dime y direte por un desacuerdo científico al que estábamos acostumbrados", comentó otro.

* Entre otras cosas, Thomas Applewhite fungió como presidente de la AOCS en 1977 y lo eligió John Wiley & Sons en 1985 para editar un volumen de *Bailey's Industrial Oil and Fat Products*, el libro de referencia más importante en el campo de la química de aceites.

Un empate importante sucedió en 1985, en una junta que representaba una de las primeras ocasiones en las que el gobierno había reconocido seriamente la existencia de los aceites hidrogenados y sus posibles efectos en la salud. Durante casi todo el siglo XX, el gobierno había adoptado una política de no intervención sobre este ingrediente: los NIH estaban enfocados mejor en las grasas saturadas y el colesterol, y la FDA nunca le puso mucha atención, quizá porque el ISEO se encargaba de mantener relaciones especialmente cercanas con esa agencia: durante décadas, el grupo de grasas y aceites incluso contrató a sus presidentes recién salidos de la oficina legal de la FDA.*

Eventualmente, sin embargo, los aceites hidrogenados se involucraron en un esfuerzo del presidente Richard Nixon por establecer una lista de ingredientes alimenticios, en 1969, que fueran "reconocidos en general como seguros". La FDA, en respuesta, comisionó su primera revisión del aceite de soya hidrogenado en 1976, y le dio el trabajo a la Federación Americana de Sociedades para la Biología Experimental (FASEB), una federación sin fines de lucro ahora conformada por 21 sociedades de investigación biomédica. El panel de expertos seleccionados tenía muy poca experiencia en la ciencia de lípidos y la revisión, quizá prediciblemente, "no encontró evidencia" de que estos aceites representaran ninguna "amenaza para el público". Los autores sí consideraron preocupante el hallazgo de Kummerow de que "las funciones de la membrana podían verse afectadas por la incorporación de ácidos grasos trans". También describieron 5 de 8 experimentos mostrando que el aceite hidrogenado elevaba el colesterol total más que los aceites regulares. Empero desecharon estas preocupaciones sin explicación.

En 1985, cuando la FDA le pidió a la FASEB que revisara el tema, Enig estaba preocupada de que el trabajo se hiciera de la misma forma superficial. Para empezar, por ejemplo, ni ella ni Kummerow habían sido invitados al panel de revisión, aun cuando Kummerow era uno de los investigadores más familiarizados con las grasas trans hasta ese momento.

Sin embargo, el panel sí tuvo expertos más relevantes en esta ocasión, incluyendo científicos con distintas visiones sobre grasas trans. Ambos eran las antiguas potencias de Procter & Gamble, Fred Mattson

---

* Malcolm R. Stephens, un comisionado asistente de la FDA, se convirtió en presidente del ISEO de 1966 a 1971, y William W. Goodrich, consejero jefe de la FDA, fue presidente del ISEO de 1971 a 1984. Ambos tenían más de 30 años de experiencia en la FDA antes de pasarse al ISEO.

y el crítico de las grasas trans, Randall Wood. Estos expertos revisaron muchos de los mismos hallazgos críticos que el panel anterior, y también cubrieron algunas de las preocupaciones crecientes, como el hecho de que la hidrogenación no sólo creaba grasas trans, sino esas docenas de otros ácidos grasos artificiales que Wood había identificado. Pero al final, el informe de la FASEB nuevamente dejó de lado estas preocupaciones para concluir que las grasas trans en la dieta no tenían un efecto adverso en la salud.

Dado que no estaba en el comité, Enig tuvo que limitar sus comentarios a la sección de preguntas públicas en una de las reuniones del panel. Estaba muy preocupada de que el panel de la FASEB no reconociera cuántas de estas grasas trans estaban comiendo realmente los estadounidenses. El grupo experto había estado lidiando con esta pregunta porque parte de los efectos negativos para la salud vinculados con las grasas trans dependían mucho de la cantidad consumida. Armada con su propia interpretación de la información, Enig les dijo a los expertos reunidos que había "serios errores" en la base de datos nacional de alimentos en la que se estaban apoyando para determinar la cantidad. Sus propios análisis de alimentos habían encontrado que el contenido de grasas trans era entre 2 y 4 veces más elevado de lo que se reconocía oficialmente, lo cual implica que los estadounidenses podían estar comiendo más de estas grasas trans de lo que los expertos sabían.*

Applewhite siguió criticando severamente el trabajo de Enig con sus colegas. Era una "falacia", escribió, "repleto de tergiversaciones y errores flagrantes, así como elecciones parciales de los 'hechos'". Su tono desdeñoso parecía un eco del de Ancel Keys. Él había aplastado exitosamente cualquier cuestionamiento de la hipótesis de la dieta y el corazón una década antes, y el efecto ahora era similar. Applewhite y sus colegas del ISEO habían vencido sin duda a Enig, Kummerow y algunos otros en el campo. Las múltiples cartas de crítica, el cuestionamiento incesante y las objeciones interminables fueron una táctica completamente exito-

---

* Enig había sido contratada por el USDA para medir el contenido de grasas trans en los alimentos, y estuvo de acuerdo con ella en que la principal base de datos del gobierno sobre patrones de consumo alimenticio, llamado Estudio Nacional de Examinación de Salud y Nutrición (NHANES), tenía problemas relativos a las grasas trans. Hasta principios de la década de 1990, Enig y su equipo en la Universidad de Maryland estaban entre los pocos investigadores académicos que intentaban obtener cifras precisas para el contenido de grasas trans en los alimentos.

sa, y la escasez de investigación sobre grasas trans desde la década de 1960 hasta la de 1990 se debió en gran parte a los esfuerzos del ISEO.

Así, todas las primeras ideas sobre grasas trans de Kummerow y otros, que debieron debatirse y discutirse de una mente vivaz a otra, en cambio murieron en el agua. "Uno puede pensar en una idea casi como uno piensa en un organismo vivo. Debe ser nutrido continuamente con los recursos que le permitan crecer y reproducirse", comentó una vez David Ozonoff, un científico medioambientalista de la Universidad de Boston. "En un ambiente hostil que les niega las necesidades materiales, las ideas científicas tienden a languidecer y morir." Esta asfixia lenta de la investigación científica sin duda es lo que sucedió con esa primera investigación de las grasas trans.

¿Cuántas grasas trans estábamos comiendo?

El punto que Enig había discutido con el panel de la FASEB resultó ser el tema del debate más grande para estos investigadores en la década de 1980: ¿Cuántas grasas trans estaban comiendo los estadounidenses realmente? En la reunión de la FASEB, el colega cercano de Applewhite, químico de Procter & Gamble desde hacía mucho, J. Edward Hunter, había creado el caso de la industria alimenticia. Entregó un artículo diciendo que, basado en sus análisis, uno podía asumir de manera realista que cada estadounidense consumía sólo entre 3 y 7 gramos de grasas trans al día. Enig dijo que los cálculos de Hunter debían ser un error porque las cifras de consumo de alimentos de la base de datos NHANES del gobierno, sobre la que Hunter había basado sus cálculos, estaba totalmente equivocada. Por ejemplo, como señaló, el NHANES listó a Crisco y la margarina con cero grasas trans, cuando la realidad era 22 por ciento del contenido calórico o más. De acuerdo con sus medidas, una bolsa pequeña de bolitas de queso tenía entre 3 y 6 gramos de grasas trans, un panquecito de salvado tenía casi 4 gramos y, dependiendo de la marca, una bolsa pequeña de galletas con chispas de chocolate tenía 11.5 gramos.

"En un estudio que hice sobre la leche materna", dice una colega de Enig, Beverly B. Teter, "le di a una mamá dos donas de Dunkin's, una bolsa de churritos de queso y un paquete pequeño de galletas de Pepperidge Farm. Si se comió todo, sólo eso habrían sido más de 22 gramos de grasas trans. ¡Y hay muchas personas que comen así! Así que ya sabíamos que había muchas personas que comían mucho más de los 3 a 7 gramos que la gente en la industria se inventó". Teter descubrió que estas grasas trans aparecían en la leche materna en cantidades proporcionales con lo que la madre consumía en su dieta.

El mejor estimado de Enig para el consumo de grasas trans era de 12 gramos al día para el estadounidense promedio, lo que era entre 2 y 4 veces más que el estimado de Hunter. Frente a estas posturas divergentes, el panel de la FASEB simplemente eligió ignorar la solicitud de Enig. Sin explicación, el panel añadió el análisis de Hunter sobre el tema en su informe oficial en 1985, pero no el de Enig.

Estas cifras de consumo se disputaron acaloradamente y se volvieron el enfoque de otro panel de expertos. Lo estableció la FASEB en 1986 para revisar las grasas trans para el Congreso, el cual estaba considerando la etiquetación de todas las grasas en los alimentos empaquetados. Había mucho en juego. En un intercambio de correspondencia con FASEB, Enig insistió en que la base de datos del NHANES necesitaba corregirse antes de que se pudiera promulgar una política inteligente. Applewhite y Hunter, representando al ISEO, intentaron exhibirla como una llanera solitaria demente: "Nadie más que Enig ha cuestionado la validez de la [...] información", escribieron. Enig parecía sacar a colación "preocupaciones injustificadas e insustanciales" sobre los efectos fisiológicos "imaginarios" de las grasas trans, y enfatizaron que "los ácidos grasos trans no eran una amenaza para los humanos o los animales que consumían una dieta balanceada".

Enig, por su parte, preguntó públicamente en una carta publicada en una pequeña revista de comercio por qué el ISEO estaba tan preocupado sobre el nivel de consumo de grasas trans si sus científicos realmente creían que el ingrediente no era una amenaza. La respuesta fue que las grasas trans sí tienen consecuencias negativas para la salud, lo que puede ver cualquiera que revise incluso la escasa literatura científica al respecto, pero para la industria alimenticia, el problema era una caja de Pandora que, de ser posible, nunca debía abrirse.

Se abre la caja de Pandora

El principio del fin para las grasas trans no vino de ningún científico en Estados Unidos, dado que los críticos de las grasas trans en la comunidad de investigadores estadounidenses habían sido efectivamente marginados. En cambio, vino de Holanda: de Martijn B. Katan, un biólogo molecular y profesor de nutrición de la Universidad de Wageningen, y de su alumno de posgrado, Ronald Mensink. "Mensink y Katan fueron el principio de todo el relajo", masculló Hunter, de Procter & Gamble.

Katan es uno de los científicos europeos más respetados e influyentes del mundo de la nutrición, con fuertes conexiones con investigadores en Estados Unidos. A mediados de la década de 1980, funcionarios de la Fundación Neerlandesa del Corazón habían leído y se habían preocupado por el trabajo de Enig y Kummerow, y le habían pedido a Katan que lo revisara.

Katan visitó a su amigo Onno Korver, jefe de nutrición en la gigantesca marca de consumo Unilever, cuya casa matriz estaba en Rotterdam, y le pidió que financiara un experimento sobre cómo las grasas trans afectaban los marcadores de colesterol. Estudios anteriores habían medido el impacto de las grasas trans sólo en el colesterol total, pero ahora era posible medir el colesterol LDL y el HDL también. Korver explica que se interesó porque "empezamos a darnos cuenta de que la información científica sobre grasas trans era escasa y contradictoria. Así que, bajo el eslogan 'conoce tu producto', empezamos a pensar, ¿cómo obtenemos más información?" Aun así, dice Korver, "se necesitó una labor de convencimiento para persuadir a Unilever de pagar por ello porque las cosas estaban muy calladas con las grasas trans; ¿para qué arriesgarnos a removerlas?"

Katan dirigió una prueba de alimentación con 34 mujeres y 25 hombres, variando el contenido de grasa en sus dietas. Una dieta tenía 10 por ciento de energía como grasas trans, otra tenía 10 por ciento como aceite de oliva* y un tercer grupo tenía una margarina especial alta en grasa saturada. Los sujetos rotaron las dietas durante tres semanas para cada una.

Mensink y Katan descubrieron que la dieta alta en grasas trans no sólo elevaba el colesterol LDL, comparado con el aceite de oliva, sino que también bajaba el colesterol HDL. "Pensé que el efecto en el HDL debía ser incorrecto, porque ninguna grasa baja el colesterol HDL", me dijo Katan. (La grasa saturada, la clase encontrada principalmente en alimentos animales, eleva el colesterol HDL, pero los expertos en nutrición habían estado ignorando asiduamente ese efecto durante años, dado que las grasas saturadas se consideraban en general no saludables.) Este efecto

---

* Se eligió el aceite de oliva porque tiene efectos relativamente neutros en el colesterol HDL y LDL.

potencial de las grasas trans para bajar el colesterol HDL no se podía confirmar definitivamente, pero desde muy pronto pareció ser un punto significativo en su contra.

Para el horror de los fabricantes de alimentos y la industria de los aceites comestibles, los principales periódicos a lo largo de Estados Unidos informaron sobre el estudio de Mensink y Katan, interpretándolo como una acusación importante contra los aceites hidrogenados; "Preocupan los ácidos grasos de la margarina", decía el encabezado de *Associated Press* en 1990. Estos hallazgos fueron un impacto para todos, especialmente para los principales grupos de salud, los cuales habían estado recomendando la margarina como una alternativa más saludable que la mantequilla durante décadas.

Predeciblemente, el ISEO atacó el trabajo de Mensink y Katan. El presidente del grupo escribió una carta al editor del *New England Journal of Medicine* criticando varios aspectos de la metodología del estudio y sugiriendo que el nivel de grasas trans consumidas por los sujetos era demasiado alto para ser representativo. Pero los científicos de la industria no se alarmaron demasiado; todavía no, al menos. "Tenía que apilarse un conjunto de conocimientos sobre el efecto. Un estudio no es totalmente convincente", dijo Hunter.

"Podía sentir que mis colegas estadounidenses, especialmente los de la industria, no iban a creer nada de esto" sobre los efectos del colesterol LDL y HDL, dice Katan. "Pero éramos científicos competentes sin ninguna inclinación fuerte, y ellos debieron haberse dado cuenta de que algo estaba pasando ahí."

Ese "algo" se confirmó con una serie de estudios de seguimiento durante los siguientes cinco años, realizados por Katan y otros, aunque persistieron las dudas sobre las metodologías. Por ejemplo, como señalaron los expertos del ISEO, varios estudios daban aceite parcialmente hidrogenado a sus sujetos, en lugar de grasas trans puras, así que cualquier efecto del colesterol LDL que se observara bien podría ser ocasionado por esos isómeros de ácidos grasos artificiales creados durante la hidrogenación. Éste es un punto crucial porque el proceso de hidrogenación del aceite, como hemos visto, produce docenas de isómeros de ácidos grasos adicionales, y la mayoría de la investigación científica hasta la fecha no ha hecho ningún intento por aislar los efectos de las grasas trans de estos otros isómeros.

Esta y otras dudas significativas sobre la evidencia contra las grasas trans planteaban preguntas reales sobre si el impacto dañino a la salud se debía a sus efectos en el colesterol o a algo más; los químicos de aceites de la industria, por tanto, continuaron defendiendo los aceites hidrogenados en lo que parecían ser bases científicas legítimas.

Para 1992, la cantidad de estudios sobre grasas trans y colesterol era sólo un puñado, pero la evidencia acumulada era suficiente para que Unilever anunciara que quitaría los aceites parcialmente hidrogenados de la mayoría de sus productos en tres años. "Teníamos siete plantas de hidrogenación grandes y lugares de producción de margarina por toda Europa, y teníamos que cerrarlos todos", dice Korver. Unilever es un líder tan significativo en la industria alimenticia europea, que muchas otras empresas pronto hicieron lo mismo, cambiando al aceite de palma. En Europa, "la industria estaba abierta al cambio", observa Katan. "En Estados Unidos, la industria no dio su brazo a torcer."

La industria alimenticia estadounidense decidió en cambio que financiaría su propio estudio para refutar los hallazgos dañinos de Katan y otros. La mayoría de los científicos en la industria todavía creen genuinamente que las grasas trans no son malas para la salud (que los efectos en el colesterol LDL y el HDL no fueron tan dramáticos después de todo), y buscaron recuperar el control de la narrativa científica al respecto. Pasaron el sombrero y se recolectó más de un millón de dólares de varios fabricantes de alimentos, asociaciones de soya y, por supuesto, del ISEO.*

Ésta es otra táctica común que las empresas de alimentos han utilizado para dirigir el entendimiento científico sobre los alimentos: pagan a científicos de buena reputación en instituciones prestigiosas para que dirijan estudios que pretenden encontrar resultados positivos a favor de sus productos. Best Foods jugó este juego, financiando estudios para establecer la seguridad de los aceites hidrogenados en primer lugar, y Unilever y otros gigantes de los aceites han influido en la ciencia de los aceites vegetales de esta forma desde entonces. Desde la perspectiva del investigador, la recepción de estos fondos es, por supuesto, incómoda, pero dado que los fondos para la investigación en nutrición son tan escasos y la práctica de la ciencia de la nutrición es tan cara, la práctica se considera un mal necesario. "Todos tomamos dinero de la industria",

---

* Los contribuyentes incluían a Nabisco Foods Group, la Asociación Nacional de Fabricantes de Margarina, la Asociación de Botanas, Mallinckrodt Specialty Chemicals, el Consejo Unido de la Soya, los consejos estatales de soya en Maryland, Ohio, Carolina del Norte, Illinois, Michigan, Minnesota e Indiana, y la Asociación Nacional de Productos de Semilla de Algodón.

me dijo Robert J. Nicolosi, un bioquímico e investigador de grasas trans de la Universidad de Massachusetts Lowell. "Pero todos firmamos acuerdos diciendo que de ninguna manera la industria influirá en la forma en que publicamos nuestros resultados. El problema que tienes es la percepción pública, pero la exponemos, y eso es todo lo que podemos hacer."

Sin embargo, cuando una empresa de alimentos financia a un científico universitario, espera obtener resultados que favorezcan al producto de la empresa. Gerald McNeill, quien dirige investigaciones en el gigante de los aceites comestibles, Loders Croklaan, me lo explicó. "Digamos que soy una gran empresa de margarina y quiero hacer una declaración de salud sobre mi producto", dijo. La empresa buscaría una persona entre la élite de la nutrición: un profesor universitario que esté bien conectado en la AHA o en los NIH, y lo financian para realizar una prueba. Los científicos de las empresas algunas veces ayudan a los investigadores académicos a diseñar sus métodos de estudio para asegurar los resultados positivos o al menos que no haya resultados negativos. "Puedes estar totalmente seguro, por 250 000 dólares, ¡de que vas a obtener los resultados que quieres!", exclama McNeill. Y de hecho, una serie de revisiones han demostrado que las pruebas financiadas por la industria son mucho más propensas a tener resultados positivos a favor de la industria, comparados con los que no tienen sus fondos. El Monstruo de la Comida también crea relaciones con investigadores académicos pagando por sus gastos de viaje a conferencias, además de sus honorarios como oradores. "Cada empresa lo hace porque si no juegas el juego, estás fuera", dijo McNeill.

En este caso, en su esfuerzo por refutar los resultados de Mensink y Katan, la industria de los aceites comestibles eligió financiar un experimento en el prestigiado laboratorio de lípidos del USDA, donde el bioquímico Joseph T. Judd estaba a la cabeza. Él era un científico riguroso y una de las cosas en las que todos podían estar de acuerdo es que los resultados de Judd serían intachables.

Judd realizó varias pruebas clínicas sobre grasas trans, pero la primera, en 1994, fue la más importante. En la cafetería del USDA, Judd proveía comidas especialmente preparadas a 29 hombres y 29 mujeres en cuatro dietas diferentes, las cuales rotaban después de 6 semanas cada una. Una dieta era alta en aceite de oliva, la segunda tenía trans "moderadas" (3.8 por ciento de energía), la tercera tenía trans "altas" (6.6 por ciento de energía) y la última era alta en grasas saturadas. Los resultados se midieron con los marcadores del colesterol total, el HDL y el LDL. Y Kraft proveyó todas las grasas, cortesía de Thomas Applewhite.

Judd estaba consciente de que todos esperaban que sus hallazgos contradijeran los de Katan y "por tanto, los neutralizaran". Así era como funcionaba la industria alimenticia. Al buscar obtener un resultado que todos estarían obligados a aceptar, Judd dio el paso inusual de permitir que los científicos de las industrias ayudaran a diseñar el protocolo del estudio, incluso antes de su decisión de financiarlo.

Sin embargo, cuando los resultados salieron, para el asombro de todos, no refutaban los hallazgos de Katan. En cambio, Judd los había confirmado. La dieta alta en grasas trans causaba una "reducción menor" del colesterol HDL, aunque era un poco menor de la que Katan había encontrado, y un aumento significativo del colesterol LDL. Desafortunadamente para la extensa lista de empresas apoyando este esfuerzo, los "estudios de Judd" se volvieron el ejemplo más famoso en la industria alimenticia de lo que es dispararse a sí mismo en el pie. "Cuando entregué mi informe, ¡todo lo que recibí fue silencio!", recuerda Judd. "Ellos sabían que éste era un buen estudio. Querían saber la verdad y creo que eso recibieron […] pero, por supuesto, no era lo que esperaban encontrar."

Los estudios de Judd son un recuerdo único y atesorado por muchos científicos. Representan un raro episodio de David y Goliat, un triunfo de la ciencia por encima del comercio. "La industria incluso había diseñado este estudio y ¡pum! ¡Recibieron una bofetada!", se deleita K. C. Hayes, un biólogo nutricional de la Universidad de Brandeis, quien ha estado investigando grasas y aceites durante 35 años. En contraste, quienes pertenecían a la industria estaban, naturalmente, serios. "Estaban preocupados en la industria", reconoció Hunter. Había presionado para hacer los estudios de Judd, y cuando los hallazgos no fueron a favor de Procter & Gamble, lo transfirieron a otro departamento.

"Preocupación es un eufemismo", dijo Michael Mudd, el entonces vicepresidente de asuntos corporativos de Kraft, que en ese entonces fabricaba una gran cantidad de productos altos en grasas trans, incluyendo las galletas Ritz y Triscuits. "Había pánico en la industria, especialmente en las empresas que tenían más productos horneados." A mediados de la década de 1990, después de que salieran los estudios de Judd, las grasas trans fueron "el tema del día más fascinante durante un tiempo", me dijo Mudd. "Tenía todo nuestro enfoque y nuestra concentración." La industria estaba esperando una represalia por las grasas trans. ¿El Congreso o la FDA se abalanzarían sobre las grasas? "Había especulaciones sobre cuándo empezaría el etiquetado del gobierno y empeoraría todo", dijo Mudd. "Pero eso no sucedió. La indignación pública nunca se materializó."

Dado que los efectos en el colesterol LDL y el HDL no eran tan dramáticos,* las empresas de alimentos pensaron que la industria podía ganar todavía, concebiblemente, en el campo de juego de la opinión científica. Hacia ese fin, la industria pagó otra revisión de las grasas trans, esta vez por el Instituto Internacional de Ciencias de la Vida (ILSI), un grupo financiado por la industria. Y esta vez los resultados estuvieron más en línea con los deseos de la industria; el informe concluyó que, dado que la evidencia era mínima y conflictiva, las grasas trans todavía podían considerarse seguras. Se escribió "desde una perspectiva de la industria", dijo Penny Kris-Etherton, codirectora de la revisión y una profesora influyente de nutrición de la Universidad de Pensilvania: las empresas de alimentos querían saber si la evidencia de las grasas trans ameritaba que cambiaran sus productos. Sin embargo, ella, junto con otros expertos de la élite académica, prestó su nombre para este esfuerzo, y el informe se tomó consecuentemente como una fuente sólida y confiable de información exonerando las grasas trans como causa de efectos adversos. De hecho, miembros del panel del ILSI lo citaron para ello. Katan, en cambio, consideró el informe sólo "parte del control de daños de la industria" y pensó que "no le hacía justicia" a la información.

Al final, la razón de que las grasas trans se volvieran infames, prohibidas en ciudades y estados por toda la nación y el sujeto de la reglamentación de alimentos más importante de la FDA en tiempos recientes no fue, paradójicamente, la nueva información que surgía. En cambio, la protesta contra estas grasas crecía. Un número de fuerzas se alinearon en contra de las grasas y las sacaron de la luz pública como nuestro villano número uno entre las grasas. Entre estas fuerzas estuvo otro hombre solitario; esta vez en San Francisco. Estuvo el CSPI. Y hubo un miembro familiar de la élite de nutrición, un investigador que, al igual que Ancel Keys, se sentó encima de la montaña de información epidemiológica y la utilizó para cambiar el curso de la historia de la nutri-

* El efecto en el colesterol HDL nunca se demostró con ninguna confiabilidad y el efecto en el colesterol LDL era pequeño: un aumento de 7.5 mg/dl por cada aumento de 5 por ciento de grasas trans como porción de calorías diarias, o sólo alrededor de 7 por ciento en el colesterol LDL para el estadounidense promedio (FDA, 2003, p. 41448, "un aumento de 7.5 mg/dl").

ción, así como Keys lo había hecho con las grasas saturadas. Era el profesor de nutrición de la Universidad de Harvard, Walter C. Willett, quien se había vuelto famoso en el mundo de la nutrición al introducir la dieta mediterránea, y ahora ampliaría todavía más su perfil con las grasas trans. Al establecer estas grasas como el ingrediente vilificado oficial, Willett las llevaría por el camino hacia su casi total erradicación del suministro de alimentos. Y éste pudo haber sido un buen resultado si lo que remplazó a las grasas trans, en términos del impacto en la salud, no hubiera sido potencialmente mucho peor.

9

Salen las grasas trans, entra... ¿algo peor?

En cierta forma, el epidemiólogo de Harvard, Walter Willett, no podía ser una personalidad más diferente a Ancel Keys. Willett es gentil para hablar y de modales moderados, un hombre amable y grácil, con un bigote de morsa cuya infalible cordialidad lo hace un candidato insospechado para llegar a la cúspide del mundo de la nutrición. Sin embargo, la voz de Willett ha sido una de las más influyentes en el campo durante dos décadas. Él fue, como hemos visto, la fuerza principal detrás de la Dieta mediterránea, al introducir la pirámide en Cambridge en 1993. Y en ese mismo año Willett tenía un gran anuncio que hacer sobre las grasas trans.

Estaría basado en información de su Estudio de Salud de Enfermeras, para el cual recolectó información de casi 100 mil enfermeras desde 1976 —el estudio epidemiológico más grande hecho en la historia de la nutrición—. Al igual que Keys, Willett deriva su poder de ser el director de un estudio que produce más información que cualquier otro en el campo, aun cuando, como sucede con cualquier estudio observacional, sólo puede mostrar asociación, no causalidad. Y al igual que Keys, Willett siempre ha tendido a expresar ese detalle en voz baja, mientras anuncia sus hallazgos positivos con una voz mucho más segura. La voz de Willett también se amplifica por el vehículo autoritario de la oficina de prensa de la Universidad de Harvard.

De esta manera, Willett ha promovido una serie de ideas que se han adoptado como recomendaciones de salud pública basadas en gran medida en sus hallazgos del estudio de las enfermeras. Lo más significativo es que los hallazgos de este estudio llevaron a recomendar que las mujeres posmenopáusicas usaran un tratamiento de remplazo hormonal (TRH) y que toda la población tomara suplementos de vitamina E. Ambas recomendaciones, adoptadas ampliamente, tuvieron que retractarse después, cuando se realizaron pruebas clínicas y se demostró que las asociaciones encontradas en el estudio de las enfermeras no podía confirmarse; tanto el TRH como los suplementos de vitamina E, de hecho, cuando se probaban adecuadamente en estudios, parecían peligrosos para la salud. Al parecer, la información de las enfermeras se había utilizado prematuramente para lanzar estas recomendaciones de salud. Cuando Willett hizo un anuncio sobre las grasas trans, se había hecho una prueba clínica —la de Mensink y Katan—, pero todavía no se había replicado. Willett se apoyó así principalmente en la información de su Estudio de Salud de Enfermeras para plantear un caso contra las grasas trans.

Alertado por el trabajo de Mary Enig, Willett había empezado a recolectar información sobre el consumo de grasas trans de 90 mil de sus sujetos en 1980. Una docena de años después, vio la información y descubrió que comer grasas trans estaba correlacionado con un aumento en el riesgo de enfermedad cardiaca. Willett publicó este hallazgo en *The Lancet*, en 1993, pero su artículo no recibió mucha atención. Al siguiente año, Willett y un colega siguieron con un artículo de opinión: de acuerdo con sus cálculos, las grasas trans estaban causando una sorprendente cantidad de 30 mil muertes al año por enfermedad cardiaca en Estados Unidos. El comunicado de prensa de Harvard que acompañaba el artículo llevaba el golpe fulminante: decía que una mujer que comiera cuatro o más cucharaditas de margarina al día tenía 50 por ciento más riesgo de contraer enfermedad cardiaca. Eso llamó la atención de todos. Los periódicos retomaron rápidamente esas cifras en artículos de primera plana, y las noticias corrían por todo el mundo. El artículo de Willett no había sido revisado por sus colegas porque era un texto de opinión y no un artículo científico, y esto llevó a algunas quejas legítimas sobre la metodología que utilizó para calcular la cifra de 30 mil. Pero esas preocupaciones fueron cuando mucho una nota a pie frente a los encabezados alarmantes.

"Nunca lo olvidaré mientras viva", dijo Michael Mudd, el vicepresidente retirado de Kraft. "Estaba viendo ABC News un domingo en la mañana. Walter Willett estaba ahí y estaba diciendo que la margarina mata a 30 mil personas al año. ¡Fue un terremoto en la industria!"

"Es un mes que vivirá conmigo en la infamia. Todo fue cuesta abajo desde ahí", recuerda Rick Cristol, antiguo presidente de la Asociación

Nacional de Fabricantes de Margarina. "La industria explotó con eso", dice Katan.

En Dinamarca, un día después de que saliera la cifra de 30 mil, el casi gubernamental Consejo Danés de Nutrición tuvo una reunión de emergencia para anunciar los resultados impactantes de Willett, un movimiento sin precedente que, en sí mismo, generó una gran cantidad de publicidad. Desde ese día en adelante, este grupo se convirtió en un líder mundial en la creación del perfil de las grasas trans como un peligro para la salud, y el Parlamento danés se convenció de pasar la primera prohibición de grasas trans en el mundo: desde 2003 no se permitió que ningún alimento contuviera más de 2 por ciento de grasas trans como porcentaje total de grasas.* Ésta fue la medida más completa tomada por cualquier gobierno nacional a nivel mundial.

Los actos en Dinamarca fueron provocados por la cifra de 30 mil de Willett. La cifra también impulsó al CSPI para que pidiera a la FDA que pusiera las grasas trans en la etiqueta de los alimentos, lo que eventualmente llevó a un reglamento de etiquetado de la FDA en 2003. La cifra de 30 mil fue lo que puso a las grasas trans en el mapa; cambió la percepción pública de estas grasas y fue la explosión que provocó su desaparición.

"Pasó de largo entusiasta y articuladamente su propia información"

Sin embargo, Willett se estaba arriesgando con su información mucho más de lo que el público comprende. Su cifra estaba basada en la habilidad de las grasas trans de elevar el colesterol LDL mientras bajaba marginalmente el colesterol HDL, pero su artículo no entraba en los detalles del cálculo. Y el apoyo entre sus colegas científicos por el trabajo de Willett resultó un tanto escaso.

Unos meses después de publicar su cifra de 30 mil, Willett fue invitado a una reunión del Foro de Toxicología, un grupo sin fines de lucro que simplemente busca tener discusiones inteligentes sobre toxinas potenciales. Las reuniones son privadas y tienden a ser pequeñas, con

---

* La publicidad sobre las grasas trans en Dinamarca ha seguido brillando. En 2004, cuando se descubrió que una tienda 7-Eleven vendía donas con 6 por ciento de su grasa como trans, el gerente de toda la franquicia 7-Eleven apareció en televisión nacional para asegurar al público que todas las donas en sus tiendas se eliminarían de los estantes en las siguientes 24 horas (L'Abbé, Stender y Skeaff, 2009, p. S53).

una mezcla de representantes de alto nivel de la industria y científicos tanto académicos como del gobierno. El grupo de julio de 1994, el cual se reunió en Aspen, Colorado, tenía la meta de diseccionar la evidencia detrás de la aseveración de Willett de que las grasas trans causaban enfermedad cardiaca.

Después de que Willett le presentara al grupo sus hallazgos epidemiológicos completos, Samuel Shapiro, el director del Centro de Epidemiología Slone, de la Universidad de Boston, lo contradijo. El punto principal de Shapiro era que cualquier cantidad de sujetos de estudio que pensara que tenía enfermedad cardiaca cambiaría probablemente de mantequilla a margarina, dado que los médicos han estado recomendando esto a los pacientes en riesgo desde la década de 1960. Así que, cuando un sujeto que come muchas grasas trans muere, ¿cómo podían los investigadores saber si fueron las grasas trans las que provocaron la enfermedad cardiaca, o si la persona ya tenía enfermedad cardiaca y esta condición lo impelió a comer más margarina en primer lugar? En otras palabras, comer margarina podía ser el resultado de la enfermedad cardiaca, no la causa. Este problema se llama "confundir por indicación", y Shapiro dijo que era "un dilema central" intentar utilizar la epidemiología para establecer causa y efecto.

Aún más, siempre había habido problemas básicos con el Estudio de Salud de Enfermeras de Willett, de acuerdo con numerosos críticos a lo largo de los años, conocidos por cualquier epidemiólogo, y Shapiro también retomó estos problemas. Expuso lo difícil que es ajustar completamente ante varias "confusiones" —otros aspectos de dieta y estilo de vida que pueden confundir los resultados—, como el uso de multivitamínicos, el ejercicio vigoroso o el consumo de azúcar. Nadie sabe en realidad cuánto afecta exactamente cualquiera de estos factores en la enfermedad cardiaca, dijo Shapiro, así que, incluso si los autores del estudio dicen que están "haciendo ajustes por ellos", éstos pueden no ser verdaderamente precisos.

Además, sólo medir cualquiera de estos factores de estilo de vida con cualquier grado de precisión es enormemente difícil. Ésta es la razón de que el Cuestionario de Frecuencia Alimentaria (CFA), utilizado para preguntar a las enfermeras sobre sus dietas, ha sido fuente de controversia en el campo durante mucho tiempo. La idea de que cada una de esas enfermeras recordará precisamente o registrará lo que comió el último año parece cuestionable, incluso para una persona común. Por ejemplo, ¿qué tan seguido comiste "duraznos, chabacanos o ciruelas" en el último año? ¿Veinte veces? ¿Cincuenta? Escribe tu estimado. Luego sigue con las otras doscientas y tantas preguntas.

De hecho, cuando los investigadores han intentado validar el CFA, los resultados han sido en general mediocres. Incluso el propio equipo de Willett descubrió que la capacidad de una persona de recordar la mayor cantidad de tipos de grasa que hubiera comido en el cuestionario era "débil" o "muy débil". En 2003, un equipo internacional dirigido por el Instituto Nacional del Cáncer concluyó que el CFA de Willett "no podía recomendarse" para la evaluación de la relación entre calorías o consumo de proteínas y la enfermedad.

Más allá de este problema, hay muchas otras fuentes posibles de error en el CFA: el estimado de cantidades de comida, el estimado de la frecuencia de consumo, la inclinación hacia enumerar de más o de menos para hacer que la dieta de uno se vea mejor y los errores en las tablas de alimentos que los convierten en nutrientes. Que para nada es la lista completa de consideraciones.

Cada elemento que se llena en uno de esos cuestionarios es lo que los estadísticos llaman una "variable de predicción" y, como cualquier estadístico puede decir, para que cualquiera de estas variables pueda ligarse confiablemente a resultados de salud, necesita medirse sin error. Un gran número de variables de predicción imprecisas con más de una variable de resultado (los diversos problemas de salud; Willett recolecta alrededor de 50) invita a un desastre casi seguro en el frente de la confiabilidad estadística.

Estas fallas podrían ignorarlo fácilmente, dijo Shapiro, si las grasas trans tuvieran un impacto gigantesco, causando un aumento de riesgo 30 veces mayor, por ejemplo, que es la magnitud de la diferencia entre los fumadores empedernidos y los no fumadores respecto a su riesgo de desarrollar cáncer pulmonar. Los errores de parcialidad y confusión entonces se eliminarían contra la enormidad de tal asociación y la relación sería relativamente innegable. Pero el efecto de las grasas trans visto en el Estudio de Salud de Enfermeras era pequeño, señaló Shapiro, ni siquiera un aumento del doble de riesgo.*

Shapiro concluyó que el estudio de Willett había "fallado" en descartar las posibles fuentes de parcialidad y confusión, y que la evidencia

---

* De hecho, un año después de que Willett publicara sus hallazgos sobre las grasas trans, dos estudios observacionales grandes realizados en Europa no mostraron ninguna relación entre las grasas trans y los índices de ataques cardiacos o muerte cardiaca repentina (Aro *et al.*, 1995; Roberts *et al.*, 1995).

epidemiológica no daba, por sí misma, "ninguna justificación" para la declaración de Willett de que las grasas trans provocaban enfermedad coronaria.

Willett se levantó para defenderse. Señaló que había controlado "una enorme cantidad de confusiones [...] incluyendo los factores de estilo de vida, así como factores de riesgo conocidos para enfermedad cardiaca coronaria", y que el efecto de las grasas trans seguía siendo el mismo. Este resultado, dijo, le dio confianza de que cualquier efecto confuso residual sería pequeño. También señaló que muchas de las grasas trans que midió estaban en galletas, que "no son algo que empezarías a comer mucho si creyeras que tienes enfermedad cardiaca coronaria".*

Los asistentes no se convencieron. Richard Hall, un químico orgánico y empleado desde hacía mucho del fabricante de hierbas y especias McCormick & Company, recordó: "Todos estábamos más acostumbrados a información de más peso que la que usualmente produce la epidemiología. Walter Willett es un tipo muy elocuente y persuasivo, hasta que realmente te detienes y dices: ¿hasta qué punto su información apoya firmemente sus conclusiones? Mi impresión fue que pasó de largo entusiasta y articuladamente su propia información". La cabeza de la junta, Michael Pariza, director del Instituto de Investigación de Alimentos de la Universidad de Wisconsin, Madison, dijo: "Creo que mucha gente salió del recinto pensando que Willett había sobreevaluado el caso".

Sin embargo, Willett prevaleció. Así como Ancel Keys se había vuelto famoso por volver a la grasa saturada una villana, así Willett ganó publicidad por su caso en contra de las grasas trans. Y hay otras similitudes. Al igual que Keys, Willett aparece frecuentemente en los medios, ha escrito una historia de portada para la revista *Newsweek* y sale seguido en televisión. También tiene relaciones cercanas con las principales revistas de ciencia. En el caso de las grasas trans, el *New England Journal of Medicine*, que se encuentra en la ciudad natal de Willett, Boston, ha mantenido la presión al publicar múltiples artículos sobre el asunto a lo largo de los años, la mayoría escrita por Willett y sus colegas. Y así como Keys, Willett publica textos; muchos. En 1993, por ejemplo, el mismo año en que salió el artículo de las grasas trans

---

* Curiosamente, Willett descubrió que las grasas trans de la comida chatarra —galletas, etcétera— y del pan eran las más responsables por el aumento de riesgo de enfermedad cardiaca que observó, y dado que no podía controlar el consumo de carbohidratos, el efecto general que vio bien pudo deberse, al menos en parte, a los carbohidratos.

de Willett, publicó 32 artículos adicionales basados en su estudio de las enfermeras; una cantidad impresionante. (Una prueba clínica, en contraste, generará sólo uno o dos artículos después de muchos meses o incluso años de trabajo.)

Lo que le permite a Willett escribir tantos textos es simplemente la enorme cantidad de variables en su base de datos. Willett puede hacer cálculos cruzados de cada una de sus variables de alimentos y estilo de vida contra los índices de mortalidad por diferentes padecimientos. Este ejercicio puede generar una enorme cantidad de especulaciones casi sin esfuerzo sobre lo que puede o no puede provocar la enfermedad. Sólo como una cuestión de probabilidad, un resultado inevitablemente va a surgir. Haz 100 preguntas y con seguridad cinco de ellas resultarán estadísticamente significativas, tan sólo al azar. Los estadísticos llaman a este problema "comparaciones múltiples" o "pruebas múltiples". "La sola cantidad de preguntas que haces significa que estás garantizando obtener resultados", dijo S. Stanley Young, un estadístico del Instituto Nacional de Ciencias Estadísticas, quien ha escrito sobre el tema. "Pero muchos de ellos serían falsos."

Algunos científicos incluso han dado información como broma para demostrar lo fácil que es producir esta clase de asociaciones falsas. Al ver los signos del zodiaco de 10.6 millones de residentes de Ontario, por ejemplo, los investigadores descubrieron que la gente nacida bajo el signo de Leo tenía una mayor probabilidad de hemorragia gastrointestinal, mientras que los Sagitario eran más susceptibles a fracturarse un brazo. Estas asociaciones cumplían con el estándar matemático tradicional para "significancia estadística", pero eran completamente al azar y desaparecían cuando se hacía un ajuste estadístico para el problema de "comparaciones múltiples".

Por todas estas razones, muchos expertos en nutrición critican el trabajo de Willett. "Hizo un pésimo trabajo para justificar su cifra de 30 mil", dijo Bob Nicolosi, quien lideraba la revisión del ILSI. "Pero se llevó el día porque le encanta llevarse el día." Los epidemiólogos pueden proveer pistas importantes, pero muchos investigadores creen que Willett lleva sus estudios un paso demasiado lejos utilizándolos efectivamente para demostrar causa y efecto.

Sin embargo, Willett cambió todo para las grasas trans en Estados Unidos. Al tener estas grasas en el suministro de alimentos, le dijo al grupo de expertos en Aspen: "Realmente estamos conduciendo un experimento humano nacional a una escala inmensa, sin controlarlo, sin monitorearlo". Lo mismo pudo haberse dicho sobre el aumento masivo en el consumo de aceites vegetales a lo largo del siglo XX, o en ese caso, de la dieta baja en grasa. Ambos se recomendaron a los estadounidenses como la mejor prevención posible para la enfermedad cardiaca sin probarse adecuadamente primero. Pero éstos habían sido parte de la recomendación dietética oficial durante tantas décadas, que revertir el curso de su uso era mucho menos plausible. Sólo la versión sólida de estos aceites, que contienen grasas trans, se estaba cuestionando.

Las grasas trans se convierten en el siguiente mal dietético

En su campaña contra las grasas trans, Willett se convirtió literalmente en un activista. En 2006 lo vi en un mitin en el centro de la ciudad de Nueva York, cerca de donde los legisladores estaban debatiendo una prohibición en otra ciudad sobre el uso de grasas trans en los restaurantes. Era un frío día a finales de octubre, y me sorprendió verlo subir al estrado. Willett se inclinó y la multitud se acercó más. "¡Las grasas trans son una clase de veneno metabólico!", declaró. Se escucharon aplausos. Willett no sólo decía que comer grasas trans resultaba en enfermad cardiaca. "Probablemente hay una dimensión de diabetes y la evidencia de que existe un vínculo con el sobrepeso y la obesidad es bastante fuerte". informó al público, pese al poco apoyo de las ciencias que sus declaraciones tenían y que de hecho todavía no tienen. "Así que éste es un paso muy importante. Felicidades al Departamento de Salud de la Ciudad de Nueva York", concluyó.

El organizador del mitin libre de grasas trans era el grupo de Michael Jacobson, el CSPI. Aunque el CSPI originalmente había sido una gran fuerza de impulso a los fabricantes de alimentos hacia las grasas trans en la década de 1980, mientras alimentaba el fuego del miedo a los aceites tropicales, una década después, el grupo había revertido el curso enteramente. El CSPI había pasado de llamar a las grasas trans "no una mala apuesta" a describirlas en un encabezado en la portada de la revista de gran circulación del grupo como "Trans: el fantasma de la grasa".

Jacobson era un energético hacia donde se moviera, y las grasas trans, en su nueva encarnación como las grasas malas, eran el combustible perfecto para su organización. Unirse con un profesor de Harvard hacía que el CSPI fuera casi invencible en este tema. "Walter Willett representó un papel *muy* significativo" para hacer que las grasas trans estuvieran en las etiquetas de los alimentos, dijo Jacobson. "Ha sido continuamente expresivo. Es articulado y conocedor. Así que era clave."

La petición de 1994 del CSPI para la FDA contra las grasas trans dio resultados. En 1999, la FDA sacó una "propuesta de reglamento" para añadir las grasas trans a la lista de ingredientes que debían identificarse en las etiquetas de los alimentos. Cada empresa de alimentos y asociación alimenticia, desde el ISEO, la Asociación Nacional de Fabricantes y la Asociación Nacional de Fabricantes de Margarina, hasta McDonald's y ConAgra Foods, envió cartas en respuesta, la mayoría oponiéndose a la regulación. Fred Kummerow, Mary Enig y otros científicos y grupos de apoyo a la salud también enviaron cartas; en total, la FDA recibió 2 020 cartas.

En busca de una guía experta, la FDA pidió al Instituto de Medicina (IOM), que es parte de la Academia Nacional de Ciencias, que diera un límite recomendado para el consumo de grasas trans.* Dado que los estudios habían demostrado consistentemente que las grasas trans aumentaban el colesterol LDL (los efectos en el HDL eran menos claros), el panel de expertos del IOM recomendó que el límite superior de consumo fuera "cero".† Willett presionó fuertemente a la FDA para que utilizara el nivel de consumo cero, pero la FDA rechazó esta idea, explicando que hacerlo sería denigrar excesivamente las grasas trans en la etiqueta de los alimentos. Willett y el CSPI también estaban decepcionados por su esfuerzo de hacer que las grasas trans se listaran como un tipo de grasa saturada. Al determinar que no, la FDA estuvo de acuerdo con la mayoría de los expertos, quienes decían que combinar las dos sería "científicamente impreciso y confuso, dado que las grasas trans y las saturadas son química, funcional y fisiológicamente diferentes".

---

* Este "valor de consumo diario" fue el trabajo de un comité permanente conformado por la élite de nutrición en el mundo, incluyendo Ronald Krauss, Penny Kris-Etherton, Alice Lichtenstein, Scott Grundy y Eric Rimm.

† Los científicos de las industrias atacaron la propuesta de consumo de "cero", dado que no había estudios clínicos que hubieran examinado el consumo de grasas trans a niveles menores de 4 por ciento del total de calorías. El panel del IOM se había apoyado en una tabla hecha por un miembro del equipo de Willett, el epidemiólogo nutricional Alberto Ascherio, quien simplemente había trazado todos los estudios realizados con niveles más elevados de consumo de grasas trans y luego había trazado la línea hacia el cero. Ascherio asumió una relación lineal de pasos entre la cantidad de grasas trans consumida y sus efectos en el colesterol, una suposición a la que la industria alimenticia, razonablemente clara, había objetado (Ascherio *et al.*, 1999; para una crítica de Ascherio, véase Hunter, 2006).

En 2003, el reglamento finalmente salió. Indicaba que, desde el 1° de enero de 2006, las grasas trans tendrían su propia línea separada en la información nutrimental en la parte de atrás de todos los alimentos empaquetados. La FDA había considerado la evidencia científica como "suficiente" para concluir que las grasas trans contribuían a la enfermedad cardiaca. El hecho de que las grasas trans elevaran el colesterol LDL era el principal punto de evidencia en su contra, dado que era el factor de riesgo por excelencia entre los expertos más reconocidos de dieta y enfermedad. Otras líneas de evidencia se consideraron secundarias, como los hallazgos epidemiológicos de Willett y el trabajo de Kummerow sobre la interferencia en la membrana celular.*

No hay duda de que la regla de etiquetación de la FDA fue un evento importante para la agencia porque, aun cuando la FDA es la principal línea de defensa de Estados Unidos contra alimentos peligrosos o contaminados, durante mucho tiempo ha sufrido la falta de dinero y científicos hábiles para hacer este trabajo adecuadamente. Ahora, la agencia había sacado una reglamentación emblemática que no era nada menos que transformativa para la industria. Es válido decir que hay pocas cosas más probables de provocar un cambio dentro de la industria alimenticia que poner un ingrediente en la lista de alimentos. Comprendí esto vívidamente cuando me senté un día en la oficina de Mark Matlock, vicepresidente *senior* de Archer Daniels Midland (ADM), y me describió cómo se diseñan los nuevos productos alimenticios. "Todo empieza con lo que una empresa quiere tener en la lista de datos de los alimentos", dijo. "¿Quiere decir 'bajo en grasa saturada', por ejemplo?"† Eso requiere

---

* La regla indica que excluyó el estudio sobre el efecto de las grasas trans para bajar el colesterol HDL de su lista de evidencias porque los Institutos Nacionales de Salud preferían el colesterol LDL por encima del colesterol HDL como factor de riesgo para la enfermedad cardiaca.

Uno de los problemas eternos con la regulación es que permite que los empaques listen "cero gramos" para cualquier porción que contenga hasta 0.5 gramos de grasas trans. Muchas empresas de alimentos reducen las porciones de sus productos para caer justo debajo del límite de 0.5 gramos. "La porción era la clave", me dijo Bob Wainright, vicepresidente de Cargill, un enorme fabricante de aceites comestibles. La FDA defendió su límite de 0.5 gramos con el razonamiento de que era consistente con la forma en que otras grasas se etiquetaban, lo que parece justo (FDA, 2003, p. 41463).

† Esta clase de declaraciones de salud sobre los paquetes de la comida han estado regulados por la FDA desde 1990. En 2003, la FDA bajó el estándar de evidencia para tales declaraciones. Ahora pueden basarse en "evidencia inconclusa". Anteriormente debía demostrarse un "consenso científico significativo" antes de que pudiera hacerse la declaración.

un gramo o menos de grasa saturada en la etiqueta de los alimentos. Desde ahí, un alimento se hace con ingeniería inversa. Por ejemplo, cuando vi a Matlock, estaba trabajando con un fabricante de alimentos que quería un cierto contenido de grasa en una declaración de "colesterol bajo" para un nuevo postre, y a partir de esos criterios, su equipo desarrolló un pudín de chocolate sin lácteos que cubriera esa descripción.

Sin la reglamentación de la FDA sobre las grasas trans, la gran mayoría de las empresas no habrían hecho nada. Incluso después de la cifra de 30 mil de Willett, las empresas de alimentos no vieron el caso de gastar para cambiar las grasas trans por algún otro ingrediente desconocido en todos sus productos si nadie los estaba obligando. "El esfuerzo de deshacerse de las trans no era serio en absoluto", dijo Farr, el consultor de la industria que había trabajado en Kraft y Wesson Oil. "Ellos no sabían lo que iba a suceder. Simplemente iban a esperar hasta que necesitaran hacerlo." Con algunas pocas excepciones, ésta es la misma historia que he escuchado en toda la industria alimenticia. Tal vez Bruce Holub, un científico nutricional de la Universidad de Guelph, en Canadá, quien trabajó intensamente en el asunto de las grasas trans, lo dijo más elocuentemente: "Algunas empresas empezaron a evitar las grasas trans cuando se enteraron de la ciencia hace muchos años. Otras empresas esperaron hasta que tuvieran que confesarlas". Cual sea el camino, las empresas de alimentos tenían un gran trabajo frente a ellas al enfrentarse al mandato de la FDA.

El día en que salió la reglamentación de la FDA había aceites parcialmente hidrogenados en unos 42 720 productos alimenticios empaquetados, incluyendo 100 por ciento de las galletas saladas, 95 por ciento de las galletas dulces, 85 por ciento de los panes y los crutones, 75 por ciento de las mezclas para hornear, 70 por ciento de las botanas tipo frituras, 65 por ciento de las margarinas y 65 por ciento de las bases para pay, los glaseados y las chispas de chocolate. El cambio sería una prueba hercúlea, la más grande que hubiera enfrentado alguna vez la industria alimenticia estadounidense.

La reformulación del gran Monstruo de la Comida

Cuando se tuvieron que quitar las grasas trans de los productos alimenticios, el problema fundamental que se topó la industria fue que no tenía una opción de grasa sólida que utilizar en sus productos. No podía volver a utilizar grasas saturadas porque, después de décadas de entrenamiento, muchas personas en los pasillos de los supermercados se habían acostumbrado a voltear los paquetes para mirar el contenido de grasa saturada, y las empresas de alimentos sabían que subir estas grasas, incluso sólo 0.5 gramos, podía ahuyentar a sus consumidores. "Todos son tan sensibles al contenido de grasas saturadas. Simplemente es nuestra realidad básica", dijo Mark Matlock, de ADM, reflexionando sobre la visión de la industria.

Sin embargo, sin una grasa sólida, como hemos visto, es casi imposible hacer la mayoría de los alimentos procesados. Cuando Marie Callender intentó utilizar aceite de soya líquido en sus cenas congeladas, por ejemplo, el aceite se concentraba bajo las papas rostizadas y hacía que la salsa se cayera de la carne, dejándola desnuda y seca. "No era muy atractivo", dijo Pat Verduin, vicepresidente *senior* de calidad de producto y desarrollo en ConAgra. Las grasas sólidas se necesitan para estructura, textura y longevidad. Para cocinar y hornear, la grasa sólida es esencial.

Históricamente, la manteca, la mantequilla y el sebo se habían utilizado con mucha frecuencia en las cocinas domésticas para cocinar y hornear. Y es lo que los grandes fabricantes de alimentos habían utilizado en principio también, además de un poco de aceite de coco y de palma. Pero entonces la industria cambió a casi sólo aceites parcialmente hidrogenados. Y ahora que las grasas trans en esos aceites eran un problema para la salud, las empresas de alimentos no tenían opciones. No tenían ninguna grasa sólida aceptable para hacer muchos de sus productos.

Las empresas de alimentos en Europa se enfrentaron al mismo dilema, pero al menos ellos cambiaron de nuevo a aceites tropicales, dado que los europeos no habían estado expuestos a demasiada publicidad negativa, como los estadounidenses, sobre esas importaciones extranjeras. "En Estados Unidos, las empresas se dispararon solas en el pie porque hubieran podido utilizar un poco de aceite de palma para dar solidez a la grasa. Pero en Estados Unidos, el aceite de palma era como el arsénico", dijo Martijn Katan, el bioquímico neerlandés.

Para las empresas de alimentos, las complejidades eran enormes y el riesgo de cada alimento reformulado era angustioso. "¡Notas la diferencia cuando cambias el aceite!", exclamó Gil Leveille, el antiguo vicepresidente de servicios técnicos de investigación en Nabisco, quien participó en la supervisión del cambio en la empresa de aceite de palma a aceites hidrogenados en la década de 1980, y recuerda cómo era enfrentar el reto de la misma reformulación 15 años después: "La visión de hacer eso otra vez para deshacernos de las trans y tener menos opciones esta vez era una pesadilla para nosotros y para cada empresa".

"No sólo tienes que sacar las grasas trans. Necesitas saber qué ingredientes añadir", señaló el maestro panadero de Au Bon Pain, Harold Midttun. "Y debes hacerlo sin que el consumidor lo note." En la masa sencilla para panquecitos de la empresa, por ejemplo, Midttun remplazó la grasa con aceite hidrogenado con aceite de canola líquido, pero eso cambió la textura final y redujo la vida de la masa de nueve semanas en congelación. Midttun usó un monoglicérido para restaurar la vida en congelación, añadió proteína de soya, avena integral y linaza molida para la textura y cambió el método de fermentación. Cada paso era cuestión de ensayo y error. "Sacamos un ingrediente —la grasa— y tuvimos que añadir seis para remplazarlo", dijo Midttun. Esta clase de soluciones complejas, que involucraron caldos artificiales de múltiples ingredientes, fue necesaria para la mayoría de las reformulaciones de los productos, pero debe decirse que no habría tenido que ser hacer así si la industria simplemente hubiera usado mantequilla, manteca o sebo desde el principio.

La galleta Oreo en particular fue un dolor de cabeza para Kraft Nabisco.* Con su blanca y cremosa parte del sándwich, en medio de dos galletas crujientes de chocolate, la galleta Oreo es lo que se conoce como marca "más representativa" o "patrimonial". Meterse con un producto así incurre el riesgo de alejar consumidores. El cambio puede ser peligroso (¡Recuerda la nueva Coca!). "Una Oreo tiene que saber como una Oreo", dijo Kris Charles, un ejecutivo de la empresa. El relleno cremoso se había hecho originalmente con manteca, pero las campañas contra las grasas animales a mediados de la década de 1990 habían hecho que la empresa la cambiara por aceites hidrogenado. Ahora Kraft tenía la dificultad de quitar el aceite sin la opción de regresar a la manteca. Con una receta que intentaron, el relleno cremoso se derritió durante el transporte. Y las galletas de chocolate tendían a romperse.

Reformular la galleta Oreo fue particularmente estresante por otra razón: el 1° de mayo de 2003 se volvió sujeto de una demanda, un paso audaz de un abogado de San Francisco llamado Stephen Joseph, quien

---

* Kraft Foods y Nabisco se fusionaron como una sola compañía de 2000 a 2011, bajo la propiedad de Philip Morris Companies.

decidió, por su cuenta, demandar a Kraft Foods North America. Como Sokolof antes que él, no estaba preocupado por el dinero; lo que quería era una orden judicial contra la venta y el marketing de Oreos para niños en California, porque las galletas contenían grasas trans, un hecho que no era muy conocido entre el público (la ley de etiquetado de la FDA no entraría en efecto hasta tres años después). La demanda de Joseph generó una publicidad extensa a nivel nacional e incluso internacional. Cien mil personas visitaron la página web de Joseph, bantransfats.com, y recibió miles de correos electrónicos, sobre todo de mujeres que, dijo, estaban "profundamente preocupadas y molestas a causa de las grasas trans y la falta de etiquetado". Dos semanas después de toda esa publicidad, Joseph concluyó que ya no podía decirle a un juez que la existencia y el peligro de las grasas trans no eran de conocimiento popular y, por esa razón, retiró la demanda.

En esas dos semanas, sin embargo, Joseph sólo popularizó las palabras grasas trans. Y aunque Kraft ya había empezado a reformular la galleta Oreo antes de la demanda, la empresa aceleró su proceso. Al final, la empresa utilizó una mezcla de grasas para hacer el relleno cremoso, incluyendo un poco de aceite de palma. Y en general, Kraft reportó un gasto de más de 30 mil horas y 125 pruebas en la planta sólo para reformular la galleta Oreo y hacerla bien.

Los aceites que remplazaron las grasas trans

Sorprendentemente, considerando todo el trabajo involucrado en este inmenso cambio de la industria, no está claro que los estadounidenses estén comiendo aceites que sean más sanos. Una buena porción de las alternativas a las grasas trans son simplemente aceites vegetales, incluyendo algunas nuevas variedades no estudiadas que bien podrían ser todavía menos saludables que el tipo parcialmente hidrogenado que estamos sacando ahora.

La responsabilidad de encontrar alternativas libres de trans no cayó sobre los fabricantes de alimentos ni sobre los restaurantes de comida rápida, quienes no preparan sus propios ingredientes, sino en los grandes abastecedores de aceites comestibles: Cargill, Archer Daniels Midland, Dow Chemical Company, Loders Croklaan, Unilever y Bungee. A diferencia de los fabricantes de alimentos, quienes tomaron una actitud de "esperemos a ver qué pasa" hacia las regulaciones de las grasas trans, las grandes empresas de aceites en cambio intentaron adelantarse años antes de la reglamentación de la FDA.

La industria enfrentaba el mismo problema que había tenido 100 años antes: ¿cómo solidificar un aceite para que pudiera ser funcional para cocinar y hornear, y que no se oxidara fácilmente? La hidrogenación había resuelto esos problemas para el siglo XX; ahora, con la hidrogenación parcial fuera del escenario, se necesitaban nuevas soluciones.

Una nueva grasa que salió de los laboratorios de la industria se hizo a través de un proceso llamado interesterificación, una palabra que por sí misma posiblemente perdona a las arterias tapando el paladar. Los químicos de aceites habían estado trabajando en este tipo de grasa nueva intermitentemente durante décadas y habían acelerado sus esfuerzos a finales de la década de 1970, cuando se expuso por primera vez el trabajo de Kummerow sobre los peligros potenciales de las grasas trans para la salud.*

Para comprender la interesterificación, hay otro detalle sobre la química de la grasa que debes saber. Todas las cadenas de ácidos grasos están unidas en paquetes de tres, unidas por una molécula de "glicerol" en su base, como trinchete. Estos trinchetes son los triglicéridos de los que hemos aprendido: las grasas flotantes alrededor de nuestro torrente sanguíneo que, en niveles altos, son un factor de riesgo para la enfermedad cardiaca. La interesterificación funciona cambiando el orden de los dientes (las cadenas de ácidos grasos) en el tridente. Pero es una ciencia inexacta, como explicó Gil Leveille. "La interesterificación es parecida a pegarle a algo con un mazo porque distribuyes al azar todos los ácidos grasos en el glicerol. Produce un montón de nuevos triglicéridos", de muchos de los cuales no sabemos nada. Desde 2013 el proceso de interesterificar grasas todavía era demasiado caro para ser la opción preferida para la mayoría de las operaciones de alimentos, pero ahora se utilizan ampliamente. Leveille y otros están, por tanto, nerviosos debido a las implicaciones que tenga en la salud: "Simplemente no sabemos", juzga. "Puede ser otra trans escondida; necesitamos analizarlo y comprenderlo." Y por supuesto, de la misma forma en que los consumidores no sabían que estaban comiendo grasas trans, ahora no saben que están comiendo grasas interesterificadas porque se listan en las etiquetas de alimento sólo como "aceite" (usualmente "aceite de soya").

* Parte del trabajo sobre grasas interesterificadas se hizo en el USDA, previendo el día en que se pudiera necesitar un remplazo (Gary List, entrevista con la autora, 15 de febrero de 2008).

La rancidez en los aceites vegetales es provocada por un tipo de ácido graso llamado linoleico, que el proceso de hidrogenación fue capaz de reducir. Una idea intrigante para minimizar el linoleico involucraba alterar el aceite en su fuente, cultivando soya que produjera aceites naturalmente bajos en ese tipo de ácido graso. Walter Fehr, un fitogenetista de la Universidad de Iowa, ha trabajado en esta idea desde la década de 1960. Sin embargo, después de que entrara en efecto la reglamentación de la FDA y las empresas necesitaran desesperadamente nuevos aceites, sólo 1 por ciento de los acres de soya en Estados Unidos tenía vainas "bajas en linolénico". Es sólo que no eran particularmente redituables para los granjeros y requerían de trabajo extra para mantenerlas separadas de las vainas normales para evitar contaminación. Así, en general, estas vainas bajas en linolénico no han comenzado a disfrutar su vida.

Más recientemente, algunas empresas han modificado genéticamente las vainas de soya para que no sólo sean bajas en linolénico, sino altas en ácido oleico (el ácido graso en el aceite de oliva), y los aceites que se extraen de estas vainas son bastante estables, pero también, a partir de 2013, escaseaban.

Luego están las soluciones químicas complejas que no son grasas, pero pueden actuar como grasas (los "remplazos de grasa"). Hay, por ejemplo, las mezclas de lecitina y triestearato de sorbitán, las cuales forman geles que actúan como emulsificantes, así como modificadores de hábitos cristalinos. Y la empresa danesa Danisco creó una grasa trans utilizando una combinación de emulsificantes y un aceite para crear un "sistema de gel" que imitara la funcionalidad de una grasa para galletas dulces, galletas saladas y tortillas. Estas soluciones son obviamente no naturales, y tal vez lo mejor que se pueda decir de ellas es que parecen funcionar.

Finalmente, estaba el aceite de girasol. Las semillas de girasol eran una cosecha pequeña en Estados Unidos, cultivadas principalmente para alimento para pájaros y botana. A principios de la década de 1990 las empresas de aceites comestibles empezaron a trabajar con los granjeros que estaban plantando una nueva variedad de semilla de girasol alta en ácido graso oleico, el cual volvía su aceite lo suficientemente estable para freír. Para 2007 casi 90 por ciento de la cosecha estadounidense de girasoles fue para la nueva variedad de semilla, la cual produce un aceite llamado NuSun. Ésta fue una transformación extraordinariamente rápida de la cosecha de girasoles, pero la cantidad de aceite que produce es todavía minúscula para los estándares industriales, y Frito-Lay, el gorila de 400 kilos de la industria de las botanas, compra casi toda. (En su favor, Frito-Lay, que hace Lay's, Ruffles, Fritos, Rold Gold, Cheetos, Doritos y Tostitos, fue un líder en sacar las grasas trans de sus productos incluso antes de que entrara en efecto la regulación de la FDA.)

El principal problema con estas grasas recién desarrolladas y con los remplazos de grasas que salen de los laboratorios de las empresas de alimentos es que sus efectos en la salud casi no se han estudiado. En algunos casos se han hecho pruebas para confirmar que los nuevos aceites no tienen efectos adversos en los marcadores de colesterol LDL y HDL, pero el colesterol es sólo una pequeña parte de un conjunto mucho más complicado de efectos fisiológicos que tiene la comida en el cuerpo humano.

Aún más, dado que cada uno de estos nuevos aceites ha decepcionado por sí mismo —ya sea siendo demasiado caro o raro, o demasiado difícil de utilizar—, las empresas de alimentos lo están compensando de diversas formas. En algunos casos con aceites totalmente hidrogenados (en comparación con el método usual de hidrogenación parcial). Esto crea una grasa dura que, irónicamente, elimina todas las grasas trans. Puede mezclarse con aceite para hacer más maleable el producto, pero el resultado tiene un sabor a cera, que, claro, no es apetecible. En otros casos los fabricantes de alimentos están incorporando furtivamente el repuesto familiar, aceite de palma, a sus productos otra vez. La investigación a lo largo de los últimos 20 años ha apaciguado las preocupaciones sobre salud relativas al aceite de palma durante las "guerras de aceites tropicales"; el aceite puede en realidad ser beneficioso para la salud de varias formas, pero la percepción pública resultante de esas guerras todavía es negativa. Dado que los fabricantes tienen pocas opciones viables adicionales, están usando aceite de palma de todas formas y las importaciones han crecido rápidamente. Las empresas estadounidenses estaban importando 1.25 mil millones de kilos en 2012, alrededor de cinco veces más de lo que importaban en la década de 1980, cuando los productores de soya lanzaron su campaña antiaceite tropical.

Una tercera opción libre de grasas trans y nada costosa para las empresas de alimentos son los aceites líquidos regulares. Estos aceites son grasosos y se rancian fácilmente, como sabemos, y por estos motivos no pueden emplearse en la mayoría de los alimentos empaquetados. Pero pueden usarse para freír y cocinar en restaurantes, cafeterías y otras operaciones de servicios alimenticios, y desde mediados de la primera década del siglo XXI, cuando los peligros de las grasas trans para la salud se dieron a conocer a nivel nacional, se empezaron a usar aceites líquidos en estos escenarios.

Desafortunadamente, la problemática historia de estos aceites regulares nunca se ha resuelto. Recordemos que los NIH hicieron una serie de talleres en la década de 1980 para atender el hecho de que las primeras pruebas clínicas que utilizaron dietas altas en aceite de soya mostraban sujetos que morían de cáncer en índices alarmantemente elevados. Los cálculos biliares también estaban asociados con dietas altas en aceites vegetales. Y una gran cantidad de investigaciones subsecuentes han demostrado que estos tipos de aceites, que son altos en un tipo de ácido graso llamado omega-6, compiten con el más sano omega-3, encontrado en aceites de pescado, por lugares de vital importancia en cada membrana celular a lo largo de todo el cuerpo, incluyendo las del cerebro. El tsunami de omega-6 que ha entrado a nuestra dieta a través de los aceites vegetales parece haber devastado literalmente los omega-3 (cuyo suministro había permanecido relativamente constante a lo largo del siglo pasado).

Una gran cantidad de literatura ya ha documentado los resultados aparentes: mientras los omega-3 pelean contra la clase de inflamación implicada en una enfermedad cardiaca, los omega-6 son enormemente proinflamatorios. Más especulativamente, la investigación a lo largo de las últimas décadas ha demostrado que los omega-6 están relacionados con la depresión y los desórdenes del estado de ánimo. Recordemos que los sujetos en las primeras pruebas clínicas que comían mucho aceite de soya también tenían índices más elevados de muerte por suicidios y violencia, lo que nunca se ha explicado. Dado que esas pruebas no estaban bien controladas, sus resultados, tanto los positivos como los negativos, tienen que verse con un poco de escepticismo. Pero sigue siendo un hecho sorprendente que, aun cuando los aceites vegetales constituyen alrededor de 8 por ciento de todas las calorías consumidas por los estadounidenses, en general, nunca se han realizado pruebas clínicas bien controladas para analizar su impacto en la salud, más allá de sus efectos en el colesterol.* Y la revisión dietética más reciente de los aceites vegetales, hecha por la AHA en 2009, animó al público a comer más de ellos ("al menos" entre 5 por ciento y 10 por ciento de todas las calorías), debido a su capacidad para bajar el colesterol total y el LDL.†

---

* La primera de esas pruebas se está haciendo ahora en los NIH, dirigida por Christopher E. Ramsden.

† William S. Harris, la cabeza del comité de la AHA que escribió la revisión, estaba recibiendo en ese entonces fondos "significativos" para la investigación por parte de Monsanto, uno de los más grandes productores de aceite de soya en el mundo (Harris et al., 2009, p. 4).

No se ha demostrado que estos marcadores de colesterol puedan predecir con seguridad los ataques cardiacos en la mayoría de la gente, como discutimos en el capítulo 3 y retomaremos en el siguiente. El colesterol es sólo un aspecto de los efectos en la salud de los omega-6 o cualquier otra clase de grasa. La inflamación y el funcionamiento de las membranas celulares pueden ser igual o más importantes para nuestra la salud, y la evidencia hasta la fecha sugiere que se ven afectadas negativamente por los aceites vegetales. Los hallazgos inexplicados sobre violencia en las pruebas clínicas son un dato preocupante adicional. Es de vital importancia tener un recuento completo de la influencia de los aceites vegetales en la salud porque las personas están comiendo muchos de ellos y el impacto potencial de los aceites vegetales —interesterificados, hidrogenados o incluso sólo como aceites— es obviamente inmenso.

Aceites tóxicos al calentarse

A finales de 2012, cuando estaba investigando las últimas noticias sobre los remplazos de las grasas trans, Gerald McNeill, vicepresidente de Loders Croklaan, uno de los abastecedores más grandes de aceite comestible del país, me dijo algo terrorífico. Me explicó que las cadenas de comida rápida, incluyendo McDonald's, Burger King y Wendy's, habían eliminado los aceites hidrogenados y en cambio estaban utilizando aceite vegetal normal. "Cuando esos aceites se calientan, estás creando productos de degradación tóxicos oxidativos", dijo. "Uno de esos productos es un compuesto llamado aldehído, que interfiere con el ADN. Otro es el formaldehído, que es extremadamente tóxico."

¿Aldehídos? ¿Formaldehído? ¿No es lo que se utiliza para preservar los cadáveres?

Siguió diciéndome cómo estos aceites calientes oxidados forman polímeros que crean "una suciedad espesa" en el fondo de la freidora y tapan los caños. "Es pegajosa, ¡horrible! ¡Como el brebaje de una bruja!", exclamó. Los aceites parcialmente hidrogenados, en contraste, duraban mucho y eran estables en las freidoras, que es por supuesto la razón de que los prefirieran. Y el sebo de buey, la grasa que utilizaba McDonald's originalmente para freír, era todavía más estable.

La empresa de McNeill era una subsidiaria de una corporación gigantesca malaya que vendía aceite de palma, así que primero me pregunté si no estaba sólo vilificando a la competencia. Luego llamé a

Robert Ryther, un científico experto de Ecolab, el gigante industrial de limpieza que daba servicios a casi todos los restaurantes principales de comida rápida a nivel nacional, y me confirmó el asunto de la "suciedad". "Se acumula en todo. Es como una laca [...] en todas partes, desde una capa clara y dura, hasta un material grueso y viscoso, como el lubricante de silicón blanco que utilizarías en el motor de un auto, con una textura tipo Crisco." La suciedad, dijo, es el resultado de los vapores del aceite caliente saliendo de la freidora y luego acumulándose sobre las superficies frías por todo el restaurante —en las mezcladoras, los hornos y la ventilación, en los pisos y en las paredes—. En un día se empieza a acumular. "Literalmente", dice Ryther, "llegábamos [a restaurantes] y la gente nos decía que habían estado intentando deshacerse de esa cosa durante tres semanas, usando lijas o fibras".

Ryther me dijo que esos productos inestables de los aceites también se acumulan en los uniformes de los empleados, los cuales, al calentarse en las secadoras, a veces ardían espontáneamente. Y se encendían fuegos en la parte de atrás de los camiones cuando llevaban los uniformes a lavar. Incluso después de que la ropa estaba limpia y doblada, a veces empezaba a quemarse, me dijo Ryther, "porque los productos de oxidación seguían reaccionando en cantidades muy pequeñas. Nunca vas a quitarle todo, y generarán calor". Ryther empezó a ver este problema en 2007, poco después de que los restaurantes dejaran las grasas trans y cambiaran sus operaciones de fritura a aceites vegetales regulares.

Ryther desarrolló un producto llamado Exelerate ZTF, el cual convierte la sustancia tipo laca de nuevo en aceite para que pueda limpiarse. Sin embargo, el proceso es más caro que otras soluciones, y también utiliza químicos más fuertes, así que no es un trabajo para empleados novatos. Y casi todos los restaurantes, grandes y chicos, están lidiando con esto, dice Ryther. "McDonald's tiene este problema. Cualquiera que tenga una freidora tiene este problema."*

Una pregunta obvia sobre salud es si estas sustancias también podrían dañar los pulmones de los comensales y los empleados de los restaurantes.† Y de hecho, se ha encontrado que los índices de cánceres del tracto

---

* McDonald's y Burger King listan estos aceites como ingredientes en sus páginas web, pero no quieren confirmar los problemas de limpieza.

† Aun cuando la gente pasa un promedio de sólo 1.8 por ciento de su tiempo en restaurantes, reciben alrededor de 11 por ciento de exposición a partículas aeróbicas minúsculas, potencialmente dañinas, durante este tiempo, de acuerdo con un análisis (Wallace y Ott, 2011).

respiratorio son mayores entre los chefs y los empleados de los restaurantes en Gran Bretaña y Suiza, donde se ha estudiado a los sujetos.* Sin embargo, estos estudios no rastrearon el tipo de grasa utilizada para cocinar y fueron confusos por el hecho de que las estufas mismas también emiten micropartículas dañinas. Aun así, el informe de mayor nivel sobre cáncer y aceites calientes hasta la fecha, publicado en 2010 por la Agencia Internacional para la Investigación sobre Cáncer (IARC), la cual es parte de la Organización Mundial de la Salud, determinó que las emisiones de aceites para freír en las temperaturas típicamente utilizadas en los restaurantes son "probablemente" carcinógenas para los humanos.

El problema, como sabemos, es que estos aceites vegetales regulares se oxidan fácilmente y el calor acelera la reacción, en especial cuando se calienta durante horas, como ocurre cuando se utilizan estos aceites en las freidoras de los restaurantes. El ácido graso linoleico en estos aceites empieza una reacción en cadena tipo bola de nieve. El ácido graso linoleico comprende 30 por ciento del aceite de cacahuate, 52 por ciento del aceite de soya y 60 por ciento del aceite de maíz, y se degrada a productos de oxidación, como radicales libres, triglicéridos degradados y otros; en un análisis, un total de 130 compuestos volátiles se aislaron de una sola pieza de pollo frito nada más.† Y mientras que el informe del IARC sólo observó los efectos de las partículas aeróbicas, no dijo nada sobre las que se absorben a través de los alimentos fritos en estos aceites. Y parece probable que el impacto de estos productos de oxidación sea mucho mayor cuando se consumen... y digieren.

Los químicos de aceites empezaron a descubrir estos compuestos a mediados de la década de 1940, cuando los aceites vegetales se empezaron a utilizar comúnmente, y publicaron un gran conjunto de textos

---

* Se formó un equipo en Taiwán, el cual incluye biólogos moleculares, toxicólogos y químicos, debido a la preocupación sobre los altos índices de cáncer pulmonar entre mujeres que viven en Shanghai, Singapur, Hong Kong y Taiwán. El equipo empezó a investigar la posibilidad de que los aceites calientes para cocinar pudieran ser los causantes, dado que es común en Taiwán cocinar en wok con aceites vegetales en lugares sin ventilación. (Algunos análisis mostraron que en Estados Unidos también las mujeres que nunca han fumado tienen índices más elevados de cáncer pulmonar que los hombres.) (Zhong et al., septiembre de 1999; Zhong et al., agosto de 1999; Young et al., 2010).

† Los productos oxidativos antinaturales de los aceites calientes todavía se están descubriendo. Además de los radicales libres y los aldehídos, estos compuestos incluyen derivados del esterol, una plétora de productos formados de triglicéridos degradados y otros compuestos de degradación oxidativa. Hay otros compuestos químicos antinaturales también, creados por otros procesos además de la oxidación, incluyendo la hidrólisis, la isomerización y la polimerización (Zhang et al., 2012).

donde mostraron que, al calentarse, los aceites de linaza, maíz y especialmente el de soya eran tóxicos para las ratas, provocando que crecieran mal, sufrieran diarrea, tuvieran hígados agrandados, úlceras gástricas, daños en el corazón y murieran prematuramente. En un experimento se encontró una sustancia "tipo barniz" en las heces de las ratas, la cual provocó que los animales mismos se quedaran "pegados al piso de alambre" de las jaulas. El aceite en algunos de estos experimentos se calentó a temperaturas más elevadas que las utilizadas comúnmente en las freidoras de los restaurantes, pero el "barniz" seguramente fue un producto de oxidación de la misma familia que esas sustancias tipo laca que han estado apareciendo en fechas recientes en los restaurantes de comida rápida.

Uno pensaría que estos primeros descubrimientos perturbadores habrían generado muchas más investigaciones y discusiones, sobre todo porque la AHA empezó a recomendar estos aceites poliinsaturados al público en 1961. Sin embargo, uno de los pocos investigadores estadounidenses que les advirtió a las autoridades que no adoptaran tan rápido los aceites fue el químico Denham Harman, un fundador de la hipótesis de que los radicales libres provocan envejecimiento. La literatura científica sobre los efectos negativos de estos productos de oxidación fue lo suficientemente convincente, escribió Harman en una carta a *The Lancet* en 1957, como para que "el entusiasmo actual" por estos aceites insaturados "se frene", en espera de estudios adicionales sobre los posibles efectos adversos para la salud en este cambio dietético.

Sin embargo, desde entonces, las publicaciones y las reuniones internacionales sobre el tema han sido raras, incluso mientras las investigaciones seguían proveyendo resultados preocupantes. En un simposio sobre el tema, en 1972, donde se encontraban científicos de la industria, por ejemplo, equipos de químicos de alimentos de Japón informaron que el aceite de soya calentado producía compuestos que eran "altamente tóxicos" para los ratones. Un patólogo de la Universidad de Columbia también informó que las ratas alimentadas con aceites "levemente oxidados" sufrieron daño hepático y lesiones cardiacas, comparadas con las ratas alimentadas con sebo, manteca, grasas de lácteos y grasa de pollo, que no mostraron tales daños. Sin embargo, la mayor parte de esta investigación se publicó en revistas oscuras, altamente técnicas, que los expertos en nutrición rara vez leen, y los investigadores de la dieta y la enfermedad en Estados Unidos estaban enfocados en cambio, casi exclusivamente, en el colesterol de todos modos.

El interés por estos productos de oxidación subió en la década de 1990, cuando un grupo de investigadores de la Universidad de Siena, en Italia, identificó uno particularmente tóxico, llamado 4-hidroxinonenal (HNE). Éste era uno de los aldehídos que Gerald McNeill me había mencionado. Hermann Esterbauer, un bioquímico austriaco, tuvo el crédito del descubrimiento de la categoría general de aldehídos como productos de peroxidación en 1964, y en 1991 hizo un inventario del campo. Su revisión es considerada emblemática y es, francamente, un poco aterradora de leer. Esterbauer revisa la evidencia de que los aldehídos son extremada y químicamente reactivos, causando "la muerte acelerada de las células" interfiriendo con el ADN y el ARN, y perturbando el funcionamiento celular básico. Lista meticulosamente todas las investigaciones hasta ahora que muestran que los aldehídos causan un estrés oxidativo extremo para todos los tipos de tejidos posibles, con una "gran diversidad de efectos nocivos" para la salud, los cuales "probablemente" ocurrirán en los niveles que consumen normalmente los humanos.

Los aldehídos son "compuestos muy reactivos", dice la bioquímica nacida en Hungría A. Saari Csallany, quien estudió con Esterbauer y es la principal investigadora de estos compuestos en Estados Unidos. "Están reaccionando constantemente. De un minuto a otro ya se descompusieron y se convirtieron en otra cosa." De hecho, una de las razones por las que los aldehídos no se estudiaron más sino hasta tiempos relativamente recientes es que era difícil medirlos con precisión, y los investigadores entonces no sabían que ocurrían en cantidades tan grandes. Csallany refinó la capacidad de detectar los HNE y demostró que se producen por una variedad de aceites vegetales, a temperaturas mucho menores de las usadas regularmente para freír y mucho antes de que los aceites empiecen a humear o a oler, que son las alarmas normalmente empleadas para señalar que los aceites se echaron a perder.* Muchos productos de oxidación, incluyendo los HNE, no son detectados por las pruebas estándar que utilizan los restaurantes para monitorear sus aceites.

Uno de los proyectos recientes de Csallany involucró comprar papas a la francesa de seis restaurantes de comida rápida en Minneapolis cerca de su oficina en la Universidad de Minnesota, lo que llevó a descubrir que la gente fácilmente podría comer "mucho" de estos compuestos tóxicos (13.52 µg de HNE por cada 100 gramos de papas). Le gustaría

---

* La temperatura recomendada para freír es 180 grados centígrados, pero un estudio realizado por un bioquímico importante descubrió que los restaurantes casi siempre fríen a temperaturas más elevadas (Firestone, 1993).

hacer más estudios, pero dice que los NIH y el USDA han demostrado un mínimo interés en financiar este tema.

La proliferación de investigación ha sido sobre todo europea durante la última década. La evidencia más fuerte ahora señala hacia el papel del HNE en la arterosclerosis, dice Giuseppi Poli, un bioquímico de la Universidad de Turín, quien cofundó el Club Internacional 4-HNE en 2002, que ahora se reúne cada dos años. Los HNE causan que el colesterol LDL se oxide, lo cual se cree que vuelve peligroso a esa clase de colesterol. Y la evidencia que involucra los HNE en el desarrollo de enfermedades neurodegenerativas, como el Alzheimer, también es fuerte, dice. Aún más, los HNE crean con tal seguridad estrés oxidativo en el cuerpo, que lo utilizan como un marcador formal del proceso.

Esta clase de estrés se observó en un experimento con ratones a los que se alimentó con un tipo de aldehído llamado acroleína, llamada así por su olor acre cuando se produce por aceites sobrecalentados. También está presente en el humo del cigarro. El efecto en los ratones alimentados con acroleína fue dramático: sufrieron heridas en sus tractos gastrointestinales, así como una respuesta de todo el cuerpo llamada "respuesta de fase aguda", un intento dramático del cuerpo de evitar el choque séptico.* Los marcadores de inflamación y otras señales de infección aguda también subieron dramáticamente —por momentos hasta 100 veces—. Daniel J. Conklin, el fisiólogo cardiovascular que hizo este trabajo, me dijo que estaba "impactado" al descubrir que la dosis necesaria para provocar alguna versión de esta respuesta era enteramente posible de obtener con los niveles de acroleína consumida regularmente a diario, sobre todo entre personas que comen alimentos fritos.

Los aldehídos todavía no se clasifican de manera oficial como una toxina pero, a pesar de ello, ha habido menos experimentos hechos en humanos hasta la fecha.† Una excepción fue una prueba en Nueva Zelanda, realizada con pacientes diabéticos. A quienes se les dio de comer aceite de girasol "térmicamente estresado" tuvieron niveles significati-

---

* Mientras que los síntomas externos del choque son pocos, los cambios significativos se dan dentro del cuerpo, causando un aumento dramático en los marcadores proinflamatorios, un aumento en algunas clases de colesterol y una baja en la proteína sérica total y la albúmina.

† La determinación de una toxina usualmente se extrae de experimentos con animales. La información en humanos puede provenir de estudios epidemiológicos, pero los epidemiólogos todavía no estudian el problema de los aceites poliinsaturados calientes en las freidoras de los restaurantes, dado que su uso sólo se volvió común después de que la FDA impuso su regla de etiquetado en 2006.

vamente más altos en los marcadores de estrés oxidativo que quienes consumían aceite de oliva. De hecho, el aceite de oliva ha demostrado consistentemente producir menos productos de oxidación que los aceites poliinsaturados como el de soya y el de maíz. El aceite de oliva, una grasa monoinsaturada, recordemos, sólo tiene un enlace doble que reacciona con el oxígeno, mientras que los aceites vegetales son poliinsaturados, con muchos enlaces dobles. Sin embargo, las grasas que producen menos productos de oxidación son las que no tienen enlaces dobles: las grasas saturadas encontradas en el sebo, la manteca, el aceite de coco y la mantequilla.

En 2008, Csallany presentó sus hallazgos a sus colegas, la mayoría empleados de la industria, en una reunión de la Sociedad Americana de Químicos de Aceites (AOCS), en Salt Lake City. "Primero se alarmaron y luego nada", dijo. Y en Londres, un equipo de investigadores ha intentado alertar repetidamente a la gente sobre el problema a través de los medios y conferencias profesionales. El equipo escribió una carta a la revista *Food Chemistry* en 1999, titulada: "Advertencia: Los poliinsaturados térmicamente estresados son dañinos para la salud", seguida de un artículo dirigido a "advertir a la industria de servicios de comida" sobre los problemas de salud. Sin embargo, ellos tampoco encontraron mucho interés. Otros investigadores en el campo son biólogos moleculares o bioquímicos, a un mundo de distancia de estudiar alimentos como tal o crear una política de nutrición; como Rudolf Jörg Schaur, otro de los fundadores del Club HNE, me escribió cuando le pregunté si los científicos estaban preocupados sobre el aumento en el uso de aceites líquidos sin grasas trans en los restaurantes: "Dado que no soy un químico de alimentos, no lo sé".

En 2006, la Unión Europea formó un grupo internacional de investigadores para comprender mejor estos productos lípidos de oxidación y sus implicaciones para la salud. Sin embargo, Mark Matlock, de ADM, me dijo que no había nada que la industria pudiera hacer sobre la producción de aldehídos en sus aceites. Algunos restaurantes están utilizando aceites bajos o altos en linoleico, pero el aceite regular (por lo general, soya o canola) todavía era la opción más barata. Kathleen Warner, una química de aceites que trabajó con el USDA durante más de tres décadas y también dirigió el comité sobre los aceites calientes para la AOCS durante muchos años, me dijo que la mejor solución era simplemente "esperar" que los restaurantes filtraran y cambiaran los aceites para freír frecuentemente, y que tuvieran buenos sistemas de ventilación. Las grandes cadenas de comida rápida también emplean técnicas sofisticadas, como remplazar el aire sobre las freidoras con un "revestimiento de nitrógeno" y utilizar campos microeléctricos para minimizar los productos de oxidación. Sin embargo, Warner confirmó que los aldehídos eran "tóxicos" y, por ende, un problema. Poli, el cofundador del Club HNE, dijo que no podía comprender por qué los expertos en nutrición estaban tan preocupados por el colesterol, una molécula vital para muchas funciones biológicas básicas en el cuerpo, mientras ignoraban el HNE, una molécula potencialmente "asesina". Otro químico de aceites de larga carrera, Lars Wiedermann, quien trabajó para muchas empresas distintas de alimentos, incluyendo Kraft y Swift & Co., desde principios de la década de 1950, me dijo que los aldehídos y otros productos tóxicos necesitaban más atención del público: "Alguien seguramente descubrirá qué tan mortíferos son los aceites para freír ya usados", dijo.

Mark Matlock, de ADM, me dijo que la industria está esperando a ver si la FDA se interesa, dado que la FDA es la única agencia que puede designar formalmente a algo como "toxina". Así que pedí hablar con los científicos de ahí. Después de meses de retraso, la oficina de prensa de la FDA finalmente respondió que, mientras la agencia estaba consciente de que productos de oxidación como "los aldehídos alfa-beta insaturados" pueden formarse en los aceites poliinsaturados calientes, no había suficiente información sobre sus efectos de salud. ¿La agencia está trabajando para conseguir más información? Todavía no. Por ahora, parece que la agencia no está interesada en saber más sobre los aceites que son la principal alternativa para las grasas trans en los alimentos horneados y fritos, de los cuales se consumen millones de kilos en Estados Unidos cada año.*

Aun así, la FDA ha estado investigando otros compuestos extraños que aparecen en los aceites vegetales durante su procesamiento: monocloropropano diol y esteres de glicidilo (MCPD), que también se producen por el calor y han sido señalados por la Autoridad Europea de Seguridad y Alimentos para su regulación, debido a su potencial para

---

* El día que la FDA propuso prohibir todas las grasas trans a finales de 2013, parte en respuesta a una petición de Fred Kummerow, él me dijo que sabía sobre el problema de los productos de oxidación producidos por los aceites poliinsaturados calientes; de hecho, él mismo había hecho parte de la investigación original sobre ellos en la década de 1950. Dijo que era "desafortunado" que las empresas ahora estuvieran utilizando aceites regulares para sus operaciones de fritura y sugirió que quizá McDonald's y Burger King empezaran mejor a hervir sus papas a la francesa (Kummerow, entrevista con la autora, 7 de noviembre de 2013).

provocar cáncer y enfermedad renal, entre otras cosas. Aun cuando ocurren sólo en cantidades menores, Matlock me dijo que empresas como ADM todavía están trabajando para deshacerse de ellos. ¿Te suena familiar? De nueva cuenta estamos enfrentándonos a las consecuencias de los aceites vegetales desconocidas para la salud, un siglo después de que se introdujeron por primera vez a Estados Unidos.

Desde las primeras pruebas clínicas en la década de 1940, en las que se descubrió que las dietas altas en grasas poliinsaturadas elevaban la mortandad por cáncer, hasta estos "descubrimientos" más recientes de que contienen productos de oxidación altamente tóxicos, los aceites poliinsaturados han sido problemáticos para la salud. Sin embargo, se ha multiplicado su uso más que de cualquier otro elemento de comida a lo largo del siglo XX, alimentado en gran parte por las recomendaciones de expertos de comer más de ellos.

Durante más de 60 años se les ha dicho a los estadounidenses que coman aceites vegetales poliinsaturados en lugar de grasas saturadas. Esta recomendación se ha basado en la sencilla realidad de que los aceites vegetales bajan el colesterol total (y el colesterol LDL también, como después se descubrió). El hecho de que los aceites vegetales también creen productos de oxidación tóxicos cuando se calientan y provoquen efectos inflamatorios vinculados con la enfermedad cardiaca parece ser menos importante para los principales expertos en nutrición, cuyo enfoque no se ha movido del colesterol. La mayoría de los estadounidenses no se da cuenta de que su recomendación nutricional está basada en ese pequeño conjunto de cuestiones de salud, ni que las grandes empresas de aceites comestibles han estado aportando fondos a las instituciones en las que confían para guiarlos, como la AHA, al igual que a escuelas de medicina y salud pública. Y mientras los científicos en los grandes productores de alimentos tal vez puedan comprender los problemas de los aceites insaturados, no tienen alternativas con qué trabajar, dado el estigma prevaleciente contra las grasas saturadas. Todos, por tanto, están de acuerdo con la recomendación de utilizar aceites vegetales tanto en casa como en la industria por igual.

Nuestro consumo ha pasado de las grasas saturadas a principios del siglo XX a los aceites parcialmente hidrogenados y luego a los aceites poliinsaturados. Por tanto, hemos estado sujetos involuntariamente a una cadena de eventos empezando con la eliminación de las grasas animales y terminando eventualmente con formaldehídos en nuestra comida. De cara al futuro, no es gran consuelo que la FDA esté lista para prohibir las grasas trans completamente, lo que hará a los aceites líquidos y sus productos de oxidación todavía más comunes. Los pequeños restaurantes, las cafeterías locales y las panaderías de la esquina entonces también seguirán los pasos de los grandes restaurantes de comida rápida, eliminando las grasas trans, pero será menos probable que empleen estándares rigurosos de cambio de aceite y ventilación en sus operaciones. A pesar de las buenas intenciones en un principio detrás de deshacerse de las grasas saturadas y de las subsecuentes buenas intenciones detrás de deshacerse de las grasas trans, parece que la realidad, en términos de nuestra salud, ha sido que hemos estado yendo de mal en peor.

La solución puede ser regresar a las grasas animales sólidas, estables, como la manteca y la mantequilla, las cuales no contienen ningún isómero misterioso ni tapan las membranas celulares, como las grasas trans, y no se oxidan, como los aceites líquidos. Las grasas saturadas, que también elevan el colesterol HDL, empiezan a verse como una alternativa buena desde esta perspectiva. Si tan sólo las grasas saturadas no elevaran también el colesterol LDL, el "malo", lo que sigue siendo la pieza clave de evidencia en su contra. Pero, como muchas de las "verdades" científicas que creemos y que, al ser examinadas, empiezan a derrumbarse, quizá el efecto de elevar el LDL no sea una certidumbre indiscutible tampoco.

10

Por qué la grasa saturada es buena para ti

Evitar las grasas saturadas ha provocado dos consecuencias inintencionadas: la primera, como hemos visto, ha sido adoptar los aceites vegetales; la segunda, y probablemente la consecuencia más dañina, ha sido el otro cambio dietético mayor durante la segunda mitad del siglo xx: el remplazo de las grasas en nuestra dieta con carbohidratos. En lugar de carne, leche, huevos y queso —fundamentales para las comidas de las naciones occidentales desde siempre—, los estadounidenses ahora comen mucha más pasta, pan, cereal y otros granos, así como más frutas y verduras que nunca antes. Después de todo, el USDA puso a los carbohidratos en la base de su pirámide alimenticia, así como la Dieta mediterránea, diciéndole al público que coma entre 6 y 11 porciones de granos al día, además de 2 a 4 porciones de fruta y 3 a 5 de verduras; en total, entre 45 por ciento y 65 por ciento de todas las calorías como carbohidratos. La AHA recomendó lo mismo. Y los estadounidenses han adoptado fielmente este lineamiento. Desde 1971 hasta el año 2000 aumentaron su consumo de carbohidratos casi 25 por ciento, de acuerdo con las estadísticas de los Centros para el Control y la Prevención de Enfermedades (CDC), y también cumplieron exitosamente la meta del USDA de reducir el consumo de grasa en general a 35 por ciento del total de calorías, o menos.

Las autoridades de salud consideran estos logros como un paso en la dirección correcta, y conforme pasan los años, su mensaje oficial ha seguido siendo el mismo: la serie de lineamientos más reciente de *Los lineamientos dietéticos* del USDA en 2010 siguió enfatizando que los estadounidenses deberían cambiar su consumo de alimentos a una "dieta basada en plantas, que enfatizara las verduras, los granos y las leguminosas cocidas, las frutas, los granos enteros, las nueces y las semillas".

En décadas recientes, la voz más famosa —uno podría decir hasta infame— promotora en la jungla del punto de vista opuesto fue, claro está, Robert C. Atkins, un cardiólogo de la ciudad de Nueva York. *La revolución dietética del Dr. Atkins* se publicó en 1972 y se convirtió en un bestseller de la noche a la mañana, reimpreso 28 veces, con más de 10 millones de copias vendidas a nivel mundial. Los principales expertos en nutrición denigraron consistentemente a Atkins y a sus recomendaciones altas en grasa, llamándolo un médico de dieta de "moda" y acusándolo de negligencia, si no peor, pero su acercamiento se arraigó por la sencilla razón de que la "dieta Atkins" parecía funcionar.

Basado en su experiencia tratando pacientes, Atkins creía que la carne, los huevos, la crema y el queso, exilados a la estrecha punta de la pirámide alimenticia, eran los alimentos más sanos. Su plan de dieta principal era más o menos la pirámide del USDA de cabeza, alta en grasa y baja en carbohidratos. Atkins creía que esta dieta no sólo ayudaría a la gente a perder peso, sino que combatiría la enfermedad cardiaca, la diabetes y posiblemente otras enfermedades crónicas también.

La dieta Atkins ha cambiado un poco a lo largo de los años, pero su fase de "inducción" siempre ha sido estricta, permitiendo sólo entre 5 y 20 gramos de carbohidratos al día, o alrededor de media rebanada de pan cuando mucho, aunque Atkins permitía que los carbohidratos aumentaran un poco después de que un paciente se estabilizara en su peso deseado. El resto de la dieta era proteína y grasa, con al menos dos veces más grasa que proteína. Esta prescripción significaba que los pacientes de Atkins comían principalmente alimentos animales —carne, queso, huevos— por la sencilla razón de que eran las únicas fuentes de alimento (fuera de las nueces y las semillas) donde la proteína y la grasa estaban naturalmente juntas en esta proporción.

Atkins empezó a andar por este camino siendo un joven cardiólogo luchando con su propia cintura en expansión. Fue a una biblioteca médica y encontró un experimento de una dieta baja en carbohidratos escrito en 1963 por dos médicos de la Escuela de Medicina de la Universidad de Wisconsin. La dieta fue un éxito tremendo para él y después para sus pacientes. Atkins modificó un poco el texto de Wisconsin y lo explicó en un artículo para la revista *Vogue* (su régimen se llamó la "Dieta Vogue" durante un tiempo). Luego lo publicó en un libro.

Conforme se popularizó la dieta alta en grasa y baja en carbohidratos, los neoyorquinos inundaron su oficina del centro y Atkins pronto escribió otros bestsellers basados en sus ideas de la nutrición saludable.

En 1989 también lanzó una empresa exitosa que vendía suplementos de dieta bajos en carbohidratos, incluyendo las Barras Atkins, pasta baja en carbohidratos y bebidas de dieta altas en grasa y bajas en carbohidratos, con millones de dólares en ventas anualmente. Sin embargo, incluso después de alcanzar la fama y la fortuna, Atkins, para su consternación, nunca pudo obtener el respeto de sus colegas o de los investigadores académicos que influían en las políticas de salud pública.

La principal razón fue que, para cuando Atkins entró en escena, la hipótesis de la dieta y el corazón ya había estado firme en el centro de la conciencia popular durante una década, y las ideas de Atkins se enfrentaban con este punto de vista dominante bajo en grasa. Su dieta alta en grasa y baja en carbohidratos les sonaba ridículamente poco sana a los investigadores y médicos que ya creían que la grasa saturada y la grasa en general eran asesinas. En las audiencias del comité de McGovern, en 1977, el famoso profesor de nutrición de Harvard Fredrick J. Stare llamó a Atkins un doctor de dieta "para obtener dinero instantáneo", pregonando un régimen extremista de "moda". La dieta era "peligrosa" y "el autor que hace la sugerencia [es] culpable de negligencia", dijo Stare. La Asociación Americana Dietética se refirió al régimen de Atkins como "la pesadilla de un nutriólogo".

Atkins también se enfrentó al creciente entusiasmo de Estados Unidos por el polo opuesto de su dieta alta en grasa: la dieta muy baja en grasa, casi vegetariana, cuyo promotor más prominente era el otro doctor de dieta famoso de la segunda mitad del siglo XX, Dean Ornish. Los

"No entiendo. ¿Qué hay además de proteína y grasa?"

dos médicos tenían mucho en común: ambos hicieron millones de sus bestsellers; Atkins estuvo en la portada de *Time*, mientras que Ornish en la de *Newsweek*. Atkins ejercía de forma privada y próspera en el centro de Manhattan y tenía una casa de campo en el popular South Hampton, mientras que Ornish tenía —y todavía tiene— oficinas en el rico pueblo de Sausalito, cruzando el Golden Gate de San Francisco. ¿Cómo pudieron ambos ser tan exitosos mientras ofrecían soluciones tan diametralmente opuestas para una vida sana, libre de enfermedades?

La realidad en Estados Unidos a partir de la década de 1970 fue que la salud de la nación ya estaba empeorando por el fracaso de la dieta baja en grasa para prevenir la enfermedad cardiaca y la obesidad, y la gente estaba buscando una alternativa en una dirección u otra. Atkins y Ornish compartían la visión de que la dieta de la AHA había sido desacertada. Atkins acuñó el término "diabesidad" para describir el aumento de los azotes gemelos de la diabetes y la obesidad en el siglo XX. Estos índices de enfermedad cada vez peores abrieron la puerta para ideas alternativas sobre nutrición saludable, y tanto Ornish como Atkins tomaron esa oportunidad. Sus soluciones simplemente no pudieron ser más distintas. Como Jack Sprat y su esposa,* uno pedía más grasa y el otro menos.

En el año 2000, los dos doctores rivales se encontraron en Washington, D. C., para un debate televisivo en un especial de CNN, "¿Quién quiere ser un doctor de dieta millonario?" En un lado estaba Atkins, con sus omelets de tres huevos y dos tiras de tocino para desayunar. En el otro estaba Ornish, con sus frutas y verduras, y sus críticas bien afiladas para Atkins: "Me encantaría decirle a la gente que comer chicharrón y tocino y salchichas es una forma saludable de perder peso, pero no lo es", dijo, y "podrías ir a quimioterapia y perder peso, pero no lo recomiendo como la mejor forma".

Ornish también acusó a la dieta de Atkins de provocar impotencia y mal aliento. Ingeniosamente, las pulidas ocurrencias de Ornish le llegaron al corazón a Atkins y lo enfurecieron. "He tratado a 50 mil pacientes con una dieta alta en proteína", escupió, "y todo lo que me dicen es que su vida sexual es mucho mejor que antes".

Un problema crucial para Atkins, sin embargo, es que nunca había hecho investigaciones para apoyar sus posturas dietéticas. Mientras que

---

* "Jack Sprat" es una rima popular inglesa del siglo XVII, donde dice que él, Jack Sprat, no podía comer grasa, pero su mujer no podía comer sin ella. [N. de la T.]

Ornish se las ingenió para sacar varias publicaciones de una sola prueba en el *Journal of the American Medical Association*. Como dije en el capítulo 6, la dieta Atkins sólo había sido el tema de algunas pruebas pequeñas con resultados desalentadores. Para defender su régimen, tenía poco más que evidencia anecdótica: sus expedientes estaban llenos de miles de supuestas historias de éxito. "Nunca haría un estudio porque soy un médico practicante. Quiero decir, todo lo que hago es tratar a la gente", le dijo una vez a Larry King. Atkins prácticamente rogaba a los expertos que vinieran y vieran sus registros, pero nadie respondió a sus súplicas hasta que estuvo cerca del retiro.

No ayudó tampoco que, en un mundo donde las políticas personales muchas veces parecían capaces de timonear el barco científico entero, Atkins claramente no tenía el "don de gentes" necesario para expresar sus ideas. Mientras que Ornish era un fino cultivador del poder, Atkins usaba una corteza antagonista, y esta personalidad malhumorada y susceptible funcionaba en su contra. "Lo entrevistaban y decía que la Asociación Médica Americana era el mal, ¡o que los dietistas eran estúpidos!", dijo Abby Bloch, una investigadora de nutrición del Hospital Memorial Sloan Kettering y antigua directora de investigación de la Fundación de Investigación Robert C. y Verónica Atkins. "Y por supuesto, alienaba a toda la audiencia. Así que era un pararrayos." Su hábito de hablar en hipérboles también irritaba a sus colegas científicos, de acuerdo con Bloch. "Decía: 'He visto a 60 mil pacientes y nunca he tenido un problema'. Para los médicos, eso es como escuchar el chirrido de las uñas sobre el pizarrón. Y decía: '¡Puedo curar la diabetes!', y podías ver cómo les subía la presión sanguínea a los médicos."

Tal vez si Atkins hubiera sido más paciente y políticamente astuto, habría logrado penetrar más, sugirió Bloch. Sin embargo, incluso el más juicioso y bien respetado Pete Ahrens no pudo influir en sus colegas de nutrición. El conocimiento popular sobre la dieta simplemente estaba demasiado consolidado. Finalmente, a pesar de la riqueza del conocimiento práctico de Atkins al ayudar a perder peso y posiblemente evitar la enfermedad cardiaca, los investigadores académicos no lo escucharían seriamente hasta el siglo XXI.

En abril de 2003, a la edad de 72 años, Atkins se resbaló en el hielo afuera de su oficina en Manhattan, se golpeó la cabeza en el pavimento y quedó en coma. Murió una semana después. Los rumores rápidamente se extendieron sobre la causa de muerte, se dijo que debía ser un "ataque cardiaco", y se decía que era obeso, aunque no lo era.* Cuando el negocio de suplementos de Atkins se declaró en quiebra dos años después, aparentemente por una mala administración y el poco interés en la dieta baja en carbohidratos después de su muerte, los expertos que habían odiado sus puntos de vista vieron estos eventos como prueba del tiro de gracia de su dieta. La bancarrota especialmente se trató como la confirmación de que la dieta baja en grasa finalmente había triunfado por encima de la dieta baja en carbohidratos. Como me dijo en 2007 la profesora de la Universidad Tufts Alice Lichtenstein: "Se acabó. Atkins se acaba de declarar en bancarrota. La gente ya superó la fase baja en carbohidratos".

Pero esto era una ilusión, pues mientras la fama de Atkins fue tanta que su nombre se volvió sinónimo de la dieta baja en carbohidratos, su muerte no aplastó su popularidad por completo. El éxito de la dieta para ayudar a la gente a perder peso la mantuvo viva, aunque fuera en una forma subyacente. La dieta tiene una historia sorprendentemente larga, de hecho. La creencia de que los carbohidratos engordan y que las dietas altas en grasa son saludables preceden a Atkins y pronto encontrarían a otros promotores mucho más populares. "Atkins" es meramente el nombre que los estadounidenses asocian mejor ahora con esta dieta, pero hubo otros que desarrollaron y nutrieron esta idea mucho antes que él, y habría otros después también.

El nacimiento de la dieta baja en carbohidratos[†]

Entre los primeros informes, y de los más famosos, de la dieta baja en carbohidratos utilizada para perder peso, se encuentra un pequeño panfleto de 1863 de un sepulturero retirado de Londres, William Banting.

---

* La muerte de Atkins generó tanta controversia como su vida. Sus críticos publicitaron información que se filtró de la Oficina del Médico Forense de la Ciudad de Nueva York, revelando que Atkins sufría de enfermedad cardiaca, pero no estaba claro si su condición se debía a nutrición o a una infección contraída en un viaje al Lejano Oriente años antes, como aseguraba el cardiólogo de Atkins. Los críticos también resaltaron el hecho de que el certificado de defunción decía que pesaba 120 kilos, lo que implicaba que era obeso; sin embargo, en la admisión del hospital se registró su peso en 90 kilos, y su viuda plausiblemente explicó que el rápido aumento de peso se debía a la retención de líquidos durante su coma (Anónimo, "Death of a Diet Doctor", 2004).

† Esta historia de los practicantes de la dieta baja en carbohidratos se compiló primero en Gary Taubes, *Good Calories, Bad Calories*, 2007.

Su *Carta sobre corpulencia, dirigida al público* fue el fenómeno de *La revolución dietética del Dr. Atkins* de su tiempo, vendiendo 63 mil copias sólo en Gran Bretaña, con "gran circulación" en Francia, Alemania y Estados Unidos también. "De todos los parásitos que afectan a la humanidad", empezaba el pequeño libro de Banting, "no sé ni puedo imaginar uno más preocupante que el de la obesidad". Banting cuenta cómo, a la edad de 66 años y con 1.65 metros de altura, pesaba más de 90 kilos y tenía problemas de la vista y del oído, una hernia umbilical, debilidad en rodillas y tobillos, acidez, indigestión y reflujo. Para perder peso, sus médicos le prescribieron los mismos consejos que se dan hoy: hacer más ejercicio, lo que Banting hizo, entre otras cosas, remando durante dos horas cada mañana, y reducir las calorías. Banting descubrió, sin embargo, que el ejercicio sólo aumentaba su apetito y que restar calorías a su dieta lo dejaba exhausto.

En 1862, cuando Banting empezó a perder el oído, buscó el consejo de un cirujano otorrino de Londres, William Harvey, quien pensaba que el exceso de grasa en sus orejas podía estar empujando contra las trompas auditivas. Decidió poner a Banting en una dieta baja en carbohidratos. Harvey estaba consciente de que los granjeros algunas veces engordaban a sus animales con dietas de azúcar y almidones, y también adivinó correctamente que podía haber un vínculo entre la obesidad y la diabetes, que en ese entonces se trataba comúnmente en Francia con una dieta libre de carbohidratos. Así, Banting empezó a comer tres veces al día carne, pescado o animales de caza, y a evitar la mayoría de los alimentos que tuvieran azúcar o almidón, en particular el pan, la leche (por su contenido de azúcar en la forma de lactosa), la cerveza, los dulces y los tubérculos. En un año, Banting perdió 21 kilos y decía sentirse de maravilla, pues todos sus padecimientos físicos habían desaparecido. En la cuarta edición de su libro, en 1869, Banting reportó haber perdido 23 kilos. Consideró "extraordinaria" su salud en general. Escribió: "De hecho, me encuentro pocos hombres de 72 años de edad que tengan tan poca causa para quejarse". Banting vivió hasta la edad de 81 años, mucho más allá de la esperanza de vida promedio para los hombres de Inglaterra en ese tiempo.

Después de su muerte, algunos investigadores y médicos europeos retomaron versiones de la dieta de Banting para tratar a sus pacientes. En Estados Unidos, sir William Osler, una autoridad médica a nivel mundial a finales del siglo XIX y uno de los fundadores del Hospital Johns Hopkins, promovió una variación de la dieta en su transcendente libro de texto médico de 1892. Y un médico de Londres, Nathaniel Yorke-Davis, usó una versión de la dieta baja en carbohidratos para tratar al obeso presidente William Taft de 1905 en adelante, ayudándolo a perder 32 kilos. Aunque muchos otros médicos durante los primeros años del siglo XX les dijeron a sus pacientes que redujeran el total de calorías en lugar de sólo las de carbohidratos, la dieta baja en carbohidratos siempre ha prevalecido, "descubierta" una y otra vez a lo largo de los siglos XX y XXI.

En 1919, un internista con práctica en la ciudad de Nueva York, llamado Blake Donaldson, se topó con la dieta de forma independiente. Como cuenta en sus memorias, *Strong Medicine* (1961), estaba frustrado por su incapacidad para ayudar a sus pacientes obesos a perder peso simplemente limitando las calorías. Descubrió la dieta alta en grasa después de consultar con expertos del Museo Americano de Historia Natural en Manhattan, dice, quienes le contaron que los inuit vivían casi libres de enfermedades, sobreviviendo casi todo el tiempo con la "carne más grasosa que pudieran matar". Donaldson decidió intentarlo. Prohibiendo toda el azúcar y la harina, prescribió principalmente carne a sus pacientes: carne grasosa tres veces al día. Puede haber un "mayor nivel de consumo de carne" donde la gente ya no puede perder peso, concluyó, "pero nunca lo he encontrado".*

Donaldson insistió en que a sus pacientes, unos 17 mil a lo largo de 40 años, les fue increíblemente bien con este régimen, pues perdieron entre 1 y 1.5 kilos a la semana sin sentir hambre. El punto importante, enfatizó, era que, a diferencia de otros "tratamientos antiobesidad", como la restricción calórica, sus pacientes no volvían a subir de peso.

En 1944, cuando Donaldson dio una plática sobre su dieta en un hospital de Nueva York, uno de los médicos presentes era Alfred Pennington, un médico de la empresa E. I. du Pont de Nemours. Como muchas otras empresas en la década de 1940, DuPont estaba preocupada por la epidemia de enfermedad cardiaca que asolaba las filas de sus ejecutivos hombres de mediana edad. Al observar que la mayoría de quienes la

---

* A mediados de la década de 1970, Elliot Danforth, de la Universidad de Vermont, condujo una serie de experimentos sobre comer de más con distintos tipos de alimentos y concluyó que comer demasiado en una dieta centrada en la carne era casi imposible. Sus sujetos enfrentaban pilas de costillas que simplemente ya no podían consumir. "Es muy difícil comer de más en la dieta Atkins porque te sacia", dijo Danforth. En cambio, encontró que la gente podía fácilmente comer de más con carbohidratos, como galletas, papas fritas y cereales (Danforth, entrevista con la autora, 12 de enero de 2009).

padecían tenían sobrepeso o eran obesos, Pennington y sus colegas asumieron que el primer paso debería ser un programa para bajarlos de peso. Pusieron a prueba a los ejecutivos con varias dietas en las que contaban calorías, así como un régimen de ejercicio, y cuando estos métodos fallaron, Pennington decidió intentar el acercamiento que él mismo había empleado exitosamente después de escuchar la cátedra de Donaldson.

La dieta de Pennington no restringía el total de calorías. Los 20 ejecutivos hombres que seleccionó comieron, en promedio, más de 3 000 calorías al día, incluyendo 170 gramos de carne, 60 gramos de grasa y no más de 80 calorías de carbohidratos en cada una de las tres comidas diarias. Como Pennington lo describe, los ejecutivos en su dieta experimentaron "una ausencia de hambre entre comidas... un incremento en la energía física y un sentido de bienestar". Y a pesar de comer tanto, perdieron entre 3 y 5 kilos al mes.

Pennington escribió extensamente sobre el tema de la obesidad. En lugar de estar contento con ver a sus pacientes perder peso, buscó comprender por qué una dieta baja en carbohidratos podría funcionar. Cualquier teoría debía tomar en cuenta que la respuesta no era una reducción de las calorías, porque los pacientes de Pennington no parecían estar comiendo menos calorías que lo normal, y en algunos casos estaban comiendo más. "La explicación, cualquiera que fuera", escribió Pennington, "parecía encontrarse mucho más adentro". Desempolvó una serie de trabajos de investigadores alemanes y austriacos en las décadas de 1920 y 1930, quienes habían señalado las hormonas como las impulsoras de la obesidad. Trabajaron en una hipótesis completamente nueva sobre cómo la gente engordaba, y una que no tenía nada que ver con comer de más o no hacer ejercicio, como creemos comúnmente. Los investigadores concluyeron que la obesidad era un desorden del metabolismo en el que el tejido adiposo empieza a almacenar grasa, obstaculizando la forma en que normalmente se libera y se usa como energía.

El primer paso para comprender este desorden metabólico era darse cuenta de que nuestro tejido adiposo no es una clase de zona inerte, sino una colmena de actividad metabólica y hormonal. Durante todo el día, el cuerpo continuamente guarda y toma grasa conforme la necesita, como depósitos y retiros constantes en un cajero automático. Cuando comemos, hacemos un depósito que luego puede retirarse cuando no estemos comiendo, entre comidas o durante la noche, mientras dormimos. Visto desde esta perspectiva, la grasa es sólo una fuente de energía para que el cuerpo la use cuando no hay comida disponible a corto plazo, como tener barritas energéticas amarradas por todo el cuerpo. En la gente con desorden metabólico, sin embargo, mientras que los depósitos continúan, la función de retiro deja de trabajar: el cuerpo literalmente se rehúsa a dejar ir su grasa. La grasa entonces se vuelve como Godzilla, absorbiendo energía y convirtiéndola en más grasa, a expensas de los músculos, el cerebro, el corazón y todas las demás necesidades corporales.

Los investigadores alemanes y austriacos llegaron a creer que las hormonas eran finalmente responsables por este almacenamiento de grasa. Las hormonas, después de todo, podrían explicar por qué las mujeres embarazadas y posmenopáusicas suben de peso, por qué las adolescentes guardan grasa y los adolescentes ganan músculo cuando atraviesan la pubertad. Y las investigaciones animales desde finales de la década de 1930 en adelante confirmaron repetidamente esta idea. Los científicos alteraron los niveles hormonales en las ratas al crear lesiones en el hipotálamo (el centro de control hormonal del cerebro), lo cual provocó que se pusieran como globos casi de la noche a la mañana. Estas ratas no sólo comían su alimento, lo "atacaban" y "devoraban", con un "apetito voraz y salvaje". Resultados similares se vieron con perros, gatos y changos. Y la gente con tumores en el hipotálamo a veces experimenta un aumento de peso masivo y rápido, incluyendo el caso de "la esposa de un jardinero" de 57 años de edad que se volvió obesa en sólo un año, en 1946.

El estudio de las hormonas, llamado endocrinología, había revelado para 1921 que la insulina, una hormona producida por el páncreas, parece ganarles a todas las demás en el depósito de grasa. Para 1923, los médicos estaban engordando a niños bajos de peso al inyectarles insulina. Los médicos podían hacer que sus pacientes aumentaran hasta tres kilos a la semana diciéndoles que comieran comidas altas en carbohidratos después de recibir inyecciones de insulina. Lo mismo se descubrió en experimentos animales.* Y en el otro lado de esa moneda, no

---

* La información sobre animales que apoya esta hipótesis incluye experimentos en ratas con lesiones inducidas quirúrgicamente al hipotálamo ventromedial. Estas ratas veían aumentos dramáticos de insulina segundos después de la cirugía, y crecería grasa en directa proporción a la cantidad de insulina circulante. ¿Cómo supieron estos investigadores que era la insulina lo que estaba volviendo obesas a las ratas? Después de cortar el nervio vago, el cual conecta el hipotálamo con el páncreas, no se podía liberar insu-

podía inducirse a generar grasa a un animal al que se le había quitado la insulina porque se le extirpó el páncreas, sin importar cuánto comiera, y moriría de inanición.

El cuerpo secreta insulina cuando se comen carbohidratos. Si los carbohidratos se comen ocasionalmente, el cuerpo tiene tiempo de recuperarse entre los picos de insulina. Las células de grasa tienen tiempo de liberar su grasa acumulada y los músculos pueden quemar la grasa como combustible. Si se comen carbohidratos a lo largo del día en las comidas, como botana y en las bebidas, entonces la insulina permanece elevada en el torrente sanguíneo y la grasa continúa en un estado de constante clausura. La grasa se acumula en exceso; se guarda, no se quema. Pennington describió lo que teóricamente ocurre en una dieta que restringe los carbohidratos: la ausencia de carbohidratos permitirá que la grasa fluya fuera del tejido adiposo, ya no tenida como rehén por la insulina circulante, y esta grasa puede usarse entonces como energía. Una persona perderá peso, teóricamente, no porque necesariamente coma menos, sino porque la ausencia de insulina permite a las células adiposas liberar la grasa y que las células musculares la quemen.

Todas estas ideas fueron el tesoro de la investigación de preguerra en hormonas y obesidad que Pennington fue el primero en desempolvar. La Segunda Guerra Mundial había dispersado a estos científicos alemanes y austriacos junto con sus ideas, y dado que la lengua franca de la ciencia cambió después de la guerra del alemán al inglés, se había perdido esta investigación temprana sobre una "hipótesis alternativa" para la obesidad.

En 1953, Pennington revisó este extenso cúmulo de investigaciones para el *New England Journal of Medicine*, en un artículo titulado "A Reorientation on Obesity".* Esto fue en el mismo año en que Ancel Keys propuso su idea culpando de todas las enfermedades crónicas no a los carbohidratos, sino a la grasa, una teoría que obviamente prevaleció por gran posición de Keys en el campo, mientras que Pennington fue olvidado hasta hace poco. La teoría de Keys difiere de la de Pennington en

---

lina y las ratas ya no formaron grasa (Han y Frohman, 1970; Hustvedt y Løvø, 1972; la teoría basada en este trabajo de que el hipotálamo tiene un papel significativo en el hambre se encuentra en Powley, 1977).

* Un obstetra húngaro de nacimiento llamado Herman Taller, con su práctica en Brooklyn, leyó los artículos de Pennington y empezó a tratar a sus pacientes con la dieta baja en carbohidratos en la década de 1950. También escribió un libro de dieta bestseller, *Calories Don't Count* (Nueva York, Simon & Schuster, 1961).

el mal dietético que consideran, por supuesto, pero las dos hipótesis también eran claramente diferentes en la calidad de investigación científica detrás de ellas. Mientras que el análisis de Pennington estaba basado en el entendimiento sofisticado de un sistema biológico humano, incluyendo evidencia tomada de la endocrinología y la bioquímica, el de Keys en cambio se apoyaba casi enteramente en esas estadísticas internacionales crudas que vinculan la grasa con la enfermedad cardiaca. Sus conclusiones estaban basadas en una correlación estadística y no, como las de Pennington, se sustentaban en experiencias clínicas con pacientes o una comprensión académica de la fisiología y la biología humana.

Aún más, la idea de que la grasa causaba obesidad se fundó sobre otra generalidad sin fundamento en la biología humana: Keys y otros pensaron que, dado que la grasa en la dieta contiene más calorías por gramo que la proteína o los carbohidratos, la grasa debía engordar a la gente. Desde este punto de vista, la gente que consumía demasiada grasa inadvertidamente juntaba demasiadas calorías, una clase de error de aritmética cometido cuando falla la comunicación entre el cerebro y el estómago. Sin embargo, no había una base experimental para esta suposición cuando Keys escribió sobre ella, y difícilmente se ha acumulado alguna desde entonces. La principal ventaja intelectual de esta idea ha sido su simplicidad directa. Por tanto, además de todas las otras razones que hemos explorado de que las ideas de Keys hayan llegado tan lejos en el mundo de la nutrición, otra probablemente sea que los nutriólogos y los cardiólogos, buscando respuestas poco complicadas, encontraron el acercamiento matemático de Keys más fácil de imaginar que la compleja idea de Pennington de un desorden hormonal. Aun así, como hemos visto, una buena cantidad de evidencia contradice la idea de que la grasa en la dieta provoca obesidad, así como hubo finalmente poca evidencia para el papel de la grasa en la enfermedad cardiaca. ¿La alternativa que Pennington identificó —los carbohidratos— podría ser un actor biológico en el frente de la enfermedad cardiaca también?

Los carbohidratos y las enfermedades crónicas

Una de las revelaciones más impactantes que escribió Blake Donaldson recae en su observación de que los pacientes en una dieta baja en carbohidratos no sólo perdían peso, sino también veían desaparecer síntomas de otros problemas de salud. Éstos incluían enfermedad cardiaca, arteroesclerosis, presión arterial alta, osteoartritis, cálculos biliares y diabetes, conocidos comúnmente en los primeros años del siglo XX como el "sexteto de la obesidad" porque estos seis problemas se veían con más frecuencia entre las personas obesas que entre quienes fueran constitutivamente más delgados. (Más adelante, la mayoría de estos síntomas se agruparon bajo el nombre "síndrome X", también conocido como síndrome metabólico; véase la nota en p. 329.) Con los pacientes en su dieta de carne todo el tiempo, Donaldson vio que "recurría menos y menos a los medicamentos" para combatir estas enfermedades. Todo parecía mejorar cuando se remplazaban los carbohidratos con grasa en su dieta. Es decir, ciertamente, la clase de aseveración que hacen los charlatanes sobre sus curas milagrosas, que entonces le dio a esta clase de dietas el desafortunado carácter de charlatanería, pero es una observación común que la dieta alta en grasa y baja en carbohidratos parezca curar una sorprendente cantidad de padecimientos, y esto ha sido cierto desde que Banting lo observó en sí mismo a principios de la década de 1860.

Que la enfermedad cardiaca, la diabetes e incluso el cáncer puedan ser causados por las clases de carbohidratos consumidos en las dietas modernas también ha sido la conclusión de muchos médicos e investigadores que observan a poblaciones primitivas cuando empiezan a comer estos alimentos. El médico alemán Otto Schaefer, por ejemplo, visitó a algunos de esos famosos carnívoros inuit en el Ártico canadiense en 1951. La población que encontró en la isla Baffin no importaba ningún alimento occidental y todavía comía una dieta enteramente de grasa y carne, incluyendo deliciosas exquisiteces como intestino de foca, ojos de pescado y trucha ártica "crudos, dentro de pieles de foca cosidas y expuestas al sol durante dos o tres días".

En algunas regiones del Ártico, la empresa Hudson's Bay había empezado a traer cargas anuales de comida, principalmente harina, panqués, té y melaza. Pero no todas las comunidades recibían estos cargamentos, lo que le dio la oportunidad a Schaefer de comparar comunidades que recibían un influjo de alimentos occidentales y los que no.

Schaefer descubrió que donde los inuit comían "de la vieja forma nativa", parecía prevalecer la buena salud. Después de examinar a cuatro mil inuit canadienses, Schaefer informó que no vio señales de deficiencias vitamínicas ni minerales, a pesar de la completa ausencia de frutas o verduras en su dieta. Tampoco producía deficiencia de vitamina D la falta de sol en el invierno. La anemia por falta de hierro también era desconocida, "mientras una gran parte de su dieta consistiera de carne fresca y pescado, la mayoría comidos crudos y congelados".

De estas observaciones, así como de la información que recolectó en un hospital en Edmonton y en un psiquiátrico cercano, Schaefer concluyó que el asma, las úlceras, la gota, el cáncer, la enfermedad cardiovascular, la diabetes y la colitis ulcerativa eran casi inexistentes entre los inuit que comían su dieta tradicional, así como las enfermedades de hipertensión y psicosomáticas. Sólo vio dos casos de presión arterial arriba de 100 mmHg y encontró que la arterosclerosis era menos común en los ancianos inuit que en los ancianos blancos canadienses. La enfermedad cardiaca, escribió, "no parece existir entre los esquimales menores de 60 años de edad".

En contraste, donde los inuit comían carbohidratos en lugar de su alimento tradicional, su salud declinaba. Un gran número de mujeres y niños sufrían de anemia, y descubrió su primer caso de diabetes, previamente inexistente en el Ártico canadiense, en un inuit que comía estos alimentos "civilizados". También encontró infecciones de oído crónicas y mal aliento. En algunos casos, el deterioro de los dientes era tan severo que algunos inuit hicieron sus propias dentaduras de colmillos de morsa.* Para Schaefer parecía probable que los inuit, adaptados desde hacía mucho a su dieta de grasa y proteína, no pudieran manejar los almidones y los azúcares que les estaban presentando.

En un asentamiento llamado Iqaluit, donde Schaefer descubrió el consumo más bajo de alimentos tradicionales, la salud de los inuit era la peor que hubiera visto en otras partes. Observó que la condición de comer grandes cantidades de azúcar, la cual tardó siglos en desarrollarse en las naciones occidentales, "ha ocurrido con casi una repentina brusquedad en los últimos 20 años para los esquimales canadienses". Schaefer atestiguó cómo una generación perdió su forma de vida y su salud para siempre. Donde los inuit dejaban de comer carne, la remplazaban con carbohidratos. En Iqaluit, donde los locales comían papas fritas y bebían refrescos, Schaefer le dijo a un periódico local que los cambios dietéticos se acercaban al nivel de "genocidio autoinfligido".

---

* El deterioro de los dientes y una reducción de la estructura facial que provoca que los dientes se amontonen dentro de la boca son algunos de los problemas de salud vistos en sociedades recién introducidas a los carbohidratos refinados, de acuerdo con el dentista Weston A. Price, quien viajó por el mundo en los primeros años del siglo xx y documentó muchas poblaciones que pasaban por tales "transiciones nutricionales" (Prince, [1939], 2004).

Schaefer no estaba solo al observar esta transición dietética y su vínculo con las enfermedades crónicas. El cirujano de la Real Armada Británica, capitán Thomas L. Cleave, había visto el mismo fenómeno en muchas áreas remotas a las que viajó en los primeros años del siglo XX, y llamó a todas las enfermedades crónicas las "enfermedades de la sacarina" porque muchos de estos padecimientos llegaban al unísono con la introducción de carbohidratos refinados, principalmente el azúcar y la harina. Cargamentos enteros de azúcar refinada llegaron a las propias costas de Cleave cuando Gran Bretaña empezó a anexar islas de las Indias Occidentales en la década de 1670, y los ingleses pasaron de consumir 2 kilos de azúcar per cápita en 1710, a más de 10 kilos per cápita en la década de 1790, un incremento quíntuple.*

La segunda mitad del siglo XVIII también vio lo que parecen ser los primeros casos de enfermedad cardiaca del país. Dado que este periodo también fue un tiempo en que los animales domesticados, como las vacas y las ovejas, se estaban criando hasta una extrema gordura —en las fotos se ven casi esféricos—, la carne grasosa ha sido una explicación más común para la aparición de enfermedad cardiaca durante este tiempo, no el azúcar.† En el siglo siguiente, sin embargo, el consumo promedio de carne permaneció constante o incluso bajó, mientras que los índices de enfermedad cardiaca crecieron. El único elemento de la dieta que mantuvo el paso con el aumento en la enfermedad cardiaca fue el azúcar. Para finales del siglo XIX, el británico promedio estaba consumiendo alrededor de 40 kilos al año. (En comparación, la industria alimenticia estadounidense a finales del siglo XX estaba proveyendo más de 75 kilos de azúcares per cápita, lo que ahora incluía jarabe de maíz de alta fructosa.)

La otra enfermedad crónica importante, cuya aparición pareció coincidir con la llegada de los carbohidratos refinados, fue el cáncer. Éste pasó de ser una rareza en poblaciones aisladas, como los inuits, a un asesino común, y el cambio sucedió cuando estas poblaciones empe-

---

* La explosión en el consumo británico de azúcar coincidió exactamente con el crecimiento en la popularidad de beber té, lo que sugiere que la costumbre de beber té funcionó como una clase de vehículo para el azúcar (Walvin, 1997, pp. 119-120 y 129-131).

† Además del azúcar, otros carbohidratos refinados que entraron en la dieta en cantidades crecientes durante este tiempo fueron la harina blanca, la cual remplazó al trigo entero con técnicas mejoradas de molienda, y los cereales (no todos refinados). Otro cambio en la dieta que pudo haber contribuido a la enfermedad cardiaca fue el cambio de la alimentación de pastura a granos, lo que cambiaría la composición de los ácidos grasos de la carne (Michaels, 2001, pp. 50-53).

zaron a consumir azúcar y harina blanca. La documentación para este aumento astronómico en el cáncer no era poca, tampoco estaba "restringida a una o dos opciones recibidas de un médico residente de las zonas agrestes de África y Asia", de acuerdo con el historiador y periodista británico J. Ellis Barker. En su libro *Cáncer: How It Is Caused; How It Can Be Prevented* (1924) quiso demostrar que la evidencia incluía una gran cantidad de informes y estudios de todo el mundo, muchos de los cuales se publicaron originalmente en el *British Journal of Medicine* o *The Lancet*, ambas revistas respetables, o en publicaciones locales como el *East African Medical Journal*. Virtualmente todos los recuentos que juntó apoyaban la opinión de que el cáncer, además de otras enfermedades crónicas, estaba de hecho ausente en poblaciones aisladas y sólo aparecía con la llegada de los carbohidratos occidentales.

George Prentice, un médico que pasó tiempo con los pueblos aislados en el centro sur de África a principios del siglo xx, observó una larga lista de enfermedades que tendían a aparecer en esas poblaciones asiladas casi simultáneamente (algunas de las cuales incluiría Donaldson después en su "sexteto de la obesidad"): enfermedad cardiovascular, hipertensión e infarto, cáncer, obesidad, diabetes mellitus, caries, enfermedad periodontal, apendicitis, úlceras pépticas, diverticulitis, cálculos biliares, hemorroides constipación y venas varicosas.

Estas enfermedades se agruparon. Cuando venían, llegaban juntas. E inevitablemente aparecerían cuando las poblaciones remotas tenían su primera exposición sostenida a alimentos occidentales. ¿Qué introdujo el oeste a estas poblaciones remotas? La historia que los expertos en nutrición nos han contado desde siempre es que el mundo industrializado trajo "dietas altas en grasa, densas en energía, con un contenido sustancial de alimentos animales". Ésa es una cita de un informe de la Organización Mundial de la Salud en 2002, el cual refleja la visión popular. Sin embargo, parece claro según recuentos históricos como el de Schaefer y otros, que lo que exportaron los occidentales a los países más pobres desde los primeros días en adelante se limitó a lo que podía empacarse y conservarse fácilmente. Eso significaba no carne y no lácteos, dado que estos alimentos se echaban a perder muy fácilmente, aunque la manteca era una excepción ocasional. No, lo que viaja a estas poblaciones en cada rincón al que pudiera llegar el comercio occidental eran cuatro elementos altamente portables y populares: azúcar, melaza, harina blanca y arroz blanco. En otras palabras: carbohidratos refinados. Con estos alimentos occidentales llegaron las enfermedades, y así estas enfermedades se llamaron "enfermedades occidentales" o las "enfermedades de la civilización".

La dieta Atkins finalmente se analiza desde un punto de vista científico

En vista de estas observaciones, tiene sentido que una dieta sin estos carbohidratos hiciera que estas enfermedades se fueran. Ésta era básicamente la idea de Atkins, la cual ha sido rechazada por las autoridades en nutrición, que están acostumbradas a pensar en la grasa como el problema, y no en los carbohidratos. Pero practicantes desde Banting hasta Atkins vieron grandes mejorías en la salud cuando se eliminaban de la dieta la harina blanca, el azúcar y otros carbohidratos. El problema es que una vez que se eliminan los carbohidratos, una dieta alta en grasa es el resultado, y eso es lo que se supone que causa la enfermedad cardiaca. A lo largo de este libro hemos explorado la evidencia histórica que sugiere que una dieta alta en grasa es consistente con una buena salud, pero la única forma en que los investigadores médicos contemporáneos pueden saberlo con seguridad es haciendo pruebas clínicas, experimentos que puedan determinar si las dietas cargadas con grasa y grasa saturada podrían extender la vida, así como pensaron Atkins y sus predecesores, o matarían prematuramente, como insistieron Keys y sus colegas.

No fue sino hasta finales de la década de 1990 que la dieta popularizada por Robert Atkins finalmente atrajo a un pequeño grupo de investigadores, quienes empezaron a realizar exactamente la clase de experimentos que pudieran dejar las cosas claras sobre este asunto. Estos investigadores se habían encontrado con la dieta baja en carbohidratos de diferentes maneras, mientras practicaban medicina o leían la literatura científica. El médico e investigador Eric Westman de la Universidad Duke, por ejemplo, tuvo un paciente que llegó diciéndole: "¡Oiga, doctor, todo lo que como son carne y huevos!", y presumía sus marcadores de colesterol mejorados. Westman fue el primer médico investigador que tomó la oferta de Atkins para revisar todos esos expedientes médicos. Visitó la oficina de Atkins en la ciudad de Nueva York a finales de la década de 1990, y quedó impresionado por su éxito al ayudar a sus pacientes a perder peso y mejorar su salud. Pero decidió que los expedientes no eran suficientes. "Necesito ciencia", le dijo a

Atkins. Westman sabía que la única forma de que tuvieran sentido las diversas anécdotas era hacer pruebas controladas al azar, el estándar de oro para la evidencia médica. Así que él, junto con algunos colegas de todo el país, empezó a realizar esas pruebas.

Este nuevo grupo de investigadores que entraban al campo eran jóvenes y relativamente desconocedores del arenero profesional en el que se iban a meter. Gary Foster, por ejemplo, un profesor de psicología de la Universidad Temple, quien participó en una prueba emblemática comparando distintas dietas en 2003, dice que no tenía idea de que incluir el régimen Atkins en su estudio sería tan polémico. "Recuerdo a un científico prominente que se levantó en una reunión pública y dijo: 'Estoy completamente asqueado de que los NIH gastaran dinero en un estudio de la dieta Atkins' ", me contó. Otros en la sala se unieron en aplausos. Dado el antagonismo de los NIH hacia las dietas altas en grasa, dice Foster, fue increíble que sus colegas y él consiguieran los fondos en absoluto, y de hecho habían tenido que aplicar a través de una agencia "lateral", la división de medicina alternativa, que es la misma que supervisa la acupuntura.*

En cambio, los NIH nunca abrieron siquiera una puerta lateral para Stephen Phinney, un médico y bioquímico nutricional. Phinney había empezado a experimentar con dietas altas en grasa y bajas en carbohidratos a principios de la década de 1980, y se obsesionó con el tema. A diferencia de Foster, Phinney adoptó completamente esta línea de investigación, aunque su interés lo volvió lo que él llama "un hereje" en el campo. Durante más de 20 años Phinney presentó propuestas de estudio que los NIH rechazaron repetidamente por "razones que no eran serias".

El colega más cercano de Phinney en su investigación ha sido Jeff Volek, de la Universidad de Connecticut, quien, al igual que Phinney, es un atleta apasionado. Volek, un kinesiólogo, fue campeón de levantamiento de pesas del estado de Indiana a la edad de 32 años, y Phinney siempre había amado esquiar, hacer montañismo y andar en bicicleta. Juntos trajeron un acercamiento fresco al estudio de la nutrición. En lugar de ver las dietas altas en grasa como una forma de perder peso o quizá prevenir la enfermedad cardiaca, estaban más interesados en la dieta como el medio para obtener un desempeño físico máximo. Ayudó

---

* Foster después eligió ser más cauteloso profesionalmente y le restó importancia a todos los resultados positivos de salud que descubrió entre el grupo Atkins de su estudio.

también que ellos no habían salido de las filas de los departamentos académicos de nutrición, dado que esto significaba que no habían sido instruidos en la hipótesis de la dieta y el corazón, lo cual les habría permitido dar paso a otras ideas más fácilmente.

Volek sabía que los atletas y los levantadores de pesas comúnmente comían una dieta alta en grasa y proteína y baja en carbohidratos para maximizar el desarrollo de músculos y reducir la grasa corporal. Pero para un desempeño óptimo durante esfuerzos a largas distancias, como los maratones, la creencia popular era que los atletas debían comer muchos carbohidratos la noche anterior. Ésta era la primera idea que Phinney quería probar. "Estábamos bastante seguros de que probaríamos que el concepto de llenar con carbohidratos era correcto", me dijo Phinney. Para su sorpresa, descubrió todo lo contrario: los atletas en sus experimentos podían desempeñarse al máximo con casi cero carbohidratos. Ante la ausencia de glucógeno (la forma de glucosa que se guarda en los músculos y en el hígado), el cuerpo simplemente cambia su fuente de combustible a las moléculas derivadas de los ácidos grasos en la sangre, llamadas cuerpos cetónicos.

Como descubrieron Phinney y Volek, nuestro cuerpo puede verse como el equivalente fisiológico de los automóviles híbridos, cambiando entre una y otra fuente de combustible: cuando no podemos quemar energía de los carbohidratos, quemamos entonces nuestras reservas de grasa.* Por tanto, Phinney fue capaz de refutar una de las principales críticas de la dieta Atkins: es decir, que la gente tenía que comer al menos 100 gramos de glucosa al día para el funcionamiento básico del cuerpo.† De hecho, se ha sabido durante más de medio siglo, aunque ello se ha olvidado e ignorado, que nuestro cuerpo no necesita carbohidratos y puede sostenerse perfectamente bien, si no mejor, con cetonas. La pequeña cantidad de glucosa necesaria para ciertos tejidos corpora-

---

* Cuando el cuerpo cambia hacia los ácidos grasos en forma de cetonas como combustible, entra en un estado que se llama "cetosis nutricional". Un miedo constante de la dieta de Atkins ha sido que estas cetonas son tóxicas porque se han encontrado circulando en niveles peligrosos en la gente con diabetes descontroladas (una condición llamada "cetoacidosis diabética"). Sin embargo, las cetonas encontradas entre quienes hacen dietas bajas en carbohidratos están en niveles cinco o 10 veces menores que las de los diabéticos, y en ese nivel se ha demostrado que no hacen daño.

† Un grupo internacional en 1999 dejó la cantidad mínima de glucosa necesitada en 150 gramos al día. Esta cifra se deriva del mínimo diario asumido desde hacía mucho de 100 gramos, con un extra arbitrario de 50 gramos como margen de seguridad (Biet *et al.*, 1999, pp. S177-S178).

les —el cristalino del ojo y los eritrocitos, por ejemplo— puede crearse en el hígado a partir de los aminoácidos en la proteína que consumimos.

Phinney también fue capaz de refutar otra de las preocupaciones sobre el régimen Atkins que había surgido a partir de unas cuantas pruebas pequeñas de la dieta en las décadas de 1970 y 1980. Estos estudios encontraron que la dieta provocaba dolores de cabeza, como mencionó Ornish, así como mareos, pérdida de líquidos, constipación y pérdida de energía, conocidas en conjunto como la "gripe Atkins". Phinney demostró exitosamente que todos estos efectos estaban relacionados con el periodo de transición que ocurría cuando la gente cambiaba su dieta regular a una baja en carbohidratos. Este periodo de cambio puede durar entre dos y tres semanas, tiempo durante el que se dan grandes cambios metabólicos mientras los tejidos corporales se adaptan a las cetonas como su nueva fuente de combustible. Entre otras cosas, los riñones expulsan agua y sal, y Phinney mostró que este fenómeno es lo que causa los mareos y la constipación experimentada por algunos en la dieta Atkins.* La solución de Phinney para estos problemas de transición fue prescribir varias tazas de jugo de carne al día.

Esta pérdida inicial de líquidos también llevó a los críticos a la idea equivocada de que cualquier reducción de peso en la dieta se debía enteramente a la pérdida de agua en lugar de grasa.† Sin embargo, el trabajo de Phinney, Volek y otros demostró que los kilos que se pierden en la dieta durante un periodo más largo provenían de las reservas de grasa, no de la pérdida de líquidos. Hacia el año 2000, estos investigadores pudieron entonces desacreditar muchas de las ideas equivocadas creadas por las pocas pruebas científicas iniciales de la dieta, que simplemente fueron demasiado cortas para superar los problemas de la transición.

---

* La pérdida de sal y potasio fue el talón de Aquiles para uno de esos primeros estudios sobre la dieta Atkins que parecieron condenarla. Investigadores de la Universidad de Yale, en 1980, alimentaron a sus participantes sobre todo con pavo, el cual desafortunadamente había perdido mucha de su sal y su contenido de potasio durante la preparación hervida. Sin un suministro adecuado de estos nutrientes esenciales, los sujetos experimentaron una gama de síntomas desagradables, y los autores del estudio concluyeron que la dieta Atkins misma era fundamentalmente fallida. Una explicación más probable era que esta versión hervida del pavo en la dieta no tuviera los nutrientes esenciales (DeHaven et al., 1980).

† El estudio citado más comúnmente como "prueba" de este punto resulta haber durado sólo 10 días; se asumió erróneamente que la pérdida de líquidos durante este periodo inicial era el único tipo de pérdida de peso experimentado en la dieta Atkins (Yang y Van Itallie, 1976).

Estos investigadores también confirmaron que la promesa original de perder peso con la dieta sí se cumplía. En pruebas que comparaban la dieta Atkins con la dieta estándar de restricción calórica recomendada por la AHA, la gente perdió considerablemente más peso en la dieta baja en carbohidratos, y mucho más de ese peso era grasa, en lugar de músculo.

Además, finalmente pudieron demostrar que la salud cardiovascular no estaba afectada por la dieta Atkins; sino al contrario. Prueba tras prueba, y por todos los indicadores que virtualmente pudieron medir, la dieta alta en grasa mostraba una baja en el riesgo de enfermedad cardiaca y diabetes, comparada con la dieta baja en grasa y grasa saturada que la AHA había propuesto desde hacía tanto tiempo para los estadounidenses. En más de quince pruebas bien controladas que Volek ha hecho desde el año 2000 ha descubierto que la dieta Atkins hacía que el colesterol HDL subiera, mientras que los triglicéridos, la presión arterial y los marcadores de inflamación bajaban. Y la capacidad de los vasos sanguíneos de dilatarse (conocida como "función endotelial", que muchos expertos consideran un indicador de riesgo de ataque cardiaco) también mejoraba en la dieta baja en carbohidratos, comparado con la gente con una dieta baja en grasa. Sorprendido y escéptico, Volek se preguntó si estos aumentos podían deberse simplemente a la pérdida de peso, dado que sus sujetos adelgazaron inevitablemente con la dieta Atkins. Así que hizo otros experimentos manteniendo a sus sujetos en un peso constante y descubrió que la dieta baja en carbohidratos también proveía las mismas mejoras así.

Westman, el médico de la Universidad de Duke que revisó los expedientes de Atkins, hizo otra docena más o menos de pruebas clínicas durante este tiempo. Westman estaba particularmente interesado en el efecto de la dieta sobre la diabetes tipo 2 (la clase asociada con sobrepeso y obesidad). La restricción de carbohidratos como una "cura" para la diabetes se había reportado por médicos incluso desde el siglo XIX, pero las pruebas de Westman estuvieron entre las primeras que dieron un apoyo científico sólido al tratamiento.* Westman descubrió que reducir

---

* El médico de Banting, Harvey, derivó su idea para una dieta baja en carbohidratos parcialmente de las noticias de que médicos franceses estaban usando este tratamiento para la diabetes. El primer registro del tratamiento en Estados Unidos parece ser el trabajo de Elliott Proctor Joslin, un médico instruido en Harvard y Yale, quien puso a sus pacientes diabéticos de 1893 a 1916 en una dieta de 10 por ciento carbohidratos. Más recientemente, Mary Vernon, médico familiar en Lawrence, Kansas, y Richard K.

los carbohidratos y remplazarlos con grasa en la dieta era extremadamente efectivo para manejar la diabetes; para algunos sujetos, la enfermedad entraba en remisión inmediatamente y sus niveles de glucosa en la sangre y sus fluctuaciones de insulina se normalizarían hasta el grado de que podían incluso dejar de tomar su medicamento para la diabetes. Basado en este trabajo, Westman y sus colegas han argumentado vigorosamente que la dieta oficial baja en grasa, que usualmente se apoya en añadir medicamentos para "funcionar", debe tirarse y dar paso a un régimen bajo en carbohidratos como un tratamiento recomendado para esta condición. Sin embargo, la Asociación Americana de la Diabetes (ADA) ha seguido apoyando su recomendación baja en grasa basándose en el hecho de que los diabéticos tienen un riesgo muy alto de enfermedad cardiaca, y dado que las autoridades recomiendan una dieta baja en grasa para combatir esa enfermedad, la ADA también la recomienda para prevenir la diabetes (sólo que una vez que alguien contrae la enfermedad, la ADA entonces recomienda "monitorear" los carbohidratos y sustituir el azúcar por "otros carbohidratos").

Estos investigadores pioneros de la dieta Atkins continuaron expandiendo su trabajo a lo largo de la primera década de 2000, realizando pruebas en una gran variedad de sujetos: hombres y mujeres, atletas y quienes sufrían de obesidad, diabetes y síndrome metabólico.* Y mientras

---

Bernstein, un médico de Mamaroneck, Nueva York, también autor del libro *The Diabetes Diet: Dr. Bernstein's Low-Carbohydrate Solution* (Nueva York, Little, Brown, 2005), han descubierto y desarrollado este acercamiento (Joslin, 1919; el trabajo de Joslin también descrito en Westman, Yancy y Humphreys, 2006, pp. 80-81).

* La Fundación Robert C. y Verónica Atkins financiaron una parte de este trabajo, el cual comenzó en 2003 con una beca de 40 millones de dólares de Atkins para financiar investigación después de su muerte. Aunque estos investigadores estaban comprensiblemente reticentes a aceptar el financiamiento de una fundación que claramente tenía una agenda, no hubo alternativas, dado que la AHA y el NHLBI habían considerado desde hacía mucho una dieta alta en grasa como poco saludable, incluso para ser estudiada, y por tanto no habían financiado ninguna prueba al respecto ("Sobre la Fundación", Fundación Robert C. y Verónica Atkins, consultado el 11 de octubre de 2013, http://www.atkinsfoundation.org/about.asp).

El síndrome metabólico es el nombre de un grupo de desórdenes médicos que ocurren simultáneamente en un individuo. Éstos incluyen: obesidad "central" (alrededor del abdomen), triglicéridos elevados, bajo colesterol HDL, alta glucosa plasmática en ayunas y presión arterial alta. Una combinación de algunos o todos estos problemas indica un aumento en el riesgo de enfermedad arterial coronaria, infarto y diabetes tipo 2. El endocrinólogo Gerald Reaven fue el primero en describir el síndrome, así que a veces también se le conoce como "síndrome Reaven". También se le llama "síndrome cardiometabólico", "síndrome X" y "síndrome de resistencia insulínica". Los síntomas que lo definen también varían un poco de acuerdo a la autoridad (NIH, OMS, etcétera).

que han variado las ganancias, han apuntado consistentemente en la dirección correcta. Uno de los experimentos más extraordinarios involucró a 146 hombres que sufrían de presión arterial alta, quienes siguieron la dieta Atkins durante casi un año. El grupo vio bajar su presión arterial significativamente más que un grupo que hacía una dieta baja en grasa, quienes también tomaban un medicamento para la presión.

En la mayoría de estos experimentos, la dieta con mejores resultados contenía más de 60 por ciento de calorías como grasa.* Esta proporción de grasa era similar a la que los inuit y los masai comían, pero sorprendentemente alta comparada con las recomendaciones oficiales de 30 por ciento o menos. Sin embargo, ninguna otra prueba bien controlada de cualquier otra dieta ha mostrado ventajas tan claras en la lucha contra la obesidad, la diabetes y la enfermedad cardiaca, y para muchas poblaciones distintas.

A pesar de la consistencia de estos resultados, Westman y sus colegas han seguido siendo extraños en el mundo de la nutrición. Su trabajo se ha encontrado, tal vez prediciblemente, con silencio, burla o ambos. Lograr que sus investigaciones se publiquen en revistas de prestigio ha sido difícil, y las invitaciones a conferencias importantes son raras. Volek dice que incluso cuando es invitado a presentar sus hallazgos en reuniones, y muestra investigaciones que se enfrentan al propio fundamento de la creencia popular sobre la dieta, la recepción carece de interés: "la gente simplemente se queda callada". Y a pesar de toda la cantidad de evidencia que ahora apoya al régimen alto en grasa y bajo en carbohidratos como la opción más sana, sus colegas todavía se refieren rutinariamente a la dieta como "charlatanería" y una "moda pasajera". Perseverar en este campo puede ser desalentador, me dijo Volek. "Sí te enfrentas con parcialidades [...]. Es muy difícil encontrar dinero para becas o revistas que quieran publicar nuestros estudios."

Westman ha escrito conmovedoramente sobre el predicamento de trabajar hacia un cambio de paradigma cuando es tan fuerte la inclinación existente: "Cuando un miedo no científico a la grasa en la dieta permea tanto la cultura, que los investigadores que están en las secciones de estudio y pueden proveer los fondos no permiten que se hagan

---

* Sólo un puñado de pruebas de dietas altas en grasa en humanos hasta ahora han intentado aislar los efectos de la grasa saturada, dado que se ha considerado especialmente peligroso el estudio de dietas altas en grasas saturadas. En el puñado de pequeñas pruebas que se han hecho hasta ahora, no han encontrado efectos adversos en estas dietas (Rivellese *et al.*, 2008; Hays *et al.*, 2003; Forsythe, 2010; Cassady, 2007).

investigaciones sobre la dietas altas en grasa por miedo a 'dañar a las personas' ", como hemos visto de los NIH y la AHA, "esta situación no permitirá que la ciencia se 'autocorrija'. Se crea una clase de tabú científico por la poca probabilidad de fondos, y las agencias de financiamiento están libres de culpa porque dicen que los investigadores no están entregando sus peticiones de becas".

Mientras Volek y sus colegas han insistido en que el campo de la nutrición tome un acercamiento "más imparcial, equilibrado" hacia la dieta baja en carbohidratos, siguen reticentes a recomendar el régimen a toda la población estadounidense porque todavía no ha sido sujeta a una prueba clínica a largo plazo.* Sólo una prueba de al menos dos años o más podría responder a las preocupaciones eternas de salud sobre la dieta alta en grasa para contrarrestar la extensa especulación de los investigadores y médicos de que los efectos negativos de comer demasiada grasa y proteína sólo pueden ocurrir después de un tiempo prolongado en la dieta.†

En 2008, los resultados de una prueba de dos años finalmente se publicaron. Fue el estudio en Israel discutido en el capítulo de la Dieta mediterránea con 322 hombres y mujeres con sobrepeso. La prueba estuvo excepcionalmente bien controlada para los estándares de la investigación en nutrición, con el almuerzo provisto en la cafetería de una empresa como la comida principal en el día.

---

* Hacia finales de la década de 2000, la prueba más larga había durado sólo un año. Éste fue el estudio "De la A a la Z" realizado en la Universidad de Stanford, el cual mostró que mujeres premenopáusicas en la dieta Atkins tenían efectos metabólicos comparables o más favorables que las que estaban en la dieta de la Zona (moderadamente baja en carbohidratos), la dieta LEARN (moderadamente baja en grasa y moderadamente alta en carbohidratos) y la dieta Ornish (muy baja en grasa y muy alta en carbohidratos) (Gardner et al., 2007).

† Los efectos de demasiada proteína fueron una preocupación y esto está justificado, pero es problemático sólo cuando una dieta no tiene grasa o carbohidratos. Cuando se come proteína, los riñones y el hígado quitan el nitrógeno y lo excretan a través de la orina. La grasa en la dieta es esencial en este proceso. Cuando se come carne excesivamente magra, el nitrógeno no puede procesarse adecuadamente y se acumula a niveles potencialmente tóxicos. Esta condición es un peligro común entre quienes hacen dietas hoy en día, ansiosos de reducir los carbohidratos pero, dada su parcialidad desde antaño, reticentes a comer más grasa. Los inuit consideraban que comer carne demasiado magra es una fuente inadecuada de nutrición. Stefansson apodó al problema "hambruna de conejo" y sufrió él mismo de esta condición cuando pasó un periodo de comer carne magra y no suficiente grasa durante su experimento de todo un año con sólo carne en 1928 (Stefansson, 1956, p. 31).

El estudio separó a los sujetos en tres grupos: uno comiendo la dieta baja en grasa prescrita por la AHA, otro comiendo la Dieta mediterránea y un tercero en una dieta estilo Atkins alta en grasa ("estilo Atkins" porque se pidió que los sujetos comieran fuentes vegetales de grasa, no animales). Iris Shai, la especialista israelí en pruebas clínicas que dirigió el estudio junto con el profesor de nutrición de Harvard Meir Stampfer, dijo que había planeado inicialmente incluir sólo las primeras dos ramas. Sin embargo, después de escuchar a Eric Westman dar una plática en Harvard en 2004 y leer sobre las pruebas recientes bajas en carbohidratos, decidió incluir el régimen alto en grasa también.*

Shai descubrió que las personas con la dieta alta en grasa tenían los resultados más sanos para casi cada marcador de enfermedad cardiaca que pudieron medir durante los dos años del estudio, y también perdieron más peso. Para el subgrupo más pequeño de diabetes en el estudio los resultados se veían más o menos igual entre los de Atkins y la Dieta mediterránea. Y en cada caso la dieta baja en grasa dio los peores resultados.

A partir de los resultados de este estudio, así como de otras dos pruebas recientes sobre la dieta Atkins, ambos de dos años,† parece que las preocupaciones sobre los efectos potencialmente dañinos del régimen a largo plazo finalmente podrían acallarse. La función renal y la densidad ósea, dos preocupaciones principales, parecían estar perfectamente bien, si no es que incluso mejoradas, en las dietas altas en grasa. Pero

* Por esta razón, la Fundación Atkins financió parte del estudio.

† Los otros dos estudios no mostraron ventajas tan claras para la dieta Atkins y no se cubren en este texto porque no estuvieron tan bien controlados como el de Israel. Mientras que el equipo de Shai servía el almuerzo, la principal comida del día, a los participantes (lo que también sirvió como una experiencia poderosamente educativa sobre cómo seguir la dieta asignada y estuvo apoyada por sesiones con consejeros), los otros dos estudios meramente les dieron un libro de dieta u otros materiales informativos a los sujetos, así como sesiones semanales con consejeros. Los resultados de Shai, por ende, deberían considerarse más confiables. Uno de los otros dos estudios fue hecho por el equipo que incluía a Gary Foster, de la Universidad Temple. Esta prueba, hecha con 307 adultos, enfrentaba una dieta baja en grasa con control calórico a la dieta Atkins, que no tenía límite de calorías, y los investigadores no descubrieron casi ninguna diferencia en la salud o la pérdida de peso de los sujetos en las dos dietas; excepto, notablemente, que el colesterol HDL mejoró 23 por ciento para los sujetos en la dieta Atkins, mientras que no se vio tal ventaja en el grupo bajo en grasa (Foster et al., 2010). El segundo estudio fue del profesor de Harvard Frank M. Sacks, en el cual se compararon cuatro dietas con proporciones variables de carbohidratos, proteína y grasa. Sacks empezó con 811 adultos con sobrepeso y, después de dos años de estudio, encontró pocas diferencias en los resultados (Sacks et al., 2009).

estos hallazgos a largo plazo crucialmente importantes no se han discutido en general entre los expertos principales del campo de la nutrición, ni tampoco se han traducido en un mayor apoyo para la dieta alta en grasa. Para la banda de investigadores de la dieta baja en carbohidratos, sin embargo, estas pruebas fueron la última pieza de evidencia que habían estado esperando. Westman, Volek y Phinney llegaron a la conclusión razonable de que la dieta alta en grasa y baja en carbohidratos podía recomendarse ahora al público más ampliamente.*

Gary Taubes y "la gran mentira"

Mientras que la mayoría de las comunidades nutricionales y médicas principales ha ignorado a estos investigadores, la persona que ha logrado redirigir exitosamente la conversación sobre nutrición a lo largo de la última década hacia la idea de que los carbohidratos, no la grasa, son los precursores de la obesidad y otras enfermedades crónicas es el periodista de ciencia Gay Taubes. En 2001 escribió una historia crítica de la hipótesis de la dieta y el corazón para la revista *Science*, que fue la primera vez que una revista científica importante publicaba un análisis completo de las debilidades del dogma científico bajo en grasa, al menos desde que Pete Ahrens había cedido en su batalla contra Ancel Keys a mediados de la década de 1980. Taubes también revisó toda la ciencia, desde esos investigadores alemanes y austriacos tratando la obesidad antes de la guerra, hasta Pennington, y concluyó que la obesidad era, de hecho, un defecto hormonal y no el resultado de glotonería y pereza. En su texto de *Science*, Taubes describe cómo la hormona causante de la obesidad es probablemente la insulina, la cual tiene picos cuando uno come carbohidratos. Una de sus principales conclusiones, incluso, fue que la grasa misma es el nutriente menos probable de engordarte porque es un macronutriente que no estimula la producción de insulina.

Otros investigadores y científicos habían publicado críticas de la hipótesis de la dieta y el corazón, pero Taubes fue el primero en juntar todas las distintas ideas sobre el tema en una sola narrativa. Y Taubes

---

* En 2010, Phinney, junto con Volek y Westman, escribió un nuevo libro de la dieta Atkins, llamado *The New Atkins for a New You: The Ultimate Diet for Shedding Weight and Feeling Great* (Nueva York, Touchstone, 2010), el cual vendió más de medio millón de copias en dos años. Phinney y Volek también publicaron dos libros sobre la dieta baja en carbohidratos.

Portada de la revista *The New York Times*, 7 de julio de 2002

("¿Qué tal si la grasa no te engorda?")

Tomado de *The New York Times*, 7 de julio de 2002 © 2002, *The New York Times*. Utilizado con permiso y protegido por las leyes de derechos de autor de Estados Unidos. Está prohibida la impresión, copia, redistribución o retransmisión de este contenido sin permiso por escrito.

El periodista de ciencia Gary Taubes escribió un artículo emblemático, retando públicamente la idea de que la grasa en la dieta, de cualquier clase, provoca enfermedad cardiaca u obesidad.

podía llegar a un público a nivel nacional. Hizo una segunda incursión en la *New York Times Magazine* con el encabezado: "¿Qué tal si todo ha sido una gran mentira?" En 2007 publicó un libro sobre el tema, *Good Calories, Bad Calories*, un trabajo densamente anotado y meticulosamente documentado que proponía un caso completo y original sobre una hipótesis "alternativa" para la obesidad y las enfermedades crónicas. Argumentaba que los carbohidratos refinados y los azúcares en nuestra dieta son los que provocan la obesidad, la diabetes y las enfermedades relacionadas, y no la grasa o el "exceso de calorías" que se cree que provienen de comer más de lo que deberíamos.

Recientemente, Taubes ha sido el contendiente más influyente de la hipótesis de la dieta y el corazón. Incluso Michael Pollan, el popular escritor de gastronomía que dice que debemos comer "sobre todo plantas", alabó a Taubes por exponer la seudociencia en el dogma bajo en grasa y lo apoyó Alexander Solzhenitsyn del mundo de la nutrición.

El trabajo de Taubes destrozó el dogma a tal grado, que la mayoría de los expertos en nutrición no han podido responder excepto ignorándolo simplemente, como el campo ha logrado hacer con los contendientes tantas veces. Cuando se publicó el libro de Taubes, Gina Kolata, una escritora médica del *New York Times*, llamó a Taubes "un periodista de ciencia valiente y audaz", pero terminó su crítica con un despreocupado: "Lo siento, no estoy convencida".* La frialdad de la comunidad de nutriólogos hacia Taubes era tan palpable a mediados de la década de 2000, cuando yo empecé mi propia investigación para este libro, que me di cuenta de que nadie estaba dispuesto a hablar sobre él, a pesar de que muchos expertos en la dieta y el corazón lo habían leído aparentemente. El trabajo de Taubes como periodista de ciencia le había otorgado varios premios, incluyendo tres premios de ciencia en sociedad de la Asociación Nacional de Escritores de Ciencia, la mayor cantidad que el grupo permite para un periodista de ciencia. Sin embargo, alrededor de dos tercios de mis entrevistas con expertos en nutrición empezaban con algo como: "Si vas a seguir por el camino de Gary Taubes, preferiría no hablar contigo".

Taubes, en cambio, era un crítico provocativo de la ciencia de la nutrición y de sus practicantes. Después de una plática en un instituto de investigación, un reconocido docente le preguntó: "Señor Taubes, ¿cabe

---

* Kolata no hizo referencia a ninguno de los miles de estudios científicos que Taubes cubrió. En cambio, su aparente tiro de gracia fueron varios "estudios definitivos" que ella encontró, realizados por investigadores en la ciudad de Nueva York, en los cuales se alimentó a sujetos hospitalizados con diferentes dietas, que variaban desde 0 hasta 85 por ciento en su contenido de grasa y carbohidratos, con ninguna diferencia aparente en los resultados de salud o peso. Taubes respondió, puntualmente, que sólo había un estudio así, y realizado con 16 personas nada más (Taubes, 28 de octubre de 2007).

decir que uno de los subtextos de su presentación es que usted cree que todos somos idiotas?" "Una sorprendentemente buena pregunta", escribió Taubes después en su blog. Explicó que generaciones de investigadores no eran poco inteligentes, simplemente habían sido educados en una forma de pensar inclinada hacia algo. Pero si la búsqueda de la ciencia es sobre obtener la respuesta correcta, escribió Taubes, entonces "obtener la respuesta equivocada en una escala inmensa y trágica bordea lo inexcusable". En la última línea de su artículo de 2002 en la *New York Times Magazine* cita a un investigador haciendo una pregunta no tan retórica: "¿Podemos hacer que los defensores de la dieta baja en grasa se disculpen?".

A pesar de la naturaleza sin amor de la relación entre Taubes y los principales expertos en nutrición, mucho de lo que escribió parece tan eminentemente concebible que casi se adoptó de inmediato. ¡Por supuesto que el azúcar y la harina blanca eran malos! Los expertos en nutrición hablaron como si esto se hubiera sabido siempre. Un encabezado de 2010 en *Los Angeles Times* declaró: "La grasa fue el diablo una vez. Ahora cada vez más nutriólogos señalan acusadoramente al azúcar y a los granos refinados". Los investigadores de todo el país que habían leído y digerido el trabajo de Taubes estaban de pronto estudiando la sacarosa, la fructosa y la glucosa, comparándolas entre ellas y buscando sus efectos en la insulina. Algunos investigadores han planteado el caso recientemente de que la fructosa encontrada en las frutas, la miel, el azúcar de mesa y el jarabe de maíz de alta fructosa pueden ser peores que la glucosa para provocar a los marcadores de inflamación vinculados con la enfermedad cardiaca.* Mientras tanto, la glucosa encontrada en el azúcar y las verduras almidonadas parecen trabajar más de cerca con la insulina para causar obesidad. La ciencia sobre estos tipos diferentes de carbohidratos refinados todavía está en pañales, así que no sabemos realmente si todos los carbohidratos tienen un papel en la obesidad, la diabetes y la enfermedad cardiaca, o si algunos tipos son peores que otros.

Lo único que, al parecer, se puede decir con seguridad es que los carbohidratos refinados y los azúcares que nos recomendó comer la AHA como parte de una dieta saludable para evitar la grasa no son meramente indiferentes, "calorías vacías", como se nos dijo desde hace mucho,

---

* Tanto el azúcar de mesa (sacarosa) como el jarabe de maíz de alta fructosa se componen de casi la misma mezcla de 50 por ciento y 50 por ciento de fructosa y glucosa.

sino activamente malos para la salud en varias formas.* Aun más, las pruebas clínicas de años recientes implican que cualquier clase de carbohidratos, incluyendo los de granos enteros, las frutas y las verduras almidonadas, también son poco sanos en grandes cantidades. Recuerda que el estudio de Shai en Israel descubrió que el grupo de la Dieta mediterránea, al comer una porción elevada de calorías como estos carbohidratos "complejos", resultó estar menos saludable y más gordo que el grupo en la dieta estilo Atkins, aunque estuvieron ambos más sanos que el grupo en la alternativa baja en grasa. La Iniciativa para la Salud de la Mujer, en la que se analizó a casi 49 mil mujeres en una dieta alta en carbohidratos complejos durante casi una década, también mostró sólo reducciones marginales en el riesgo de enfermedad o en el peso. Este mensaje más amplio sobre cómo incluso demasiados carbohidratos no refinados pueden ser malos para la salud está enloqueciendo a los estadounidenses, dado que ahora estamos acostumbrados a ver estos alimentos como sanos. Y sin duda será difícil que los expertos en nutrición contradigan medio siglo de sus propias recomendaciones sobre una dieta alta en carbohidratos.

Aun así, el progreso científico que se haya hecho en años recientes hacia nuestra mejor comprensión de los carbohidratos en general claramente se debió al trabajo de Taubes. "Ésta ha sido su contribución más importante al campo", dijo Ronald M. Krauss, un influyente experto en nutrición y director de investigación en el Instituto de Investigación del Hospital Infantil de Oakland. Para un periodista, fue un impactante golpe maestro en el mundo de la ciencia. En 2013, Taubes se convirtió en uno de los pocos periodistas que han escrito un artículo revisado por expertos para la publicación científica altamente respetada *British Medical Journal*. Sin embargo, dado el arraigo que las ideas de Keys han tenido en los investigadores de nutrición durante tantas décadas, tal vez es inevitable que una hipótesis alternativa tuviera que venir de alguien de afuera.†

---

* En 2011, un grupo de los principales expertos en nutrición publicó el primer artículo de consenso formal de alto nivel diciendo que no se podía demostrar ningún beneficio de comer carbohidratos en lugar de grasas saturadas (Astrup *et al.*, 2011).

† En 2012, Taubes y el doctor Peter Attia fundaron un grupo sin fines de lucro llamado la Iniciativa para la Ciencia de la Nutrición (NuSI), con una beca de 40 millones de dólares de la Fundación Laura y John Arnold. Está dirigida a realizar investigaciones científicas de alta calidad sobre asuntos que los NIH y la AHA han estado renuentes a financiar. En 2013, NuSI empezó un experimento piloto para probar la hipótesis de que los carbohidratos, comparados con la proteína y la grasa, son un tipo de caloría que

El cambio de paradigma sobre el colesterol

Mientras que el trabajo de Taubes impulsó para reorientar la conversación sobre nutrición lejos de la grasa como el villano dietético y la banda de investigadores de la dieta baja en carbohidratos hizo sus pruebas clínicas para probar que las dietas sin carbohidratos refinados tenían mucho por qué recomendarlas, hubo un tercer factor crucial a lo largo de los últimos 15 años que ha solidificado la evidencia detrás de la idea de que una dieta más alta en grasa es más saludable. Este factor tiene que ver con la nueva ciencia de cómo predecir la enfermedad cardiaca, que ha volteado de cabeza todo lo que originalmente creíamos saber sobre colesterol, enfermedad cardiaca y dieta.

Entre los investigadores más influyentes en este campo se encuentra Ronald Krauss. Es indiscutiblemente uno de los aristócratas en el mundo de la nutrición, rutinariamente convocado por la AHA y los NIH para ser parte de paneles de expertos, y ha realizado una gran cantidad de investigaciones financiadas por los NIH. Krauss también es una rareza entre sus colegas de la élite académica en cuanto a que ve pacientes regularmente. Mientras que los epidemiólogos tradicionales pasan sus días estudiando detenidamente la información de los cuestionarios, y los bioquímicos nutricionales están experimentando bajo condiciones idealizadas en el laboratorio, Krauss es uno de los pocos investigadores de nutrición que, al igual que Donaldson y Pennington antes que él, tienen la experiencia de ver a personas reales luchar con su peso y su salud.

Krauss ha hecho varias contribuciones importantes para desestabilizar el caso en contra de la grasa saturada, pero lo más crucial en términos científicos fue su descubrimiento de un nuevo biomarcador para la enfermedad cardiaca. En la década de 1990, Krauss encontró una forma de predecir la enfermedad cardiaca que sobrepasaba y minimizaba los métodos sobre los que se había construido la hipótesis de la dieta y el corazón. La capacidad de medir algún marcador en la sangre que pudiera indicar con confianza el riesgo de ataque cardiaco es, por supuesto, el santo grial de la investigación cardiovascular. Hace 60 años, Keys propuso el colesterol sérico total como este marcador, condenando enteramente a la grasa saturada sobre la base de su capacidad para elevarlo.

---

engorda particularmente. Cinco centros, incluyendo algunos de la Universidad de Columbia y los NIH, están participando en el experimento y el consejo supervisor incluye a expertos de renombre en nutrición. Se puede encontrar una descripción del protocolo del estudio en un artículo en *Scientific American* (Taubes, 2013).

Entonces, en las décadas de 1970 y 1980, cuando los científicos empezaron a comprender las complejidades de esta cifra de "colesterol total" —que no era realmente un buen indicador para el riesgo de ataque cardiaco y que enmascaraba las medidas más sutiles del colesterol HDL y LDL—, parecía que la grasa saturada podía redimirse. Después de todo, las grasas saturadas animales sí elevan el colesterol HDL, que es una de sus virtudes muchas veces ignoradas. Sin embargo, la grasa saturada también eleva el colesterol LDL, el "malo". Estos efectos conflictivos han sido fatales para la grasa saturada porque la opinión científica oficial, por razones políticas y ajenas, ha preferido al colesterol LDL por encima del HDL como el biomarcador de elección en las últimas décadas.

Krauss fue uno de los pocos investigadores que no estaba convencido de que el colesterol LDL fuera necesariamente el mejor biomarcador y el más confiable para la enfermedad cardiaca.* En su propia práctica, había visto a pacientes que bajaron su colesterol LDL o ya tenían al colesterol LDL en la zona "saludable" para empezar, pero sufrieron ataques cardiacos de todas formas. La habilidad del colesterol LDL de preceder un ataque cardiaco, señaló Krauss, está restringida principalmente a esas personas con niveles muy altos de colesterol LDL —160 mg/dl y más—. Para el paciente común de enfermedad cardiaca, cuyo colesterol LDL sólo está acercándose al nivel alto, el colesterol LDL es relativamente insignificante. De hecho, en más de unos cuantos estudios importantes, los niveles de colesterol LDL se encontraron completamente desvinculados con que las personas tuvieran ataques cardiacos o no.†

En pocas palabras, el colesterol LDL, a pesar de tanto alboroto, es un indicador muy poco confiable del riesgo de enfermedad cardiaca. De hecho, muchos investigadores hoy día argumentan que un "colesterol LDL alto" ya no es particularmente significativo. "No hay fundamento

---

* Uno de los problemas es muy básico: la prueba para medir el colesterol LDL siempre ha sido poco confiable. La metodología estándar mide el colesterol total y luego resta el colesterol HDL más la otra porción de colesterol total, que se llama lipoproteína de baja densidad (LPBD). Pero la LPBD misma no se mide directamente; se estima de medir los triglicéridos y esto confunde los resultados, particularmente cuando los triglicéridos están altos. "El error es muy sustancioso", me dijo Allan Sniderman, un experto en biomarcadores de la Universidad McGill. Me explicó: "Si tu colesterol LDL resulta ser de 130 mg/dl, realmente podría estar en cualquier parte entre 115 y 165, o más" (entrevista con Sniderman).

† Aun más, en un estudio con 304 mujeres sanas que midió directamente la calcificación de las arterias utilizando una tomografía por haz de electrones, no se pudo encontrar ninguna correlación entre el grado de placa calcificada y los niveles totales de colesterol LDL (Hecht y Superko, 2001).

científico para tratar los marcadores LDL", escribieron un cardiólogo de Yale y su colega en una carta abierta de 2012 a los NIH, publicada en la revista de la AHA, *Circulation*. O como me describió Allan Sniderman, un profesor de medicina y cardiología de la Universidad McGill: "El LDL es un desperdicio histórico".

Krauss escarbó en la literatura de investigación científica buscando pistas sobre mejores indicadores. Encontró una larga línea de investigación, yendo hacia otros biomarcadores que se habían ignorado desde hacía mucho, uno de los cuales tenía sus orígenes en su propia universidad. En la década de 1950, el físico médico John W. Gofman descubrió que de la misma manera en que se puede separar el colesterol total en LDL y HDL, podía analizar las partículas del LDL como la suma de un número de "partes del LDL". Krauss confirmó su existencia por sí mismo a mediados de la década de 1980, usando una tecnología similar a la de Gofman. Descubrió que algunas partículas de LDL eran grandes, ligeras y boyantes, mientras que otras eran pequeñas y densas. Las pequeñas y densas resultaron estar asociadas de cerca con el riesgo de enfermedad cardiaca, mientras que las partículas más grandes, ligeras y boyantes del LDL no estaban vinculadas con el alto riesgo en lo absoluto. El resultado, descubrió Krauss, fue que el "LDL total" enmascaraba una realidad mucho más compleja: una persona podía tener un "LDL total alto", que para los estándares convencionales sonaba mal, pero si el LDL era en su mayoría de la clase ligera y boyante, no había problema. Por el contrario, una persona podía tener un LDL relativamente bajo, lo que parece algo bueno, pero si el colesterol LDL era de la clase pequeña y densa, señalaba un alto grado de riesgo.

En este descubrimiento, Krauss reveló por qué el "colesterol LDL alto", aunque adorado por los principales expertos y apoyado por la AHA, los NIH y científicos ganadores del Premio Nobel, no estaba cumpliendo su promesa de predecir los ataques cardiacos. Como el colesterol total en la década de 1980, un biomarcador confiado resultó ser mucho más complejo y contener más partes de lo que se pensó originalmente. Aunque las recomendaciones de salud pública ya se habían dado y se prescribían estatinas a millones de estadounidenses basándose en la idea de que estos medicamentos funcionaban para bajar la cantidad de colesterol LDL en la sangre, la ciencia de predecir la enfermedad cardiaca todavía se estaba desarrollando.

Krauss también analizó lo que sucedía con las partes del LDL cuando los sujetos comían diferentes clases de dietas. Encontró que cuando la gente comía más grasas saturadas y grasa total en lugar de carbohidratos, había un aumento en el tipo "bueno" de LDL, mientras que el LDL pequeño y denso, la clase asociada con enfermedad cardiaca, bajaba. Si Krauss tenía razón, el caso contra la grasa saturada como el principal culpable ahora se consideraba débil; si la grasa saturada sólo subía esta clase relativamente inocua de LDL, entonces su efecto en el cuerpo humano era relativamente benigno. Y combinado con la habilidad de la grasa saturada de elevar el colesterol HDL, entonces no sólo se veía benigno, sino tal vez saludable, y ciertamente mucho mejor que los carbohidratos que se nos indicó comer en su lugar.*

Sin embargo, Krauss no presionó demasiado a sus colegas con sus hallazgos de las partes del LDL. Comprendía que incluso después de haber sido replicado exitosamente, este descubrimiento era algo que compartir con tiento con sus compañeros expertos, quienes podrían ofenderse por la implicación de que habían estado equivocados sobre el colesterol LDL todo el tiempo. De hecho, la mayoría de sus colegas encontró conveniente simplemente ignorar los hallazgos de Krauss. En 2006, por ejemplo, cuando le pregunté a Robert Eckel, entonces presidente de la AHA, sobre ellos, me dijo que, aun cuando respetaba el trabajo de Krauss, no veía por qué podría considerarse particularmente importante (un punto de vista que todavía tenía cuando volví a preguntarle en 2013). Como me explicó Penny Kris-Etherton de la Universidad de Pensilvania en 2007, "los científicos académicos creen que la grasa saturada es mala para ti y hay una gran reticencia a aceptar evidencia que sugiera lo contrario".

Aun así, reforzado por su propia lectura de la evidencia, Krauss intentó ir tras los lineamientos dietéticos de la AHA sobre grasa. Krauss había estado involucrado desde hacía tiempo en los más altos niveles de la AHA y pensó que si podía mover al grupo hacia aligerar su recomendación de reducción de grasa total y grasa saturada, quizá podría tener un impacto significativo en la salud estadounidense. Y en 1995, cuando Krauss asumió la presidencia del comité, tuvo su oportunidad, finalmente supervisando dos iteraciones de los lineamientos dietéticos de

---

* Otros nuevos biomarcadores prometedores se han descubierto y promovido en años recientes, como la apolipoproteína B (ApoB) y el colesterol no HDL. Pero sólo las partes del LDL de Krauss pueden explicar los hallazgos problemáticos de varios estudios grandes sobre que el colesterol LDL no puede vincularse confiablemente a los resultados de la enfermedad cardiaca. Por esta razón, las partes de Krauss son especialmente significativas e importantes.

la AHA en 1996 y 2000. La persona que más se oponía a la grasa saturada en el comité era Alice Lichtenstein, de la Universidad de Tufts, otro miembro influyente de la élite de nutrición. Mientras Krauss argumentaba que la cantidad permitida de grasa saturada debía permanecer igual, Lichtenstein contradecía que el límite debería reducirse todavía más de su 8 por ciento existente, a 6 o 7 por ciento. Krauss intentó contraatacar remarcando la falta de evidencia científica para recomendaciones tan extremas. Incluso los cretenses de Keys, cuyo consumo de grasa saturada había bajado por el "problema de la Cuaresma", evidentemente habían comido más grasa saturada que esa.

Krauss sí logró hacer cambios significativos en los lineamientos de la AHA: en la versión de 1996, Krauss hizo la observación, por primera vez en cualquier informe dietético de la AHA, de que los ácidos grasos saturados en los lácteos, la carne y el aceite de palma eran de clases diferentes y no todos tenían el mismo efecto en los lípidos; de hecho, nunca se había descubierto que algunas de estas grasas saturadas tuvieran efectos negativos en el colesterol en lo absoluto.* Pero este nivel de especialidad no se podía traducir a los lineamientos distribuidos al público, me dijo Krauss, porque "era demasiado complicado". Aun así, Krauss consideró un éxito que, en el siguiente conjunto de lineamientos, 4 años después, pudiera mover la recomendación de reducir la grasa saturada mucho más abajo en la lista de prioridades, enterrándola debajo de varios subtítulos.

Al final, sin embargo, Krauss perdió la batalla contra los tradicionalistas, los cuales contraatacaron. Cuando Lichtenstein tomó el mando del comité de nutrición en 2006, cambió los lineamientos de la AHA hacia el otro lado, bajando la cantidad permitida de grasa saturada de 10 por ciento, como había dicho Krauss, pasando también la marca anterior de 8 por ciento, hasta 7 por ciento de las calorías o menos. Ésta era la misma cantidad minúscula de grasa saturada permitida en la dieta

---

* Se necesitaron otros 10 años para que otros lineamientos incorporaran estos detalles sobre las distintas clases de grasa saturadas, y aun entonces sólo en Francia. Las recomendaciones dietéticas oficiales de ese gobierno en 2010 incluyeron la distinción, por primera vez, de que sólo las grasas saturadas encontradas principalmente en el aceite de palma y el aceite de coco, y en una extensión menor en la carne y el salmón (llamados ácidos láurico, mirístico y palmítico) posiblemente estaban vinculados con la enfermedad cardiaca por sus efectos en el colesterol LDL. Otro tipo de grasa saturada (ácido esteárico), encontrado sobre todo en carne, lácteos y huevos, quedó completamente exonerado. (De hecho, se ha sabido desde la década de 1950 que el ácido esteárico no afecta negativamente al colesterol.)

más agresiva de los NIH, el Paso 2, que se diseñó para los pacientes con un riesgo muy alto de ataque cardiaco o después de tenerlo. Ahora se estaba recomendando a hombres, mujeres y niños por igual. Cuando le pregunté a Lichtenstein si su comité había considerado el trabajo de Krauss sobre las partes del LDL y su implicación para la grasa saturada, me contestó que su trabajo era "complicado" y que "no tenía tiempo" para revisarlo.

En 2013, Lichtenstein se unió con Bob Eckel en un equipo de trabajo que formaron la AHA y el Colegio Americano de Cardiología (ACC) para actualizar sus recomendaciones del tratamiento de la enfermedad cardiaca para los médicos de todo el país. Ahora su consejo se volvía todavía más draconiano: a todos los adultos "en riesgo", incluyendo unos 45 millones de personas sanas, se les dijo que, como medida precautoria, redujeran el nivel de grasa saturada todavía más, a un nivel sin precedente entre 5 por ciento y 6 por ciento de calorías.* Éste era un nivel alarmantemente bajo. Para llegar a esa meta, una persona necesitaría comer una dieta casi vegana. El equipo de Eckel justificó esta recomendación al citar sólo dos pruebas clínicas: los estudios DASH y OmniHeart. Estos experimentos alimentaron a sujetos con dietas que contenían de 5 por ciento a 6 por ciento de grasa saturada y sus niveles de colesterol LDL cayeron significativamente. Esto podría ser interpretado como un hallazgo positivo, pero sólo si se ignorara el trabajo de Krauss junto con las pruebas grandes que negaban que el colesterol LDL fuera un indicador significativo de riesgo para la mayoría de la gente. El comité también tenía que ignorar el hecho de que los sujetos en estas dos pruebas vieron bajar significativamente su colesterol HDL, un indicador importante de una peor salud cardiaca. Y los sujetos no vieron mejorías en sus marcadores para la diabetes ni perdieron peso.

* Este equipo de trabajo conformado por la AHA y el ACC era diferente del notorio comité de nutrición de la AHA, responsable de los lineamientos dietéticos desde 1961. En contraste, el grupo de la AHA y el ACC se estableció en 2013 para crear los lineamientos de tratamiento tanto de dieta como de medicamentos que debían seguir los médicos que trataban pacientes adultos. Estos lineamientos para los médicos han sido escritos históricamente por el Programa Nacional de Educación sobre Colesterol (NCEP) de los NIH desde que se fundó esa división en 1986. El NCEP escribió tres conjuntos de estos lineamientos, cada uno titulado "ATP" y numerados del 1 al 3. Sin embargo, el panel convenido para escribir el último conjunto, ATP4, se enredó tanto en reglas sobre la revisión de información, que los administradores del NHLBI anunciaron en junio de 2013, después de casi una década de trabajo improductivo, que le entregaban la labor a la AHA y el ACC. Esto significa, efectivamente, que el gobierno cedió el liderazgo de sus lineamientos más importantes sobre dieta y enfermedad a grupos privados (Gibbons *et al.*, 2013).

Al hacer esta recomendación tan baja de grasa saturada, el panel experto de la AHA y el ACC declararon que no consideraban el impacto de la dieta propuesta en la diabetes o en el síndrome metabólico. ¿Y por qué no? Ésta era una decisión verdaderamente impresionante, dado que se había establecido desde hacía mucho que todas estas condiciones estaban vinculadas unas con otras; el propio término "síndrome metabólico" fue acuñado para describir a un grupo de factores de riesgo que ocurrían simultáneamente, y juntos aumentaban el riesgo de enfermedad arterial coronaria, infarto y diabetes tipo 2. Por tanto, parece claro que el efecto de cualquier tratamiento, incluyendo la dieta, debería evaluarse para todas estas condiciones conjuntamente.

La realidad para los principales expertos en nutrición hoy en día, sin embargo, es que su lealtad duradera al colesterol LDL los ha acorralado en una esquina. Se debe ignorar una gran cantidad de evidencia científica para sostener sus puntos de vista; de hecho, los lineamientos de tratamiento de la AHA y el ACC no citan ninguna de las pruebas grandes de los NIH hechas a lo largo de décadas, incluyendo MRFIT y la Iniciativa para la Salud de la Mujer, que colectivamente han analizado a más de 61 mil hombres y mujeres durante más de siete años, y finalmente no pudieron demostrar cualquier beneficio con una dieta baja en grasas saturadas. En cambio, las dos pruebas citadas por el equipo de Eckel analizaron un total de sólo 590 personas a lo largo de ocho semanas.*

Además, Eckel, Lichtenstein y sus colegas continuaron llevando a cabo el paso lógico, lo mismo que los líderes de la prueba LRC y el NHLBI en 1984, de que bajar el colesterol LDL por medio de la dieta tenía el mismo efecto biológico que bajar el colesterol LDL con estatinas. Todavía no hay información que apoye esta suposición. En todo caso, la evidencia sólo se ha vuelto más débil en años recientes, desde que una serie de estudios ahora han probado una dieta para bajar el colesterol LDL y se descubrió que ese biomarcador está sólo débilmente vinculado con el riesgo de ataque cardiaco. Sin embargo, a pesar de todo esto, la recomendación del equipo de trabajo de la AHA y el ACC de comer una dieta limitada a 5 por ciento o 6 por ciento de grasa saturada es ahora la nueva norma para la gente que necesita bajar su colesterol LDL (un grupo

---

* Podría decirse que estas dos pruebas fueron controladas más rigurosamente y por ende son más probables de emitir resultados confiables que MRFIT o la Iniciativa de Salud de la Mujer. Sin embargo, la prueba israelí, que salió a favor de la dieta Atkins, con 322 personas y una duración de dos años, también fue muy bien controlada.

para el que no se da ninguna definición), y esta recomendación tiene una buena posibilidad de que se aplique a la mayoría de los adultos estadounidenses. También es probable que el USDA consagre este lineamiento porque Alice Lichtenstein encabeza el comité que está escribiendo los *Lineamientos Dietéticos* para el año 2015.

Al ignorar toda la evidencia sobre la dieta y el colesterol LDL, incluido el trabajo de Krauss y otros sobre las partes del LDL, los NIH y la AHA han sido capaces entonces de conservar el colesterol LDL como su biomarcador favorito, como si los últimos 20 años de ciencia nunca hubieran ocurrido. Y al igual que muchas de las recomendaciones que hemos recibido sobre prevención de la enfermedad cardiaca, el raciocinio para estos cambios sigue siendo más político y económico que científico: el colesterol LDL tiene seguidores y una larga historia; los médicos de todas partes lo entienden; el gobierno tiene toda una burocracia, el Programa Nacional de Educación sobre Colesterol, dedicada a bajarlo; los académicos han invertido sus carreras en él; las empresas farmacéuticas, con sus redituables medicamentos para bajar el colesterol, lo han promovido. Y el colesterol LDL ha sido el biomarcador más utilizado desde hace mucho para condenar a la grasa saturada, lo que lo hace especialmente atractivo en una comunidad de investigadores de dietas y enfermedades inclinados en contra de la grasa.

En un movimiento altamente controversial, el equipo de trabajo de la AHA y el ACC sí pareció degradar ligeramente al colesterol LDL en sus lineamientos de 2013 al eliminar las metas numéricas específicas de tratamiento, que habían sido las mismas desde 1986. El equipo de trabajo también promovió el "colesterol no HDL" como un biomarcador adicional relativamente nuevo porque se pensó que sería un indicador más preciso del riesgo cardiovascular.* Estos cambios parecen ser un paso en la dirección correcta para comprender la enfermedad cardiaca, pero es probable que otras fuerzas diferentes a las de la ciencia estén involucradas en esto. Un observador cínico podría señalar que, en 2013, las patentes de las estatinas estaban expirando y por tanto se redujeron los incentivos para que las empresas farmacéuticas siguieran prefiriendo al colesterol LDL.

Muchos expertos en dietas y enfermedades, incluyendo a Krauss, están decepcionados por el continuo enfoque en el colesterol LDL. En

---

* El "colesterol no HDL" se calcula sustrayendo el colesterol HDL del colesterol total. Sin embargo, como sucede con el colesterol LDL, su precisión disminuye significativamente cuando los triglicéridos están altos (van Deventer *et al.*, 2011).

2006, después de que los lineamientos de Lichtenstein en la AHA deshicieran todo el trabajo de Krauss sobre la grasa saturada, él "se desentendió del proceso de los lineamientos dietéticos", y redujo muchísimo su trabajo activo con la AHA. En 2011, también dejó un lugar codiciado en el panel de expertos del NCEP, liderado por Eckel y Lichtenstein, ya que no podía apoyar la dirección que estaba tomando.

Krauss todavía tenía otra contribución intelectual que hacer, la cual serviría para minar todavía más las bases de la hipótesis de la dieta y el corazón, así como sus argumentos de salud en contra de la grasa saturada. Esta contribución tendría un impacto mucho más amplio y más duradero en la comunidad de nutrición.

Krauss quita la sentencia de muerte de la grasa saturada, parte 2

Krauss continuó siguiendo las implicaciones de su investigación sobre colesterol LDL y en el año 2000 decidió hacer una revisión de toda la evidencia científica contra la grasa saturada. ¿Esas primeras pruebas clínicas y los hallazgos epidemiológicos que sus colegas citaban con tanta frecuencia para apoyar la hipótesis de la dieta y el corazón eran tan sólidos como la opinión experta los había hecho parecer? Krauss no fue la primera persona que intentó hacer tal revisión; el mismo Taubes los había revisado recientemente para su libro de 2007, así como otros antes que él, pero Krauss era el investigador más influyente dentro del campo de la nutrición que quiso realizar tal esfuerzo.

En 2009, Krauss me dijo que sabía que iba a "ser muy complicado", pero no tenía idea de qué tan difícil sería el proceso. Las pruebas clínicas, como las de los Veteranos de Los Ángeles, el estudio de Oslo y los estudios de psiquiátricos finlandeses (véase el capítulo 3) eran terreno sagrado. A lo largo de los años, Krauss ha logrado insertar muchas de sus ideas en el diálogo al dar sus argumentos con cuidado y adoptando el lenguaje de sus oponentes. Pero incluso él se topó con una resistencia feroz esta vez. Krauss me dijo que nunca había experimentado tanta frustración y retraso para poder imprimir un texto como el que escribió sobre la grasa saturada. Enfrentó una "serie agobiante de críticas", dijo, primero por el *Journal of the American Medical Association*, que finalmente rechazó su texto, y luego por el *American Journal of Clinical Nutrition* (AJCN). La redacción de la investigación pasó por cinco "permutaciones importantes" a lo largo de tres años y finalmente salió a la luz en 2010.

Al final, Krauss publicó dos textos sobre lo que sus colegas y él habían aprendido: uno viendo toda la información de los estudios epidemiológicos que vinculan la dieta y la enfermedad, y el segundo viendo toda la otra evidencia, incluyendo las pruebas clínicas. Para el primer texto, Krauss y sus colegas concluyeron que "la grasa saturada no estaba asociada con un riesgo mayor" para enfermedad cardiaca o infarto. Ésta era la primera vez que un investigador analizaba todos los estudios epidemiológicos juntos, y Krauss descubrió que sumaban la total falta de evidencia incriminatoria.

En el segundo texto, Krauss formuló sus hallazgos con una serie de advertencias más juiciosas. Una conclusión del texto era que, a juzgar por el biomarcador tradicional del colesterol LDL, la grasa saturada no parecía tan saludable como las grasas saturadas. Pero ahí Krauss sólo estaba jugando con el argumento común. No iba a poner en papel lo que iba a decir en persona: que no creía que el colesterol LDL fuera un biomarcador significativo para la enfermedad cardiaca, excepto en la gente cuyos niveles fueran anormalmente altos. Basándose en los biomarcadores en los que sí confiaba —triglicéridos y colesterol LDL pequeño y denso—, llegó a la conclusión de que sí creía, inequívocamente, que comer grasa saturada es más saludable que comer carbohidratos. En otras palabras: el queso es probablemente más saludable que el pan. Y los huevos y el tocino mejores que la avena.

Los editores del AJCN reconocieron que el texto de Krauss dejaría anonadada a la mayoría de sus lectores, así que lo publicaron junto con un editorial del defensor de la dieta y el corazón Jeremiah Stamler, quien, a los 91 años de edad, todavía era un defensor fiero de la hipótesis. En su extenso editorial, titulado "El corazón de la dieta: una revisión problemática", Stamler estableció muchos puntos, entre ellos el hecho de que las conclusiones de Krauss eran contrarias a casi todas las recomendaciones dietéticas nacionales e internacionales en el planeta y que, por ende, debían estar mal. Este argumento nos lleva a la pregunta de cómo la ciencia podría alguna vez corregirse a sí misma si los investigadores que no están de acuerdo con la creencia popular deben ser considerados equivocados porque, bueno, la creencia popular no está de acuerdo con ellos.

Una vez que se publicaron los dos textos de Krauss, sin embargo, marcaron un momento decisivo en la discusión de nutrición. Vinculados al prestigio de Krauss, los textos permitieron que surgieran conversaciones subyacentes y a los que se les había prohibido hablar antes pudieron hacerlo abiertamente.

La Academia de Nutrición y Diabetes (antes la Asociación Americana de la Diabetes), por ejemplo, realizó una reunión en 2010 llamada "El gran debate de la grasa", un evento sin precedente por siquiera considerar que lo saludable de la grasa saturada podía ser un tema digno de debate. Y uno de los cuatro oradores, la estrella naciente entre los epidemiólogos de Harvard, Dariush Mozaffarian, anunció frente a varios miles de nutricionistas que, basándose en la lectura actual de la evidencia sobre enfermedad cardiaca y obesidad, los expertos deberían estarse enfocando en los carbohidratos: "no es realmente útil ya seguir enfocándose en las grasas saturadas", dijo.

Más generalmente, en Estados Unidos y el mundo, un creciente número de investigadores en años recientes están ahora dispuestos a criticar la ciencia que apoya la hipótesis de la dieta y el corazón. Y más científicos están realizando investigaciones basadas en la hipótesis alternativa de Taubes. Sin embargo, en lo que puede ser una trágica ironía, las recomendaciones nutricionales oficiales, bajo la guardia de Eckel y Lichtenstein, están empujando simultáneamente en la otra dirección, hacia una versión todavía más restringida de grasa saturada.

La suma de la evidencia contra la grasa saturada a lo largo de los últimos 50 años llega a esto: las primeras pruebas que condenaron a la grasa saturada son poco sólidas, la información epidemiológica no muestra una asociación negativa, el efecto de la grasa saturada en el colesterol LDL (cuando se mide adecuadamente en sus partes) es neutral, y un conjunto significativo de pruebas clínicas en la última década ha demostrado la ausencia de cualquier efecto negativo de la grasa saturada en la enfermedad cardiaca, la obesidad o la diabetes. En otras palabras, cada elemento en el caso contra la grasa saturada, después de un examen riguroso, se ha desmoronado. Ahora parece que lo que la sostiene no es tanto la ciencia, sino las generaciones de parcialidades y hábitos —aunque, como muestran los últimos lineamientos de la AHA y el ACC de 2013, la parcialidad y el hábito crean barreras poderosas, si no impenetrables, para el cambio.

El estado de la cuestión hoy

Los estadounidenses han seguido fielmente las recomendaciones dietéticas oficiales que han restringido la grasa y los productos animales durante más de 60 años ya, desde que la AHA recomendó esta dieta por primera vez en 1961, como la mejor forma de evitar la enfermedad cardiaca y la obesidad. En 1980, 19 años más tarde, los lineamientos del USDA se le unieron. Desde entonces, la propia información del gobierno muestra que los estadounidenses han reducido su consumo de grasas saturadas en 11 por ciento y de grasa en general 5 por ciento.* El consumo de carne roja ha bajado consistentemente, remplazada por el pollo. De acuerdo con un informe del USDA, los estadounidenses también hicieron caso de las recomendaciones oficiales de bajar el colesterol de su dieta, encontrado abundantemente en yemas de huevo y mariscos, aun cuando se ha sabido desde hace mucho que el colesterol de los alimentos tiene poco impacto en el colesterol sérico (como se discutió en el capítulo 2).† El razonamiento original para reducir la grasa era bajar el colesterol sérico, y los estadounidenses también han hecho eso exitosamente. Desde 1978, los niveles de colesterol total entre los adultos de Estados Unidos han bajado de un promedio de 213 mg/dl a 203 mg/dl. La porción de estadounidenses con colesterol "alto" (más de 240 mg/dl) ha bajado de 26 por ciento a 19 por ciento. Aún más, la mayor parte de esa disminución se debe a la reducción del colesterol LDL, el blanco más enfatizado por los funcionarios durante los últimos 30 años. En 1952, cuando Ancel Keys primero empezó a argumentar que se redujera la grasa en la dieta, predijo que "si la humanidad dejaba de comer huevos, productos lácteos, carnes y todas las grasas visibles", la enfermedad cardiaca "se volvería muy rara". Éste no ha sido el caso.

De hecho, durante estos años y a pesar o quizá debido a estos esfuerzos, los estadounidenses han experimentado epidemias desatadas de obesidad y diabetes, y los CDC estiman que 75 millones de estadounidenses ahora tienen síndrome metabólico, un desorden del metabolismo de las grasas que, en todo caso, se mejora al comer más grasas saturadas para elevar el colesterol HDL. Y aunque las muertes por enfermedad cardiaca han bajado desde la década de 1960, sin duda debido a las mejorías en los tratamientos médicos, no está claro que la ocurrencia real de la enfermedad cardiaca haya bajado mucho durante este tiempo.

* Las mujeres han sido particularmente obedientes seguidoras de estos lineamientos, consumiendo los niveles más bajos del rango calórico recomendado y, sin embargo, son las más obesas o que tienen más sobrepeso (Comité Asesor de Lineamientos Dietéticos, 2010, pp. 67 y 69).

† Sólo en 2013, el equipo de Eckel sobre estilo de vida reconoció discretamente, y por primera vez entre las autoridades de Estados Unidos, que había evidencia "insuficiente" para apoyar la recomendación de limitar el colesterol en la dieta (Eckel, 2013, p. 18).

Las autoridades están naturalmente reticentes a tomar la responsabilidad de este resultado. El mismo informe reciente del USDA que documenta el éxito del público al adherirse a sus lineamientos dietéticos coloca la culpa por la obesidad y las enfermedades en niños y adultos estadounidenses por igual, de los cuales "muy pocos siguen actualmente los Lineamientos Dietéticos de Estados Unidos", una aseveración insustancial que se repite a lo largo de todo el informe.

Las recomendaciones dietéticas que ahora ofrecen el USDA y la AHA para resolver los problemas de salud de la nación son básicamente: sigan haciendo lo mismo. Ambos grupos han retirado ligeramente sus límites de grasa. El conjunto de lineamientos más reciente de la AHA cambió su recomendación dietética para la grasa de un límite de 30 por ciento de calorías a un rango entre 25 por ciento y 35 por ciento, indiscutiblemente un cambio insignificante para la mayoría de la gente. Y la última publicación de *Los lineamientos dietéticos* del USDA, en 2010, desechó por completo cualquier porcentaje meta específico para los tres grupos prin-

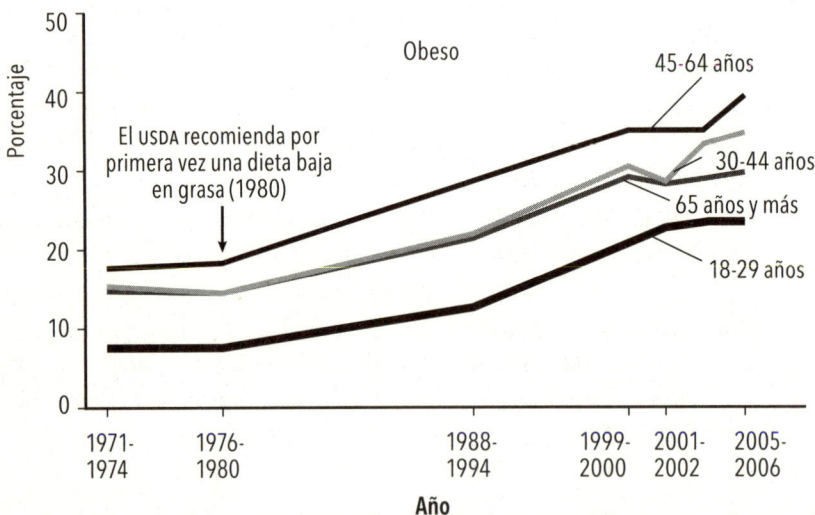

Índices de obesidad en Estados Unidos, 1971-2006

Fuente: CDC/NCHS, Encuesta de Examinación Nacional de Salud y Nutrición, adaptada de "Health, United States 2008: With Special Feature on the Health of Young Adults", Centro Nacional para Estadísticas de Salud.

La obesidad empezó a aumentar en Estados Unidos después de que el USDA recomendara por primera vez la dieta baja en grasa y alta en carbohidratos.

cipales de macronutrientes, la proteína, la grasa y los carbohidratos.* Sin embargo, las prohibiciones contra las grasas saturadas siguen siendo fuertes, y el informe del USDA continúa haciendo hincapié en que "las dietas saludables son altas en carbohidratos".

Mientras tanto, la misma parcialidad que ha sostenido durante tantas décadas la hipótesis de la dieta y el corazón continúa, y esa parcialidad sigue moviendo la conversación sobre nutrición en cada momento. Entonces, en 2006, cuando la Iniciativa de Salud de la Mujer reportó que una dieta baja en grasa no hacía ninguna diferencia en las enfermedades o la obesidad, los investigadores de la WHI, así como funcionarios de la AHA y el NHLBI, sacaron comunicados de prensa diciendo que este estudio de 750 millones de dólares no se había realizado lo suficientemente bien como para obtener ninguna conclusión sobre cambios en la dieta. En 2010, cuando el metaanálisis de Krauss salió con buenas noticias para las grasas saturadas, el *American Journal of Clinical Nutrition* minimizó su impacto al publicar el editorial crítico de Jerry Stamler como una "introducción" al trabajo de Krauss. Y hallazgos inconvenientes, como los de Volek y Westman, siguen siendo ignorados, descartados o malinterpretados por la gran mayoría de los expertos en nutrición.

Aún más, la alianza entre los medios y el mundo de la nutrición perdura. Mark Bittman, un columnista de gastronomía en el *New York Times*, es quizá el ejemplo más prominente de una voz en los medios que propone una dieta basada en frutas y verduras, mientras minimiza la carne, un manto que heredó de Jane Brody. Los periodistas y las autoridades en nutrición también continúan coincidiendo en la amplificación de cualquier estudio que parece condenar a la carne roja o la grasa saturada.†

---

* El USDA también abandonó su infame pirámide nutricional, optando mejor por una simple gráfica llamada "Mi plato", la cual tiene cuatro secciones más un círculo blanco adyacente, presuntamente un vaso de leche, etiquetado "lácteos". La categoría de "grasas y aceites" que solía ocupar la punta de la pirámide ya no se encuentra por ningún lado.

† Un ejemplo reciente de este énfasis en los estudios anticarne fue la abundancia de encabezados en 2013 sobre el hallazgo de que un químico llamado colina en los alimentos animales puede convertirse en el hígado en el compuesto orgánico óxido de trimetilamina (TMAO), el cual parece causar arterosclerosis en ratones. Éstos fueron pequeños estudios y la atención que les dieron los medios pareció desproporcionada. *Nature Medicine*, la revista que publicó los estudios, en sí misma parece exagerarlos; la portada del número de la revista donde aparecieron presenta una ilustración escabrosa de dos comensales de piel oscura y aspecto alienígena devorando bisteces en un restaurante. Después, un crítico señaló que los alimentos animales con niveles altos en TMAO no eran la carne y los huevos, sino el pescado y los mariscos, y en cualquier caso, la evidencia que conectó el TMAO con la arterosclerosis en humanos todavía era preliminar. (Para los

Y el público recibe el mensaje. Los estadounidenses siguen evitando todas las grasas: el mercado para los "remplazos de grasas", las sustancias parecidas a alimentos que sustituyen las grasas en los alimentos procesados, todavía estaba creciendo en 2012 casi 6 por ciento al año, con los remplazos más comunes para la grasa basados en carbohidratos.*

Si al recomendar que los estadounidenses eviten la carne, el queso, la leche, la crema, la mantequilla, los huevos y lo demás, resulta que nuestros expertos en nutrición cometieron un error, habrá sido uno monumental. Medido sólo por muerte y enfermedad, y sin incluir los millones de vidas descarriladas por el sobrepeso y la obesidad, es muy posible que el curso de las recomendaciones nutricionales de los últimos 60 años haya cobrado una cantidad de víctimas incomparable en la historia humana. Ahora parece que desde 1961 toda la población estadounidense ha estado sujeta, de hecho, a un experimento masivo, y los resultados claramente son un fracaso. Cada indicador confiable de la buena salud ha empeorado con una dieta baja en grasa. Mientras que las dietas altas en grasa han demostrado una y otra vez, en un gran conjunto de pruebas clínicas, que llevan hacia mejoras en los niveles de enfermedad cardiaca, presión arterial y diabetes, y son mejores para perder peso. Aún más, está claro que el caso original contra las grasas saturadas se basó en evidencia fallida y se ha desmoronado a lo largo de la última década. A pesar de que se han gastado más de 2 mil millones de dólares del erario público para intentar probar que bajar la grasa saturada prevendrá los ataques cardiacos, la hipótesis de la dieta y el corazón no se ha sostenido.

Al final, lo que creemos que es verdad —nuestra creencia popular— realmente no es nada más que 60 años de investigación nutricional mal concebida. Antes de 1961 estaban nuestros ancestros, con sus recetas. Y antes de ellos estaban sus ancestros, con sus arcos de caza o sus trampas o su ganado, pero como sucedió con los lenguajes perdidos, las habilidades perdidas y los cantos perdidos, sólo se necesitan unas cuantas generaciones para olvidar.

---

estudios sobre TMAO, véase Koeth *et al.*, 2013; Wilson Tang *et al.*, 2013. Para la cobertura de medios, véase Kolata, 25 de abril de 2013; Kolata, 8 de abril de 2013. Para "un crítico", véase Masterjohn, 10 de abril de 2013).

* La mayonesa baja en grasa que puedes comprar, por ejemplo, contiene un remplazo de grasa para restaurar la cremosidad y el sabor que se pierde cuando se elimina la grasa. Los remplazos de grasa más utilizados en general son productos basados en carbohidratos, como la celulosa, la maltodextrina, las gomas, los almidones, la fibra y la polidextrosa.

Conclusión

> Es posible que te estés haciendo a ti mismo miserable tres veces al día sin ningún propósito.
> EDWARD PINCKNEY, *The Cholesterol Controversy*, 1973

La recomendación que surge de este libro es que una dieta más alta en grasa es casi seguramente más saludable de todas formas que una dieta baja en grasa y alta en carbohidratos. La ciencia más rigurosa ahora apoya esta declaración y lleva, por simple lógica, hacia la otra conclusión importante del libro, que a menos de que quieras comer como un campesino italiano, bebiendo tazones de aceite de oliva como desayuno, quizá la única forma posible de consumir suficiente grasa para tener una buena salud es comer las grasas saturadas que se encuentran en los alimentos animales. En términos prácticos, esto significa comer lácteos enteros, huevos y carne, incluso carne con grasa. En pocas palabras: todos esos alimentos ricos y prohibidos que nos hemos negado a nosotros mismos durante tanto tiempo, porque estos alimentos son una parte necesaria en una dieta saludable.

A lo largo de la última década, una montaña de estudios científicos de alto nivel atestiguando la importancia de la grasa en la dieta ha crecido hasta el punto en que la evidencia acumulada es casi innegable. Se ha demostrado que un régimen alto en grasa y bajo en carbohidratos combate la enfermedad cardiaca, la obesidad y la diabetes; lleva hacia mejores resultados de salud que la llamada Dieta mediterránea en pruebas frente a frente, y es mucho mejor que el acercamiento estándar bajo en grasa que ha sido la recomendación oficial de las naciones occidentales durante medio siglo.

Resulta que esa dieta baja en grasa ha sido terrible para la salud en todas las formas posibles, como se evidencia por los índices tan altos de obesidad y diabetes y el fracaso en la conquista de la enfermedad cardiaca.

CONCLUSIÓN

Prescrita al público por la AHA desde 1961 para combatir la enfermedad cardiaca, y luego adoptada por el USDA en 1980 como la dieta oficial para todos los hombres, mujeres y niños, este régimen ha fallado. Las rigurosas pruebas clínicas, la única clase de ciencia que puede demostrar realmente una "prueba", tardaron mucho tiempo en llegar después de que esta recomendación baja en grasa se les diera a los estadounidenses. Pero durante la última década, un conjunto de estos estudios ha determinado que una dieta baja en grasa no hace nada por combatir la obesidad, la enfermedad cardiaca, la diabetes o el cáncer de ningún tipo. Y la dieta baja en grasa probada en estos estudios no era la peor versión, cargada con galletas y refrescos; generalmente era el modelo de lo que todavía se nos dice consistentemente que comamos: muchas frutas y verduras, granos enteros y carnes magras.

¿Cómo es posible que tantas autoridades tan estimadas pudieran cometer tal error? La historia es larga y compleja, pero es, como muchas otras trágicas historias humanas, una de ambición personal y dinero. Este libro es la evidencia completa que atestigua estos fallos humanos en el trabajo. Pero la historia malintencionada de la nutrición también tiene otro elemento más noble detrás: el apasionado deseo entre las grandes mentes de la investigación por curar la enfermedad cardiaca en Estados Unidos. Querían salvar a la nación. Es sólo que, en términos generales, se precipitaron, haciendo recomendaciones oficiales antes de que se hubieran realizado pruebas adecuadas,* e ignorando a quienes les dijeron que tuvieran cuidado porque las intervenciones médicas, de acuerdo con el juramento hipocrático, "primero no deben hacer daño".

Este error original de los promotores de la dieta baja en grasa se ha agravado con el paso de los años de varias formas: por miles de millones de dólares gastados intentando probar la hipótesis, por intereses personas alineándose detrás de ella, por las carreras de los investigadores que dependían de ella. La parcialidad se desarrolló y se endureció. Los

---

* La recomendación baja en grasa, en cambio, estuvo basada en la clase de evidencia más subjetiva que surge de los estudios epidemiológicos. Estas clases de estudios han sido la fuente de la mayoría de nuestras cambiantes recomendaciones de salud durante los últimos 50 años, incluyendo recomendaciones para suplementos de vitamina E, tratamientos de remplazo hormonal y, sí, la dieta baja en grasa. Una de las conclusiones prácticas de este libro es entonces que el lector debe ver los resultados de los estudios epidemiológicos con un grado de escepticismo. La palabra "asociación" (muchas veces traducida en las noticias como "ligada a") es un indicativo de esta clase de estudio. Serían mejores para el lector los artículos con palabras como "prueba", "experimento" o "causado por", que son el lenguaje de las pruebas clínicas.

CONCLUSIÓN

investigadores citaron estudios inadecuados una y otra vez, confirmando sus inclinaciones, como en un salón lleno de espejos. Los críticos fueron excluidos y silenciados. Y eventualmente, un universo de expertos en nutrición llegó a creer que la carne, los lácteos y los huevos eran alimentos peligrosamente poco saludables, olvidando que sus ancestros alguna vez ordeñaron una vaca.

En 2006, el impresionante fracaso de la prueba dietética más grande hecha para mostrar algún beneficio en la dieta baja en grasa ha dejado al campo de la nutrición en un estado de casi total confusión. Mientras que las autoridades ahora están de acuerdo en que la grasa en general no debería ser limitada estrictamente, con la AHA y el USDA bajando discretamente los límites de consumo, los paneles de expertos más poderosos en el país han recomendado de todos modos reducir el consumo de grasas saturadas a niveles tan drásticamente bajos que casi no se ven en los capítulos más pobres de la historia del hombre.

De acuerdo con esta recomendación, una dieta ideal (baja en carne, lácteos y huevos; casi vegana, de hecho) necesariamente implica obtener la mayoría de la grasa de las únicas alternativas posibles: aceites vegetales y de oliva. El aceite de oliva parecer ser bueno para la salud, aunque no se ha demostrado exitosamente que tenga poderes particulares para combatir enfermedades, y tampoco tiene la clase de genealogía antigua que se ha asumido comúnmente. Sin embargo, una de las revelaciones de este libro es que los aceites vegetales poliinsaturados, cuando se calientan a temperaturas necearias para freír un alimento, crean productos de oxidación que bien podrían ser devastadores para la salud. Estos aceites altamente inestables ahora se utilizan tanto en los restaurantes de comida rápida como en los pequeños restaurantes para remplazar las grasas trans. Y este cambio puede recordarse un día como uno de los errores accidentales de salud pública más grandes de la historia de los productos alimenticios. A través de él podría ser difícil imaginar un cúmulo de consecuencias accidentales más grande que las resultantes del experimento más vasto y no controlado que Estados Unidos y todo el mundo occidental han realizado al adoptar una dieta baja en grasa y alta en carbohidratos a lo largo del último medio siglo.

La prisa por sacar las grasas animales de nuestra dieta nos ha expuesto a riesgos de salud por las grasas trans y los aceites vegetales oxidados. Si no hubiéramos dejado la carne y los lácteos, todavía podríamos estar utilizando la manteca, el sebo y la mantequilla como nuestras principales grasas para cocinar y comer. Estas grasas son

CONCLUSIÓN

estables, no se oxidan y se han consumido desde que se empezó a registrar la historia humana.

Las grasas animales se condenaron originalmente sobre la base de su capacidad para elevar el colesterol total y más adelante el colesterol LDL, ambos biomarcadores que resultaron ser indicadores poco confiables del riesgo de ataque cardiaco para la gran mayoría de la gente. La otra evidencia contra las grasas saturadas involucraba un puñado de pruebas clínicas tempranas e influyentes, que más adelante se descubrió que no cumplían con sus declaraciones originales. Al final, el caso contra la grasa saturada ha colapsado.

Aún más, ahora sabemos que hay muchas buenas razones para comer alimentos animales, como carne roja, queso, huevos y leche entera: son particularmente densos en nutrientes, mucho más que las verduras y las frutas. Contienen grasa y proteína en la proporción que los humanos necesitan. Se ha demostrado que proveen la mejor nutrición posible para el crecimiento sano y la reproducción. Las grasas saturadas también son los únicos alimentos conocidos que elevan el colesterol HDL, el cual ha demostrado ser un indicador más confiable de ataques cardiacos, que el colesterol LDL. Y las grasas saturadas, como todas las grasas, no engordan a la gente.

Nuestro miedo por las grasas saturadas carece entonces de fundamento. Este miedo pudo haber parecido razonable alguna vez, pero persiste ahora sólo porque embona con la percepción de los investigadores, los médicos y las autoridades de salud pública; conforma sus prejuicios. Que los investigadores parciales escriban artículos en contra de la carne puede darles acceso a revistas revisadas por colegas y pueden contar con que esos hallazgos se promuevan por unos medios igualmente parciales. Todos hemos estado viviendo con estas inclinaciones durante tanto tiempo que es casi imposible pensar de otro modo. (Creo que sólo me ha sido posible escribir este libro, de hecho, porque llegué al campo de la nutrición como una extraña, inclinada sólo como cualquier estadounidense común. Y a diferencia de los expertos médicos o académicos, soy libre de ciertas presiones que típicamente enfrentan para ver publicados sus trabajos, asegurar becas de investigación y obtener promociones.)

Tenemos buenas razones para intentar superar nuestra parcialidad de tanto tiempo contra las grasas saturadas. La ciencia de las dietas y las enfermedades ya no puede negociar ningún argumento convincente contra ellas. Y, después de todo, ¡la carne roja, el queso y la crema son

CONCLUSIÓN

deliciosos! Por no mencionar los huevos fritos en mantequilla, las salsas cremosas y los jugos de una sartén con carnes rostizadas. Los placeres de estos alimentos se han olvidado, pero son comidas deliciosas y profundamente satisfactorias. Es recomendable comer no sólo la carne magra, sino la grasa suculenta también, porque provee al cuerpo con la grasa que tanto necesita y porque también ayuda a contrarrestar los peligros de demasiada proteína, que pueden llevar al envenenamiento con nitrógeno si no se combinan con suficiente grasa.

Come mantequilla, bebe leche entera y dáselo a toda la familia. Llénate con quesos cremosos, vísceras y salchichas, y sí, tocino. No se ha demostrado que ninguno de estos alimentos cause obesidad, diabetes o enfermedad cardiaca. Un creciente cúmulo de investigaciones recientes ahora señala fuertemente hacia la idea de que estas condiciones son causadas en realidad por los carbohidratos. El azúcar, la harina blanca y otros carbohidratos refinados casi seguramente son las causas principales de estas enfermedades. Las investigaciones científicas recientes y el registro histórico llevan a la conclusión de que el consumo de carbohidratos refinados conduce hacia un mayor riesgo de obesidad, enfermedad cardiaca y diabetes.

Ya no se puede culpar a la genética de estas enfermedades: el número de genes asociados con ellas es demasiado grande para ser significativo, de acuerdo con el director del Proyecto de Genoma Humano, quien escribió en 2009 que estaban implicados tantos genes en el desarrollo de estas enfermedades crónicas, que "al señalar a todo, la genética no está señalando nada". Tampoco se ha demostrado en pruebas clínicas que ninguna de estas enfermedades sea causa de otros factores medioambientales. Sólo se ha demostrado en experimentos clínicos que los carbohidratos pueden ser una causa principal de la obesidad, la enfermedad cardiaca y la diabetes.

Reconozco que estas conclusiones parecen contradictorias. Lo eran para mí cuando empecé la investigación para este libro. Y las implicaciones parecen casi imposibles de creer, aun cuando estén apoyadas por la mejor ciencia disponible: que una ensalada de betabel con un licuado de fruta para almorzar es finalmente menos saludable para tu cintura y tu corazón, que un plato de huevos fritos en mantequilla. Una ensalada con carne es preferible a un plato de humus y galletas saladas. Y una colación de queso entero es mejor que una fruta.

Más allá de las colaciones, estamos sumamente necesitados de más alimentos en la columna "saludable" para nuestras comidas principales

CONCLUSIÓN

también. ¿Has notado que una vida entera de cenas conformadas meramente por verduras, pescado y pasta es severamente limitante? Y los pescados, desde que se volvieron nuestra única "comida segura", están siendo pescados en exceso del mar. Un menú más amplio que incluya costillas de cordero, caldo de res y *cassoulet* proveerían una diversidad bienvenida. En suma, la ruta hacia comidas más altas en grasas de alimentos enteros, no procesados, está inevitablemente repleta de alimentos animales, y es por lo que los humanos han tomado este camino a lo largo de la historia.

La pérdida de una perspectiva histórica sobre nuestras traiciones alimentarias es tal vez la principal razón de que nuestra política sobre nutrición se haya desviado tanto. Las autoridades nos dicen que "no hay un registro" de ninguna "información" a largo plazo de que los humanos comieran una dieta alta en grasas saturadas, y con esto se refieren a que no hay pruebas clínicas que duren dos años o más en una dieta alta en productos animales. Pero hay cuatro milenios de historia humana que estos expertos pudieron haber consultado. Libros de cocina, historias, diarios, memorias, novelas, registros de comida o recuentos de misioneros, doctores, exploradores y antropólogos —juntos, una serie de libros virtualmente ilimitada, desde la Biblia, hasta las obras de Shakespeare—, los cuales dejan claro cómo los alimentos animales fueron el centro de las comidas humanas durante miles de años. Durante este tiempo, la gente tenía una esperanza de vida más corta, cierto, pero morían jóvenes por enfermedades infecciosas. Como adultos, su vida y su muerte estaban libres de enfermedades crónicas, de la obesidad, la diabetes y la enfermedad cardiaca de las que morimos hoy, y si llegaban a sufrirlas, no era ni remotamente en los índices epidémicos que tenemos hoy. Desde Atenea dejando una cabra gorda y el lomo de un gran jabalí rico en grasa para Odiseo, e Isaías profetizando en el Viejo Testamento que el Señor "haría para todas las personas un festín de cosas con grasa [...], de cosas con grasa, llenas de sebo", hasta el robo de Pip un pay de cerdo en *Grandes esperanzas*, o el análisis histórico que documenta cómo los estadounidenses del siglo XVIII solían comer tres o cuatro veces más carne roja de la que comen hoy, nuestro propio pasado escrito puede contarnos mucho. La carne es el alimento central a lo largo de toda la historia del hombre, como lo registraron los propios humanos. Hemos olvidado nuestra historia bajo nuestro propio riesgo.

La historia nos dice que la enfermedad cardiaca está interconectada con la obesidad, la diabetes y otros padecimientos crónicos. Conocida hoy como síndrome metabólico, esta constelación de problemas médicos crónicos solía llamarse el "sexteto de la obesidad", las "enfermedades occidentales", las "enfermedades de la civilización" o, como se decía a principios del siglo xx, cuando el azúcar asoló las colonias inglesas, las "enfermedades de la sacarina". Como hemos visto, las conclusiones que se sacan de esta historia coindicen perfectamente con los resultados de las mejores pruebas y las más cuidadas de la última década. Las observaciones se alinean; no hay paradojas que explicar. Y si podemos combinar las lecciones tanto de la ciencia como de la historia, parece que podemos ser capaces de tomar decisiones iluminadas sobre cómo empezar a caminar hacia curar nuestras enfermedades crónicas.

Una nota sobre la carne y la ética

En este libro no he discutido las profundas implicaciones éticas y ambientales de las conclusiones que saco de mi investigación. Comer animales nos hace reflexionar a muchos, como debería. Las antiguas culturas humanas tenían rituales elaborados alrededor del acto de pedir perdón a los animales antes de matarlos para comer. Ya no tenemos estos actos sagrados para reconciliarnos con nuestra necesidad biológica por la comida, y esto nos hace perder. Las cuestiones ambientales también son complicadas: las vacas producen metano, el cual contribuye a los gases de efecto invernadero, y consumen una cantidad relativamente grande de recursos, comparado con cultivar frutas y verduras, pero la carne roja puede ser mucho más densa en nutrientes por unidad de recursos consumidos, y también provee los nutrientes necesarios que no se encuentran en los alimentos vegetales. Así que es posible que la mejor salud de una nación que coma más carne ahorre en costos de servicios médicos, entonces equilibrando la balanza. Y como un experimento de pensamiento: ¿qué pasaría si regresáramos a comer sebo y manteca de nuevo, y redujéramos la demanda que ponemos en nuestros suelos para cultivar soya, canola, semilla de algodón, cártamo y maíz, para prensarlos en aceites vegetales? Estas preguntas son complejas y van mucho más allá del alcance de este libro. He intentado explorar aquí las clases de grasas que son buenas para la salud humana, punto. Dado que Estados Unidos sufre de una devastadora cantidad de enfermedades crónicas, la ciencia que se relaciona con esta cuestión parecería un buen lugar dónde comenzar.

Agradecimientos

Este libro se adueñó de mi vida durante casi una década. Me sostuvo intelectualmente y cambió fundamentalmente los contornos de mi pensamiento; sin embargo, también ha sido un esfuerzo absorbente que ha requerido el enorme apoyo de mi familia a través de los años. Y es así que agradezco a mi esposo, Gregory, y a mis hijos, Alexander y Theo, por encima de todo. Incluso cuando mi libro interfirió con sus vidas, mis hijos todavía lo adoptaron y defendieron al tocino con sus maestros. Me dieron tiempo para mi trabajo ("¿Cuántas páginas más, mamá?") y me fortalecieron de todas las formas posibles. Y Gregory, además de escuchar mis ideas, ha sido el proveedor de nuestra familia, mi editor, mi porrista, mi consejero y mi amor estable, por lo que no podría estar más agradecida. Aunque él todavía esconda chicles, este libro está obviamente dedicado a él.

Más allá de mi familia, hay algunas personas sin las cuales nunca habría sido posible hacer este libro. Una es mi agente y amiga, Tina Bennett, quien ha moldeado, promovido y casi mantenido por sí sola este libro vivo a través de los años. Su leal entusiasmo y su abundante bondad son tan grandes como su imponente maestría sobre cada aspecto del mundo editorial y su agudo ojo al momento de editar. Trajo sabiduría, tacto y los perfectos comentarios agudos a cada situación, y no podría imaginar ningún aspecto de este proyecto sin ella. Su asistente, Svetlana Katz, ha sido una presencia cálida, astuta y capaz a lo largo de todo este tiempo.

También fue esencial Emily Loose, quien notó primero el potencial del libro y me dio la confianza de que podría escribir algo que valiera la pena. Luego tuve la buena fortuna de caer con mi editor, Millicent

AGRADECIMIENTOS

Bennett, quien ha trabajado incesantemente para transformar mi manuscrito en un argumento coherente. Ha sido infinitamente generosa, considerada y tenaz al editar este libro. Es un modelo de estándares impecables y pensamiento lógico. Mi agradecimiento para ti, querida Millicent.

El libro surgió de una historia sobre grasas trans que me asignó Jocelyn Zuckerman, mi inteligente y espontánea editora en *Gourmet*, y luego fue publicado valientemente por Ruth Reichl. Les agradezco a ambas por iniciarme en este camino, el cual nunca hubiéramos previsto. Antes, las personas que más me abrieron los ojos sobre la noción de que la política de nutrición en Estados Unidos podría estar drásticamente equivocada fueron Mary Enig, Fred Kummerow y Gary Taubes. Después de hablar con ellos y aprender sobre la ciencia de la nutrición, empecé a ver las inmensas dimensiones de esta historia, la cual, por supuesto, apelaba a mis instintos periodísticos. Entonces entré en lo que podría llamarse un estado de "completa compulsión" en mi investigación, durante el cual sentí la necesidad de desenterrar cada estudio sobre nutrición de los últimos 60 años e investigar cada fuente. Por este impulso hacia la minuciosidad excesiva, así como el amor por el análisis y una mente independiente, les agradezco a mis padres, Susan y Paul Teicholz. El resto de esta compulsión ha sido mía, y se explica mejor por el deseo de llegar al fondo de las cosas.

Estoy profundamente agradecida con los funcionarios e investigadores, tanto académicos como de la industria, quienes gentilmente me dieron su tiempo y su conocimiento para ayudarme en el camino. Entre los que fueron particularmente infatigables al responder mis preguntas, o quienes ofrecieron una ayuda extraordinaria de alguna manera, se encuentran Tom Applewhite, Christos y Eleni Aravanis, Henry Blackburn, Tanya Blasbalg, Bob Collette, Greg Drescher, Jorn Dyerberg, Ed Emken, Sally Fallon, Anna Ferro-Luzzi, Joe Hibbeln, Stephen Joseph, Ron Krauss, Gil Leveille, Mark Matlock, Gerald McNeill, Michael Mudd, Marion Nestle, Steve Phinney, Uffe Ravnskov, Robert Reeves, Lluís Serra-Majem, Bill Shurtleff, Sara Baer-Sinnott, Allan Sniderman, Jerry Stamler, Steen Stender, Kalyana Sundram, Antonia Trichopoulou, Jeff Volek, Eric Westman, Bob Wainright, Catherine Watkins, Lars Wiedermann, George Wilhite y Walter Willett. Muchas de estas personas no estarán de acuerdo con los aspectos de este libro, pero espero que reconozcan mi esfuerzo honesto por representar la ciencia de manera justa, y les agradezco a todos sinceramente.

AGRADECIMIENTOS

Varias personas leyeron todo o partes del manuscrito de este libro, y ofrecieron correcciones: Michael Eades, Ron Krauss, George Maniatis, Lydia Maniatis, Stephen Phinney, Chris Ramsden, Jeremy Rosner, David Segal, Christopher Silwood, Gary Taubes, Leslie A. Teicholz, Eric Westman y Lars Wiedermann. Estoy extremadamente agradecida con ellos por su tiempo y su consideración con el material, así como con los esfuerzos extraordinarios que algunos hicieron para cumplir con las fechas límite.

Me considero increíblemente afortunada de encontrar un hogar en Simon & Schuster. Jon Karp ha sido un apoyo cálido, Anne Tate es una maestra de la publicidad y Dana Trocker es una vivaz maravilla del marketing. Mi soberbio y trabajador equipo en S&S también incluye a Alicia Brancato, Mia Crowley-Hald, Gina DiMascia, Suzanne Donahue, Cary Goldstein, Irene Kheradi, Ruth Lee-Mui y Richard Rhorer. Estoy profundamente agradecida con todos ellos, y también con el equipo soberbiamente cuidadoso y meticuloso de Dix. Muchas gracias también para el siempre eficiente y amable Ed Winstead.

Mi propio equipo de ayudantes incluye a Linda Sanders, quien rastreó cientos de documentos científicos mientras acudía simultáneamente a la escuela de medicina, así como a C. J. Lotz, Malina Welman, Madeline Blount y Hannah Bruner. Gracias también a Bill y Tia Shuyler por su trabajo en mi página web y redes sociales.

Por su amistad a lo largo de los años, especialmente conforme esos años se hacen más largos y las amistades "sufren más", agradezco a Ann Banchoff, Cleve Keller, Charlotte Morgan, Sarah Murray, Marge Neuwirth, Lauren Shaffer, David Segal, Jennifer Senior y Lisa Waltuch. Abandonar la cueva de mi redacción para pasar tiempo con ustedes me dio una dosis esencial de salud mental.

Además, como sabe cualquier padre de niños pequeños, es un lujo encontrar el tiempo para hacer su propio trabajo. Nunca habría podido robar tantas horas con una conciencia tan tranquila si no hubiera sido por Iulianna Kopanyi y Eva Kobli-Walter, quienes cuidaron a mis hijos con devoción y aligeraron enormemente mi carga de todas las formas posibles.

Mi mayor agradecimiento a mi familia: a mis padres, por su amor infinito y su tolerancia; a Marc y Leslie por razones que son demasiado profundas para poner en palabras, y nuevamente a Theo, Alexander y Gregory, por ser mi tropa.

Notas

Introducción

18 *Mi artículo recibió:* Nina Teicholz, "Heart Breaker", *Gourmet*, junio de 2004, pp. 100-105.
20 *"¡Se nos fueron encima!":* David Kritchevsky, entrevista con la autora, 31 de mayo de 2005.
20 *nuestro consumo de fruta y verdura un 17 por ciento; de granos, un 29 por ciento:* calculado a partir de información en Departamento de Agricultura de Estados Unidos, "Profiling Food Consumption in America", *Agricultural Fact Book 2001-2002*, Washington, D. C., Oficina de Imprenta del Gobierno de Estados Unidos, 2003, pp. 18-19.
20 *40 por ciento a 33 por ciento de calorías:* Comité Asesor de Lineamientos Dietéticos, preparado para el Servicio de Investigación de Agricultura, Departamento de Agricultura de Estados Unidos y Departamento de Salud y Servicios Humanos de Estados Unidos, *Report of the Dietary Guidelines Advisory Committee on the Dietary Guidelines for Americans, 2010. To the Secretary of Agriculture and the Secretary of Health and Human Services*, séptima edición, Washington D. C., Oficina de Imprenta del Gobierno de Estados Unidos, mayo de 2010, p. 219.
20 *la porción saturada de esas grasas también ha bajado:* Centros para el Control y la Prevención de Enfermedades (CDC), "'Trends in Intake of Energy and Macronutrients—United States, 1971-2000", *Morbidity and Mortality Weekly Report*, vol. 53, núm. 4, 2004, pp. 80-82.
20 *uno de cada siete era obeso:* Centros para el Control de Enfermedades de Estados Unidos, "Encuesta de Examinación Nacional de Salud, 1960-1962", consultado el 12 de febrero de 2014, http://www.cdc.gov/nchs/nhanes.htm.
21 *menos de 1 por ciento [...] más de 11 por ciento:* Maureen I. Harris, "Prevalence of Noninsulin-Dependent Diabetes and Impaired Glucose Tolerance",

Diabetes in America, núm. 6, 1985, pp. 1-31; G. L. Beckles, C. F. Chou, Centros para el Control y la Prevención de Enfermedades, "Diabetes— United States, 2006 and 2010", *Morbidity and Mortality Weekly Report*, núm. 62, suplemento 3, 2012, pp. 99-104.

21 *no perdieron peso [...] cáncer de ningún tipo importante:* Shirley Beresford et al., "Low-Fat Dietary Pattern and Risk of Colorectal Cancer: The Women's Health Initiative Randomized Controlled Dietary Modification Trial", *Journal of the American Medical Association*, vol. 295, núm. 6, 2006, pp. 643-654. Barbara V. Howard et al., "Low-Fat Dietary Pattern and Weight Change Over 7 Years: The Women's Health Initiative Dietary Modification Trial", *Journal of the American Medical Association*, vol. 295, núm. 1, 2006, pp. 39-49; Barbara V. Howard et al., "Low-Fat Dietary Pattern and Risk of Cardiovascular Disease: The Women's Health Initiative Randomized Controlled Dietary Modification Trial", *Journal of the American Medical Association*, vol. 295, núm. 6, 2006, pp. 655-666; Ross L. Prentice et al., "Low-Fat Dietary Pattern and Risk of Invasive Breast Cancer: The Women's Health Initiative Randomized Controlled Dietary Modification Trial", *Journal of the American Medical Association*, vol. 295, núm. 6, 2006, pp. 629-642; Ross L. Prentice et al., "Low-Fat Dietary Pattern and Cancer Incidence in the Women's Health Initiative Dietary Modification Randomized Controlled Trial", *Journal of the National Cancer Institute*, vol. 99, núm. 20, 2007, pp. 1534-1543.

22 *Al escribir este libro:* La autora no tiene conflictos de interés; nunca ha recibido ninguna clase de apoyo económico o en especie, ya sea directa o indirectamente, de ninguna parte que tenga un interés relacionado con alguno de los tópicos tratados en este libro.

1. La paradoja de la grasa: buena salud con una dieta alta en grasa

25 *Los testigos estimaban que:* Vilhjalmur Stefansson, *The Fat of the Land*, edición ampliada de *Not by Bread Alone* (1946), Nueva York, Macmillan, 1956, p. 31; calculado por la autora a partir de Hugh M. Sinclair, "The Diet of Canadian Indians and Eskimos", *Proceedings of the Nutrition Society*, vol. 12, núm. 1, 1953, p. 74.

25 *Los depósitos de grasa [...] y el hombro:* Vilhjalmur Stefansson, *The Friendly Arctic: The Story of Five Years in Polar Regions*, Nueva York, Greenwood Press, 1921, pp. 231-232.

25 *Las partes más magras:* Vilhjalmur Stefansson, *The Fat of the Land,* p. 25.

25 *"La primera oportunidad para las verduras [...]":* Ibidem, p. 23.

25 *sin un "trabajo real":* Stefansson, *The Friendly Arctic,* p. 24.

26 *"Deberían haber tenido un estado deplorable"*: Stefansson, *Fat of the Land*, p. XVI.
26 *"Una miríada de protestas"* [...] *"Comer carne cruda"*: Ibidem, p. 65.
26 Otros temían que Stefansson y su colega murieran: Ibidem, p. 71.
26 *"Los síntomas que surgieron en Bellevue"*: Ibidem, p. 69.
26 Publicó media docena de artículos: Clarence W. Lieb, "The Effects on Human Beings of a Twelve Months' Exclusive Meat Diet Based on Intensive Clinical and Laboratory Studies on Two Arctic Explorers Living under Average Conditions in a New York Climate", *Journal of the American Medical Association*, vol. 93, núm. 1, 6 de julio de 1929, pp. 20-22; John C. Torrey, "Influence of an Exclusively Meat Diet on the Human Intestinal Flora", *Proceedings of the Society for Experimental Biology and Medicine*, vol. 28, núm. 3, 1930, pp. 295-296; Walter S. McClellan, Virgil R. Rupp y Vincent Toscani, "Prolonged Meat Diets with a Study of the Metabolism of Nitrogen, Calcium, and Phosphorus", *Journal of Biological Chemistry*, vol. 87, núm. 3, 1930, pp. 669-680; Clarence W. Lieb y Edward Tolstoi, "Effect of an Exclusive Meat Diet on Chemical Constituents of the Blood", *Proceedings of the Society for Experimental Biology and Medicine*, vol. 26, núm. 4, 1929, pp. 324-325; Edward Tolstoi, "The Effect of an Exclusive Meat Diet Lasting One Year on the Carbohydrate Tolerance of Two Normal Men", *Journal of Biological Chemistry*, vol. 83, núm. 3, 1929, pp. 747-752; Edward Tolstoi, "The Effect of an Exclusive Meat Diet on the Chemical Constituents of the Blood", *Journal of Biological Chemistry*, vol. 83, núm. 3, 1929, pp. 753-758.
27 *bebía entre 2 y 7 litros de leche al día:* A. Gerald Shaper, "Cardiovascular Studies in the Samburu Tribe of Northern Kenya", *American Heart Journal*, vol. 63, núm. 4, 1962, pp. 437-442.
27 *Mann encontró lo mismo en los masai:* Kurt Biss et al., "Some Unique Biologic Characteristics of the Masai of East Africa", *New England Journal of Medicine*, vol. 284, núm. 13, 1971, pp. 694-699.
27 *"no comían productos vegetales"*: George V. Mann et al., "Cardiovascular Disease in the Masai", *Journal of Atherosclerosis Research*, vol. 4, núm. 4, 1964, pp. 289-312.
27 *"Estos hallazgos me pegaron muy duro"*: A. Gerald Shaper, entrevista con Henry Blackburn. En "Preventing Heart Attack and Stroke: A History of Cardiovascular Disease Epidemiology", consultado el 14 de febrero de 2014, http://www.epi.umn.edu/cvdepi/interview.asp?id=64.
27 *un análisis de alrededor de 26 artículos* [...] *"sin que los molestara más o menos"*: Frank W. Lowenstein, "Blood-Pressure in Relation to Age and Sex in the Tropics and Subtropics: A Review of the Literature and an Investigation in Two Tribes of Brazil Indians", *The Lancet*, vol. 277, núm. 7173, 1961, pp. 389-392. Otro estudio de aborígenes en Kalahari concluye que un "aumento de la presión sanguínea no es una característica del proceso

NOTAS

normal de envejecimiento"; Benjamin Kaminer y W. P. W. Lutz, "Blood Pressure in Bushmen of the Kalahari Desert", *Circulation*, vol. 22, núm. 2, 1960, pp. 289-295.

28 *la existencia era "fácil" [...] "labores ligeras" [...] "parecen sedentarios":* Mann, "Cardiovascular Disease in the Masai", p. 309.

28 *no encontró evidencia de ataque cardiaco: Ibidem.*

28 *encontró "posibles" señales de enfermedad cardiaca:* A. Gerald Shaper, "Cardiovascular Studies in the Samburu Tribe of Northern Kenya", *American Heart Journal*, vol. 63, núm. 4, 1962, p. 439.

28 *en 50 hombres masai y encontró sólo un:* George V. Mann *et al.*, "Atherosclerosis in the Masai", *American Journal of Epidemiology*, vol. 95, núm. 1, 1972, p. 26.

28 *Los masai tampoco sufrían de otras:* Mann, "Cardiovascular Disease in the Masai", pp. 303-306.

29 *"Para comer 'mejor' [...] el centro de la respuesta":* Mark Bittman, "No Meat, No Dairy, No Problem", *The New York Times*, 29 de diciembre de 2011.

29 *El primer punto del lineamiento dietético del USDA:* Departamento de Agricultura de Estados Unidos y Departamento de Salud y Servicios Humanos de Estados Unidos, *Dietary Guidelines for Americans, 2010*, séptima edición, Washington, D. C., Oficina de Imprenta del Gobierno de Estados Unidos, diciembre de 2010, pp. VIII-IX.

30 *Estos indios del norte [...] "en marcado contraste":* Robert McCarrison, *Nutrition and National Health: The Cantor Lectures*, Londres, Faber and Faber, 1936, p. 19.

30 *encontró que podía reproducir: Ibidem*, pp. 24-29.

30 *y escribió sus observaciones en un informe de 460 páginas:* Aleš Hrdlička, *Physiological and Medical Observations among the Indians of Southwestern United States and Northern Mexico*, Boletín del Consejo de Etnología Americana del Instituto Smithsoniano, núm. 34, Washington, D. C., Oficina de Imprenta del Gobierno de Estados Unidos, 1908.

30 *seguramente habían sido criados:* W. W. Newcombe, Jr., *The Indians of Texas: From Prehistoric to Modern Times*, Austin, University of Texas Press, 1961, pp. 92, 98, 100, 138, 160, 163, 197 y 323.

31 *"ningún error podía justificar":* Hrdlička, *Physiological and Medical Observations*, pp. 40-41.

31 *"ninguno estaba demente o indefenso": Ibidem*, p. 158.

31 *"algunos parecieron asumir que no existía":* George Prentice, "Cancer among Negroes", *British Medical Journal*, vol. 2, núm. 3285, 1923, p. 1181.

31 *"relativa inmunidad [...] Los negros, cuando pueden obtenerla": Idem.*

32 *dicen que la carne de los animales salvajes:* Michael A. Crawford, "Fatty-Acid Ratios in Free-Living and Domestic Animals", *The Lancet*, vol. 291, núm. 7556, 1968, pp. 1329-1333.

33 *la mitad de la grasa en un riñón de venado:* Sally Fallon Morell y Mary Enig, "Guts and Grease: The Diet of Native Americans", *Wise Traditions in Food, Farming, and the Healing Arts*, vol. 2, núm. 1, 2001, p. 43.

33 *el patrón consistente de caza entre humanos:* Muchos recuentos se encuentran en Speth, *Bison Kills and Bone Counts*, pp. 146-159; otros recuentos están en Michael A. Jochim, *Strategies for Survival: Cultural Behavior in an Ecological Context*, Nueva York, Academic Press, 1981, pp. 80-90, y en Stefansson, *The Fat of the Land*, pp. 126-131 y 136.

33 *la grasa era "el criterio determinante" al cazar:* Philippe Max Rouja, Eric Dewailly y Carole Blanchet, "Fat, Fishing Patterns, and Health among the Bardi People of North Western Australia", *Lipids*, vol. 38, núm. 4, 2003, pp. 399-405.

33 *sin grasa era una "porquería" [...] "para poder disfrutarse":* Ibidem, p. 400.

33 *"si la gente sólo comiera conejos":* John D. Speth, *Bison Kills and Bone Counts: Decision Making by Ancient Hunters*, Chicago, University of Chicago Press, 1983, p. 151.

33 *"probaron carne de caballos" [...] entre 2 y 3 kilos [...] "siguieron debilitándose y adelgazando" [...] "ansiando carne":* Randolph B. Marcy, *The Prairie Traveler: A Handbook for Overland Expeditions*, Londres, Trubner, 1863, p. 16.

34 *la mayor parte de la caza "estaba demasiado magra para usarse":* Ibidem, p. 152.

2. Por qué pensamos que la grasa saturada no es saludable

36 *el punto de vista prevaleciente sostenía que:* Daniel Steinberg, "An Interpretive History of the Cholesterol Controversy: Part 1", *Journal of Lipid Research*, vol. 45, núm. 9, 2004, p. 1587.

36 *"actitud vencida sobre la enfermedad cardiaca":* Ancel Keys, "Atherosclerosis: A Problem in Newer Public Health", *Journal of the Mount Sinai Hospital, New York*, vol. 20, núm. 2, 1953, p. 119.

36 *"directo, al grado de ser brusco":* Henry Blackburn, entrevista con Ancel Keys, en *Health Revolutionary: The Life and Work of Ancel Keys*, Public Health Leadership Film, Asociación de Escuelas de Salud Pública, consultado el 5 de enero de 2014, http://www.asph.org/document.cfm?page =793.

36 *"hasta la muerte" [...] "arrogante" [...] "despiadado":* Anna Ferro-Luzzi, entrevista con la autora, 18 de septiembre de 2008; George V. Mann, entrevista con la autora, 5 de octubre de 2005; Michael F. Oliver, entrevista con la autora, 1° de mayo de 2009.

37 *Keys descubrió una pasión:* Blackburn, entrevista con Keys, *Health Revolutionary*.

37 *La K era por Keys:* Jane Brody, "Dr. Ancel Keys, 100, Promoter of the Mediterranean Diet, Dies", *The New York Times*, 23 de noviembre de 2004.

37 *"óxido biológico" [...] "esparcirse hasta cortar el flujo":* Alton Blakeslee y Jeremiah Stamler, *Your Heart Has Nine Lives: Nine Steps to Heart Health*, Nueva York, Pocket Books, 1966, p. 24.

37 *Una desafortunada niña tuvo un ataque cardiaco:* George Lehzen y Karl Knauss, "Uber Xanthoma Multiplex Planum, Tuberosum, Mollusciformis", *Archive A, Pathological Anatomy and Histology*, núm. 116, 1889, pp. 85-104.

38 *llevó a los investigadores a creer:* S. J. Thannhauser y Heinz Magendantz, "The Different Clinical Groups of Xanthomatous Diseases: A Clinical Physiological Study of 22 Cases", *Annals of Internal Medicine*, vol. 11, núm. 9, 1938, pp. 1662-1746.

38 *Anitschkow dijo que:* N. Anitschkow, S. Chalatov, C. Muller y J. B. Duguid, "Uber experimentelle Cholesterinsteatose: Ihre Bedeutung fur die Enstehung Einiger Pathologischer Prozessen", *Zentralblatt für Allgemeine Pathologie und Pathologische Anatomie*, vol. 24, 1913, pp. 1-9.

38 *replicado en toda clase de animales:* Revisado en Edward H. Ahrens Jr. et al., "Dietary Control of Serum Lipids in Relation to Atherosclerosis", *Journal of the American Medical Association*, vol. 164, núm. 17, 1957, pp. 1905-1911.

38 *replicado ampliamente en toda clase de animales:* En modelos de animales, por ejemplo, Edward H. Ahrens Jr. et al., "The Influence of Dietary Fats on Serum-Lipid Levels in Man", *The Lancet*, vol. 269, núm. 6976, 1957, pp. 943-953.

38 *Los contemporáneos notaron que los conejos:* Ancel Keys fue uno de los investigadores que hicieron esta objeción; Ancel Keys, "Human Atherosclerosis and the Diet", *Circulation*, vol. 5, núm. 1, 1952, pp. 115-118.

38 *En cambio, cuando el experimento:* R. Gordon Gould, "Lipid Metabolism and Atherosclerosis", *American Journal of Medicine*, vol. 11, núm. 2, 1951, p. 209; R. Gordon Gould et al., "Cholesterol Metabolism: I. Effect of Dietary Cholesterol on the Synthesis of Cholesterol in Dog Tissue in Vitro", *Journal of Biological Chemistry*, vol. 201, núm. 2, 1953, p. 519.

39 *la introdujeron dos bioquímicos de la Universidad de Columbia:* D. Rittenberg and Rudolf Schoenheimer, "Deuterium as an Indicator in the Study of Intermediary Metabolism XI. Further Studies on the Biological Uptake of Deuterium into Organic Substances, with Special Reference to Fat and Cholesterol Formation", *Journal of Biological Chemistry*, vol. 121, núm. 1, 1937, pp. 235-253.

39 *había una "evidencia avasalladora":* Keys, "Human Atherosclerosis and the Diet", p. 116.

39 *tenían sólo un efecto "trivial" [...] "no necesitaba mayor consideración":* Ancel Keys, "Diet and the Epidemiology of Coronary Heart Disease", *Journal*

of the American Medical Association, vol. 164, núm. 17, 1957, pp. 1912-1919. Cita en Ancel Keys et al., "Effects of Diet on Blood Lipids in Man Particularly Cholesterol and Lipoproteins", Clinical Chemistry, vol. 1, núm. 1, 1955, p. 40.

39 *lo registró en el capítulo de un libro:* Uffe Ravnskov, *The Cholesterol Myths: Exposing the Fallacy that Saturated Fat and Cholesterol Cause Heart Disease*, Washington, D. C., New Trends, 2000, pp. 111-112.

39 *ha demostrado que incluso tiene:* Eder Qintao, Scott Grundy y Edward H. Ahrens, Jr., "Effects of Dietary Cholesterol on the Regulation of Total Body Cholesterol in Man", *Journal of Lipid Research*, vol. 12, núm. 2, 1971, pp. 233-247; Paul J. Nestel y Andrea Poyser, "Changes in Cholesterol Synthesis and Excretion When Cholesterol Intake Is Increased", *Metabolism*, vol. 25, núm. 12, 1976, pp. 1591-1599.

39 *uno de los análisis más completos:* Paul N. Hopkins, "Effects of Dietary Cholesterol on Serum Cholesterol: A Meta-Analysis and Review", *American Journal of Clinical Nutrition*, vol. 55, núm. 6, 1992, pp. 1060-1070.

40 *las autoridades de salud en Gran Bretaña y casi todos los demás países europeos:* A. Stewart Truswell, "Evolution of Dietary Recommendations, Goals, and Guidelines", *American Journal of Clinical Nutrition*, vol. 45, núm. 5, suplemento de 1987, p. 1068.

40 *Estados Unidos, sin embargo, continúa recomendando:* Comité Asesor de Lineamientos Dietéticos, preparado para el Servicio de Investigación de Agricultura, Departamento de Agricultura de Estados Unidos y Departamento de Salud y Servicios Humanos de Estados Unidos, *Report of the Dietary Guidelines Advisory Committee on the Dietary Guidelines for Americans, 2010. To the Secretary of Agriculture and the Secretary of Health and Human Services*, séptima edición, Washington, D. C., Oficina de Imprenta del Gobierno de Estados Unidos, mayo de 2010, p. X.

40 *Keys sugirió que los investigadores:* Keys, "Diet and the Epidemiology of Coronary Heart Disease", 1914.

40 *"viejo campo ya medio dormido [...] investigación de lípidos" [...] fondos [...] cada año [...] "la investigación de lípidos [...] muy lejos":* Edward H. Ahrens, Jr., "After 40 Years of Cholesterol-Watching", *Journal of Lipid Research*, vol. 25, núm. 13, 1984, p. 1442.

42 *los investigadores descubrieron en 1952:* Lawrence S. Kinsell et al., "Dietary Modification of Serum Cholesterol and Phospholipid Levels", *Journal of Clinical Endocrinology and Metabolism*, vol. 12, núm. 7, 1952, pp. 909-913.

42 *en la Universidad de Harvard encontró:* Mervyn G. Hardinge y Fredrick J. Stare, "Nutritional Studies of Vegetarians: 2. Dietary and Serum Levels of Cholesterol", *Journal of Clinical Nutrition*, vol. 2, núm. 2, 1954, pp. 82-88.

42 *Un estudio neerlandés de vegetarianismo:* J. Groen, et al., "Influence of Nutrition, Individual, and Some Other Factors, Including Various Forms of

Stress, on Serum Cholesterol; Experiment of Nine Months' Duration in 60 Normal Human Volunteers", *Voeding*, núm. 13, 1952, pp. 556-587.

42 *que las grasas saturadas en la mantequilla:* Edward H. Ahrens, Jr., David H. Blankenhorn y Theodore T. Tsaltas, "Effect on Human Serum Lipids of Substituting Plant for Animal Fat in Diet", *Proceedings for the Society of Experimental Biology and Medicine*, vol. 86, núm. 4, 1954, pp. 872-878; Ahrens et al., "The Influence of Dietary Fats on Serum-Lipid Levels in Man".

43 *había mucha más heterogeneidad:* Qintao, Grundy y Ahrens, "Effects of Dietary Cholesterol on the Regulation of Total Body Cholesterol in Man".

43 *una de sus más "gratificantes contribuciones":* Ahrens, "After 40 Years of Cholesterol-Watching", p. 1444.

43 *descubrió que las dietas más bajas en grasa:* Ancel Keys, Joseph T. Anderson y Francisco Grande, "Prediction of Serum-Cholesterol Responses of Man to Changes in Fats in the Diet", *The Lancet*, vol. 273, núm. 7003, 1957, pp. 959-966.

43 *"No se conoce ninguna otra variable en el modo de vida":* Ancel Keys y Joseph T. Anderson, "The Relationship of the Diet to the Development of Atherosclerosis in Man", *Symposium on Atherosclerosis*, Washington, D. C., Academia Nacional de Ciencias-Consejo Nacional de Investigación, 1954, p. 189.

45 *La gráfica de Keys sugería que:* Keys, "Atherosclerosis: A Problem in Newer Public Health".

45 *Keys pensó que la grasa debía hacer que la gente engordara:* Keys, "Diet and the Epidemiology of Coronary Heart Disease", 1918.

45 *Jerry Seinfeld cuando describió:* Jerry Seinfeld, *I'm Telling You for the Last Time*, Teatro Broadhurst, Nueva York, 1998.

45 *El miedo acechante a que la grasa:* Peter N. Stearns, *Fat History: Beauty in the Modern West*, Nueva York, New York University Press, 1997, pp. 12 y 25-47.

46 *Una buena parte de sus primeros textos:* Keys, "Diet and the Epidemiology of Coronary Heart Disease", 1913-1914; Ancel Keys y Francisco Grande, "Role of Dietary Fat in Human Nutrition: III. Diet and the Epidemiology of Coronary Heart Disease", *American Journal of Public Health and the Nations Health*, vol. 47, núm. 12, 1957, pp. 1528-1529.

46 *Él y su esposa, Margaret [...] el colesterol de los lugareños:* Keys et al., "Effects of Diet on Blood Lipids in Man", pp. 34-52.

46 *viajó primero a Nápoles y luego a Madrid:* Ancel Keys et al., "Studies on Serum Cholesterol and Other Characteristics of Clinically Healthy Men in Naples", *A. M. A. Archives of Internal Medicine*, vol. 93, núm. 3, marzo de 1954, pp. 328-336; Ancel Keys et al., "Studies on the Diet, Body Fatness and Serum Cholesterol in Madrid, Spain", *Metabolism Clinical and Experimental*, vol. 3, núm. 3, mayo de 1954, pp. 195-212.

47 *debe ser por la dieta:* Keys y Grande, "Role of Dietary Fat in Human Nutrition", pp. 1520-1530.

47 *"sólo el factor de la grasa":* Keys et al., "Effects of Diet on Blood Lipids in Man", p. 42.

47 *"dominado por los efectos a largo plazo":* Keys, "Diet and the Epidemiology of Coronary Heart Disease", 1912.

47 *"ejemplo práctico del problema coronario":* Ancel Keys, "The Inception and Pilot Surveys", en *The Seven Countries Study: A Scientific Adventure in Cardiovascular Disease Epidemiology*, Daan Kromhout, Alessandro Menotti y Henry W. Blackburn (eds.), Bilthoven, Holanda, publicación privada, 1993, pp. 15-26.

47 *"claramente" era un "factor importante" [...] de la enfermedad cardiaca:* Keys, "Studies on the Diet, Body Fatness and Serum Cholesterol in Madrid, Spain", p. 209; "factor importante", Keys et al., "Studies on the Diet, Body Fatness and Serum Cholesterol in Madrid, Spain", p. 210.

47 *Keys encontró más armas:* Haqvin Malmros, "The Relation of Nutrition to Health: A Statistical Study of the Effect of the War-Time on Arteriosclerosis, Cardiosclerosis, Tuberculosis and Diabetes", *Acta Medica Scandinavica Supplementum*, vol. 138, núm. S246, 1950, pp. 137-153. Véase también Gotthard Schettler, "Atherosclerosis during Periods of Food Deprivation Following World Wars I and II", *Preventive Medicine*, vol. 12, núm. 1, 1983, pp. 75-83.

48 *Otros científicos notaron:* George V. Mann, "Epidemiology of Coronary Heart Disease", *American Journal of Medicine*, vol. 23, núm. 3, 1957, pp. 463-480.

48 *Keys las rechazó completamente:* Ancel Keys, "The Diet and Development of Coronary Heart Disease", *Journal of Chronic Disease*, vol. 4, núm. 4, 1956, pp. 364-380.

48 *Keys llegó a esta conclusión después de realizar:* Keys, Anderson y Grande, "Prediction of Serum-Cholesterol Responses of Man". Los estudios están resumidos y listados en Ancel Keys, Joseph T. Anderson y Francisco Grande, "Serum Cholesterol in Man: Diet Fat and Intrinsic Responsiveness", *Circulation*, vol. 19, núm. 2, 1959, p. 201.

48 *como anunció Keys en 1957, en un conjunto de artículos:* Joseph T. Anderson, Ancel Keys y Francisco Grande, "The Effects of Different Food Fats on Serum Cholesterol Concentration in Man", *Journal of Nutrition*, vol. 62, núm. 3, 1957, pp. 421-424; Keys, Anderson y Grande, "Prediction of Serum Cholesterol Responses of Man"; Keys, "Diet and the Epidemiology of Coronary Heart Disease"; Ancel Keys, Joseph T. Anderson y Francisco Grande, "Fats and Disease", *The Lancet*, vol. 272, núm. 6796, 1957, pp. 992-993.

48 *publicó una fórmula matemática específica:* Keys, Anderson y Grande, "Serum Cholesterol in Man: Diet Fat and Intrinsic Responsiveness".

48 *"volvería muy rara" [...] "firme reducción"*: E. V. Allen *et al.*, "Atherosclerosis: A Symposium", *Circulation*, vol. 5, núm. 1, 1952, p. 99.
49 *había afianzado un puesto*: Kromhout, Menotti y Blackburn (eds.), *The Seven Countries Study*, p. 196.
49 *Keys es el único investigador al que menciona de nombre*: Ibidem, p. 76.
50 *cambió a [...] comió pan tostado*: Paul Dudley White, "Heart Ills and Presidency: Dr. White's Views", *The New York Times*, 30 de octubre de 1955, p. A1.
50 *"Una dieta rica en grasas" [...] causa "probable" [...] "mayoría de los casos"*: Keys, "Diet and the Epidemiology of Coronary Heart Disease", 1912.
50 *La oposición de Yerushalmy*: Jacob Yerushalmy y Herman E. Hilleboe, "Fat in the Diet and Mortality from Heart Disease: A Methodologic Note", *New York State Journal of Medicine*, vol. 57, núm. 14, 1957, pp. 2343-2354.
52 *"Recuerdo el ambiente en el laboratorio"*: Henry Blackburn, entrevista con la autora, 9 de noviembre de 2008.
52 *Mann escribió sobre su esperanza*: George V. Mann, "Diet and Coronary Heart Disease", *Archives of Internal Medicine*, núm. 104, 1959, pp. 921-929.
52 *una investigación de 1964*: D. D. Reid y G. A. Rose, "Preliminary Communications: Assessing the Comparability of Mortality Statistics", *British Medical Journal*, vol. 2, núm. 5422, 1964, pp. 1437-1439.
52 *Keys estaba completamente consciente*: Keys, *Symposium on Atherosclerosis*, p. 119.
52 *"negativo versus positivo"*: Ancel Keys, "Epidemiologic Aspects of Coronary Artery Disease", p. 552.
53 *recuerda Blackburn*: Henry W. Blackburn, entrevista con la autora, 22 de julio de 2008.
54 *estadísticas nacionales no eran confiables*: Ancel Keys, "Epidemiologic Aspects of Coronary Artery Disease", *Journal of Chronic Diseases*, vol. 6, núm. 4, 1957, pp. 552-559.
54 *Keys lanzó el estudio [...] una beca anual*: "The Fat of the Land", *Time*, 13 de enero de 1961, pp. 48-52.
54 *Una serie de críticos ha señalado desde entonces*: Ravnskov, *The Cholesterol Myths*, pp. 18-19; Gary Taubes, *Good Calories, Bad Calories: Fats, Carbs and the Controversial Science of Diet and Health*, Nueva York, Alfred A. Knopf, 2007, p. 32.
54 *como escribió, eligió los lugares que creyó*: Alessandro Menotti, correo electrónico a la autora, 10 de septiembre de 2008.
54 *"donde encontró ayuda entusiasta"*: Menotti, correo electrónico a la autora, 10 de septiembre de 2008; Flaminio Fidanza, otro miembro del equipo original en el estudio de los siete países confirmó esta aseveración, Flaminio Fidanza, correo electrónico a la autora, 16 de septiembre de 2008.
54 *"Keys sólo tenía una aversión personal"*: Blackburn, entrevista.

54 *al menos 150 mil griegos:* George S. Siampos, *Recent Population Change Calling for Policy Action: With Special Reference to Fertility and Migration*, Atenas, Servicio Nacional de Estadística de Grecia, 1980, pp. 234-257.

55 *monografía de 211 páginas:* Ancel Keys (ed.), "Coronary Heart Disease in Seven Countries", *Circulation*, vols. 61 y 62, suplemento 1, *American Heart Association Monograph*, núm. 29, 1970, pp. I/1-I/211.

55 *un libro publicado por Harvard University Press:* Ancel Keys, *Seven Countries: A Multivariate Analysis of Death and Coronary Heart Disease*, Cambridge, Massachusetts, Harvard University Press, 1980.

55 *de acuerdo con un conteo:* Cálculo de John Aravanis, M. D., de una comunicación personal con su padre, Christos Aravanis, quien dirigió la parte griega del Estudio de los Siete Países.

55 *la cifra era ridículamente baja [...] era de 290:* Keys, *Seven Countries: A Multivariate Analysis*, p. 65.

55 *"los ataques cardiacos podían prevenirse":* Citado en Jane E. Brody, "Dr. Ancel Keys, 100, Promoter of Mediterranean Diet, Dies", *The New York Times*, 23 de noviembre de 2004.

56 *La grasa saturada sólo era:* Keys, "Coronary Heart Disease in Seven Countries".

56 *todavía más paradójicos:* Ancel Keys *et al.*, "The Seven Countries Study: 2,289 Deaths in 15 Years", *Preventive Medicine*, vol. 13, núm. 2, 1984, pp. 141-154.

57 *"El ayuno de los griegos ortodoxos es estricto [...] huevos y mantequilla":* Leland Girard Allbaugh, *Crete: A Case Study of an Underdeveloped Area*, Princeton, Nueva Jersey, Princeton University Press, 1953, p. 103.

57 *la expresión "pari corajisima":* Vito Teti, "Food and Fatness in Calabria", en *Social Aspects of Obesity*, Igor de Garine y Nancy J. Pollock (eds.), Nicolette S. James (trad.), Ámsterdam, Gordon and Breach, 1995, p. 13.

57 *Un estudio realizado en Creta:* Katerina Sarri *et al.*, "Greek Orthodox Fasting Rituals: A Hidden Characteristic of the Mediterranean Diet of Crete", *British Journal of Nutrition*, vol. 92, núm. 2, 2004, pp. 277-284.

57 *"la estricta adherencia [a la Cuaresma] no parecía ser común":* Keys, "Coronary Heart Disease in Seven Countries", p. I/166.

57 *mencionó el asunto para nada:* Ancel Keys, Christos Aravanis y Helen Sdrin, "The Diets of Middle-Aged Men in Two Rural Areas of Greece", *Voeding*, vol. 27, núm. 11, 1966, pp. 575-586.

57 *"no se hizo ningún intento" [...] "una impactante y problemática omisión":* Katerina Sarri y Anthony Kafatos, carta al editor, "The Seven Countries Study in Crete: Olive Oil, Mediterranean Diet or Fasting?", *Public Health Nutrition*, vol. 8, núm. 6, 2005, p. 666.

58 *"no debimos" [...] "lo ideal todo el tiempo":* Daan Kromhout, entrevista con la autora, 4 de octubre de 2007.

58 *sabía que pasaría desapercibida:* Keys, Aravanis y Sdrin, "Diets of Middle-Aged Men in Two Rural Areas of Greece", p. 577.

59 *categoría de los alimentos [...] los cuales tenían un coeficiente de correlación:* Alessandro Menotti et al., "Food Intake Patterns and 25-Year Mortality from Coronary Heart Disease: Cross-Cultural Correlations in the Seven Countries Study", *European Journal of Epidemiology*, vol. 15, núm. 6, 1999, pp. 507-515.

59 *"demasiado problemático" de registrar:* Alessandro Menotti, entrevista con la autora, 24 de julio de 2008.

59 *"Keys se oponía mucho a la idea del azúcar":* Kromhout, entrevista.

60 *"Estaba tan convencido de que los ácidos grasos" [...] "propio punto de vista": Idem.*

60 *"cúmulo de tonterías":* Ancel Keys, "Sucrose in the Diet and Coronary Heart Disease", *Atherosclerosis*, vol. 14, núm. 2, 1971, p. 200.

60 *"Yudkin y sus apoyos comerciales":* Ancel Keys y Margaret Keys, *How to Eat Well and Stay Well the Mediterranean Way*, Garden City, Nueva York, Doubleday, 1975, p. 58.

60 *Keys publicó sus cifras:* Ancel Keys, "Letter to the Editors", *Atherosclerosis*, vol. 18, núm. 2, 1973, p. 352.

60 *"El azúcar nunca se discutió propiamente":* Menotti, entrevista.

61 *La revista* Time *citó:* "Medicine: The Fat of the Land", *Time*, 13 de enero de 1961.

3. Se introduce la dieta baja en grasa en Estados Unidos

64 *pequeña y no tenía fondos, con virtualmente ningún ingreso:* William W. Moore, *Fighting for Life: A History of the American Heart Association 1911-1975*, Dallas, Asociación Americana del Corazón, 1983, p. 43.

64 *Procter & Gamble (P&G) designó:* H. M. Marvin, *1924-1964: The 40 Year War on Heart Disease*, Nueva York, Asociación Americana del Corazón, 1964, adaptado de una presentación originalmente dada ante funcionarios de asociaciones cardiacas afiliadas en 1956.

64 *"de pronto se llenaron las arcas [...] ¡lo que habíamos soñado!": Ibidem,* p. 51.

64 *"explosión de dólares" [...] "hizo despegar": Idem.*

65 *siete capítulos [...] 2 650 000 dólares: Ibidem,* p. 56.

65 *300 capítulos [...]30 millones anualmente:* Moore, *Fighting for Life*, 77; *$30 million:* Marvin, *1924-1964: The 40 Year War on Heart Disease*.

65 AHA *recibió 40 por ciento más:* Moore, *Fighting for Life*, p. 72.

65 *"La gente quiere saber":* Irvine Page et al., "Atherosclerosis and the Fat Content of the Diet", *Circulation*, vol. 16, núm. 2, 1957, p. 164.

66 *"los estándares inflexibles basados en evidencia": Idem.*

66 *"la mejor evidencia científica disponible":* Irvine Page et al., "Dietary Fat and Its Relation to Heart Attacks and Strokes", *Circulation*, vol. 23, núm. 1, 1961, pp. 133-136.

67 *"cierta cautela excesiva"*: "Medicine: The Fat of the Land", *Time*, 13 de enero de 1961.
67 *comiendo huevos revueltos:* Hans H. Hecht, carta a Jeremiah Stamler, 10 de febrero de 1969, en posesión de la autora.
68 *"Se advierte a los hombres de mediana edad sobre la grasa":* Murray Illson, "Middle-Aged Men Cautioned on Fat: Heart Attacks Linked to Diet as well as Overweight and High Blood Pressure", *The New York Times*, 24 de octubre de 1959, p. 23.
69 *el* New York Times *dijo:* "Heart Unit Backs Reduction in Fat", *The New York Times*, 11 de diciembre de 1960, p. 1.
69 *"mientras que la gente una vez pensó":* Jonathan Probber, "Is Nothing Sacred? Milk's American Appeal Fades", *The New York Times*, 18 de febrero de 1987.
69 *"genocida":* Citado en William Borders, "New Diet Decried by Nutritionists: Dangers Are Seen in Low Carbohydrate Intake", *The New York Times*, 7 de julio de 1965.
70 *Un artículo que escribió en 1985:* Jane E. Brody, "America Leans to a Healthier Diet", *New York Times Magazine*, 13 de octubre de 1985.
71 *su equipo identificó [...] Zukel no pudo encontrar diferencias:* William J. Zukel *et al.*, "A Short-Term Community Study of the Epidemiology of Coronary Heart Disease: A Preliminary Report on the North Dakota Study", *American Journal of Public Health and the Nation's Health*, vol. 49, núm. 12, 1959, pp. 1630-1639.
71 *En Irlanda, investigadores analizaron:* Aileen Finegan *et al.*, "Diet and Coronary Heart Disease: Dietary Analysis on 100 Male Patients", *American Journal of Clinical Nutrition*, vol. 21, núm. 2, 1968, pp. 143-148.
71 *en 50 mujeres de mediana edad:* Aileen Finegan *et al.*, "Diet and Coronary Heart Disease: Dietary Analysis on 50 Female Patients", *American Journal of Clinical Nutrition*, vol. 21, núm. 1, 1969, pp. 8-9.
71 *Malhotra estudió la enfermedad:* S. L. Malhotra, "Epidemiology of Ischaemic Heart Disease in Southern India with Special Reference to Causation", *British Heart Journal*, vol. 29, núm. 6, 1967, p. 898; S. L. Malhotra, "Geographical Aspects of Acute Myocardial Infarction in India with Special Reference to Patterns of Diet and Eating", *British Heart Journal*, vol. 29, núm. 3, 1967, pp. 337-344.
72 *"comer más productos lácteos fermentados":* S. L. Malhotra, "Dietary Factors and Ischaemic Heart Disease", *American Journal of Clinical Nutrition*, vol. 24, núm. 10, 1971, p. 1197.
72 *"increíblemente baja" [...] cantidades de grasas animales:* Clarke Stout *et al.*, "Unusually Low Incidence of Death from Myocardial Infarction: Study of Italian American Community in Pennsylvania", *Journal of the American Medical Association*, vol. 188, núm. 10, 1964, pp. 845-849.
72 *La mayoría de los 179 hombres de Roseto [...] los años que duró el estudio:* Idem.

72 *"una publicidad mundial extravagante"*: Ancel Keys, "Arteriosclerotic Heart Disease in Roseto, Pennsylvania", *Journal of the American Medical Association*, vol. 195, núm. 2, 1966, pp. 137-139.

73 *Keys concluyó que la información de Roseto*: Ibidem, p. 139.

73 *recolectó cada estudio que pudo encontrar:* Frank W. Lowenstein, "Epidemiologic Investigations in Relation to Diet in Groups Who Show Little Atherosclerosis and Are Almost Free of Coronary Ischemic Heart Disease", *American Journal of Clinical Nutrition*, vol. 15, núm. 3, 1964, pp. 175-186.

73 *El tipo de grasa también variaba dramáticamente:* Idem.

74 *Resistir estos "ídolos de la mente":* Francis Bacon, *Novum Organum Scientiarum*, Inglaterra, 1620, libro 1, p. XXXIV.

74 *Karl Popper:* Karl Popper, *Objective Knowledge: An Evolutionary Approach*, edición revisada, Oxford, Clarendon Press, 1979, p. 81.

74 *Docenas de pruebas:* Primeras pruebas clínicas que no apoyaron la hipótesis de la dieta y el corazón: Un Comité de Investigación, "Low-Fat Diet in Myocardial Infarction: A Controlled Trial", *The Lancet*, vol. 2, núm. 7411, 1965, pp. 501-504; Comité de Investigación del Consejo de Investigación Médica, "Controlled Trial of Soya-bean Oil in Myocardial Infarction", *The Lancet*, vol. 2, núm. 7570, 1968, pp. 693-699; J. M. Woodhill *et al.*, "Low Fat, Low Cholesterol Diet in Secondary Prevention of Coronary Heart Disease", *Advances in Experimental Medicine and Biology*, núm. 109, 1978, pp. 317-330; Marvin L. Bierenbaum *et al.*, "Modified-Fat Dietary Management of the Young Male with Coronary Disease", *Journal of the American Medical Association*, vol. 202, núm. 13, 1967, pp. 59-63.

75 *Ahrens ya estaba en contra:* Ahrens *et al.*, "Dietary Control of Serum Lipids in Relation to Atherosclerosis", p. 1906.

75 *cromatografía con ácido silícico:* Jules Hirsch y Edward H. Ahrens, Jr., "The Separation of Complex Lipide Mixtures by Use of Silic Acid Chromatography", *Journal of Biological Chemistry*, vol. 233, núm. 2, 1958, pp. 311-320.

75 *revelaron consistentemente que estos triglicéridos:* Edward H. Ahrens Jr. *et al.*, "The Influence of Dietary Fats on Serum-Lipid Levels in Man", *The Lancet*, vol. 272, núm. 6976, 1957, pp. 943-953; Edward H. Ahrens Jr. *et al.*, "Carbohydrate-Induced and Fat-Induced Lipemia", *Transactions of the Association of American Physicians*, núm. 74, 1961, pp. 134-146; J. L. Knittle y Edward H. Ahrens, Jr., "Carbohydrate Metabolism in Two Forms of Typerglyceridemia", *Journal of Clinical Investigation*, núm. 43, 1964, pp. 485-495; Edward H. Ahrens, Jr., "Carbohydrates, Plasma Triglycerides, and Coronary Heart Disease", *Nutrition Reviews*, vol. 44, núm. 2, 1986, pp. 60-64.

75 *los niveles altos de triglicéridos eran mucho más comunes:* Margaret J. Albrink, "The Significance of Serum Triglycerides", *Journal of the American Dietetic Association*, núm. 42, 1963, pp. 29-31.

75 *un puñado de investigadores confirmó:* P. T. Kuo *et al.*, "Dietary Carbohydrates in Hyperlipemia (Hyperglyceridemia); Hepatic and Adipose Tissue Lipogenic Activities", *American Journal of Clinical Nutrition*, vol. 20, núm. 2, 1967, pp. 116-125; L. E. Bottiger y L. A. Carlson, "Serum Glucoproteins in Men with Myocardial Infarction", *Journal of Atherosclerosis Research*, núm. 1, 1961, pp. 184-188.

75 *Ahrens descubrió que los triglicéridos:* Edward H. Ahrens Jr. *et al.*, "Carbohydrate-Induced and Fat-Induced Lipemia", *Transactions of the Association of American Physicians*, núm. 74, 1961, p. 136.

75 *mientras la comparaba con una probeta: Idem.*

76 *"proceso químico normal que se da": Ibidem,* p. 134.

76 *la gente pobre del Japón rural tenía un bajo conteo de triglicéridos:* Ancel Keys y Noboru Kimora, "Diets of Middle-Aged Farmers in Japan", *American Journal of Clinical Nutrition*, vol. 23, núm. 2, 1970, p. 219.

76 *Albrink expuso un escenario:* Margaret J. Albrink, "Triglycerides, Lipoproteins, and Coronary Artery Disease", *Archives of Internal Medicine*, vol. 109, núm. 3, 1962, pp. 345-359.

78 *"Pero hablemos [...] No, nosotros estamos investigando esto [...], siempre se opuso a cualquier declaración":* Jeremiah Stamler, entrevista con la autora, 22 de abril de 2009.

78 *"¡Y Yudkin!" [...] "sinvergüenza": Idem.*

78 *Raymond Reiser, escribió:* Raymond Reiser, "Saturated Fat in the Diet and Serum Cholesterol Concentration: A Critical Examination of the Literature", *American Journal of Clinical Nutrition*, vol. 26, núm. 5, 1973, pp. 524-555.

78 *una réplica de 24 páginas:* Ancel Keys, Francisco Grande y Joseph T. Anderson, "Bias and Misrepresentation Revisited: 'Perspective' on Saturated Fat", *American Journal of Clinical Nutrition*, vol. 27, núm. 2, 1974; "espejos deformantes", p. 188; "distorsión típica", p. 191; "oración de 16 palabras", 189; "pomposamente dice", 209; "ignora completamente", 209; "no tiene entendimiento", p. 209.

78 *defendió [...] breve carta:* Raymond Reiser, "Saturated Fat: A Rebuttal", *American Journal of Clinical Nutrition*, vol. 27, núm. 3, 1974, p. 229.

79 *terminaron confirmando sus hallazgos:* Kurt Biss *et al.*, "Some Unique Biologic Characteristics of the Masai of East Africa", *New England Journal of Medicine*, vol. 284, núm. 13, 1971, pp. 694-699.

79 *Sus cifras de colesterol eran un cuarto más elevadas:* José Day *et al.*, "Anthropometric, Physiological and Biochemical Differences between Urban and Rural Masai", *Atherosclerosis*, vol. 23, núm. 2, 1976, pp. 357-361.

79 *"nómadas primitivos no son relevantes":* Ancel Keys, "Coronary Heart Disease—The Global Picture", *Atherosclerosis*, vol. 22, núm. 2, 1975, p. 153.

80 *consideraba un mejor punto de referencia:* Ancel Keys y Margaret Keys, *How to Eat Well and Stay Well the Mediterranean Way*, Garden City, Nueva York, Doubleday, 1975, p. XI.

NOTAS

80 *"el camino de guirnaldas"* [...] *"¡Y qué caída!"*: Vilhjalmur Stefansson, *The Fat of the Land*, edición inglesa de *Not by Bread Alone* (1946), Nueva York, Macmillan, 1956, p. XXX.

80 *"su bizarra forma de vida"* [...] *"de sebo"* [...] *"ninguna manera"* [...] *"demostró una excepción"*: Ancel Keys, "Diet and the Epidemiology of Coronary Heart Disease", *Journal of the American Medical Association*, vol. 164, núm. 17, 1957, p. 1913.

80 *"¿Sería bueno o malo para ustedes?"* [...] *"cortes 'finos' "*: Fredrick J. Stare, comentado en *The Fat of the Land*, p. XXXI.

81 *termina recomendando*: Ibidem, p. XII.

81 *anunciaron su primer gran descubrimiento*: William B. Kannel *et al.*, "Factors of Risk in Development of Coronary Heart Disease—Six-Year Follow-up Experience. The Framingham Study", *Annals of Internal Medicine*, vol. 55, núm. 1, 1961, pp. 33-50.

82 *"de alguna manera íntimamente relacionado"*: "Findings of Framingham Diet Study Clarified", *The News*, Framingham-Natick, viernes 30 de octubre de 1970, p. 36.

82 *del colesterol total no era ni remotamente tan fuerte*: Keaven M. Anderson, William P. Castelli y Daniel Levy, "Cholesterol and Mortality: 30 Years of Follow-up from the Framingham Study", *Journal of the American Medical Association*, vol. 257 núm. 16, 1987, pp. 2176-2180.

82 *no se pudo encontrar*: Carl C. Seltzer, "The Framingham Heart Study Shows No Increases in Coronary Heart Disease Rates from Cholesterol Values of 205-264 mg/dL", *Giornale Italiano di Cardiologia*, vol. 21, núm. 6, Padua, 1991, p. 683.

82 *De hecho, la mitad de la gente*: Anderson, Castelli y Levy, "Cholesterol and Mortality".

83 *"había un aumento de 11%"*: Ibidem, p. 2176.

83 *muchos estudios grandes han encontrado resultados similares*: Entre ellos están M. M. Gertler *et al.*, "Long-Term Follow-up Study of Young Coronary Patients", *American Journal of Medical Sciences*, vol. 247, núm. 2, 1964, p. 153; Charles W. Frank, Eve Weinblatt y Sam Shapiro, "Angina Pectoris in Men", *Circulation*, vol. 47, núm. 3, 1973, pp. 509-517; Risteard Mulcahy *et al.*, "Factors Influencing Long-Term Prognosis in Male Patients Surviving a First Coronary Attack", *British Heart Journal*, vol. 37, núm. 2, 1975, pp. 158-165.

83 *del estudio que dirigía Mann*: George V. Mann *et al.*, "Diet and Cardiovascular Disease in the Framingham Study I. Measurement of Dietary Intake", *American Journal of Clinical Nutrition*, vol. 11, núm. 3, 1962, pp. 200-225.

83 *"No se encontró ninguna relación"*: William B. Kannel y Tavia Gordon, "The Framingham Study: An Epidemiological Investigation of Cardiovascular Disease", sección 24, texto inédito, Washington, D. C., Instituto Nacional de Corazón, Pulmón y Sangre, 1987.

NOTAS

83 *"Eso les aguadó [...] querían que descubriéramos"*: George V. Mann, entrevista con la autora, 5 de octubre de 2005.

83 *"es una clase de mentira"*: George V. Mann, "A Short History of the Diet/Heart Hypothesis", en *Coronary Heart Disease: The Dietary Sense and Nonsense. An Evaluation by Scientists*, edición de George V. Mann para la Sociedad Veritas, Londres, Janus, 1993, p. 9.

84 *"entre más grasa saturada comía una persona"*: William P. Castelli, "Concerning the Possibility of a Nut [...]", *Archives of Internal Medicine*, vol. 152, núm. 7, 1992, pp. 1371-1372 (énfasis añadido).

84 *el problema debía estar en la recolección imprecisa*: William P. Castelli, entrevista con la autora, 16 de marzo de 2007.

84 *Un artículo que escribió*: George V. Mann, "Diet-Heart: End of an Era", *New England Journal of Medicine*, vol. 297, núm. 12, 1977, pp. 644-650.

85 *"considerablemente devastador [...] tenía razón [...] contundente y persuasiva"*: Mann, entrevista.

86 *juntos informaron "a la nación"*: "National Heart, Lung, & Blood Institute: Important Events in NHLBI History", Almanaque de los NIH, 1999, http://www.nih.gov/about/almanac/archive/1999/organization/nhlbi/history.html.

86 *presidente de la AHA trabajó de cerca*: Moore, *Fighting for Life*, pp. 99 y 271.

87 *los mismos nombres surgían continuamente*: "National Heart, Lung, & Blood Institute: Important Events in NHLBI History", Almanaque de los NIH, 1999, consultado el 15 de febrero de 2014, http://www.nih.gov/about/almanac/archive/1999/organization/nhlbi/history.html.

87 *Los presidentes de la AHA "casi siempre" dirigieron*: Moore, *Fighting for Life*, p. 98. Véanse también las pp. 271-276.

87 *White ayudó a fundar*: "The International Society of Cardiology (ISC) and CVD Epidemiology", División de Epidemiología y Salud Comunitaria de la Escuela de Salud Pública, Universidad de Minnesota, http://www.epi.umn.edu/cvdepi/essay.asp?id=186.

87 *1.5 mil millones de dólares [...] investigación de la enfermedad cardiaca*: Henry Blackburn, "Ancel Keys Lecture: The Three Beauties, Bench, Clinical, and Population Research", *Circulation*, vol. 86, núm. 4, 1992, p. 1323.

87 *100 millones de dólares al año para investigaciones*: Jan L. Breslow, "Why You Should Support the American Heart Association!", *Circulation*, vol. 94, núm. 11, 1996, pp. 3016-3022.

88 *"Era una tarea abrumadora"*: George V. Mann, "A Short History of the Diet/Heart Hypothesis", p. 12.

88 *"cantidad casi vergonzosamente alta"*: "Coronary Heart Disease and Carbohydrate Metabolism", editorial, *Journal of the American Medical Association*, vol. 201, núm. 13, 1967, pp. 164-165.

88 *"apoyado el dogma" [...] "más política que científica"*: George V. Mann, "Coronary Heart Disease—The Doctor's Dilemma", *American Heart Journal*, vol. 96, núm. 5, 1978, p. 569.

4. La ciencia fallida de las grasas saturadas versus las grasas poliinsaturadas

89 *"no se indica una relación causal":* Ancel Keys et al., "The Diet and 15-Year Death Rate in the Seven Countries Study", *American Journal of Epidemiology*, vol. 124, núm. 6, 1986, pp. 903-915.

90 *Club Anticoronario:* Norman Jolliffe, S. H. Rinzler y M. Archer, "The Anti-Coronary Club: Including a Discussion of the Effects of a Prudent Diet on the Serum Cholesterol Level of Middle-aged Men", *American Journal of Clinical Nutrition*, vol. 7, núm. 4, 1959, pp. 451-462.

90 *y les dijo que redujeran su consumo:* George Christakis et al., "Summary of the Research Activities of the Anti-Coronary Club", *Public Health Reports*, vol. 81, núm. 1, 1966, pp. 64-70.

91 *informó el New York Times:* Robert K. Plumb, "Diet Linked to Cut in Heart Attacks", *New York Times*, 17 de mayo de 1962, p. 39.

91 *"de cierta manera inusuales" [...] factores de riesgo [...] Ese resultado se enterró:* George Christakis et al., "Effect of the Anti-Coronary Club Program on Coronary Heart Disease Risk-Factor Status", *Journal of the American Medical Association*, vol. 198, núm. 6, 1966, pp. 597-604.

92 *prueba de los veteranos de Los Ángeles:* Seymour Dayton et al., "A Controlled Clinical Trial of a Diet High in Unsaturated Fat in Preventing Complications of Atherosclerosis", *Circulation*, vol. 40, núm. 1, suplemento 2, 1969, p. II/1.

92 *murieran de cáncer:* Morton Lee Pearce y Seymour Dayton, "Incidence of Cancer in Men on a Diet High in Polyunsaturated Fat", *The Lancet*, vol. 297, núm. 7697, 1971, pp. 464-467.

92 *"¿No era posible" [...] "que una dieta":* Dayton et al., "A Controlled Clinical Trial of a Diet High in Unsaturated Fat", p. II/2.

92 *De hecho, resulta que la curva ascendente del consumo de aceite vegetal:* Tanya Blasbalg et al., "Changes in Consumption of Omega-3 and Omega-6 Fatty Acids in the United States during the 20th Century", *American Journal of Clinical Nutrition*, vol. 93, núm. 5, 2011, pp. 950-962.

93 The Lancet, *escribieron una crítica fulminante:* "Diet and Atherosclerosis", editorial, *The Lancet*, vol. 294, núm. 7627, 1969, pp. 939-940.

93 *defendió su estudio en una carta:* Pearce y Dayton, "Incidence of Cancer in Men on a Diet High in Polyunsaturated Fat", pp. 464-467.

93 *un experto en nutrición:* Barbara V. Howard, entrevista con la autora, 13 de junio de 2005.

94 *"ejercía un efecto preventivo sustancial":* Osmo Turpeinen et al., "Dietary Prevention of Coronary Heart Disease: The Finnish Mental Hospital Study", *International Journal of Epidemiology*, vol. 8, núm. 2, 1979, pp. 99-118.

94 *Pero una observación más detallada revela:* Matti Miettinen et al., "Effect of Cholesterol-Lowering Diet on Mortality from Coronary Heart-Disease and Other Causes: A Twelve-Year Clinical Trial in Men and Women", *The Lancet*, vol. 300, núm. 7782, 1972, pp. 835-838.

94 *criticar el estudio en una carta:* M. Halperin, Jerome Cornfield y S. C. Mitchell, "Letters to the Editor: Effect of Diet on Coronary-Heart-Disease Mortality", *The Lancet*, vol. 302, núm. 7826, 1973, pp. 438-439.

94 *"no era ideal" [...] "quizá nunca se realice" [...] "no vemos":* Matti Miettinen et al., "Effect of Diet on Coronary-Heart-Disease Mortality", *The Lancet*, vol. 302, núm. 7840, 1973, pp. 1266-1267.

95 *dividió a sus sujetos en dos grupos:* Paul Leren, "The Effect of Plasma Cholesterol Lowering Diet in Male Survivors of Myocardial Infarction: A Controlled Clinical Trial", *Acta Medica Scandinavica Supplementum*, núm. 466, 1966, pp. 1-92.

95 *una dieta noruega tradicional [...] 40 por ciento de grasa:* Ibidem, p. 35.

95 *una dieta "para bajar el colesterol":* Ibidem, p. 27.

95 *las dietas contenían alrededor de la misma cantidad de grasa:* Ibidem, p. 82.

95 *"no se recibió con entusiasmo":* Ibidem, p. 30.

95 *Leren publicó sus hallazgos:* Idem.

96 *comiendo una gran cantidad de margarina dura y aceites de pescado hidrogenados:* Ibidem, p. 35.

98 *Swift & Co. prepararía margarinas personalizadas:* Grupo Nacional de Investigación del Estudio de la Dieta y el Corazón, "The National Diet Heart Study Final Report", *American Heart Association Monograph*, núm. 18, en *Circulation*, vols. 37 y 38, suplemento 1, 1968, apéndice 1B, p. I/7.

98 *tortitas de carne y hot dogs [...] dos huevos normales:* Grupo Nacional de Investigación del Estudio de la Dieta y el Corazón, "The National Diet Heart Study Final Report", pp. I/100-I/116.

98 *"ama de casa haría su pedido [...] se hizo muy bien":* Stamler, entrevista, 22 de abril de 2009.

98 *decía Stamler:* Jeremiah Stamler, entrevista con la autora, 22 de abril de 2009.

98 *varias pruebas de confirmación:* Ibidem, pp. I/10-I/11.

99 *investigadores estudiaron a los israelíes:* S. H. Blondheim et al., "Unsaturated Fatty Acids in Adipose Tissue of Israeli Jews", *Israel Journal of Medical Sciences*, vol. 12, núm. 7, 1976, p. 658.

99 *para promover una dieta "prudente":* Stamler, entrevista, 22 de abril de 2009.

99 *de acuerdo con dos estimaciones académicas:* Blasbalg et al., "Changes in Consumption of Omega-3 and Omega-6 Fatty Acids", pp. 950-962; Penny M. Kris-Etherton et al., "Polyunsaturated Fatty Acids in the Food Chain in the United States", *American Journal of Clinical Nutrition*, vol. 71, núm. 1, suplemento, 2000, pp. 179S-186S.

100 *la AHA recomienda actualmente:* William S. Harris *et al.*, "Omega-6 Fatty Acids and Risk for Cardiovascular Disease: A Science Advisory from the American Heart Association Nutrition Subcommittee of the Council on Nutrition, Physical Activity, and Metabolism; Council on Cardiovascular Nursing; and Council on Epidemiology and Prevention", *Circulation*, vol. 199, núm. 6, 2009, pp. 902-907.

100 *en varios experimentos:* Los estudios se listan en Hans Kaunitz y Ruth E. Johnson, "Exacerbation of the Heart and Liver Lesions in Rats by Feeding Various Mildly Oxidized Fats", *Lipids*, vol. 8, núm. 6, 1973, pp. 329-336. El experimento más famoso fue G. A. Rose, W. B. Thompson y R. T. Williams, "Corn Oil in Treatment of Ischaemic Heart Disease", *British Medical Journal*, vol. 1, núm. 5449, 1965, pp. 1531-1533.

100 *Algunos aceites de semilla de algodón y ajonjolí [...] Thomas Jefferson lo intentó:* David S. Shields, "Prospecting for Oil", *Gastronómica*, vol. 10, núm. 4, 2010, pp. 25-34.

102 *"se ha convertido en una estampida":* Karl Robe, "Focus Gets Clearer on Confused Food Oil Picture", *Food Processing*, diciembre de 1961, p. 62.

102 *"cantidades más y más elevadas de aceites poliinsaturados":* Idem.

102 *Stamler reeditó su libro de 1963 [...] apoyo "significativo" a la investigación:* Alton Blakeslee y Jeremiah Stamler, *Your Heart Has Nine Lives: Nine Steps to Heart Health*, Nueva York, Pocket Books, 1966.

103 *"deben formar alianzas con":* Stamler, entrevista, 22 de abril de 2009.

105 *campaña de publicidad masiva:* Gary R. List y M. A. Jackson, "Giants of the Past: The Battle over Hydrogenation (1903-1920)", *Inform*, vol. 18, núm. 6, 2007, p. 404.

105 *"nueva" y "mejor" [...] "un impacto [...] menos progresista" [...] mujer moderna [...]"abuela" [...] "rueca":* Procter & Gamble Company, "The Story of Crisco", en *The Story of Crisco: 250 Tested Recipes*, por Marion Harris Neil, Cincinnati, Ohio, Procter & Gamble, 1914, p. 6 (las cursivas son del original).

105 *más fácil de digerir:* Ibidem, p. 5.

105 *"habitaciones brillantes" [...] "superficies metálicas":* Ibidem, p. 10.

106 *"Los olores de la cocina":* Ibidem, p. 12.

106 *40 veces en sólo cuatro años:* F. J. Massiello, "Changing Trends in Consumer Margarines", *Journal of the American Oil Chemists Society*, vol. 55, núm. 2, 1978, pp. 262-265.

106 *750 millones [...] 65 plantas [...] octavo lugar [...] siempre a la cabeza:* "Focus", *Journal of the American Oil Chemists Society*, vol. 61, núm. 9, 1984, p. 1434.

106 *"'Crisco' las sustituyó":* Procter & Gamble, en *The Story of Crisco*, p. 6.

107 *"la inventiva del ingenio humano depravado":* Citado en Richard A. Ball y J. Robert Lilly, "The Menace of Margarine: The Rise and Fall of a Social Problem", *Social Problems*, vol. 29, núm. 5, 1982, p. 492.

107 *llamar "estafadores" a los fabricantes de margarina:* Eugene O. Porter, "Oleomargarine: Pattern for State Trade Barriers", *Southwestern Social Science Quarterly*, núm. 29, 1948, pp. 38-48.
107 *"De acuerdo con el Título 6":* En S. F. Riepma, *The Story of Margarine*, Washington, D. C., Public Affairs Press, 1970, p. 51.
108 *Mazola se publicitaba:* "Mazola Corn Oil (1960)—Classic TV Commercial", YouTube, consultado el 4 de enero de 2014, http://www.youtube.com/watch?v=Y7PW0jUqWeA.
108 *Las primeras margarinas contenían muchas más grasas trans:* Walter H. Meyer, carta a Fred A. Kummerow, 22 de mayo de 1967, en posesión de la autora.
110 *"todo el arsenal habido y por haber":* Jeremiah Stamler, entrevista con la autora, 1° de mayo de 2009.
110 *Los resultados, anunciados en septiembre de 1982:* Grupo de Investigación de la Prueba de Intervención con Factores de Riesgo Múltiples, "Multiple Risk Factor Intervention Trial: Risk Factor Changes and Mortality Results", *Journal of the American Medical Association*, vol. 248, núm. 12, 1982, pp. 1465-1477.
111 *propusieron varias explicaciones posibles: Ibidem*, p. 1476.
111 MRFIT *provocó comentarios:* Por ejemplo, George D. Lundberg, "MRFIT and the Goals of the Journal", *Journal of the American Medical Association*, vol. 248, núm. 12, 1982, p. 1501.
111 *grupo en tratamiento tenía:* Barbara J. Shaten *et al.*, "Lung Cancer Mortality after 16 Years in MRFIT Participants in Intervention and Usual-Care Groups: Multiple Risk Factor Intervention Trial", *Annals of Epidemiology*, vol. 7, núm. 2, 1997, pp. 125-136.
111 *"¡No lo sé! […] ¡No racionalizado!":* Stamler, entrevista, 1° de mayo de 2009.
111 *"frágil, pero fiero":* Ronald M. Krauss, entrevista con la autora, 2 de julio de 2012.
111 *Una de las cosas que me dijo Stamler:* Stamler, entrevista, 22 de abril de 2009.
111 *encontrado un vínculo entre bajar el colesterol:* Incluían a Pearce y Dayton, "Incidence of Cancer in Men on a Diet High in Polyunsaturated Fat", pp. 464-467; Uris E. Nydegger y Rene E. Butler, "Serum Lipoprotein Levels in Patients with Cancer", *Cancer Research*, vol. 32, núm. 8, 1972, pp. 1756-1760; Michael Francis Oliver *et al.*, "A Co-operative Trial in the Primary Prevention of Ischaemic Heart Disease Using Clofibrate. Report from the Committee of Principal Investigators", *Heart*, vol. 40, núm. 10, 1978, pp. 1069-1118; Robert Beaglehole *et al.*, "Cholesterol and Mortality in New Zealand Maoris", *British Medical Journal*, vol. 280, núm. 6210, 1980, pp. 285-287; J. D. Kark, A. H. Smith y C. G. Hames, "The Relationship of Serum Cholesterol to the Incidence of Cancer in Evans County, Georgia",

Journal of Chronic Diseases, vol. 33, núm. 5, 1980, pp. 311-322; M. R. García-Palmieri *et al.*, "An Apparent Inverse Relationship between Serum Cholesterol and Cancer Mortality in Puerto Rico", *American Journal of Epidemiology*, vol. 114, núm. 1, 1981, pp. 29-40; Grant N. Stemmerman *et al.*, "Serum Cholesterol and Colon Cancer Incidence in Hawaiian Japanese Men", *Journal of the National Cancer Institute*, vol. 67, núm. 6, 1981, pp. 1179-1182; Seth R. Miller *et al.*, "Serum Cholesterol and Human Colon Cancer", *Journal of the National Cancer Institute*, vol. 67, núm. 2, 1981, pp. 297-300; Djordje Kozarevic *et al.*, "Serum Cholesterol and Mortality: The Yugoslavia Cardiovascular Disease Study", *American Journal of Epidemiology*, vol. 114, núm. 1, 1981, pp. 21-28.

111 *principalmente el cáncer de colon:* Geoffrey Rose *et al.*, "Colon Cancer and Blood-Cholesterol", *The Lancet*, vol. 303, núm. 7850, 1974, pp. 181-183.

112 *tres veces más propensos a contraer cáncer de colon:* Roger R. Williams *et al.*, "Cancer Incidence by Levels of Cholesterol", *Journal of the American Medical Association*, vol. 245, núm. 3, 1981, pp. 247-252.

112 *nivel de preocupación constante:* Elias B. Gammal, Kenneth K. Carroll y Earl R. Plunkett, "Effects of Dietary Fat on the Uptake and Clearance of 7,12-Dimethylbenz(α)anthacene by Rat Mammary Tissue", *Cancer Research*, vol. 28, núm. 2, 1968, pp. 384-385.

112 *Otros estudios de este tiempo llevaron a la suposición de que el aceite de maíz podría:* Arthur J. Patek *et al.*, "Cirrhosis-Enhancing Effect of Corn Oil", *Archives of Pathology*, vol. 82, núm. 6, 1966, pp. 596-601.

112 *los investigadores de los* NIH: Hirotsuga Ueshima, Minoru Iida y Yoshio Komachi, "Letter to the Editor: Is It Desirable to Reduce Total Serum Cholesterol Level as Low as Possible?", *Preventive Medicine*, vol. 8, núm. 1, 1979, pp. 104-105.

112 *evidencia sobre el tema:* Manning Feinleib, "On a Possible Inverse Relationship Between Serum Cholesterol and Cancer Mortality", *American Journal of Epidemiology*, vol. 114, núm. 1, 1981, pp. 5-10; Manning Feinleib, "Summary of a Workshop on Cholesterol and Noncardiovascular Disease Mortality", *Preventive Medicine*, vol. 11, núm. 3, 1982, pp. 360-367.

112 *claramente consternado [...] "todavía más desconcertante":* Manning Feinleib, entrevista con la autora, 20 de abril de 2009.

113 *se vería especialmente mal para los hombres sanos:* Stephen B. Hulley, Judith M. B. Walsh y Thomas B. Newman, "Health Policy on Blood Cholesterol. Time to Change Directions", *Circulation*, vol. 86, núm. 3, 1992, pp. 1026-1029.

113 *Cuando le mencioné todo esto a Stamler:* Stamler, entrevista, 1º de mayo de 2009.

113 *bioquímico Iván Frantz les dio de comer:* Iván D. Frantz *et al.*, "Test of Effect of Lipid Lowering by Diet on Cardiovascular Risk", *Arteriosclerosis, Thrombosis, and Vascular Biology*, vol. 9, núm. 1, 1989, pp. 129-135.

NOTAS

114 *los investigadores no pudieron encontrar:* Idem.
114 *"decepcionados por cómo resultó":* Citado en Gary Taubes, *Good Calories, Bad Calories: Fats, Carbs, and the Controversial Science of Diet and Health*, Nueva York, Alfred A. Knopf, 2007, p. 38.
115 *Pero los resultados [...] "riesgo de muerte":* Richard B. Shekelle *et al.*, "Diet, Serum Cholesterol, and Death from Coronary Heart Disease: The Western Electric Study", *New England Journal of Medicine*, vol. 304, núm. 2, 1981, p. 68.
115 *era adorar a Dios:* Jack H. Medalie *et al.*, "Five-Year Myocardial Infarction Incidence— II. Association of Single Variables to Age and Birthplace", *Journal of Chronic Disease*, vol. 26, núm. 6, 1973, pp. 325-349.
115 *"No tenía un efecto INDEPENDIENTE":* Stamler, entrevista, 22 de abril de 2009.
116 *otro gran estudio epidemiológico [...] una dieta casi vegetariana:* Noboru Kimura, "Changing Patterns of Coronary Heart Disease, Stroke, and Nutrient Intake in Japan", *Preventive Medicine*, vol. 12, núm. 1, 1983, pp. 222-227; Hirotsugu Ueshima, Kozo Tatara y Shintaro Asakura, "Declining Mortality from Ischemic Heart Disease and Changes in Coronary Risk Factors in Japan, 1956-1980", *American Journal of Epidemiology*, vol. 125, núm. 1, 1987, pp. 62-72. Estoy en deuda con Uffe Ravnskov, *The Cholesterol Myths: Exposing the Fallacy that Saturated Fat and Cholesterol Cause Heart Disease*, Washington, D. C., New Trends Publishing, 2000, por buscar estos estudios en Japón.
116 *índices más bajos de enfermedad cardiaca que sus compatriotas:* Hiroo Kato *et al.*, "Epidemiologic Studies of Coronary Heart Disease and Stroke in Japanese Men Living in Japan, Hawaii and California", *American Journal of Epidemiology*, vol. 97, núm. 6, 1973, pp. 372-385; M. G. Marmot *et al.*, "Epidemiologic Studies of Coronary Heart Disease and Stroke in Japanese Men Living in Japan, Hawaii and California: Prevalence of Coronary and Hypertensive Heart Disease and Associated Risk Factors", *American Journal of Epidemiology*, vol. 102, núm. 6, 1975, pp. 514-525.
117 *"submuestra del grupo en San Francisco":* Kato *et al.*, "Epidemiologic Studies of Coronary Heart Disease and Stroke in Japanese Men", p. 373.
117 *claramente, éste no era el "mismo método":* Jeanne L. Tillotson *et al.*, "Epidemiology of Coronary Heart Disease and Stroke in Japanese Men Living in Japan, Hawaii, and California: Methodology for Comparison of Diet", *American Journal of Clinical Nutrition*, vol. 26, núm. 2, 1973, pp. 117-184.
117 *mayor incidencia de infarto:* Robert M. Worth *et al.*, "Epidemiologic Studies of Coronary Heart Disease and Stroke in Japanese Men Living in Japan, Hawaii and California: Mortality", *American Journal of Epidemiology*, vol. 102, núm. 6, 1975, pp. 481-490; Abraham Kagan *et al.*, "Trends in Stroke Incidence and Mortality in Hawaiian Japanese Men", *Stroke*, vol. 25, núm. 6, 1994, pp. 1170-1175; sobre la relación con la grasa animal, véase Y. Takeya, J. S. Popper, Y. Shimizu, H. Kato, G. G. Rhoads y Abra-

ham Kagan, "Epidemiologic Studies of Coronary Heart Disease and Stroke in Japanese Men Living in Japan, Hawaii and California: Incidence of Stroke in Japan and Hawaii", *Stroke*, vol. 15, núm. 1, 1994, pp. 15-23.

117 *índices más altos de hemorragias cerebrales fatales:* Heizo Tanaka *et al.*, "Risk Factors for Cerebral Hemorrhage and Cerebral Infarction in a Japanese Rural Community", *Stroke*, vol. 13, núm. 1, 1982, pp. 62-73.

118 *intentaron descartar estos hallazgos:* Hirotsugu Ueshima, Minoru Iida y Yoshio Komachi, "Letter to the Editor: Is It Desirable to Reduce Total Serum Cholesterol Level as Low as Possible?", *Preventive Medicine*, vol. 8, núm. 1, 1979, pp. 104-111; para las respuestas, véase Henry Blackburn, Ancel Keys y David R. Jacobs, *Preventive Medicine*, vol. 8, núm. 1, 1979, p. 109; William Kannel, *Preventive Medicine*, vol. 8, núm. 1, 1979, pp. 106-107.

118 *han perdurado hasta la actualidad en Japón:* T. Tanaka y T. Okamura, "Blood Cholesterol Level and Risk of Stroke in Community-Based or Worksite Cohort Studies: A Review of Japanese Cohort Studies in the Past 20 Years", *Keio Journal of Medicine*, vol. 61, núm. 3, Tokio, 2012, pp. 79-88.

118 The Lancet *sacó provecho:* "Can I Avoid a Heart Attack?", editorial, *The Lancet*, vol. 303, núm. 7858, 1974, p. 605.

118 *"componente emocional muy fuerte"* [...] *"bajar el colesterol":* Michael Oliver, entrevista con la autora, 1° de mayo de 2009.

119 *"no era científico":* A. Gerald Shaper, entrevista con Henry Blackburn, en "Preventing Heart Attack and Stroke: A History of Cardiovascular Disease Epidemiology", consultado el 14 de febrero de 2014, http://www.epi.umn.edu/cvdepi/interview.asp?id=64.

119 *"no hay prueba de que dicha actividad compense":* "Can I Avoid a Heart Attack?", p. 605.

119 *"La cura no debería ser peor":* Ibidem, p. 607.

119 *De hecho, Seymour Dayton estaba preocupado:* Dayton *et al.*, "A Controlled Clinical Trial of a Diet High in Unsaturated Fat", p. II/57.

119 *Los expertos ahora lamentan:* Martijn B. Katan, Scott M. Grundy y Walter C. Willett, "Should a Low-Fat, High-Carbohydrate Diet Be Recommended for Everyone? Beyond Low-Fat Diets", *New England Journal of Medicine*, vol. 337, núm. 8, 1997, pp. 563-566.

119 *"Sinceramente creo que no deberíamos":* Edward H. Ahrens, Jr., "Drugs Spotlight Program: The Management of Hyperlipidemia: Whether, Rather than How", *Annals of Internal Medicine*, vol. 85, núm. 1, 1976, p. 92.

120 *tales "proporciones inimaginables":* Hans Kaunitz, "Importance of Lipids in Arteriosclerosis: An Outdated Theory", en Comité Selecto sobre Nutrición y Necesidades Humanas del Senado de Estados Unidos, *Dietary Goals for the United States—Supplemental Views*, Washington, D. C., Oficina de Imprenta del Gobierno de Estados Unidos, 1977, pp. 42-54.

120 *de acuerdo con el experto en colesterol Daniel Steinberg:* Daniel Steinberg, "An Interpretive History of the Cholesterol Controversy. Part II. The Early Evidence Linking Hypercholesterolemia to Coronary Disease in Humans", *Journal of Lipid Research*, vol. 46, núm. 2, 2005, p. 189.

5. La dieta baja en grasa llega a Washington

121 *anteriormente había lidiado con problemas de hambruna:* William J. Broad, "NIH Deals Gingerly with Diet-Disease Link", *Science*, vol. 204, núm. 4398, 1979, pp. 1175-1178.
123 *Mottern las encontraba desagradables:* Nick Mottern, entrevista con la autora, 25 de marzo de 2009.
123 *creía que la industria de la carne era completamente corrupta:* Mottern, entrevista.
123 *A sus ojos, la controversia lanzaba:* Mottern, entrevista.
123 *"del bueno contra el malo":* Marshall Matz, entrevista con la autora, 29 de marzo de 2009.
123 *"Los admiraba":* Mottern, entrevista.
126 *investigadores informaron que los hombres adventistas del séptimo día:* Roland L. Phillips *et al.*, "Coronary Heart Disease Mortality among Seventh-Day Adventists with Differing Dietary Habits: A Preliminary Report", *American Journal of Clinical Nutrition*, vol. 31, núm. 10, 1978, pp. S191-S198.
126 *Las mujeres, en cambio, no vieron ningún beneficio:* Paul K. Mills *et al.*, "Cancer Incidence among California Seventh-Day Adventists, 1976-1982", *American Journal of Clinical Nutrition*, vol. 59, núm. 5, 1994, pp. S1136-S1142.
126 *esta variación sola pudo haber explicado:* Rekha Garg, Jennifer H. Madans y Joel C. Kleinman, "Regional Variation in Ischemic Heart Disease Incidence", *Journal of Clinical Epidemiology*, vol. 45, núm. 2, 1992, pp. 149-156.
126 *Incluso el director del estudio reconoció:* Gary E. Fraser, Joan Sabate y W. Lawrence Beeson, "The Application of the Results of Some Studies of California Seventh-Day Adventists to the General Population", *Archives of Internal Medicine*, vol. 115, núm. 4, 1993, p. 533.
127 *"Riesgos: más carne roja, más mortalidad":* Nicholas Bakalar, "Risks: More Red Meat, More Mortality", *The New York Times*, 12 de marzo de 2012.
127 *una investigación que indicaba cómo sólo 90:* An Pan *et al.*, "Red Meat Consumption and Mortality: Results from 2 Prospective Cohort Studies", *Archives of Internal Medicine*, vol. 172, núm. 7, 2012, pp. 555-563.
127 *el aumento en el riesgo de mortandad:* Calculado por Zoe Harcombe, "Red Meat & Mortality & the Usual Bad Science", Because Everything You Think About Obesity Is Wrong (blog), 13 de marzo de 2012, consultado

el 13 de febrero de 2014, http://www.zoeharcombe.com/2012/03/red-meat-mortality-the-usual-bad-science/#_ednref2.
128 *de los mayores consumidores de carne:* Pan et al., "Red Meat Consumption and Mortality", p. 557.
129 *estadísticas generalmente concuerdan:* Descrito en Gary Taubes, "Do We Really Know What Makes Us Healthy?", *New York Times Magazine*, 16 de septiembre de 2007.
129 *la diferencia registrada:* Fondo Mundial para la Investigación del Cáncer e Instituto Americano para la Investigación del Cáncer, *Food, Nutrition, Physical Activity, and the Prevention of Cancer: A Global Perspective*, Washington, D. C., Instituto Americano para la Investigación del Cáncer, 2007, pp. 116-128.
129 *"evidencia convincente" [...] Instituto Nacional del Cáncer mismo:* Nancy Nelson, "Epidemiology in a Nutshell", *Benchmarks*, publicación en línea del Instituto Nacional del Cáncer, 8 de julio de 2002, consultado el 13 de febrero de 2014, http://benchmarks.cancer.gov/2002/07/epidemiology-in-a-nutshell; sobre "evidencia convincente", véase Fondo Mundial para la Investigación del Cáncer e Instituto Americano para la Investigación del Cáncer, *Food, Nutrition, Physical Activity, and the Prevention of Cancer*, p. 116.
129 *Los expertos arremetieron:* A. Stewart Truswell, "Problems with Red Meat in the WCRF2", *American Journal of Clinical Nutrition*, vol. 89, núm. 4, 2009, pp. 1274-1275; Hans Konrad Biesalski, "Meat and Cancer: Meat as a Component of a Healthy Diet", *European Journal of Clinical Nutrition*, vol. 56, núm. 1, suplemento, 2002, pp. S2-S11.
130 *"Nuestra dieta ha cambiado radicalmente":* Comité Selecto sobre Nutrición y Necesidades Humanas del Senado de Estados Unidos, *Dietary Goals for the United States*, Washington, D. C., Oficina de Imprenta del Gobierno de Estados Unidos, 1977, p. 1.
130 *"rica en carne" [...] "vinculados con la enfermedad cardiaca":* Ibidem, p. 2.
130 *"enfermedades asesinas":* Ibidem, p. 1.
130 *"En este siglo":* Jane E. Brody, *Jane Brody's Good Food Book: Living the High Carbohydrate Way*, Nueva York, W. W. Norton, 1985, p. 2.
130 *ha resonado:* Geoffrey Cannon, *Food and Health: The Experts Agree*, Londres, Asociación de Consumidores, 1992.
131 *granjeros "indiferentes":* Citado en Waverley Root y Richard De Rochemont, *Eating in America: A History*, Nueva York, Morrow, 1976, p. 56.
131 *"tratando con el mismo descuido":* Ibidem, p. 81.
131 *aparentemente estaba tan gordo [...] especie ahora extinta:* Ibidem, p. 72.
132 *la comida incluía carne de res [...] no menciona:* Ibidem, p. 87.
132 *A los infantes se les daba carne:* Ibidem, p. 132.
132 *los estadounidenses comían dos veces más carne de res:* Ibidem, p. 192.

132 *precisamente por lo que los observadores consideraban:* Thomas Cooper, *Some Information Respecting America*, Londres, J. Johnson, 1794.

132 *"fondo del barril de cerdo":* James Fenimore Cooper, *The Chainbearer*, Oxford, Oxford University, 1845, pp. 82-83.

132 *comían las vísceras [...] "muy apreciada":* Root y De Rochemont, *Eating in America*, p. 40.

132 *Una encuesta de ocho mil citadinos:* Roger Horowitz, *Putting Meat on the American Table: Taste, Technology, Transformation*, Baltimore, Maryland, Johns Hopkins University Press, 2000, p. 12.

132 *Un presupuesto de alimentación publicado:* Citado en Richard Osborn Cummings, *The American and His Food: A History of Food Habits in the United States*, Chicago, University of Chicago Press, 1940, p. 264.

133 *Incluso a los esclavos [...] "Estas fuentes sí nos dan un poco de confianza":* Horowitz, *Putting Meat on the American Table*, p. 12.

133 *el pollo se consideraba [...] por sus huevos:* Ibidem, p. 103.

134 *Ambos calculados en Carrie R. Daniel:* La información de la desaparición de alimento del USDA y la encuesta de 24 horas del NHANES, con información de 1999-2004. Carrie R. Daniel *et al.*, "Trends in Meat Consumption in the USA", *Public Health Nutrition*, vol. 14 núm. 4, 2011, pp. 575-583.

134 *de acuerdo con diferentes fuentes de información gubernamental:* Daniel *et al.*, "Trends in Meat Consumption in the USA".

134 *Un informe reciente del USDA dice:* Departamento de Agricultura de Estados Unidos, *Agricultural Fact Book 2001-2002*, Washington, D. C., Oficina de Imprenta del Gobierno de Estados Unidos, 2003, p. 15.

134 *repite en los medios:* Por ejemplo, Dan Charles, "The Making of Meat Eating America", Edición de la Mañana, Radio Pública Nacional, 26 de junio de 2012.

135 *un observador del siglo XVIII:* Isaac Weld, *Travels through the States of North America, and the Provinces of Upper and Lower Canada, During the Years 1795, 1796, and 1797*, Londres, impreso para John Stockdale, Piccadilly, 1799, p. 91.

135 *"evitaran las verduras de hoja verde":* Cummings, *The American and His Food*, p. 128.

135 *la fruta y la ensalada se evitaban:* Root y De Rochemont, *Eating in America*, p. 130.

135 *"incorrecto describir a los estadounidenses":* Ibidem, p. 232.

136 *el experto más reconocido sobre enfermedad cardiaca:* Austin Flint, *A Practical Treatise on the Diagnosis, Pathology, and Treatment of Diseases of the Heart*, Filadelfia, Blanchard and Lea, 1859.

136 *Tampoco William Osler:* William Osler, *The Principles and Practice of Medicine*, 1892, reproducción de RareBooksClub.com, 2012.

136 *primera descripción clínica:* William G. Rothstein, *Public Health and the Risk Factor: A History of an Uneven Medical Revolution*, Estudios Rochester

sobre Historia de la Medicina 3, Rochester, Nueva York, University of Rochester Press, 2003.

136 *"bastantes de ellos con más de 60":* Paul D. White, "Coronary Heart Disease: Then and Now", *Journal of the American Medical Association*, vol. 203, núm. 9, 1968, p. 282.

136 *un quinto de la población de Estados Unidos:* Oficina del Censo de Estados Unidos, *Census Reports II: Twelfth Census of the United States, Taken in the Year 1900. Population, Part II*, Washington, D. C., Oficina del Censo de Estados Unidos, 1902, pp. 4-5.

136 *comparó el registro sobre dolores en el pecho:* Leon Michaels, "Aetiology of Coronary Artery Disease: An Historical Approach", *British Heart Journal*, vol. 28, núm. 2, 1966, pp. 258-264.

137 *provocó que las ventas de carne en Estados Unidos cayeran:* James Harvey Young, "The Long Struggle for the Law", Administración de Alimentos y Medicamentos de Estados Unidos, consultado el 13 de febrero de 2014, http://www.fda.gov/AboutFDA/WhatWeDo/History/CentennialofFDA/TheLongStrugglefortheLaw.

137 *no revivieron por otros 20 años:* Root y De Rochemont, *Eating in America*, p. 211.

137 *El consumo de grasa sí se elevó durante esos años:* Mohamed A. Antar, Margaret A. Ohlson y Robert E. Hodges, "Perspectives in Nutrition: Changes in Retail Market Food Supplies in the United States in the Last Seventy Years in Relation to the Incidence of Coronary Heart Disease, with Special Reference to Dietary Carbohydrates and Essential Fatty Acids", *American Journal of Clinical Nutrition*, núm. 14, 1964, pp. 169-178.

138 *hizo una excepción:* "Panel Stands by Its Dietary Goals but Eases a View on Eating Meat", *New York Times*, 24 de enero de 1978, p. A22.

138 Metas dietéticas *recomendó:* Comité Selecto sobre Nutrición y Necesidades Humanas del Senado de Estados Unidos, *Dietary Goals for the United States*, p. 6.

139 *"superado el paso del tiempo":* Marshall Matz, entrevista con el autor, 30 de marzo de 2009.

139 *Ignorado la dieta y las enfermedades durante mucho tiempo:* Janet M. Levine, "Hearts and Minds: The Politics of Diet and Heart Disease", en *Consuming Fears: The Politics of Product Risks*, Henry M. Sapolsky (ed.), Nueva York, Basic Books, 1986, pp. 40-79.

140 *13 rebanadas de pan:* Marian Burros, "In the Soda Pop Society—Can the American Diet Change for the Better?", *Washington Post*, 28 de septiembre de 1978, p. E1.

140 *"arriesgándose mucho":* Mark Hegsted, "Washington—Dietary Guidelines", Preventing Heart Attack and Stroke: A History of Cardiovascular Disease Epidemiology, Henry Blackburn (ed.), consultado el 29 de enero de 2014, http://www.epi.umn.edu/cvdepi/pdfs/Hegstedguidelines.pdf.

140 *estuvo de acuerdo el panel:* Edward H. Ahrens, Jr., "Introduction", *American Journal of Clinical Nutrition*, vol. 32, núm. 12, 1979, pp. 2627-2631.
141 *"La pregunta [...] no es":* Broad, "NIH Deals Gingerly with Diet-Disease Link", p. 1176.
141 *"hacer sus apuestas":* Robert Levy, director del NHLBI, citado en William J. Broad, "Academy Says Curb on Cholesterol Not Needed", *Science*, vol. 208, núm. 4450, 1980, p. 1355.
141 *"podían esperar beneficios":* Broad, "NIH Deals Gingerly with Diet-Disease Link", p. 1176.
141 *La publicación de* Los lineamientos dietéticos para los norteamericanos: USDA y Departamento de Salud y Servicios Humanos de Estados Unidos, *Nutrition and Your Health: Dietary Guidelines for Americans*, Boletín de Casa y Jardín, núm. 228, Washington, D. C., Administración de Ciencia y Educación, 1980.
142 *El USDA en realidad le había pedido al consejo:* Broad, "NIH Deals Gingerly with Diet-Disease Link", p. 1175.
142 *"resultados en general mediocres":* Consejo Nacional de Investigación, Junta de Alimentos y Nutrición, Academia Nacional de Ciencias, *Toward Healthful Diets*, Washington, D. C., National Academy Press, 1980.
142 *"mejor en el mundo":* Broad, "NIH Deals Gingerly with Diet-Disease Link", p. 1175.
143 *Director General de Salud Pública de Estados Unidos, quien había respondido:* Servicio de Salud Pública de Estados Unidos, Oficina del Director General de Salud Pública, *Healthy People: The Surgeon General's Report on Health Promotion and Disease Prevention*, Servicio de Salud Pública de Estados Unidos, 1979.
143 *"y la academia estaban en desacuerdo":* Hegsted, "Washington—Dietary Guidelines".
143 *Había artículos prominentes:* Jane E. Brody, "Panel Reports Healthy Americans Need Not Cut Intake of Cholesterol: Nutrition Board Challenges Notion That Such Dietary Change Could Prevent Coronary Heart Disease", *The New York Times*, 28 de mayo de 1980, p. A1; Susan Okie, "Farmers Are Gleeful, Heart Experts Quiver at Fat-Diet Findings", *Washington Post*, 29 de mayo de 1980, p. A2.
143 *adecuado editorializar:* "A Confusing Diet of Fact", editorial, *The New York Times*, 3 de junio de 1980, p. A18; "Cholesterol Does Count", editorial, *Washington Post*, 2 de junio de 1980, p. A18.
143 MacNeil/Lehrer Report: "The Cholesterol Question", *The MacNeil/Lehrer Report*, 28 de mayo de 1980.
143 *revista* People: Barbara K. Mills, "The Nutritionist Who Prepared the Pro-Cholesterol Report Defends It Against Critics", *People*, 16 de junio de 1980, pp. 58-64.

143 *El* New York Times *acusó:* "Confusing Diet of Fact", p. A18.
143 *El* Times *concluyó: Idem.*
144 Times *publicó un artículo en la primera plana:* Jane E. Brody, "Experts Assail Report Declaring Curb on Cholesterol Isn't Needed", *New York Times,* 1° de junio de 1980, p. A1.
144 *Harper sin remordimientos en una entrevista:* Alfred E. Harper, entrevista con la autora, 2 de abril de 2009.
144 *críticos llamaban:* Citado en "A Few Kind Words for Cholesterol", *Time,* 9 de junio de 1980.
145 *realizaron audiencias separadas sobre el reporte [...] reputación de la academia se quemó:* Karen De Witt, "Scientists Clash on Academy's Cholesterol Advice", *New York Times,* 20 de junio de 1980, p. A15; *National Academy of Sciences Report on Healthful Diets: Hearings before the House Subcommittee on Domestic Marketing, Consumer Relations, and Nutrition of the Committee on Agriculture, House of Representatives,* Congreso 96, segunda sesión, 1980; *Dietary Guidelines for Americans: Hearings before the House Subcommittee on Agriculture, Rural Development and Related Agencies, Committee on Appropriations,* Congreso 96, segunda sesión, 1980.
145 *juzgó la revista* Science: Nicholas Wade, "Food Board's Fat Report Hits Fire", *Science,* vol. 209, núm. 4453, 1980, p. 248.
145 *consejo editorial del* Washington Post: "Cholesterol Does Count", *Washington Post,* 2 de junio de 1980, p. 1.
146 *los resultados de la* LRC: Grupo de Estudio de la LRC, "The Lipid Research Clinics Coronary Primary Prevention Trial Results. I: Reduction in Incidence of Coronary Heart Disease", *Journal of the American Medical Association,* vol. 251, núm. 3, 1984, pp. 351-364; Grupo de Estudio de la LRC, "The Lipid Research Clinics Coronary Primary Prevention Trial Results. II: The Relationship of Reduction in Incidence of Coronary Heart Disease to Cholesterol Lowering", *Journal of the American Medical Association,* vol. 251, núm. 3, 1984, pp. 365-374.
147 *hombres cuyo colesterol bajaba:* Grupo de Estudio de la LRC, "The Lipid Research Clinics Coronary Primary Prevention Trial Results. I", p. 356.
147 *metaanálisis de seis pruebas para bajar el colesterol:* Matthew F. Muldoon, Stephen B. Manuck y Karen A. Matthews, "Lowering Cholesterol Concentrations and Mortality: A Quantitative Review of Primary Prevention Trials", *British Medical Journal,* vol. 301, núm. 6747, 1990, p. 309; sobre el colesterol bajo y la depresión: Ju Young Shin, Jerry Suls y Rene Martin, "Are Cholesterol and Depression Inversely Related? A Meta-Analysis of the Association between Two Cardiac Risk Factors", *Annals of Behavioral Medicine,* vol. 36, núm. 1, 2008, pp. 33-43; James M. Greenblatt, "Low Cholesterol and Its Psychological Effects: Low Cholesterol Is Linked to Depression, Suicide, and Violence", *Psychology Today,* 10 de junio de 2011.

147 *Los investigadores han sugerido subsecuentemente:* Jess G. Fiedorowicz y William G. Haynes, "Cholesterol, Mood, and Vascular Health: Untangling the Relationship. Does Low Cholesterol Predispose to Depression and Suicide, or Vice Versa?", *Current Psychiatry*, vol. 9, núm. 7, 2010.

148 *Otros estudios sobre bajar el colesterol:* Manning Feinleib, "On a Possible Inverse Relationship between Serum Cholesterol and Cancer Mortality", *American Journal of Epidemiology*, vol. 114, núm. 1, 1981, pp. 5-10; Manning Feinleib, "Summary of a Workshop on Cholesterol and Noncardiovascular Disease Mortality", *Preventive Medicine*, vol. 11, núm. 3, 1982, pp. 360-367.

148 *Además, las pruebas que mostraron bajo colesterol:* Tanaka *et al.*, "Risk Factors for Cerebral Hemorrhage and Cerebral Infarction in a Japanese Rural Community"; Kagan *et al.*, "Epidemiologic Studies of Coronary Heart Disease and Stroke in Japanese Men Living in Japan, Hawaii and California: Incidence of Stroke in Japan and Hawaii".

148 *"Cualquier estadístico entregaría su placa":* Citado en Gina Kolata, "Heart Panel's Conclusions Questioned", *Science*, vol. 227, núm. 4682, 1985, p. 41.

148 *"No puedo explicarlo completamente y me preocupa":* Idem.

148 *representaba un salto de fe:* Edward H. Ahrens, Jr., "The Diet-Heart Question in 1985: Has It Really Been Settled?", *The Lancet*, vol. 1, núm. 8437, 1985, p. 1086.

148 *Richard A. Kronmal, un bioestadístico, escribiera:* Richard A. Kronmal, "Commentary on the Published Results of the Lipid Research Clinics Coronary Primary Prevention Trial", *Journal of the American Medical Association*, vol. 253, núm. 14, 1985, p. 2091.

148 *empujado la información [...] pareciera más "propaganda":* Ibidem, pp. 2091 y 2093.

148 *Paul Meier comentó:* Citado en Thomas J. Moore, *Heart Failure: A Critical Inquiry into American Medicine and the Revolution in Heart Care*, Nueva York, Simon & Schuster, 1989, p. 61.

148 *Rifkind le dijo a la revista* Time: "Sorry, It's True: Cholesterol Really Is a Killer", *Time*, 23 de enero de 1984.

149 *"piedra angular en el arco":* Kolata, "Heart Panel's Conclusions Questioned", p. 40.

150 *La declaración de "consenso":* Institutos Nacionales de Salud, "Lowering Blood Cholesterol to Prevent Heart Disease", Declaración de Consenso de los NIH 5, núm. 7, 1984, pp. 1-11.

150 *en marzo de 1984, la revista* Time *sacó:* "Sorry It's True: Cholesterol Really Is a Killer".

150 *escribió un artículo escéptico:* Kolata, "Heart Panel's Conclusions Questioned", pp. 40-41.

151 *"disentir, [lo que] es siempre más notorio":* Daniel Steinberg, "The Pathogenesis of Atherosclerosis: An Interpretive History of the Cholesterol Con-

troversy, Part IV: The 1984 Coronary Primary Prevention Trial Ends It—Almost", *Journal of Lipid Research*, vol. 47, núm. 1, 2006, p. 11.

152 *"un precio que pagar"*: Donald J. McNamara, entrevista con la autora, 26 de septiembre de 2005.

152 *"están abusando del público"*: Citado en Moore, *Heart Failure*, p. 63.

6. Cómo les va a las mujeres y los niños en una dieta baja en grasa

153 *la agencia ha estado influida desde hace mucho*: Marion Nestle, *Food Politics*, Berkeley, California, University of California Press, 2002.

153 *los estadounidenses estaban cuestionando las normas aceptadas*: William G. Rothstein, *Public Health and the Risk Factor: A History of an Uneven Medical Revolution*, Estudios Rochester sobre Historia de la Medicina 3, Rochester, Nueva York, University of Rochester Press, 2003, p. 316.

154 *expresó Jerry Stamler en 1972*: Jeremiah Stamler y Frederick H. Epstein, "Coronary Heart Disease: Risk Factors as Guides to Preventive Action", *Preventive Medicine*, vol. 1, núm. 1, 1972, p. 46.

154 *"pretzels sin sal, caramelos sólidos, gomitas"*: Asociación Americana del Corazón, *An Eating Plan for Healthy Americans: Our American Heart Association Diet*, Dallas, Texas, Asociación Americana del Corazón, 1995.

155 *en un punto de vista que se ha compartido ampliamente*: Véase, por ejemplo, Baum *et al.*, "Fatty Acids in Cardiovascular Health and Disease: A Comprehensive Update", *Journal of Clinical Lipidology*, vol. 6, núm. 3, 2012, pp. 216-234.

155 *tarifa considerable [...] se regañó*: Rothstein, *Public Health and the Risk Factor*, pp. 331-332.

155 *"Sabemos lo suficiente"*: Donald S. Fredrickson, "Mutants, Hyperlipoproteinaemia, and Coronary Artery Disease", *British Medical Journal*, vol. 2, núm. 5755, 1971, pp. 187-192.

156 *casi todas las empresas de alimentos*: Grupo Nacional de Investigación del Estudio de la Dieta y el Corazón, "National Diet Heart Study Final Report", pp. I/312-I/314.

156 *casi todas las empresas de alimentos*: Grupo Nacional de Investigación del Estudio de la Dieta y el Corazón, "National Diet Heart Study Final Report", pp. I/312-I/314.

156 *dos estudios tenían resultados contradictorios*: A. Koranyi, "Prophylaxis and Treatment of the Coronary Syndrome", *Therapia Hungarica*, núm. 12, 1963, p. 17; Comité de Investigación, "Low-Fat Diet in Myocardial Infarction: A Controlled Trial", *The Lancet*, vol. 2, núm. 7411, 1965, pp. 501-504.

156 *"tiene todo en contra"*: Jane E. Brody, "Personal Health, Hidden Fats: The Hazards", *The New York Times*, 18 de junio de 1980, p. C1.

156 The Good Food Book: Jane E. Brody, *Jane Brody's Good Food Book: Living the High Carbohydrate Way*, Nueva York, Norton, 1985.

158 *alimentos del Grupo Cuatro:* "The Proven Lifestyle", Instituto de Investigación de Medicina Preventiva, consultado en abril de 2009, http://www.pmri.org/lifestyle_program.html.

158 *"se canse, se deprima, esté letárgica y sea impotente":* Dean Ornish, "Healing through Diet", TED Talks, Monterey, California, octubre de 2008, consultado el 13 de febrero de 2014, http://www.ted.com/talks/dean_ornish_on_healing.html.

158 *como Frank Sacks [...] descubrió:* Citado en Gina Kolata, "Dean Ornish: A Promoter of Programs to Foster Heart Health", *The New York Times*, 29 de diciembre de 1998, p. F6.

158 *"es difícil hacer muchas cosas":* Citado en George Epaminondas, "The Battle of the Diet Gurus", *The Sun Herald*, 23 de febrero de 2003, Sydney, Australia.

159 *un grupo de controles [...] vieron sus arterias contraerse:* Dean Ornish et al., "Can Lifestyle Changes Reverse Coronary Heart Disease? The Lifestyle Heart Trial", *The Lancet*, vol. 336, núm. 8708, 1990, pp. 129-133.

160 *una portada de Newsweek:* Geoffrey Cowley, "Healer of Hearts: Dean Ornish's Low-Tech Methods Could Transform American Medicine. But the Doctor Is Still Striving to Transform Himself", *Newsweek*, 16 de marzo de 1998.

160 *nunca ha podido ser replicado exitosamente:* Steven G. Aldana et al., "The Effect of an Intensive Lifestyle Modification Program on Carotid Artery Intima-Media Thickness: A Randomized Trial", *American Journal of Health Promotion*, vol. 21, núm. 6, 2007, pp. 510-516.

160 *la incredulidad de Gould:* Kay Lance Gould, entrevista con la autora, 22 de abril de 2009.

161 *no ha demostrado que extienda la vida:* Demosthenes G. Katritsis y John P. A. Ioannidis, "Percutaneous Coronary Intervention versus Conservative Therapy in Nonacute Coronary Artery Disease: A Meta-Analysis", *Circulation*, vol. 111, núm. 22, 2005, pp. 2906-2912.

161 *"¿Por qué quieres saberlo?" [...] no es la mejor evidencia":* Dean Ornish, entrevista con la autora, 12 de mayo de 2009.

161 *revertido la enfermedad cardiaca [...] "estoy de acuerdo con eso":* Dean Ornish, entrevista con la autora, 14 de mayo de 2009.

161 *artículo de opinión en el New York Times:* Dean Ornish, "Eating for Health, Not Weight", *The New York Times*, 22 de septiembre de 2012.

161 *"también encontramos mejoras [...] discutir por eso":* Ornish, entrevista, 14 de mayo de 2009.

162 *"en ningún caso" [...] "juzgaba como convincente":* Mundial para la Investigación del Cáncer e Instituto Americano para la Investigación del Cáncer, *Food, Nutrition, Physical Activity, and the Prevention of Cancer:*

A Global Perspective, Washington, D. C., Instituto Americano para la Investigación del Cáncer, 2007, p. 114.

162 *mortandad general para vegetarianos y no vegetarianos:* Timothy J. Key *et al.*, "Mortality in British Vegetarians: Results from the European Prospective Investigation into Cancer and Nutrition (EPIC-Oxford)", *American Journal of Clinical Nutrition*, vol. 89, núm. 5, 2009, pp. S1613-S1619.

162 *compararan a los masai con una tribu vecina:* John B. Orr y John L. Gilks, *Studies of Nutrition: The Physique and Health of Two African Tribes*, Consejo de Investigación Médica para el Comité de Dietética del Consejo Asesor de Economía, serie especial de informes núm. 155, Londres, H. M. Stationery Office, 1931.

163 *"gran parte" de su alimentación* [...] *"leguminosas y hojas verdes":* Ibidem, p. 21.

163 *sufrir* [...] *contraer artritis reumatoide:* Ibidem, p. 9.

163 *15 centímetros más altos* [...] *12 kilos más pesados* [...] *cinturas más estrechas* [...] *más fuerza muscular* [...] *trabajo manual:* Idem.

163 *Alice Lichtenstein y un colega revisaron:* Alice H. Lichtenstein y Linda Van Horn, "Very Low Fat Diets", *Circulation*, vol. 98, núm. 9, 1998, pp. 935-939.

163 *"dañina" para ciertas poblaciones:* Ibidem, p. 937.

164 *"alto riesgo"* [...] *"cuidadosa supervisión":* Ibidem, p. 938.

164 *razonamiento contundente para incluir niños:* Henry C. McGill *et al.*, "Origin of Atherosclerosis in Childhood and Adolescence", *American Journal of Clinical Nutrition*, vol. 72, núm. 5, suplemento, 2000, pp. S1307-S1315.

165 *sangre del cordón* [...] *se consideró seriamente:* "Questions Surround Treatment of Children with High Cholesterol", *Journal of American Medical Association*, vol. 214, núm. 10, 1970, pp. 1783-1785.

165 *preguntó Donald S. Fredrickson:* Fredrickson, "Mutants, Hyperlipoproteinaemia, and Coronary Artery Disease", pp. 187-192.

165 *"científicamente irracional"* [...] *"Las necesidades nutricionales de un infante":* Junta de Alimentos y Nutrición, División de Ciencias Biológicas, Asamblea de Ciencias de la Vida, Consejo Nacional de Investigación, *Toward Healthful Diets*, Washington, D. C., National Academy Press, 1980, p. 4.

165 *"Las necesidades nutricionales* [...] *octogenarios inactivos":* Idem.

166 *"No hay absolutamente ninguna evidencia de que sea seguro":* Citado en Gina Kolata, "Heart Panel's Conclusion Questioned", *Science*, vol. 227, núm. 4682, 1985, p. 41.

166 *"hicieron una exageración inadmisible":* Ibidem, p. 40.

166 *editorial publicado en la revista de la* AAP: Academia Americana de Pediatría, Comité de Nutrición, "Prudent Life-Style for Children: Dietary Fat and Cholesterol", *Pediatrics*, vol. 78, núm. 3, 1986, p. 524.

166 *"Los cambios propuestos afectarían":* Ibidem, pp. 521-525.

166 *"proveen 60 por ciento del calcio en la dieta"*: Ibidem, p. 523.
166 *La* AAP *temía que los índices de deficiencia de hierro*: Idem.
167 *McCollum describió el destino de una rata*: Elmer Verner McCollum, *The Newer Knowledge of Nutrition*, Nueva York, Macmillan, 1921, p. 58.
167 *"nada en el vegetarianismo per se"*: Ibidem, p. 62.
168 *el calcio forma "jabones" insolubles*: J. Bruce German et al., "A Reappraisal of the Impact of Dairy Foods and Milk Fat on Cardiovascular Disease Risk", *European Journal of Nutrition*, vol. 48, núm. 4, 2009, p. 194.
169 *el consumo de leche entera [...] baja en grasa y descremada aumentó*: Rothstein, *Public Health and the Risk Factor*, p. 330.
169 *se cita a Lloyd Filer, un profesor*: Marian Burros, "Eating Well", *The New York Times*, 18 de mayo de 1988.
169 *una encuesta de alrededor de mil madres*: Jane B. Morgan et al., "Healthy Eating for Infants—Mothers' Attitudes", *Acta Pediátrica*, vol. 84, núm. 5, 1995, pp. 512-515.
170 *En 1989, Fima Lifshitz*: Fima Lifshitz y Nancy Moses, "Growth Failure. A Complication of Dietary Treatment of Hypercholesterolemia", *American Journal of Diseases of Children*, vol. 143, núm. 5, 1989, pp. 537-542.
170 *"excesivamente entusiasta"*: Ibidem, p. 537.
170 *"enanismo nutricional"*: Ibidem, p. 540.
170 *el* NHLBI *en la década de 1980 finalmente decidió*: Grupo Colaboracional de Investigación DISC, "Dietary Intervention Study in Children (DISC) with Elevated Low Density Lipoprotein Cholesterol: Design and Baseline Characteristics", *Annals of Epidemiology*, vol. 3, núm. 4, 1993, p. 399.
170 *Estudio de Intervención Dietética en Niños*: Grupo de Redacción para el Grupo Colaboracional de Investigación DISC, "Efficacy and Safety of Lowering Dietary Intake of Fat and Cholesterol in Children with Elevated Low-Density Lipoprotein Cholesterol", *Journal of the American Medical Association*, vol. 273, núm. 18, 1995, p. 1429.
171 *en el percentil 80 a 98*: Ibidem, p. 1429.
171 *totalmente diferente de la forma que la dieta altera el colesterol*: Véase, por ejemplo, William E. Stehbens y Elli Wierzbicki, "The Relationship of Hypercholesterolemia to Atherosclerosis with Particular Emphasis on Familial Hypercholesterolemia, Diabetes Mellitus, Obstructive Jaundice, Myxedema, and the Nephrotic Syndrome", *Progress in Cardiovascular Diseases*, vol. 30, núm. 4, 1988, pp. 289-306.
171 *los resultados no podían generalizarse*: Véase, por ejemplo, Alvin M. Mauer, "Should There Be Intervention to Alter Serum Lipids in Children?", *Annual Review of Nutrition*, núm. 11, 1991, p. 383.
171 *También recibieron menos magnesio, fósforo*: Eva Obarzanek et al., "Safety of a Fat-Reduced Diet: The Dietary Intervention Study in Children (DISC)", *Pediatrics*, vol. 100, núm. 1, 1997, pp. 51-59.
171 *otros estudios más pequeños de niños*: Robert M. Kaplan y Michelle T. Toshima, "Does a Reduced Fat Diet Cause Retardation in Child Growth?", *Pre-*

ventive Medicine, vol. 21, núm. 1, 1992, pp. 33-52; Mauer, "Should There Be Intervention to Alter Serum Lipids in Children?", pp. 375-391.

172 *Los autores del estudio concluyeron que "consumir menos grasa":* Obarzanek et al., "Safety of a Fat-Reduced Diet", p. 58.

172 *Estudio Cardiaco de Bergulasa:* Theresa A. Nicklas et al., "Nutrient Adequacy of Low Fat Intakes for Children: The Bogalusa Heart Study", *Pediatrics*, vol. 89, núm. 2, 1992, pp. 221-228.

173 STRIP *fue un experimento levemente controlado:* Helena Lapinleimu et al., "Prospective Randomized Trial in 1062 Infants of Diet Low in Saturated Fat and Cholesterol", *The Lancet*, vol. 345, núm. 8948, 1995, p. 473.

173 *investigadores no observaron ninguna diferencia:* Lapinleimu et al., "Prospective Randomised Trial in 1062 Infants"; Harri Niinikoski et al., "Regulation of Growth of 7- to 36-Month-Old Children by Energy and Fat Intake in the Prospective, Randomized STRIP Baby Trial", *Pediatrics*, vol. 100, núm. 5, 1997, pp. 810-816; Harri Niinikoski et al., "Impact of Repeated Dietary Counseling Between Infancy and 14 Years of Age on Dietary Intakes and Serum Lipids and Lipoproteins: the STRIP Study", *Circulation*, vol. 116, núm. 9, 2007, pp. 1032-1040.

173 *niveles significativamente más bajos de colesterol* HDL: Olli Simell et al., "Special Turku Coronary Risk Factor Intervention Project for Babies (STRIP)", *American Journal of Clinical Nutrition*, vol. 72, núm. 5, suplemento, 2000, pp. S1316-S1331.

173 *investigadores no encontraron deficiencias vitamínicas: Ibidem*, p. S1317.

173 *viniendo sobre todo de un puñado:* Lars Werko, "Risk Factors and Coronary Heart Disease—Facts or Fancy?", *American Heart Journal*, vol. 91, núm. 1, 1976, pp. 87-98; Gunnar Biorck, *Contrasting Concepts of Ischaemic Heart Disease*, Estocolmo, Suecia, Almqvist & Wiksell International, 1975; John McMichael, "Prevention of Coronary Heart Disease", *The Lancet*, vol. 308, núm. 7985, 1976, p. 569; Michael Oliver, "Dietary Cholesterol, Plasma Cholesterol and Coronary Heart Disease", *British Heart Journal*, vol. 38, núm. 3, 1976, p. 214. A. Stewart Truswell, "Diet and Plasma Lipids—A Reappraisal", *American Journal of Clinical Nutrition*, vol. 31, núm. 6, 1978, pp. 977-989.

174 *la* AAP *adoptó oficialmente:* Academia de Pediatría, Comité de Nutrición, "Cholesterol in Childhood", *Pediatrics*, vol. 101, núm. 1, 1998, pp. 141-147.

174 *no se convierten en placas fibrosas peligrosas:* Russell Ross, "The Pathogenesis of Atherosclerosis—An Update", *New England Journal of Medicine*, núm. 295, 1986, pp. 488-500.

174 *la dieta de los niños no está relacionada:* Sociedad Canadiense de Pediatría y Health Canada, Grupo de Trabajo Conjunto, *Nutrition Recommendations Update: Dietary Fat and Children*, Ottawa, Ontario, Health Canada, 1993.

174 *el perfil de lípidos de las madres:* Claudio Napoli *et al.*, "Influence of Maternal Hypercholesterolaemia during Pregnancy on Progression of Early Atherosclerotic Lesions in Childhood: Fat of Early Lesions in Children (FELIC) Study", *The Lancet*, vol. 354, núm. 9186, 1999, pp. 1234-1241.

175 *la mitad de niños con un colesterol total alto:* William R. Clarke *et al.*, "Tracking of Blood Lipids and Blood Pressure in School Age Children: the Muscatine Study", *Circulation*, vol. 58, núm. 4, 1978, pp. 626-634; Peter Laskarzewski *et al.*, "Lipid and Lipoprotein Tracking in 108 Children over a Four-Year Period", *Pediatrics*, vol. 64, núm. 5, 1979, pp. 584-591; Trevor J. Orchard *et al.*, "Cholesterol Screening in Childhood: Does It Predict Adult Hypercholesterolemia? The Beaver County Experience", *Journal of Pediatrics*, vol. 103, núm. 5, 1983, pp. 687-691; David S. Freedman *et al.*, "Tracking of Serum Lipids and Lipoproteins in Children over an 8-Year Period: The Bogalusa Heart Study", *Preventive Medicine*, vol. 14, núm. 2, 1985, pp. 203-216.

175 *concluyó Cochrane:* Vanessa J. Poustie y Patricia Rutherford, "Dietary Treatment for Familial Hypercholesterolaemia", Base de Datos de Cochrane de Revisiones Sistemáticas 2, 2001, p. CD001918-CD001918.

175 *un estudio grande y riguroso sobre esta hipótesis:* Benjamin Caballero *et al.*, "Pathways: A School-Based, Randomized Controlled Trial for the Prevention of Obesity in American Indian Schoolchildren", *American Journal of Clinical Nutrition*, vol. 78, núm. 5, 2003, pp. 1030-1038.

176 *"mayor contribuyente del fallo de crecimiento" [...] la incapacidad de "mantener un crecimiento rápido":* Andrew M. Prentice y Alison A. Paul, "Fat and Energy Needs of Children in Developing Countries", *American Journal of Clinical Nutrition*, núm. 72, suplemento, 2000, p. S1253.

176 *Comparó alrededor de 140 infantes gambianos [...] cuatro kilos más que los gambianos:* Ibidem, pp. S1259-S1260.

176 *5 por ciento de energía:* Ibidem, p. S1261.

176 *tiene cero gramos de grasa:* "Whole Grain Rice", Earth's Best Organic, consultado el 15 de noviembre de 2013, http://www.earthsbest.com/products/product/2392390001.

177 *18 por ciento de grasa:* Prentice, "Fat and Energy Needs of Children", p. S1256.

177 *cena de pavo y verduras de Earth's Best:* "Vegetable Turkey Dinner", Earth's Best Organic, consultado el 15 de noviembre de 2013, http://www.earthsbest.com/products/product/2392350048.

177 *los niños estadounidenses han reducido su consumo de grasa:* Meghan M. Slining, Kevin C. Mathias y Barry M. Popkin, "Trends in Food and Beverage Sources among US Children and Adolescents: 1989-2010", *Journal of the Academy of Nutrition and Dietetics*, vol. 113, núm. 12, 2013, pp. 1683-1694; Richard P. Troiano, Ronette R. Briefel, Margaret D. Carroll y Karil Bialostosky, "Energy and Fat Intakes of Children and Adolescents in the United States: Data from the National Health and Nutrition Examination

Surveys", *American Journal of Clinical Nutrition*, vol. 72, núm. 5, suplemento, 2000, pp. S1343-S1353.

177 *la precaución de que, si una madre:* Prentice y Paul, "Fat and Energy Needs of Children", p. S1262.

177 *los niños en sus países habían estado aumentando:* Luis A Moreno, Antonio Sarria, Aurora Lázaro y Manuel Bueno, "Dietary Fat Intake and Body Mass Index in Spanish Children", *American Journal of Clinical Nutrition*, núm. 72, suplemento, 2000, pp. S1399-S1403; Mitsunori Murata, "Secular Trends in Growth and Changes in Eating Patterns of Japanese Children", *American Journal of Clinical Nutrition*, vol. 72, núm. 5, suplemento, 2000, pp. S1379-S1383.

177 *informes de países más pobres:* Ricardo Uauy, Charles E. Mize y Carlos Castillo-Durán, "Fat Intake during Childhood: Metabolic Responses and Effects on Growth", *American Journal of Clinical Nutrition*, vol. 72, núm. 5, suplemento, 2000, pp. S1345-S1360.

177 *en países más ricos:* España: Moreno, Lázaro y Bueno, "Dietary Fat Intake and Body Mass Index in Spanish Children"; Alemania: Berthold Koletzko et al., "Dietary Fat Intakes of Infants and Primary School Children in Germany", *American Journal of Clinical Nutrition*, vol. 72, núm. 5, suplemento, 2000, pp. S1329-S1398.

177 *resumen del simposio:* Dennis M. Bier, Ronald M. Lauer y Olli Simell, "Summary", *American Journal of Clinical Nutrition*, vol. 72, núm. 5, suplemento, 2000, pp. S1410-S1413.

178 *tampoco se les ha estudiado casi nada:* Jacques E. Rossouw et al., "The Evolution of the Women's Health Initiative: Perspectives from the NIH", *Journal of the American Medical Women's Association*, vol. 50, núm. 2, 1995, pp. 50-55.

178 *al principio afectaba a más hombres que mujeres:* Rothstein, *Public Health and the Risk Factor*, pp. 202-206.

178 *representaron sólo 20 por ciento [...] 25 por ciento a partir de entonces:* Patrick Y. Lee et al., "Representation of Elderly Persons and Women in Published Randomized Trials of Acute Coronary Syndromes", *Journal of the American Medical Association*, vol. 286, núm. 6, 2001, pp. 708-713.

178 *investigadores han estado advirtiendo:* Revisado en Robert H. Knopp et al., "Sex Differences in Lipoprotein Metabolism and Dietary Response: Basis in Hormonal Differences and Implications for Cardiovascular Disease", *Current Cardiology Reports*, vol. 8, núm. 6, 2006, pp. 452-459.

178 *hasta 10 o 20 [...] hasta después de la menopausia:* C. M. Flavell, "Women and Coronary Heart Disease", *Progress in Cardiovascular Nursing*, vol. 9, núm. 4, otoño de 1994, pp. 18-27.

178 *En el Estudio Framingham:* William B. Kannel et al., "Serum Cholesterol, Lipoproteins, and the Risk of Coronary Heart Disease: The Framingham Study", *Annals of Internal Medicine*, vol. 74, núm. 1, 1971, pp. 1-12.

179 *panel de expertos del* NHLBI *revisó:* David Jacobs et al., "Report of the Conference on Low Blood Cholesterol: Mortality Associations", *Circulation*, vol. 86, núm. 3, 1992, pp. 1046-1060.

179 *mostró algunos resultados preocupantes:* Robert H. Knopp, "The Dietary Alternatives Study", *Journal of the American Medical Association*, vol. 278, núm. 18, 1997, pp. 1509-1515.

179 *han confirmado estos resultados:* Véase, por ejemplo, Martijn B. Katan, "High-Oil Compared with Low-Fat, High-Carbohydrate Diets in the Prevention of Ischemic Heart Disease", *American Journal of Clinical Nutrition*, vol. 66, núm. 4, suplemento, 1997, pp. S974-S979.

181 *"todas las lipoproteínas":* Tavia Gordon et al., "High Density Lipoprotein as a Protective Factor Against Coronary Heart Disease: The Framingham Study", *American Journal of Medicine*, vol. 62, núm. 5, 1977, p. 707.

181 *La correlación era "impactante":* Ibidem, p. 707.

181 *"el hallazgo más importante":* William P. Castelli et al., "HDL Cholesterol and Other Lipids in Coronary Heart Disease: The Cooperative Lipoprotein Phenotyping Study", *Circulation*, vol. 55, núm. 5, 1977, p. 771.

181 *Para 2002, el* NCEP *estaba llamando:* Programa Nacional de Educación sobre Colesterol, *Third Report of the National Cholesterol Education Program (NCEP). Expert Panel on Detection, Evaluation, and Treatment of High Blood Cholesterol in Adults: (Adult Treatment Panel III) Final Report*, Publicación de los NIH, núm. 02-5215, Washington, D. C., NIH, 2002, p. II/1.

182 *número de estudios epidemiológicos:* Castelli et al., "HDL Cholesterol and Other Lipids", pp. 769-770.

182 *Michael Brown y Joseph Goldstein:* Michael S. Brown y Joseph L. Goldstein, "How LDL Receptors Influence Cholesterol and Atherosclerosis", *Scientific American*, vol. 251, núm. 5, 1984, p. 58.

182 *ganaron 956 mil millones de dólares:* Ryan Fuhrmann, "5 Best-Selling Prescription Meds of All Time", Investopedia, 24 de septiembre de 2012, consultado el 12 de febrero de 2014, http://www.investopedia.com/financial-edge/0912/5-best-selling-prescription-meds-of-all-time.aspx.

182 *secretos públicos sobre las estatinas:* LaRosa et al., "Intensive Lipid Lowering Atorvastin"; Ray et al., "Statins and All Cause Mortality in High Risk Primary Prevention".

183 *editores de revistas insistían que:* Robert H. Knopp, entrevista con la autora, 5 de febrero de 2009.

183 *me describió un químico de aceites:* Gerald McNeill, entrevista con la autora, 10 de diciembre de 2012.

183 *Meir Stampfer:* Meir Stampfer, correo electrónico a Mark Weyland, 20 de noviembre de 2004.

184 *700 empleados de Boeing [...] Los resultados mostraron:* Robert H. Knopp et al., "One-year Effects of Increasingly Fat-Restricted Carbohydrate-Enriched Diets on Lipoprotein Levels in Free-living Subjects", *Procee-*

dings for the Society of Experimental Biology and Medicine, vol. 225, núm. 3, 2000, pp. 191-199; Carolyn E. Walden et al., "Differential Effect of National Cholesterol Education Program (NCEP) Step II Diet on HDL Cholesterol, Its Subfractions, and Apoprotein A-1 Levels in Hypercholesterolemic Women and Men after 1 Year: The BeFIT Study", Arteriosclerosis, Thrombosis, and Vascular Biology, vol. 20, núm. 6, 2000, pp. 1580-1587.

184 *las mujeres de Boeing también vieron que sus niveles de colesterol HDL bajaron*: En realidad, estas cifras reflejan el aumento en una fracción del colesterol HDL, llamada HDL2. El descenso promedio era de 16.7 por ciento para las mujeres en el grupo con "hipercolesterolemia", el cual empezó con colesterol alto, y 7.1 por ciento para el grupo con "hiperlipidemia", el cual empezó con triglicéridos altos. Sus niveles de colesterol total bajaron también: 7.6 por ciento y 3.5 por ciento, respectivamente.

184 *reacción "enmudecida [...] qué hacer con eso"*: Robert H. Knopp, entrevista con la autora, 5 de febrero de 2009.

184 *otras pruebas también habían descubierto [...] tendían a darse menos en las mujeres*: Henry N. Ginsberg et al., "Effects of Reducing Saturated Fatty Acids on Plasma Lipids and Lipoproteins in Healthy Subjects: The Delta Study, Protocol 1", Arteriosclerosis, Thrombosis, and Vascular Biology, vol. 18, núm. 3, 1998, pp. 441-449; Zhengling Li et al., "Men and Women Differ in Lipoprotein Response to Dietary Fat and Cholesterol Restriction", Journal of Nutrition, vol. 133, núm. 11, 2003, pp. 3428-3433.

185 *Knopp resumió*: Robert H. Knopp et al., "Gender Differences in Lipoprotein Metabolism and Dietary Response: Basis in Hormonal Differences and Implications for Cardiovascular Disease", Current Atherosclerosis Reports, vol. 7, núm. 6, 2005, pp. 472-479.

185 *"intervenciones dietéticas alternativas"*: Ibidem, p. 477.

185 *reducir las calorías*: Comité Asesor de Lineamientos Dietéticos, preparado para el Servicio de Investigación de Agricultura, Departamento de Agricultura de Estados Unidos y Departamento de Salud y Servicios Humanos de Estados Unidos, *Report of the Dietary Guidelines Advisory Committee on the Dietary Guidelines for Americans, 2010. To the Secretary of Agriculture and the Secretary of Health and Human Services*, séptima edición, Washington, D. C., Oficina de Imprenta del Gobierno de Estados Unidos, mayo de 2010, tabla D1.1, p. 67.

185 *baja en grasa y baja en grasa saturada*: Nancy D. Ernst et al., "Consistency Between US Dietary Intake and Serum Total Cholesterol Concentrations: The National Health and Nutrition Examination Surveys", American Journal of Clinical Nutrition, vol. 66, núm. 4, suplemento, 1997, p. S969.

185 *testificó que los hombres y las mujeres en Japón*: Gio Gori, Presentación al Comité Selecto del Senado sobre Nutrición, Comité Selecto sobre Nutrición y Necesidades Humanas, Senado de Estados Unidos, tomo II, *Diet Related to Killer Diseases*, 28 de julio de 1976, pp. 176-182.

186 *"Ahora quiero hacer énfasis [...] comida causa cáncer":* Ibidem, p. 180.

186 *implicó en su informe que una dieta baja en grasa:* Comité Selecto sobre Nutrición y Necesidades Humanas, Senado de Estados Unidos, Congreso 95, sesión 1, *Dietary Goals for the United States,* Washington, D. C., Oficina de Imprenta del Gobierno de Estados Unidos, 1977.

186 *información sobre ratas:* Albert Tannenbaum, "The Genesis and Growth of Tumors. III. Effects of a High-Fat Diet", *Cancer Research,* vol. 2, núm. 7, 1942, pp. 468-475.

186 *el consumo de grasa no estaba vinculado positivamente con el cáncer de mama:* Walter C. Willett *et al.,* "Dietary Fat and the Risk of Breast Cancer", *New England Journal of Medicine,* vol. 316, núm. 1, 1987, pp. 22-28.

186 *"no había encontrado evidencia" de que una reducción:* Michelle D. Holmes *et al.,* "Association of Dietary Intake of Fat and Fatty Acids with Risk of Breast Cancer", *Journal of the American Medical Association,* vol. 281, núm. 10, 1999, pp. 914-920.

187 *un artículo en el* Journal of the American Medical Association: Arthur Schatzkin *et al.,* "The Dietary Fat-Breast Cancer Hypothesis is Alive", *Journal of the American Medical Association,* vol. 261, núm. 22, 1989, pp. 328-427.

187 *muy poco efecto a menos de que las suplementaran:* Adrienne E. Rogers y Matthew P. Longnecker, "Biology of Disease: Dietary and Nutritional Influences on Cancer—A Review of Epidemiological and Experimental Data", *Laboratory Investigation,* vol. 59, núm. 6, 1988, pp. 729-759.

187 *investigadores no han podido encontrar:* D. Mazhar y J. Waxman, "Dietary Fat and Breast Cancer", *QJM,* vol. 99, núm. 7, 2006, pp. 469-473; Walter C. Willett y David J. Hunter, "Prospective Studies of Diet and Breast Cancer", *Cancer,* vol. 74, núm. S3, 1994, pp. 1085-1089; Sieri *et al.,* "Dietary Fat and Breast Cancer Risk in the European Prospective Investigation into Cancer and Nutrition", *American Journal of Clinical Nutrition,* vol. 88, núm. 5, 2008, pp. 1304-1312.

187 NCI *todavía no podía:* Rowan T. Chlebowski *et al.,* "Dietary Fat Reduction and Breast Cancer Outcome: Interim Efficacy Results from the Women's Intervention Nutrition Study", *Journal of the National Cancer Institute,* vol. 98, núm. 24, 2006, pp. 1767-1776.

188 *"probable" [...] una dieta de grasa [...] escribieron los autores:* Fondo Mundial para la Investigación sobre Cáncer y el Instituto Americano para la Investigación sobre Cáncer, *Food, Nutrition, Physical Activity, and the Prevention of Cancer,* p. 139.

188 *"Mi punto de vista personal es que":* Arthur Schatzkin, entrevista con la autora, 1° de mayo de 2009.

188 *"comenzar de nuevo" [...] "volviendo más agnósticos":* Robert N. Hoover, entrevista con la autora, 2 de octubre de 2012.

189 *la revista* People *citó:* Bob Meadows, M. Morehouse y M. Simmons, "The Problem with Low-Fat Diets", *People*, 27 de febrero de 2006, pp. 89-90.

189 *los resultados [...] serie de artículos publicados en JAMA:* Shirley Beresford *et al.*, "Low-Fat Dietary Pattern and Risk of Colorectal Cancer", *Journal of the American Medical Association*, vol. 295, núm. 6, 2006, pp. 643-654; Barbara V. Howard *et al.*, "Low-Fat Dietary Pattern and Weight Change over 7 Years", *Journal of the American Medical Association*, vol. 295, núm. 1, 2006, pp. 39-49; Barbara V. Howard *et al.*, "Low-Fat Dietary Pattern and Risk of Cardiovascular Disease", *Journal of the American Medical Association*, vol. 295, núm. 6, 2006, pp. 655-666; Ross L. Prentice *et al.*, "Low-Fat Dietary Pattern and Risk of Invasive Breast Cancer", *Journal of the American Medical Association*, vol. 295, núm. 6, 2006, pp. 629-642; Ross L. Prentice *et al.*, "Low-Fat Dietary Pattern and Cancer Incidence in the Women's Health Initiative Dietary Modification Randomized Controlled Trial", *Journal of the National Cancer Institute*, vol. 99, núm. 20, 2007, pp. 1534-1543.

189 *"completamente nulos":* Citado en Gina Kolata, "Low-Fat Diet Does Not Cut Health Risks, Study Finds", *The New York Times*, 8 de febrero de 2006, p. A1.

189 *"Rolls Royce" [...] "última palabra": Idem.*

190 *me dijo Robert Knopp:* Knopp, entrevista.

190 *dijo Tim Byers:* Citado en Rob Stein, "New Data on Health: Studies in Confusion", *Washington Post*, 19 de febrero de 2006, p. A1.

190 *Jacques Rossouw: Idem.*

190 *periódicos tuvieron un día de fiesta:* Citado en Agneta Yngve *et al.*, "Invited Commentary: The Women's Health Initiative. What Is on Trial: Nutrition and Chronic Disease? Or Misinterpreted Science, Media Havoc and the Sound of Silence from Peers?", *Public Health Nutrition*, vol. 9, núm. 2, 2006, p. 269.

190 *dijo Marcia Stefanick:* Citada en Tara Parker-Pope, "In Study of Women's Health, Design Flaws Raise Questions", *Wall Street Journal*, 28 de febrero de 2006.

191 *"dibujar el blanco alrededor del agujero de la bala":* Robert L. Wears, Richelle J. Cooper y David L. Magid, "Subgroups, Reanalyses, and Other Dangerous Things", *Annals of Emergency Medicine*, vol. 46, núm. 3, 2005, p. 254.

191 *Una revisión de 2008 de todos los estudios:* Organización de Alimentos y Agricultura de las Naciones Unidas, "Fats and Fatty Acids in Human Nutrition: Report of an Expert Consultation 10-14 November 2008", *FAO Food and Nutrition Paper*, núm. 91, Roma, Organización de Alimentos y Agricultura de las Naciones Unidas, 2010, p. 13.

191 *en 2013, en Suecia:* Anders Hansen, "Swedish Health Advisory Body Says Too Much Carbohydrate, Not Fat, Leads to Obesity", *British Medical Journal*, núm. 347, 15 de noviembre de 2013, información del documento 10.1136/bmj.f6873.

192 *escribió Frank Hu:* Frank B. Hu, JoAnn E. Manson y Walter C. Willett, "Types of Dietary Fat and Risk of Coronary Heart Disease: A Critical Review", *Journal of American College of Nutrition*, vol. 20, núm. 1, 2001, p. 5.

192 *El USDA y la AHA han eliminado discretamente:* USDA-USDHHS, *Dietary Guidelines,* 2010, p. X; Alice H. Lichtenstein *et al.*, "Diet and Lifestyle Recommendations, Revision 2006", *Circulation*, vol. 114, núm. 1, 2006, pp. 82-96.

7. Vender la dieta mediterránea: ¿cuál es la ciencia?

194 *recomienda obtener [...] la leche nunca [...] en abundancia:* Walter Willett *et al.*, "Mediterranean Diet Pyramid: A Cultural Model for Healthy Eating", *American Journal of Clinical Nutrition*, vol. 61, núm. 6, suplemento, 1995, p. S1403.

195 *La idea tuvo un origen simple, explica [...] Trichopoulou supo:* Antonia Trichopoulou, entrevista con la autora, 1° de octubre de 2008.

195 *"Habíamos empezado a cortar olivos" [...] Tuvo la intuición: Idem.*

196 *"hombres de 80 a 100 años":* Ancel Keys *et al.*, *Seven Countries: A Multivariate Analysis of Death and Coronary Heart Disease,* Cambridge, Massachusetts, Harvard University Press, 1980, p. 76.

196 *"Nos estábamos congelando en nuestras casas sin calefacción":* Ancel Keys, "Mediterranean Diet and Public Health", *American Journal of Clinical Nutrition*, vol. 61, núm. 6, suplemento, 1995, p. S1322.

196 *"todo el camino hacia Suiza" [...] "calor otra vez":* Ancel Keys y Margaret Keys, *Eat Well and Stay Well the Mediterranean Way,* Garden City, Nueva York, Doubleday, 1975, p. 2.

197 *Keys recordaba su delicia al cenar:* Ibidem, p. 4.

197 *"ése es el Mediterráneo para nosotros":* Ibidem, p. 28.

198 *reeditó su libro de cocina:* Ancel Keys y Margaret Keys, *Eat Well and Stay Well,* Nueva York, Doubleday, 1959; Keys y Keys, *Eat Well and Stay Well the Mediterranean Way.* Todas las citas subsecuentes se referirán a esta última edición.

198 *"Sólo queríamos sacar el tema":* Trichopoulou, entrevista.

198 *estas primeras conferencias dieron vida:* Elisabet Helsing y Antonia Trichopoulou (eds.), "The Mediterranean Diet and Food Culture—a Symposium", *European Journal of Clinical Nutrition,* núm. 43, suplemento 2, 1989, pp. 1-92.

198 *Había sido una lucha cuesta arriba:* Anna Ferro-Luzzi, entrevista con la autora, 22 de julio de 2008.

199 *(OMS), que tenía un mayor interés en trabajar:* Elisabet Helsing, entrevista con la autora, 30 de julio de 2008.

199 *había "diferencias importantes" [...] "más mantequilla":* Keys y Keys, *Eat Well and Stay Well,* pp. 38-39.

200 *En un meticuloso texto emblemático de 1989*: Anna Ferro-Luzzi y Stefania Sette, "The Mediterranean Diet: An Attempt to Define Its Present and Past Composition", *European Journal of Clinical Nutrition*, núm. 43, suplemento 2, 1989, pp. 13-29.
200 *"una empresa imposible"*: Ibidem, p. 25.
200 *"aunque muy atractivo" [...] "no debería usarse"*: Ibidem, p. 26.
200 *No pensaban que tenían una "dieta"*: Ferro-Luzzi, entrevista con la autora, 22 de julio de 2008.
201 *"Y a los burócratas no les gustaba la idea"*: Idem.
201 *la dieta "sana" cretense estaba virtualmente desbordada de grasa*: Ancel Keys, Christos Aravanis y Helen Sdrin, "The Diets of Middle-Aged Men in Two Rural Areas of Greece", *Voeding*, vol. 27, núm. 11, 1966, pp. 575-586; Keys y Keys, *Eat Well and Stay Well*, p. 31.
201 *"nadando en aceite"*: Keys y Keys, *Eat Well and Stay Well*, p. 31.
201 *"No pueden recomendar dietas altas en grasa"*: Bonnie Liebman, "Just the Mediterranean Diet Facts", *Nutrition Action Healthletter*, vol. 21, núm. 10, 1994.
202 *un esfuerzo considerable por confirmar*: Antonia Trichopoulou y Pagona Lagiou, "Healthy Traditional Mediterranean Diet: An Expression of Culture, History, and Lifestyle", *Nutrition Reviews*, vol. 55, núm. 11, parte 1, 1997, p. 383.
202 *"¡No puedes recomendar menos grasa!"*: Trichopoulou, entrevista.
202 *con lupa*: Anna Ferro-Luzzi, W. Philip. T. James y Anthony Kafatos, "The High-Fat Greek Diet: A Recipe for All?", *European Journal of Clinical Nutrition*, vol. 56, núm. 9, 2002, pp. 796-809.
202 *"poco fundamento científico" para decir*: Ibidem, p. 806. El texto de Ferro-Luzzi recibió una respuesta mordaz, pero no de Antonia Trichopoulou, sino de su marido, Dimitrios, también profesor de epidemiología, con puestos tanto en la Escuela de Medicina de Atenas como en la Escuela de Salud Pública de Harvard. Dimitrios defendió la investigación de su esposa sobre el aceite de oliva en general, pero no tocó ninguno de los problemas metodológicos que Ferro-Luzzi había señalado en la información sobre consumo de grasa en los griegos. Y en un ejemplo de la clase de tono desdeñoso utilizado a veces entre los investigadores para derrotar a sus oponentes, Dimitrios terminó su carta sugiriendo que el texto de Ferro-Luzzi "habría sido mucho más útil si se hubiera escrito con más cuidado, con más atención a la evidencia científica y menos arrogancia". Dimitrios Trichopoulos, "Letter to the Editor: In Defense of the Mediterranean Diet", *European Journal of Clinical Nutrition*, núm. 56, 2002, pp. 928-929; la respuesta de Ferro-Luzzi está aquí: Anna Ferro-Luzzi, W. Philip T. James y Anthony Kafatos, "Response to the Letter Submitted by D. Trichopoulos Entitled, 'In Defense of the Mediterranean Diet' ", *European Journal of Clinical Nutrition*, núm. 56, 2002, pp. 930-931.

202 *W. Philip T. James:* W. Philip T. James, entrevista con la autora, 26 de octubre de 2008.
203 *lo llevaron a una taberna local:* Trichopoulou, entrevista, y Walter C. Willett, entrevista con la autora, 8 de febrero de 2006.
203 *creció en Michigan comiendo [...] "revelación":* Willett, entrevista con la autora, 8 de enero de 2007.
203 *recuerda Trichopoulou:* Trichopoulou, entrevista.
203 *"la mandíbula en el suelo":* Greg Drescher, entrevista con la autora, 14 de agosto de 2008.
204 *"Quienes pertenecíamos a la comunidad culinaria" [...] "Estábamos deprimidos por ello":* Idem.
205 *"Willett fue la figura central":* Drescher, entrevista con la autora, 14 de agosto de 2008.
205 *convenció de la cifra de Antonia Trichopoulou:* Walter C. Willett, correo electrónico a la autora, 29 de noviembre de 2008.
205 *la "Pirámide de la dieta Mediterránea":* La justificación de la pirámide se encuentra en tres artículos: Walter C. Willett *et al.*, "Mediterranean Diet Pyramid: A Cultural Model for Healthy Eating", American Journal of Clinical Nutrition, vol. 61, núm. 6, suplemento, 1995, p. S1402; Lawrence H. Kushi, Elizabeth B. Lenart y Walter C. Willett, "Health Implications of Mediterranean Diets in Light of Contemporary Knowledge. 1. Plant Foods and Dairy Products", American Journal of Clinical Nutrition, vol. 61, núm. 6, suplemento, 1995, p. S1407; Lawrence H. Kushi, Elizabeth B. Lenart y Walter C. Willett, "Health Implications of Mediterranean Diets in Light of Contemporary Knowledge. 2. Meat, Wine, Fats and Oils", American Journal of Clinical Nutrition, vol. 61, núm. 6, suplemento, 1995, p. S1416.
206 *"aceite de oliva vertido encima":* Citado en Sheryl Julian, "Mediterranean Diet: A Healthy Alternative? Against a Backdrop of Promotion, Experts Debate the Benefits of Olive Oil", Boston Globe, 27 de enero de 1993.
208 *"La ciencia simplemente me parecía demasiado subjetiva":* Marion Nestle, entrevista con la autora, 30 de julio de 2008.
208 *"razón en que la evidencia":* Lawrence H. Kushi, entrevista con la autora, 6 de septiembre de 2008.
208 *sólo tuvieron un revisor:* Marion Nestle, correo electrónico a la autora, 5 de agosto de 2008.
208 *un suplemento especial:* Marion Nestle (ed.), "Mediterranean Diets", American Journal of Clinical Nutrition, vol. 61, núm. 6, suplemento, 1995, pp. IXS-1427S.
208 *financiado por la industria del aceite de oliva:* Marion Nestle, "Mediterranean Diets: Science and Policy Implications", American Journal of Clinical Nutrition, vol. 61, núm. 6, 1995, p. SIX.
209 *me explicó Ferro-Luzzi:* Ferro-Luzzi, entrevista.

211 American Journal of Cardiology: Henry Blackburn, "The Low Risk Coronary Male", *American Journal of Cardiology*, vol. 58, núm. 1, 1986, p. 161.
211 *"me sentía muy romántico sobre Creta"*: Henry Blackburn, entrevista con la autora, 22 de julio de 2008.
212 *En abril de 1997*: Fondo de Conservación e Intercambio Oldways, "Crete, Greece, and Healthy Mediterranean Diets: Celebrating the 50th Anniversary of the Scientific Studies of Healthy Traditional Mediterranean Diets Originating on Crete in 1947: An International Symposium", Hotel Apollonia Beach, Heraklion, Creta, 5-11 de abril de 1997.
212 *mientras el cometa Hale-Bopp*: Narsai David, correo electrónico a la autora, 17 de agosto de 2008.
212 *"Sentí que había muerto y estaba en el cielo" [...] "absolutamente magnífico"*: Marion Nestle, entrevista con la autora, 30 de julio de 2008.
212 *recuerda Laura Shapiro*: Laura Shapiro, entrevista con la autora, 5 de agosto de 2008.
212 *"no sólo un montón de diapositivas"*: Drescher, entrevista.
213 *dice Shapiro*: Shapiro, entrevista.
213 *el IOOC había intentado generar*: Fausto Lucchetti, entrevista con la autora, 16 de noviembre de 2008.
213 *el IOOC estuvo contento*: Idem.
214 *muestras de aceite de oliva en arreglos florales [...] bolsitas de regalo*: Julian, "Mediterranean Diet: A Healthy Alternative?"
214 *"Empezábamos con el dinero del IOOC"*: Drescher, entrevista.
214 *"alinear los intereses"*: Idem.
214 *fondos de Elais Oil Company*: Christos Aravanis y Anastasios S. Dontas, "Studies in the Greek Islands", en *The Seven Countries Study: A Scientific Adventure in Cardiovascular Disease Epidemiology*, Daan Kromhout, Alessandro Menotti y Henry Blackburn (eds.), Utrecht, Holanda, Brouwer, 1994, p. 112.
214 *como recuerda Henry Blackburn*: Blackburn, entrevista.
214 *Keys "ayudó significativamente"*: Aravanis y Dontas, "Studies in the Greek Islands", p. 112.
214 *cuando sacó su estudio*: Ancel Keys (ed.), "Coronary Heart Disease in Seven Countries", *Circulation*, vols. 61 y 62, suplemento 1, *American Heart Association Monograph*, núm. 29, 1970, p. I/88.
214 *sólo una en una publicación posterior*: Den C. Hartog *et al.*, *Dietary Studies and Epidemiology of Heart Disease*, The Hague, Holanda, Stichting tot wetenschappelijke Voorlichting op Voedingsgebied, 1968, p. 57.
215 *"lo que era bueno para los productos"*: Ferro-Luzzi, entrevista con la autora, 22 de julio de 2008.
215 *España y Grecia hicieron [...] Unión Europea [...]215 millones de dólares*: Arne Astrup, Peter Mardkmann y John Blundell, "Oiling of Health Messages in Marketing of Food", *The Lancet*, vol. 356, núm. 9244, 2000, p. 1786.

215 *también iban dirigidas a médicos europeos [...] investigadores se quejaran*: Idem.
215 *Nestle me describió el obvio*: Nestle, entrevista con la autora, 30 de julio de 2008.
216 *"el hecho de que estuviera lavado"*: Kushi, entrevista.
216 *"no seguía el programa" [...] "no podían justificar mi presencia"*: Shapiro, entrevista.
216 *"pequeños embajadores del aceite de oliva"*: Idem.
217 *casi 50 textos sobre Dieta mediterránea*: La cifra de 50 estudios se consiguió contando los estudios listados en PubMed, www.ncbi.nih.gov.
217 *"el mundo gastronómico es una presa particular para la corrupción"*: Nancy Harmon Jenkins, entrevista con la autora, 6 de agosto de 2008.
218 *Un escritor de gastronomía extático*: Molly O'Neill, "A Dietary Debate: Is the Mediterranean a Nutritional Eden?", *The New York Times*, 3 de febrero de 1993.
218 *el siguiente "edén nutricional"*: Idem.
218 *"guante de terciopelo alrededor de la realidad helada"*: Idem.
218 *estadísticas de consumo nacionales [...] tres veces lo que era en 1990*: Cálculos de IndexMundi de las estadísticas del USDA, consultado el 4 de enero de 2014, http://www.indexmundi.com/agriculture/?country=us&commodity=olive-oil&graph=domestic-consumption.
219 *Hipócrates prescribía sus hojas*: Hippocrates, *The Genuine Works of Hippocrates*, Charles Darwin Adams (trad.), Nueva York, Dover, 1868, parte IV.
220 *"Nos volvimos buenos amigos" [...] "científicos rudos" [...] "hasta la muerte"*: Anna Ferro-Luzzi et al., "Changing the Mediterranean Diet: Effects on Blood Lipids", *American Journal of Clinical Nutrition*, vol. 40, núm. 5, 1984, pp. 1027-1037.
220 *Ferro-Luzzi registró*: Idem.
221 *puede ayudar a prevenir [...] la evidencia hasta ahora es muy débil*: Lawrence Kushi y Edward Giovannucci, "Dietary Fat and Cancer", *American Journal of Medicine*, vol. 113, núm. 9, suplemento 2, 2002, pp. S63-S70.
221 *diversos estudios al respecto*: Álvaro Alonso, Valentina Ruiz-Gutiérrez y Miguel Ángel Martínez-González, "Monounsaturated Fatty Acids, Olive Oil and Blood Pressure: Epidemiological, Clinical and Experimental Evidence", *Public Health Nutrition*, vol. 9, núm. 2, 2005, pp. 251-257; Álvaro Alonso y Miguel Ángel Martínez-González, "Olive Oil Consumption and Reduced Incidence of Hypertension: The SUN Study", *Lipids*, vol. 39, núm. 12, 2004, pp. 1233-1238.
221 *flavonoides [...] no han podido demostrar*: Lee Hooper et al., "Flavonoids, Flavonoid-Rich Foods, and Cardiovascular Risk: A Meta-Analysis of Ran-

domized Controlled Trials", *American Journal of Clinical Nutrition*, vol. 88, núm. 1, 2008, pp. 38-50.

221 *publicó un artículo emblemático:* Antonia Trichopoulou *et al.*, "Adherence to a Mediterranean Diet and Survival in a Greek Population", *New England Journal of Medicine*, vol. 348, núm. 26, 2003, p. 2600.

221 *"un alto consumo de aceite de oliva" [...] "reducción significativa y sustancial":* Ibidem, p. 2607.

221 *nunca midió en realidad el consumo de aceite de oliva:* Antonia Trichopoulou, correo electrónico a la autora, 13 de diciembre de 2013.

221 *No fue un elemento en el cuestionario de frecuencia alimentaria:* El cuestionario dietético griego es un apéndice en esta descripción del protocolo de estudio: Klea Katsouyanni *et al.*, "Reproducibility and Relative Validity of an Extensive Semi-Quantitative Food Frequency Questionnaire Using Dietary Records and Biochemical Markers among Greek Schoolteachers", *International Journal of Epidemiology*, núm. 26, suplemento 1, 1997, p. S119.

221 *"estimó" su uso:* Katsouyanni, *idem.*

221 *la lista de platillos:* Trichopoulou *et al.*, "Adherence to a Mediterranean Diet", p. 2602.

222 *recolectó toda la evidencia disponible:* Bob Bauer, carta en respuesta a la Petición de Declaración de Salud (número de expediente 2003Q-0559), Oficina de Productos Nutricionales, Etiquetado y Suplementos Dietéticos, Administración de Alimentos y Medicamentos de Estados Unidos, 1° de noviembre de 2004.

222 FDA *no se convenció:* Oficina de Productos Nutricionales, Etiquetado y Suplementos Dietéticos, FDA, carta en respuesta a la Petición de Declaración de Salud del 28 de agosto de 2003: "Monounsaturated Fatty Acids from Olive Oil and Coronary Heart Disease" (número de expediente 2003Q-0559), 1° de noviembre de 2004.

222 *"un bajo nivel de comodidad":* Idem.

222 *hicieron algunas pruebas clínicas sobre el aceite de oliva:* N. R. Damasceno *et al.*, "Crossover Study of Diets Enriched with Virgin Olive Oil, Walnuts or Almonds. Effects on Lipids and Other Cardiovascular Risk Markers", *Nutrition Metabolism Cardiovascular Disease*, núm. 21, suplemento 1, 2011, pp. S14-S20; Paola Bogani *et al.*, "Postprandial Anti-Inflammatory and Antioxidant Effects of Extra Virgin Olive Oil", *Atherosclerosis*, vol. 190, núm. 1, 2007, pp. 181-186; M. Fito *et al.*, "Anti-Inflammatory Effect of Virgin Olive Oil in Stable Coronary Disease Patients: A Randomized, Crossover, Controlled Trial", *European Journal of Clinical Nutrition*, vol. 62, núm. 4, 2004, pp. 570-574.

222 *Aún más, unos cuantos estudios recientes en animales:* Revisado en Seth J. Baum *et al.*, "Fatty Acids in Cardiovascular Health and Disease: A Comprehensive Update", *Journal of Clinical Lipidology*, vol. 6, núm. 3, 2012, pp. 221-223.

223 *un artículo en* Nature: Gary K. Beauchamp et al., "Phytochemistry: Ibuprofen-Like Activity in Extra-Virgin Olive Oil", *Nature*, vol. 437, núm. 7055, 2005, pp. 45-46.

223 *"llevó al único foco"*: Gary Beauchamp, "Oleocanthal: A Pungent Anti-Inflammatory Agent in Extra-Virgin Olive Oil", texto presentado en la 15 Conferencia de Aniversario de la Dieta Mediterránea, Fondo de Conservación e Intercambio Oldways y Alianza de Alimentos Mediterráneos, Cambridge, Boston, 17 de noviembre de 2008.

223 *como señaló un crítico:* Vincenzo Fogliano y Raffaele Sacchi, "Oleocanthal in Olive Oil: Between Myth and Reality", *Molecular Nutrition & Food Research*, vol. 50, núm. 1, 2006, pp. 5-6.

223 *"sorprendente" es la palabra [...] concluyeron, en 2011:* Miguel Ruiz-Canela y Miguel A. Martínez-González, "Olive Oil in the Primary Prevention of Cardiovascular Disease", *Maturitas*, vol. 68, núm. 3, 2011, p. 245.

223 *el pasaje real en la* Odisea: Homero, *The Odyssey*, A. T. Murray (trad.), Boston, Harvard University Press, 1919, libro VI, parte ll, pp. 211-222. (Énfasis añadido.)

224 *escribió un historiador francés:* Hamis Forbes, "Ethnoarchaeology and the Place of Olive in the Economy of the Southern Argolid, Greece", en *La Production du Vin et L'huile en Mediterranee* (La producción de vino y aceite en el Mediterráneo), BCH, suplemento 26, M. C. Amouretti y J. P. Brun (eds.), París, École Française d'Athènes, 1993, pp. 213-226.

224 *concluye Hamilakis [...] "no hay evidencia" [...] para "uso culinario":* Yannis Hamilakis, "Food Technologies/Technologies of the Today: The Social Context of Wine and Oil Production and Consumption in Bronze Age Crete", *World Archeology*, vol. 31, núm. 1; reimpreso en *Food Technology in Its Social Context*, Londres y Nueva York, Routledge, 1999, pp. 45-46.

224 *En España tampoco:* Grigg, "Olive Oil, the Mediterranean and the World", p. 168.

224 *"era poco probable" que el aceite de oliva "hubiera hecho una contribución":* Marion Nestle, "The Mediterranean Diet and Disease Prevention", en *The Cambridge World History of Food* 2, K. F. Kiple y K. C. Ornelias (eds.), Cambridge, Reino Unido, Cambridge University Press, 2000, p. 1196.

224 *manteca:* Para Italia, véase: Massimo Montanari, *The Culture of Food*, Oxford, Blackwell, 1994, p. 165; Alan Davidson, "Lard", en *The Penguin Companion on Food*, Nueva York, Penguin Books, 2002, pp. 530-531.

225 *como propuso originalmente Ancel Keys:* Keys, "Coronary Heart Disease in Seven Countries", p. I/88.

225 *"el ambiente psicosocial":* Trichopoulou y Lagiou, "Healthy Traditional Mediterranean Diet", pp. 383-389.

225 *Anna Ferro-Luzzi asistió a una reunión internacional:* Ferro-Luzzi, entrevista con la autora, 22 de julio de 2008.

226 *Trichopoulou encontró, cuando mezcló:* Antonia Trichopoulou et al., "Modified Mediterranean Diet and Survival: EPIC-Elderly Prospective Cohort Study", *British Medical Journal*, núm. 330, 2005, pp. 991-998.

227 *desarrolló el puntaje de la Dieta mediterránea:* Antonia Trichopoulou et al., "Diet and Overall Survival in Elderly People", *British Medical Journal*, vol. 311, núm. 7018, 1995, pp. 1457-1460.

227 *En una revisión extensa de los índices:* Anna Bach et al., "The Use of Indexes Evaluating the Adherence to the Mediterranean Diet in Epidemiological Studies: A Review", *Public Health Nutrition*, vol. 9, núm. 1A, 2006, p. 144.

227 *Andy R. Ness [...] me dijo que los índices [...] "bastante extremo":* Andy R. Ness, entrevista con la autora, 13 de octubre de 2008.

228 *Trichopoulou responde que sus esfuerzos:* Antonia Trichopoulou, entrevista con la autora, 1° de octubre de 2008.

228 *"¡Eso es lo que pedimos!":* Idem.

228 *motivada tanto por la "Madre Grecia":* James, entrevista; Nestle, entrevista con la autora, 30 de julio de 2008; Serra-Majem, entrevista.

228 *"Antonia tal vez es culpable":* Elisabet Helsing, entrevista con la autora, 30 de julio de 2008.

228 *escribió [...] Frank B. Hu:* Frank B. Hu, "The Mediterranean Diet and Mortality—Olive Oil and Beyond", *New England Journal of Medicine*, núm. 348, 2003, pp. 2595-2596.

228 *Estudio de Lyon sobre la Dieta y el Corazón:* Michel de Lorgeril et al., "Mediterranean Alpha-Linolenic Acid- Rich Diet".

229 *"irremediablemente sin el poder" [...] como comentó un investigador:* Andy R. Ness, entrevista con la autora, 13 de octubre de 2008.

229 *cambiaron su dieta [...] una minúscula cantidad:* De Lorgeril et al., "Mediterranean Alpha-Linolenic Acid-Rich Diet", p. 1456.

230 *"que contenía grosella estrellada, uvas":* Ram B. Singh et al., "Randomised Controlled Trial of Cardioprotective Diet in Patients with Recent Acute Myocardinal Infraction: Results of One Year Follow Up", *British Medical Journal*, vol. 304, núm. 6833, 1992, pp. 1015-1019; Ram B. Singh et al., "An Indian Experiment with Nutritional Modulation in Acute Myocardinal Infarction", *American Journal of Cardiology*, vol. 69, núm. 9, 1992, p. 879.

231 *parecían fabricados:* Caroline White, "Suspected Research Fraud: Difficulties Getting at the Truth", *British Medical Journal*, vol. 331, núm. 7511, 2005, p. 285.

231 *los niveles de colesterol sérico:* C. R. Soman, "Correspondence: Indo-Mediterranean Diet and Progression of Coronary Artery Disease", *The Lancet*, vol. 366, núm. 9483, 30 de julio de 2005, pp. 365-366.

231 *"Sospecha de fraude en una investigación":* White, "Suspected Research Fraud".

231 *"fabricada o falsificada":* Sanaa Al-Marzouki *et al.*, "Are These Data Real? Statistical Methods for the Detection of Data Fabrication in Clinical Trials", *British Medical Journal*, vol. 331, núm. 7511, 30 de julio de 2005, p. 270.

231 *expresaron sus serias reservas:* Jane Smith y Fiona Godlee, "Investigating Allegations of Scientific Misconduct", *British Medical Journal*, vol. 331, núm. 7511, 30 de julio de 2005, pp. 245-246; Fiona Godlee, correo electrónico a la autora, 27 de enero de 2014. En el mismo día que los editores del *British Medical Journal* escribieron sobre sus reservas, un editor de *The Lancet* escribió una "Expresión de preocupación" sobre la publicación de esa revista del texto de Singh de 2002, basado en la misma información. Richard Horton, "Expression of Concern: Indo-Mediterranean Diet Heart Study", *The Lancet*, vol. 366, núm. 9483, 30 de julio de 2005, pp. 354-356.

231 *una influyente por Lluís Serra-Majem:* Lluís Serra-Majem, Blanca Román y Ramón Estruch, "Scientific Evidence of Interventions Using the Mediterranean Diet: A Systematic Review", *Nutritional Review*, vol. 64, núm. 2, parte 2, suplemento, 2006, pp. S27-S47.

231 *"debemos tener cuidado":* Lluís Serra-Majem, entrevista con la autora, 1° de octubre de 2008.

231 *De hecho, en su revisión de la literatura:* Serra-Majem, Román y Estruch, "Scientific Evidence of Interventions Using the Mediterranean Diet".

232 *"Quería dejar la puerta abierta":* Serra-Majem, entrevista.

232 *prueba GISSI-Prevenzione:* Investigadores del GISSI-Prevenzione (Gruppo Italiano per lo Studio della Sopravvivenza nell'Infarto micardico), "Dietary Supplementation with n-3 Polyunsaturated Fatty Acids and Vitamin E after Myocardial Infarction: Results of the GISSI-Prevenzione Trial", *The Lancet*, vol. 354, núm. 9177, 1999, pp. 447-455.

233 *se realizó en Israel:* Iris Shai *et al.*, "Weight Loss with a Low-Carbohydrate, Mediterranean, or Low-Fat Diet", *New England Journal of Medicine*, vol. 359, núm. 3, 2008, pp. 229-241.

233 *"mi conclusión conservadora es":* Stampfer, entrevista.

234 *un gran estudio español:* Ramon Estruch *et al.*, "Primary Prevention of Cardiovascular Disease with a Mediterranean Diet", *New England Journal of Medicine*, vol. 368, núm. 14, 2013, pp. 1279-1290.

234 *anunció el* New York Times: Gina Kolata, "Mediterranean Diet Shown to Ward Off Heart Attack and Stroke", *The New York Times*, 25 de febrero de 2013, p. A1.

235 *la diferencia más grande entre los grupos bajo en grasa y mediterráneo*: Estruch *et al.*, "Primary Prevention of Cardiovascular Disease with a Mediterranean Diet", apéndice suplementario, p. 26.

236 *el apéndice de Predimed: Idem.*

236 *me dijo Serra-Majem:* Serra-Majem, entrevista.

237 *"destruidas en el proceso":* Keys, Aravanis y Sdrin, "Diets of Middle-Aged Men", p. 62.

237 *"Los contenedores de barro"*: Idem, y Christos Aravanis, carta a la autora, 6 de octubre de 2008.
237 *"los 33 se alineaban perfectamente"*: Sander Greenland, correo electrónico a la autora, 5 de enero de 2008.
237 *"como gelatina en un terremoto cretense"*: Sander Greenland, correo electrónico a la autora, 7 de octubre de 2008.
237 *en la década de 1980*: A. Ferro-Luzzi *et al.*, "Changing the Mediterranean Diet: Effects on Blood Lipids", *American Journal of Clinical Nutrition*, vol. 40, núm. 5, 1984, pp. 1027-1037.
237 *los líderes del estudio de los siete países reconocieron*: Daan Kromhout *et al.*, "Food Consumption Patterns in the 1960s in Seven Countries", *American Journal of Clinical Nutrition*, vol. 49, núm. 5, 1989, p. 892.
238 *Keys había publicado un artículo*: Idem.
238 *"alta en ácidos grasos saturados"*: Kushi *et al.*, "Health Implications of Mediterranean Diets in Light of Contemporary Knowledge. 1", p. S1410.
238 *"En Creta, la carne es sobre todo de cabra"*: Keys, Aravanis y Sdrin, "Diets of Middle-Aged Men", pp. 575-586.
238 *Una primera encuesta de la dieta cretense*: Leland Girard Allbaugh, *Crete: A Case Study of an Underdeveloped Area*, Princeton, Nueva Jersey, Princeton University Press, 1953, p. 100.
238 *"Patroclo puso una gran banca frente al fuego"*: Citado en John C. Waterlow, "Diet of the Classical Period of Greece and Rome", *European Journal of Clinical Nutrition*, núm. 43, suplemento 2, 1989, p. 6.
239 *"gran distintivo" de su pirámide*: Kushi, "Health Implications of the Mediterranean Diets in Light of Contemporary Knowledge. 2", p. S1416.
239 *Willett y sus colegas no citan*: Idem. Willett, "Health Implications of Mediterranean Diets in Light of Contemporary Knowledge. 2".
239 *Willett me dijo*: Walter Willett, correo electrónico a la autora, 29 de noviembre de 2008.
240 *un estudio detallado de la dieta cretense*: Allbaugh, *Crete: A Case Study of an Underdeveloped Area*.
240 *"consistía primordialmente de alimentos de origen vegetal"*: Ibidem, p. 100.
240 *"Teníamos hambre la mayor parte del tiempo [...] 72% de las familias encuestadas"*: Ibidem, p. 105.
240 *"no muy nutritivas"*: Vito Teti, "Food and Fatness in Calabria", en *Social Aspects of Obesity*, Igor De Garine y Nancy J. Pollock (eds.), Nicolette S. James (trad.), Ámsterdam, Gordon and Breach, 1995.
240 *Teti a concluir*: Ibidem, p. 9.
241 *18 por ciento de los hombres [...] 5 por ciento en el norte*: Instituto Nazionale di Statistica, "Analisi Statistica sui Giovani Iscritti nelle Liste di Leva" (Análisis Estadístico de Jóvenes Conscriptos), *ISTAT Notiziaro*, serie 4, folio 41, 1993, pp. 14:1-10 (en italiano).
241 *los hombres más bajos de todo el país*: Citado en Teti, "Food and Fatness in Calabria", p. 9.

241 *"Carne es lo que [...] que había comido carne"*: Ibidem, p. 15.

241 *10 veces más carne [...] el cambio más significativo*: Anna Ferro-Luzzi y Francesco Branca, "Mediterranean Diet, Italian-Style: Prototype of a Healthy Diet", *American Journal of Clinical Nutrition*, vol. 61, núm. 6, suplemento, 1995, p. S1343.

241 *casi ocho centímetros*: Organización Mundial de la Salud, "Health for All: Statistical Database", Ginebra, Oficina Regional para Europa, 1993.

241 *Lo mismo sucedió en España*: Lluís Serra-Majem et al., "How Could Changes in Diet Explain Changes in Coronary Heart Disease Mortality in Spain? The Spanish Paradox", *American Journal of Clinical Nutrition*, vol. 61, núm. 6, 1995, p. S1353.

242 *Los suizos comieron*: E. Guberan, "Surprising Decline of Cardiovascular Mortality in Switzerland: 1951-1976", *Journal of Epidemiology and Community Health*, vol. 33, núm. 2, 1979, pp. 114-120.

242 *descubrió que los granjeros*: Christos Aravanis, "The Classic Risk Factors for Coronary Heart Disease: Experience in Europe", *Preventive Medicine*, vol. 12, núm. 1, 1983, p. 19.

242 *los índices de ataque cardiaco seguían*: Christos D. Lionis et al., "Mortality Rates in a Cardiovascular 'Low-risk' Population in Rural Crete", *Family Practice*, vol. 10, núm. 3, 1993, pp. 300-304.

242 *En un artículo de 2004*: Lluís Serra-Majem et al., "Does the Definition of the Mediterranean Diet Need to be Updated?", *Public Health Nutrition*, vol. 7, núm. 7, 2004, p. 928.

243 *"pays casi nunca"*: Allbaugh, *Crete: A Case Study*, p. 103.

243 *"casi no se comían pastelitos"*: Kromhout et al., "Food Consumption Patterns in the 1960s in Seven Countries", p. 892.

243 *el consumo de azúcar y otros carbohidratos cayó*: Serra-Majem et al., "How Could Changes in Diet Explain Changes?", pp. S1351-S1359.

243 *El consumo de azúcar en Italia*: Paolo Rubba et al., "The Mediterranean Diet in Italy: An Update", *World Review of Nutrition and Dietetics*, núm. 97, 2007, p. 86.

243 *Como Serra-Majem me dijo*: Lluís Serra-Majem, entrevista con la autora, 2 de agosto de 2008.

8. Salen las grasas saturadas, entran las grasas trans

248 *pasan por su oficina para "aprobar"*: Mark Matlock, entrevista con la autora, 7 de noviembre de 2005.

248 *campaña de medios y correspondencia llamada "Ataque contra la Grasa Saturada"*: Centro para la Ciencia en el Interés Público, "Building a Healthier America, 35th Anniversary Report", Washington, D. C., Centro para la Ciencia en el Interés Público, 2006; Centro para la Ciencia en el Interés

Público, "Saturated Fat Attack", folleto, Washington, D. C., Centro para la Ciencia en el Interés Público, 1988.

248 *Los aceites hidrogenados eran, por tanto, "no un mal trato"*: Michael F. Jacobson y Sarah Fritschner, *The Fast-Food Guide: What's Good, What's Bad, and How to Tell the Difference*, Nueva York, Workman, 1986, p. 51.

248 *CSPI convenció exitosamente*: Centro para la Ciencia en el Interés Público, "Popcorn: Oil in Day's Work", *Nutrition Action Health Letter*, mayo de 1994, consultado el 12 de febrero de 2014, http://www.cspinet.org/nah/popcorn.html.

248 *"un gran beneficio"*: Jacobson y Fritschner, *The Fast-Food Guide*, p. 132.

249 *ahora se considera mínimo*: K. C. Hayes para el Panel de Expertos, "Fatty Acid Expert Roundtable: Key Statements about Fatty Acids", *Journal of the American College of Nutrition*, vol. 29, núm. 3, suplemento, 2010, pp. S285-S288.

249 *financiada por sus propios millones*: Ronald J. Adams y Kenneth M. Jennings, "Media Advocacy: A Case Study of Philip Sokolof's Cholesterol Awareness Campaigns", *Journal of Consumer Affairs*, vol. 27, núm. 1, 1993, pp. 145-165.

249 *"¡EL ENVENENAMIENTO DE ESTADOS UNIDOS!"*: Phil Sokolof, "The Poisoning of America", *The New York Times*, 1° de noviembre de 1988, p. A29. También se publicaron anuncios idénticos de página completa en el *Wall Street Journal, Washington Times, New York Post* y *USA Today*, entre otros periódicos.

251 *"miles de cartas" [...] "algunas respuestas"*: "Food Industry Gadfly Still Buzzing", Associated Press, 5 de marzo de 2009.

251 *su "más grande triunfo"*: Citado en *idem*.

252 *"Queremos conservar este mercado"*: D. G. Wing, Testimonio en representación de la Asociación Americana de la Soya al Congreso de Estados Unidos, Comité de Agricultura de la Cámara, audiencias en marzo de 1948, impreso en *Soybean Digest*, abril de 1948, p. 22.

252 *recuerda Steven Drake*: Steven Drake, entrevista con la autora, 8 de noviembre de 2012.

252 *sólo entre 4 y 10 por ciento de las grasas*: Estimado mundial de aceite para 1986, citado en "Tropical Fats Labeling: Malaysians Counterattack ASA Drive", *Journal of the American Oil Chemists' Society*, vol. 64, núm. 12, 1987, pp. 1596-1598; la cifra de 4 por ciento hace referencia al consumo de 1985, y viene de Youngmee K. Park y Elizabeth A. Yetley, "Trench Changes in Use and Current Intakes of Tropical Oils in the United States", *American Journal of Clinical Nutrition*, vol. 51, núm. 5, 1990, pp. 738-748.

253 *"le ocurrió el nombre 'manteca de árbol' para ellos"*: Drake, entrevista.

253 *Parte de los llamados juegos "contra la grasa" de la ASA*: Susan J. Duthie, "Soybean Growers Move to Label Palm Oil as Unhealthy, Bringing Rivalry to a Boil", *Wall Street Journal*, 31 de agosto de 1987.

253 *describió el* Wall Street Journal: *Idem.*
253 *hubo protestas frente:* Barbara Crossette, "International Report: Malaysia Opposes Labels on Palm Oil", *New York Times*, 19 de octubre de 1987.
253 *"imagen racista [...] para ser honesto":* Drake, entrevista.
254 *"Sólo entre 5 y 10 por ciento":* Kalyana Sundram, entrevista con la autora, 8 de enero de 2008.
254 *tuviera un efecto escalofriante:* Sundram, entrevista.
254 *dijo Tan Sri Augustine Ong:* Tan Sri Augustine Ong, entrevista con la autora, 11 de marzo de 2008.
254 *proteger contra los coágulos:* Sobre la protección contra los coágulos, véase Gerard Hornstra y Anna Vendelmans-Starrenburg, "Induction of Experimental Arterial Occlusive Thrombi in Rats", *Atherosclerosis*, vol. 17, núm. 3, 1973, pp. 369-382; Margaret L. Rand, Adje A. Hennissen y Gerard Hornstra, "Effects of Dietary Palm Oil on Arterial Thrombosis, Platelet Responses and Platelet Membrane Fluidity in Rats", *Lipids*, vol. 23, núm. 11, 1988, pp. 1019-1023.
255 Nutrition Reviews: "New Findings on Palm Oil", editorial, *Nutrition Reviews*, vol. 45, núm. 9, 1987, pp. 205-207.
255 *descubierto en 1981:* Ian A. Prior *et al.*, "Cholesterol, Coconuts, and Diet on Polynesian Atolls: A Natural Experiment: The Pukapuka and Tokelau Island Studies", *American Journal of Clinical Nutrition*, vol. 34, núm. 8, 1981, pp. 1552-1561.
255 *En Malasia y Filipinas:* Pramod Khosla, "Palm Oil: A Nutritional Overview", *Journal of Agricultural and Food Industrial Organization*, núm. 17, 2000, pp. 21-23.
255 *"un asunto de comercio bajo la guisa":* Ong, entrevista.
255 *testimonio de Ronk [...] se convencieran:* Crossette, "International Report: Malaysia Opposes Labels on Palm Oil".
256 *al* New York Times: Douglas C. McGill, "Tropical-Oil Exporters Seek Reprieve in U.S.", *The New York Times*, 3 de febrero de 1989, p. D1.
256 *vocera de Nabisco: Idem.*
256 *pero algunos productos: Idem.*
256 *casi todos los 900 millones de kilos:* "Tropical Fats Labeling: Malaysians Counterattack ASA Drive", *Journal of the American Oil Chemists' Society*, vol. 64, núm. 12, 1987, p. 1596.
256 *se remplazaron, kilo por kilo:* Basado en múltiples entrevistas, incluyendo Walter Farr, 22 de febrero de 2008, Frank Orthofer, 15 de enero de 2008, Gil Leveille, 21 de febrero de 2008, y Lars Wiedermann, 16 de enero de 2004.
257 *su opción "nuclear":* Ong, entrevista.
257 *anuncios de página completa:* Consejo Malayo de Productores de Aceite de Palma, "To the American People—The Facts about Palm Oil", anuncios de página completa en *The New York Times, Wall Street Journal, USA Today*

y otros periódicos, enero-febrero de 1989; McGill, "Tropical Oils Exporters".

257 *como la* ASA *sabía:* Drake, entrevista.

257 *"bastante aterradores" [...] "realmente nos conmocionó" [...] "eliminar un aceite":* Idem.

257 *"técnicamente inadecuada [...] malos modales":* Lars Wiedermann, carta a la autora, 3 de marzo de 2008.

257 *informó el* Wall Street Journal: Citado en "US Soybean Group to Stop Depicting Palm Oil as Risk", *Wall Street Journal*, 10 de agosto de 1989, p. 1.

237 *fin había terminado una "amarga contienda de dos años":* Idem.

257 *explicó Ron Harris:* Ron Harris, entrevista con la autora, 20 de agosto de 2007.

258 *un experto en grasas trans del* USDA: Gary List, entrevista con la autora, 15 de febrero de 2008.

258 *Walter Farr [...] "Aumentamos intencionalmente las grasas trans":* Farr, entrevista con la autora, 22 de febrero de 2008.

258 *"A lo largo de mi carrera [...] pasos agigantados":* Idem.

258 *9000 millones de kilos [...] más de 80 por ciento:* Robert Reeves, correo electrónico a la autora, 2 de febrero de 2004.

258 *En las décadas de 1920 y 1930:* Thomas Percy Hilditch y N. L. Vidyarthi, "The Products of Partial Hydrogenation of Higher Monoethylenic Esters", *Proceedings of the Royal Society of London. Series A, Containing Papers of a Mathematical and Physical Character*, vol. 122, núm. 790, 1929, pp. 552-563.

259 *"de ninguna manera eran inaceptables":* A. D. Barbour, "The Deposition and Utilization of Hydrogenation Isoleic Acid in the Animal Body", *Journal of Biological Chemistry*, vol. 10, núm. 1, 1933, p. 71.

259 *crecieron más lentamente:* A. K. Pickat, "The Nutritive Value of Margarine and Soy Bean-Oil", *Voprosy Pitaniia*, vol. 2, núm. 5, 1933, pp. 34-60.

259 *el mismo resultado conflictivo de yin y yang:* Kenneth P. McConnel y Robert Gordon Sinclair, "Passage of Elaidic Acid through the Placenta and Also into the Milk of the Rat", *Journal of Biological Chemistry*, vol. 118, núm. 1, 1937, pp. 118-129; E. Aaes-Jorgensen *et al.*, "The Role of Fat in the Diet of Rats," *British Journal of Nutrition*, vol. 10, núm. 4, 1956, pp. 292-304.

259 *fue un estudio de 1944:* H. J. Deuel *et al.*, "Studies of the Comparative Nutritive Value of Fats: I. Growth Rate and Efficiency of Conversion of Various Diets to Tissue", *Journal of Nutrition*, núm. 27, 1944, pp. 107-121; H. J. Deuel, E. Movitt y L. F. Hallman, "Studies of the Comparative Nutritive Value of Fats: The Negative Effect of Different Fats on Fertility and Lactation in the Rat", *Journal of Nutrition*, vol. 27, núm. 6, 1944, pp. 509-513.

259 *artículo de opinión:* Harry J. Deuel, "The Butter-Margarine Controversy", *Science*, vol. 103, núm. 2668, 1946, pp. 183-187.

259 El único análisis publicado [...] "casi incomprensiblemente compleja" [...]
-260 "Estamos consumiendo" [...] "en realidad afortunado": Ahmed Fahmy Mabrouk y J. B. Brown, "The Trans Fatty Acids of Margarines and Shortenings", Journal of the American Oil Chemists Society, vol. 33, núm. 3, 1956, p. 102.
260 En 1961, Ancel Keys: Joseph T. Anderson, Francisco Grande y Ancel Keys, "Hydrogenated Fats in the Diet and Lipids in the Serum of Man", Journal of Nutrition, núm. 75, 1961, pp. 368-394.
260 Joseph T. Judd: Joseph T. Judd, entrevista con la autora, 27 de octubre de 2005.
260 un estudio en el laboratorio de su empresa: Don E. McOsker et al., "The Influence of Partially Hydrogenated Dietary Fats on Serum Cholesterol Levels", Journal of the American Medical Association, vol. 180, núm. 5, 1962, pp. 380-385.
261 estudio en la revista Science: Patricia V. Johnston, Ogden C. Johnson y Fred A. Kummerow, "Occurrence of Trans Fatty Acids in Human Tissue", Science, vol. 126, núm. 3276, 1957, pp. 698-699.
262 "pez gordo": Fred A. Kummerow, entrevista con la autora, 6 de noviembre de 2005.
262 por posar con una botella de Crisco en un documental: Fred A. Kummerow, carta a Campell Moses, 11 de julio de 1968, en posesión de la autora.
262 estuvo de acuerdo con él sobre el lenguaje de las grasas trans: Kummerow, entrevista con la autora, 25 de septiembre de 2003.
262 mandó imprimir 150000 panfletos para distribuir los lineamientos dietéticos: Sociedad Americana del Corazón, Comité de Nutrición, "Diet and Heart Disease: This Statement was Developed by the Committee on Nutrition and Authorized for Release by the Central Committee for Medical and Community Program of the American Heart Association", Sociedad Americana del Corazón, 1968.
263 No quería que se revelara nada: Carta de Malcolm R. Stephens, presidente del Instituto de Grasa y Aceites Comestibles, a Campbell Moses, 2 de julio de 1968, en posesión de la autora.
263 imprimir un nuevo lote de lineamientos: Sociedad Americana del Corazón, Comité de Nutrición, "Diet and Heart Disease: Revised Report of the Committee on Nutrition Authorized by the Central Committee for Medical and Community Program of the American Heart Association—1968", Sociedad Americana del Corazón, 1968.
263 "de la asociación de corazón" [...] dándole dinero: Kummerow, entrevista, 25 de septiembre de 2003.
263 confirmaron el estudio original de Kummerow de 1957: Patricia V. Johnston, Ogden C. Johnson y Fred A. Kummerow, "Deposition in Tissues and Fecal Excretion of Trans Fatty Acids in the Rat", Journal of Nutrition, vol. 65, núm. 1, 1958, pp. 13-23.

263 *como agentes extranjeros:* Walter J. Decker y Walter Mertz, "Effects of Dietary Elaidic Acid on Membrane Function in Rat Miochondria and Erythrocytes", *Journal of Nutrition*, vol. 91, núm. 3, 1967, p. 327; William E. M. Lands *et al.*, "A Comparison of Acyltransferase Activities in Vitro with the Distribution of Fatty Acids in Lecithins and Triglycerides in Vivo", *Lipids*, vol. 1, núm. 3, 1966, p. 224; Mohamedain M. Mahfouz, T. L. Smith y Fred A. Kummerow, "Effect of Dietary Fats on Desaturase Activities and the Biosynthesis of Fatty Acids in Rat-Liver Microsomes", *Lipids*, vol. 19, núm. 3, 1984, pp. 214-222.

264 *aumentaban su consumo de calcio:* Fred A. Kummerow, Sherry Q. Zhou y Mohamedain M. Mahfouz, "Effects of Trans Fatty Acids on Calcium Influx into Human Arterial Endothelial Cells", *American Journal of Clinical Nutrition*, vol. 70, núm. 5, 1999, pp. 832-838.

264 *50 no naturales:* Randall Wood, Fred Chumbler y Rex Wiegand, "Incorporation of Dietary *cis* and *trans* Isomers of Octadecenoate in Lipid Classes of Liver and Hepatoma", *Journal of Biological Chemistry*, vol. 252, núm. 6, 1977, pp. 1965-1970.

264 *me dijo Wood:* Randall Wood, entrevista con la autora, 18 de diciembre de 2003.

264 *concordó David Kritchevsky:* David Kritchevsky, entrevista con la autora, 31 de mayo de 2005.

265 *Asociación Americana de Lácteos no financiaría:* Thomas H. Applewhite, entrevista con la autora, 11 de diciembre de 2003.

265 *explicó Lars H. Wiedermann:* Wiedermann, entrevista con la autora, 16 de enero de 2004.

266 *"el rey de las trans":* Applewhite, entrevista.

266 *Wiedermann recuerda ir detrás de Kummerow:* Wiedermann, entrevista con la autora, 16 de enero de 2004.

266 *Kummerow los consideraba intimidantes:* Kummerow, entrevista con la autora, 21 de agosto de 2007.

266 *"su efecto principal" [...] "te atacaban por sorpresa":* Wood, entrevista con la autora, 18 de diciembre de 2003.

266 *un estudio que había hecho con cerdos miniatura:* Fred A Kummerow *et al.*, "The Influence of Three Sources of Dietary Fats and Cholesterol on Lipid Composition of Swine Serum Lipids and Aorta Tissue", *Artery*, núm. 4, 1978, pp. 360-384.

267 *como me describió un químico del* USDA: Gary List, entrevista con la autora, 15 de febrero de 2008.

267 *"Pasamos mucho tiempo" [...] "no vio nada malo o inmoral":* Wiedermann, carta a la autora, 19 de marzo de 2008.

267 *disparar las "alarmas":* Wiedermann, entrevista con la autora, 7 de febrero de 2008.

267 *un artículo documentando:* Mary Enig, R. Munn y M. Keeney, "Dietary Fat and Cancer Trends—A Critique", *Federation Proceedings*, Federación de

Sociedades Americanas para la Biología Experimental, vol. 37, núm. 9, 1978, p. 2215.
268 tres muy críticas cartas al editor: Thomas H. Applewhite, "'Statistical Correlations' Relating Trans-Fats to Cancer: A Commentary", *Federation Proceedings*, Federación de Sociedades Americanas para la Biología Experimental, vol. 38, núm. 11, 1979, p. 2435; J. C. Bailar, "Dietary Fat and Cancer Trends—A Further Critique", *Federation Proceedings*, Federación de Sociedades Americanas para la Biología Experimental, vol. 38, núm. 11, 1979, p. 2435; W. H. Meyer, "Dietary Fat and Cancer Trends—Further Comments", *Federation Proceedings*, Federación de Sociedades Americanas para la Biología Experimental, vol. 38, núm. 11, 1979, p. 2436.
268 *Enig recuerda [...] esos "tipos" incluían:* Applewhite, entrevista; Mary G. Enig, entrevista con la autora, 15 de octubre de 2003.
268 *Como describe Enig:* Enig, entrevista con la autora, 29 de diciembre de 2004.
268 *"loca" [...] "demente" [...] "una fanática":* "loca", Edward A. Emken, entrevista con la autora, 25 de octubre de 2007; "paranoica", Robert J. Nicolosi, entrevista con la autora, 27 de octubre de 2005; "demente", Rick Crystal, entrevista con la autora, 27 de octubre de 2005; "una fanática", Steve Hill, entrevista con la autora, 4 de febrero de 2008.
268 *dijo un asistente:* List, entrevista con la autora, 15 de febrero de 2008.
268 *comentó otro:* Frank T. Orthoefer, entrevista con la autora, 15 de enero de 2008.
269 *la revisión [...] "no encontró evidencia":* Centro de Investigación de Ciencias de la Vida, Federación de Sociedades Americanas para la Biología Experimental, *Evaluation of the Health Aspects of Hydrogenated Soybean Oil as a Food Ingredient*, preparado para el Consejo de Alimentos, la Administración de Alimentos y Medicamentos, el Departamento de Salud, Educación y Bienestar, Bethesda, Maryland, Oficina de Investigación de Ciencias de la Vida, Federación de Sociedades Americanas para la Biología Experimental, 1976, p. 30.
269 *preocupante el hallazgo de Kummerow:* Ibidem, p. 29.
270 *para concluir que las grasas trans:* Frederic R. Senti (ed.), *Health Aspects of Dietary Trans-Fatty Acids*, preparado para el Centro de Seguridad de Alimentos y Nutrición Aplicada, la Administración de Alimentos y Medicamentos, el Departamento de Salud y Servicios Humanos, Bethesda, Maryland, Oficina de Investigación de Ciencias de la Vida, Federación de Sociedades Americanas para la Biología Experimental, 1985.
270 *Enig les dijo a los expertos reunidos:* "FASEB Nutrition Study Using 'Flawed Data,' Researcher Charges", *Food Chemical News*, 25 de enero de 1988, pp. 52-54.
270 *siguió criticando severamente el trabajo de Enig:* Thomas H. Applewhite, "Nutritional Effects of Isomeric Fats: Facts and Fallacies", en *Dietary Fats*

and Health, Edward George Perkins y W. J. Visek (eds.), Chicago, Sociedad Americana de Químicos de Aceites, 1983, pp. 421-422.
271 *comentó una vez David Ozonoff:* David Ozonoff, "The Political Economy of Cancer Research", *Science and Nature*, núm. 2, 1979, p. 15.
271 *Entregó un artículo:* J. Edward Hunter y Thomas H. Applewhite, "Isomeric Fatty Acids in the US Diet: Levels and Health Perspectives", *American Journal of Clinical Nutrition*, vol. 44, núm. 6, 1986, pp. 707-717.
271 *Enig dijo que los cálculos de Hunter:* "FASEB Nutrition Study Using 'Flawed Data'", pp. 52-54.
271 *cuando la realidad era 22 por ciento:* Mary G. Enig, *Trans Fatty Acids in the Food Supply: A Comprehensive Report Covering 60 Years of Research*, segunda edición, Silver Spring, Maryland, Enig Associates, 1995, p. 152.
271 *De acuerdo con sus medidas: Ibidem*, p. 108.
271 *dice una colega de Enig, Beverly B. Teter:* Beverly B. Teter, entrevista con la autora, 15 de diciembre de 2003.
272 *El mejor estimado de Enig:* Mary G. Enig et al., "Isomeric *Trans* Fatty Acids in the US Diet", *Journal of the American College of Nutrition*, vol. 9, núm. 5, 1990, pp. 471-486.
272 *Lo estableció la FASEB en 1986:* Sue Ann Anderson, "Guidelines for Use of Dietary Intake Data", *Journal of the American Dietetic Association*, vol. 88, núm. 10, 1988, pp. 1258-1260.
272 *"Nadie más que Enig":* "Trans Fatty Acids Dispute Rages in Letters to FASEB", editorial, *Food Chemical News*, 30 de mayo de 1988, p. 8.
272 *"injustificadas e insustanciales" [...] "efectos fisiológicos": Ibidem*, p. 6.
272 *"los ácidos grasos trans no eran una amenaza": Idem.*
272 *preguntó públicamente en una carta: Idem.*
273 *masculló Hunter:* J. Edward Hunter, entrevista con la autora, 17 de diciembre de 2003.
273 *habían leído y se habían preocupado [...] lo revisara:* Martijn B. Katan, entrevista con la autora, 27 de septiembre de 2005.
273 *Korver explica:* Onno Korver, entrevista con la autora, 2 de noviembre de 2007.
273 *"Se necesitó una labor de convencimiento": Idem.*
273 *Katan dirigió una prueba de alimentación:* Ronald P. Mensink y Martijn B. Katan, "Effect of Dietary Trans Fatty Acids on High-Density and Low-Density Lipoprotein Cholesterol Levels in Healthy Subjects", *New England Journal of Medicine*, vol. 323, núm. 7, 1990, pp. 439-445.
273 *"Pensé que el efecto en el HDL debía ser incorrecto":* Katan, entrevista.
274 *encabezado de Associated Press:* "Margarine's Fatty Acids Raise Concern", Associated Press, 16 de agosto de 1990.
274 *una carta al editor:* Robert M. Reeves, "Letter to the Editor: Effect of Dietary Trans Fatty Acids on Cholesterol Levels", *New England Journal of Medicine*, vol. 324, núm. 5, 1991, pp. 338-340.

274 *"no es totalmente convincente":* Hunter, entrevista.
274 *dice Katan:* Katan, entrevista.
274 *una serie de estudios de seguimiento:* Peter L. Zock y Martijn B. Katan, "Hydrogenation Alternatives: Effects of *Trans* Fatty Acids and Stearic Acid Versus Linoleic Acid on Serum Lipids and Lipoproteins in Humans", *Journal of Lipid Research*, núm. 33, 1992, pp. 399-410; Alice H. Lichtenstein *et al.*, "Hydrogenation Impairs the Hypolipidemic Effect of Corn Oil in Humans", *Arteriosclerosis and Thrombosis*, vol. 13, núm. 2, 1993, pp. 154-161; Randall Wood *et al.*, "Effect of Butter, Mono- and Polyunsaturated Fatty Acid-Enriched Butter, *Trans* Fatty Acid Margarine, and Zero *Trans* Fatty Acid Margarine on Serum Lipids and Lipoproteins in Healthy Men", *Journal of Lipid Research*, vol. 34, núm. 1, 1993, pp. 1-11; Randall Wood *et al.*, "Effect of Palm Oil, Margarine, Butter and Sunflower Oil on Serum Lipids and Lipoproteins of Normocholesterolemic Middle-Aged Men", *Journal Nutritional Biochemistry*, vol. 4, núm. 5, 1993, pp. 286-297; Antti Aro *et al.*, "Stearic Acid, *Trans* Fatty Acids, and Dairy Fat: Effects on Serum and Lipoprotein Lipids, Apolipoproteins, Lipoprotein(a), and Lipid Transfer Proteins in Healthy Subjects", *American Journal of Clinical Nutrition*, vol. 65, núm. 5, 1997, pp. 1419-1426.
274 *como señalaron los expertos del* ISEO: Thomas H. Applewhite, "Trans-Isomers, Serum Lipids and Cardiovascular Disease: Another Point of View", *Nutrition Reviews*, vol. 51, núm. 11, 1993, pp. 344-345.
275 *"cerrarlos todos":* Korver, entrevista.
275 *observa Katan:* Katan, entrevista.
275 *"Todos tomamos dinero de la industria":* Robert J. Nicolosi, entrevista con la autora, 27 de octubre de 2005.
276 *Gerald McNeill [...] me lo explicó:* Gerald McNeill, entrevista con la autora, 10 de diciembre de 2012, y 29 de enero de 2014.
276 *una serie de revisiones han demostrado que las pruebas financiadas por la industria:* Véase, por ejemplo, Justin E. Bekelman, "Scope and Impact of Financial Conflicts of Interest in Biomedical Research: A Systematic Review", *Journal of the American Medical Association*, vol. 289, núm. 4, 2003, pp. 454-465.
277 *"por tanto, los neutralizaran":* Joseph T. Judd, entrevista con la autora, 27 de octubre de 2005.
277 *Judd los había confirmado:* Joseph T. Judd *et al.*, "Dietary Trans Fatty Acids: Effects on Plasma Lipids and Lipoproteins of Healthy Men and Women", *American Journal of Clinical Nutrition*, vol. 59, núm. 4, 1994, pp. 861-868.
277 *recuerda Judd:* Judd, entrevista.
277 *se deleita K. C. Hayes:* K. C. Hayes, entrevista con la autora, 18 de febrero de 2008.
277 *reconoció Hunter:* Hunter, entrevista.

277 *lo transfirieron a otro departamento:* George Wilhite, entrevista con la autora, 26 de febrero de 2008.
277 *dijo Michael Mudd:* Michael Mudd, entrevista con la autora, 30 de septiembre de 2005.
277 *me dijo Mudd: Idem.*
278 *otra revisión:* Penny M. Kris-Etherton y Robert J. Nicolosi, "Trans Fatty Acids and Coronary Heart Disease Risk", Instituto Internacional de Ciencias de la Vida, Comité Técnico sobre Ácidos Grasos, ILSI Press, 1995; reimpreso en "Trans Fatty Acids and Coronary Heart Disease Risk", *American Journal of Clinical Nutrition*, vol. 62, núm. 3, suplemento, 1995, pp. S655-S708.
278 *dijo Penny Kris-Etherton:* Penny Kris-Etherton, entrevista con la autora, 8 de junio de 2007.
278 *Katan [...] consideró el informe:* Katan, entrevista.

9. Salen las grasas trans, entra... ¿algo peor?

281 *descubrió que comer grasas trans estaba correlacionado:* Walter C. Willett *et al.*, "Intake of Trans Fatty Acids and Risk of Coronary Heart Disease among Women", *The Lancet*, vol. 341, núm. 8845, 1993, pp. 581-585.
281 *un artículo de opinión:* Walter C. Willett y Alberto Ascherio, "Trans Fatty Acids: Are the Effects Only Marginal?", *American Journal of Public Health*, vol. 84, núm. 5, 1994, pp. 722-724.
281 *"Nunca lo olvidaré mientras viva":* Michael Mudd, entrevista con la autora, 30 de septiembre de 2005.
281 *"Es un mes que vivirá conmigo en la infamia":* Rick Cristol, entrevista con la autora, 27 de octubre de 2005.
282 *"La industria explotó con eso":* Martijn B. Katan, entrevista con la autora, 27 de septiembre de 2005.
283 *grupo de julio de 1994:* "Trans Fatty Acids and Risk of Myocardial Infarction", Reunión Anual del Foro de Toxicología, 11-15 de julio de 1994.
283 *Después de que Willett le presentara al grupo sus hallazgos epidemiológicos: Idem*, y Samuel Shapiro, entrevista con la autora, 27 de diciembre de 2005.
283 *Nadie sabe en realidad: Idem.*
284 *"débil" o "muy débil":* David J. Hunter *et al.*, "Comparisons of Measures of Fatty Acid Intake by Subcutaneous Fat Aspirate, Food Frequency Questionnaire, and Diet Records in a Free-Living Population of US Men", *American Journal of Epidemiology*, vol. 135, núm. 4, 1992, pp. 418-427.
284 *Instituto Nacional del Cáncer concluyó:* Ernst J. Schaefer *et al.*, "Lack of Efficacy of a Food-Frequency Questionnaire in Assessing Dietary Macronutrient Intakes in Subjects Consuming Diets of Known Composition", *American Journal of Clinical Nutrition*, vol. 71, núm. 3, 2000, pp. 746-751.

NOTAS

Otros problemas con el cuestionario de frecuencia alimenticia se describen en los siguientes textos: Somdat Mahabir *et al.*, "Calorie Intake Misreporting by Diet Record and Food Frequency Questionnaire Compared to Doubly Labeled Water among Postmenopausal Women", *European Journal of Clinical Nutrition*, vol. 60, núm. 4, 2005, pp. 561-565; Alan R. Kristal, Ulrike Peters y John D. Potter, "Is It Time to Abandon the Food Frequency Questionnaire?", *Cancer Epidemiology, Biomarkers and Prevention*, vol. 14, núm. 12, 2005, pp. 2826-2828; Arthur Schatzkin *et al.*, "A Comparison of a Food Frequency Questionnaire with a 24-Hour Recall for Use in an Epidemiological Cohort Study: Results from the Biomarker-Based Observing Protein and Energy Nutrition (OPEN) Study", *International Journal of Epidemiology*, vol. 32, núm. 6, 2003, pp. 1054-1062.

284 *para nada es la lista completa de consideraciones:* Sheila A. Bingham, "Limitations of the Various Methods for Collecting Dietary Intake Data", *Annals of Nutrition and Metabolism*, vol. 35, núm. 3, 1991, pp. 117-127.

284 *aumento de riesgo 30 veces:* R. Doll *et al.*, "Mortality in Relation to Smoking: 40 Years' Observations on Male British Doctors", *British Medical Journal*, vol. 309, núm. 6959, 1994, pp. 901-911.

285 *Richard Hall [...] recordó:* Richard Hall, entrevista con la autora, 19 de diciembre de 2007.

285 *Michael Pariza [...] dijo:* Michael Pariza, entrevista con la autora, 6 de febrero de 2008.

285 *publicar múltiples artículos:* Frank Sacks y Lisa Litlin, "Trans-Fatty-Acid Content of Common Foods", *New England Journal of Medicine*, vol. 329, núm. 26, 1993, pp. 1969-1970; K. Michels y F. Sacks, "Trans Fatty Acids in European Margarines", *New England Journal of Medicine*, vol. 332, núm. 8, 1995, pp. 541-542; Tim Byers, "Hardened Fats, Hardened Arteries?", *New England Journal of Medicine*, vol. 337, núm. 21, 1997, pp. 1544-1545; A. Ascherio *et al.*, "Trans Fatty Acids and Coronary Heart Disease", *New England Journal of Medicine*, vol. 340, núm. 25, 1999, pp. 1994-1998; S. J. Dyerberg y A. N. Astrup, "High Levels of Industrially Produced Trans Fat in Popular Fast Foods", *New England Journal of Medicine*, vol. 354, núm. 15, 2006, pp. 1650-1652; D. Mozaffarian *et al.*, "Trans Fatty Acids and Cardiovascular Disease", *New England Journal of Medicine*, vol. 354, núm. 15, 2006, pp. 1601-1613.

286 *"pruebas múltiples" [...] dijo S. Stanley Young:* S. Stanley Young, entrevista con la autora, 2 de enero de 2007; S. Stanley Young, "Gaming the System: Chaos from Multiple Testing", *IMS Bulletin*, vol. 36, núm. 10, 2007, p. 13.

286 *Al ver los signos del zodiaco:* Peter C. Austin *et al.*, "Testing Multiple Statistical Hypotheses Resulted in Spurious Associations: A Study of Astrological Signs and Health", *Journal of Clinical Epidemiology*, vol. 59, núm. 9, 2006, pp. 964-969.

286 *dijo Bob Nicolosi:* Bob Nicolosi, entrevista con la autora, 27 de octubre de 2005.

286 *estamos conduciendo un experimento humano nacional":* "Trans Fatty Acids and Risk of Myocardial Infarction", Reunión Anual del Foro de Toxicología.

287 *originalmente había sido una gran fuerza [...] como "Trans":* Elaine Blume, "The Truth About Trans: Hydrogenated Oils Aren't Guilty as Charged", *Nutrition Action Healthletter,* vol. 15, núm. 2, 1988, pp. 8-9; Margo Wootan, Bonnie Liebman y Wendie Rosofsky, "Trans: The Phantom Fat", *Nutrition Action Healthletter,* vol. 23, núm. 7, 1996, pp. 10-14.

288 *dijo Jacobson:* Michael Jacobson, entrevista con la autora, 25 de octubre de 2005.

288 *la FDA sacó una "propuesta":* Administración de Alimentos y Medicamentos, Departamento de Salud y Servicios Humanos, "Food Labeling: Trans Fatty Acids in Nutrition Labeling, Nutrient Content Claims, and Health Claims", *Federal Register,* vol. 68, núm. 133, 11 de julio de 2003, número de expediente 94P-0036: 41436.

288 *el panel de expertos del IOM recomendó:* Instituto de Medicina de las Academias Nacionales, Panel sobre Macronutrientes, Panel sobre la Definición de Fibra Dietética, Subcomité sobre las Referencias Superiores de los Niveles de Nutrientes, Subcomité sobre la Interpretación y los Usos de las Referencias de Consumos Dietéticos y Comité Permanente sobre la Evaluación Científica de las Referencias de Consumos Dietéticos, "Letter Report on Dietary Reference Intakes for Trans Fatty Acids", tomada del informe *Dietary Reference Intakes for Energy, Carbohydrate, Fiber, Fat, Fatty Acids, Cholesterol, Protein, and Amino Acids,* parte 1, Washington, D. C., National Academies Press, 2002, p. 14.

288 *sería denigrar excesivamente:* FDA, *Federal Register,* núm. 68, p. 41459.

288 *"científicamente impreciso y confuso":* Ibidem, p. 41452.

289 *"suficiente" para concluir:* Ibidem, p. 41444.

289 *se consideraron secundarias:* Ibidem, p. 41448.

289 *durante mucho tiempo ha sufrido:* Véase, por ejemplo, "The F.D.A. in Crisis: It Needs More Money and Talent", editorial, *The New York Times,* 3 de febrero de 2008, p. 14.

289 *Mark Matlock [...] me describió:* Mark Matlock, entrevista con la autora, 7 de noviembre de 2005.

290 *dijo Farr:* Walter Farr, entrevista con la autora, 22 de febrero de 2008.

290 *"que necesitaran hacerlo":* Bruce Holub, entrevista con la autora, 23 de septiembre de 2007.

290 *en unos 42 720 productos alimenticios empaquetados:* Administración de Alimentos y Medicamentos, Departamento de Salud y Servicios Humanos, "Food Labeling: Trans Fatty Acids in Nutrition Labeling, Nutrient Content Claims, and Health Claims: Proposed Rule", 1999, pp. 62776-62777.

―――――― NOTAS ――――――

291 *dijo Mark Matlock, de ADM:* Matlock, entrevista, 9 de octubre de 2005.
291 *dijo Pat Verduin:* Citado en Kim Severson y Melanie Warner, "Fat Substitute Is Pushed Out of the Kitchen", *The New York Times,* 15 de febrero de 2005, p. A1.
291 *dijo Martijn Katan:* Martijn Katan, entrevista con la autora, 27 de septiembre de 2005.
291 *exclamó Gil Leveille:* Gil Leveille, entrevista con la autora, 27 de febrero de 2008.
292 *señaló el maestro panadero de Au Bon Pain:* Citado en P. Cobe *et al.,* "Best Do-Over That We'll All Be Doing Soon", *Restaurant Business,* 6 de abril de 2007.
292 *dijo Kris Charles:* Citado en Delroy Alexander, Jeremy Manier y Patricia Callahan, "For Every Fad, Another Cookie: How Science and Diet Crazes Confuse Consumers, Reshape Recipes and Rail, Ultimately, to Reform Eating Habits", *Chicago Tribune,* 23 de agosto de 2005.
292 *el relleno cremoso se derritió [...] galletas de chocolate tendían a romperse:* Idem.
293 *lo que quería era una orden judicial:* Stephen L. Joseph, entrevista con la autora, noviembre de 2003.
293 *"profundamente preocupadas y molestas":* BanTransFat.com, Inc., "Citizen Petition Regarding Trans Fats Labeling", Ban Trans Fats, 22 de mayo de 2003, http://bantransfats.com/fdapetition.html.
293 *para reformular la galleta Oreo:* Kantha Shelke, "How Food Processors Removed Trans Fats Ahead of Deadline", *Food Processing,* 4 de octubre de 2006, http://www.foodprocessing.com/articles/2006/013/.
294 *"La interesterificación es parecida a":* Gil Leveille, entrevista con la autora, 24 de junio de 2006.
294 *"Simplemente no sabemos" [...] "ser otra trans escondida":* Idem.
295 *los "remplazos de grasa":* Mimma Pernetti *et al.,* "Structuring Edible Oil with Lecithin and Sorbitan Tri-Stearate", *Food Hydrocolloids,* vol. 21, núms. 5-6, 2007, pp. 855-861.
295 *Danisco:* Keith Seiz, "Formulations: Sourcing Ideal Trans-Free Oils", *Functional Foods & Nutraceuticals,* julio de 2005, p. 37.
296 *el aceite puede en realidad ser beneficioso para la salud:* Véase todo el suplemento, Pramad Khasla y Kalyanan Sundram (eds.), "A Supplement on Palm Oils", *Journal of the American College of Nutrition,* vol. 29, núm. 3, suplemento, 2010, pp. S237-S342. Considerar que los editores son empleados de la industria del aceite de palma.
297 *los omega-6 están relacionados con la depresión:* Joseph R. Hibbeln y Norman Salem Jr., "Dietary Polyunsaturated Fatty Acids and Depression: When Cholesterol Does Not Satisfy", *American Journal of Clinical Nutrition,* vol. 62, núm. 1, 1995, pp. 1-9; J. R. Hibbeln *et al.,* "Do Plasma Polyunsaturates Predict Hostility and Violence?", en *Nutrition and Fitness: Metabolic and Behavior Aspects in Health and Disease, World Review of*

Nutrition and Diatetics, núm. 82, A. P. Simopoulos y K. N. Pavlou (eds.), Basel, Suiza, Karger, 1996, pp. 175-186.

297 *Y la revisión dietética más reciente:* William S. Harris *et al.*, "Omega-6 Fatty Acids and Risk for Cardiovascular Disease. A Scientific Advisory from the American Heart Association Nutrition Subcommittee of the Council of Nutrition, Physical Activity, and Metabolism; Council on Cardiovascular Nursing; and Council on Epidemiology and Prevention", *Circulation*, vol. 119, núm. 6, 2009, pp. 902-907.

298 *Gerald McNeill [...] me dijo:* Gerald McNeill, entrevista con la autora, 10 de diciembre de 2012.

298 *"Cuando esos aceites se calientan": Idem.*

299 *Robert Ryther [...] "se acumula en todo":* Robert Ryther, entrevista con la autora, 11 de enero de 2013.

299 *"Cualquiera que tenga una freidora tiene este problema": Idem.*

300 *mayores entre los chefs y los empleados de los restaurantes:* D. Coggon *et al.*, "A Survey of Cancer and Occupation of Young and Middle Aged Men. Cancers of the Respiratory Tract", *British Journal of Industrial Medicine*, vol. 43, núm. 5, 1986, pp. 332-338; E. Lund y J. K. Borgan, "Cancer Mortality among Cooks", *Tidsskrift for Den Norske Legeforening*, núm. 107, 1987, pp. 2635-2637; I. Foppa y C. Minder, "Oral, Pharyngeal and Laryngeal Cancer as a Cause of Death among Swiss Cooks", *Scandinavian Journal of Work, Environment and Health*, núm. 18, 1992, pp. 287-292. Véase también She-Ching Wu y Gow-Chin Yen, "Effects of Cooking Oil Fumes on the Genotoxicity and Oxidative Stress in Human Lung Carcinoma (A-549) Cells", *Toxicology in Vitro*, vol. 18, núm. 5, 2004, pp. 571-580.

300 *"probablemente" carcinógenas para los humanos:* Organización Mundial de la Salud, Agencia Internacional para la Investigación sobre Cáncer (IARC), "Household Use of Solid Fuels and High-Temperature Frying", *IARC Monographs on the Evaluation of Carcinogenic Risks to Humans*, vol. 95, Lyon, Francia, IARC, 2006, p. 392.

300 *pieza de pollo frito:* Jian Tang *et al.*, "Isolation and Identification of Volatile Compounds from Fried Chicken", *Journal of Agricultural and Food Chemistry*, vol. 31, núm. 6, 1983, pp. 1287-1292.

301 *publicaron un gran conjunto de textos:* Revisado en E. W. Crampton *et al.*, "Studies to Determine the Nature of the Damage to the Nutritive Value of Some Vegetable Oils from Heat Treatment: IV. Ethyl Esters of Heat Polymerized Linseed, Soybean and Sunflower Seed Oils", *Journal of Nutrition*, vol. 60, núm. 1, 1956, pp. 13-24. Véanse también John S. Andrews *et al.*, "Toxicity of Air-Oxidized Soybean Oil", *Journal of Nutrition*, vol. 70, núm. 2, 1960, pp. 199-210, y Samuel M. Greenberg y A. C. Frazer, "Some Factors Affecting the Growth and Development of Rats Fed Rancid Fat", *Journal of Nutrition*, vol. 50, núm. 4, 1953, pp. 421-440.

301 *"pegados al piso de alambre":* Crampton *et al.*, "Studies to Determine the Nature of the Damage to Nutritive Value", p. 18.

— NOTAS —

301 *el químico Denham Harman:* Denham Harman, "Letter to the Editor. Atherosclerosis: Possible Ill-Effects of the Use of Highly Unsaturated Fats to Lower Serum Cholesterol Levels", *The Lancet*, vol. 275, núm. 7005, 1957, pp. 1116-1117.

301 *químicos de alimentos de Japón informaron:* Takehi Ko Ohfuji y Takashi Kaneda, "Characterization of Toxic Components in Thermally Oxidized Oil", *Lipids*, vol. 8, núm. 6, 1973, pp. 353-359; Toshimi Akiya, Chuji Araki y Kiyoko Igarashi, "Novel Methods of Evaluation Deterioration and Nutritive Value of Oxidized Oil", *Lipids*, vol. 8, núm. 6, 1973, pp. 348-352.

301 *patólogo [...] informó:* Hans Kaunitz y Ruth E. Johnson, "Exacerbation of the Heart and Liver Lesions in Rats by Feeding Various Mildly Oxidized Fats", *Lipids*, vol. 8, núm. 6, 1973, pp. 329-336.

302 *en 1991 hizo un inventario del campo:* Hermann Esterbauer, Rudolf Jörg Schaur y Helmward Zollner, "Chemistry and Biochemistry of 4-Hydroxynonenal, Malonaldehyde and Related Aldehydes", *Free Radical Biology & Medicine*, vol. 11, núm. 1, 1991, pp. 81-128; "la muerte acelerada de las células", p. 91; "gran diversidad de efectos nocivos" y "probablemente", p. 118.

302 *Los aldehídos son "compuestos muy reactivos" [...] "reaccionando constantemente":* A. Saari Csallany, entrevista con la autora, 21 de febrero de 2013.

302 *una de las razones por las que los aldehídos no se estudiaron:* Earl G. Hammond, entrevista con la autora, 9 de octubre de 2007.

302 *Csallany refinó la capacidad de detectar:* Song-Suk Kim, Daniel D. Gallaher y A. Saari Csallany, "Lipophilic Aldehydes and Related Carbonyl Compounds in Rat and Human Urine", *Lipids*, vol. 34, núm. 5, 1999, pp. 489-495.

302 *demostró que se producen por una variedad:* C. M. Seppanen y A. Saari Csallany, "Simultaneous Determination of Lipophilic Aldehydes by High-Performance Liquid Chromatography in Vegetable Oil", *Journal of the American Oil Chemists' Society*, vol. 78, núm. 12, 2001, pp. 1253-1260; C. M. Seppanen y A. Saari Csallany, "Formation of 4-Hydroxynonenal, a Toxic Aldehyde, in Soybean Oil at Frying Temperature", *Journal of the American Oil Chemists' Society*, vol. 79, núm. 10, 2002, pp. 1033-1038; In Hwa Han y A. Saari Csallany, "Formation of Toxic a,b-Unsaturated 4-Hydroxy-Aldehydes in Thermally Oxidized Fatty Acid Methyl Esters", *Journal of the American Oil Chemists' Society*, vol. 86, núm. 3, 2009, pp. 253-260.

302 *no son detectados por las pruebas estándar:* Csallany, entrevista; Mark Matlock, entrevista con la autora, 19 de febrero de 2013; Kathleen Warner, entrevista con la autora, 8 de noviembre de 2013.

302 *Uno de los proyectos recientes de Csallany:* A. Saari Csallany *et al.*, "4-Hydroxynonenal (HNE), a Toxic Aldehyde in French Fries from Fast Food Restaurants", póster de la presentación en el Simposio del HNE de la 16

Conferencia Bianual de la Sociedad Libre Radical y el Simposio del HNE, Londres, 1-9 de septiembre de 2012.

302 *Le gustaría hacer más:* Csallany, entrevista.

303 *el papel del HNE en la arterosclerosis:* I. Staprans *et al.*, "Oxidized Cholesterol in the Diet Accelerates the Development of Atherosclerosis in LDL Receptor- and Apolipoprotein E-DeficientMice", *Arteriosclerosis, Thrombosis, and Vascular Biology*, vol. 20, núm. 3, 2000, pp. 708-714. Acerca de todas las enfermedades, véanse las principales críticas sobre aldehídos: Giuseppi Poli *et al.*, "4-Hydroxynonenal: A Membrane Lipid Oxidation Product of Medicinal Interest", *Medicinal Research Reviews*, vol. 28, núm. 4, 2008, pp. 569-631; Anne Negre-Salvayre *et al.*, "Pathological Aspects of Lipid Peroxidation", *Free Radical Research*, vol. 44, núm. 10, 2010, pp. 1125-1171; Neven Zarkovic, "4-Hydroxynonenal as a Bioactive Marker of Pathophysiological Processes", *Molecular Aspects of Medicine*, vol. 24, núms. 4-5, 2003, pp. 285-286; Rachel M. Haywood *et al.*, "Detection of Aldehydes and Their Conjugated Hydroperoxydiene Culinary Oils and Fats: Investigations Using High Resolution Proton NMR Spectroscopy", *Free Radical Research*, vol. 22, núm. 5, 1995, pp. 441-482; Hermann Esterbauer, "Cytotoxicity and Genotoxicity of Lipid Oxidation Products", *American Journal of Clinical Nutrition*, vol. 57, núm. 5, suplemento, 1993, pp. S779-S786; Giuseppe Poli y Rudolf Jörg Schaur (eds.), "4-Hydroxynonenal: A Lipid Degradation Product Provided with Cell Regulatory Functions", *Molecular Aspects of Medicine*, vol. 24, núms. 4-5, suplemento, 2003, pp. S147-S313; V. J. Feron *et al.*, "Aldehydes: Occurrence, Carcinogenic Potential, Mechanism of Action and Risk Assessment", *Mutation Research*, vol. 259, núms. 3-4, 1991, pp. 363-385; Quing Zhang *et al.*, "Chemical Alterations Taken Place During Deep-Fat Frying Based on Certain Reaction Products: A Review", *Chemistry and Physics of Lipids*, vol. 165, núm. 6, 2012, pp. 662-681; Martin Grootveld *et al.*, "Health Effects of Oxidized Heated Oils", *Foodservice Research International*, vol. 13, núm. 1, 2001, pp. 41-55.

303 *dice Giuseppi Poli:* Giuseppi Poli, entrevista con la autora, 12 de febrero de 2014.

303 *causan que el colesterol LDL se oxide:* Hermann Esterbauer *et al.*, "Autoxidation of Human Low Density Lipoprotein: Loss of Polyunsaturated Fatty Acids and Vitamin E and Generation of Aldehydes", *Journal of Lipid Research*, vol. 28, núm. 5, 1987, pp. 495-509.

303 *un marcador formal del proceso:* Zarkovic, "4-Hydroxynonenal as a Bioactive Marker", pp. 285-286.

303 *estrés se observó en un experimento con ratones:* Daniel J. Conklin *et al.*, "Acrolein Consumption Induces Systemic Dyslipidemia and Lipoprotein Modification", *Toxicology and Applied Pharmacology*, vol. 243, núm. 1, 2010, pp. 1-12; Daniel J. Conklin *et al.*, "Acrolein-Induced Dyslipidemia

and Acute-Phase Response Are Independent of HMG-CoA Reductase", *Molecular Nutrition and Food Research*, núm. 55, 2011, pp. 1411-1422.
303 *me dijo que estaba "impactado" al descubrir:* Daniel J. Conklin, entrevista con la autora, 8 de noviembre de 2013.
303 *una prueba en Nueva Zelanda:* A. J. Wallace et al., "The Effects of Meals Rich in Thermally Stressed Olive and Safflower Oils on Postprandial Serum Paraoxonase Activity in Patients with Diabetes", *European Journal of Clinical Nutrition*, vol. 55, núm. 11, 2001, pp. 951-958.
304 *el aceite de oliva ha demostrado consistentemente:* Andrés Fullana, Ángel A. Carbonell-Barrachina y Sukh Sidhu, "Comparison of Volatile Aldehydes Present in the Cooking Fumes of Extra Virgin Olive, Olive, and Canola Oils", *Journal of Agriculture and Food Chemistry*, vol. 52, núm. 16, 2004, pp. 5207-5214.
304 *las grasas que producen menos productos de oxidación:* Sobre grasa de carne y manteca, véase Andrew W. D. Claxson et al., "Generation of Lipid Peroxidation Products in Culinary Oils and Fats during Episodes of Thermal Stressing: A High Field 'H NMR Study", *FEBS Letters*, vol. 355, núm. 1, 1994, p. 88. Sobre mantequilla, véase Hwa Han y A. Saari Csallany, "Temperature Dependence of HNE Formation in Vegetable Oils and Butter Oil", *Journal of the American Oil Chemists' Society*, junio de 2008. Sobre el aceite de coco, véase Claxson et al., "Generation of Lipid Peroxidation Products in Culinary Oils", p. 88.
304 *"Primero se alarmaron y luego nada":* Csallany, entrevista.
304 *una carta a la revista* Food Chemistry: Martin Grootveld, Christopher J. L. Silwood y Andrew W. D. Claxson, "Letter to the Editor. Warning: Thermally-Stressed Polyunsaturates are Damaging to Health", *Food Chemistry*, núm. 67, 1999, pp. 211-213.
304 *seguida de un artículo dirigido a "advertir":* Martin Grootveld et al., "Health Effects of Oxidized Heated Oils", *Foodservice Research International*, vol. 13, núm. 1, 2001, pp. 41-55.
304 *"Dado que no soy un químico de alimentos":* Rudolf Jörg Schaur, correo electrónico a la autora, 10 de febrero de 2014.
304 *En 2006, la Unión Europea formó un grupo:* Tilman Grune, Neven Zarkovic y Kostelidou Kalliopi, "Lipid Peroxidation Research in Europe and the COST B35 Action 'Lipid Peroxidation Associated Disorders'", *Free Radical Research*, vol. 44, núm. 10, 2010, pp. 1095-1097.
304 *simplemente "esperar":* Warner, entrevista con la autora, 8 de noviembre de 2013.
305 *cadenas de comida rápida también emplean técnicas sofisticadas:* Bob Wainright, correo electrónico a la autora, 9 de febrero de 2014.
305 *no podía comprender [...] tan preocupados:* Poli, entrevista.
305 *"mortíferos son los aceites para freír ya usados":* Lars Wiedermann, correo electrónico a la autora, 9 de noviembre de 2013.

305 *Mark Matlock, de* ADM: Mark Matlock, entrevista con la autora, 19 de febrero de 2013.

305 *la oficina de prensa de la* FDA *finalmente respondió:* Shelly Burgess, correo electrónico a la autora, 11 de abril de 2013.

305 *Autoridad Europea de Seguridad y Alimentos:* Autoridad Europea de Seguridad y Alimentos, "Analysis of Occurrence of 3-monochloropropane-1,2-diol (3-MCPD) in Food in Europe in the Years 2009-2011 and Preliminary Exposure Assessment", *EFSA Journal*, vol. 11, núm. 9, 2013, p. 3381, información del documento 10.29303/j.efsa.2013.3381.

306 *a escuelas de medicina y salud pública:* Véase, por ejemplo, Beatrice Trum Hunter, *Consumer Beware*, Nueva York, Simon & Schuster, 1971, pp. 30-50.

10. Por qué la grasa saturada es buena para ti

308 *de acuerdo con las estadísticas de los Centros para el Control y la Prevención de Enfermedades:* Centros para el Control y la Prevención de Enfermedades (CDC), "Trends in Intake of Energy and Macronutrients—United States, 1971-2000", *Morbidity and Mortality Weekly Report*, vol. 53, núm. 4, 2004, pp. 80-82.

308 *"dieta basada en plantas":* Comité Asesor de Lineamientos Dietéticos, preparado para el Servicio de Investigación de Agricultura, Departamento de Agricultura de Estados Unidos y Departamento de Salud y Servicios Humanos de Estados Unidos, *Report of the Dietary Guidelines Advisory Committee on the Dietary Guidelines for Americans, 2010. To the Secretary of Agriculture and the Secretary of Health and Human Services*, séptima edición, Washington, D. C., Oficina de Imprenta del Gobierno de Estados Unidos, mayo de 2010, p. 2.

309 *La revolución dietética del Dr. Atkins:* Robert C. Atkins, *La revolución dietética del Dr. Atkins: el único y revolucionario método, rico en calorías, que permite mantenerse siempre esbelto*, Nueva York, David McKay, 1972.

309 *escrito en 1963:* Edgar S. Gordon, Marshall Goldberg y Grace J. Chosy, "A New Concept in the Treatment of Obesity", *Journal of the American Medical Association*, vol. 186, núm. 1, 1963, pp. 156-166.

309 *"Dieta Vogue" durante un tiempo:* "Beauty: *Vogue's* Take It Off, Keep It Off Super Diet", *Vogue*, vol. 155, núm. 10, 1970, pp. 184-185.

310 *"culpable de negligencia":* Comité Selecto sobre Nutrición y Necesidades Humanas del Senado de Estados Unidos, "Obesity and Fad Diets", Congreso 93, Washington, D. C., Oficina de Imprenta del Gobierno de Estados Unidos, 12 de abril de 1973.

310 *"la pesadilla de un nutriólogo":* Citado en "The Battle of Pork Rind Hill", *Newsweek*, 5 de marzo de 2000.

NOTAS

311 *portada de* Time: Joel Stein, "The Low-Carb Diet Craze", *Time*, 1° de noviembre de 1999.

311 *Ornish en la de* Newsweek: Geoffrey Cowley, "Healer of Hearts: Dean Ornish's Low-Tech Methods Could Transform American Medicine. But the Doctor Is Still Striving to Transform Himself", *Newsweek*, 16 de marzo de 1998.

311 *acuñó el término "diabesidad":* Robert C. Atkins, *Larry King Live*, CNN, 6 de enero de 2003.

311 *un especial de* CNN: "What's the Healthiest Way to Lose Weight?", *Crossfire*, CNN, 30 de mayo de 2000.

312 *le dijo una vez a Larry King:* Atkins, *Larry King Live*.

312 *dijo Abby Bloch:* Abby Bloch, entrevista con la autora, 24 de agosto de 2005.

313 *por una mala administración y el poco interés en la dieta:* Pallavi Gogoi, "Atkins Gets Itself in a Stew", *Bloomberg Businessweek*, 1° de agosto de 2005.

313 *me dijo [...] Alice Lichtenstein:* Alice C. Lichtenstein, entrevista con la autora, 11 de octubre de 2005.

313 *un pequeño panfleto de 1863:* William Banting, "Letter on Corpulence: Addressed to the Public", en *Letter on Corpulence*, Nueva York, Cosimo Classics, 2005.

314 *empezaba el pequeño libro de Banting: Ibidem*, pp. 6-7.

314 *se trataba comúnmente en Francia:* Alfred W. Pennington, "Treatment of Obesity: Developments of the Past 150 Years", *American Journal of Digestive Diseases*, vol. 21, núm. 3, 1954, p. 65.

314 *Banting empezó a comer tres veces al día: Ibidem*, pp. 65-69.

314 *esperanza de vida promedio:* Paul Clayton y Judith Rowbotham, "How the Mid-Victorians Worked, Ate and Died", *International Journal of Environmental Research and Public Health*, vol. 6, núm. 3, 2009, p. 1239.

314 *médicos europeos:* Per Hanssen, "Treatment of Obesity by a Diet Relatively Poor in Carbohydrates", *Acta Medica Scandinavica*, vol. 88, núm. 1, 1936, pp. 97-106; Robert Kemp, "Carbohydrate Addiction", *Practitioner*, núm. 190, 1963, pp. 358-364; H. R. Rony, *Obesity and Leanness*, Filadelfia, Lea and Febiger, 1940.

315 *Yorke-Davis, usó una versión [...] perder 32 kilos:* Deborah Levine, "Corpulence and Correspondence: President William H. Taft and the Medical Management of Obesity", *Annals of Internal Medicine*, vol. 159, núm. 8, 2013, pp. 565-570.

315 *sus memorias,* Strong Medicine: Blake F. Donaldson, *Strong Medicine*, Londres, Cassell, 1961.

315 *"carne más grasosa que pudieran matar": Ibidem*, p. 34.

315 *"mayor nivel" [...] "nunca lo he encontrado": Ibidem*, p. 35.

315 *"tratamientos antiobesidad": Idem*.

316 *"una ausencia de hambre entre comidas"*: Alfred W. Pennington, "Obesity in Industry: The Problem and Its Solution", *Industrial Medicine & Surgery*, vol. 18, núm. 6, 1949, p. 259.

316 *tres y cinco kilos al mes:* Alfred W. Pennington, "Symposium on Obesity: A Reorientation on Obesity", *New England Journal of Medicine*, vol. 248, núm. 23, 1953, p. 963.

316 *Pennington escribió extensamente:* Ibidem, pp. 959-964.

316 *"parecía encontrarse mucho más adentro"*: Pennington, "Treatment of Obesity", p. 67.

316 *una colmena de actividad metabólica y hormonal:* E. Wertheimer y B. Shapiro, "The Physiology of Adipose Tissue", *Physiology Reviews*, vol. 28, núm. 4, 1948, pp. 451-464.

317 *alteraron los niveles hormonales en las ratas:* John R. Brobeck, "Mechanism of the Development of Obesity in Animals with Hypothalamic Lesions", *Physiological Reviews*, vol. 26, núm. 4, 1946, p. 544.

317 *"atacaban" y "devoraban" [...] "apetito voraz":* Ibidem, p. 549.

317 *la gente con tumores en el hipotálamo:* Brobeck, "Mechanism of the Development of Obesity", p. 541.

317 *insulina [...] parece ganarles a todas las demás:* C. Von Noorden, *Clinical Treatises on Pathology and Therapy of Disorders of Metabolism and Nutrition, Part VIII. Diabetes Mellitus*, Nueva York, E. B. Treat, 1907, p. 60.

317 *los médicos estaban engordando a niños bajos de peso:* Louis Fischer y Julian Rogatz, "Insulin in Malnutrition", *Archives of Pediatrics & Adolescent Medicine*, vol. 31, núm. 3, 1926, p. 363.

317 *Lo mismo se descubrió:* Ibidem, pp. 541-559. También véase A. W. Hetherington y S. W. Ranson, "The Spontaneous Activity and Food Intake of Rats with Hypothalamic Lesions", *American Journal of Physiology—Legacy Content*, vol. 136, núm. 4, 1942, p. 609.

318 *a un animal al que se le había quitado la insulina:* Wilhelm Falta, *Endocrine Diseases: Including Their Diagnosis and Treatment*, Filadelfia P. Blakiston's Son, 1923, p. 584.

318 *Pennington describió:* A. W. Pennington, "Obesity: Overnutrition or Disease of Metabolism?", *American Journal of Digestive Diseases*, vol. 20, núm. 9, 1953, pp. 268-274.

318 *Pennington revisó este extenso cúmulo de investigaciones:* Alfred W. Pennington, "Obesity", *Medical Times*, vol. 80, núm. 7, 1952, p. 390; Alfred W. Pennington, "A Reorientation on Obesity", *New England Journal of Medicine*, vol. 248, núm. 23, 1953, pp. 959-964.

319 *Una de las revelaciones más impactantes [...] "sexteto de la obesidad":* Donaldson, *Strong Medicine*, p. 2.

320 *"recurría menos y menos a los medicamentos":* Ibidem, p. 7.

320 *La población que encontró en la isla Baffin:* Otto Schaefer, "Medical Observations and Problems in the Canadian Arctic: Part II", *Canadian Medical Association Journal*, vol. 81, núm. 5, 1959, p. 387.

320 *cargas anuales de comida:* David Damas, *Arctic Migrants/Arctic Villagers: The Transformation of Inuit Settlement in the Central Arctic*, Quebec, McGill-Queen's Press, 2002, pp. 29-30.
321 *"consistiera de carne fresca":* Schaefer, "Medical Observations and Problems in the Canadian Arctic: Part II", p. 386.
321 *enfermedad cardiaca [...] "no parece existir":* Ibidem, p. 387.
321 *no pudieran manejar:* Gerald W. Hankins, *Sunrise Over Pangnirtung: The Story of Otto Schaefer, M.D.*, Calgary, Canadá, Instituto Ártico de Norteamérica de la Universidad de Calgary, 2000, p. 160.
321 *"una repentina brusquedad":* Otto Schaefer, "When the Eskimo Comes to Town", *Nutrition Today*, vol. 6, núm. 6, 1971, p. 11.
321 *"genocidio autoinfligido":* Citado en *Yukon News*, 4 de junio de 1975, p. 19: Hankins, *Sunrise Over Pangnirtung*, p. 168.
322 *llamó a todas las enfermedades crónicas las "enfermedades de la sacarina":* Thomas L. Cleave y George Duncan Campbell, *Diabetes, Coronary Thrombosis, and the Saccharine Disease*, Bristol, John Wright & Sons, 1966.
322 *un incremento quíntuple:* James Walvin, *Fruits of Empire: Exotic Produce and British Taste, 1660-1800*, Nueva York, New York University Press, 1997, p. 119.
322 *los primeros casos de enfermedad cardiaca:* Leon Michaels, *The Eighteenth-Century Origins of Angina Pectoris: Predisposing Causes, Recognition and Aftermath*, Historia de la Medicina, suplemento 21, Londres, Centro del Fondo Wellcome para la Historia de la Medicina en UCL, 2001, p. 9.
322 *75 kilos de azúcares:* Departamento de Agricultura de Estados Unidos, "Profiling Food Consumption in America", *Agricultural Fact Book 2001-2002*, Washington, D. C., Oficina de Imprenta del Gobierno de Estados Unidos, 2003, p. 20.
323 *George Prentice, un médico que pasó tiempo:* H. C. Trowell y D. P. Burkitt (eds.), *Western Diseases: Their Emergence and Prevention*, Londres, Edward Arnold, 1981.
323 *una cita de un informe de la Organización Mundial de la Salud en 2002:* Consulta Experta de WHO/FAO, "Diet, Nutrition, and the Prevention of Chronic Diseases", *World Health Organization Technical Report Series*, núm. 916, 2003, p. 6.
323 *cuatro elementos altamente portables y populares:* Hay muchas historias en Cleave y Campbell, *Diabetes, Coronary Thrombosis, and the Saccharine Disease*; Weston A. Price, *Nutrition and Physical Degeneration*, 1936, reimpresión, La Mesa, California, Fundación Price-Pottenger de Nutrición, 2004; Vilhjalmur Stefansson, *The Fat of the Land*, edición aumentada de *Not By Bread Alone*, 1946, reimpresión, Nueva York, Macmillan, 1956.
324 *"¡Oiga, doctor, todo lo que como son carne y huevos!":* Eric C. Westman, entrevista con la autora, 12 de septiembre de 2004.

325 *prueba emblemática:* Gary Foster et al., "Weight and Metabolic Outcomes after 2 Years on a Low-Carbohydrate versus Low-Fat Diet: A Randomized Trial", *Annals of Internal Medicine*, vol. 153, núm. 3, 2010, pp. 147-157.

325 *me contó:* Gary Foster, entrevista con la autora, 18 de agosto de 2005.

325 *"un hereje" en el campo [...] "razones que no eran serias":* Stephen D. Phinney, correo electrónico con la autora, 28 de agosto de 2012.

326 *"Estábamos bastante seguros de que probaríamos" [...] "concepto de llenar con carbohidratos era correcto":* Idem.

326 *descubrió todo lo contrario:* Stephen D. Phinney et al., "The Human Metabolic Response to Chronic Ketosis Without Caloric Restriction: Preservation of Submaximal Exercise Capability Without Reduced Carbohydrate Oxidation", *Metabolism*, vol. 32, núm. 8, 1983, pp. 769-776.

326 *perfectamente bien, si no mejor, con cetonas:* Robert S. Gordon, Jr., y Amelia Cherkes, "Unesterified Fatty Acids in Human Blood Plasma", *Journal of Clinical Investigation*, vol. 35, núm. 2, 1956, pp. 206-212.

327 *puede crearse en el hígado:* Clínica de Personal Conjunto, "Obesity", *American Journal of Medicine*, vol. 19, núm. 1, 1955, p. 117.

327 *relacionados con el periodo de transición:* Stephen D. Phinney et al., "The Human Metabolic Response to Chronic Ketosis without Caloric Restriction: Physical and Biochemical Adaption", *Metabolism*, vol. 32, núm. 8, 1983, pp. 757-768; P. C. Kelleher et al., "Effects of Carbohydrate-Containing and Carbohydrate-Restricted Hypocaloric and Eucaloric Diets on Serum Concentrations of Retinol-Binding Protein, Thyroxine-Binding Prealbumin and Transferrin", *Metabolism*, vol. 32, núm. 1, 1983, pp. 95-101; G. L. Blackburn, "Mechanisms of Nitrogen Sparing with Severe Calorie Restricted Diets", *International Journal of Obesity*, vol. 5, núm. 3, 1981, pp. 215-216.

327 *Phinney mostró que este fenómeno:* Phinney et al., "The Human Metabolic Response to Chronic Ketosis".

328 *En pruebas que comparan la dieta Atkins a la dieta estándar:* Jeff S. Volek et al., "Comparison of Energy-Restricted Very Low-Carbohydrate and Low-Fat Diets on Weight Loss and Body Composition in Overweight Men and Women", *Nutrition & Metabolism*, vol. 1, núm. 13, 2004, pp. 1-32; J. W. Krieger et al., "Effects of Variation in Protein and Carbohydrate Intake on Body Mass and Composition During Energy Restriction: A Meta-Regression", *American Journal of Clinical Nutrition*, vol. 83, núm. 2, 2006, pp. 260-274.

328 *"función endotelial" [...] también mejoraba:* Jeff S. Volek et al., "Effects of Dietary Carbohydrate Restriction versus Low-Fat Diet on Flow-Mediated Dilation", *Metabolism*, vol. 58, núm. 12, 2009, pp. 1769-1777.

328 *otros experimentos manteniendo a sus sujetos en un peso constante:* Estudios citados en Eric C. Westman, Jeff S. Volek y Richard D. Feinman, "Carbohydrate Restriction Is Effective in Improving Atherogenic Dyslipidemia

even in the Absence of Weight Loss", *American Journal of Clinical Nutrition*, vol. 84, núm. 6, 2006, p. 1549.

328 *apoyo científico sólido al tratamiento:* Un estudio sugestivo que precedió al de Westman es Bruce R. Bistrian *et al.*, "Nitrogen Metabolism and Insulin Requirements in Obese Diabetic Adults on a Protein-Sparing Modified Fast", *Diabetes*, vol. 25, núm. 6, 1976, pp. 494-504.

329 *podían incluso dejar de tomar su medicamento para la diabetes:* Mary C. Vernon *et al.*, "Clinical Experience of a Carbohydrate-Restricted Diet: Effect on Diabetes Mellitus", *Metabolic Syndrome and Related Disorders*, vol. 1, núm. 3, 2003, p. 234.

329 *Westman y sus colegas han argumentado:* Anthony Accurso *et al.*, "Dietary Carbohydrate Restriction in Type 2 Diabetes Mellitus and Metabolic Syndrome: Time for a Critical Appraisal", *Nutrition & Metabolism*, vol. 5, núm. 1, 2008, pp. 1-8.

329 *las autoridades [...]* ADA: Asociación Americana de la Diabetes, declaración de postura, "Nutrition Recommendations and Interventions for Diabetes", *Diabetes Care*, núm. 31, suplemento 1, 2008, p. S66.

329 *realizando pruebas en una gran variedad de sujetos:* Eric C. Westman *et al.*, "Low-Carbohydrate Nutrition and Metabolism", *American Journal of Clinical Nutrition*, vol. 86, núm. 2, 2007, pp. 276-284; Volek *et al.*, "Comparison of Energy-Restricted Very Low-Carbohydrate and Low-Fat Diets", pp. 1-32; Jeff S. Volek *et al.*, "Comparison of a Very Low-Carbohydrate and Low-Fat Diet on Fasting Lipids, LDL Subclasses, Insulin Resistance, and Postprandial Lipemic Responses in Overweight Women", *Journal of the American College of Nutrition*, vol. 23, núm. 2, 2004, pp. 177-184; Matthew J. Sharman *et al.*, *Human Nutrition and Metabolism*, vol. 134, núm. 4, 2004, pp. 880-885; Frederick F. Samaha *et al.*, "A Low-Carbohydrate as Compared with a Low-Fat Diet in Severe Obesity", *New England Journal of Medicine*, vol. 348, núm. 21, 2003, pp. 2074-2081; Linda Stern *et al.*, "The Effects of Low-Carbohydrate versus Conventional Weight Loss Diets in Severely Obese Adults: One-Year Follow-up of a Randomized Trial", *Annals of Internal Medicine*, vol. 140, núm. 10, 2004, pp. 778-786; William S. Yancy *et al.*, "A Low-Carbohydrate, Ketogenic Diet versus a Low-Fat Diet to Treat Obesity and Hyperlipidemia: A Randomized, Controlled Trial", *Annals of Internal Medicine*, vol. 140, núm. 10, 2004, pp. 769-777; James H. Hays *et al.*, "Effect of a High Saturated Fat and No-Starch Diet on Serum Lipid Subfractions in Patients with Documented Atherosclerotic Cardiovascular Disease", *Mayo Clinic Proceedings*, vol. 78, núm. 11, 2003, pp. 1331-1336; Kelly A. Meckling, Caitriona O'Sullivan y Dayna Saari, "Comparison of a Low-Fat Diet to a Low-Carbohydrate Diet on Weight Loss, Body Composition, and Risk Factors for Diabetes and Cardiovascular Disease in Free-Living, Overweight Men and Women", *Journal of Clinical Endocrinology & Metabolism*, vol. 89, núm. 6, 2004, pp.

2717-2723; Eric C. Westman, "A Review of Low-Carbohydrate Ketogenic Diets", *Current Atherosclerosis Reports*, núm. 5, 2003, pp. 476-483.
330 *Uno de los experimentos más extraordinarios:* William S. Yancy *et al.*, "A Randomized Trial of a Low-carbohydrate Diet vs Orlistat Plus a Low-fat Diet for Weight Loss", *Archives of Internal Medicine*, vol. 170, núm. 2, 2010, pp. 136-145.
330 *Volek dice [...] la gente simplemente se queda callada:* Jeff Volek, entrevista con la autora, 18 de abril de 2006.
330 *Westman ha escrito conmovedoramente:* Eric C. Westman, "Rethinking Dietary Saturated Fat", *Food Technology*, vol. 63, núm. 2, 2009, p. 30.
331 *"más imparcial, equilibrado":* Jeff S. Volek, Matthew J. Sharman y Cassandra E. Forsythe, "Modification of Lipoproteins by Very Low-Carbohydrate Diets", *Journal of Nutrition*, vol. 135, núm. 6, 2005, pp. 1339-1342.
331 *los resultados de una prueba de dos años:* Iris Shai *et al.*, "Weight Loss with a Low-Carbohydrate, Mediterranean, or Low-Fat Diet", *New England Journal of Medicine*, vol. 359, núm. 3, 2008, pp. 229-241.
332 *A partir de los resultados de este estudio:* Cuatro años después de que terminó el experimento, Shai realizó una evaluación de seguimiento para ver cómo estaban sus sujetos. En la mayoría de los marcadores, los que habían hecho la dieta mediterránea se veían más sanos y eran los más delgados, mientras que las personas que habían estado comiendo la dieta Atkins habían recuperado casi todo el peso que habían perdido. El grupo bajo en grasa seguía estando menos bien en todos los marcadores. Sin embargo, dado que habían pasado cuatro años desde el final de la prueba y no se había hecho ninguna clase de seguimiento para mantener los cambios dietéticos (o medir la adherencia voluntaria a esos cambios), los resultados deben interpretarse con cuidado. Es muy probable, por ejemplo, que a los sujetos en la dieta mediterránea les fuera más fácil continuar con su intervención dietética porque era su dieta habitual. En cambio, el grupo en la dieta Atkins estaba en una dieta atípica, considerada peligrosa por muchos profesionales médicos y, por ende, es probable que no quisieran continuar con los cambios dietéticos. Cuatro años después de la prueba, uno no puede saber si los resultados reflejan las dietas originales. Dan Schwarzfuchs, Rachel Golan e Iris Shai, carta al editor, "Four-Year Follow-Up After Two-Year Dietary Interventions", *New England Journal of Medicine*, vol. 367, núm. 14, 2012, pp. 1373-1374.
333 *Otros investigadores y científicos habían publicado:* Russell L. Smith y Edward R. Pinckney, *Diet, Blood Cholesterol and Coronary Heart Disease: A Critical Review of the Literature*, Santa Mónica, California, publicación privada, 1988; Thomas J. Moore, *Heart Failure: A Critical Inquiry into American Medicine and the Revolution in Heart Care*, Nueva York, Random House, 1989; George V. Mann, "A Short History of the Diet/Heart Hypothesis", en *Coronary Heart Disease: The Dietary Sense and Nonsense. An*

Evaluation by Scientists, George V. Mann (ed.), para la Sociedad Veritas, Londres, Janus, 1993, pp. 1-17; Uffe Ravnskov, *The Cholesterol Myths: Exposing the Fallacy that Saturated Fat and Cholesterol Cause Heart Disease*, Washington, D. C., New Trends, 2000.

334 *"¿Qué tal si todo ha sido una gran mentira?":* Gary Taubes, "What if It's All Been a Big Fat Lie?", *New York Times Magazine*, 7 de julio de 2002.

334 *En 2007 publicó un libro:* Gary Taubes, *Good Calories, Bad Calories: Challenging the Conventional Wisdom on Diet, Weight Control, and Disease*, Nueva York, Alfred A. Knopf, 2007.

335 *Gina Kolata [...] llamó:* Gina Kolata, "Carbophobia", *The New York Times*, 7 de octubre de 2007.

336 *escribió Taubes después en su blog:* Gary Taubes, "Catching Up on Lost Time: The Ancestral Health Symposium, Food Reward, Palatability, Insulin Signaling and Carbohydrates, Kettles, Pots and Other Odds and Ends (with Some Philosophy of Science as a Special Added Attraction). Part I", *Gary Taubes* (blog), 2 de septiembre de 2011, consultado el 12 de febrero de 2014, http://garytaubes.com/2011/09/catching-up-on-lost-time-ancestral-health-symposium-food-reward-palatability-insulin-signaling-carbohydrates-kettles-pots-other-odds-ends-part-i/.

336 *"bordea lo inexcusable": Idem.*

336 *Los Angeles Times declaró:* Marni Jameson, "A Reversal on Carbs: Fat Was Once the Devil. Now More Nutritionists Are Pointing Accusingly at Sugar and Refined Grains", *Los Angeles Times*, 20 de diciembre de 2010.

336 *planteado el caso recientemente de que la fructosa encontrada en las frutas:* Richard J. Johnson, *The Fat Switch*, Mercola.com, 2012.

337 *dijo Ronald M. Krauss:* Ronald M. Krauss, entrevista con la autora, 21 de agosto de 2013.

337 *British Medical Journal:* Gary Taubes, "The Science of Obesity: What Do We Really Know About What Makes Us Fat? An Essay by Gary Taubes", *British Medical Journal*, núm. 346, 2013, información del documento 10.1136/bmj.f1050.

339 *más de unos cuantos estudios importantes:* Michel de Lorgeril *et al.*, "Mediterranean Alpha-Linolenic Acid-Rich Diet in Secondary Prevention of Coronary Heart Disease", *The Lancet*, vol. 343, núm. 8911, 1994, pp. 1454-1459; Jean-Pierre Despres, "Bringing Jupiter Down to Earth", *The Lancet*, vol. 373, núm. 9670, 2009, pp. 1147-1148; J. C. LaRosa *et al.*, "Intensive Lipid Lowering with Atorvastatin in Patients with Stable Coronary Disease", *New England Journal of Medicine*, núm. 352, 2005, pp. 1425-1435; K. K. Ray *et al.*, "Statins and All-Cause Mortality in High-Risk Primary Prevention: A Meta-Analysis of 11 Randomized Controlled Trials Involving 65,229 Participants", *Archives of Internal Medicine*, vol. 170, núm. 12, 2010, p. 1027; Castelli *et al.*, "HDL Cholesterol and Other Lipids in Coronary Heart Disease: The Cooperative Lipoprotein Phenotyping Study", *Circulation*, vol. 55, núm. 5, 1977, p. 771.

340 *la revista de la* AHA, Circulation: Rodney A. Hayward y Harlan M. Krumholz, "Three Reasons to Abandon Low-Density Lipoprotein Targets: An Open Letter to the Adult Treatment Panel IV of the National Institute of Health", *Circulation*, núm. 5, 2012, pp. 2-5. Véase también Harlan M Krumholz, "Editorial: Target Cardiovascular Risk Rather than Cholesterol Concentration", *British Medical Journal*, núm. 347, 2013, información del documento 10.1136/bmj.f7110.

340 *"desperdicio histórico":* Allan Sniderman, entrevista con la autora, 6 de septiembre de 2012.

340 *John W. Gofman descubrió:* John W. Gofman *et al.*, "The Role of Lipids and Lipoproteins in Atherosclerosis", *Science*, vol. 111, núm. 2877, 1950, pp. 166-186.

340 *Krauss confirmó su existencia:* Darlene M. Dreon *et al.*, "A Very-Low-Fat Diet Is Not Associated with Improved Lipoprotein Profiles in Men with a Predominance of Large, Low-Density Lipoproteins", *American Journal of Clinical Nutrition*, vol. 69, núm. 3, 1999, pp. 411-418; Ron M. Krauss y Darlene M. Dreon, "Low-Density-Lipoprotein Subclasses and Response to a Low-Fat Diet in Healthy Men", *American Journal of Clinical Nutrition*, vol. 62, núm. 2, 1995, pp. S478-S487.

340 *Encontró que [...] grasas saturadas y grasa total:* Krauss y Dreon, "Low-Density-Lipoprotein Subclasses and Response to a Low-Fat Diet"; Dreon *et al.*, "A Very-Low-Fat Diet Is Not Associated with Improved Lipoprotein Profiles"; Ronald M. Krauss, "Dietary and Genetic Probes of Atherogenic Dyslipidemia," *Arteriosclerosis, Thrombosis, and Vascular Biology*, vol. 25, núm. 11, 2005, pp. 2265-2272; Ronald M. Krauss *et al.*, "Separate Effects of Reduced Carbohydrate Intake and Weight Loss on Atherogenic Dyslipidemia", *American Journal of Clinical Nutrition*, vol. 83, núm. 5, 2006, pp. 1025-1031.

341 *Comprendía que incluso después:* Krauss, entrevista con la autora, 12 de junio de 2006.

341 *replicado exitosamente:* Benoit Lamarche *et al.*, "Small, Dense Low-Density Lipoprotein Particles as a Predictor of the Risk of Ischemic Heart Disease in Men", *Circulation*, vol. 95, núm. 1, 1997, pp. 69-75.

341 *le pregunté a Robert Eckel [...] cuando volví a preguntarle:* Robert H. Eckel, entrevistas con la autora, 1° de mayo de 2006 y 19 de noviembre de 2013.

341 *me explicó Penny Kris-Etherton:* Penny Kris-Etherton, entrevista con la autora, 7 de junio de 2007.

342 *Lichtenstein contradecía:* Krauss, entrevista; Eric B. Rimm, entrevista con la autora, 7 de enero de 2008; Lichtenstein, entrevista.

342 *Krauss hizo la observación:* Ronald M. Krauss *et al.*, "AHA Dietary Guidelines Revision 2000: A Statement for Healthcare Professionals from the Nutrition Committee of the American Heart Association", *Circulation*, vol. 102, núm. 18, 2000, pp. 2284-2299.

342 *"era demasiado complicado"*: Krauss, entrevista, 20 de agosto de 2012.
342 *Krauss consideró un éxito: Idem.*
342 *cambió los lineamientos de la* AHA *hacia el otro lado:* Alice H. Lichtenstein *et al.*, "Diet and Lifestyle Recommendations Revision 2006: A Scientific Statement from the American Heart Association Nutrition Committee", *Circulation*, vol. 114, núm. 1, 2006, pp. 82-96.
343 *me contestó que:* Alice H. Lichtenstein, entrevista con la autora, 7 de septiembre de 2007.
343 *su consejo se volvía todavía más draconiano:* Robert H. Eckel *et al.*, "2013 AHA/ACC Guideline on Lifestyle Management to Reduce Cardiovascular Risk: A Report of the American College of Cardiology/American Heart Association Task Force on Practice Guidelines", *Circulation*, 2013, epub antes de su impresión, información del documento 10.1161/01.cir.0000 437740.48606.d1.
343 DASH *y OmniHeart:* Eva Obarzanek *et al.*, "Effects on Blood Lipids of a Blood Pressure-Lowering Diet: The Dietary Approaches to Stop Hypertension (DASH) Trial", *American Journal of Clinical Nutrition*, núm. 74, 2001, pp. 80-89; Lawrence Appel *et al.*, "Effects of Protein, Monounsaturated Fat, and Carbohydrate Intake on Blood Pressure and Serum Lipids: Results of the OmniHeart Randomized Trial", *Journal of the American Medical Association*, vol. 294, núm. 19, 2005, pp. 2455-2464.
345 *"están decepcionados"*: Krauss, entrevista, 20 de agosto de 2012.
346 *así como otros antes que él:* Smith y Pinckney, *Diet, Blood Cholesterol and Coronary Heart Disease*. Antes del libro de Taubes, este compendio de publicación privada fue la referencia más importante para quienes dudaban de la hipótesis de la dieta y el corazón. Véase también Michael F. Oliver, "It Is More Important to Increase the Intake of Unsaturated Fats than to Decrease the Intake of Saturated Fats: Evidence from Clinical Trials Relating to Ischemic Heart Disease", *American Journal of Clinical Nutrition*, vol. 66, núm. 4, suplemento, 1997, pp. S980-S986.
346 *"ser muy complicado"*: Krauss, correo electrónico a la autora, 4 de enero de 2009.
346 *Krauss me dijo:* Krauss, correo electrónico a la autora, 14 de junio de 2009.
346 *"serie agobiante de críticas"* [...] *cinco "permutaciones importantes"*: Idem.
347 *Para el primer texto:* Patty W. Siri-Tarino *et al.*, "Saturated Fat, Carbohydrate, and Cardiovascular Disease", *American Journal of Clinical Nutrition*, vol. 91, núm. 3, 2010, p. 502.
347 *En su extenso editorial:* Jeremiah Stamler, "Diet-Heart: A Problematic Revisit", *American Journal of Clinical Nutrition*, vol. 91, núm. 3, 2010, pp. 497-499.
348 *Dariush Mozaffarian, anunció:* Dariush Mozaffarian, "Taking the Focus off of Saturated Fat", presentado como parte de "El gran debate de la grasa",

en una conferencia y exposición de la Academia de Nutrición y Dietética, Boston, Massachusetts, 8 de noviembre de 2010, disponible en audio.

349 *los estadounidenses han reducido su consumo*: Centros para el Control y la Prevención de Enfermedades, "Trends in Intake of Energy and Macronutrients, 1971-2000", pp. 80-82.

349 *niveles de colesterol total [...] han bajado [...] colesterol "alto"*: Programa Nacional de Educación sobre Colesterol, "Program Description", consultado el 29 de octubre de 2013, http://www.nhlbi.nih.gov/about/ncep/ncep_pd.htm.

349 *se debe a la reducción del colesterol* LDL: Nancy D. Ernst *et al.*, "Consistency between US Dietary Fat Intake and Serum Total Cholesterol Concentrations: The National Health and Nutrition Examination Surveys", *American Journal of Clinical Nutrition*, vol. 66, núm. 4, suplemento, 1997, pp. S965-S972.

349 *predijo que "si la humanidad"*: Edgar V. Allen, "Clinical Progress: Atherosclerosis. A Symposium", *Circulation*, vol. 5, núm. 1, 1952, p. 99.

349 *no está claro que la ocurrencia real de la enfermedad cardiaca haya bajado*: Wayne D. Rosamond *et al.*, "Trends in the Incidence of Myocardial Infarction and in Mortality Due to Coronary Heart Disease, 1987 to 1994", *New England Journal of Medicine*, vol. 339, núm. 13, 1998, pp. 861-867; Hugh Tunstall-Pedoe *et al.*, "Contribution of Trends in Survival and Coronary-Event Rates to Changes in Coronary Heart Disease Mortality: 10 Year Results from 37 OMS MONICA Project Populations. Monitoring Trends and Determinants in Cardiovascular Disease" *The Lancet*, vol. 353, núm. 9164, 1999, pp. 1547-1557.

350 *de los cuales "muy pocos siguen actualmente"*: Comité Asesor de Lineamientos Dietéticos, *Report of the Dietary Guidelines Advisory Committee*, p. 72.

350 *El conjunto de lineamientos más reciente de la* AHA: Alice H. Lichtenstein *et al.*, "Diet and Lifestyle Recommendations Revision 2006: A Scientific Statement from the American Heart Association Nutrition Committee", *Circulation*, vol. 114, núm. 1, 2006, pp. 82-96.

351 *las prohibiciones contra las grasas saturadas siguen siendo fuertes*: Comité Asesor de Lineamientos Dietéticos, *Report of the Dietary Guidelines Advisory Committee*, 4 y 13, entre otros.

351 *"las dietas saludables son altas en carbohidratos"*: Ibidem, p. 311.

352 *6 por ciento al año*: Caroline Scott-Thomas, "Low-Fat Trend Continues to Grow Fat Replacer Sales", *FoodNavigatorusa.com*, 7 de marzo de 2012, consultado el 14 de febrero de 2014, http://www.food navigator-usa.com/Markets/Low-fat-trend-continues-to-grow-fat-replacer-sales-says-GIA.

Conclusión

353 *"Es posible que te estés haciendo a ti mismo miserable":* Edward R. Pinckney y Cathey Pinckney, *The Cholesterol Controversy*, Los Ángeles, Shelbourne Press, 1973, p. 3.

355 *los paneles de expertos [...] han recomendado:* Robert H. Eckel *et al.*, "2013 AHA/ACC Guideline on Lifestyle Management to Reduce Cardiovascular Risk: A Report of the American College of Cardiology/American Heart Association Task Force on Practice Guidelines", *Circulation*, 2013, información del documento 10.1161/01.cir.0000437740.48606.d1.

357 *"la genética no está señalando nada":* David B. Goldstein, "Common Genetic Variation and Human Traits", *New England Journal of Medicine*, vol. 360, núm. 17, 2009, pp. 1696-1698; David B. Goldstein, correo electrónico a la autora, 26 de noviembre de 2013.

Glosario

AAP: Academia Americana de Pediatría, la sociedad profesional de pediatras más importante.

ácidos grasos: cadenas de átomos de carbono rodeados por átomos de hidrógeno. Los ácidos grasos individuales pueden ser saturados o insaturados. Los tres ácidos grasos juntos como trinchete se llaman triglicéridos.

AHA: Asociación Americana del Corazón, la organización de voluntariado más vieja de la nación, dedicada a luchar contra la enfermedad cardiaca y el infarto; también el grupo sin fines de lucro más grande del país.

colesterol HDL: el tipo de colesterol en lipoproteínas de alta densidad que se conoce como "bueno" porque la gente con niveles más elevados tiende a tener un menor riesgo de enfermedad cardiaca. El colesterol HDL es una fracción del colesterol total.

colesterol LDL: el tipo de colesterol de lipoproteínas de baja densidad que se conoce como "malo" porque la gente con niveles muy elevados tiende a tener un mayor riesgo de enfermedad cardiaca.

dieta baja en grasa: un régimen usualmente definido como uno entre 25 por ciento y 35 por ciento del total de calorías como grasa. La dieta baja en grasas difiere de la dieta "prudente", la cual restringe sólo las grasas saturadas, así como el colesterol dietético encontrado en los huevos, los alimentos animales y los mariscos, pero no restringe la grasa en general.

dieta prudente: la primera dieta recomendada oficialmente para la prevención de la enfermedad cardiaca, aplicada ampliamente en Estados Unidos desde finales de la década de 1940 hasta la década de 1970,

GLOSARIO

punto en el que la dieta baja en grasa prevaleció. La dieta prudente restringe las grasas saturadas y el colesterol dietético encontrado en huevos, alimentos animales y mariscos, pero a diferencia de la "dieta baja en grasa", no restringe la grasa en general. Las dietas prudentes tenían típicamente 40 por ciento del total de calorías como grasa.

enlace doble: un término químico que se refiere a la forma en que dos átomos están ligados unos con otros. Un enlace doble es como un apretón de manos doble entre átomos. Las moléculas de ácidos grasos con uno o más enlaces dobles se llaman "insaturadas", y son el tipo dominante encontrado en el aceite de oliva y los aceites vegetales, mientras que los ácidos grasos sin enlaces dobles se llaman "saturados" y se encuentran en las grasas de alimentos animales. Los enlaces dobles vienen en dos formaciones, "trans" y "cis".

estudio de caso controlado: un tipo de estudio epidemiológico donde sujetos diagnosticados con una enfermedad o condición se comparan con controles sanos y se miden los factores de riesgo (por ejemplo, dieta, ejercicio, colesterol sérico), por lo general retroactivamente. Este tipo de estudio puede ser relativamente barato, dado que los sujetos son analizados sólo una vez y no se tiene un seguimiento.

Estudio de Salud de Enfermeras: el estudio epidemiológico más grande y más largo de Estados Unidos. Empezó en 1976. El estudio ("Enfermeras I") se expandió en 1989 ("Enfermeras II") y ha seguido a más de 200 mil mujeres. Se envían "cuestionarios de frecuencia alimenticia" sobre dieta y estilo de vida cada dos años, con respuestas voluntarias. El estudio está financiado por los NIH y dirigido por Walter C. Willett, de la Escuela de Salud Pública de Harvard.

estudio epidemiológico: un tipo de estudio que identifica la incidencia de enfermedad de alguna otra condición entre la población. La epidemiología nutricional involucra analizar la dieta de una población, algunas veces periódicamente, y correlacionar la información con los resultados eventuales de salud. Estos estudios pueden demostrar asociaciones, pero no causalidad. También se conocen como estudios "observacionales".

FDA: Administración de Alimentos y Medicamentos, que es parte del Departamento de Salud y Servicios Humanos de Estados Unidos. La FDA está encargada de proteger el suministro de alimentos de la nación.

grasas insaturadas: las grasas con ácidos grasos que contienen un enlace doble (monoinsaturadas) o más (poliinsaturadas).

———— GLOSARIO ————

grasas monoinsaturadas: grasas en las que los ácidos grasos contienen sólo un enlace doble. La grasa monoinsaturada más común se llama "oleica", el tipo más abundante en el aceite de oliva.

grasas poliinsaturadas: grasas en las que los ácidos grasos contienen múltiples enlaces dobles. Las grasas poliinsaturadas incluyen los aceites vegetales, como de soya, maíz, cártamo, girasol, semilla de algodón y canola.

grasas saturadas: las grasas que no tienen enlaces dobles en los ácidos grasos que contienen. Estas grasas se encuentran predominantemente en alimentos animales, como huevos, lácteos y carne, así como en los aceites de palma y coco.

grasas trans: las grasas que contienen ácidos grasos con enlaces dobles en la configuración "trans". Un enlace "trans" crea una molécula en forma de zigzag, permitiendo que los ácidos grasos adyacentes se ajusten unos con otros, lo que resulta en una grasa que puede ser sólida a temperatura ambiente. El otro tipo de enlace doble, llamado "cis", crea moléculas en forma de U, que no pueden embonar juntas y, por tanto, crean aceites.

Lineamientos dietéticos para los estadounidenses: informes periódicos, empezados en 1980, se hacen conjuntamente entre el Departamento de Agricultura de Estados Unidos y el Departamento de Salud y Servicios Humanos de Estados Unidos, los cuales dan recomendaciones a la población sobre nutrición para una buena salud. La pirámide alimentaria del USDA se basó en estos lineamientos.

metas dietéticas para Estados Unidos: las cinco metas creadas por el Comité Selecto del Senado de Estados Unidos sobre Nutrición y Necesidades Humanas en 1977 (el "informe McGovern").

NCEP: Programa Nacional de Educación sobre Colesterol, un programa dirigido por el Instituto Nacional de Corazón, Pulmón y Sangre, dentro de los Institutos Nacionales de Salud. El NCEP se creó en 1985, con el objetivo de instruir a los estadounidenses sobre cómo evitar la enfermedad arteriosclerótica cardiovascular. Hasta 2013, el NCEP publicaba periódicamente los lineamientos más importantes para los médicos sobre cómo bajar el colesterol con dieta y medicamentos.

NHI: Instituto Nacional del Corazón, una agencia en los Institutos Nacionales de Salud dedicada a combatir la enfermedad cardiovascular. Fundada por el presidente Harry S. Truman en 1948, se renombró Instituto Nacional de Corazón, Pulmón y Sangre (NHLBI) en 1969.

―――――― GLOSARIO ――――――

NHLBI: Instituto Nacional de Corazón, Pulmón y Sangre, la agencia en los Institutos Nacionales de Salud dedicada a la prevención y el tratamiento de enfermedades de corazón, pulmón y sangre, incluyendo la enfermedad cardiovascular. Antes el Instituto Nacional del Corazón (NHI).

NIH: Institutos Nacionales de Salud, la principal agencia del gobierno de Estados Unidos responsable por la investigación biomédica relacionada con la salud, localizada en Bethesda, Maryland.

OMS: Organización Mundial de la Salud, una agencia de las Naciones Unidas dedicada a la salud pública internacional.

prueba clínica: un tipo de estudio en el que los participantes se asignan para recibir una o más intervenciones para que los investigadores puedan evaluar los efectos de las intervenciones en los resultados relacionados con salud. Una prueba "al azar" es la que asigna participantes a distintas ramas del estudio casualmente. Una prueba "controlada" tiene un grupo de controles que no recibe intervención. Una "prueba controlada al azar" se considera el estándar de oro de las pruebas clínicas y generalmente de la evidencia científica.

triglicéridos: una forma de ácidos grasos que circula en la sangre. Los triglicéridos están conformados por tres ácidos grasos unidos por las puntas en una molécula de glicerol, en la forma de un trinchete. Desde la década de 1940, los triglicéridos altos se consideran un biomarcador de la enfermedad cardiaca.

USDA: Departamento de Agricultura de Estados Unidos. Desde 1980, el USDA ha sido coautor de *Los lineamientos dietéticos para los estadounidenses*. De 1992 hasta 2011, el USDA publicó su pirámide alimentaria basada en estos lineamientos. La pirámide se remplazó después por una gráfica llamada "Mi plato".

WHI: Iniciativa de Salud de la Mujer. La prueba clínica más grande realizada sobre la dieta baja en grasa, con casi 50 mil mujeres, durante siete años, cuyos resultados se publicaron en 2006. Los NIH financiaron el estudio, cuyo costo se estimó mayor de 700 millones de dólares, dirigido por centros de salud a lo largo del país y con tres ramas de intervención diferentes: tratamiento de remplazo hormonal, suplementación de calcio/vitamina D y la dieta baja en grasa.

Bibliografía

Aaes-Jørgensen, E., J. P. Funch, P. F. Engel y H. Dam, "The Role of Fat in the Diet of Rats", *British Journal of Nutrition*, vol. 10, núm. 4, 1956, pp. 317-324.

"About the Foundation", http://www.atkinsfoundation.org/about.asp, consultado el 11 de octubre de 2013.

Academia Americana de Pediatría, Comité de Nutrición, "Prudent Lifestyle for Children: Dietary Fat and Cholesterol", *Pediatrics*, vol. 78, núm. 3, 1° de septiembre de 1986, pp. 521-525.

———, "Cholesterol in Childhood", *Pediatrics*, vol. 101, núm. 1, parte 1, enero de 1998, pp. 141-147.

Accurso, Anthony, Richard K. Bernstein, Annika Dahlqvist *et al.*, "Dietary Carbohydrate Restriction in Type 2 Diabetes Mellitus and Metabolic Syndrome: Time for a Critical Appraisal", *Nutrition & Metabolism*, núm. 5, 8 de abril de 2008, p. 9.

Adams, Charles Darwin (trad.), *The Genuine Works of Hippocrates*, Nueva York, Dover, 1868.

Adams, Ronald J., y Kenneth M. Jennings, "Media Advocacy: A Case Study of Philip Sokolof's Cholesterol Awareness Campaigns", *Journal of Consumer Affairs*, vol. 27, núm. 1, verano de 1993, pp. 145-165.

Administración de Alimentos y Medicamentos, Departamento de Salud y Servicios Humanos de Estados Unidos, "Food Labeling: Trans Fatty Acids in Nutrition Labeling, Nutrient Content Claims, and Health Claims; Proposed Rule", Washington, D. C., Oficina de Imprenta del Gobierno de Estados Unidos, 1999.

———, "Food Labeling: *Trans* Fatty Acids in Nutrition Labeling, Nutrient Content Claims, and Health Claims, Final and Proposed Rule"

Federal Register, vol. 68, núm. 133, Washington, D. C., Oficina de Imprenta del Gobierno de Estados Unidos, 11 de julio de 2003.

Agencia Internacional para la Investigación sobre Cáncer, Organización Mundial de la Salud, "Household Use of Solid Fuels and High-Temperature Frying", *IARC Monographs on the Evaluation of Carcinogenic Risks to Humans*, vol. 95, Lyon, Francia, IARC, 2006.

Ahrens, Edward H., Jr., "The Management of Hyperlipidemia: Whether, Rather than How", *Annals of Internal Medicine*, vol. 85, núm. 1, julio de 1976, pp. 87-93.

——, "The Evidence Relating Six Dietary Factors to the Nation's Health. Introduction", *American Journal of Clinical Nutrition*, vol. 32, núm. 12, diciembre de 1979, pp. 2627-2631.

——, "After 40 Years of Cholesterol-Watching", *Journal of Lipid Research*, vol. 25, núm. 13, 15 de diciembre de 1984, pp. 1442-1449.

——, "The Diet-Heart Question in 1985: Has It Really Been Settled?", *The Lancet*, vol. 1, núm. 8437, 11 de mayo de 1985, pp. 1085-1087.

——, "Carbohydrates, Plasma Triglycerides, and Coronary Heart Disease", *Nutrition Reviews*, vol. 44, núm. 2, febrero de 1986, pp. 60-64.

Ahrens, Edward H., Jr., David H. Blankenhorn y Theodore T. Tsaltas, "Effect on Human Serum Lipids of Substituting Plant for Animal Fat in Diet". *Proceedings for the Society of Experimental Biology and Medicine*, vol. 86, núm. 4, agosto-septiembre de 1954, pp. 872-878.

Ahrens, Edward H., Jr., Jules Hirsch, William Insull Jr., Theodore T. Tsaltas, Rolf Blomstrand y Malcolm L. Peterson, "Dietary Control of Serum Lipids in Relation to Atherosclerosis", *Journal of the American Medical Association*, vol. 164, núm. 17, 24 de agosto de 1957, pp. 1905-1911.

Ahrens, Edward H., Jr., Jules Hirsch, Kurt Oette, John W. Farquhar y Yechezkiel Stein, "Carbohydrate-Induced and Fat-Induced Lipemia", *Transactions of the Association of American Physicians*, núm. 74, 1961, pp. 134-146.

Ahrens, Edward H., Jr., William Insull Jr., Rolf Blomstrand, Jules Hirsch, Theodore T. Tsaltas y Malcolm L. Peterson, "The Influence of Dietary Fats on Serum-Lipid Levels in Man", *The Lancet*, vol. 272, núm. 6976, 11 de mayo de 1957, pp. 943-953.

Akiya, Toshimi, Chuji Araki y Kiyoko Igarashi, "Novel Methods of Evaluation Deterioration and Nutritive Value of Oxidized Oil", *Lipids*, vol. 8, núm. 6, junio de 1973, pp. 348-352.

Alberti-Fidanza, Adalberta, "Mediterranean Meal Patterns", *Bibliotheca Nutritio et Dieta*, núm. 45, 1990, pp. 59-71.

Albrink, Margaret J., "Triglycerides, Lipoproteins, and Coronary Artery Disease", *Archives of Internal Medicine*, vol. 109, núm. 3, marzo de 1962, pp. 345-359.

———, "The Significance of Serum Triglycerides", *Journal of the American Dietetic Association*, núm. 42, enero de 1963, pp. 29-31.

Aldana, Steven G., Roger Greenlaw, Audrey Salberg, Ray M. Merrill, Ron Hager y Rick B. Jorgensen, "The Effects of an Intensive Lifestyle Modification Program on Carotid Artery Intima-Media Thickness: A Randomized Trial", *American Journal of Health Promotion*, vol. 21, núm. 6, julio-agosto de 2007, pp. 510-516.

Allbaugh, Leland Girard, *Crete: A Case Study of an Underdeveloped Area*, Princeton, Nueva Jersey, Princeton University Press, 1953.

Allen, Edgar V., Louis N. Katz, Ancel Keys y John W. Gofman, "Atherosclerosis: A Symposium", *Circulation*, vol. 5, núm. 1, enero de 1952, pp. 98-134.

Al-Marzouki, Sanaa, Stephen Evans, Tom Marshall e Ian Roberts. "Are These Data Real? Statistical Methods for the Detection of Data Fabrication in Clinical Trials", *British Medical Journal*, vol. 331, núm. 7511, 30 de julio de 2005, pp. 267-270.

Alonso, Álvaro, y Miguel Ángel Martínez-González, "Olive Oil Consumption and Reduced Incidence of Hypertension: The SUN Study", *Lipids*, vol. 39, núm. 12, diciembre de 2004, pp. 1233-1238.

Alonso, Álvaro, Valentina Ruiz-Gutiérrez, y Miguel Ángel Martínez-González, "Monounsaturated Fatty Acids, Olive Oil and Blood Pressure: Epidemiological, Clinical and Experimental Evidence", *Public Health Nutrition*, vol. 9, núm. 2, abril de 2005, pp. 251-257.

Asociación Americana de la Diabetes, "Position Statement. Nutrition Recommendations and Interventions for Diabetes", *Diabetes Care*, núm. 31, suplemento 1, enero de 2008, pp. S61-S78.

Asociación Americana del Corazón, *An Eating Plan for Healthy Americans: Our American Heart Association Diet*, Dallas, Asociación Americana del Corazón, 1995.

———, Comité de Nutrición, "Diet and Heart Disease", Nueva York, Asociación Americana del Corazón, 1968.

———, "Diet and Coronary Heart Disease", Nueva York, Asociación Americana del Corazón, 1973.

———, "Diet and Coronary Heart Disease", Nueva York, Asociación Americana del Corazón, 1978.

Anderson, Joseph T., Francisco Grande y Ancel Keys, "Hydrogenated Fats in the Diet and Lipids in the Serum of Man", *Journal of Nutrition*, núm. 75, 1961, pp. 388-394.

Anderson, Joseph T., Ancel Keys y Francisco Grande, "The Effects of Different Food Fats on Serum Cholesterol Concentration in Man", *Journal of Nutrition*, vol. 62, núm. 3, 10 de julio de 1957, pp. 421-424.

Anderson, Keaven M., William P. Castelli y Daniel Levy, "Cholesterol and Mortality: 30 Years of Follow-up from the Framingham Study", *Journal of the American Medical Association*, vol. 257, núm. 16, 24 de abril de 1987, pp. 2176-2180.

Anderson, Sue Ann, "Guidelines for Use of Dietary Intake Data", *Journal of the American Dietetic Association*, vol. 88, núm. 10, octubre de 1988, pp. 1258-1260.

Andrews, John S., Wendell H. Griffith, James F. Mead y Robert A. Stein, "Toxicity of Air-Oxidized Soybean Oil", *Journal of Nutrition*, vol. 70, núm. 2, 1° de febrero de 1960, pp. 199-210.

Anitschkow, Nikolai N., y S. Chalatow, "Ueber Experimentelle Cholester-insteatose und ihre Bedeutehung fur die Entstehung Einiger Pathologischer Prozesse", *Zentralblatt für Allgemeine Pathologie und Pathologische Anatomie*, núm. 24, 1913, pp. 1-9.

Anónimo, "The Fat of the Land", *Time*, vol. 67 núm. 3, 13 de enero de 1961, pp. 48-52.

———, "Beauty: Vogue's Take It Off, Keep It Off Super Diet […] Devised with the Guidance of Dr. Robert Atkins", *Vogue*, vol. 155, núm. 10, 1970, pp. 184-185.

———, "A Few Kind Words for Cholesterol", *Time*, 9 de junio de 1980.

———, "Focus", *Journal of the American Oil Chemists' Society*, vol. 61, núm. 9, 1984, p. 1434.

———, "Sorry, It's True: Cholesterol Really Is a Killer", *Time*, 23 de enero de 1984.

———, "New Findings on Palm Oil", *Nutrition Reviews*, vol. 45, núm. 9, 1987, pp. 205-207.

———, "Tropical Fats Labeling: Malaysians Counterattack ASA Drive", *Journal of the American Oil Chemists' Society*, vol. 64, núm. 12, diciembre de 1987, pp. 1596-1598.

———, "FASEB Nutrition Study Using 'Flawed Data,' Researcher Charges", *Food Chemical News*, 25 de enero de 1988, pp. 52-54.

———, "Congress Hears Cholesterol Debate", Associated Press, 9 de diciembre de 1989.

———, "The Battle of Pork Rind Hill", *Newsweek*, 5 de marzo de 2000.

———, "Death of a Diet Doctor", Snopes.com, modificado el 11 de febrero de 2004, http://www.snopes.com/medical/doctor/atkins.asp.

Antar, Mohamed A., Margaret A. Ohlson y Robert E. Hodges, "Perspectives in Nutrition: Changes in Retail Market Food Supplies in the United States in the Last Seventy Years in Relation to the Incidence of Coronary Heart Disease, with Special Reference to Dietary Carbohydrates and Essential Fatty Acids", *American Journal of Clinical Nutrition*, núm. 14, marzo de 1964, pp. 169-178.

Appel, Lawrence J., Frank M. Sacks, Vincent J. Carey *et al.*, "Effects of Protein, Monounsaturated Fat, and Carbohydrate Intake on Blood Pressure and Serum Lipids: Results of the OmniHeart Randomized Trial", *Journal of the American Medical Association*, vol. 294, núm. 19, 16 de noviembre de 2005, pp. 2455-2464.

Applewhite, Thomas H., "'Statistical Correlations' Relating Trans-Fats to Cancer: A Commentary", *Federation Proceedings*, vol. 38, núm. 11, 1979, p. 2435.

———, "Nutritional Effects of Isomeric Fats: Facts and Fallacies", en *Dietary Fats and Health*, Edward George Perkins y W. J. Visek (eds.), Chicago, Sociedad Americana de Químicos de Aceites, 1983.

———, "Trans-Isomers, Serum Lipids and Cardiovascular Disease: Another Point of View", *Nutrition Reviews*, vol. 51, núm. 11, noviembre de 1993, pp. 344-345.

Aravanis, Christos, "The Classic Risk Factors for Coronary Heart Disease: Experience in Europe", *Preventive Medicine*, vol. 12, núm. 1, enero de 1983, pp. 16-19.

Aro, Antti, Matti Jauhiainen, Raija Partanen, Irma Salminen y Marja Mutanen, "Stearic Acid, Trans Fatty Acids, and Dairy Fat: Effects on Serum and Lipoprotein Lipids, Apolipoproteins, Lipoprotein(a), and Lipid Transfer Proteins in Healthy Subjects", *American Journal of Clinical Nutrition*, vol. 65, núm. 5, mayo de 1997, pp. 1419-1426.

Aro, Antti, I. Salminen, J. K. Huttunen *et al.*, "Adipose Tissue Isomeric Trans Fatty Acids and Risk of Myocardial Infarction in Nine Countries: the EURAMIC Study", *The Lancet*, vol. 345, núm. 8945, 4 de febrero de 1995, pp. 273-278.

Ascherio, Alberto, Martijn B. Katan, Peter L. Zock, Meir J. Stampfer y Walter C. Willett, "Trans Fatty Acids and Coronary Heart Disease", *New England Journal of Medicine*, vol. 340, núm. 25, 24 de junio de 1999, pp. 1994-1998.

Asociación de Escuelas de Salud Pública, "Health Revolutionary: The Life and Work of Ancel Keys", Public Health Leadership Film, consultado el 14 de febrero de 2014, http://www.asph.org/document.cfm?page=793.

Astrup, Arne, Jorn Dyerberg, Peter Elwood *et al.*, "The Role of Reducing Intakes of Saturated Fat in the Prevention of Cardiovascular Disease: Where Does the Evidence Stand in 2010?", *American Journal of Clinical Nutrition*, vol. 93, núm. 4, abril de 2011, pp. 684-688.

Astrup, Arne, Peter Marckmann y John Blundell, "Oiling of Health Messages in Marketing of Food", *The Lancet*, vol. 356, núm. 9244, 25 de noviembre de 2000, p. 1786.

Atkins, Robert C., *Dr. Atkins' Diet Revolution: The High-Calorie Way to Stay Thin Forever*, Filadelfia, David McKay Co., 1972.

———, entrevista con Larry King, *Larry King Live*, CNN, 6 de enero de 2003.

Austin, Peter C., Muhammad M. Mamdani, David N. Juurlink y Janet E. Hux, "Testing Multiple Statistical Hypotheses Resulted in Spurious Associations: A Study of Astrological Signs and Health", *Journal of Clinical Epidemiology*, vol. 59, núm. 9, septiembre de 2006, pp. 964-969.

Autoridad Europea de Seguridad y Alimentos "Analysis of Occurrence of 3 monochloropropane 1,2 diol (3 MCPD) in Food in Europe in the Year 2009-2011 and Preliminary Exposure Assessment", *EFSA Journal*, vol. 11, núm. 9, 2013, p. 3381, información del documento 10.2903/j.efsa.2013.3381.

Bach, Anna, Lluís Serra-Majem, Josep L. Carrasco *et al.*, "The Use of Indexes Evaluating the Adherence to the Mediterranean Diet in Epidemiological Studies: A Review", *Public Health Nutrition*, vol. 9, núm. 1A, febrero de 2006, pp. 132-146.

Bacon, Francis, *Novum Organum Scientiarum*, Inglaterra, 1620, Libro 1, p. XXXIV.

Bailar, John C., "Dietary Fat and Cancer Trends—A Further Critique", *Federation Proceedings*, vol. 38, núm. 11, octubre de 1979, pp. 2435-2436.

Ball, Richard A., y J. Robert Lilly, "The Menace of Margarine: The Rise and Fall of a Social Problem", *Social Problems*, vol. 29, núm. 5, junio de 1982, pp. 488-498.

Banting, William, *Letter on Corpulence. Addressed to the Public*, Londres, 1863. Reimpreso en Nueva York, Cosimo Classics, 2005.

Barbour, Andrew D., "The Deposition and Utilization of Hydrogenation Isooleic Acid in the Animal Body", *The Journal of Biological Chemistry*, vol. 101, núm. 1, junio de 1933, pp. 63-72.

Barker, J. Ellis, *Cancer*, Londres, John Murray, 1924.

Bauer, Bob, Carta en respuesta a la petición de la declaración de salud, Oficina de Productos Nutricionales, Etiquetado y Suplementos Dietéticos, Administración de Alimentos y Medicamentos de Estados Unidos, 1° de noviembre de 2004, número de expediente 2003Q-0559.

Baum, Seth J., Penny M. Kris-Etherton, Walter C. Willett *et al.*, "Fatty Acids in Cardiovascular Health and Disease: A Comprehensive Update", *Journal of Clinical Lipidology*, vol. 6, núm. 3, mayo de 2012, pp. 216-234.

Beaglehole, Robert, Mary A. Foulkes, Ian A. M. Prior y Elaine F. Eyles, "Cholesterol and Mortality in New Zealand Maoris", *British Medical Journal*, vol. 280, núm. 6210, 2 de febrero de 1980, pp. 285-287.

Beauchamp, Gary K., Russell S. J. Keast, Diane Morel *et al.*, "Phytochemistry: Ibuprofen-like Activity in Extra-Virgin Olive Oil", *Nature*, vol. 437, núm. 7055, 1° de septiembre de 2005, pp. 45-46.

Beckles, G. L., C. F. Chou, Centros para el Control y la Prevención de Enfermedades, "Diabetes—United States, 2006 and 2010", *Morbidity and Mortality Weekly Report*, núm. 62, suplemento 3, 2012, pp. 99-104.

Bekelman, Justin E., Yan Li y Cary P. Gross, "Scope and Impact of Financial Conflicts of Interest in Biomedical Research; A Systematic Review", *Journal of the American Medical Association*, vol. 289, núm. 4, 22-29 de enero de 2003, pp. 454-465.

Bendsen, N. T., R. Christensen, E. M. Bartels y A. Astrup, "Consumption of Industrial and Ruminant Trans Fatty Acids and Risk of Coronary Heart Disease: A Systematic Review and Meta-Analysis of Cohort Studies", *European Journal of Clinical Nutrition*, vol. 65, núm. 7, julio de 2011, pp. 773-783.

Beresford, Shirley A. A., Karen C. Johnson *et al.*, "Low-Fat Dietary Pattern and Risk of Colorectal Cancer: The Women's Health Initiative Randomized Controlled Dietary Modification Trial", *Journal of the American Medical Association*, vol. 295, núm. 6, 8 de febrero de 2006, pp. 643-654.

Bier, Dennis M., J. T. Brosnan, J. P. Flatt *et al.*, "Report of the IDECG Working Group on Lower and Upper Limits of Carbohydrate and Fat Intake", *European Journal of Clinical Nutrition*, vol. 53, núm. 1, suplemento, abril de 1999, pp. S177-S178.

Bier, Dennis M., Ronald M. Lauer y Olli Simell, "Summary", *The American Journal of Clinical Nutrition*, vol. 72, núm. 5, suplemento, noviembre de 2000, pp. S1410-S1413.

Bierenbaum, Marvin L., Donald P. Green, Alvin Florin, Alan Fleischman y Anne B. Caldwell, "Modified-Fat Dietary Management of the Young Male with Coronary Disease", *Journal of the American Medical Association*, vol. 202, núm. 13, 1967, pp. 59-63.

Biesalski, Hans Konrad, "Meat and Cancer: Meat as a Component of a Healthy Diet", *European Journal of Clinical Nutrition*, núm. 56, suplemento 1, marzo de 2002, pp. S2-S11.

Bingham, Sheila A., "Limitations of the Various Methods for Collecting Dietary Intake Data", *Annals of Nutrition and Metabolism*, vol. 35, núm. 3, 1991, pp. 117-127.

Biss, Kurt, Kang-Jey Ho, Belma Mikkelson, Lena Lewis y C. Bruce Taylor, "Some Unique Biologic Characteristics of the Masai of East Africa", *New England Journal of Medicine*, vol. 284, núm. 13, abril de 1971, pp. 694-699.

Bistrian, Bruce R., George L. Blackburn, Jean-Pierre Flatt, Jack Sizer, Nevin S. Scrimshaw y Mindy Sherman, "Nitrogen Metabolism and Insulin Requirements in Obese Diabetic Adults on a Protein-Sparing Modified Fast", *Diabetes*, vol. 25, núm. 6, junio de 1976, pp. 494-504.

Bittman, Mark, "No Meat, No Dairy, No Problem", *New York Times Sunday Magazine*, 1º de enero de 2012.

Blackburn, G. L., "Mechanisms of Nitrogen Sparing with Severe Calorie Restricted Diets", *International Journal of Obesity*, vol. 5, núm. 3, 1981, pp. 215-216.

Blackburn, Henry, "The Low Risk Coronary Male", *American Journal of Cardiology*, vol. 58, núm. 1, julio de 1986, p. 161.

——, "Ancel Keys Lecture: The Three Beauties: Bench, Clinical, and Population Research", *Circulation*, vol. 86, núm. 4, octubre de 1992, pp. 1323-1331.

Blackburn, Henry, y Darwin Labarthe, "Stories for the Evolution of Guidelines for Casual Interference in Epidemiologic Associations: 1953-1965", *American Journal of Epidemiology*, vol. 176, núm. 12, 5 de diciembre de 2012, pp. 1071-1077.

Blakeslee, Alton, y Jeremiah Stamler, *Your Heart Has Nine Lives: Nine Steps to Heart Health*, Nueva York, Pocket Books, 1966.

Blasbalg, Tanya L., Joseph R. Hibbeln, Christopher E. Ramsden, Sharon F. Majchrzaky Robert R. Rawlings, "Changes in Consumption of Omega-3 and Omega-6 Fatty Acids in the United States During the 20th Century", *American Journal of Clinical Nutrition*, vol. 93, núm. 5, mayo de 2011, pp. 950-962.

Blondheim, S. H., T. Horne, R. Davidovich, J. Kapitulnik, S. Segal y N. A. Kaufmann, "Unsaturated Fatty Acids in Adipose Tissue of Israeli Jews", *Israel Journal of Medical Sciences*, vol. 12, núm. 7, julio de 1976, pp. 658-661.

Blume, Elaine, "The Truth About Trans: Hydrogenated Oils Aren't Guilty as Charged", *Center for Science in the Public Interest: Nutrition Action Health letter*, vol. 15, núm. 2, 1° de marzo de 1988, pp. 8-10.

Bogani, Paola, Claudio Galli, Marco Villa y Francesco Visioli, "Postprandial Anti-inflammatory and Antioxidant Effects of Extra Virgin Olive Oil", *Atherosclerosis*, vol. 190, núm. 1, enero de 2007, pp. 181-186.

Boniface, D. B., y M. E. Tefft, "Dietary Fats and 16-year Coronary Heart Disease Mortality in a Cohort of Men and Women in Great Britain", *European Journal of Clinical Nutrition*, vol. 56, núm. 8, agosto de 2002, pp. 786-792.

Bostock, John, y H. T. Riley, *The Natural History of Pliny*, Londres, Taylor and Francis, 1855.

Bottiger, Lars-Erik, y Lars A. Carlson, "Serum Glucoproteins in Men with Myocardial Infarction", *Journal of Atherosclerosis Research*, vol. 1, núm. 3, 6 de mayo de 1961, pp. 184-188.

Breslow, Jan L., "Why You Should Support the American Heart Association!", *Circulation*, vol. 94, núm. 11, 1° de diciembre de 1996, pp. 3016-3022.

Broad, William James, "NIH Deals Gingerly with Diet-Disease Link", *Science*, vol. 204, núm. 4398, 15 de junio de 1979, pp. 1175-1178.

———, "Academy Says Curb on Cholesterol Not Needed", *Science*, vol. 208, núm. 4450, 20 de junio de 1980, pp. 1354-1355.

Brobeck, John R., "Mechanisms in the Development of Obesity in Animals with Hypothalamic Lesions", *Physiological Reviews*, vol. 26, núm. 4, 1° de octubre de 1946, pp. 541-559.

Brody, Jane E., *Jane Brody's Good Food Book: Living the High Carbohydrate Way*, Nueva York, W. W. Norton, 1985.

Brown, Michael S., y Joseph L. Goldstein, "How LDL Receptors Influence Cholesterol and Atherosclerosis", *Scientific American*, vol. 251, núm. 5, noviembre de 1984, pp. 58-66.

Byers, Tim, "Hardened Fats, Hardened Arteries?", *New England Journal of Medicine*, vol. 337, núm. 21, 20 de noviembre de 1997, pp. 1544-1545.

Caballero, Benjamin, Theresa Clay, Sally M. Davis *et al.*, "Pathways: A School-Based, Randomized Controlled Trial for the Prevention of Obesity in American Indian Schoolchildren", *American Journal of Clinical Nutrition*, vol. 78, núm. 5, noviembre de 2003, pp. 1030-1038.

Campbell, T. Colin, y Chen Junshi, "Diet and Chronic Degenerative Diseases: Perspectives from China", *American Journal of Clinical Nutrition*, vol. 59, núm. 5, suplemento, mayo de 1994, pp. S1153-S1161.

Campbell, T. Colin, Banoo Parpia y Junshi Chen, "Diet, Lifestyle, and the Etiology of Coronary Artery Disease: The Cornell China Study", *American Journal of Cardiology*, vol. 82, núm. 10B, 26 de noviembre de 1998, pp. 18T-21T.

Cannon, Geoffrey, *Food and Health: The Experts Agree*, Londres, Asociación de Consumidores, 1992.

Capewell, Simon, y Martin O'Flaherty, "What Explains Declining Coronary Mortality? Lessons and Warnings", *Heart*, vol. 94, núm. 9, septiembre de 2008, pp. 1105-1108.

Carlson, Lars A., Lars E. Bottiger y P. E. Ahdfeldt, "Risk Factors for Myocardial Infarction in the Stockholm Prospective Study", *Acta Medica Scandinavica*, vol. 206, núm. 5, 1979, pp. 351-360.

Cassady, Bridget A., Nicole L. Charboneau, Emily E. Brys, Kristin A. Crouse, Donald C. Beitz y Ted Wilson, "Effects of Low Carbohydrate Diets High in Red Meats or Poultry, Fish and Shellfish on Plasma Lipids and Weight Loss", *Nutrition & Metabolism*, vol. 4, núm. 23, 31 de octubre de 2007, información del documento 10.1186/1743-7075-4-23.

Castelli, William P., "Concerning the Possibility of a Nut [...]", *Archives of Internal Medicine*, vol. 152, núm. 7, julio de 1992, pp. 1371-1372.

Castelli, William P., Joseph T. Doyle, Tavia Gordon *et al.*, "HDL Cholesterol and Other Lipids in Coronary Heart Disease: The Cooperative Lipoprotein Phenotyping Study". *Circulation*, vol. 55, núm. 5, mayo de 1977, pp. 767-772.

Centro de Investigación de Ciencias de la Vida, Federación de Sociedades Americanas para la Biología Experimental, preparado para el Consejo de Alimentos, la Administración de Alimentos y Medicamentos, *Evaluation of the Health Aspects of Hydrogenated Soybean Oil as a Food Ingredient*, Bethesda, Maryland, Federación de Sociedades Americanas para la Biología Experimental, 1976.

Centro para la Ciencia en el Interés Público, *Saturated Fat Attack*, Washington, D. C., Centro para la Ciencia en el Interés Público, 1988.

———, "Building a Healthier America, 35th Anniversary Report", Washington, D. C., Centro para la Ciencia en el Interés Público, 2006.

Centro para la Seguridad de Alimentos y Nutrición Aplicada, Administración de Alimentos y Medicamentos de Estados Unidos, "FDA Issues Draft Guidance for Industry on How to Reduce Acrylamide in Certain Foods", *CFSAN Constituent Update*, 14 de noviembre de 2013, http://www.fda.gov/Food/NewsEvents/ConstituentUpdates/ucm374601.htm.

Centros para el Control y la Prevención de Enfermedades, "Trends in Intake of Energy and Macronutrients in the United States, 1971-2000", *Morbidity and Mortality Weekly Report*, vol. 53, núm. 4, 6 de febrero de 2004, pp. 80-82.

———, Encuesta Nacional de Examinación de la Salud, 1960-1962, disponible en http://www.cdc.gov/nchs/nhanes.htm.

Chamberlin, Thomas C., "The Method of Multiple Working Hypotheses", *Science*, vol. 148, núm. 3671, 7 de mayo de 1965, pp. 754-759. (Reproducido en *Journal of Geology*, 1897.)

Charles, Dan, "The Making of Meat Eating America", Edición de la Mañana, Radio Pública Nacional, 26 de junio de 2012.

Chlebowski, Rowan T., George L. Blackburn, Cynthia A. Thomson *et al.*, "Dietary Fat Reduction and Breast Cancer Outcome: Interim Efficacy Results from the Women's Intervention Nutrition Study", *Journal of the National Cancer Institute*, vol. 98, núm. 24, 20 de diciembre de 2006, pp. 1767-1776.

Christakis, George, Seymour H. Rinzler, Morton Archer y Arthur Kraus, "Effect of the Anti-Coronary Club Program on Coronary Heart Disease: Risk-Factor Status", *Journal of the American Medical Association*, vol. 198, núm. 6, 7 de noviembre de 1966, pp. 597-604.

Christakis, George, Seymour H. Rinzler, Morton Archer y Ethel Maslansky, "Summary of the Research Activities of the Anti-Coronary

Club", *Public Health Reports*, vol. 81, núm. 1, enero de 1966, pp. 64-70.

Clarke, William R., Helmut G. Schrott, Paul E. Leaverton, William E. Connor y Ronald M. Lauer, "Tracking of Blood Lipids and Blood Pressures in School Age Children: The Muscatine Study", *Circulation*, vol. 58, núm. 4, octubre de 1978, pp. 626-634.

Claxson, Andrew W. D., Geoffrey E. Hawkes, David P. Richardson *et al.*, "Generation of Lipid Peroxidation Products in Culinary Oils and Fats During Episodes of Thermal Stressing: A High Field 1H NMR Study", *FEBS Letters*, vol. 355, núm. 1, 21 de noviembre de 1994, pp. 81-90.

Clayton, Paul, y Judith Rowbotham, "How the Mid-Victorian Worked, Ate and Died", *International Journal of Environmental Research and Public Health*, vol. 6, núm. 3, marzo de 2009, pp. 1235-1253.

Cleave, Thomas L., y George D. Campbell, *Diabetes, Coronary Thrombosis, and the Saccharine Disease*, Bristol, John Wright & Sons, 1966.

Clínica de Personal Conjunto, "Obesity", *American Journal of Medicine*, vol. 19, núm. 1, julio de 1955, pp. 115-125.

Cobe, P., J. M. Lang, T. H. Strenk y D. Tanyeri, "Best Do-Over That We'll All Be Doing Soon", *Restaurant Business*, 6 de abril de 2007.

Coggon, D., B. Pannett, C. Osmond y E. D. Acheson, "A Survey of Cancer and Occupation in Young and Middle Aged Men. I. Cancers of the Respiratory Tract", *British Journal of Industrial Medicine*, vol. 43, núm. 5, mayo de 1986, pp. 332-338.

Comisión Federal de Comercio, queja, "In the Matter of Standard Brands, Inc., *et al.*: Consent Order, Etc., In Regard to the Alleged Violation of the Federal Trade Commission Act", expediente C-2377, 9 de abril de 1973.

Comité Asesor de Lineamientos Dietéticos, preparado para el Servicio de Investigación de Agricultura, Departamento de Agricultura de Estados Unidos y Departamento de Salud y Servicios Humanos de Estados Unidos, *Report of the Dietary Guidelines Advisory Committee on the Dietary Guidelines for Americans, 2010. To the Secretary of Agriculture and the Secretary of Health and Human Services*, Washington, D. C., Oficina de Imprenta del Gobierno de Estados Unidos, 15 de junio de 2010.

Comité Central para el Programa Médico y Comunitario, Asociación Americana del Corazón, "Dietary Fat and Its Relation to Heart Attacks and Strokes: Report by the Central Committee for Medical and Community Program of the American Heart Association", *Journal of the American Medical Association*, núm. 175, 4 de febrero de 1961, pp. 389-391.

Comité de Investigación, "Low-Fat Diet in Myocardial Infarction: A Controlled Trial", *The Lancet*, núm. 7411, 11 de septiembre de 1965, pp. 501-504.

Comité de Investigadores Principales, "A Co-operative Trial in the Primary Prevention of Ischaemic Heart Disease Using Clofibrate: A Report from the Committee of Principal Investigators", *British Heart Journal*, núm. 40, octubre de 1978, pp. 1069-1118.

Congreso de Estados Unidos, Cámara, Comité de Agricultura, *National Academy of Sciences Report on Healthful Diets: Hearings before the House Subcommittee on Domestic Marketing, Consumer Relations, and Nutrition*, 96 Congreso, segunda sesión, 1980.

―――, Cámara, Comité sobre Apropiaciones, *Dietary Guidelines for Americans: Hearings before the House Subcommittee on Agriculture, Rural Development and Related Agencies*, 96 Congreso, segunda sesión, 1980.

―――, Senado, Comité de Nutrición y Necesidades Humanas, *Diet Related to Killer Diseases*, 94 Congreso, 27-28 de julio de 1976.

―――, Senado, Comité de Nutrición y Necesidades Humanas, *Obesity and Fad Diets: Hearings Before the Select Committee on Nutrition and Human Needs of the US Senate*, 93 Congreso, Washington, D. C., Oficina de Imprenta del Gobierno de Estados Unidos, 12 de abril de 1973.

Conklin, Daniel J., Oleg A. Barski, Jean-Francois Lesgards *et al.*, "Acrolein Consumption Induces Systemic Dyslipidemia and Lipoprotein Modification", *Toxicology and Applied Pharmacology*, vol. 243, núm. 1, 15 de febrero de 2010, pp. 1-12.

Conklin, Daniel J., Russell A. Prough, Peter Juvan *et al.*, "Acrolein-Induced Dyslipidemia and Acute-Phase Response Are Independent of HMG-CoA Reductase", *Molecular Nutrition and Food Research*, vol. 55, núm. 9, septiembre de 2011, pp. 1411-1422.

Consejo Nacional de Investigación, División de Ciencias Médicas, *Symposium on Atherosclerosis*, publicación 338, Washington, D. C., Academia Nacional de Ciencias-Consejo Nacional de Investigación, marzo de 1954.

Cooper, James Fenimore, *The Chainbearer*, Oxford, Oxford University, 1845.

Cooper, Thomas, *Some Information Respecting America*, Londres, J. Johnson, 1794.
Cordain, Loren, Janette Brand Miller, S. Boyd Eaton, Neil Mann, Susanne H. Holt y John D. Speth, "Plant-animal Subsistence Ratios and Macronutrient Energy Estimations in Worldwide Hunter-gatherer Diets", *American Journal of Clinical Nutrition*, vol. 71, núm. 3, marzo de 2000, pp. 682-692.
Cowley, Geoffrey, "Healer of Hearts: Dean Ornish's Low-Tech Methods Could Transform American Medicine. But the Doctor Is Still Striving to Transform Himself", *Newsweek*, 16 de marzo de 1998.
Crampton, E. W., R. H. Common, E. T. Pritchard y Florence A. Farmer, "Studies to Determine the Nature of the Damage to the Nutritive Value of Some Vegetable Oils from Heat Treatment: IV. Ethyl Esters of Heat Polymerized Linseed, Soybean and Sunflower Seed Oils", *Journal of Nutrition*, vol. 60, núm. 1, 10 de septiembre de 1956, pp. 13-24.
Crawford, Michael A., "Fatty-Acid Ratios in Free-Living and Domestic Animals", *The Lancet*, vol. 291, núm. 7556, 22 de junio de 1968, pp. 1329-1333.
Csallany, A. Saari, I. Han, D. W. Shoeman y C. Chen, "4 Hydroxynonenal (HNE), a Toxic Aldehyde in French Fries from Fast Food Restaurants", póster en la presentación del Simposio del HNE de la 16 Conferencia Bianual de la Sociedad Libre Radical y Simposio del HNE, Londres, 1-9 de septiembre de 2012.
Cummings, Richard Osborn, *The American and His Food: A History of Food Habits in the United States*, Chicago, The University of Chicago Press, 1940.
Damas, David, *Arctic Migrants/Arctic Villagers: The Transformation of Inuit Settlement in the Central Arctic*, Quebec, McGill-Queen's Press, 2002.
Damasceno, N. R., A. Pérez-Heras, M. Serra *et al.*, "Crossover Study of Diets Enriched with Virgin Olive Oil, Walnuts or Almonds. Effects on Lipids and Other Cardiovascular Risk Markers", *Nutrition Metabolism Cardiovascular Disease*, vol. 21, núm. 1, suplemento, 2011, pp. S14-S20.
Daniel, Carrie R., Amanda J. Cross, Corinna Koebnick y Rashmi Sinha, "Trends in Meat Consumption in the USA", *Public Health Nutrition*, vol. 14, núm. 4, 2011, pp. 575-583.
Davidson, Alan, "Lard", en *The Penguin Companion to Food*, Nueva York, Penguin Books, 2002, pp. 530-531.

Day, Ivan, *Cooking in Europe 1650-1850*, Westport, Connecticut, Greenwood Press, 2009.

Day, José, Malcolm Carruthers, Alan Bailey y David Robinson, "Anthropometric, Physiological and Biochemical Differences Between Urban and Rural Masai", *Atherosclerosis*, vol. 23, núm. 2, 1976, pp. 357-361.

Dayton, Seymour, y Morton Lee Pearce, "Diet and Atherosclerosis", *The Lancet*, vol. 295, núm. 7644, 28 de febrero de 1970, pp. 473-474.

Dayton, Seymour, Morton Lee Pearce, Sam Hashimoto, Wilfrid J. Dixon y Uwamie Tomiyasu, "A Controlled Clinical Trial of a Diet High in Unsaturated Fat in Preventing Complications of Atherosclerosis", *Circulation*, vol. 40, núm. 1, suplemento 2, 1969, pp. II/1-II/63.

Decker, Walter J., y Walter Mertz, "Effects of Dietary Elaidic Acid on Membrane Function in Rat Mitochondria and Erythrocytes", *Journal of Nutrition*, vol. 91, núm. 3, marzo de 1967, pp. 324-330.

DeHaven, Joseph, Robert Sherwin, Rosa Hendler y Philip Felig, "Nitrogen and Sodium Balance and Sympathetic-Nervous-System Activity in Obese Subjects Treated with a Low-Calorie Protein or Mixed Diet", *New England Journal of Medicine*, vol. 302, núm. 9, 28 de febrero de 1980, pp. 477-482.

De Lorgeril, Michel, Serge Renaud, P. Salen *et al.*, "Mediterranean Alpha-Linolenic Acid-Rich Diet in Secondary Prevention of Coronary Heart Disease", *The Lancet*, vol. 343, núm. 8911, 11 de junio de 1994, pp. 1454-1459.

De Lorgeril, Michael, P. Salen, E. Caillat-Vallet, M. T. Hanauer, J. C. Barthelemy y N. Mamelle, "Control of Bias in Dietary Trial to Prevent Coronary Recurrences: The Lyon Diet Heart Study", *European Journal of Clinical Nutrition*, vol. 51, núm. 2, febrero de 1997, pp. 116-122.

Departamento de Agricultura de Estados Unidos, *Nutrition and Your Health: Dietary Guidelines for Americans Home and Garden Bulletin*, núm. 228, Washington, D. C., Administración de Ciencia y Educación, 1980.

———, "Profiling Food Consumption in America", en *Agricultural Fact Book 2001-2002*, Washington, D. C., Oficina de Imprenta del Gobierno de Estados Unidos, 2003, pp. 13-21.

Departamento de Agricultura de Estados Unidos y Departamento de Salud y Servicios Humanos de Estados Unidos, *Dietary Guidelines for Americans, 2010*, séptima edición, Washington, D. C., Oficina de Imprenta del Gobierno de Estados Unidos, diciembre de 2010.

Despres, Jean-Pierre, "Bringing JUPITER Down to Earth", *The Lancet*, vol. 373, núm. 9670, 4 de abril de 2009, pp. 1147-1148.

Deuel, Harry J., Jr., "The Butter-Margarine Controversy", *Science*, vol. 103, núm. 2668, 15 de febrero de 1946, pp. 183-187.

Deuel, Harry J., Jr., Samuel M. Greenberg, Evelyn E. Savage y Lucien A. Bavetta, "Studies on the Comparative Nutritive Value of Fats: XIII. Growth and Reproduction Over 25 Generations on Sherman Diet B Where Butterfat was Replaced by Margarine Fat, Including a Study of Calcium Metabolism", *Journal of Nutrition*, vol. 42, núm. 2, 1950, pp. 239-255.

Deuel, Harry J., Jr., Eli Movitt y Lois F. Hallman, "Studies of the Comparative Nutritive Value of Fats: IV. The Negative Effect of Different Fats on Fertility and Lactation in the Rat", *Journal of Nutrition*, vol. 27, núm. 6, junio de 1944, pp. 509-513.

Deuel, Harry J., Jr., Eli Movitt, Lois F. Hallman, Fred Mattson y Evelyn Brown, "Studies of the Comparative Nutritive Value of Fats: I. Growth Rate and Efficiency of Conversion of Various Diets to Tissue", *Journal of Nutrition*, vol. 27, núm. 1, enero de 1944, pp. 107-121.

Doll, R., R. Peto, K. Wheatley, R. Gray y I. Sutherland, "Mortality in Relation to Smoking: 40 Years' Observations on Male British Doctors", *British Medical Journal*, vol. 309, núm. 6959, 8 de octubre de 1994, pp. 901-911.

Donaldson, Blake F., *Strong Medicine*, Nueva York, Cassell, 1963.

Dreon, Darlene M., Harriett A. Fernstrom, Paul T. Williams y Ronald M. Krauss, "A Very-Low-Fat Diet Is Not Associated with Improved Lipoprotein Profiles in Men with a Predominance of Large, Low-Density Lipoproteins", *American Journal of Clinical Nutrition*, vol. 69, núm. 3, marzo de 1999, pp. 411-418.

Drewnowski, Adam, "The Cost of U.S. Foods as Related to Their Nutritive Value", *American Journal of Clinical Nutrition*, vol. 92, núm. 5, noviembre de 2010, pp. 1181-1188.

Dupre, Ruth, "'If It's Yellow, It Must be Butter': Margarine Regulation in North America Since 1886", *Journal of Economic History*, vol. 59, núm. 2, junio de 1999, pp. 353-371.

Duthie, Susan J., "Soybean Growers Move to Label Palm Oil as Unhealthy, Bringing Rivalry to a Boil", *Wall Street Journal*, 31 de agosto de 1987.

Eckel, Robert H., J. M. Jakicic, V. S. Hubbard *et al.*, "2013 AHA/ACC Guideline on Lifestyle Management to Reduce Cardiovascular Risk:

A Report of the American College of Cardiology/American Heart Association Task Force on Practice Guidelines", *Circulation*, 2013, información del documento 10.1161/01.cir.0000437740.48606.d1.

Editores, "Coronary Heart Disease and Carbohydrate Metabolism", *Journal of the American Medical Association*, vol. 201, núm. 13, 25 de septiembre de 1967, p. 164.

——, "Diet and Atherosclerosis", *The Lancet*, vol. 2, núm. 7627, 1° de noviembre de 1969, pp. 939-940.

——, "Can I Avoid a Heart Attack?", *The Lancet*, vol. 303, núm. 7858, 6 de abril de 1974, pp. 605-607.

——, "Trans Fatty Acids Dispute Rages in Letters to FASEB", *Food Chemical News*, 30 de mayo de 1988, pp. 6-10.

——, "Expression of Concern", *British Medical Journal*, vol. 331, núm. 7511, 30 de julio de 2005, p. 266.

Enig, Mary G., *Trans Fatty Acids in the Food Supply: A Comprehensive Report Covering 60 Years of Research*, segunda edición, Silver Spring, Maryland, Enig Associates, 1995.

Enig, Mary G., S. Atal, M. Keeney y J. Sampugna, "Isomeric Trans Fatty Acids in the U.S. Diet", *Journal of the American College of Nutrition*, vol. 9, núm. 5, octubre de 1990, pp. 471-486.

Enig, Mary G., R. Munn y M. Keeney, "Dietary Fat and Cancer Trends— A Critique", *Federation Proceedings*, vol. 37, núm. 9, julio de 1978, pp. 2215-2220.

Ernst, Nancy D., C. T. Sempos, R. R. Briefel y M. B. Clark, "Consistency Between US Dietary Fat Intake and Serum Total Cholesterol Concentrations: The National Health and Nutrition Examination Surveys", *American Journal of Clinical Nutrition*, vol. 66, núm. 4, suplemento, octubre de 1997, pp. S965-S972.

Esposito, Katherine, Raffaele Marfella, Miryam Ciotola *et al.*, "Effect of a Mediterranean-Style Diet on Endothelial Dysfunction and Markers of Vascular Inflammation in the Metabolic Syndrome: A Randomized Trial", *Journal of the American Medical Association*, vol. 292, núm. 12, 22 de septiembre de 2004, pp. 1440-1446.

Esterbauer, Hermann, "Cytotoxicity and Genotoxicity of Lipid-Oxidation Products", *American Journal of Clinical Nutrition*, vol. 57, núm. 5, suplemento, mayo de 1993, pp. S779-S786.

Esterbauer, Hermann, K. H. Cheeseman, M. U. Dianzani, G. Poli y T. F. Slater, "Separation and Characterization of the Aldehydic Products of Lipid Peroxidation Stimulated by ADP-Fe2+ in Rat Liver Microsomes", *Biochemical Journal*, vol. 208, núm. 1, 15 de octubre de 1982, pp. 129-140.

Esterbauer, Hermann, Gunther Jurgens, Oswald Quehenberger y Ernst Koller, "Autoxidation of Human Low Density Lipoprotein: Loss of Polyunsaturated Fatty Acids and Vitamin E and Generation of Aldehydes", *Journal of Lipid Research*, vol. 28, núm. 5, mayo de 1987, pp. 495-509.

Esterbauer, Hermann, Rudolf Jörg Schaur y Helmward Zollner, "Chemistry and Biochemistry of 4-Hydroxynonenal, Malonaldehyde and Related Aldehydes", *Free Radical Biology & Medicine*, vol. 11, núm. 1, 1991, pp. 81-128.

Estruch, Ramón, Emilio Ros, Jordi Salas-Salvado *et al.*, "Primary Prevention of Cardiovascular Disease with a Mediterranean Diet", *New England Journal of Medicine*, vol. 368, núm. 14, 4 de abril de 2013, pp. 1279-1290.

Falta, Wilhelm, *Endocrine Diseases, Including Their Diagnosis and Treatment*, Filadelfia, P. Blakiston's Sons, 1923.

Fehily, A. M., J. W. G. Yarnell, P. M. Sweetnam y P. C. Elwood, "Diet and Incident of Ischaemic Heart Disease: The Caerphilly Study", *British Journal of Nutrition*, vol. 69, núm. 2, marzo de 1993, pp. 303-314.

Feinleib, Manning, "On a Possible Inverse Relationship Between Serum Cholesterol and Cancer Mortality", *American Journal of Epidemiology*, vol. 114, núm. 1, julio de 1981, pp. 5-10.

———, "Summary of a Workshop on Cholesterol and Noncardiovascular Disease Mortality", *Preventive Medicine*, vol. 11, núm. 3, mayo de 1982, pp. 360-367.

Feron, V. J., H. P. Til, Flora de Vrijer *et al.*, "Aldehydes: Occurrence, Carcinogenic Potential, Mechanism of Action and Risk Assessment", *Mutation Research*, vol. 259, núms. 3-4, marzo-abril de 1991, pp. 363-385.

Ferro-Luzzi, Anna, y Francesco Branca, "Mediterranean Diet, Italian-Style: Prototype of a Healthy Diet", *American Journal of Clinical Nutrition*, vol. 61, núm. 6, suplemento, junio de 1995, pp. S1338-S1345.

Ferro-Luzzi, Anna, Philip James y Anthony Kafatos, "The High-Fat Greek Diet: a Recipe for All?", *European Journal of Clinical Nutrition*, vol. 56, núm. 9, septiembre de 2002, pp. 796-809.

———, "Response to Letter: Response to the Letter Submitted by D. Trichopoulos entitled, 'In Defense of the Mediterranean Diet' ", *Euro-*

pean Journal of Clinical Nutrition, vol. 56, núm. 9, septiembre de 2002, pp. 930-931.

Ferro-Luzzi, Anna, y Stefania Sette, "The Mediterranean Diet: An Attempt to Define Its Present and Past Composition", *European Journal of Clinical Nutrition*, vol. 43, núm. 2, suplemento, 1989, pp. 13-29.

Ferro-Luzzi, Anna, Pasquale Strazzullo, Cristina Scaccini *et al.*, "Changing the Mediterranean Diet: Effects on Blood Lipids", *American Journal of Clinical Nutrition*, vol. 40, núm. 5, noviembre de 1984, pp. 1027-1037.

Fiedorowicz, Jess G., y William G. Haynes, "Cholesterol, Mood, and Vascular Health: Untangling the Relationship. Does Low Cholesterol Predispose to Depression and Suicide, or Vice Versa?", *Current Psychiatry*, vol. 9, núm. 7, julio de 2010, pp. 17-22.

Finegan, Aileen, Noel Hickey, Brian Maurer y Risteard Mulcahy, "Diet and Coronary Heart Disease: Dietary Analysis on 100 Male Patients", *American Journal of Clinical Nutrition*, vol. 21, núm. 2, febrero de 1968, pp. 143-148.

———, "Diet and Coronary Heart Disease: Dietary Analysis on 50 Female Patients", *American Journal of Clinical Nutrition*, vol. 22, núm. 1, enero de 1969, pp. 8-9.

Firestone, David, "Worldwide Regulation of Frying Fats and Oils", *Inform*, núm. 4, 1993, pp. 1366-1371.

Fischer, Louis, y Julian L. Rogatz, "Insulin in Malnutrition", *Archives of Pediatrics & Adolescent Medicine*, vol. 31, núm. 3, marzo de 1926, pp. 363-372.

Fito, M., M. Cladellas, R. de la Torre *et al.*, "Anti-Inflammatory Effect of Virgin Olive Oil in Stable Coronary Disease Patients: A Randomized, Crossover, Controlled Trial", *European Journal of Clinical Nutrition*, vol. 62, núm. 4, abril de 2004, pp. 570-574.

Flavell, C. M., "Women and Coronary Heart Disease", *Progress in Cardiovascular Nursing*, vol. 9, núm. 4, otoño de 1994, pp. 18-27.

Flint, Austin, *A Practical Treatise on the Diagnosis, Pathology, and Treatment of Diseases of the Heart*, Filadelfia, Blanchard and Lea, 1859.

Flock, M. R., J. A. Fleming y Penny M. Kris-Etherton, "Macronutrient Replacement Options for Saturated Fat: Effects on Cardiovascular Health", *Current Opinion in Lipidology*, vol. 25, núm. 1, febrero de 2014, pp. 67-74.

Fogliano, Vincenzo, y Raffaele Sacchi, "Oleocanthal in Olive Oil: Between Myth and Reality". *Molecular Nutrition & Food Research*, vol. 50, núm. 1, enero de 2006, pp. 5-6.

Fondo Mundial de Investigación del Cáncer y el Instituto Americano de Investigación del Cáncer, *Food, Nutrition, Physical Activity, and the Prevention of Cancer: A Global Perspective*, Washington, D. C., Instituto Americano de Investigación del Cáncer, 2007.

Foppa, Ivo, y Christoph E. Minder, "Oral, Pharyngeal and Laryngeal Cancer as a Cause of Death Among Swiss Cooks", *Scandinavian Journal of Work, Environment & Health*, vol. 18, núm. 5, octubre de 1992, pp. 287-292.

Forbes, Hamish, "Ethnoarchaeology and the Place of the Olive in the Economy of the Southern Argolid, Greece", en *La Production du Vin et l'Huile en Méditerranée*, M. C. Amouretti y J. P. Brun (eds.), París, École Française d'Athènes, 1993, pp. 213-226.

Forsythe, Cassandra E., Stephen D. Phinney, Richard D. Feinman *et al.*, "Limited Effect of Dietary Saturated Fat on Plasma Saturated Fat in the Context of a Low Carbohydrate Diet", *Lipids*, vol. 45, núm. 10, octubre de 2010, pp. 947-962.

Foster, Gary D., Holly R. Wyatt, James O. Hill *et al.*, "Weight and Metabolic Outcomes After 2 Years on a Low-Carbohydrate Versus Low-Fat Diet: A Randomized Trial", *Annals of Internal Medicine*, vol. 153, núm. 3, 3 de agosto de 2010, pp. 147-157.

Frank, Charles W., Eve Weinblatt y Sam Shapiro, "Angina Pectoris in Men", *Circulation*, vol. 42, núm. 3, marzo de 1973, pp. 509-517.

Frantz, Iván D., Emily A. Dawson, Patricia L. Ashman *et al.*, "Test of Effect of Lipid Lowering by Diet on Cardiovascular Risk. The Minnesota Coronary Survey", *Arteriosclerosis, Thrombosis, and Vascular Biology*, vol. 9, núm. 1, enero-febrero de 1989, pp. 129-135.

Fraser, Gary E., "Determinants of Ischemic Heart Disease in Seventh-Day Adventists: A Review", *American Journal of Clinical Nutrition*, vol. 48, núm. 3, suplemento, septiembre de 1988, pp. 833-836.

Fraser, Gary E., Joan Sabate y W. Lawrence Beeson, "The Application of Results of Some Studies of California Seventh-Day Adventists to the General Population", *Archives of Internal Medicine*, vol. 153, núm. 4, 22 de febrero de 1993, pp. 533-534.

Fredrickson, Donald S., "Mutants, Hyperlipoproteinaemia, and Coronary Artery Disease", *British Medical Journal*, vol. 2, núm. 5755, 24 de abril de 1971, pp. 187-192.

Freedman, David S., Charles L. Shear, Sathanur R. Srinivasan, Larry S. Webber y Gerald S. Berenson, "Tracking of Serum Lipids and Lipoproteins in Children Over an 8-year Period: The Bogalusa Heart Study", *Preventive Medicine*, vol. 14, núm. 2, marzo de 1985, pp. 203-216.

Fullanana, Andrés, Ángel A. Carbonell-Barrachina y Sukh Sidhu, "Comparison of Volatile Aldehydes Present in the Cooking Fumes of Extra Virgin Olive, Olive, and Canola Oils", *Journal of Agriculture and Food Chemistry*, vol. 52, núm. 16, 11 de agosto de 2004, pp. 5207-5214.

Galan, Pilar, Emmanuelle Kesse-Guyot, Sebastien Czernichow, Serge Briancon, Jacques Blacher y Serge Hercberg, "Effects of B Vitamins and Omega 3 Fatty Acids on Cardiovascular Disease: A Randomised Placebo Controlled Trial", *British Medical Journal*, núm. 341, 29 de noviembre de 2010, pp. 1-9.

Gammal, Elias B., Kenneth K. Carroll y Earl R. Plunkett, "Effects of Dietary Fat on the Uptake and Clearance of 7,12-Dimethylbenz(α) anthracene by Rat Mammary Tissue", *Cancer Research*, vol. 28, núm. 2, febrero de 1968, pp. 384-385.

García-Palmieri, Mario R., Paul D. Sorlie, Raúl Costas Jr. y Richard J. Havlik, "An Apparent Inverse Relationship Between Serum Cholesterol and Cancer Mortality in Puerto Rico", *American Journal of Epidemiology*, vol. 114, núm. 1, julio de 1981, pp. 29-40.

Gardner, Christopher D., Alexandre Kiazand, Sofiya Alhassan *et al.*, "Comparison of the Atkins, Zone, Ornish, and LEARN Diets for Change in Weight and Related Risk Factors Among Overweight Premenopausal Women: The A TO Z Weight Loss Study: A Randomized Trial", *Journal of the American Medical Association*, vol. 297, núm. 9, 7 de marzo de 2007, pp. 969-977; "Corrections: Incorrect Wording and Data Error", *Journal of the American Medical Association*, vol. 298, núm. 2, 2007, p. 178.

Garg, Rekha, Jennifer H. Madans y Joel C. Kleinman, "Regional Variation in Ischemic Heart Disease Incidence", *Journal of Clinical Epidemiology*, vol. 45, núm. 2, febrero de 1992, pp. 149-156.

German, J. Bruce, Robert A. Gibson, Ronald M. Krauss *et al.*, "A Reappraisal of the Impact of Dairy Foods and Milk Fat on Cardiovascular Disease Risk", *European Journal of Nutrition*, vol. 48, núm. 4, 2009, pp. 191-203.

Gertler, Menard M., Paul D. White, Raoul Simon y Lida G. Gottsch, "Long-Term Follow-up of Young Coronary Patients", *American Jour-*

nal of Medical Sciences, vol. 247, núm. 2, febrero de 1964, pp. 145-155.

Gibbons, Gary H., John Gordon Harold, Mariell Jessup, Rose Marie Robertson y William Oetgen, "The Next Steps in Developing Clinical Practice Guidelines for Prevention", *Circulation*, vol. 128, núm. 15, 8 de octubre de 2013, pp. 1716-1717.

Gilchrist, A. Rae, "The Edinburgh Tradition in Clinical Cardiology", *Scottish Medical Journal*, vol. 17, núm. 8, agosto de 1972, pp. 282-287.

Ginsberg, Henry N., Penny Kris-Etherton, Barbara Dennis *et al.*, "Effects of Reducing Dietary Saturated Fatty Acids on Plasma Lipids and Lipoproteins in Healthy Subjects: The DELTA Study, Protocol 1", *Arteriosclerosis, Thrombosis, and Vascular Biology*, vol. 18, núm. 3, marzo de 1998, pp. 441-449.

Glazer, M. D., y J. W. Hurst, "Coronary Atherosclerotic Heart Disease: Some Important Differences Between Men and Women", *American Journal of Noninvasive Cardiology*, vol. 61, núm. 1, 1987.

Gofman, John W., Frank Lindgren, Harold Elliott *et al.*, "The Role of Lipids and Lipoproteins in Atherosclerosis", *Science*, vol. 111, núm. 2877, 17 de febrero de 1950, pp. 166-186.

Gofman, John W., Alex Y. Nichols y E. Virginia Dobbin, *Dietary Prevention and Treatment of Heart Disease*, Nueva York, Putnam, 1958.

Gogoi, Palavi, "Atkins Gets Itself in a Stew", *Bloomberg Businessweek*, 1° de agosto de 2005.

Goldbourt, U., S. Yaari y J. H. Medalie, "Factors Predictive of Long-Term Coronary Heart Disease Mortality Among 10,059 Male Israeli Civil Servants and Municipal Employees. A 23-Year Mortality Follow-up in the Israeli Ischemic Heart Disease Study", *Cardiology*, vol. 82, núms. 2-3, 1993, pp. 100-121.

Gordon, Edgar S., Marshall Goldberg y Grace J. Chosy, "A New Concept in the Treatment of Obesity", *Journal of the American Medical Association*, vol. 186, núm. 1, 5 de octubre de 1963, pp. 156-166.

Gordon, Robert S., y Amelia Cherkes, "Unesterified Fatty Acid in Human Blood Plasma", *Journal of Clinical Investigation*, vol. 35, núm. 2, febrero de 1956, pp. 206-212.

Gordon, Tavia, William P. Castelli, Marthana C. Hjortland, William B. Kannel y Thomas R. Dawber, "High Density Lipoprotein as a Protective Factor Against Coronary HeartDisease: The Framingham Study", *American Journal of Medicine*, vol. 62, núm. 5, mayo de 1977, pp. 707-714.

Gould, K. Lance, Dean Ornish, Larry Scherwitz *et al.*, "Changes in Myocardial Perfusion Abnormalities by Positron Emission Tomography after Long-Term, Intense Risk Factor Modification", *Journal of the American Medical Association*, vol. 274, núm. 11, 20 de septiembre de 1995, pp. 894-901.

Gould, R. Gordon, "Lipid Metabolism and Atherosclerosis", *American Journal of Medicine*, vol. 11, núm. 2, agosto de 1951, pp. 209-227.

Gould, R. Gordon, C. Bruce Taylor, Joanne S. Hagerman, Irving Warner y Donald J. Campbell, "Cholesterol Metabolism: I. Effect of Dietary Cholesterol on the Synthesis of Cholesterol in Dog Tissue in Vitro", *Journal of Biological Chemistry*, vol. 201, núm. 2, 1° abril de 1953, pp. 519-528.

Greenberg, Samuel M., y A. C. Frazer, "Some Factors Affecting the Growth and Development of Rats Fed Rancid Fat", *Journal of Nutrition*, vol. 50, núm. 4, agosto de 1953, pp. 421-440.

Greenblatt, James M., "Low Cholesterol and Its Psychological Effects: Low Cholesterol Is Linked to Depression, Suicide, and Violence", *Psychology Today*, 10 de junio de 2011, consultado el 2 de enero de 2014, http://www.psychologytoday.com/blog/the-breakthrough-depression-solution/201106/low-cholesterol-and-its-psychological-effects.

Griel, Amy E., y Penny Kris-Etherton, "Brief Critical Review: Beyond Saturated Fat: The Importance of the Dietary Fatty Acid Profile on Cardiovascular Disease", *Nutrition Reviews*, vol. 64, núm. 5, mayo de 2006, pp. 257-262.

Grigg, David, "Olive Oil, the Mediterranean and the World", *GeoJournal*, vol. 53, núm. 2, febrero de 2001, pp. 163-172.

Groen, J., B. K. Tjiong, C. E. Kamminga y A. F. Willebrands, "Influence of Nutrition, Individual, and Some Other Factors, Including Various Forms of Stress, on Serum Cholesterol; Experiment of Nine Months' Duration in 60 Normal Human Volunteers", *Voeding*, núm. 13, octubre de 1952, pp. 556-587.

Grootveld, Martin, Christopher J. L. Silwood, Paul Addis, Andrew Claxson, Bartolome Bonet Serra y Marta Viana, "Health Effects of Oxidized Heated Oils", *Foodservice Research International*, vol. 13, núm. 1, octubre de 2001, pp. 41-55.

Grootveld, Martin, Christopher J. L. Silwood y Andrew W. D. Claxson, "Letter to the Editor. Warning: Thermally-Stressed Polyunsaturates Are Damaging to Health", *Food Chemistry*, núm. 67, 1999, pp. 211-213.

Grundy, Scott, David Bilheimer, Henry Blackburn *et al.*, "Rationale of the Diet-Heart Statement of the American Heart Association", *Circulation*, vol. 65, núm. 4, abril de 1982, pp. 839A-854A.

Grune, Tilman, Neven Zarkovic y Kostelidou Kalliopi, "Lipid Peroxidation Research in Europe and the COST B35 Action 'Lipid Peroxidation Associated Disorders", *Free Radical Research*, vol. 44, núm. 10, octubre de 2010, pp. 1095-1097.

Grupo Colaboracional de Investigación DISC, "Dietary Intervention Study in Children (DISC) with Elevated Low Density Lipoprotein Cholesterol: Design and Baseline Characteristics", *Annals of Epidemiology*, vol. 3, núm. 4, julio de 1993, pp. 393-402.

Grupo de Estudio de la LRC, "The Lipid Research Clinics Coronary Primary Prevention Trial Results. I: Reduction in Incidence of Coronary Heart Disease", *Journal of the American Medical Association*, vol. 251, núm. 3, 20 de enero de 1984, pp. 351-364.

——, "The Lipid Research Clinics Coronary Primary Prevention Trial Results. II: The Relationship of Reduction in Incidence of Coronary Heart Disease to Cholesterol Lowering", *Journal of the American Medical Association*, vol. 251, núm. 3, 20 de enero de 1984, pp. 365-374.

Grupo de Investigación de la Prueba de Intervención con Factores de Riesgo Múltiples, "Multiple Risk Factor Intervention Trial: Risk Factor Changes and Mortality Results", *Journal of American Medicine*, vol. 248, núm. 12, 24 de septiembre de 1982, pp. 1465-1477.

Grupo de Redacción para el Grupo Colaboracional de Investigación DISC, "Efficacy and Safety of Lowering Dietary Intake of Fat and Cholesterol in Children with Elevated Low-Density Lipoprotein Cholesterol", *Journal of the American Medical Association*, vol. 273, núm. 18, 10 de mayo de 1995, pp. 1429-1435.

Grupo Nacional de Investigación del Estudio de la Dieta y el Corazón, "The National Diet Heart Study Final Report", *American Heart Association Monograph*, núm. 18, en *Circulation*, núms. 37 y 38, suplemento 1, marzo de 1968, pp. I/IX-I/428.

Guberan, E., "Surprising Decline of Cardiovascular Mortality in Switzerland: 1951-1976", *Journal of Epidemiology and Community Health*, vol. 33, núm. 2, junio de 1979, pp. 114-120.

Halperin, M., Jerome Cornfield y S. C. Mitchell, "Letters to the Editor: Effect of Diet on Coronary-Heart-Disease Mortality", *The Lancet*, vol. 302, núm. 7826, 25 de agosto de 1973, pp. 438-439.

Hamilakis, Yannis, "Food Technologies/Technologies of the Today: The Social Context of Wine and Oil Production and Consumption in Bronze Age Crete", *World Archeology*, vol. 31, núm. 1, junio de 1999, pp. 38-54.

Han, In Hwa, y A. Saari Csallany, "Formation of Toxic α-β-Unsaturated 4-Hydroxy- Aldehydes in Thermally Oxidized Fatty Acid Methyl Esters", *Journal of the American Oil Chemists' Society*, vol. 86, núm. 3, marzo de 2009, pp. 253-260.

———, "Temperature Dependence of HNE Formation in Vegetable Oils and Butter Oil", *Journal of the American Oil Chemists' Society*, vol. 85, núm. 8, agosto de 2008, pp. 777-782.

Han, Paul W., y Lawrence A. Frohman, "Hyperinsulinemia in Tube-fed Hypophysectomized Rats Bearing Hypothalamic Lesions", *American Journal of Physiology*, vol. 219, núm. 6, 1970, pp. 1632-1636.

Hankins, Gerald W., *Sunrise Over Pangnirtung: The Story of Otto Schaefer, M.D.*, Calgary, Canadá, Instituto Ártico de Norteamérica de la Universidad de Calgary, 2000.

Hansen, Anders, "Swedish Health Advisory Body Says Too Much Carbohydrate, Not Fat, Leads to Obesity", *British Medical Journal*, vol. 347, 15 de noviembre de 2013, información del documento 10.11 36/bmj.f6873.

Hanssen, Per, "Treatment of Obesity by a Diet Relatively Poor in Carbohydrates", *Acta Medica Scandinavica*, vol. 88, núm. 1, enero de 1936, pp. 97-106.

Hardinge, Mervyn G., y Fredrick J. Stare, "Nutritional Studies of Vegetarians. 2. Dietary and Serum Levels of Cholesterol", *American Journal of Clinical Nutrition*, vol. 2, núm. 2, marzo de 1954, pp. 83-88.

Hardy, Stephen C., y Ronald E. Kleinman, "Fat and Cholesterol in the Diet of Infants and Young Children: Implications for Growth, Development, and Long-Term Health", *Journal of Pediatrics*, vol. 125, núm. 5, parte 2, noviembre de 1994, pp. S69-S77.

Harman, Denham, "Letter to the Editor. Atherosclerosis: Possible Ill-Effects of the Use of Highly Unsaturated Fats to Lower Serum Cholesterol Levels", *The Lancet*, vol. 275, núm. 7005, 30 de noviembre de 1957, pp. 1116-1117.

Harris, Maureen I., "Prevalence of Noninsulin-Dependent Diabetes and Impaired Glucose Tolerance", en *Diabetes in America: Diabetes Data Compiled in 1984*, Departamento de Salud y Servicios Humanos de Estados Unidos, Servicio de Salud Pública, agosto de 1985, pp. 1-31.

Harris, William S., Dariush Mozaffarian, Eric Rimm *et al.*, "Omega-6 Fatty Acids and Risk for Cardiovascular Disease. A Science Advisory from the American Heart Association Nutrition Subcommittee of the Council of Nutrition, Physical Activity, and Metabolism; Council on Cardiovascular Nursing; and Council on Epidemiology and Prevention", *Circulation*, vol. 119, núm. 6, 17 de febrero de 2009, pp. 902-907.

Hayes, Kenneth C., para el Panel de Expertos, "Fatty Acid Expert Roundtable: Key Statements about Fatty Acids", *Journal of the American College of Nutrition*, vol. 29, núm. 3, suplemento, 2010, pp. S285-S288.

Hays, James H., Angela DiSabatino, Robert T. Gorman, Simi Vincent y Michael E. Stillabower, "Effect of a High Saturated Fat and No-Starch Diet on Serum Lipid Subfractions in Patients with Documented Atherosclerotic Cardiovascular Disease", *Mayo Clinic Proceedings*, vol. 78, núm. 11, noviembre de 2003, pp. 1331-1336.

Hayward, Rodney A., y Harlan M. Krumholz, "Three Reasons to Abandon Low-Density Lipoprotein Targets: An Open Letter to the Adult Treatment Panel IV of the National Institute of Health", *Circulation: Cardiovascular Quality and Outcomes*, vol. 5, núm. 1, enero de 2012, pp. 2-5.

Haywood, Rachel M., Andrew W. D. Claxson, Geoffrey W. Hawkes *et al.*, "Detection of Aldehydes and Their Conjugated Hydroperoxydiene Precursors in Thermally-Stressed Culinary Oils and Fats: Investigations Using High Resolution Proton NMR Spectroscopy", *Free Radical Research*, vol. 22, núm. 5, mayo de 1995, pp. 441-482.

Hecht, Harvey S., y H. Robert Superko, "Electron Beam Tomography and National Cholesterol Education Program Guidelines in Asymptomatic Women", *Journal of the American College of Cardiology*, vol. 37, núm. 6, mayo de 2001, pp. 1506-1511.

Hegsted, Mark, "Washington—Dietary Guidelines", *Preventing Heart Attack and Stroke: A History of Cardiovascular Disease Epidemiology*, Henry Blackburn (ed.), consultado el 29 de enero de 2014, http://www.epi.umn.edu/cvdepi/pdfs/Hegstedguidelines.pdf.

Helsing, Elisabet, y Antonia Trichopoulou (eds.), "The Mediterranean Diet and Food Culture—a Symposium", *European Journal of Clinical Nutrition*, núm. 43, suplemento 2, 1989, pp. 1-92.

Hetherington, A. W., y S. W. Ranson, "The Spontaneous Activity and Food Intake of Rats with Hypothalamic Lesions", *American Journal of Physiology*, vol. 136, núm. 4, 1942, pp. 609-617.

Hibbeln, Joseph R., y Norman Salem Jr., "Dietary Polyunsaturated Fatty Acids and Depression: When Cholesterol Does Not Satisfy", *American Journal of Clinical Nutrition*, vol. 62, núm. 1, julio de 1995, pp. 1-9.

Hibbeln, Joseph R., John C. Umhau, David T. George y Norman Salem Jr., "Do Plasma Polyunsaturates Predict Hostility and Violence?", en *Nutrition and Fitness: Metabolic and Behavior Aspects in Health and Disease, World Review of Nutrition and Diatetics*, A. P. Simopoulos y K. N. Pavlou (eds.), Basel, Suiza, Karger, 1996, pp. 175-186.

Hilditch, Thomas Percy, y N. L. Vidyarthi, "The Products of Partial Hydrogenation of Higher Monoethylenic Esters", *Proceedings of the Royal Society of London. Series A, Mathematical, Physical and Engineering Sciences*, vol. 122, núm. 790, 1° de febrero de 1929, pp. 552-570.

Hirsch, Jules, y Edward H. Ahrens Jr., "The Separation of Complex Lipide Mixtures by the Use of Silic Acid Chromatography", *Journal of Biological Chemistry*, vol. 233, núm. 2, agosto de 1958, pp. 311-320.

Hite, Adele H., Richard David Feinman, Gabriel E. Guzmán, Morton Satin, Pamela A. Schoenfeld y Richard J. Wood, "In the Face of Contradictory Evidence: Report of the Dietary Guidelines for Americans Committee", *Nutrition*, vol. 26, núm. 10, octubre de 2010, pp. 915-924.

Hoffman, William, "Meet Monsieur Cholesterol", Universidad de Minnesota, 1979, actualizado, consultado el 2 de enero de 2013, http://mbbnet.umn.edu/hoff/hoff_ak.html.

Holmes, Michelle D., David J. Hunter, Graham A. Colditz *et al.*, "Association of Dietary Intake of Fat and Fatty Acids with Risk of Breast Cancer", *Journal of the American Medical Association*, vol. 281, núm. 10, 10 de marzo de 1999, pp. 914-920.

Hooper, Lee, Paul A. Kroon, Eric B. Rimm *et al.*, "Flavonoids, Flavonoid-Rich Foods, and Cardiovascular Risk: a Meta-Analysis of Randomized Controlled Trials", *American Journal of Clinical Nutrition*, vol. 88, núm. 1, julio de 2008, pp. 38-50.

Hopkins, Paul N., "Effects of Dietary Cholesterol on Serum Cholesterol: A Meta-Analysis and Review", *American Journal of Clinical Nutrition*, vol. 55, núm. 6, junio de 1992, pp. 1060-1070.

Hornstra, Gerard, y Anna Vendelmans-Starrenburg, "Induction of Experimental Arterial Occlusive Thrombi in Rats", *Atherosclerosis*, vol. 17, núm. 3, mayo-junio de 1973, pp. 369-382.

Horowitz, Roger, *Putting Meat on the American Table: Taste, Technology, Transformation*, Baltimore, Maryland, Johns Hopkins University Press, 2006.

Horton, Richard, "Expression of Concern: Indo-Mediterranean Diet Heart Study", *The Lancet*, vol. 366, núm. 9483, 30 de julio de 2005, pp. 354-356.

Howard, Barbara V., JoAnn E. Manson, Marcia L. Stefanick *et al.*, "Low-Fat Dietary Pattern and Weight Change Over 7 Years: The Women's Health Initiative Dietary Modification Trial", *Journal of the American Medical Association*, vol. 295, núm. 1, 4 de enero de 2006, pp. 39-49.

Howard, Barbara V., Linda Van Horn, Judith Hsia *et al.*, "Low-Fat Dietary Pattern and Risk of Cardiovascular Disease: The Women's Health Initiative Randomized Controlled Dietary Modification Trial", *Journal of the American Medical Association*, vol. 295, núm. 6, 8 de febrero de 2006, pp. 655-666.

Hrdlička, Aleš, *Physiological and Medical Observations Among the Indians of Southwestern United States and Northern Mexico*, núm. 34, Washington, D. C., Oficina de Imprenta del Gobierno de Estados Unidos, 1908.

Hu, Frank B., "The Mediterranean Diet and Mortality—Olive Oil and Beyond", *New England Journal of Medicine*, vol. 348, núm. 26, 26 de junio de 2003, pp. 2595-2596.

Hu, Frank B., JoAnn E. Manson y Walter C. Willett, "Types of Dietary Fat and Risk of Coronary Heart Disease: A Critical Review", *Journal of American College of Nutrition*, vol. 20, núm. 1, febrero de 2001, pp. 5-19.

Hulley, Stephen B., Judith M. B. Walsh y Thomas B. Newman, "Health Policy on Blood Cholesterol. Time to Change Directions", *Circulation*, vol. 86, núm. 3, septiembre de 1992, pp. 1026-1029.

Hunter, Beatrice Trum, *Consumer Beware*, Nueva York, Simon & Schuster, 1971.

Hunter, David J., Eric B. Rimm, Frank M. Sacks, Meir J. Stampfer, Graham A. Colditz, Lisa B. Litin y Walter C. Willett, "Comparison of Measures of Fatty Acid Intake by Subcutaneous Fat Aspirate, Food Frequency Questionnaire, and Diet Records in a Free- Living Population of US Men", *American Journal of Epidemiology*, vol. 135, núm. 4, 15 de febrero de 1992, pp. 418-427.

Hunter, J. Edward, "Dietary *trans* Fatty Acids: Review of Recent Human Studies and Food Industry Responses", *Lipids*, vol. 41, núm. 11, noviembre de 2006, pp. 967-992.

Hunter, J. Edward, y Thomas H. Applewhite, "Isomeric Fatty Acids in the US Diet: Levels and Health Perspectives", *American Journal of Clinical Nutrition*, vol. 44, núm. 6, diciembre de 1986, pp. 707-717.

Hustvedt, B. E., y A. Lovo, "Correlation between Hyperinsulinemia and Hyperphagia in Rats with Ventromedial Hypothalamic Lesions", *Acta Physiologica Scandinavica*, vol. 84, núm. 1, enero de 1972, pp. 29-33.

Instituto de Medicina de las Academias Nacionales, Panel sobre Macronutrientes, Panel sobre la Definición de Fibra Dietética, Subcomité sobre las Referencias Superiores de los Niveles de Nutrientes, Subcomité sobre la Interpretación y los Usos de las Referencias de Consumos Dietéticos y Comité Permanente sobre la Evaluación Científica de las Referencias de Consumos Dietéticos, "Dietary Fats: Total Fat and Fatty Acids", en *Dietary Reference Intakes for Energy, Carbohydrate, Fiber, Fat, Fatty Acids, Cholesterol, Protein, and Amino Acids, part 1*, Washington, D. C., National Academies Press, 2002.

———, "Letter Report on Dietary Reference Intakes for Trans Fatty Acids", en *Dietary Reference Intakes for Energy, Carbohydrate, Fiber, Fat, Fatty Acids, Cholesterol, Protein, and Amino Acids, part 1*, Washington, D. C., National Academies Press, 2002.

Instituto Nazionale di Statistica, "Statistical Analysis on Young Conscripts" (Analisi Statistica sui Giovani Iscritti nelle Liste di Leva), IS-TAT Notiziaro, serie 4, folio 41, 1993, pp. 1-10.

Institutos Nacionales de Salud, "Lowering Blood Cholesterol to Prevent Heart Disease", NIH *Consensus Statement*, vol. 5, núm. 7, 10-12 de diciembre de 1984, pp. 1-11.

Investigadores de GISSI-Prevenzione (Gruppo Italiano per lo Studio della Sopravvivenza nell'Infarto Miocardico), "Dietary Supplementation with n-3 Polyunsaturated Fatty Acids and Vitamin E after Myocardial Infarction: Results of the GISSI-Prevenzione Trial", *The Lancet*, vol. 354, núm. 9177, 7 de agosto de 1999, pp. 447-455.

Jacobs, David, Henry Blackburn, Millicent Higgins *et al.*, "Report of the Conference on Low Blood Cholesterol: Mortality Associations", *Circulation*, vol. 86, núm. 3, enero de 1992, pp. 1046-1060.

Jacobson, Michael F., y Sarah Fritschner, *The Fast-Food Guide: What's Good, What's Bad, and How to Tell the Difference*, Nueva York, Workman, 1986.

Jochim, Michael A., *Strategies for Survival: Cultural Behavior in an Ecological Context*, Nueva York, Academic Press, 1981.

Johnson, Richard J., *The Fat Switch*, Mercola.com, 2012.

Johnston, Patricia V., Ogden C. Johnson y Fred A. Kummerow, "Occurrence of Trans Fatty Acids in Human Tissue", *Science*, vol. 126, núm. 3276, 11 de octubre de 1957, pp. 698-699.

———, "Deposition in Tissues and Fecal Excretion of Trans Fatty Acids in the Rat", *Journal of Nutrition*, vol. 65, núm. 1, 10 de mayo de 1958, pp. 13-23.

Jolliffe, Norman, Seymour H. Rinzler y Morton Archer, "The Anti-Coronary Club: Including a Discussion of the Effects of a Prudent Diet on the Serum Cholesterol Level of Middleaged Men", *The American Journal of Clinical Nutrition*, vol. 7, núm. 4, julio de 1959, pp. 451-462.

Jones, David S., "Visions of a Cure: Visualization, Clinical Trials, and Controversies in Cardiac Therapeutics, 1968-1998", *Isis*, vol. 91, núm. 3, septiembre de 2000, pp. 504-541.

Joslin, Elliot Proctor, *A Diabetic Manual for the Mutual Use of Doctor and Patient*, Filadelfia, Lea & Febiger, 1919.

Judd, Joseph T., Beverly A. Clevidence, Richard A. Muesing, Janet Wittes, Matthew E. Sunkin y John J. Podczasy, "Dietary Trans Fatty Acids: Effects on Plasma Lipids and Lipoproteins of Healthy Men and Women", *American Journal of Clinical Nutrition*, vol. 59, núm. 4, abril de 1994, pp. 861-868.

Junta de Alimentos y Nutrición, División de Ciencias Biológicas, Asamblea de Ciencias de la Vida, Consejo Nacional de Investigación, Academia Nacional de Ciencias, *Toward Healthful Diets*, Washington, D. C., National Academy Press, 1980.

Kaaks, Rudolf, Nadia Slimani y Elio Riboli, "Pilot Phase Studies on the Accuracy of Dietary Intake Measurements in the EPIC Project: Overall Evaluation of Results", *International Journal of Epidemiology*, vol. 26, núm. 1, suplemento de 1997, pp. S26-S36.

Kagan, Abraham, Jordan Popper, Dwayne M. Reed, Charles J. MacLean y John S. Grove, "Trends in Stroke Incidence and Mortality in Hawaiian Japanese Men", *Stroke*, vol. 25, núm. 6, junio de 1994, pp. 1170-1175.

Kaminer, Benjamin, y W. P. W. Lutz, "Blood Pressure in Bushmen of the Kalahari Desert", *Circulation*, vol. 22, núm. 2, agosto de 1960, pp. 289-295.

Kannel, William B., "Metabolic Risk Factors for Coronary Heart Disease in Women: Perspective from the Framingham Study", *American Heart Journal*, vol. 114, núm. 2, agosto de 1987, pp. 413-419.

Kannel, William B., William P. Castelli, Tavia Gordon y Patricia M. McNamara, "Serum Cholesterol, Lipoproteins, and the Risk of Coronary Heart Disease, The Framingham Study", *Annals of Internal Medicine*, vol. 74, núm. 1, 1° de enero de 1971, pp. 1-12.

Kannel, William B., Thomas R. Dawber, Abraham Kagan, Nicholas Revotskie y Joseph Stokes, "Factors of Risk in the Development of Coronary Heart Disease—Six-Year Follow-up Experience. The Framingham Study", *Annals of Internal Medicine*, vol. 55, núm. 1, julio de 1961, pp. 33-50.

Kannel, William B., y Tavia Gordon, "The Framingham Study: An Epidemiological Investigation of Cardiovascular Disease", sección 24, texto inédito, Washington, D. C., Instituto Nacional de Corazón, Pulmón y Sangre, 1987.

Kaplan, Robert M., *Disease, Diagnosis and Dollars*, Nueva York, Copernicus Books, 2009.

Kaplan, Robert M., y Michelle T. Toshima, "Does a Reduced Fat Diet Cause Retardation in Child Growth?", *Preventive Medicine*, vol. 21, núm. 1, enero de 1992, pp. 33-52.

Kark, J. D., A. H. Smith y C. G. Hames, "The Relationship of Serum Cholesterol to the Incidence of Cancer in Evans County, Georgia", *Journal of Chronic Diseases*, vol. 33, núm. 5, 1980, pp. 311-322.

Katan, Martijn B., "High-oil Compared with Low-Fat, High-Carbohydrate Diets in the Prevention of Ischemic Heart Disease", *American Journal of Clinical Nutrition*, vol. 66, núm. 4, suplemento de 1997, pp. S974-S979.

Katan, Martijn B., Scott M. Grundy y Walter C. Willett, "Should a Low-Fat, High-Carbohydrate Diet Be Recommended for Everyone? Beyond Low-Fat Diets", *New England Journal of Medicine*, vol. 337, núm. 8, 21 de agosto de 1997, pp. 563-566.

Katan, Martijn B., Peter L. Zock y Ronald P. Mensink, "Dietary Oils, Serum Lipoproteins, and Coronary Heart Disease", *American Journal of Clinical Nutrition*, vol. 61, núm. 6, 1995, pp. S1368-S1373.

Kato, Hiroo, Jeanne Tillotson, Milton Z. Nichaman, George G. Rhoads y Howard B. Hamilton, "Epidemiologic Studies of Coronary Heart Disease and Stroke in Japanese Men Living in Japan, Hawaii and California", *American Journal of Epidemiology*, vol. 97, núm. 6, junio de 1973, pp. 372-385.

Katritsis, Demosthenes G., y John P. A. Ioannidis, "Percutaneous Coronary Intervention Versus Conservative Therapy in Nonacute

Coronary Artery Disease: A Meta-Analysis", *Circulation*, vol. 111, núm. 22, 7 de junio de 2005, pp. 2906-2912.

Katsouyanni, Klea, Eric B. Rimm, Charalambos Gnardellis, Dimitrio Trichopoulos, Evangelos Polychronopoulos y Antonia Trichopoulou, "Reproducibility and Relative Validity of an Extensive Semi-Quantitative Food Frequency Questionnaire Using Dietary Records and Biochemical Markers among Greek Schoolteachers", *International Journal of Epidemiology*, vol. 26, núm. 1, suplemento 1, 1997, pp. S118-S127.

Kaunitz, Hans, "Importance of Lipids in Arteriosclerosis: An Outdated Theory", en Comité Selecto sobre Nutrición y Necesidades Humanas del Senado de Estados Unidos, *Dietary Goals for the United States—Supplemental Views*, Washington, D. C., Oficina de Imprenta del Gobierno de Estados Unidos, 1977, pp. 42-54.

Kaunitz, Hans, y Ruth E. Johnson, "Exacerbation of the Heart and Liver Lesions in Rats by Feeding Various Mildly Oxidized Fats", *Lipids*, vol. 8, núm. 6, junio de 1973, pp. 329-336.

Kelleher, Philip C., Stephen D. Phinney, Ethan A. H. Sims *et al.*, "Effects of Carbohydrate- Containing and Carbohydrate-Restricted Hypocaloric and Eucaloric Diets on Serum Concentrations of Retinol-Binding Protein, Thyroxine-Binding Prealbumin and Transferrin", *Metabolism*, vol. 32, núm. 1, enero de 1983, pp. 95-101.

Key, Timothy J., Paul N. Appleby, Elizabeth A. Spencer, Ruth C. Travis, Andrew W. Roddam y Naomi E. Allen, "Mortality in British Vegetarians: Results from the European Prospective Investigation into Cancer and Nutrition (EPIC-Oxford)", *American Journal of Clinical Nutrition*, vol. 89, núm. 5, suplemento, mayo de 2009, pp. 1613S-1619S.

Keys, Ancel, "Human Atherosclerosis and the Diet", *Circulation*, vol. 5, núm. 1, 1952, pp. 115-118.

———, "Atherosclerosis: A Problem in Newer Public Health", *Journal of the Mount Sinai Hospital, New York*, vol. 20, núm. 2, julio-agosto de 1953, pp. 118-139.

———, "The Diet and Development of Coronary Heart Disease", *Journal of Chronic Disease*, vol. 4, núm. 4, octubre de 1956, pp. 364-380.

———, "Diet and the Epidemiology of Coronary Heart Disease", *Journal of the American Medical Association*, vol. 164, núm. 17, 24 de agosto de 1957, pp. 1912-1919.

———, "Epidemiologic Aspects of Coronary Artery Disease", *Journal of Chronic Diseases*, vol. 6, núm. 5, noviembre de 1957, pp. 552-559.

———, "Arteriosclerotic Heart Disease in Roseto, Pennsylvania", *Journal of the American Medical Association*, vol. 195, núm. 2, 10 de enero de 1966, pp. 137-139.

———, "Sucrose in the Diet and Coronary Heart Disease", *Atherosclerosis*, vol. 14, núm. 2, septiembre-octubre de 1971, pp. 193-202.

———, "Letter: Sucrose in the Diet and Coronary Heart Disease", *Atherosclerosis*, vol. 18, núm. 2, septiembre-octubre de 1973, p. 352.

———, "Letter to the Editors", *Atherosclerosis*, vol. 18, núm. 2, septiembre-octubre de 1973, p. 352.

———, "Coronary Heart Disease—The Global Picture", *Atherosclerosis*, vol. 22, núm. 2, septiembre-octubre de 1975, pp. 149-192.

———, *Seven Countries: A Multivariate Analysis of Death and Coronary Heart Disease*, Cambridge, Massachusetts, Harvard University Press, 1980.

———, "From Naples to Seven Countries—A Sentimental Journey", en *Progress in Biochemical Parmacology*, R. J. Hegyeli (ed.), *núm.* 19, Basel, Suiza, Karger, 1983, pp. 1-30.

———, "Mediterranean Diet and Public Health", *American Journal of Clinical Nutrition*, vol. 61, núm. 6, suplemento, junio de 1995, pp. S1321-S1323.

Keys, Ancel (ed.), "Coronary Heart Disease in Seven Countries", *Circulation*, vols. 41 y 42, núm. 1, suplemento 1, *American Heart Association Monograph*, núm. 29, abril de 1970, pp. 1-211.

Keys, Ancel, y Joseph T. Anderson, "The Relationship of the Diet to the Development of Atherosclerosis in Man", en *Symposium on Atherosclerosis*, publicación 338, Washington, D. C., Academia Nacional de Ciencias-Consejo Nacional de Investigación, 1954, pp. 181-196.

Keys, Ancel, Joseph T. Anderson, Flaminio Fidanza, Margaret Haney Keys y Bengt Swahn, "Effects of Diet on Blood Lipids in Man, Particularly Cholesterol and Lipoproteins", *Clinical Chemistry*, vol. 1, núm. 1, febrero de 1955, pp. 34-52.

Keys, Ancel, Joseph T. Anderson y Francisco Grande, "Fats and Disease", *The Lancet*, vol. 272, núm. 6796, 11 de mayo de 1957, pp. 992-993.

———, "Prediction of Serum-Cholesterol Responses of Man to Changes in Fats in the Diet", *The Lancet*, vol. 273, núm. 7003, 16 de noviembre de 1957, pp. 959-966.

———, "Serum Cholesterol in Man: Diet Fat and Intrinsic Responsiveness", *Circulation*, vol. 19, núm. 2, 1959, pp. 201-214.

Keys, Ancel, Christos Aravanis y Helen Sdrin, "The Diets of Middle-aged Men in Two Rural Areas of Greece", *Voeding*, vol. 27, núm. 11, 1966, pp. 575-586.

Keys, Ancel, Flaminio Fidanza, Vicenzo Scardi, Gino Bergami, Margaret Haney Keys y Ferruccio Di Lorenzo, "Studies on Serum Cholesterol and Other Characteristics of Clinically Healthy Men in Naples", *Archives of Internal Medicine*, vol. 93, núm. 3, marzo de 1954, pp. 328-336.

Keys, Ancel, y Francisco Grande, "Role of Dietary Fat in Human Nutrition: III. Diet and the Epidemiology of Coronary Heart Disease", *American Journal of Public Health and the Nation's Health*, vol. 47, núm. 12, diciembre de 1957, pp. 1520-1530.

Keys, Ancel, Francisco Grande y Joseph T. Anderson, "Bias and Misrepresentation Revisited: 'Perspective' on Saturated Fat", *The American Journal of Clinical Nutrition*, vol. 27, núm. 2, febrero de 1974, pp. 188-212.

Keys, Ancel, y Margaret Keys, *Eat Well and Stay Well*, Nueva York, Doubleday, 1959.

———, *How to Eat Well and Stay Well the Mediterranean Way*, Garden City, Nueva York, Doubleday, 1975.

Keys, Ancel, y Noboru Kimora, "Diets of Middle-Aged Farmers in Japan", *American Journal of Clinical Nutrition*, vol. 23, núm. 2, febrero de 1970, pp. 212-223.

Keys, Ancel, Alessandro Menotti, Christos Aravanis *et al.*, "The Seven Countries Study: 2,289 Deaths in 15 Years", *Preventive Medicine*, vol. 13, núm. 2, marzo de 1984, pp. 141-154.

Keys, Ancel, Alessandro Menotti, Mariti J. Karvonen *et al.*, "The Diet and 15-year Death Rate in the Seven Countries Study", *American Journal of Epidemiology*, vol. 124, núm. 6, diciembre de 1986, pp. 903-915.

Keys, Ancel, Francisco Vivanco, J. L. Rodríguez Minon, Margaret Haney Keys y H. Castro Mendoza, "Studies on the Diet, Body Fatness and Serum Cholesterol in Madrid, Spain", *Metabolism Clinical and Experimental*, vol. 3, núm. 3, mayo de 1954, pp. 195-212.

Khosla, Pramod, "Palm Oil: A Nutritional Overview", *Journal of Agriculture and Food Industry*, núm. 17, 2000, pp. 21-23.

Khosla, Pramod, y Kalyana Sundram (eds.), "A Supplement on Palm Oil", *Journal of the American College of Nutrition*, vol. 29, núm. 3, suplemento, junio de 2010, pp. S237-S239.

Kim, Song-Suk, Daniel D. Gallaher y A. Saari Csallany, "Lipophilic Aldehydes and Related Carbonyl Compounds in Rat and Human Urine", *Lipids*, vol. 34, núm. 5, mayo de 1999, pp. 489-495.

Kimura, Noboru, "Changing Patterns of Coronary Heart Disease, Stroke, and Nutrient Intake in Japan", *Preventive Medicine*, vol. 12, núm. 1, enero de 1983, pp. 222-227.

Kinsell, Lawrence W., J. Partridge, Lenore Boling, S. Margen y G. Michaels, "Dietary Modification of Serum Cholesterol and Phospholipid Levels", *Journal of Clinical Endocrinology and Metabolism*, vol. 12, núm. 7, julio de 1952, pp. 909-913.

Kinsella, John E., Geza Bruckner, J. Mai y J. Shimp, "Metabolism of Trans Fatty Acids with Emphasis on the Effects of Trans, Trans-Octadecadienoate on Lipid Composition, Essential Fatty Acid, and Prostaglandins: An Overview", *American Journal of Clinical Nutrition*, vol. 34, núm. 10, octubre de 1981, pp. 2307-2318.

Knittle, J. L., y Edward H. Ahrens Jr., "Carbohydrate Metabolism in Two Forms of Hyperglyceridemia", *Journal of Clinical Investigation*, núm. 43, marzo de 1964, pp. 485-495.

Knopp, Robert H., Pathmaja Paramsothy, Barbara M. Retzlaff *et al.*, "Gender Differences in Lipoprotein Metabolism and Dietary Response: Basis in Hormonal Differences and Implications for Cardiovascular Disease", *Current Atherosclerosis Reports*, vol. 7, núm. 6, noviembre de 2005, pp. 472-479.

———, "Sex Differences in Lipoprotein Metabolism and Dietary Response: Basis in Hormonal Differences and Implications for Cardiovascular Disease", *Current Cardiology Reports*, vol. 8, núm. 6, noviembre de 2006, pp. 452-459.

Knopp, Robert H., Barbara Retzlaff, Carolyn Walden, Brian Fish, Brenda Buck y Barbara McCann, "One-Year Effects of Increasingly Fat-Restricted, Carbohydrate-Enriched Diets on Lipoprotein Levels in Free-living Subjects", *Proceedings for the Society of Experimental Biology and Medicine*, vol. 225, núm. 3, diciembre de 2000, pp. 191-199.

Koertge, Jenny, Gerdi Weidner, Melanie Elliot-Eller *et al.*, "Improvement in Medical Risk Factors and Quality of Life in Women and Men with Coronary Artery Disease in the Multicenter Lifestyle Demonstration Project", *American Journal of Cardiology*, vol. 91, núm. 11, junio de 2003, pp. 1316-1322.

Koeth, Robert A., Zeneng Wang, Bruce S. Levison *et al.*, "Intestinal Microbiota Metabolism of L-Carnitine, a Nutrient in Red Meat, Promotes Atherosclerosis", *Nature Medicine*, vol. 19, núm. 5, mayo de 2013, pp. 576-585.

Kolata, Gina, "Heart Panel's Conclusions Questioned", *Science*, vol. 227, núm. 4682, 4 de enero de 1985, pp. 40-41.

———, "Culprit in Heart Disease Goes Beyond Meat's Fat", *The New York Times*, 8 de abril de 2013, p. A14.

———, "Eggs, Too, May Provoke Bacteria to Raise Heart Risk", *The New York Times*, 25 de abril de 2013, p. A14.

Koletzko, Berthold, Katharina Dokoupil, Susanne Reitmayr, Barbara Weimert-Harendza y Erich Keller, "Dietary Fat Intakes of Infants and Primary School Children in Germany", *American Journal of Clinical Nutrition*, vol. 72, núm. 5, suplemento, noviembre de 2000, pp. S1329-S1398.

Koranyi, A., "Prophylaxis and Treatment of the Coronary Syndrome", *Therapia Hungarcia*, núm. 12, 1963, p. 17.

Kozarevic, Djordje, D. L. McGee, N. Vojvodic *et al.*, "Serum Cholesterol and Mortality: The Yugoslavia Cardiovascular Disease Study", *American Journal of Epidemiology*, vol. 114, núm. 1, 1981, pp. 21-28.

Krauss, Ronald M., "Dietary and Genetic Probes of Atherogenic Dyslipidemia", *Arteriosclerosis, Thrombosis, and Vascular Biology*, vol. 25, núm. 11, noviembre de 2005, pp. 2265-2272.

Krauss, Ronald M., Patricia J. Blanche, Robin S. Rawlings, Harriett S. Fernstrom y Paul T. Williams, "Separate Effects of Reduced Carbohydrate Intake and Weight Loss on Atherogenic Dyslipidemia", *American Journal of Clinical Nutrition*, vol. 83, núm. 5, mayo de 2006, pp. 1025-1031.

Krauss, Ronald M., y Darlene M. Dreon, "Low-density-lipoprotein Subclasses and Response to a Low-fat Diet in Healthy Men", *American Journal of Clinical Nutrition*, vol. 62, núm. 2, suplemento, agosto de 1995, pp. S478-S487.

Krauss, Ronald M., Robert H. Eckel, Barbara Howard *et al.*, "AHA Dietary Guidelines Revision 2000: A Statement for Healthcare Professionals from the Nutrition Committee of the American Heart Association", *Circulation*, vol. 102, núm. 18, 31 de octubre de 2000, pp. 2284-2299.

Krieger, James W., Harry S. Sitren, Michael J. Daniels y Bobbi Langkamp-Henken, "Effects of Variation in Protein and Carbohydrate Intake on Body Mass and Composition During Energy Restriction: A Meta-Regression", *American Journal of Clinical Nutrition*, vol. 83, núm. 2, febrero de 2006, pp. 260-274.

Kris-Etherton, Penny M., Robert H. Eckel, Barbara V. Howard, Sachiko St. Jeor y Terry L. Bazzarre, "Lyon Diet Heart Study Benefits of a Mediterranean-Style, National Cholesterol Education Program/American Heart Association Step I Dietary Pattern on Cardiovascular Disease", *Circulation*, vol. 103, núm. 13, 3 de abril de 2001, pp. 1823-1825.

Kris-Etherton, Penny M. y Robert J. Nicolosi, "Trans Fatty Acids and Coronary Heart Disease Risk", *American Journal of Clinical Nutrition*, vol. 62, núm. 3, suplemento, 1995, pp. S655-S708.

Kris-Etherton, Penny M., Denise Shaffer Taylor, Shaomei Ya-Poth *et al.*, "Polyunsaturated Fatty Acids in the Food Chain in the United States", *American Journal of Clinical Nutrition*, vol. 71, núm. 1, suplemento, enero de 2000, pp. S179-S188.

Kristal, Alan R., Ulrike Peters y John D. Potter, "Is It Time to Abandon the Food Frequency Questionnaire?", *Cancer Epidemiology, Biomarkers and Prevention*, vol. 14, núm. 12, diciembre de 2005, pp. 2826-2828.

Kromhout, Daan, y Bennie Bloemberg, "Diet and Coronary Heart Disease in the Seven Countries Study", en *Prevention of Coronary Heart Disease: Diet, Lifestyle and Risk Factors in the Seven Countries Study*, Daan Kromhout, Alessandro Menotti y Henry Blackburn (eds.), Dordrecht, Países Bajos, Kluwer Academic Publishers, 2002, pp. 43-70.

Kromhout, Daan, Erik J. Giltay y Johanna M. Geleijnse, "n-3 Fatty Acids and Cardiovascular Events after Myocardial Infarction", *New England Journal of Medicine*, vol. 363, núm. 21, 18 de noviembre de 2010, pp. 2015-2026.

Kromhout, Daan, Ancel Keys, Christ Aravanis *et al.*, "Food Consumption Patterns in the 1960s in Seven Countries", *American Journal of Clinical Nutrition*, vol. 49, núm. 5, mayo de 1989, pp. 889-894.

Kromhout, Daan, Alessandro Menotti y Henry W. Blackburn (eds.), *The Seven Countries Study: A Scientific Adventure in Cardiovascular Disease Epidemiology*, Bilthoven, Países Bajos, publicación privada, 1993.

Kronmal, Richard A., "Commentary on the Published Results of the Lipid Research Clinics Coronary Primary Prevention Trial", *Journal of the American Medical Association*, vol. 253, núm. 14, 12 de abril de 1985, pp. 2091-2093.

Krumholz, Harlan M., "Editorial: Target Cardiovascular Risk Rather than Cholesterol Concentration", *British Medical Journal*, núm. 347, 2013, información del documento 10.1136/bmj.f7110.

Kummerow, Fred A., T. Mizuguchi, T. Arima, B. H. S. Cho, W. J. Huang y R. Tracey, "The Influence of Three Sources of Dietary Fats and Cholesterol on Lipid Composition of Swine Serum Lipids and Aorta Tissue", *Artery*, núm. 4, 1978, pp. 360-384.

Kummerow, Fred A., Sherry Q. Zhou y Mohamedain M. Mahfouz, "Effects of Trans Fatty Acids on Calcium Influx into Human Arterial Endothelial Cells", *American Journal of Clinical Nutrition*, vol. 70, núm. 5, noviembre de 1999, pp. 832-838.

Kuo, Peter T., Louise Feng, Norman N. Cohen, William T. Fitts y Leonard D. Miller, "Dietary Carbohydrates in Hyperlipemia (Hyperglyceridemia); Hepatic and Adipose Tissue Lipogenic Activities", *American Journal of Clinical Nutrition*, vol. 20, núm. 2, febrero de 1967, pp. 116-125.

Kurlansky, Mark, "Essential Oil", *Bon Appétit*, 30 de septiembre de 2008, http://www.bonappetit.com/trends/article/essential-oil.

Kushi, Lawrence H., y Edward Giovannucci, "Dietary Fat and Cancer", *American Journal of Medicine*, vol. 113, núm. 9, suplemento B, 30 de diciembre de 2002, pp. S63-S70.

Kushi, Lawrence H., Elizabeth B. Lenart y Walter C. Willett, "Health Implications of Mediterranean Diets in Light of Contemporary Knowledge. 1. Plant Foods and Dairy Products", *American Journal of Clinical Nutrition*, vol. 61, núm. 6, suplemento, junio de 1995, pp. S1407-S1415.

———, "Health Implications of Mediterranean Diets in Light of Contemporary Knowledge. 2. Meat, Wine, Fats and Oils", *American Journal of Clinical Nutrition*, vol. 61, núm. 6, suplemento, junio de 1995, pp. S1416-S1427.

Kris-Etherton, Penny M., Denise Shaffer Taylor, Shaomei Ya-Poth *et al.*, "Polyunsaturated Fatty Acids in the Food Chain in the United States", *American Journal of Clinical Nutrition*, vol. 71, núm. 1, suplemento, enero de 2000, pp. S179-S188.

Kristal, Alan R., Ulrike Peters y John D. Potter, "Is It Time to Abandon the Food Frequency Questionnaire?", *Cancer Epidemiology, Biomarkers and Prevention*, vol. 14, núm. 12, diciembre de 2005, pp. 2826-2828.

Kromhout, Daan, y Bennie Bloemberg "Diet and Coronary Heart Disease in the Seven Countries Study", en *Prevention of Coronary Heart Disease: Diet, Lifestyle and Risk Factors in the Seven Countries Study*, Daan Kromhout, Alessandro Menotti y Henry Blackburn (eds.), Dordrecht, Países Bajos, Kluwer Academic Publishers, 2002, pp. 43-70.

Kromhout, Daan, Ancel Keys, Christ Aravanis *et al.*, "Food Consumption Patterns in the 1960s in Seven Countries", *American Journal of Clinical Nutrition*, vol. 49, núm. 5, mayo de 1989, pp. 889-894.

Kromhout, Daan, Alessandro Menotti y Henry W. Blackburn (eds.), *The Seven Countries Study: A Scientific Adventure in Cardiovascular Disease Epidemiology*, Bilthoven, Países Bajos, publicación privada, 1993.

Kromhout, Daan, Erik J. Giltay y Johanna M. Geleijnse, "n-3 Fatty Acids and Cardiovascular Events after Myocardial Infarction", *New England Journal of Medicine*, vol. 363, núm. 21, 18 de noviembre de 2010, pp. 2015-2026.

Kronmal, Richard A., "Commentary on the Published Results of the Lipid Research Clinics Coronary Primary Prevention Trial", *Journal of the American Medical Association*, vol. 253, núm. 14, 12 de abril de 1985, pp. 2091-2093.

Krumholz, Harlan M., "Editorial: Target Cardiovascular Risk Rather than Cholesterol Concentration", *British Medical Journal*, núm. 347, 2013, información del documento 10.1136/bmj.f7110.

Kummerow, Fred A., T. Mizuguchi, T. Arima, B. H. S. Cho, W. J. Huang y R. Tracey, "The Influence of Three Sources of Dietary Fats and Cholesterol on Lipid Composition of Swine Serum Lipids and Aorta Tissue", *Artery*, núm. 4, 1978, pp. 360-384.

Kummerow, Fred A., Sherry Q. Zhou y Mohamedain M. Mahfouz, "Effects of Trans Fatty Acids on Calcium Influx into Human Arterial Endothelial Cells", *American Journal of Clinical Nutrition*, vol. 70, núm. 5, noviembre de 1999, pp. 832-838.

Kuo, Peter T., Louise Feng, Norman N. Cohen, William T. Fitts y Leonard D. Miller, "Dietary Carbohydrates in Hyperlipemia (Hyperglyceridemia); Hepatic and Adipose Tissue Lipogenic Activities", *American Journal of Clinical Nutrition*, vol. 20, núm. 2, febrero de 1967, pp. 116-125.

Kurlansky, Mark, "Essential Oil", *Bon Appétit*, 30 de septiembre de 2008, http://www.bonappetit.com/trends/article/essential-oil.

Kushi, Lawrence H., y Edward Giovannucci, "Dietary Fat and Cancer", *American Journal of Medicine*, vol. 113, núm. 9, suplemento B, 30 de diciembre de 2002, pp. S63-S70.

Kushi, Lawrence H., Elizabeth B. Lenart y Walter C. Willett, "Health Implications of Mediterranean Diets in Light of Contemporary Knowledge. 1. Plant Foods and Dairy Products", *American Journal of Clinical Nutrition*, vol. 61, núm. 6, suplemento, junio de 1995, pp. S1407-S1415.

———, "Health Implications of Mediterranean Diets in Light of Contemporary Knowledge. 2. Meat, Wine, Fats and Oils", *American Journal of Clinical Nutrition*, vol. 61, núm. 6, suplemento, junio de 1995, pp. S1416-S1427.

Lichtenstein, Alice H., Lawrence J. Appel, Michael Brands *et al.*, "Diet and Lifestyle Recommendations, Revision 2006: A Scientific Statement from the American Heart Association Nutrition Committee", *Circulation*, vol. 114, núm. 1, 4 de julio de 2006, pp. 82-96.

Lichtenstein, Alice H., Lynne M. Ausman, Wanda Carrasco, Jennifer L. Jenner, José M. Ordovas y Ernst J. Schaefer, "Hydrogenation Impairs the Hypolipidemic Effect of Corn Oil in Humans. Hydrogenation, Trans Fatty Acids, and Plasma Lipids", *Arteriosclerosis, Thrombosis, and Vascular Biology*, vol. 13, núm. 2, febrero de 1993, pp. 154-161.

Lichtenstein, Alice H., y Linda Van Horn "Very Low Fat Diets", *Circulation*, vol. 98, núm. 9, 1998, pp. 935-939.

Lieb, Clarence W., "The Effects on Human Beings of a Twelve Months' Exclusive Meat Diet: Based on Intensive Clinical and Laboratory Studies on Two Arctic Explorers Living Under Average Conditions in a New York Climate", *Journal of the American Medical Association*, vol. 93, núm. 1, 6 de julio de 1929, pp. 20-22.

Lieb, Clarence W., y Edward Tolstoi, "Effect of an Exclusive Meat Diet on Chemical Constituents of the Blood", *Proceedings of the Society for Experimental Biology and Medicine*, vol. 26, núm. 4, enero de 1929, pp. 324-325.

Liebman, Bonnie, "Just the Mediterranean Diet Facts", *Nutrition Action Health Letter*, vol. 21, núm. 10, 1994.

Lifshitz, Fima, y Nancy Moses, "Growth Failure. A Complication of Dietary Treatment of Hypercholesterolemia", *American Journal of Diseases of Children*, vol. 143, núm. 5, mayo de 1989, pp. 537-542.

Lionis, Christos D., Antonis D. Koutis, Nikos Antonakis, Ake Isacsson, Lars H. Lindholm y Michael Fioretos, "Mortality Rates in a Cardiovascular 'Low -Risk' Population in Rural Crete", *Family Practice*, vol. 10, núm. 3, septiembre de 1993, pp. 300-304.

Lloyd-Jones, Donald, R. J. Adams, T. M. Brown *et al.*, "Heart Disease and Stroke Statistics—2010 Update: A Report from the American Heart Association", *Circulation*, vol. 121, núm. 7, 23 de febrero de 2010, pp. 46-215.

Lloyd-Jones, Donald, Robert Adams, Mercedes Carnethon *et al.*, "Heart Disease and Stroke Statistics—2009 Update: A Report from the American Heart Association Statistics Committee and Stroke Statistics Subcommittee", *Circulation*, vol. 119, núm. 3, 2009, pp. 480-486.

Lowenstein, Frank W., "Blood-pressure in Relation to Age and Sex in the Tropics and Subtropics: A Review of the Literature and an Investigation in Two Tribes of Brazil Indians", *The Lancet*, vol. 277, núm. 7173, 18 de febrero de 1961, pp. 389-392.

———, "Epidemiologic Investigations in Relation to Diet in Groups Who Show Little Atherosclerosis and Are Almost Free of Coronary Ischemic Heart Disease", *American Journal of Clinical Nutrition*, vol. 15, núm. 3, 1964, pp. 175-186.

Lund, E., y J. K. Borgan, "Cancer Mortality Among Cooks", *Tidsskrift for Den Norske Legeforening*, núm. 107, 1987, pp. 2635-2637.

Lundberg, George D., "MRFIT and the Goals of the Journal", *Journal of the American Medical Association*, vol. 248, núm. 12, 24 de septiembre de 1982, p. 1501.

Mabrouk, Ahmed Fahmy, y J. B. Brown, "The Trans Fatty Acids of Margarines and Shortenings", *Journal of the American Oil Chemists' Society*, vol. 33, núm. 3, marzo de 1956, pp. 98-102.

Mahabir, S., D. J. Baer, C. Giffen *et al.*, "Calorie Intake Misreporting by Diet Record and Food Frequency Questionnaire Compared to Doubly Labeled Water Among Postmenopausal Women", *European Journal of Clinical Nutrition*, vol. 60, núm. 4, abril de 2005, pp. 561-565.

Mahfouz, Mohamedain M., T. L. Smith y Fred A. Kummerow, "Effect of Dietary Fats on Desaturase Activities and the Biosynthesis of Fatty Acids in Rat-Liver Microsomes", *Lipids*, vol. 19, núm. 3, marzo de 1984, pp. 214-222.

Malhotra, S. L., "Geographical Aspects of Acute Myocardial Infarction in India with Special Reference to Patterns of Diet and Eating", *British Heart Journal*, vol. 29, núm. 3, mayo de 1967, pp. 337-344.

———, "Epidemiology of Ischaemic Heart Disease in Southern India with Special Reference to Causation", *British Heart Journal*, vol. 29, núm. 6, noviembre de 1967, pp. 895-905.

———, "Dietary Factors and Ischemic Heart Disease", *American Journal of Clinical Nutrition*, vol. 24, núm. 10, 1971, pp. 1195-1198.

Malmros, Haqvin, "The Relation of Nutrition to Health: A Statistical Study of the Effect of the War-Time on Arteriosclerosis Cardiosclerosis, Tuberculosis and Diabetes", *Acta Medica Scandinavica Supplementum*, núm. 246, 1950, pp. 137-153.

Mann, George V., "Epidemiology of Coronary Heart Disease", *American Journal of Medicine*, vol. 23, núm. 3, 1957, pp. 463-480.

———, "Diet and Coronary Heart Disease", *Archives of Internal Medicine*, núm. 104, 1959, pp. 921-929.

———, "Diet-Heart: End of an Era", *New England Journal of Medicine*, vol. 297, núm. 12, 22 de septiembre de 1977, pp. 644-650.

———, "Coronary Heart Disease—the Doctor's Dilemma", *American Heart Journal*, vol. 96, núm. 5, noviembre de 1978, pp. 569-571.

———, "A Short History of the Diet/Heart Hypothesis", en *Coronary Heart Disease: The Dietary Sense and Nonsense. An Evaluation by Scientists*, George V. Mann (ed.), para la Sociedad Veritas, Londres, Janus, 1993, pp. 1-17.

Mann, George V., Georgiana Pearson, Tavia Gordon, Thomas R. Dawber, Lorna Lyell y Dewey Shurtleff, "Diet and Cardiovascular Disease in the Framingham Study I. Measurement of Dietary Intake", *American Journal of Clinical Nutrition*, vol. 11, núm. 3, septiembre de 1962, pp. 200-225.

Mann, George V., R. D. Shaffer, R. S. Anderson *et al.*, "Cardiovascular Disease in the Masai", *Journal of Atherosclerosis Research*, vol. 4, núm. 4, 1964, pp. 289-312.

Mann, George V., Anne Spoerry, Margarete Gary y Debra Jarashow, "Atherosclerosis in the Masai", *American Journal of Epidemiology*, vol. 95, núm. 1, 1972, pp. 26-37.

Mann, George V., y Fredrick J. Stare, "Nutrition and Atherosclerosis", en *Symposium on Atherosclerosis*, publicación 338, Washington, D. C., Academia Nacional de Ciencias-Consejo Nacional de Investigación, 1954, pp. 169-180.

Marcy, Randolph B., *The Prairie Traveler: A Handbook for Overland Expeditions*, Londres, Trubner, 1863.

Marmot, M. G., Sherman L. Syme, Abraham Kagan, Hiroo Kato, J. B. Cohen y J. Belsky, "Epidemiologic Studies of Coronary Heart Disease and Stroke in Japanese Men Living in Japan, Hawaii and California: Prevalence of Coronary and Hypertensive Heart Disease and Associated Risk Factors", *American Journal of Epidemiology*, vol. 102, núm. 6, diciembre de 1975, pp. 514-525.

Massiello, F. J., "Changing Trends in Consumer Margarines", *Journal of the American Oil Chemists' Society*, vol. 55, núm. 2, febrero de 1978, pp. 262-265.

Masterjohn, Chris, "The China Study by Colin T. Campbell", *Wise Traditions in Food, Farming, and the Healing Arts*, vol. 6, núm. 1, primavera de 2005, pp. 41-45.

———, "Does Carnitine from Red Meat Contribute to Heart Disease Through Intestinal Bacterial Metabolism to TMAO?", *Mother Nature Obeyed* (blog), 10 de abril de 2013.

Mattson, Fred H., y Scott M. Grundy, "Comparison of Effects of Dietary Saturated, Unsaturated, and Polyunsaturated Fatty Acids on Plasma Lipids and Lipoproteins in Man", *Journal of Lipid Research*, vol. 26, núm. 2, febrero de 1985, pp. 194-202.

Mauer, Alvin M., "Should There Be Intervention to Alter Serum Lipids in Children?", *Annual Review of Nutrition*, núm. 11, julio de 1991, pp. 375-391.

Mazhar, D., y J. Waxman, "Dietary Fat and Breast Cancer", *Quarterly Journal of Medicine*, vol. 99, núm. 7, 2006, pp. 469-473.

McCarrison, Robert, *Nutrition and National Health: The Cantor Lectures*, Londres, Faber and Faber Limited, 1936.

McClellan, Walter S., Virgil R. Rupp y Vincent Toscani, "Prolonged Meat Diets with a Study of the Metabolism of Nitrogen, Calcium, and Phosporus", *Journal of Biological Chemistry*, vol. 87, núm. 3, julio de 1930, pp. 669-680.

McCollum, Elmer Verner, *The Newer Knowledge of Nutrition*, Nueva York, Macmillan, 1921.

McConnell, Kenneth P., y Robert Gordon Sinclair, "Passage of Elaidic Acid Through the Placenta and Also into the Milk of the Rat", *Journal of Biological Chemistry*, vol. 118, núm. 1, 1937, pp. 123-129.

McGill, Henry C., C. Alex McMahan, Edward E. Herderick, Gray T. Malcom, Richard E. Tracy y Jack P. Strong, "Origin of Atherosclerosis in Childhood and Adolescence", *American Journal of Clinical Nutrition*, vol. 72, núm. 5, suplemento, noviembre de 2000, pp. S1307-S1315.

McMichael, John, "Prevention of Coronary Heart-Disease", *The Lancet*, vol. 308, núm. 7985, 11 de septiembre de 1976, p. 569.

McOsker, Don E., Fred H. Mattson, H. Bruce Sweringen y Albert M. Kligman, "The Influence of Partially Hydrogenated Dietary Fats on Serum Cholesterol Levels", *Journal of the American Medical Association*, vol. 180, núm. 5, 5 de mayo de 1962, pp. 380-385.

Meadows, Bob, M. Morehouse y M. Simmons, "The Problem with Low-Fat Diets", *People*, 27 de febrero de 2006, pp. 89-90.

Meckling, Kelly A., Caitriona O'Sullivan y Dayna Saari, "Comparison of a Low-Fat Diet to a Low-Carbohydrate Diet on Weight Loss, Body Composition, and Risk Factors for Diabetes and Cardiovascular Disease in Free-Living, Overweight Men and Women", *Journal of Clinical Endocrinology & Metabolism*, vol. 89, núm. 6, junio de 2004, pp. 2717-2723.

Medalie, Jack H., Harold A. Kahn, Henry N. Neufeld, Egon Riss y Uri Goldbourt, "Five-Year Myocardial Infarction Incidence—II. Association of Single Variables to Age and Birthplace", *Journal of Chronic Diseases*, vol. 26, núm. 6, 1973, pp. 329-349.

Medical News, "Questions Surround Treatment of Children with High Cholesterol", *Journal of American Medical Association*, vol. 214, núm. 10, 1970, pp. 1783-1785.

Menotti, Alessandro, Daan Kromhout, Henry Blackburn, Flaminio Fidanza, Ratko Buzina y Aulikki Nissinen, "Food Intake Patterns and 25-Year Mortality from Coronary Heart Disease: Cross-Cultural Correlations in the Seven Countries Study", *European Journal of Epidemiology*, vol. 15, núm. 6, 1999, pp. 507-515.

Mensink, Ronald P., y Martijn B. Katan, "Effect of Dietary Trans Fatty Acids on High-Density and Low-Density Lipoprotein Cholesterol Levels in Healthy Subjects", *New England Journal of Medicine*, vol. 323, núm. 7, 16 de agosto de 1990, pp. 439-445.

Meyer, W. H., "Dietary Fat and Cancer Trends—Further Comments", *Federation Proceedings*, vol. 38, núm. 11, noviembre de 1979, pp. 2436-2437.

Michaels, Leon, "Atiology of Coronary Artery Disease: An Historical Approach", *British Heart Journal*, vol. 28, núm. 2, marzo de 1966, pp. 258-264.

——, *The Eighteenth-Century Origins of Angina Pectoris: Predisposing Causes, Recognition and Aftermath*, Historia de la Medicina, suplemento 21, Londres, Centro del Fondo Wellcome para la Historia de la Medicina en UCL, 2001.

Michels, Karin, y Frank Sacks, "Trans Fatty Acids in European Margarines", *New England Journal of Medicine*, vol. 332, núm. 8, 23 de febrero de 1995, pp. 541-542.

Miettinen, Matti, Martti Karvonen, Osmo Turpeinen, Reino Elosuo y Erkki Paavilainen, "Effect of Cholesterol-Lowering Diet on Mortality from Coronary Heart-Disease and Other Causes: A Twelve-Year Clinical Trial in Men and Women", *The Lancet*, vol. 300, núm. 7782, octubre de 1972, pp. 835-838.

———, "Effect of Diet on Coronary-Heart-Disease Mortality", *The Lancet*, vol. 302, núm. 7840, 1973, pp. 1266-1267.

Miller, Seth R., Paul I. Tartter, Angelos E. Papatestas, Gary Slater y Arthur H. Aufses, "Serum Cholesterol and Human Colon Cancer", *Journal of the National Cancer Institute*, vol. 67, núm. 2, agosto de 1981, pp. 297-300.

Mills, Barbara K., "The Nutritionist Who Prepared the Pro-Cholesterol Report Defends It Against Critics", *People*, 16 de junio de 1980.

Mills, Paul K., W. Lawrence Beeson, Roland L. Phillips y Gary E. Fraser, "Cancer Incidence Among California Seventh-Day Adventists, 1976-1982", *American Journal of Clinical Nutrition*, vol. 59, núm. 5, suplemento, mayo de 1994, pp. S1136-S1142.

Minger, Denise, "The China Study", *Raw Food SOS* (blog).

Montanari, Massimo, *The Culture of Food*, Carl Ipsen (trad.), Cambridge, Massachusetts, Wiley-Blackwell, 1996.

Moore, Thomas J., "The Cholesterol Myth", *The Atlantic*, vol. 264, núm. 3, septiembre de 1989, p. 37.

———, *Heart Failure: A Critical Inquiry into American Medicine and the Revolution in Heart Care*, Nueva York, Simon and Schuster, 1989.

Moore, William W., *Fighting for Life: A History of the American Heart Association 1911-1975*, Dallas, Asociación Americana del Corazón, 1983.

Moreno, Luis A., Antonio Sarria, Aurora Lázaro y Manuel Bueno, "Dietary Fat Intake and Body Mass Index in Spanish Children", *American Journal of Clinical Nutrition*, vol. 72, núm. 5, suplemento, noviembre de 2000, pp. S1399-S1403.

Morgan, Jane B., A. C. Kimber, A. M. Redfern y B. J. Stordy, "Healthy Eating for Infants—Mothers' Attitudes", *Acta Paediatrica*, vol. 84, núm. 5, mayo de 1995, pp. 512-515.

Morrell, Sally Fallon, y Mary Enig, "Guts and Grease: The Diet of Native Americans", *Wise Traditions in Food, Farming and the Healing Arts*, vol. 2, núm. 1, primavera de 2001, pp. 40-47.

Mozaffarian, Dariush, "Taking the Focus off of Saturated Fat", presentado como parte de "El gran debate de la grasa", en una conferencia y exposición de la Academia de Nutrición y Dietética, Boston, Massachusetts, 8 de noviembre de 2010, disponible en audio.

Mozaffarian, Dariush, Martijn B. Katan, Alberto Ascherio, Meir J. Stampfer y Walter C. Willett, "Trans Fatty Acids and Cardiovascular Disease", *New England Journal of Medicine*, vol. 354, núm. 15, 13 de abril de 2006, pp. 1601-1613.

Mulcahy, Risteard, Noel Hickey, Ian Graham y Gilbert McKenzie, "Factors Influencing Long-Term Prognosis in Male Patients Surviving a First Coronary Attack", *British Heart Journal*, vol. 37, núm. 2, febrero de 1975, pp. 158-165.

Muldoon, Matthew F., Stephen B. Manuck y Karen A. Matthews, "Lowering Cholesterol Concentrations and Mortality: A Quantitative Review of Primary Prevention Trials", *British Medical Journal*, vol. 301, núm. 6747, 11 de agosto de 1990, pp. 309-314.

Murata, Mitsunori, "Secular Trends in Growth and Changes in Eating Patterns of Japanese Children", *American Journal of Clinical Nutrition*, vol. 72, núm. 5, suplemento, noviembre de 2000, pp. S1379-S1383.

Murphy, Suzanne P., y Rachel K. Johnson, "The Scientific Basis of Recent US Guidance on Sugars Intake". *American Journal of Clinical Nutrition*, vol. 78, núm. 4, 2003, pp. 827S-833S.

Napoli, Claudio, Christopher K. Glass, Joseph L. Witztum, Reena Deutsch, Francesco P. D'Armiento y Wulf Palinski, "Influence of Maternal Hypercholesterolaemia During Pregnancy on Progression of Early Atherosclerotic Lesions in Childhood: Fat of Early Lesions in Children (FELIC) Study", *The Lancet*, vol. 354, núm. 9186, 9 de octubre de 1999, pp. 1234-1241.

Naska, Androniki, Eleni Oikonomou, Antonia Trichopoulou, Theodora Psaltopoulou y Dimitrios Trichopoulos, "Siesta in Healthy Adults and Coronary Mortality in the General Population", *Archives of Internal Medicine*, vol. 167, núm. 3, 12 de febrero de 2007, pp. 296-301.

———, respuesta del autor a "Siesta, All-Cause Mortality, and Cardiovascular Mortality: Is There a 'Siesta' at Adjudicating Cardiovascular Mortality?", por Sripal Bangalore, Sabrina Sawhney y Franz H. Messerli, *Archives of Internal Medicine*, vol. 167, núm. 19, 22 de octubre de 2007, pp. 2143-2144.

Negre-Salvayre, Anne, Nathalie Auge, Victoria Ayala *et al.*, "Pathological Aspects of Lipid Peroxidation", *Free Radical Research*, vol. 44, núm. 10, octubre de 2010, pp. 1125-1171.

Ness, Andy R., J. Hughes, P. C. Elwood, E. Whitley, G. D. Smith y M. L. Burr, "The Long-Term Effect of Dietary Advice in Men with Coronary Disease: Follow-Up of the Diet and Reinfarction Trial (DART)", *European Journal of Clinical Nutrition*, vol. 56, núm. 6, junio de 2002, pp. 512-518.

Nestel, Paul J., y Andrea Poyser, "Changes in Cholesterol Synthesis and Excretion When Cholesterol Intake Is Increased", *Metabolism*, vol. 25, núm. 12, diciembre de 1976, pp. 1591-1599.

Nestle, Marion, "Mediterranean Diets: Historical and Research Overview", *American Journal of Clinical Nutrition*, vol. 61, núm. 6, suplemento, junio de 1995, pp. S1313-S1320.

———, "The Mediterranean (Diet and Disease Prevention)", en *Cambridge World History of Food 2*, Kenneth Kiple y Kriemhild Conee Ornelas (eds.), Cambridge, Inglaterra, Cambridge University Press, 2000, pp. 1193-1203.

———, *Food Politics*, Berkeley, California, University of California Press, 2002.

Nestle, Marion (ed.), "Mediterranean Diets", *American Journal of Clinical Nutrition*, vol. 61, núm. 6, suplemento, 1995, pp. SIX-1427.

Newcombe, W. W., Jr., *The Indians of Texas: From Prehistoric to Modern Times*, Austin, University of Texas Press, 1961.

Nicklas, Theresa A., Larry S. Webber, MaryLynn Koschak y Gerald S. Berenson, "Nutrient Adequacy of Low Fat Intakes for Children: The Bogalusa Heart Study", *Pediatrics*, vol. 89, núm. 2, 1° de febrero de 1992, pp. 221-228.

Niinikoski, Harri, Hanna Lagstrom, Eero Jokinen *et al.*, "Impact of Repeated Dietary Counseling Between Infancy and 14 Years of Age on Dietary Intakes and Serum Lipids and Lipoproteins: The STRIP Study", *Circulation*, vol. 116, núm. 9, 13 de agosto de 2007, pp. 1032-1040.

Niinikoski, Harri, Jorma Viikari, Tapani Ronnemaa *et al.*, "Regulation of Growth of 7- to 36-Month-Old Children by Energy and Fat Intake in the Prospective, Randomized STRIP Baby Trial", *Pediatrics*, vol. 100, núm. 5, noviembre de 1997, pp. 810-816.

Noakes, Tim D., "The Women's Health Initiative Randomized Controlled Dietary Modification Trial: An Inconvenient Finding and the Diet-Heart Hypothesis", *South African Medical Journal*, vol. 103, núm. 11, 30 de septiembre de 2013, pp. 824-825.

Nordmann, Alain J., Katja Suter-Zimmermann, Heiner C. Bucher *et al.*, "Meta-Analysis Comparing Mediterranean to Low-Fat Diets for Modification of Cardiovascular Risk Factors", *American Journal of Medicine*, vol. 124, núm. 9, septiembre de 2011, pp. 841-851.

Nydegger, Uris E., y Rene E. Butler, "Serum Lipoprotein Levels in Patients with Cancer", *Cancer Research*, vol. 32, núm. 8, agosto de 1972, pp. 1756-1760.

Obarzanek, Eva, Sally A. Hunsberger, Linda Van Horn *et al.*, "Safety of a Fat-Reduced Diet: The Dietary Intervention Study in Children (DISC)", *Pediatrics*, vol. 100, núm. 1, julio de 1997, pp. 51-59.

Obarzanek, Eva, Frank M. Sacks, William M. Vollmer *et al.*, "Effects on Blood Lipids of a Blood Pressure-Lowering Diet: The Dietary Approaches to Stop Hypertension (DASH) Trial", *American Journal of Clinical Nutrition*, vol. 74, núm. 1, 2001, pp. 80-89.

O'Brien, Patrick, "Dietary Shifts and Implications for US Agriculture", *American Journal of Clinical Nutrition*, vol. 61, núm. 6, suplemento, 1995, pp. S1390-S1396.

Oficina del Censo de Estados Unidos, *Census Reports II: Twelfth Census of the United States, Taken in the Year 1900. Population. Part II*, Washington, D. C., Oficina del Censo de Estados Unidos, 1902.

Oficina del Director General de Salud Pública, Servicio de Salud Pública de Estados Unidos, Departamento de Salud y Servicios Humanos de Estados Unidos, "Healthy People: The Surgeon General's Report on Health Promotion and Disease Prevention", número de expediente 79-55071, Washington, D. C., Oficina de Imprenta del Gobierno de Estados Unidos, 1979.

Ohfuji, Takehi Ko, y Takashi Kaneda, "Characterization of Toxic Components in Thermally Oxidized Oil", *Lipids*, núm. 8, 1973, pp. 353-359.

Oliver, Michael Francis, "Ischaemic Heart Disease: A Secondary Prevention Trial Using Clofibrate", *Pharmacological Control of Lipid Metabolism*, vol. 26, 1972, pp. 255-259.

———, "Dietary Cholesterol, Plasma Cholesterol and Coronary Heart Disease", *British Heart Journal*, vol. 38, núm. 3, marzo de 1976, pp. 214-218.

———, "It Is More Important to Increase the Intake of Unsaturated Fats than to Decrease the Intake of Saturated Fats: Evidence from Clinical Trials Relating to Ischemic Heart Disease", *American Journal of Clinical Nutrition*, vol. 66, núm. 4, suplemento, octubre de 1997, pp. S980-S986.

Opie, Lionel H., "Letter to the Editor: Mediterranean Diet for the Primary Prevention of Heart Disease", *New England Journal of Medicine*, vol. 369, núm. 7, 15 de agosto de 2013, pp. 672-673.

Orchard, Trevor J., Richard P. Donahue, Lewis H. Kuller, Patrick N. Hodge y Allan L. Drash, "Cholesterol Screening in Childhood: Does It Predict Adult Hypercholesterolemia? The Beaver County Experience", *Journal of Pediatrics*, vol. 103, núm. 5, noviembre de 1983, pp. 687-691.

Organización de Alimentos y Agricultura de las Naciones Unidas, "Fats and Fatty Acids in Human Nutrition: Report of an Expert Consultation. 10-14 November 2008", *FAO Food and Nutrition Paper*, núm. 91, Roma, Organización de Alimentos y Agricultura de las Naciones Unidas, 2010.

Organización Mundial de la Salud, "Diet, Nutrition, and the Prevention of Chronic Diseases: Joint WHO/FAO Expert Consultation", *World Health Organization Technical Report Series*, núm. 916, Ginebra, Suiza, Organización Mundial de la Salud, 2003.

Ornish, Dean, Shirley E. Brown, J. H. Billings *et al.*, "Can Lifestyle Changes Reverse Coronary Heart Disease? The Lifestyle Heart Trial", *The Lancet*, vol. 336, núm. 8708, 21 de julio de 1990, pp. 129-133.

Ornish, Dean, Larry W. Scherwitz, Rachelle S. Doody *et al.*, "Effects of Stress Management Training and Dietary Changes in Treating Ischemic Heart Disease", *Journal of the American Medical Association*, vol. 249, núm. 1, 7 de enero de 1983, pp. 54-59.

Ornish, Dean, Larry W. Scherwitz, James H. Billings *et al.*, "Intensive Lifestyle Changes for Reversal of Coronary Heart Disease", *Journal of the American Medical Association*, vol. 280, núm. 23, 16 de diciembre de 1998, pp. 2001-2007.

Orr, John B., y John L. Gilks, *Studies of Nutrition: The Physique and Health of Two African Tribes*, Consejo de Investigación Médica, serie de reportes especiales, núm. 155, Londres, Stationery Office, 1931.

Osler, William, *The Principles and Practice of Medicine*, 1892. Reimpresión de RareBooksClub.com, 2012.

Ozonoff, David, "The Political Economy of Cancer Research", *Science and Nature*, núm. 2, 1979, pp. 14-16.

Page, Irvine H., Edgar V. Allen, Francis L. Chamberlain, Ancel Keys, Jeremiah Stamler y Fredrick J. Stare, "Dietary Fat and Its Relation to Heart Attacks and Strokes", *Circulation*, vol. 23, núm. 1, 1961, pp. 133-136.

Page, Irvine H., Fredrick J. Stare, A. C. Corcoran, Herbert Pollack y Charles F. Wilkinson, "Atherosclerosis and the Fat Content of the Diet", *Circulation*, vol. 16, núm. 2, agosto de 1957, pp. 163-178.

Pagoto, Sherry L. y Bradley M. Appelhans, "A Call for an End to the Diet Debates", *Journal of the American Medical Association*, vol. 310, núm. 7, 2013, pp. 687-688.

Palmieri, Luigi, Kathleen Bennett, Simona Giampaoli y Simon Capewell, "Explaining the Decrease in Coronary Heart Disease Mortality in Italy between 1980 and 2000", *American Journal of Public Health*, vol. 100, núm. 4, abril de 2010, pp. 684-692.

Pan, An, Qi Sun, Adam M. Bernstein *et al.*, "Red Meat Consumption and Mortality: Results from 2 Prospective Cohort Studies", *Archives of Internal Medicine*, vol. 172, núm. 7, 9 de abril de 2012, pp. 555-563.

Panel de Expertos sobre Ácidos Grasos Trans y Enfermedad Cardiaca Coronaria, "Trans Fatty Acids and Coronary Heart Disease Risk", *American Journal of Clinical Nutrition*, vol. 62, núm. 3, suplemento, 1995, pp. S655-S708.

Park, Youngmee K., y Elizabeth A. Yetley, "Trench Changes in Use and Current Intakes of Tropical Oils in the United States", *American Journal of Clinical Nutrition*, vol. 51, núm. 5, 1990, pp. 738-748.

Patek, Arthur J., Forrest E. Kendall, Nancy M. deFritsch y Robert L. Hirsch, "Cirrhosis- Enhancing Effect of Corn Oil", *Archives of Pathology*, vol. 82, núm. 6, diciembre de 1966, pp. 596-601.

Patel, Sanjay R., "Is Siesta More Beneficial than Nocturnal Sleep?", *Archives of Internal Medicine*, vol. 167, núm. 19, 22 de octubre de 2007, pp. 2143-2144.

Pearce, Morton Lee, y Seymour Dayton, "Incidence of Cancer in Men on a Diet High in Polyunsaturated Fat", *The Lancet*, vol. 297, núm. 7697, 6 de marzo de 1971, pp. 464-467.

Pennington, Alfred W., "Obesity in Industry: The Problem and Its Solution", *Industrial Medicine & Surgery*, vol. 18, núm. 6, junio de 1949, p. 259.

———, "Obesity", *Medical Times*, vol. 80, núm. 7, julio de 1952, pp. 389-398.

———, "An Alternate Approach to the Problem of Obesity", *American Journal of Clinical Nutrition*, vol. 1, núm. 2, 1953, pp. 100-106.

———, "A Reorientation on Obesity", *New England Journal of Medicine*, vol. 248, núm. 23, 4 de junio de 1953, pp. 959-964.

———, "Treatment of Obesity with Calorically Unrestricted Diets", *Journal of Clinical Nutrition*, vol. 1, núm. 5, julio-agosto de 1953, pp. 343-348.

———, "Obesity: Overnutrition or Disease of Metabolism?", *American Journal of Digestive Diseases*, vol. 20, núm. 9, septiembre de 1953, pp. 268-274.

———, "Treatment of Obesity: Developments of the Past 150 Years", *American Journal of Digestive Diseases*, vol. 21, núm. 3, marzo de 1954, pp. 65-69.

Pernetti, Mimma, Kees van Malssen, Daniel Kalnin y Eckhard Floter, "Structuring Edible Oil with Lecithin and Sorbitan Tri-Stearate", *Food Hydrocolloids*, vol. 21, núms. 5-6, julio-agosto de 2007, pp. 855-861.

Phillips, Roland L., Frank R. Lemon, W. Lawrence Beeson y Jan W. Kuzma, "Coronary Heart Disease Mortality Among Seventh-Day Adventists with Differing Dietary Habits: A Preliminary Report", *American Journal of Clinical Nutrition*, vol. 31, núm. 10, suplemento, octubre de 1978, pp. S191-S198.

Phinney, Stephen D., Bruce R. Bistrian, R. R. Wolfe y G. L. Blackburn, "The Human Metabolic Response to Chronic Ketosis Without Caloric Restriction: Physical and Biochemical Adaption", *Metabolism*, vol. 32, núm. 8, agosto de 1983, pp. 757-768.

Phinney, Stephen D., Bruce R. Bistrian, W. J. Evans, E. Gervino y G. L. Blackburn, "The Human Metabolic Response to Chronic Ketosis Without Caloric Restriction: Preservation of Submaximal Exercise Capability Without Reduced Carbohydrate Oxidation", *Metabolism*, vol. 32, núm. 8, agosto de 1983, pp. 769-776.

Phinney, Stephen D., y Jeff S. Volek, *New Atkins for a New You: The Ultimate Diet for Shedding Weight and Feeling Great*, Nueva York, Touchstone, 2010.

Phinney, Stephen D., James A. Wortman y Douglas Bibus, "Oolichan Grease: A Unique Marine Lipid and Dietary Staple of the North Pacific Coast", *Lipids*, vol. 44, núm. 1, enero de 2009, pp. 47-51.

Pickat, A. K., "The Nutritive Value of Margarine and Soy Bean-Oil", *Voprosy Pitaniia*, vol. 2, núm. 5, 1933, pp. 34-60.

Pinckney, Edward R., y Cathey Pinckney, *The Cholesterol Controversy*, Los Ángeles, Sherbourne Press, 1973.

Plourde, Melanie, y Stephen C. Cunnane, "Extremely Limited Synthesis of Long Chain Polyunsaturates in Adults: Implications for Their Dietary Essentiality and Use as Supplements", *Applied Physiology, Nutrition and Metabolism*, vol. 32, núm. 4, agosto de 2007, pp. 619-634.

Plumb, Robert K., "Diet Linked to Cut in Heart Attacks", *The New York Times*, 17 de mayo de 1962, p. 39.

Poli, Giuseppi, y Rudolph Jörg Schaur, "4-Hydroxynonenal: A Lipid Degradation Product Provided with Cell Regulatory Functions",

Molecular Aspects of Medicine, vol. 24, núms. 4-5, suplemento, agosto-octubre de 2003, pp. 147-313.

Poli, Giuseppi, Rudolph Jörg Schaur, W. G. Sterns y G. Leonnarduzzi, "4-Hydroxynonenal: A Membrane Lipid Oxidation Product of Medicinal Interest", *Medicinal Research Reviews*, vol. 28, núm. 4, julio de 2008, pp. 569-631.

Popper, Karl, *Objective Knowledge: An Evolutionary Approach*, edición revisada, Oxford, Clarendon Press, 1979.

Porter, Eugene O., "Oleomargarine: Pattern for State Trade Barriers", *Southwestern Social Science Quarterly*, núm. 29, 1948, pp. 38-48.

Poustie, Vanessa J., y Patricia Rutherford, "Dietary Treatment for Familial Hypercholesterolaemia", *Cochrane Database of Systematic Reviews*, núm. 2, 2001, p. CD001918.

Powley, Terry L., "The Ventromedial Hypothalamic Syndrome, Satiety and a Cephalic Phase Hypothesis", *Psychological Review*, vol. 84, núm. 1, 1977, pp. 89-126.

Prentice, Andrew M., y Alison A. Paul, "Fat and Energy Needs of Children in Developing Countries", *American Journal of Clinical Nutrition*, vol. 72, núm. 5, suplemento, noviembre de 2000, pp. S1253-S1265.

Prentice, George, "Cancer Among Negroes", *British Medical Journal*, vol. 2, núm. 3285, 15 de diciembre de 1923, p. 1181.

Prentice, Ross L., Bette Caan, Rowan T. Chlebowski *et al.*, "Low-Fat Dietary Pattern and Risk of Invasive Breast Cancer: The Women's Health Initiative Randomized Controlled Dietary Modification Trial", *Journal of the American Medical Association*, vol. 295, núm. 6, 8 de febrero, pp. 629-642.

Prentice, Ross L., Cynthia A. Thomson, Bette Caan *et al.*, "Low-Fat Dietary Pattern and Cancer Incidence in the Women's Health Initiative Dietary Modification Randomized Controlled Trial", *Journal of the National Cancer Institute*, vol. 99, núm. 20, 17 de octubre de 2007, pp. 1534-1543.

Price, Weston A., *Nutrition and Physical Degeneration*, 1939. Reimpreso en La Mesa, California, Fundación Price-Pottenger de Nutrición, 2004.

Prior, Ian A., Flora Davidson, Clare E. Salmond y Z. Czochanska, "Cholesterol, Coconuts, and Diet on Polynesian Atolls: A Natural Experiment: The Pukapuka and Tokelau Island Studies", *American Journal of Clinical Nutrition*, vol. 34, núm. 8, agosto de 1981, pp. 1552-1561.

Procter & Gamble Company, "The Story of Crisco", en *The Story of Crisco: 250 Tested Recipes*, Marion Harris Neil, Cincinnati, Ohio, Procter & Gamble, 1914, pp. 5-17.

Programa Nacional de Educación sobre Colesterol, *Third Report of the National Cholesterol Education Program (NCEP). Expert Panel on Detection, Evaluation, and Treatment of High Blood Cholesterol in Adults: (Adult Treatment Panel III) Final Report*, publicación de los NIH, núm. 02-5215, Washington, D. C., NIH, 2002.

Programa Nacional de Toxicología, Servicio de Salud Pública de Estados Unidos, Departamento de Salud y Servicios Humanos de Estados Unidos, "Report on Carcinogens: 12th Edition", Washington, D. C., Oficina de Imprenta del Gobierno de Estados Unidos, 2011.

Psaltopoulou, Theodora, Androniki Naska, Philoppos Orfanos, Dimitrios Trichopoulos, Theodoros Mountokalakis y Antonia Trichopoulou, "Olive Oil, the Mediterranean Diet, and Arterial Blood Pressure: The Greek European Prospective Investigation into Cancer and Nutrition (EPIC) Study", *American Journal of Clinical Nutrition*, vol. 80, núm. 4, 1° de octubre de 2004, pp. 1012-1018.

Qintao, Eder, Scott Grundy y Edward H. Ahrens, Jr., "Effects of Dietary Cholesterol on the Regulation of Total Body Cholesterol in Man", *Journal of Lipid Research*, vol. 12, núm. 2, marzo de 1971, pp. 233-247.

Ram, B., Shanti S. Rastogi, Rakesh Verma, Laxmi Bolaki y Reema Singh, "An Indian Experiment with Nutritional Modulation in Acute Myocardial Infarction", *American Journal of Cardiology*, vol. 69, núm. 9, 1° de abril de 1992, pp. 879-885.

Ramsden, Christopher E., Joseph R. Hibbeln, Sharon F. Majchrzak y John M. Davis, "N-6 Fatty Acid-Specific and Mixed Polyunsaturate Dietary Interventions Have Different Effects on CHD Risk: A Meta-Analysis of Randomised Controlled Trials", *British Journal of Nutrition*, vol. 104, núm. 11, diciembre de 2010, pp. 1586-1600.

Ramsden, Christopher E., Daisy Zamora, Boonseng Leelarthaepin *et al.*, "Use of Dietary Linoleic Acid for Secondary Prevention of Coronary Heart Disease and Death: Evaluation of Recovered Data from the Sydney Diet Heart Study and Updated Meta-Analysis", *British Medical Journal*, núm. 346, 4 de febrero de 2013, información del documento 10.1136/bmj.e8707.

Rand, Margaret L., Adje A. Hennissen y Gerard Hornstra, "Effects of Dietary Palm Oil on Arterial Thrombosis, Platelet Responses and

Platelet Membrane Fluidity in Rats", *Lipids*, vol. 23, núm. 11, noviembre de 1988, pp. 1019-1023.

Rauch B., R. Schiele, S. Schneider *et al.*, "OMEGA, a Randomized, Placebo Controlled Trial to Test the Effect of Highly Purified Omega-3 Fatty Acids on Top of Modern Guideline-Adjusted Therapy After Myocardial Infarction", *Circulation*, vol. 122, núm. 21, 23 de noviembre de 2010, pp. 2152-2159.

Ravnskov, Uffe, *The Cholesterol Myths: Exposing the Fallacy that Saturated Fat and Cholesterol Cause Heart Disease*, Washington, D. C., New Trends, 2000.

Ray, Kausik K., Sreenivasa Rao Kondapally Seshasai, Sebhat Erqou *et al.*, "Statins and All-Cause Mortality in High-Risk Primary Prevention: A Meta-Analysis of 11 Randomized Controlled Trials Involving 65,229 Participants", *Archives of Internal Medicine*, vol. 170, núm. 12, 28 de junio de 2010, pp. 1024-1031.

Reeves, Robert M., carta al editor, "Effect of Dietary Trans Fatty Acids on Cholesterol Levels", *New England Journal of Medicine*, vol. 324, núm. 5, 31 de enero de 1991, pp. 338-340.

———, presentación en una conferencia del Instituto de Grasa y Aceites Comestibles, Las Vegas, agosto de 2007.

Reid, D. D., y G. A. Rose, "Preliminary Communications: Assessing the Comparability of Mortality Statistics", *British Medical Journal*, vol. 2, núm. 5422, 5 de diciembre de 1964, pp. 1437-1439.

Reiser, Raymond, "Saturated Fat in the Diet and Serum Cholesterol Concentration: A Critical Examination of the Literature", *American Journal of Clinical Nutrition*, vol. 26, núm. 5, mayo de 1973, pp. 524-555.

———, "Saturated Fat: A Rebuttal", *American Journal of Clinical Nutrition*, vol. 27, núm. 3, marzo de 1974, pp. 228-229.

Riepma, S. F., *The Story of Margarine*, Washington, D. C., Public Affairs Press, 1970.

Rillamas-Sun, Eileen, Andrea Z. LaCroix, Molly E. Warring *et al.*, "Obesity and Late-Age Survival Without Major Disease or Disability in Older Women", *Journal of the American Medical Association, Internal Medicine*, vol. 174, núm. 1, enero de 2014, pp. 98-106.

Rittenberg, D., y Rudolf Schoenheimer, "Deuterium as an Indicator in the Study of Intermediary Metabolism: XI. Further Studies on the Biological Uptake of Deuterium into Organic Substances, with Special Reference to Fat and Cholesterol Formation", *Journal of Bio-*

logical Chemistry, vol. 121, núm. 1, 1° de octubre de 1937, pp. 235-253.

Rivellese, Angela A., Rosalba Giacco, Giovanni Annuzzi *et al.*, "Effects of Monounsaturated vs. Saturated Fat on Postprandial Lipemia and Adipose Tissue Lipases in Type 2 Diabetes", *Clinical Nutrition*, vol. 27, núm. 1, febrero de 2008, pp. 133-141.

Robe, Karl, "Focus Gets Clearer on Confused Food Oil Picture", *Food Processing*, diciembre de 1961, pp. 62-68.

Roberts, T. L., D. A. Wood, R. A. Riemersma, P. J. Gallagher y Fiona C. Lampe, "Trans Isomers of Oleic and Linoleic Acids in Adipose Tissue and Sudden Cardiac Death", *The Lancet*, vol. 345, núm. 8945, 4 de febrero de 1995, pp. 278-282.

Rogers, Adrianne E., y Matthew P. Longnecker, "Biology of Disease: Dietary and Nutritional Influences on Cancer—A Review of Epidemiological and Experimental Data", *Laboratory Investigation*, vol. 59, núm. 6, 1988, pp. 729-759.

Rony, H. R., *Obesity and Leanness*, Filadelfia, Lea and Febiger, 1940.

Root, Waverley, y Richard De Rochemont, *Eating in America: A History*, Nueva York, Morrow, 1976.

Rosamond, Wayne D., Lloyd E. Chambless, Aaron R. Folsom *et al.*, "Trends in the Incidence of Myocardial Infarction and in Mortality Due to Coronary Heart Disease, 1987 to 1994", *New England Journal of Medicine*, vol. 339, núm. 13, 24 de septiembre de 1998, pp. 861-867.

Rose, Geoffrey, Henry Blackburn, Ancel Keys *et al.*, "Colon Cancer and Blood-Cholesterol", *The Lancet*, vol. 303, núm. 7850, 9 de febrero de 1974, pp. 181-183.

Rose, Geoffrey, W. B. Thompson y R. T. Williams, "Corn Oil in Treatment of Ischaemic Heart Disease", *British Medical Journal*, vol. 1, núm. 5449, 12 de junio de 1965, pp. 1531-1533.

Ross, Russell, "The Pathogenesis of Atherosclerosis—An Update", *New England Journal of Medicine*, vol. 314, núm. 8, 20 de febrero de 1986, pp. 488-500.

Rothstein, William G., *Public Health and the Risk Factor: A History of an Uneven Medical Revolution*, Estudios Rochester de Historia de la Medicina 3, Rochester, Nueva York, University of Rochester Press, 2003.

Rouja, Philippe Max, Eric Dewailly y Carole Blanchet, "Fat, Fishing Patterns, and Health Among the Bardi People of North Western Australia", *Lipids*, vol. 38, núm. 4, abril de 2003, pp. 399-405.

Roussouw, Jacques E., Loretta Finnegan, William R. Harlan, Vivian W. Pinn, Carolyn Clifford y Joan A. McGowan, "The Evolution of the Women's Health Initiative: Perspectives from the NIH", *Journal of the American Medical Women's Association*, vol. 50, núm. 2, marzo-abril de 1995, pp. 50-55.

Rubba, Paolo, F. Mancini, M. Gentile y M. Mancini, "The Mediterranean Diet in Italy: An Update", *World Review of Nutrition and Dietetics*, núm. 97, 2007, pp. 85-113.

Ruiz-Canela, Miguel, y Miguel A. Martínez-González, "Olive Oil in the Primary Prevention of Cardiovascular Disease", *Maturitas*, vol. 68, núm. 3, marzo de 2011, pp. 245-250.

Sacks, Frank M., George A. Bray, Vincent J. Carey *et al.*, "Comparison of Weight-Loss Diets with Different Compositions of Fat, Protein, and Carbohydrates", *New England Journal of Medicine*, vol. 360, núm. 9, 26 de febrero de 2009, pp. 859-873.

Sacks, Frank M., y Lisa Litlin, "Trans-Fatty-Acid Content of Common Foods", *New England Journal of Medicine*, vol. 329, núm. 26, 23 de diciembre de 1993, pp. 1969-1970.

Samaha, Frederick F., Nayyar Iqbal, Prakash Seshadri *et al.*, "A Low-Carbohydrate as Compared with a Low-Fat Diet in Severe Obesity", *New England Journal of Medicine*, vol. 348, núm. 21, 22 de mayo de 2003, pp. 2074-2081.

Samuel, Paul, Donald J. McNamara y Joseph Shapiro, "The Role of Diet in the Etiology and Treatment of Atherosclerosis", *Annual Review of Medicine*, vol. 34, núm. 1, 1983, pp. 179-194.

Sarri, Katerina, y Anthony Kafatos, carta al editor, "The Seven Countries Study in Crete: Olive Oil, Mediterranean Diet or Fasting?", *Public Health Nutrition*, vol. 8, núm. 6, 2005, p. 666.

Sarri, Katerina, Manolis K. Linardakis, Frosso N. Bervanaki, Nikolaos E. Tzanakis y Anthony G. Kafatos, "Greek Orthodox Fasting Rituals: A Hidden Characteristic of the Mediterranean Diet of Crete", *British Journal of Nutrition*, vol. 92, núm. 2, 2004, pp. 277-284.

Schaefer, Ernst J., Joi L. Augustin, Mary M. Schaefer *et al.*, "Lack of Efficacy of a Foodfrequency Questionnaire in Assessing Dietary Macronutrient Intakes in Subjects Consuming Diets of Known Composition", *American Journal of Clinical Nutrition*, vol. 71, núm. 3, marzo de 2000, pp. 746-751.

Schaefer, Otto, "Medical Observations and Problems in the Canadian Arctic: Part II", *Canadian Medical Association Journal*, vol. 81, núm. 5, 1º de septiembre de 1959, pp. 386-393.

———, "Glycosuria and Diabetes Mellitus in Canadian Eskimos: A Preliminary Report and Hypothesis", *Canadian Medical Association Journal*, vol. 99, núm. 5, 3 de agosto de 1968, pp. 201-206.

———, "When the Eskimo Comes to Town", *Nutrition Today*, vol. 6, núm. 6, noviembre-diciembre de 1971, pp. 8-16.

Schatzkin, Arthur, Peter Greenwald, David P. Byar y Carolyn K. Clifford, "The Dietary Fat-Breast Cancer Hypothesis Is Alive", *Journal of the American Medical Association*, vol. 261, núm. 22, 9 de junio de 1989, pp. 3284-3287.

Schatzkin, Arthur, Víctor Kipnis, Raymond J. Carroll *et al.*, "A Comparison of a Food Frequency Questionnaire with a 24-hour Recall for Use in an Epidemiological Cohort Study: Results from the Biomarker-based Observing Protein and Energy Nutrition (OPEN) Study", *International Journal of Epidemiology*, vol. 32, núm. 6, diciembre de 2003, pp. 1054-1062.

Schettler, Gotthard, "Atherosclerosis During Periods of Food Deprivation Following World Wars I and II", *Preventive Medicine*, vol. 12, núm. 1, 1983, pp. 75-83.

Schleifer, David, "Reforming Food: How Trans Fats Entered and Exited the American Food System", disertación de doctorado, New York University, 2010.

———, "The Perfect Solution: How Trans Fats Became the Healthy Replacement for Saturated Fats", *Technology and Culture*, vol. 53, núm. 1, enero de 2012, pp. 94-119.

Schwarzfuchs, Dan, Rachel Golan e Iris Shai, carta al editor, "Four-Year Follow-Up After Two-Year Dietary Interventions", *New England Journal of Medicine*, vol. 367, núm. 14, 4 de octubre de 2012, pp. 1373-1374.

Seinfeld, Jerry, *I'm Telling You for the Last Time*, Teatro Broadhurst, Nueva York, 6-9 de agosto de 1998.

Seiz, Keith, *Dietary Goals for the United States*, 95 Congreso, Washington, D. C., Oficina de Imprenta del Gobierno de Estados Unidos, 1977.

———, "Formulations: Sourcing Ideal Trans-Free Oils", *Functional Foods & Neutraceuticals*, julio de 2005, pp. 36-37.

Seltzer, Carl C., "The Framingham Heart Study Shows No Increases in Coronary Heart Disease Rates from Cholesterol Values of 205-264 mg/dL", *Giornale Italiano di Cardiologia*, vol. 21, núm. 6, Padua, 1991, p. 683.

Senti, Frederic R. (ed.), preparado para el Centro de Seguridad de Alimentos y Nutrición Aplicada, la Administración de Alimentos y Medicamentos, *Health Aspects of Dietary Trans-Fatty Acids*, Bethesda, Maryland, Oficina de Investigación de Ciencias de la Vida, Federación de Sociedades Americanas para la Biología Experimental, agosto de 1985.

Seppanen, C. M., y A. Saari Csallany, "Simultaneous Determination of Lipophilic Aldehydes by High-Performance Liquid Chromatography in Vegetable Oil", *Journal of the American Oil Chemists' Society*, vol. 78, núm. 12, 1° de diciembre de 2001, pp. 1253-1260.

———, "Formation of 4-Hydroxynonenal, a Toxic Aldehyde, in Soybean Oil at Frying Temperature", *Journal of the American Oil Chemists' Society*, vol. 79, núm. 10, 1° de octubre de 2002, pp. 1033-1038.

Serra-Majem, Lluís, J. Ngo de la Cruz, L. Ribas y L. Salleras, "Mediterranean Diet and Health: Is All the Secret in Olive Oil?", *Pathophysiology of Haemostasis and Thrombosis*, vol. 33, núms. 5-6, septiembre-diciembre de 2003-2004, pp. 461-465.

Serra-Majem, Lluís, Lourdes Ribas, Ricard Tresserras, Joy Ngo y Llufs Salleras, "How Could Changes in Diet Explain Changes in Coronary Heart Disease Mortality in Spain? The Spanish Paradox", *American Journal of Clinical Nutrition*, vol. 61, núm. 6, suplemento, junio de 1995, pp. S1351-S1359.

Serra-Majem, Lluís, Blanca Román y Ramón Estruch, "Scientific Evidence of Interventions Using the Mediterranean Diet: A Systematic Review", *Nutritional Reviews*, vol. 64, núm. 2, febrero de 2006, pp. S27-S47.

Serra-Majem, Lluís, Antonia Trichopoulou, Joy Ngo de la Cruz *et al.*, "Does the Definition of the Mediterranean Diet Need to be Updated?", *Public Health Nutrition*, vol. 7, núm. 7, octubre de 2004, pp. 927-929.

Shai, Iris, Dan Schwarzfuchs, Yaakov Henkin *et al.*, "Weight Loss with a Low-Carbohydrate, Mediterranean, or Low-Fat Diet", *New England Journal of Medicine*, vol. 359, núm. 3, 17 de julio de 2008, pp. 229-241.

Shaper, A. Gerald, "Cardiovascular Studies in the Samburu Tribe of Northern Kenya", *American Heart Journal*, vol. 63, núm. 4, abril de 1962, pp. 437-442.

———, entrevista con Henry Blackburn, en "Preventing Heart Attack and Stroke: A History of Cardiovascular Disease Epidemiology", consultada el 14 de febrero de 2014, http://www.epi.umn.edu/cvde pi/interview.asp?id=64.

Sharman, Matthew J., Ana L. Gómez, William J. Kraemer y Jeff S. Volek, "Very Low-Carbohdryate and Low-Fat Diets Affect Fasting Lipids and Postprandial Lipemia Differently in Overweight Men", *Journal of Nutrition*, vol. 134, núm. 4, 1° de abril de 2004, pp. 880-885.

Shaten, Barbara J., Lewis H. Kuller, Marcus O. Kjelsberg *et al.*, "Lung Cancer Mortality After 16 Years in MRFIT Participants in Intervention and Usual-Care Groups", *Annals of Epidemiology*, vol. 7, núm. 2, febrero de 1997, pp. 125-136.

Shekelle, Richard B., Anne MacMillan Shryock, Oglesby Paul *et al.*, "Diet, Serum Cholesterol, and Death from Coronary Heart Disease: The Western Electric Study", *New England Journal of Medicine*, vol. 304, núm. 2, 8 de enero de 1981, pp. 65-70.

Shekelle, Richard, y Salim Yusuf, "Report of the Conference on Low Blood Cholesterol: Mortality Associations", *Circulation*, vol. 86, núm. 3, 1992, pp. 1046-1060.

Shi, Z., X. Hu, B. Yuan, G. Hu, X. Pan, Y. Dai, J. E. Byles y G. Holmboe-Ottesen, "Vegetable- Rich Food Pattern Is Related to Obesity in China", *International Journal of Obesity*, vol. 32, núm. 6, 2008, pp. 975-984.

Shields, David S., "Prospecting for Oil", *Gastronómica*, vol. 10, núm. 4, 2010, pp. 25-34.

Shin, Ju Young, Jerry Suls y Rene Martin, "Are Cholesterol and Depression Inversely Related? A Meta-Analysis of the Association Between Two Cardiac Risk Factors", *Annals of Behavioral Medicine*, vol. 36, núm. 1, agosto de 2008, pp. 33-43.

Siampos, George S., *Recent Population Change Calling for Policy Action: With Special Reference to Fertility and Migration*, Atenas, Servicio Nacional de Estadística de Grecia, 1980.

Sieri, Sabina, Vittorio Krogh, Pietro Ferrari *et al.*, "Dietary Fat and Breast Cancer Risk in the European Prospective Investigation into Cancer and Nutrition", *American Journal of Clinical Nutrition*, vol. 88, núm. 5, noviembre de 2008, pp. 1304-1312.

Silverman, Anna, Rajni Banthia, Ivette S. Estay, Colleen Kemp *et al.*, "The Effectiveness and Efficacy of an Intensive Cardiac Rehabilitation Program in 24 Sites", *American Journal of Health Promotion*, vol. 24, núm. 4, 2010, pp. 260-266.

Silwood, Christopher J. L., y Martin C. Grootveld, "Application of High-Resolution, Two-Dimensional H and C Nuclear Magnetic Resonance

Techniques to the Characterization of Lipid Oxidation Products in Autoxidized Linoleoyl Linolenoylglycerols", *Lipids*, vol. 34, núm. 7, julio de 1999, pp. 741-756.

Simell, Olli, Harri Niinikoski, Tapani Ronnemaa *et al.*, "Special Turku Coronary Risk Factor Intervention Project for Babies (STRIP)", *American Journal of Clinical Nutrition*, vol. 72, núm. 5, suplemento, noviembre de 2000, pp. S1316-S1331.

Simons, Leon A., Yechiel Friedlander, John McCallum y Judith Simons, "Risk Factors for Coronary Heart Disease in the Prospective Dubbo Study of Australian Elderly", *Atherosclerosis*, vol. 117, núm. 1, 1995, pp. 107-118.

Sinclair, Hugh M., "The Diet of Canadian Indians and Eskimos", *Proceedings of the Nutrition Society*, vol. 12, núm. 1, 1953, p. 74.

Singh, Ram B., Shanti S. Rastogi, Rakesh Verma, L. Bolaki, Reema Singh, S. Ghosh y Mohammad A. Niaz, "Randomised Controlled Trial of Cardioprotective Diet in Patients with Recent Acute Myocardinal Infarction: Results of One Year Follow Up", *British Medical Journal*, vol. 304, núm. 6833, 18 de abril de 1992, pp. 1015-1019.

Siri-Tarino, Patty W., Qi Sun, Frank B. Hu y Ronald M. Krauss, "Saturated Fat, Carbohydrate, and Cardiovascular Disease", *American Journal of Clinical Nutrition*, vol. 91, núm. 3, marzo de 2010, pp. 502-509.

Slining, Meghan M., Kevin C. Mathias y Barry M. Popkin, "Trends in Food and Beverage Sources among US Children and Adolescents: 1989-2010", *Journal of the Academy of Nutrition and Dietetics*, vol. 113, núm. 12, diciembre de 2013, pp. 1683-1694.

Smith, Jane, y Fiona Godlee, "Investigating Allegations of Scientific Misconduct", *British Medical Journal*, vol. 331, núm. 7511, 30 de julio de 2005, pp. 245-246.

Smith, Leland L., "The Autoxidation of Cholesterol", en *Autoxidation in Food and Biological Systems*, Michael G. Simic y Marcus Karel (eds.), Nueva York, Springer Science+Business Media, 1980, pp. 119-132.

Smith, Russell Lesley, y Edward Robert Pinckney, *Diet, Blood Cholesterol, and Coronary Heart Disease: A Critical Review of the Literature*, Santa Mónica, California, publicación privada, julio de 1988.

Sociedad Canadiense de Pediatría y Health Canada, Grupo de Trabajo Conjunto, *Nutrition Recommendations Update: Dietary Fat and Children*, Ottawa, Ontario, Health Canada, 1993.

Soman, C. R., "Correspondence: Indo-Mediterranean Diet and Progression of Coronary Artery Disease", *The Lancet*, vol. 366, núm. 9483, 30 de julio de 2005, pp. 365-366.

Spencer, Colin, *Vegetarianism: A History*, Londres, Grub Street, 2000.
Speth, John D., *Bison Kills and Bone Counts: Decision Making by Ancient Hunters*, Chicago, University of Chicago Press, 1983.
Squires, Sally, "Hearts and Minds", *Washington Post*, 24 de julio de 2001.
Stamler, Jeremiah, "Diet-Heart: A Problematic Revisit", *American Journal of Clinical Nutrition*, vol. 91, núm. 3, marzo de 2010, pp. 497-499.
Stamler, Jeremiah, y Frederick H. Epstein, "Coronary Heart Disease: Risk Factors as Guides to Preventive Action", *Preventive Medicine*, vol. 1, núm. 1, 1972, pp. 27-48.
Staprans, Ilona, Xian-Mang Pan, Joseph H. Rapp, Carl Grunfeld y Kenneth R. Feingold, "Oxidized Cholesterol in the Diet Accelerates the Development of Atherosclerosis in LDL Receptor- and Apolipoprotein E-Deficient Mice", *Journal of Arteriosclerosis, Thrombosis, and Vascular Biology*, vol. 20, núm. 3, marzo de 2000, pp. 708-714.
Stearns, Peter N., *Fat History: Bodies and Beauty in the Modern West*, Nueva York, New York University Press, 1997.
Stefanick, Marcia L., Sally Mackey, Mary Sheehan, Nancy Ellsworth, William L. Haskell y Peter D. Wood, "Effects of Diet and Exercise in Men and Postmenopausal Women with Low Levels of HDL Cholesterol and High Levels of LDL Cholesterol", *New England Journal of Medicine*, vol. 339, núm. 1, 2 de julio de 1998, pp. 12-20.
Stefansson, Vilhjalmur, *The Fat of the Land.* Enlarged Edition of *Not By Bread Alone* (1946), Nueva York, Macmillan, 1956.
———, *The Friendly Arctic: The Story of Five Years in Polar Regions* (primera edición, Nueva York, Macmillan, 1921), Nueva York, Greenwood Press, 1969.
Stehbens, William E., y Elli Wierzbicki, "The Relationship of Hypercholesterolemia to Atherosclerosis with Particular Emphasis on Familial Hypercholesterolemia, Diabetes Mellitus, Obstructive Jaundice, Myxedema, and the Nephrotic Syndrome", *Progress in Cardiovascular Diseases*, vol. 30, núm. 4, enero-febrero de 1988, pp. 289-306.
Stein, Joel, "The Low-Carb Diet Craze", *Time*, 1° de noviembre de 1999.
Steinberg, Daniel, "An Interpretive History of the Cholesterol Controversy: Part 1", *Journal of Lipid Research*, vol. 45, núm. 9, septiembre de 2004, pp. 1583-1593.
———, "An Interpretive History of the Cholesterol Controversy. Part II. The Early Evidence Linking Hypercholesterolemia to Coronary Disease in Humans", *Journal of Lipid Research*, vol. 46, núm. 2, febrero de 2005, pp. 179-190.

——, "The Pathogenesis of Atherosclerosis: An Interpretive History of the Cholesterol Controversy, Part IV: The 1984 Coronary Primary Prevention Trial Ends It—Almost", *Journal of Lipid Research*, vol. 47, núm. 1, enero de 2006, pp. 1-14.

Stemmermann, Grant N., Abraham Nomura, Lance K. Heilbrun, Earl S. Pollack y Abraham Kagan, "Serum Cholesterol and Colon Cancer Incidence in Hawaiian Japanese Men", *Journal of the National Cancer Institute*, vol. 67, núm. 6, diciembre de 1981, pp. 1179-1182.

Stender, Steen, y Jorn Dyerberg, "High Levels of Industrially Produced Trans Fat in Popular Fast Foods", *New England Journal of Medicine*, vol. 354, núm. 15, 13 de abril de 2006, pp. 1650-1652.

Stern, Linda, Nayyar Iqbal, Prakash Seshadri *et al.*, "The Effects of Low-Carbohydrate versus Conventional Weight Loss Diets in Severely Obese Adults: One-Year Follow-up of a Randomized Trial", *Annals of Internal Medicine*, vol. 140, núm. 10, 18 de mayo de 2004, pp. 778-785.

Stout, Clarke, Jerry Morrow, Edward N. Brandt Jr. y Stewart Wolf, "Unusually Low Incidence of Death from Myocardial Infarction: Study of Italian American Community in Pennsylvania", *Journal of the American Medical Association*, vol. 188, núm. 10, 8 de junio de 1964, pp. 845-849.

Sturdevant, Richard A. L., Morton Lee Pearce y Seymour Dayton, "Increased Prevalence of Cholelithiasis in Men Ingesting a Serum-Cholesterol-Lowering Diet", *New England Journal of Medicine*, vol. 288, núm. 1, 4 de enero de 1973, pp. 24-27.

Sutherland, Wayne H. F., Sylvia A. de Jong, Robert J. Walker *et al.*, "Effect of Meals Rich in Heated Olive and Safflower Oils on Oxidation of Postprandial Serum in Healthy Men", *Atherosclerosis*, vol. 160, núm. 1, enero de 2002, pp. 195-203.

Svendsen, Kristin, Hanne Naper Jensen, Ingvill Sivertsen y Ann Kristin Sjaastad, "Exposure to Cooking Fumes in Restaurant Kitchens in Norway", *Annals of Occupational Hygiene*, vol. 46, núm. 4, 2002, pp. 395-400.

Takeya, Yo, Jordan S. Popper, Yukiko Shimizu, Hiroo Kato, George G. Rhoads y Abraham Kagan, "Epidemiologic Studies of Coronary Heart Disease and Stroke in Japanese Men Living in Japan, Hawaii and California: Incidence of Stroke in Japan and Hawaii", *Stroke*, vol. 15, núm. 1, enero-febrero de 1984, pp. 15-23.

Tanaka, Heizo, Yutaka Ueda, Masayuki Hayashi *et al.*, "Risk Factors for Cerebral Hemorrhage and Cerebral Infarction in a Japanese Rural

Community", *Stroke*, vol. 13, núm. 1, enero-febrero de 1982, pp. 62-73.

Tanaka, T., y T. Okamura, "Blood Cholesterol Level and Risk of Stroke in Community- Based or Worksite Cohort Studies: A Review of Japanese Cohort Studies in the Past 20 Years", *Keio Journal of Medicine*, vol. 61, núm. 3, 2012, pp. 79-88.

Tang, Jian, Qi Zhang Jin, Guo Hui Shen, Chi Tang Ho y Stephen S. Chang, "Isolation and Identification of Volatile Compounds from Fried Chicken", *Journal of Agricultural and Food Chemistry*, vol. 31, núm. 6, 1983, pp. 1287-1292.

Tang, W. H. Wilson, Zeneng Wang, Bruce S. Levison *et al.*, "Intestinal Microbial Metabolism of Phosphatidylcholine and Cardiovascular Risk", *New England Journal of Medicine*, vol. 368, núm. 17, 25 de abril de 2013, pp. 1575-1584.

Tannenbaum, Albert, "The Genesis and Growth of Tumors. III. Effects of a High-Fat Diet", *Cancer Research*, vol. 2, núm. 7, julio de 1942, pp. 468-475.

Taubes, Gary, "The Soft Science of Dietary Fat", *Science*, vol. 291, núm. 5513, marzo de 2001, pp. 2536-2545.

———, "What if It's All Been a Big Fat Lie?", *New York Times Magazine*, 7 de julio de 2002.

———, "Do We Really Know What Makes Us Healthy?", *New York Times Magazine*, 16 de septiembre de 2007.

———, *Good Calories, Bad Calories: Fats, Carbs, and the Controversial Science of Diet and Health*, Nueva York, Alfred A. Knopf, 2007.

———, carta al editor, "Eat, Drink and Be Wary", *New York Times*, 28 de octubre de 2007.

———, "The Science of Obesity: What Do We Really Know about What Makes Us Fat? An Essay by Gary Taubes", *British Medical Journal*, núm. 346, 16 de abril de 2013.

———, "What Makes You Fat: Too Many Calories, or the Wrong Carbohydrates?", *Scientific American*, vol. 309, núm. 3, septiembre de 2013, pp. 60-65.

Teicholz, Nina, "Heart Breaker", *Gourmet*, junio de 2004, pp. 100-105.

Teti, Vito, "Food and Fatness in Calabria", en *Social Aspects of Obesity #1*, Igor De Garine y Nancy J. Pollock (eds.), Nicolette S. James (trad.), Ámsterdam, Gordon and Breach, 1995.

Thannhauser, S. J., y Heinz Magendantz, "The Different Clinical Groups of Xanthomatous Diseases: A Clinical Physiological Study of 22 Cases", *Annals of Internal Medicine*, vol. 11, núm. 9, 1° de marzo de 1938, pp. 1662-1746.

Tillotson, Jeanne L., Hiroo Kato, Milton Z. Nichaman *et al.*, "Epidemiology of Coronary Heart Disease and Stroke in Japanese Men Living in Japan, Hawaii, and California: Methodology for Comparison of Diet", *American Journal of Clinical Nutrition*, vol. 26, núm. 2, febrero de 1973, pp. 177-184.

Tolstoi, Edward, "The Effect of an Exclusive Meat Diet Lasting One Year on the Carbohydrate Tolerance of Two Normal Men", *Journal of Biological Chemistry*, vol. 83, núm. 3, septiembre de 1929, pp. 747-752.

———, "The Effect of an Exclusive Meat Diet on the Chemical Constituents of the Blood", *Journal of Biological Chemistry*, vol. 83, núm. 3, septiembre de 1929, pp. 753-758.

Torrey, John C., "Influence of an Exclusively Meat Diet on the Human Intestinal Flora", *Proceedings of the Society for Experimental Biology and Medicine*, vol. 28, núm. 3, diciembre de 1930, pp. 295-296.

"Trans Fatty Acids and Risk of Myocardial Infarction", Reunión Anual del Foro de Toxicología, 11-15 de julio de 1994.

"Trial of Clofibrate in the Treatment of Ischaemic Heart Disease. Five-year Study by a Group of Physicians of the Newcastle Upon Tyne Region", *British Medical Journal*, vol. 4, núm. 5790, 25 de diciembre de 1971, pp. 767-775.

Trichopoulos, Dimitrios, carta al editor, "In Defense of the Mediterranean Diet", *European Journal of Clinical Nutrition*, vol. 56, núm. 9, septiembre de 2002, pp. 928-929.

Trichopoulou, Antonia, Tina Costacou, Christina Bamia y Dimitrios Trichopoulos, "Adherence to a Mediterranean Diet and Survival in a Greek Population", *New England Journal of Medicine*, vol. 348, núm. 26, 26 de junio de 2003, pp. 2599-2608.

Trichopoulou, Antonia, Antigone Kouris-Blazos, Mark L. Wahlqvist *et al.*, "Diet and Overall Survival in Elderly People", *British Medical Journal*, vol. 311, núm. 7018, 2 de diciembre de 1995, pp. 1457-1460.

Trichopoulou, Antonia, y Pagona Lagiou, "Healthy Traditional Mediterranean Diet: An Expression of Culture, History, and Lifestyle", *Nutrition Reviews*, vol. 55, núm. 11, parte 1, noviembre de 1997, pp. 383-389.

Trichopoulou, Antonia, Philippos Orfanos, Teresa Norat *et al.*, "Modified Mediterranean Diet and Survival: EPIC-Elderly Prospective Cohort Study", *British Medical Journal*, vol. 330, núm. 7498, 28 de abril de 2005, p. 991.

Troiano, Richard P., Ronette R. Briefel, Margaret D. Carroll y Karil Bialostosky, "Energy and Fat Intakes of Children and Adolescents in the United States: Data from the National Health and Nutrition Examination Surveys", *American Journal of Clinical Nutrition*, vol. 72, núm. 5, suplemento, 2000, pp. S1343-S1353.

Trowell, H. C., y D. P. Burkitt (eds.), *Western Diseases: Their Emergence and Prevention*, Londres, Edward Arnold, 1981.

Truswell, A. Stewart, "Diet and Plasma Lipids—A Reappraisal", *American Journal of Clinical Nutrition*, vol. 31, núm. 6, junio de 1978, pp. 977-989.

———, "Evolution of Dietary Recommendations, Goals, and Guidelines", *American Journal of Clinical Nutrition*, vol. 45, núm. 5, suplemento, mayo de 1987, pp. 1060-1072.

———, "Problems with Red Meat in the WCRF2", *American Journal of Clinical Nutrition*, vol. 89, núm. 4, abril de 2009, pp. 1274-1275.

Tunstall-Pedoe, Hugh, Kari Kuulasmaa, Markku Mahonen, Hanna Tolonen, Esa Ruokokski y Phillippe Amouyel, "Contribution of Trends in Survival and Coronary-Event Rates to Changes in Coronary Heart Disease Mortality: 10-Year Results from 37 WHO MONICA Project Populations. Monitoring Trends and Determinants in Cardiovascular Disease", *The Lancet*, vol. 353, núm. 9164, 8 de mayo de 1999, pp. 1547-1557.

Turpeinen, Osmo, Martti Karvonen, Maija Pekkarinen, Matti Miettinen, Reino Elosuo y Erkki Paavilainen, "Dietary Prevention of Coronary Heart Disease: The Finnish Mental Hospital Study", *International Journal of Epidemiology*, vol. 8, núm. 2, 1979, pp. 99-118.

Twain, Mark, *Life on the Mississippi*, 1883. Reimpreso en Hollywood, California, Simon & Brown, 2011.

Uauy, Ricardo, Charles E. Mize y Carlos Castillo-Durán, "Fat Intake During Childhood: Metabolic Responses and Effects on Growth", *American Journal of Clinical Nutrition*, vol. 72, núm. 5, suplemento, noviembre de 2000, pp. S1345-S1360.

Ueshima, Hirotsuga, Minoru Iida y Yoshio Komachi, carta al editor "Is It Desirable to Reduce Total Serum Cholesterol Level as Low as Possible?", *Preventive Medicine*, vol. 8, núm. 1, enero de 1979, pp. 104-111.

Ueshima, Hirotsugu, Kozo Tatara y Shintaro Asakura, "Declining Mortality from Ischemic Heart Disease and Changes in Coronary Risk Factors in Japan, 1956-1980", *American Journal of Epidemiology*, vol. 125, núm. 1, 1987, pp. 62-72.

Van Deventer, Hendrick, W. Greg Miller, Gary L. Meyers *et al.*, "Non-HDL Cholesterol Shows Improved Accuracy for Cardiovascular Risk Score Classification Compared to Direct or Calculated LDL Cholesterol in Dyslipidemic Population", *Clinical Chemistry*, vol. 57, núm. 3, 2011, pp. 490-501.

Vernon, Mary C., John Mavropoulos, Melissa Transue, William S. Yancy y Eric C. Westman, "Clinical Experience of a Carbohydrate-Restricted Diet: Effect on Diabetes Mellitus", *Metabolic Syndrome and Related Disorders*, vol. 1, núm. 3, septiembre de 2003, pp. 233-237.

Volek, Jeff S., Kevin D. Ballard, Ricardo Silvestre *et al.*, "Effects of Dietary Carbohydrate Restriction Versus Low-Fat Diet on Flow-Mediated Dilation", *Metabolism*, vol. 58, núm. 12, diciembre de 2009, pp. 1769-1777.

Volek, Jeff S., Stephen D. Phinney, Cassandra E. Forsythe *et al.*, "Carbohydrate Restriction Has a More Favorable Impact on the Metabolic Syndrome than a Low Fat Diet", *Lipids*, vol. 44, núm. 4, abril de 2009, pp. 297-309.

Volek, Jeff S., Matthew J. Sharman y Cassandra E. Forsythe, "Modification of Lipoproteins by Very Low-Carbohydrate Diets", *Journal of Nutrition*, vol. 135, núm. 6, junio de 2005, pp. 1339-1342.

Volek, Jeff S., Matthew Sharman, Ana Gómez *et al.*, "Comparison of Energy-Restricted Very Low-Carbohydrate and Low-Fat Diets on Weight Loss and Body Composition in Overweight Men and Women", *Nutrition & Metabolism*, vol. 1, núm. 13, 2004, pp. 1-32.

Volek, Jeff S., Matthew J. Sharman *et al.*, "Comparison of a Very Low-Carbohydrate and Low-Fat Diet on Fasting Lipids, LDL Subclasses, Insulin Resistance, and Postprandial Lipemic Responses in Overweight Women", *Journal of the American College of Nutrition*, vol. 23, núm. 2, abril de 2004, pp. 177-184.

Von Noorden, C., *Clinical Treatises on Pathology and Therapy of Disorders of Metabolism and Nutrition, Part VIII. Diabetes Mellitus*, Nueva York, E. B. Treat, 1907.

Vos, Eddie, "Modified Mediterranean Diet and Survival: Key Confounder Was Missed", *British Medical Journal*, vol. 330, núm. 7503, 4 de junio de 2005, p. 1329.

Wade, Nicholas, "Food Board's Fat Report Hits Fire", *Science*, vol. 209, núm. 4453, 11 de julio de 1980, pp. 248-250.

Walden, Carolyn E., Barbara M. Retzlaff, Brenda L. Buck, Shari Wallick, Barbara S. McCann y Robert H. Knopp, "Differential Effect of National Cholesterol Education Program (NCEP) Step II Diet on HDL Cholesterol, Its Subfractions, and Apoprotein AI Levels in Hypercholesterolemic Women and Men After 1 Year: The beFIT Study", *Arteriosclerosis, Thrombosis, and Vascular Biology*, vol. 20, núm. 6, junio de 2000, pp. 1580-1587.

Wallace, A. J., W. H. F. Sutherland, J. I. Mann y S. M. Williams, "The Effects of Meals Rich in Thermally Stressed Olive and Safflower Oils on Postprandial Serum Paraoxonase Activity in Patients with Diabetes", *European Journal of Clinical Nutrition*, vol. 55, núm. 11, noviembre de 2001, pp. 951-958.

Wallace, Lance, y Wayne Ott, "Personal Exposure to Ultrafine Particles", *Journal of Exposure Science and Environmental Epidemiology*, núm. 21, enero-febrero de 2011, pp. 20-30.

Wallis, Claudia, "Hold the Eggs and Butter", *Time*, 26 de marzo de 1984.

Walvin, James, *Fruits of Empire: Exotic Produce and British Taste, 1660-1800*, Nueva York, New York University Press, 1997.

Waterlow, John C., "Diet of the Classical Period of Greece and Rome", *European Journal of Clinical Nutrition*, núm. 43, suplemento 2, 1989, pp. 3-12.

Wears, Robert L., Richelle J. Cooper y David J. Magid, "Subgroups, Reanalyses, and Other Dangerous Things", *Annals of Emergency Medicine*, vol. 46, núm. 3, septiembre de 2005, pp. 253-255.

Weld, Isaac, *Travels Through the States of North America, and the Provinces of Upper and Lower Canada, During the Years 1795, 1796, and 1797*, Londres, impreso para John Stockdale, Piccadilly, 1799.

Werdelin, Lars, "King of Beasts", *Scientific American*, vol. 309, núm. 5, noviembre de 2013, pp. 34-39.

Werko, Lars, "Risk Factors and Coronary Heart Disease—Facts or Fancy?", *American Heart Journal*, vol. 91, núm. 1, enero de 1976, pp. 87-98.

Wertheimer, E., y B. Shapiro, "The Physiology of Adipose Tissue", *Physiology Reviews*, vol. 28, núm. 4, octubre de 1948, pp. 451-464.

Westman, Eric C., "Rethinking Dietary Saturated Fat", *Food Technology*, vol. 63, núm. 2, 2009, p. 30.

Westman, Eric C., Richard D. Feinman, John C. Mavropoulos *et al.*, "Low-Carbohydrate Nutrition and Metabolism", *American Journal of Clinical Nutrition*, vol. 86, núm. 2, agosto de 2007, pp. 276-284.

Westman, Eric C., John C. Mavropoulos, William S. Yancy y Jeff S. Volek, "A Review of Low-Carbohydrate Ketogenic Diets", *Current Atherosclerosis Reports*, vol. 5, núm. 6, noviembre de 2003, pp. 476-483.

Westman, Eric C., Jeff S. Volek y Richard D. Feinman, "Carbohydrate Restriction Is Effective in Improving Atherogenic Dyslipidemia even in the Absence of Weight Loss", *American Journal of Clinical Nutrition*, vol. 84, núm. 6, diciembre de 2006, p. 1549.

Westman, Eric C., William S. Yancy, Joel S. Edman, Keith F. Tomlin y Christine E. Perkins, "Effect of 6-month Adherence to a Very Low Carbohydrate Diet Program", *American Journal of Medicine*, vol. 113, núm. 1, 2002, pp. 30-36.

Westman, Eric C., William S. Yancy y Margaret Humphreys, "Dietary Treatment of Diabetes Mellitus in the Pre-Insulin Era (1914-1922)", *Perspectives in Biology and Medicine*, vol. 49, núm. 1, invierno de 2006, pp. 77-83.

White, Caroline, "Suspected Research Fraud: Difficulties Getting at the Truth", *British Medical Journal*, vol. 331, núm. 7511, 30 de julio de 2005, pp. 281-288.

White, Paul Dudley, "Heart Ills and Presidency: Dr. White's Views", *The New York Times*, 30 de octubre de 1955.

Willett, Walter C., *Eat, Drink and Be Healthy: The Harvard Medical School Guide to Healthy Eating*, Nueva York, Simon & Schuster, 2001.

———, "The Great Fat Debate: Total Fat and Health", *Journal of the American Dietetic Association*, vol. 111, núm. 5, mayo de 2011, pp. 660-662.

Willett, Walter C., y Alberto Ascherio, "Trans Fatty Acids: Are the Effects Only Marginal?", *American Journal of Public Health*, vol. 84, núm. 5, mayo de 1994, pp. 722-724.

Willett, Walter C., y David J. Hunter, "Prospective Studies of Diet and Breast Cancer", *Cancer*, vol. 74, núm. 3, suplemento, 1° de agosto de 1994, pp. 1085-1089.

Willett, Walter C., Frank Sacks, Antonia Trichopoulou *et al.*, "Mediterranean Diet Pyramid: A Cultural Model for Healthy Eating", *American Journal of Clinical Nutrition*, vol. 61, núm. 6, junio de 1995, pp. S1402-S1406.

Willett, Walter C., Meir J. Stampfer, Graham A. Colditz *et al.*, "Dietary Fat and the Risk of Breast Cancer", *New England Journal of Medicine*, vol. 316, núm. 1, 1° de enero de 1987, pp. 22-28.

Willett, Walter C., Meir J. Stampfer, JoAnn E. Manson *et al.*, "Intake of Trans Fatty Acids and Risk of Coronary Heart Disease Among Women", *The Lancet*, vol. 341, núm. 8845, 6 de marzo de 1993, pp. 581-585.

Williams, Roger R., Paul D. Sorlie, Manning Feinleib *et al.*, "Cancer Incidence by Levels of Cholesterol", *Journal of the American Medical Association*, vol. 245, núm. 3, 16 de enero de 1981, pp. 247-252.

Wood, Randall, Fred Chumbler y Rex Wiegand, "Incorporation of Dietary *cis* and *trans* Isomers of Octadecenoate in Lipid Classes of Liver and Hepatoma", *Journal of Biological Chemistry*, vol. 252, núm. 6, 25 de marzo de 1977, pp. 1965-1970.

Wood, Randall, Karen Kubena, Barbara O'Brien, Stephen Tseng y Gail Martin, "Effect of Butter, Mono- and Polyunsaturated Fatty Acid-Enriched Butter, Trans Fatty Acid Margarine, and Zero Trans Fatty Acid Margarine on Serum Lipids and Lipoproteins in Healthy Men", *Journal of Lipid Research*, vol. 34, núm. 1, enero de 1993, pp. 1-11.

Wood, Randall, Karen Kubena, Stephen Tseng, Gail Martin y Robin Crook, "Effect of Palm Oil, Margarine, Butter and Sunflower Oil on Serum Lipids and Lipoproteins of Normocholesterolemic Middle-Aged Men", *Journal of Nutritional Biochemistry*, vol. 4, núm. 5, mayo de 1993, pp. 286-297.

Woodhill, J. M., A. L. Palmer, B. Leelarthaepin, C. McGilchrist y R. B. Blacket, "Low Fat, Low Cholesterol Diet in Secondary Prevention of Coronary Heart Disease", *Advances in Experimental Medicine and Biology*, núm. 109, 1978, pp. 317-330.

Wootan, Margo, Bonnie Liebman y Wendie Rosofsky, "Trans: The Phantom Fat", *Nutrition Action Healthletter*, vol. 23, núm. 7, 1996, pp. 10-14.

Worth, Robert M., Hiroo Kato, George G. Rhoads, Abraham Kagan y Sherman Leonard Syme, "Epidemiologic Studies of Coronary Heart Disease and Stroke in Japanese Men Living in Japan, Hawaii and California: Mortality", *American Journal of Epidemiology*, vol. 102, núm. 6, diciembre de 1975, pp. 481-490.

Wrangham, Richard, *Catching Fire: How Cooking Made Us Human*, Filadelfia, Basic Books, 2009.

Wu, She-Ching, y Gow-Chin Yen, "Effects of Cooking Oil Fumes on the Genotoxicity and Oxidative Stress in Human Lung Carcinoma (A-549) Cells", *Toxicology in Vitro*, vol. 18, núm. 5, octubre de 2004, pp. 571-580.

Yancy, William S., Maren K. Olsen, John R. Guyton, Ronna P. Bakst y Eric C. Westman, "A Low-Carbohydrate, Ketogenic Diet Versus a Low-Fat Diet to Treat Obesity and Hyperlipidemia: A Randomized, Controlled Trial", *Annals of Internal Medicine*, vol. 140, núm. 10, 18 de mayo de 2004, pp. 769-777.

Yancy, William S., Eric C. Westman, J. R. McDuffie *et al.*, "A Randomized Trial of a Lowcarbohydrate diet vs Orlistat Plus a Low-fat Diet for Weight Loss", *Archives of Internal Medicine*, vol. 170, núm. 2, enero de 2010, pp. 136-145.

Yang, Mei-Uih, y Theodore B. Van Itallie, "Composition of Weight Lost During Short-Term Weight Reduction. Metabolic Responses of Obese Subjects to Starvation and Low-Calorie Ketogenic and Nonketogenic Diets", *Journal of Clinical Investigation*, vol. 58, núm. 3, septiembre de 1976, pp. 722-730.

Yano, Katsuhiko, George G. Rhoads, Abraham Kagan y Jeanne Tillotson, "Dietary Intake and the Risk of Coronary Heart Disease in Japanese Men Living in Hawaii", *American Journal of Clinical Nutrition*, vol. 31, núm. 7, julio de 1978, pp. 1270-1279.

Yellowlees, Walter W., "Sir James Mackenzie and the History of Myocardial Infarction", *Journal of the Royal College of General Practitioners*, vol. 32, núm. 235, febrero de 1982, pp. 109-112.

Yerushalmy, Jacob, y Herman E. Hilleboe, "Fat in the Diet and Mortality from Heart Disease; A Methodologic Note", *New York State Journal of Medicine*, vol. 57, núm. 14, julio de 1957, pp. 2343-2354.

Yngve, Agneta, Leif Hambraeus, Lauren Lissner *et al.*, "Invited Commentary: The Women's Health Initiative. What Is on Trial: Nutrition and Chronic Disease? Or Misinterpreted Science, Media Havoc and the Sound of Silence from Peers?", *Public Health Nutrition*, vol. 9, núm. 2, 2006, pp. 269-272.

Yonge, C. D. (ed. y trad.), *The Deipnosophists, or, Banquet of the Learned, of Athenæus*, Londres, Henry G. Bohn, 1854.

Young, S. Stanley, "Gaming the System: Chaos from Multiple Testing", *IMS Bulletin*, vol. 36, núm. 10, 2007, p. 13.

Young, Shun-Chieh, Louis W. Chang, Hui-Ling Lee, Lung-Hung Tsai, Yin-Chang Liu y Pinpin Lin, "DNA Damages Induced by Trans,

Trans-2, 4-Decadienal (tt-DDE), a Component of Cooking Oil Fume, in Human Bronchial Epithelial Cells", *Environmental and Molecular Mutagenesis*, vol. 51, núm. 4, febrero de 2010, pp. 315-321.

Yudkin, John, *Pure, White and Deadly*, Nueva York, Penguin, 1972.

Zarkovic, Neven, "4-Hydroxynonenal as a Bioactive Marker of Pathophysiological Processes", *Molecular Aspects of Medicine*, vol. 24, núms. 4-5, agosto-octubre de 2003, pp. 281-291.

Zhang, Quing, Ahmed S. M. Saleh, Jing Chen y Qun Shen, "Chemical Alterations Taken Place During Deep-Fat Frying Based on Certain Reaction Products: A Review", *Chemistry and Physics of Lipids*, vol. 165, núm. 6, septiembre de 2012, pp. 662-681.

Zhong, Lijie, Mark S. Goldberg, Yu-Tang Gao y Fan Jin, "Lung Cancer and Indoor Air Pollution Arising from Chinese-Style Cooking among Nonsmoking Women Living in Shanghai, China", *Epidemiology*, vol. 10, núm. 5, septiembre de 1999, pp. 488-494.

Zhong, Lijie, Mark S. Goldberg, Marie-Elise Parent y James A. Hanley, "Risk of Developing Lung Cancer in Relation to Exposure to Fumes from Chinese-Style Cooking", *Scandinavian Journal of Work, Environment and Health*, vol. 25, núm. 4, agosto de 1999, pp. 309-316.

Zimetbaum, Peter, William H. Frishman, Wee Lock Ooi *et al.*, "Plasma Lipids and Lipoproteins and the Incidence of Cardiovascular Disease in the Very Elderly. The Bronx Aging Study", *Arteriosclerosis, Thrombosis, and Vascular Biology*, vol. 12, núm. 4, abril de 1992, pp. 416-423.

Zock, Peter L., y Martijn B. Katan, "Hydrogenation Alternatives: Effects of Trans Fatty Acids and Stearic Acid Versus Linoleic Acid on Serum Lipids and Lipoproteins in Humans", *Journal of Lipid Research*, vol. 33, núm. 3, marzo de 1992, pp. 399-410.

Zukel, William J., Robert H. Lewis, Philip E. Enterline *et al.*, "A Short-Term Community Study of the Epidemiology of Coronary Heart Disease: A Preliminary Report on the North Dakota Study", *American Journal of Public Health and the Nation's Health*, vol. 49, núm. 12, 1959, pp. 1630-1639.

Permisos

44 "Tabla de Keys, de 1952"
Derechos reservados © Journal of Mt. Sinai Hospital, Nueva York, 1953. Este material se reproduce con permiso de John Wiley & Sons, Inc.

51 "Yerushalmy y Hilleboe, información de 22 países"
Reimpreso con permiso de la Sociedad Médica del Estado de Nueva York.

68 "Ancel Keys en la portada de *Time*, 13 de enero de 1961"
De la revista *Time*, 13 de enero de 1961 © 1961, Time Inc. Usado bajo licencia.

69 "Caricatura de riesgos versus beneficios"
Reimpreso con permiso de S. Harris.

84 "Caricatura de la cambiante historia del colesterol"
Reimpresión cortesía de Harley Schwadron.

101 "Consumo de grasas en Estados Unidos, 1909-1999"
The American Journal of Clinical Nutrition (2011, núm. 93, p. 954), Sociedad Americana para la Nutrición. Reimpreso con permiso.

103 "'Llévale este anuncio a tu médico', Mazola, 1975"
Reimpresión con permiso de ACH Food Companies, Inc.

133 "Disponibilidad y consumo de carne en Estados Unidos, 1800-2007"
Reimpresión con permiso de Cambridge University Press.

134 "Disponibilidad de carne en Estados Unidos, 1909-2007"
Reimpresión con permiso de Cambridge University Press.

151 "Conferencia de consenso de los Institutos Nacionales de Salud, *Time*, 26 de marzo de 1984"

―――――― PERMISOS ――――――

De la revista *Time*, 26 de marzo de 1984 © 1984, Time Inc. Usado bajo licencia.
157 "Caricatura de restaurante"
Reimpreso con permiso de S. Harris.
192 "Caricatura de dieta baja en grasa"
Reimpresión cortesía de Harley Schwadron.
195 "Antonia Trichopoulou"
Reimpreso con permiso de Antonia Trichopoulou.
197 "Ancel Keys y colegas paseando en la zona arqueológica de Cnosos"
Reimpreso con permiso de Christos Aravanis.
200 "Anna Ferro-Luzzi"
Reimpreso con permiso de Anna Ferro-Luzzi.
207 "Pirámide de la Dieta mediterránea, 1993"
Derechos reservados © Oldways (www.oldwayspt.org). Reimpreso con permiso de Oldways.
210 "Walter Willett y Ancel Keys, Cambridge, Massachusetts, 1993"
Derechos reservados © Oldways (www.oldwayspt.org). Reimpreso con permiso de Oldways.
250 "Publicidad de Sokolof en *The New York Times*, 1° de noviembre de 1988"
Derechos reservados © National Heart Saver Association. Reimpreso con permiso.
252 "Consumo de aceite vegetal en Estados Unidos, 1909-1999"
The American Journal of Clinical Nutrition (2011, núm. 93, p. 954), Sociedad Americana para la Nutrición. Reimpreso con permiso.
310 "Caricatura de dietas esquimales"
Reimpreso con permiso de S. Harris.
334 "Portada de la revista *The New York Times*, 7 de julio de 2002"
Del *The New York Times*, 7 de julio de 2002 © 2002 *The New York Times*. Todos los derechos reservados. Usado con permiso y protegido por las Leyes de Derechos de Autor de Estados Unidos. Está prohibida la impresión, copia, redistribución o retransmisión de este contenido sin expreso permiso por escrito. Fotografía © de Lendon Flanagan. Reimpreso con permiso.

La grasa no es como la pintan de Nina Teicholz
se terminó de imprimir en octubre de 2017
en los talleres de
Litográfica Ingramex, S.A. de C.V.
Centeno 162-1, Col. Granjas Esmeralda, C.P. 09810
Ciudad de México.